Ankerwicklungen für Gleich- und Wechselstrom-maschinen

Ein Lehrbuch

von

Rudolf Richter

Professor an der Technischen Hochschule Fridericiana zu Karlsruhe
Direktor des Elektrotechnischen Instituts

Mit 377 Textabbildungen

Berlin
Verlag von Julius Springer
1920

ISBN-13: 978-3-642-90301-4 e-ISBN-13: 978-3-642-92158-2

DOI: 10.1007/978-3-642-92158-2

Softcover reprint of the hardcover 1st edition 1920

Seinem verehrten Freunde

Herrn Professor Dr.-Ing. e. h. **Fritz Emde**

in dankbarer Erinnerung an die gemeinsame Tätigkeit bei den Siemens-Schuckertwerken

gewidmet vom

Verfasser.

Vorwort.

Die möglicht günstige Ausgestaltung der Wicklungen sowie die Berechnung der in ihnen induzierten EMKe und der von ihnen erregten magnetischen Felder gehören zu den wichtigsten Aufgaben des Elektromaschinenbaus. Von Arnold erschien schon im Jahre 1891 die erste planmäßige Behandlung der Gleichstrom-Ankerwicklungen. Ihnen widmete er dann einen großen Teil seiner Lebensarbeit, so daß die Ankerwicklungen in den letzten Auflagen der Arnoldschen Bücher eine so ausführliche Behandlung erfahren haben, daß es vielleicht überflüssig erscheinen mag, ein besonderes Lehrbuch darüber zu schreiben. Ich möchte deshalb nicht unterlassen, meine Arbeit in kurzen Worten zu begründen.

Die Ankerwicklungen sind für eine Behandlung im Vortrag wenig geeignet. Der Lehrer muß sich hier auf das Grundsätzliche beschränken und es dem Studierenden überlassen, sich durch Selbststudium oder durch Anleitung in den Übungen in die Eigenschaften und den Entwurf der Ankerwicklungen zu vertiefen. Eine ausführliche Behandlung der Wicklungen würde auch einen zu breiten Raum im Unterricht einnehmen und sich schließlich zu einem mehr oder weniger beschreibenden Vortrag auswachsen. In erster Linie sollte deshalb das Buch ein Hilfsmittel für den Studierenden sein, das sich der Darstellung in meinen Vorträgen an der Technischen Hochschule in Karlsruhe, die in mancher Hinsicht von der früher üblichen Darstellung abweicht, möglichst eng anschließt.

Ich war bemüht, alle Wicklungen auszuscheiden, die heute keine praktische Bedeutung haben, und habe diese nur insoweit berücksichtigt, wie es mir für das Verständnis der übrigen Wicklungen und ihre voraussichtliche Weiterentwicklung notwendig erschien. Trotz dieser Beschränkung ist der Inhalt des Buches während der Bearbeitung weit über den ursprünglich beabsichtigten Umfang hinausgewachsen. Ich sah mich veranlaßt, auch auf Sondergebiete der Wicklungen näher einzugehen, weil diese in der Literatur bisher zu wenig planmäßig behandelt worden sind und nur die planmäßige Behandlung die weitere Entwicklung fördern kann. Die meisten Abschnitte über diese Gebiete können von dem Studierenden zunächst überschlagen werden. Hierzu gehören die Abschnitte 9 F und 10 B über das doppelseitige Spannungsvieleck, 12 C und 13 über die Ausgleichsverbindungen bei zweigängigen Schleifenwicklungen, 29 bis 31 über die Bruchlochwicklungen, und vielleicht auch die Abschnitte 35 bis 38 über polumschaltbare Wicklungen. In den Abschnitten über die technische Ausführung und über die Isolierung der Wicklungen habe ich nur die Teile eingehender behandelt, in denen die bisherige Literatur Lücken aufweist, mich aber im übrigen auf das Grundsätzliche beschränkt und auf die bereits vorhandene ausführliche Literatur verwiesen.

Das Literaturverzeichnis am Schluß des Buches erhebt keinen Anspruch auf Vollständigkeit, sondern soll nur den Leser anregen, sich weiter in den Stoff zu vertiefen und auch andere Darstellungen kennen zu lernen. Der Hinweis auf diese Literatur ist im Text in eckige Klammern gesetzt. Ein alphabetisch geordnetes Sachverzeichnis wird bei der ausführlichen Inhaltsübersicht wohl kaum vermißt werden.

Der größte Teil der Abbildungen ausgeführter Wicklungen wurde mir von verschiedenen elektrotechnischen Firmen bereitwillig zur Verfügung gestellt. Bei der Auswahl der Bilder haben mich viele Herren dieser Firmen freundlichst unterstützt. Meine Assistenten, die Herren Dipl.-Ing. Brüderlin und Dipl.-Ing. K. Ott haben die Korrektur mitgelesen. Auch Herr Prof. Emde, dem ich dieses Buch gewidmet habe, hat die Freundlichkeit gehabt, es schon bei der Korrektur durchzusehen und mir wertvolle Anregungen zu geben. Ihnen allen sei für ihre freundliche Mitarbeit auch an dieser Stelle herzlich gedankt. Vielen Dank schulde ich auch dem Verlag für die Bereitwilligkeit, mit der er auf alle meine Wünsche bei der Ausgestaltung des Buches eingegangen ist.

Karlsruhe, Mai 1920.

Rudolf Richter.

Inhaltsverzeichnis.

II. Die Wechselstromwicklungen.

Geschichtliche Übersicht.

Die Geschichte der Ankerwicklungen ist die Geschichte der elektrischen Maschinen. Die Wicklungen der ersten magnetelektrischen Maschinen (z. B. Pixii 1832, Saxton, Stöhrer 1833) sind als Polwicklungen ausgeführt. Sie bestehen aus Spulen, die auf die Ankerpolkerne gewickelt sind; die Wicklungsenden sind zur Erzeugung von Wechselstrom zu Schleifringen, zur Erzeugung von Gleichstrom zu einem zweiteiligen Stromwender geführt. Ähnlich wurden auch die Wicklungen der ersten elektrischen Motoren (Del Negro 1832, Jacobi 1834) ausgeführt, wobei das magnetische Feld auch schon durch Elektromagnete erregt wurde (Jacobi). Auch der im Jahre 1854 von Siemens angegebene Doppel-T-Anker trägt eine offene Polwicklung, doch kann man ihn auch als ersten Vorläufer des heute ausschließlich gebauten Nuten-Trommelankers ansehen.

Der hervorragendste Markstein in der Entwicklung der Gleichstrommaschine ist der von Pacinotti in den Jahren 1859 bis 1861 angegebene Ringanker. Dieser trägt eine geschlossene Wicklung mit mehrteiligem Stromwender. Der im Jahre 1861 von Pacinotti verwendete Ringanker war genutet. Erst durch die Anwendung eines vielteiligen Stromwenders war es möglich, nicht nur gleichgerichtete EMKe und Ströme, sondern auch im wesentlichen konstante EMKe und Ströme zu erzeugen und das Bürstenfeuer wesentlich zu unterdrücken. Ebenso bedeutungsvoll war aber auch die Anwendung einer geschlossenen Ankerwicklung, bei der alle in einer Polteilung liegenden Spulen in Reihe geschaltet sind. Die geschlossene Wicklung gestattet die Anwendung schmaler Bürsten mit einer Ausnützung der Wicklung, die bei offenen Ankerwicklungen bei weitem nicht erreicht werden kann. Mit der geschlossenen Ringwicklung und mehrteiligem Stromwender hat auch Gramme vom Jahre 1871 ab seine großen Erfolge im Bau von elektrischen Maschinen erreicht. Gramme hat wohl auch als erster die Vorteile der mehrpoligen Maschinen erkannt und ausgenutzt (Vorläufer Stöhrer 1844). Die Vorzüge des von Pacinotti angegebenen Nutenankers für die Herstellung der Wicklung und gute Ausnutzung der Maschine hat man erst viel später gewürdigt. Bis zur Jahrhundertwende etwa haben sich die glatten Anker behaupten können, weil sie gegen Bürstenfeuer unempfindlicher waren als die Nutenanker.

Einen zweiten Markstein in der Entwicklung der elektrischen Maschine bedeutet die Entdeckung des dynamo-elektrischen Prinzips von Werner von Siemens im Jahre 1867, wodurch die Verwendung permanenter Magnete entbehrlich und der Weg zum Großmaschinenbau geebnet wurde. Von Hefner-Alteneck gab im Jahre 1872 den Trommelanker an, der im Elektromaschinenbau deswegen so große Bedeutung gewonnen hat, weil er die Herstellung der Wicklung aus Spulenelementen ermöglicht, die vor dem Einlegen in die Nuten fertig hergestellt und abisoliert werden können. Die erste Schablonenwicklung wurde von Alioth im Jahre 1885 zum Patent angemeldet und auch praktisch ausgeführt. Der Trommelanker von von Hefner-Alteneck trug eine Einschichtwicklung mit Evolventenverbindungen (Stirnwicklung); die heute für Gleichstromanker allgemein verwendete Zweischichtwicklung wurde von Weston im Jahre 1882 zum Patent angemeldet und wenige Jahre später (1887) auch von Fritsche als Oberflächenwicklung (Zylinderwicklung) ausgeführt.

Die Scheiben- und Glockenwicklungen (Vorläufer Barlowsches Rädchen 1823 und Faradaysche Scheiben 1831), die erst nach der Erfindung der Trommelwicklung vorgeschlagen wurden und schon seit vielen Jahren nicht mehr gebaut werden, haben insofern für die Entwicklung der elektrischen Maschinen doch Bedeutung gewonnen, als bei ihnen schon verschiedene Schaltungen der Spulen angewendet wurden, die wir auch heute bei Trommelwicklungen ausführen. Die jetzt weit verbreitete Wellenwicklung hat ihren Vorläufer in vielen Ausführungen der Scheibenwicklungen; ihre Grundzüge wurden zuerst im Jahre 1877 von Frick angegeben. Die mehrgängigen Wellenwicklungen (Reihenparallelwicklungen) wurden von Arnold im Jahre 1891 bei der Maschinenfabrik Oerlikon eingeführt.

Die heute bei mehrpoligen Schleifenwicklungen verwendeten Ausgleichsverbindungen hat zuerst etwa im Jahre 1883 Mordey angegeben und ausgeführt, allerdings damals noch nicht zu dem Zweck, Ungleichheiten in den Polflüssen nach Möglichkeit zu beseitigen, sondern um mehrpolige Maschinen mit nur zwei Bürsten ausrüsten zu können. Für die mehrgängige Wellenwicklung wurden Ausgleichsverbindungen zuerst von Arnold und Collischon im Jahre 1901 vorgeschlagen.

Die weitere Vervollkommnung der Gleichstrom-Ankerwicklungen ging allmählich vor sich und griff dabei häufig auf alte Anregungen zurück; sie bezieht sich hauptsächlich auf die Verbesserung von Einzelheiten in der Herstellung der Wicklung und Verbesserung der Stromwendung. Eine beträchtliche Förderung hat die Entwicklung durch Arnold erfahren, der im Jahre 1891 die Wicklungen zuerst planmäßig behandelt und sich auch später noch eingehend mit ihren Eigenschaften beschäftigt hat.

Für Wechselstrom wurden bis etwa zum Jahre 1890 angezapfte Gleichstrom-Ankerwicklungen verwendet. Mehrphasige Wechselstrommaschinen wurden schon im Jahre 1880 von Gramme gebaut, und zwar als Innenpolmaschinen. Die mehrphasigen Maschinen erlangten jedoch erst praktische Bedeutung, als im Jahre 1885 Ferraris entdeckte, daß man mit Mehrphasenströmen Drehfelder erzeugen kann, und Haselwander (1888) und andere erkannten, daß zur Fortleitung von Dreiphasenströmen nur drei Leitungen erforderlich sind. Die Entwicklung der Wechselstrommaschinen für Einphasen- und Mehrphasenstrom wurde besonders gefördert durch die Einführung von Mantelspulen im Ständer an Stelle der früher verwendeten Pol-, Ring- und Scheibenspulen. Die Mantelspulen hat wohl zuerst im Jahre 1890 Dobrowolsky verwendet. Die weitere Vervollkommnung der Wechselstrommaschinen und ihrer Wicklung ging allmählich vor sich und soll in diesem Abschnitt nicht weiter verfolgt werden.

I. Die Gleichstrom-Ankerwicklungen.

1. Die eingängige Ringwicklung.

Wir werden uns bei den Gleichstrom-Ankerwicklungen auf die heute ausschließlich verwendeten geschlossenen Ankerwicklungen beschränken und dabei auch nur die Wicklungen behandeln, die eine praktische Bedeutung erlangt haben. Wir müßten hiernach wohl auch die Ringwicklung ausscheiden, die heute durch die Trommelwicklung ganz verdrängt ist. Da die Ringwicklung in ihrer einfachsten Form, wie sie Pacinotti angegeben hatte, aber wesentlich übersichtlicher ist als die Trommelwicklung, und sich die Eigenschaften dieser Wicklung zwanglos aus der Ringwicklung ableiten lassen, so wollen wir zunächst auf diese näher eingehen.

Bei der Ausbildung einer Gleichstrom-Ankerwicklung handelt es sich darum, die auf dem Zylindermantel des Ankers liegenden Leiter so miteinander zu verbinden, daß in allen durch die Bürsten parallel geschalteten Ankerzweigen dieselbe EMK induziert wird. Damit diese bei gegebener Zahl der Ankerleiter möglichst groß ist, müssen alle Einzel-EMKe, die in den Windungen eines Ankerzweiges induziert werden, dasselbe Vorzeichen haben.

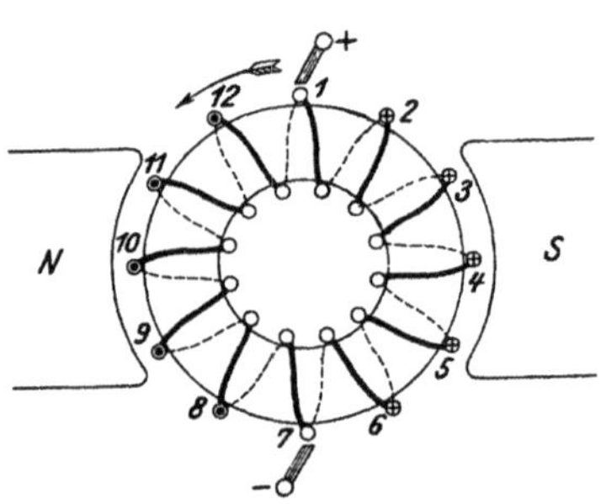

Abb. 1. Ringwicklung nach Pacinotti.

Diesen Bedingungen genügt die in Abb. 1 dargestellte fortlaufende, in sich geschlossene spiralförmige Ringwicklung von Pacinotti, wenn die Bürsten in der neutralen Zone stehen. Dabei haben wir zur Erhöhung der Anschaulichkeit in der Abbildung den Stromwender weggelassen und denken uns die am äußern Umfang liegenden Ankerleiter gleichsam als Stromwenderstege ausgebildet, was auch früher bei Außenpolmaschinen kleinerer Leistung und bei Innenpolmaschinen größerer Leistung tatsächlich häufig der Ausführung entsprach. Setzen wir zur Vereinfachung unserer Überlegungen an dieser Stelle voraus, daß es sich um einen glatten Anker handelt, so können wir nach Abschnitt 42 B mit der EMK der Bewegung rechnen. Einen Beitrag zur EMK der Bewegung liefern nach Gl. 109 oder 109a nur die Teile des Leiters, die sich im magnetischen Felde bewegen, also nur die äußern Leiter am Ankerumfang, weil die Stirnfläche und das Innere des Ringes praktisch feldfrei sind. Die Richtung der EMKe, die in den einzelnen Leitern am äußern Ankerumfang induziert werden, ist in der Abbildung für eine Drehrichtung im Sinne positiver Winkel durch Kreuze und Punkte angedeutet. Wir erhalten zwei parallele Stromkreise, in denen sich die EMKe, die in den einzelnen Windungen induziert werden, addieren.

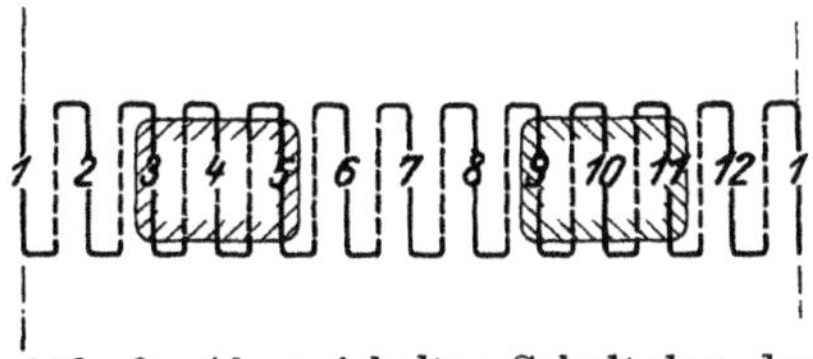

Abb. 2. Abgewickelter Schaltplan der Ringwicklung in Abb. 1.

Bei der Darstellung der Trommelwicklung werden wir später den Ankermantel mit der Wicklung in der Papierebene abrollen, um die Wicklung leichter überblicken zu können. Wenn wir diese Darstellung auch auf die Ringwicklung anwenden, so erhalten wir den Schaltplan in Abb. 2, worin die beiden randschraffierten Flächen die Lage der Pole andeuten.

Die spiralförmige Ringwicklung hat die Eigenschaft, daß derselbe Anker für Maschinen beliebiger Polzahl Verwendung finden kann; es ist nur eine entsprechende Zahl von Bürsten auf dem Stromwender anzuordnen. In Abb. 3 ist eine vierpolige Maschine mit Ringwicklung dargestellt. Am Ankerumfang wechseln positive und negative Bürsten ab. Alle gleichpoligen Bürsten sind miteinander zu verbinden, so daß die Zahl der parallelen Ankerzweige der Polzahl proportional ist. Sie ist gleich der Polzahl, wenn es sich, wie wir hier vorausgesetzt haben, um eine eingängige Wicklung handelt, d. h. um eine Wicklung, bei der die Spiralen so aufeinander folgen, wie die Gänge einer eingängigen Schraube.

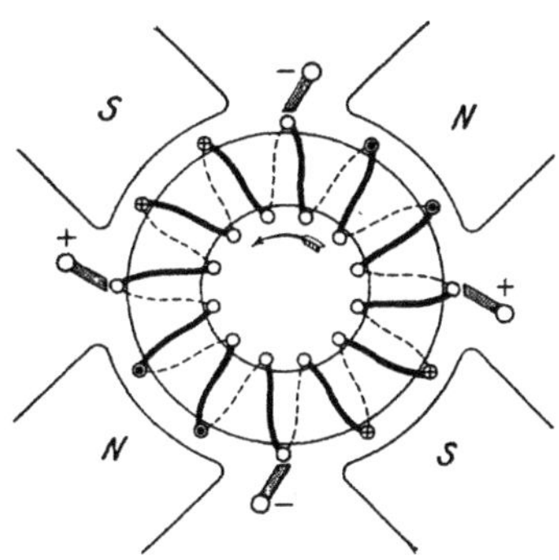

Abb. 3. Ringwicklung im vierpoligen Feldmagneten.

Wir werden im Abschnitt 5 A auch die mehrgängige Ringwicklung behandeln, um aus ihr die mehrgängige Trommelwicklung abzuleiten. Es ist allgemein üblich, die Zahl der parallelen Ankerzweige mit $2a$ zu bezeichnen. Für eine eingängige Spiralwicklung ist also

$$2a = 2p, \quad \ldots\ldots\ldots \quad (1)$$

wenn wir mit p die Zahl der Polpaare bezeichnen. Die spiralförmige Ringwicklung bezeichnet man auch als Parallelwicklung, und zwar die eingängige als einfache, die mehrgängige als mehrfache Parallelwicklung.

Die geschlossene eingängige Spiralwicklung ist für jede beliebige Zahl von Stromwenderstegen ausführbar, sofern keine Ausgleichsverbindungen (vgl. Abschnitt 11) in der Wicklung angebracht werden. Jedem Stromwendersteg entspricht eine Ankerspule und auch eine Spulenseite am äußeren Ankerumfang. Die Ankerspulen brauchen nicht aus nur einer Windung zu bestehen, wie wir in den Abb. 1 bis 3 der Übersichtlichkeit wegen angenommen haben. Wir erhalten eine Wicklung mit z. B. zwei Windungen in jeder Spule oder zwei Leitern in jeder Spulenseite, wenn wir uns nur jeden zweiten Leiter am Ankerumfang als Stromwendersteg ausgebildet oder zu einem Stromwendersteg geführt denken.

Damit in allen Ankerzweigen genau dieselbe EMK induziert wird, müßte in Strenge die Zahl der Spulenseiten durch die Polzahl teilbar sein. Da aber in praktischen Fällen die Spulenseitenzahl immer sehr groß ist, braucht jene Bedingung nicht notwendig erfüllt zu sein.

Die Ringwicklung hat sich nicht neben der Trommelwicklung behaupten können, weil die Leiter am innern Ringumfang die Befestigung des Eisenkörpers auf der Ankerachse erschweren, und die Ringwicklung sich nicht wie die Trommelwicklung aus fertigen Spulen zusammensetzen läßt, die außerhalb des Ankers in einfacher Weise gewickelt werden können.

Es sind auch noch andere Ringwicklungen als die spiralförmigen möglich [L. 1][1], doch wollen wir darauf nicht näher eingehen und unter der Ringwicklung immer die spiralförmige verstehen.

2. Schleifen- und Wellenwicklung.

A. Die Wicklungsschritte. Wenn die Verbindungen der wirksamen Leiter ausschließlich am äußern Ankerumfang ausgeführt werden, so erhält man eine Trommelwicklung. Damit die Beiträge zur induzierten EMK in den beiden Seiten einer Ankerspule dasselbe Vorzeichen haben, müssen die Normalkomponenten der Induktion an den Stellen, wo sich die zu einer Spule gehörigen Spulenseiten befinden, entgegengesetzt gerichtet sein (vgl. Abschnitt 42 B, Abb. 332). Tragen wir die Normalkomponente der Induktion als Funktion des Ankerumfangs im rechtwinkligen Koordinaten-

---

[1]) Die eckigen Klammern im Text beziehen sich auf die Literaturangaben am Schluß des Buches, die dort fortlaufend numeriert sind.

system auf, so erhalten wir eine periodische Kurve, deren Halbwellen in der Regel symmetrisch zur Abszissenachse sind. Die Entfernung der Spulenseiten derselben Spule, die wir als Spulenweite bezeichnen wollen, muß deshalb möglichst gleich der Polteilung sein, damit möglichst für alle Spulen die Beiträge der Spulenseiten zur induzierten EMK dasselbe Vorzeichen haben. Die Spulen werden wir so miteinander verbinden, daß sich ihre EMKe in jedem Ankerzweig unterstützen.

Wir wollen in diesem Abschnitt nicht näher darauf eingehen, wie wir dieser Bedingung genügen können, sondern nur hervorheben, daß die Verbindung der einzelnen Spulen in grundsätzlich verschiedener Weise erfolgen kann. Wir können die einzelnen Spulen so aneinander reihen, daß die Entfernung y der im Schaltplan aufeinander folgenden Spulen wesentlich kleiner ist als die Spulenweite y_1 (Abb. 4a); die Wicklung schreitet dann schleifenförmig am Ankerumfang fort und wird deshalb als Schleifenwicklung bezeichnet.

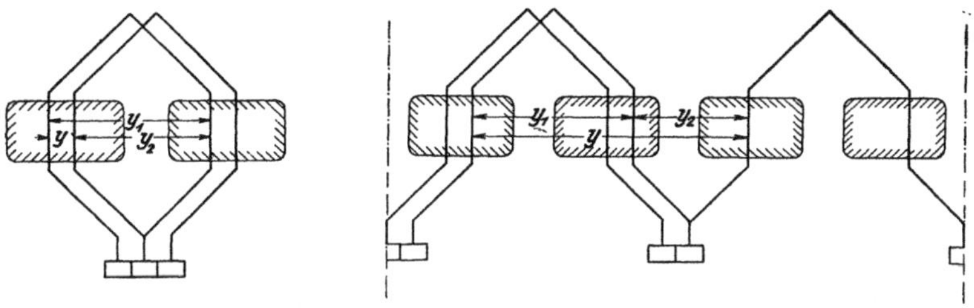

Abb. 4a. Schleifenwicklung. Abb. 4b. Wellenwicklung.

Verbinden wir aber immer solche Spulen miteinander, die am Ankerumfang um etwas mehr oder etwas weniger als eine Polpaarteilung auseinanderliegen, daß also die Entfernung y der im Schaltplan aufeinander folgenden Spulen wesentlich größer ist als die Spulenweite y_1 (Abb. 4b), so erhalten wir die Wellenwicklung; sie schreitet wellenförmig am Ankerumfang fort.

Man bezeichnet die Entfernung zweier im Schaltplan aufeinander folgender Spulen als den resultierenden Wicklungsschritt y; er setzt sich aus den Teilschritten y_1 und y_2 zusammen, von denen y_1 die Spulenweite bestimmt und y_2 die Entfernung zweier Spulenseiten bedeutet, die auf der Stromwenderseite miteinander verbunden sind. Der Schritt y_2 bestimmt die Schaltung der Wicklung und kann deshalb auch als Schaltschritt bezeichnet werden. Aus Abb. 4a folgt ohne weiteres für die Schleifenwicklung

$$y = y_1 - y_2 \quad \ldots\ldots\ldots \quad (2a)$$

und aus Abb. 4b für die Wellenwicklung

$$y = y_1 + y_2, \quad \ldots\ldots\ldots \quad (2b)$$

wenn y_1 und y_2 immer als positive Größen eingeführt werden.

Da es bei der Aufzeichnung des Schaltplans und auch bei der Herstellung der Wicklung nicht auf die wirkliche Entfernung der Spulenseiten ankommt, sondern nur auf ihre Reihenfolge, so mißt man die Wicklungsschritte nicht in Längen, sondern gibt an, wie viele Spulenseiten, Stromwenderstege oder Ankernuten am Ankerumfang abzuzählen sind, um den Wicklungsschritt auszuführen. Wir werden die Wicklungsschritte bei den Zweischichtwicklungen (vgl. Abschnitt C) durch die Zahl der nebeneinander liegenden Spulenseiten bezeichnen, die für den resultierenden Schritt gleich der Zahl der nebeneinander liegenden Stromwenderstege ist. Auch für die Teilschritte kann man statt der nebeneinander liegenden Spulenseiten die nebeneinander liegenden Stromwenderstege zählen, wenn man beachtet, daß jene Spulenseiten am Ankerumfang ebenso folgen wie die Stege am Stromwenderumfang. Die Spulenweite werden wir später auch in Nutteilungen messen und dann von dem Nutenschritt sprechen.

Die Bezeichnung der Wicklungsschritte durch die gesamte Zahl der über- und nebeneinander liegenden Spulenseiten, wie sie früher allgemein üblich war, ist nicht zu empfehlen, weil sie die Wicklung nur dann eindeutig bestimmt, wenn gewisse Vereinbarungen über die Numerierung der übereinander liegenden Spulenseiten getroffen werden [L. 3, S. 29 u. 34].

B. Die Wicklungselemente. Die Trommelwicklungen werden aus einzelnen Wicklungselementen zusammengesetzt, die gewöhnlich außerhalb der Maschine fertig gebogen und abisoliert werden. In den meisten Fällen bilden diese Wicklungselemente den Teil der Wicklung, der zwischen zwei im Schaltplan aufeinander folgenden

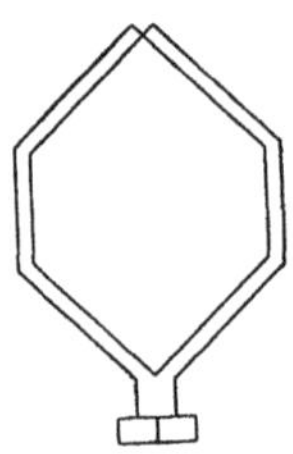

Abb. 5a.

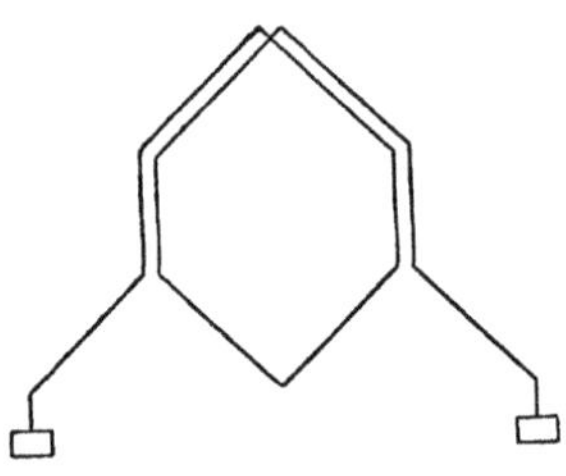

Abb. 5b.

Wicklungselemente einer Schleifen- (a) und Wellenwicklung (b).

Stromwenderstegen liegt, also eine vollständige Spule. Diese Spule kann aus beliebig vielen Windungen bestehen. In den Abb. 5a und b sind Wicklungselemente einer Schleifen- und einer Wellenwicklung mit je zwei Windungen und mit den angeschlossenen Stromwenderstegen dargestellt.

Bei zweipoligen Wicklungen sind Schleifen- und Wellenwicklung in ihrem Verhalten gleichwertig; Unterschiede bestehen nur in der Herstellung der Wicklung. Bei der Schleifenwicklung (Abb. 6a) liegen die Stirnverbindungen einer Spule auf derselben Seite einer durch die Ankerachse gelegten Ebene, bei der Wellenwicklung (Abb. 6b) auf

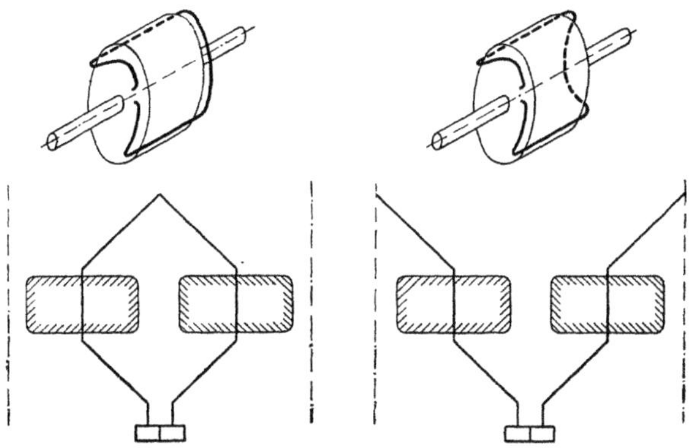

Abb. 6a. Abb. 6b.
Unterschied zwischen einer Schleifenwicklung (a) und einer Wellenwicklung (b) bei zweipoligen Maschinen.

verschiedenen Seiten. Die Herstellung und vor allem die Reparatur von zweipoligen Wicklungen ist bei Schleifenelementen etwas einfacher als bei Wellenelementen, so daß man zweipolige Maschinen immer aus Schleifenelementen zusammensetzen wird.

Wir unterscheiden gekreuzte und ungekreuzte Wicklungen. Der Unterschied kommt bei der Schleifenwicklung schon in den

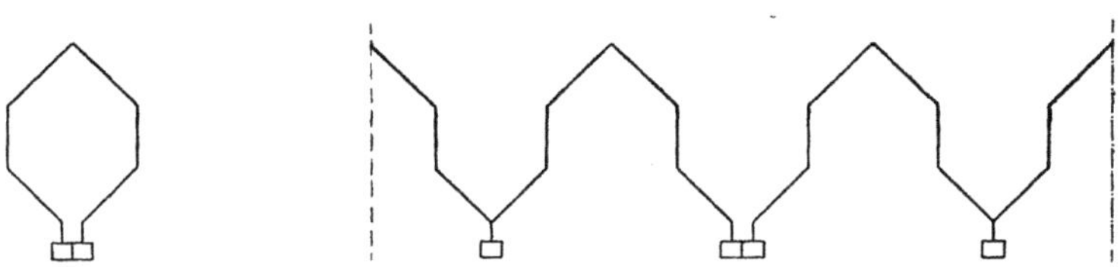

Abb. 7a. Abb. 7b.
Wicklungselemente von ungekreuzten Schleifen- (a) und Wellenwicklungen (b).

Wicklungselementen zum Ausdruck. Eine Schleifenwicklung mit den Elementen nach Abb. 7a bezeichnet man als ungekreuzte, eine Wicklung mit den Elementen nach Abb. 8a, deren Spulenenden sich kreuzen, als gekreuzte Wicklung. Bei den Wellenwicklungen läßt ein einzelnes Wicklungselement noch nicht erkennen, ob die Wicklung gekreuzt oder ungekreuzt ist. Erst wenn wir p Spulen der $2p$-poligen Maschine aneinanderreihen, erkennen wir, ob sich die Enden des Wicklungsteils überschneiden (Abb. 8b) oder nicht (Abb. 7b). Im Falle der Abb. 7b sprechen wir wieder von einer ungekreuzten, im Falle der Abb. 8b von einer gekreuzten Wicklung. Im allgemeinen wird man die gekreuzten Wicklungen vermeiden, da sie etwas mehr Wicklungsmetall erfordern.

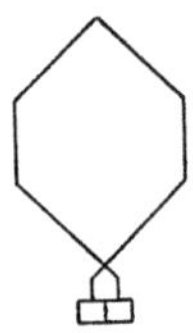

Abb. 8a.

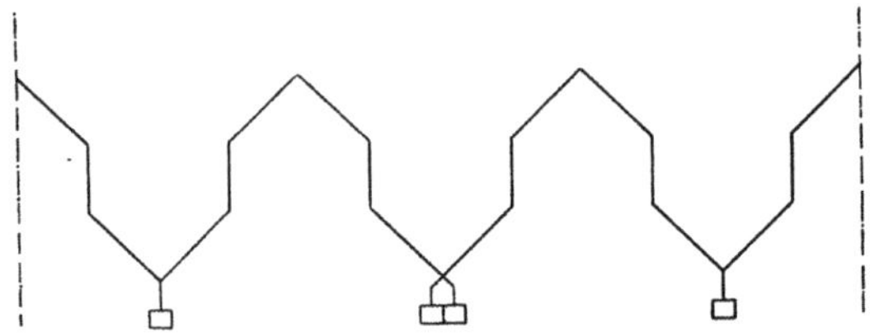

Abb. 8b.

Wicklungselemente von gekreuzten Schleifen- (a) und Wellenwicklungen (b).

Die Abb. 7a und 8b werden auch als rechtsgängige, die Abb. 7b und 8a als linksgängige Wicklungen bezeichnet [L. 3, S. 38], doch kennzeichnen diese Benennungen nicht das Wesen der Wicklung.

C. Die Lage der Spulenseiten in der Nut. In der Regel liegen bei den Trommelwicklungen immer zwei Spulenseiten in den Nuten übereinander. Die zu derselben Spule gehörigen Seiten befinden sich dann in verschiedenen Schichten der Nuten, derart, daß alle linken Spulenseiten z. B. in der Oberschicht alle rechten Spulenseiten in der Unterschicht liegen. Man bezeichnet solche Wicklungen als Zweischichtwicklungen. Wenn quer zur Nut nur eine Spulenseite untergebracht ist, was wir durch die Gleichung $u = 1$ zum Ausdruck bringen wollen, so erhalten wir also die in Abb. 9a

Abb. 9a.

Zweischichtwicklung mit $u = 1$.

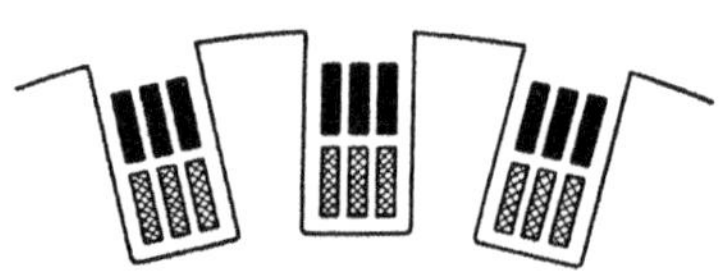

Abb. 9b.

Zweischichtwicklung mit $u = 3$.

dargestellte Anordnung der Spulenseiten, wobei die Querschnitte aller linken Spulenseiten beispielsweise schwarz ausgefüllt, die aller rechten kreuzweise schraffiert sind. Es können aber auch mehrere Spulenseiten nebeneinander in der Nut untergebracht werden $(u > 1)$; eine Zweischichtwicklung mit drei nebeneinander liegenden Spulenseiten $(u = 3)$ ist z. B. in Abb. 9b dargestellt. Die Zahl der Leiter in jeder Spulenseite kann in jedem Falle beliebig sein; die Leiter können innerhalb der Spulenseite über- oder nebeneinander angeordnet werden.

Mehr als zwei Spulenseiten werden selten übereinander angeordnet; nur bei sehr vielen und schmalen Nuten, zu denen man in Sonderfällen zuweilen mit Rücksicht auf funkenfreien oder geräuschlosen Gang geführt wird, legt man zur besseren Raumausnützung der Nut die bei der Zweischichtwicklung nebeneinander liegenden Spulenseiten übereinander. Zuweilen kann man auch gezwungen sein, den Schleifen-Trommelanker mit nur einer Schicht auszuführen (Abb. 9c), wenn nämlich die Berechnung der Maschine eine sehr kleine Zahl von Ankerleitern ergibt. Sonst wird man aber immer die Zweischichtwicklung bevorzugen, weil sie sich bequemer herstellen läßt als die Einschichtwicklung oder die Mehrschichtwicklung und, von Sonderfällen abgesehen, weniger zum Bürstenfeuer neigt. Bei der Einschichtwicklung wechseln am Ankerumfang rechte und linke Spulenseiten, die in Abb. 9c wieder durch verschiedene Ausfüllung der Querschnitte der Spulenseiten unterschieden sind, ab.

Abb. 9c. Einschichtwicklung.

Mit Rücksicht auf eine möglichst übersichtliche Darstellung wollen wir bei den folgenden Untersuchungen immer Zweischichtwicklungen voraussetzen und nur gelegentlich auf die Einschichtwicklung im besonderen eingehen. Die Ein- und Mehrschichtwicklungen lassen sich in jedem Einzelfalle leicht aus der Zweischichtwicklung ableiten.

Zunächst werden wir die Wicklungen behandeln, wo nur eine Spulenseite quer zur Nut angeordnet ist ($u = 1$), und erst später in einem besonderen Abschnitt auf die Wicklungen mit beliebig vielen Spulenseiten ($u > 1$) quer zur Nut übergehen.

Bei der Darstellung der Wicklungen im abgewickelten Schaltplan empfiehlt es sich, die Spulenseiten genau so zu zeichnen, wie sie am Ankerumfang liegen. Bei der Zweischichtwicklung decken sich dann immer zwei Spulenseiten. Es ist deshalb üblich geworden, die tatsächlich übereinander liegenden Spulenseiten im Schaltplan nebeneinander zu zeichnen, die Wicklung also gewissermaßen als Einschichtwicklung darzustellen. Diese Darstellung ist nicht zu empfehlen, weil sie, wie wir noch sehen werden, ein falsches Bild von der Lage der Spulenseiten gibt, ohne die Übersichtlichkeit des Schaltplans zu erhöhen.

Im Schaltplan zeichnet man nur die Spulenseiten ohne Rücksicht auf die Zahl der Leiter, die zu einer Spulenseite gehören, denn man will nur die Schaltverbindungen und die Lage der Spulenseiten, nicht aber die Zahl der Ankerleiter durch den Schaltplan veranschaulichen.

3. Die Entstehung der Schleifenwicklung aus der Ringwicklung.

Wir wollen die Schleifenwicklung aus der Ringwicklung unter der Voraussetzung ableiten, daß die Zahl der Stromwenderstege in beiden Fällen dieselbe ist. Die Leiter am äußern und innern Umfang des Ringankers numerieren wir fortlaufend und unterscheiden die äußern und innern Leiter durch die Zeiger *a* und *i*; die zu derselben Spule gehörigen Leiter erhalten dieselbe Nummer (Abb. 10a). Die Verbindungsstellen je zweier Spulen sind ebenfalls fortlaufend numeriert und führen zu den Stromwenderstegen, die in der Abbildung der Übersichtlichkeit wegen weggelassen sind. Wenn die Zahl der

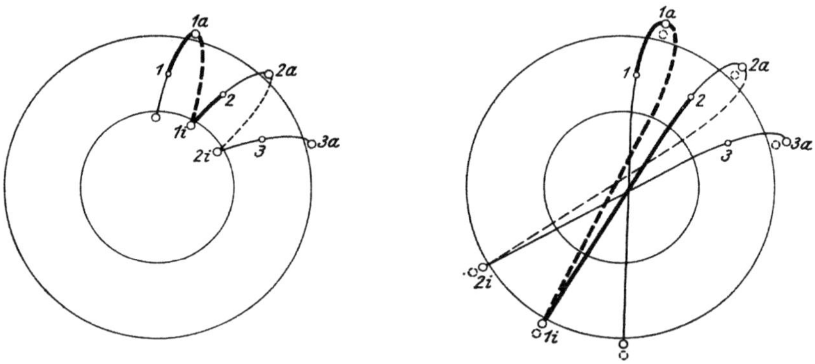

Abb. 10a. Abb. 10b.

Entstehung der zweipoligen Schleifenwicklung (b) aus der zweipoligen Ringwicklung (a).

Stromwenderstege dieselbe ist, müssen am äußern Ankerumfang bei der Trommelwicklung doppelt so viel Spulenseiten liegen wie bei der Ringwicklung, oder mit andern Worten, wir müssen die innern Leiter der Ringwicklung auf dem äußern Umfang des Trommelankers unterbringen. Wir ordnen die Spulenseiten bei der Trommelwicklung, entsprechend der gewöhnlich üblichen technischen Ausführung, in zwei Schichten an, wobei die Spulenseiten der äußern Schicht den Spulenseiten am äußern Umfang des Ringankers, die der innern Schicht dagegen den Spulenseiten im Innern des Ringankers entsprechen. Beachten wir schließlich noch, daß die Seiten einer Spule bei der Trommelwicklung um etwa eine Polteilung auseinander liegen müssen, so entsteht aus Spule 1—1*a*—1*i*—2 der Ringwicklung in Abb. 10a die ebenso bezeichnete Spule der zweipoligen Trommelwicklung in Abb. 10b. Die einzelnen Ankerspulen reihen sich dann bei der Trommelwicklung in genau derselben Weise aneinander wie bei der Ringwicklung.

Noch übersichtlicher wird die Entstehung der Trommelwicklung aus der Ringwicklung, wenn wir uns den Ankerdurchmesser unendlich groß denken. Abb. 11a stellt dann eine Spule der Ringwicklung dar, bei der wir auch die Leiter am innern Umfang des Ringes um eine Polteilung verschieben können, ohne an dem Verhalten der Wicklung etwas zu ändern (Abb. 11b). Legen wir nun noch die innern Leiter in Abb. 11b auf den äußern Ankerumfang (Abb. 11c), so erhalten wir die Schleifentrommelwicklung mit derselben Zahl der Stromwenderstege, aber mit doppelt so vielen wirksamen Spulenseiten. In Abb. 11d ist die Abwicklung des Ankermantels dargestellt, wobei die Polflächen durch randschraffierte Rechtecke angedeutet sind.

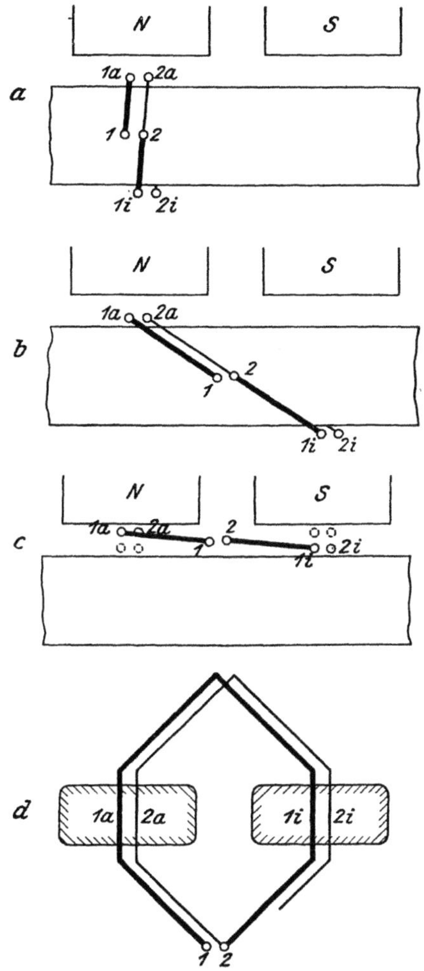

Abb. 11a bis d.
Entstehung der mehrpoligen Trommelwicklung aus der mehrpoligen Ringwicklung.

Wir erkennen auch jetzt, daß bei derselben Spulen- und Windungszahl die EMK der Trommelwicklung doppelt so groß ist wie die der Ringwicklung, weil bei der Trommelwicklung beide Spulenseiten Beiträge zur induzierten EMK der Bewegung liefern, oder weil der Windungsfluß der Trommelwicklung doppelt so groß ist wie der der Ringwicklung. Die Trommelwicklung ist deshalb besser ausgenützt als die Ringwicklung. Der Vorteil ist aber nicht so bedeutend, wie es zunächst scheinen mag, weil die Verbindungen auf den Stirnseiten des Ankers bei der Trommelwicklung im allgemeinen wesentlich länger sein müssen als bei der Ringwicklung.

Wenn jede Spule aus nur einer Windung besteht, wie wir es bei unsern Darstellungen zur Erhöhung der Anschaulichkeit angenommen haben, so darf bei derselben Klemmenspannung die

Spulenzahl und die Stegzahl des Stromwenders der Trommelwicklung nur halb so groß sein wie die der Ringwicklung. Dies ist in Grenzfällen, wie sie z. B. bei Turbogeneratoren für große Leistungen vorkommen, ein Nachteil der Trommelwicklung, doch sind ihre Vorteile gegenüber der Ringwicklung so bedeutend, daß sie auch in diesen Grenzfällen nicht durch die Ringwicklung verdrängt werden konnte.

Wir haben die Entstehung der Schleifen-Trommelwicklung aus der besonders übersichtlichen Ringwicklung ausführlich behandelt, um möglichst deutlich vor Augen zu führen, daß die Schleifen-Trommelwicklung ebenso wie die Ringwicklung für eine beliebige Zahl von Stromwenderstegen und Spulen ausführbar ist. Da zu jeder Spule zwei Spulenseiten gehören, so muß natürlich bei der Trommelwicklung die Zahl der am Ankerumfang liegenden Spulenseiten durch 2 teilbar sein. Im Gegensatz zur Ringwicklung ist dieselbe Schleifenwicklung nicht für beliebige Polzahlen geeignet, weil die Spulenweite immer annähernd gleich der Polteilung sein muß. Für die Anzahl der parallelen Ankerzweige gilt wie bei der Ringwicklung:

$$2a = 2p \qquad (1)$$

4. Eingängige Schleifenwicklungen.

A. Entwurf der Wicklung. Nachdem wir gesehen haben, wie aus der Ringwicklung die Schleifenwicklung entsteht, ist über den Entwurf der eingängigen Schleifenwicklung nicht viel zu sagen. Die Spulenweite wählen wir im allgemeinen möglichst gleich der Polteilung und verbinden dann die einzelnen Spulen so, wie sie am Ankerumfang aufeinander folgen. Der resultierende Wicklungsschritt ist dann

$$y = \underset{(-)}{+} 1, \qquad (3)$$

wobei das positive Vorzeichen einer ungekreuzten Wicklung ($y_1 > y_2$) und das negative Vorzeichen einer gekreuzten Wickung ($y_2 > y_1$) entspricht. Wir haben das negative Vorzeichen eingeklammert, weil man die Schleifenwicklung immer als ungekreuzte Wicklung ausführen soll.

Wir wollen nun an einigen typischen Beispielen die eingängige Schleifenwicklung, die auch wie die entsprechende Ringwicklung als einfache Parallelwicklung bezeichnet wird, näher besprechen. Dabei beschränken wir uns auf vierpolige Maschinen, weil sich die Verallgemeinerung auf Maschinen beliebiger Polzahl ohne weiteres daraus ergibt.

In Abb. 12 bis 16 sind Zweischichtwicklungen dargestellt, bei denen die Zahl der Stromwenderstege und damit auch die Zahl der Spulen durch die Polzahl teilbar ist. In allen Fällen sind 20 Stromwenderstege angenommen. Da immer zwei Spulenseiten übereinanderliegen, so ergeben sich dann auch 20 am Ankerumfang nebeneinanderliegende Spulenseiten, die in den Abbildungen fortlaufend numeriert sind. Soweit sich nicht Ober- und Unterschicht decken, sind die Spulenseiten in der Unterschicht gestrichelt gezeichnet; je eine, und zwar die von einer Bürste kurzgeschlossene Spule ist in jedem Schaltplan durch starke Linien hervorgehoben. Die Lage der Polschuhe ist durch Flächen angedeutet, deren Rand bei Nordpolen von oben links nach unten rechts (wie der Verbindungsstrich beim *N*), bei Südpolen von oben rechts nach unten links schraffiert ist.

B. **Durchmesserwicklung.** Bei den Wicklungen nach Abb. 12 und 13 ist die Spulenweite gleich der Polteilung, der Wicklungsschritt y_1 also gleich dem $2p$-ten Teil der Stromwenderstegzahl, gleich $\frac{20}{4} = 5$. Man bezeichnet solche Wicklungen als Durchmesserwicklungen, weil bei der zweipoligen Maschine die Verbindungslinie der um eine Polteilung auseinander liegenden Spulenseiten einen Durchmesser bildet. Die Lage der Pole und Bürsten ist so angenommen, daß sich die Seiten der von Bürsten kurzgeschlossenen Spulen in der geometrisch neutralen Zone befinden. In der Praxis wird in diesem Falle sehr häufig von der „Bürstenstellung in der neutralen Zone" gesprochen. Dies ist jedoch im übertragenen Sinne zu verstehen. Man denkt dabei an die Ringwicklung in Abb. 3; denn bei der Schleifenwicklung mit der hier angenommenen Form der Querverbindungen der Spulenseiten befinden sich die Bürsten räumlich unter der Polmitte. Unter der Annahme, daß sich die Wicklung mit dem Stromwender von links nach rechts unter den Polen und an den Bürsten vorbei bewegt, ist die Stromrichtung in je einem der vier parallelen Ankerzweige durch Pfeile angedeutet; die Pfeile im oberen Teil gelten für die Oberschicht, die im untern Teil für die Unterschicht.

In Abb. 12 ist $y_1 > y_2$; wir erhalten deshalb eine ungekreuzte Wicklung. Abb. 13 stellt die gekreuzte Wicklung dar. Wir erkennen, daß bei derselben Erregung des Feldmagneten und derselben Ankerdrehrichtung die gekreuzte Wicklung eine andere Bürstenpolarität hat als die ungekreuzte. Wenn es sich um einen Motor handelt, dreht sich der Anker mit der gekreuzten Wicklung im entgegengesetzten Sinne wie mit der ungekreuzten Wicklung. Im übrigen sind die beiden Wicklungen in ihrem Verhalten völlig gleichwertig.

Abb. 12.

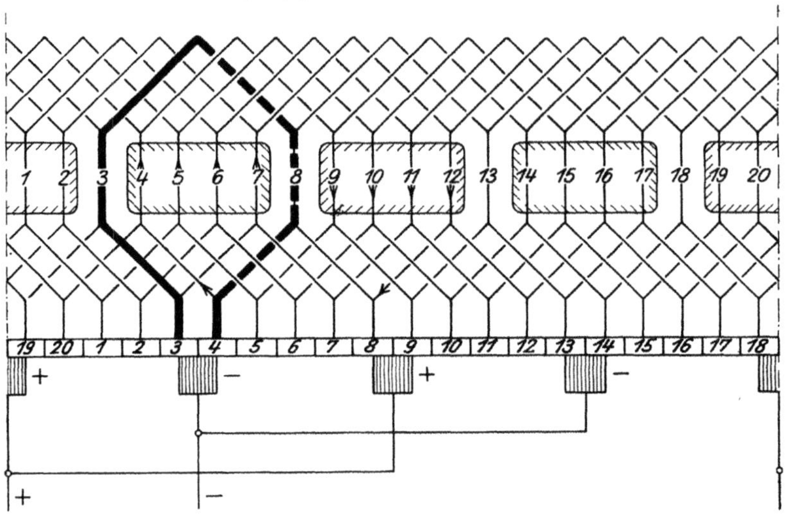

Abb. 14.

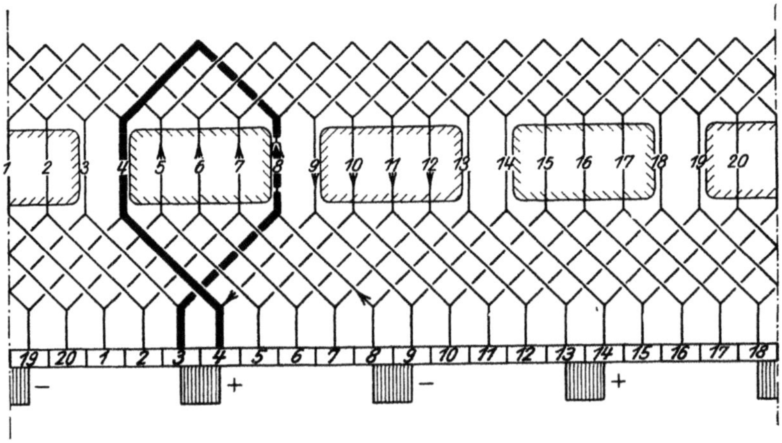

Abb. 16.

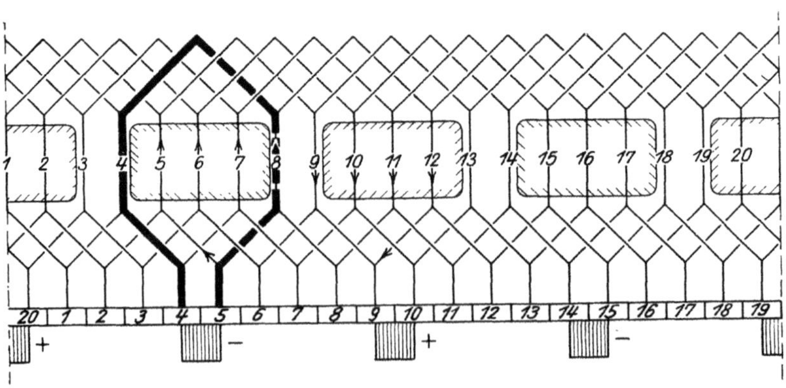

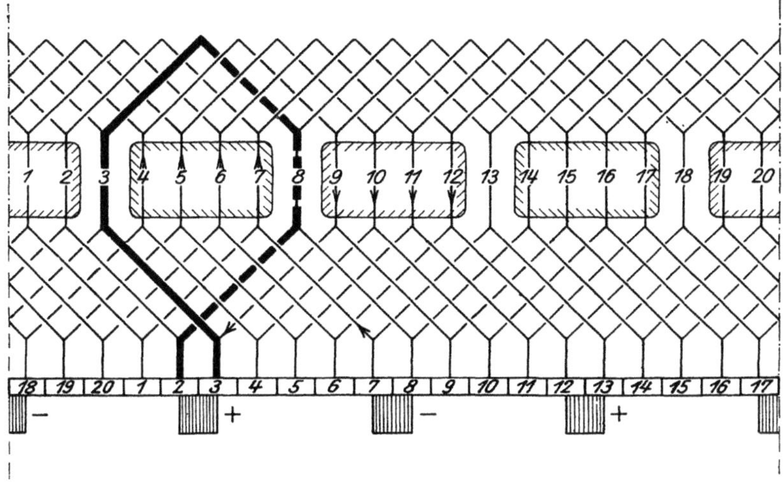

Abb. 13.

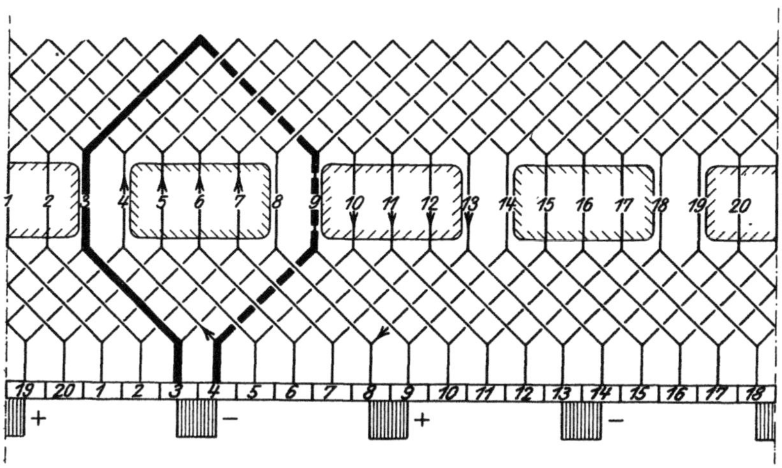

Abb. 15.

Erläuterungen

zu den vierpoligen, zweischichtigen Schleifenwicklungen in Abb. 12 bis 16, alle mit geradem Verhältnis zwischen Stromwenderstegzahl und Polpaarzahl.

Abb. 12.	$y_1 = 5$,	$y_2 = 4$,	$y = +1$	(ungekreuzt)	gleichwertige Durchmesserwicklungen.
„ 13.	$y_1 = 5$,	$y_2 = 6$,	$y = -1$	(gekreuzt)	
„ 14.	$y_1 = 4$,	$y_2 = 5$,	$y = -1$	(gekreuzt)	gleichwertige Sehnenwicklungen.
„ 15.	$y_1 = 6$,	$y_2 = 5$,	$y = +1$	(ungekreuzt)	
„ 16.	$y_1 = 4$,	$y_2 = 3$,	$y = +1$	(ungekreuzt)	

Wir sehen aber auch, daß der Raum, den die Querverbindungen auf der Stromwenderseite in axialer Richtung beanspruchen, bei der gekreuzten Wicklung größer ist als bei der ungekreuzten und daß deshalb jene Wicklung auch mehr Wicklungsmetall erfordert als die ungekreuzte. In Wirklichkeit ist der Unterschied allerdings nicht so groß, wie er in den Ausführungsbeispielen erscheint, weil die in einer Polteilung liegende Zahl der Stromwenderstege in praktischen Fällen im allgemeinen wesentlich größer ist, als wir es hier der Übersichtlichkeit wegen angenommen haben. Der Unterschied im Aufwand an Wicklungsmetall verschwindet fast ganz, wenn die Spulen aus mehreren Windungen bestehen. Da aber die gekreuzte Wicklung gegenüber der ungekreuzten keine Vorteile bietet, sollte man Schleifenwicklungen immer nur als ungekreuzte Wicklungen ausführen, dann braucht man bei der Herstellung von Ersatzankern auch nicht besonders darauf zu achten, ob der zuerst gebaute Anker mit gekreuzter oder ungekreuzter Wicklung ausgeführt wurde.

C. Sehnenwicklung. Die Wicklung in Abb. 14 ist aus der Wicklung in Abb. 12 entstanden, indem die Wicklungsschritte y_1 und y_2 miteinander vertauscht wurden, oder, was im wesentlichen auf dasselbe hinausläuft, indem der Stromwender auf der andern Seite der Wicklung angeschlossen wurde. Ebenso ist Abb. 15 aus Abb. 13 entstanden. Auf diese Weise haben wir neue Wicklungen erhalten, und wir ersehen daraus, daß die Wicklungsschritte y_1 und y_2 nicht miteinander verwechselt werden dürfen. Durch Vertauschen der Wicklungsschritte wird aus der ungekreuzten Wicklung eine gekreuzte und aus der Durchmesserwicklung entsteht eine Wicklung mit verkürztem (Abb. 14) oder verlängertem Schritt (Abb. 15). Solche Wicklungen bezeichnet man als Sehnenwicklungen, weil bei der zweipoligen Maschine die Verbindungslinie der Seiten einer Spule als Sehne eines Kreises erscheint. Die Stromrichtung in je einem der vier Ankerzweige ist wieder durch Pfeile angedeutet. Durch Vergleich mit den Abb. 12 und 13 erkennen wir, daß bei derselben Leiterzahl am Ankerumfang die in der Sehnenwicklung induzierte EMK kleiner ist als bei einer Durchmesserwicklung, weil die nebeneinanderliegenden Spulenseiten eines Wicklungszweigs bei der Sehnenwicklung gegenüber den Polschuhen verschoben sind. Bei noch größerer Abweichung der Spulenweite von der Polteilung, als es die Beispiele in Abb. 14 und 15 zeigen, sind die in den einzelnen Spulenseiten eines Wicklungszweiges induzierten EMKe teilweise entgegengesetzt. In ihrem Verhalten sind die beiden Sehnenwicklungen völlig gleichwertig, nur ist die Polarität der Bürsten verschieden, weil die eine Wicklung gekreuzt und die andere ungekreuzt ist. Die Wicklung mit verkürztem Schritt (Abb. 14) wird man immer der mit verlängertem Schritt (Abb. 15) vorziehen, weil ihre Querverbindungen auf der dem Stromwender gegenüberliegenden Seite in axialer Richtung weniger Raum und daher auch weniger Wicklungsmetall beanspruchen. In dieser Hinsicht läßt sich die Sehnenwicklung in Abb. 14 noch verbessern, indem man sie mit ungekreuzten Wicklungselementen ausführt. Man erhält so die Wicklung in Abb. 16, die in ihrem Verhalten mit denen in Abb. 14 und 15 übereinstimmt, aber den kleinsten Aufwand an Wicklungsmetall erfordert.

D. Stromverteilung. Zur besseren Veranschaulichung der Stromverteilung am Ankerumfang ist in Abb. 17a die Durchmesserwicklung

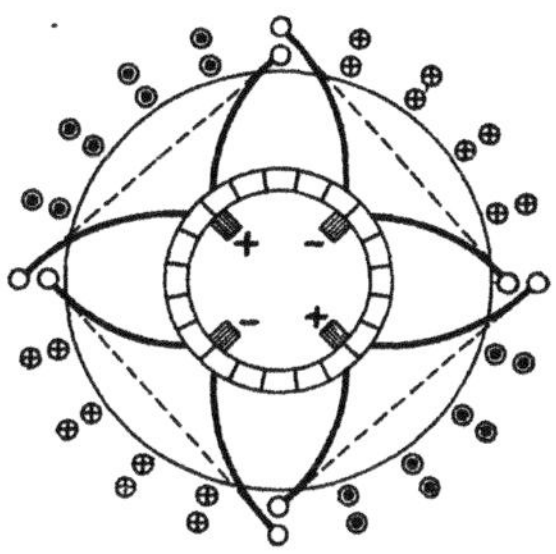

Abb. 17a. Stromverteilung der Wicklung in Abb. 12 (Durchmesserwicklung).

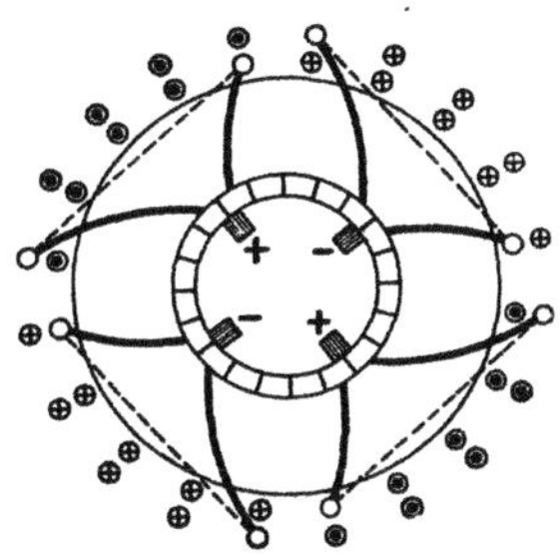

Abb. 17b. Stromverteilung der Wicklung in Abb. 16 (Sehnenwicklung).

und in Abb. 17b die Sehnenwicklung senkrecht zur Ankerwelle durchschnitten und die Stromrichtung in den einzelnen Spulenseiten durch Kreuze und Punkte angegeben. Der Anker ist der Einfachheit wegen ungenutet dargestellt. Die in Abb. 17a eingezeichneten Verbindungen der von Bürsten kurzgeschlossenen Ankerspulenseiten entsprechen der Schaltung Abb. 12, die in Abb. 17b der Abb. 16. Verkürzt man die Spulenweite y_1 noch mehr, so erhält man die in Abb. 17c dargestellte Stromverteilung. Diese ist dadurch gekennzeichnet, daß in den Spulenseiten, die außerhalb der von Bürsten kurzgeschlossenen Spulen liegen, die Ströme in Ober- und Unterschicht entgegengerichtet sind, so daß die Ankerdurchflutung in den Nuten außerhalb der kurzgeschlossenen Spulen Null ist (s. auch Abschnitt 22).

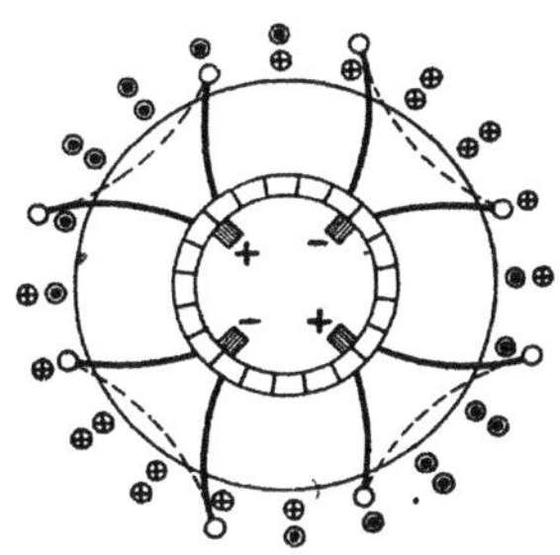

Abb. 17c. Stromverteilung einer Sehnenwicklung mit kleinerer Spulenweite als in Abb. 17b.

E. Einschichtwicklung. Aus der Zweischichtwicklung erhalten wir die Einschichtwicklung, indem wir die übereinander liegenden

Spulenseiten nebeneinander anordnen, indem wir also z. B. die Unterschicht am Ankerumfang so verschieben, daß die einzelnen Spulenseiten der Unterschicht zwischen je zwei Spulenseiten der früheren Oberschicht zu liegen kommen. Hieraus folgt ohne weiteres, daß die Einschichtwicklung immer eine Sehnenwicklung werden muß, wenn die entsprechende Zweischichtwicklung eine Durchmesserwicklung war. Verschieben wir z. B. die Unterschicht der Durchmesserwicklung in Abb. 12 um die halbe Entfernung zweier Spulen nach links, so entsteht die Einschichtwicklung in Abb. 18. Die untere Spulenseite 8 der Abb. 12 liegt z. B. in Abb. 18 zwischen den Spulenseiten 7 und 8 und ist mit $7^1/_2$ bezeichnet. Wir erkennen deutlich, daß die von Bürsten kurzgeschlossenen Spulenseiten bei der aus der Durchmesser-Zweischichtwicklung abgeleiteten Einschichtwicklung (Abb. 18) nicht mehr genau in der geometrisch neutralen Zone liegen. Die Einschichtwicklung in Abb. 18 ist dasselbe Bild, durch das man gewöhnlich die Zweischichtwicklung in Abb. 12 darstellt. Diese Darstellung ist nicht zu empfehlen, weil man dabei ein falsches Bild von der Lage der Spulenseiten bekommt. Wir sehen auch, daß die Übersichtlichkeit der Schaltung bei der Darstellung als Einschichtwicklung nicht erhöht wird, im Gegenteil, Abb. 12 ist wesentlich übersichtlicher als Abb. 18 und erfordert auch weniger Zeichenarbeit. Beim Verfolgen der Wicklung in Abb. 12 besteht auch kein Zweifel, ob man von einer Querverbindung zu einer Ober- oder zu einer Unterschicht gelangt, denn zu einer Oberschicht gehören bei unserer Darstellung immer die Teile der Querverbindungen, die nach rechts abgebogen sind, zu einer Unterschicht die Teile, die nach links abgebogen sind.

In ähnlicher Weise können wir auch aus der Zweischichtwicklung eine Vierschichtwicklung ableiten, indem wir die Spulenseiten, die bei der Zweischichtwicklung nebeneinander liegen, übereinander anordnen.

F. Stegzahl zu Polpaarzahl ungerade. Wenn die Zahl der Stromwenderstege nicht durch die Polzahl $2p$ teilbar ist, läßt sich für die Zweischichtwicklung keine Durchmesserwicklung ausführen. Man wählt dann den Schritt y_1 im allgemeinen etwas kleiner als die Polteilung. Von praktischer Bedeutung sind hauptsächlich die Wicklungen, bei denen die Zahl der Stromwenderstege durch die Polpaarzahl p teilbar ist (vgl. Abschn. 10). Das Schema einer solchen Wicklung mit 18 Stromwenderstegen ist in Abb. 19 für eine vierpolige Maschine dargestellt. Während bei den früher behandelten Wicklungen, wo die Stegzahl durch die Polzahl $2p$ teilbar ist, alle kurzgeschlossenen Spulen relativ zu ihren Bürsten dieselbe Lage haben, ist dies bei der Wicklung in Abb. 19 nur je für die Bürsten gleicher Polarität der Fall; wenn sich die Mitten der Stromwenderstege unter den Mitten der positiven Bürsten befinden, liegen die Isolierstege des Stromwenders unter den Mitten der negativen Bürsten. Während im ersten Falle (Abb. 12) die von Bürsten verschiedener Polarität kurzgeschlossenen Spulen in Phase sind, sind sie im zweiten Falle

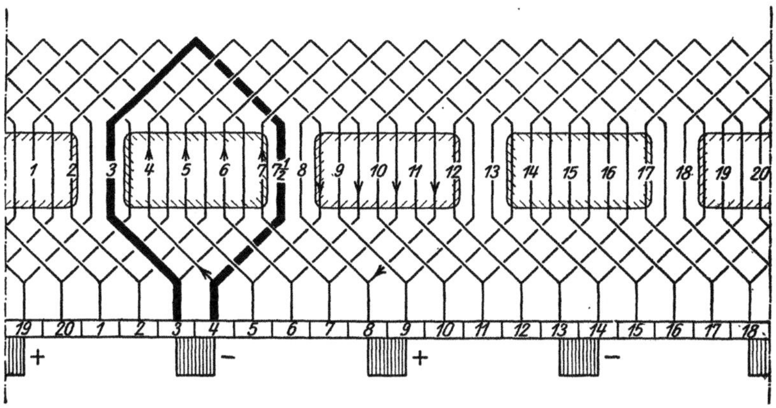

Abb. 18. Einschichtwicklung, abgeleitet aus der zweischichtigen Durchmesserwicklung in Abb. 12.

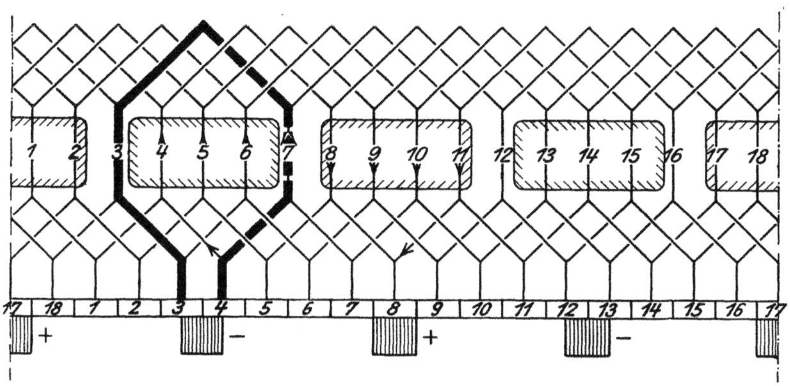

Abb. 19. Zweischichtwicklung mit ungeradem Verhältnis zwischen Stromwenderstegzahl und Polpaarzahl.

(Abb. 19) um eine halbe Stromwenderteilung in der Phase verschoben. Solche Wicklungen werden gern bevorzugt, weil sie, wie wir später sehen werden, zur Verhinderung von Bürstenfeuer günstig sind. Man muß dann natürlich auf eine Durchmesserwicklung verzichten, was aber nicht viel zu besagen hat, weil in praktischen Fällen die Abweichung der Spulenweite von der Polteilung nur sehr gering ist.

Aus Abb. 19 würden wir durch Verschieben der Unterschicht um die halbe Entfernung benachbarter Spulen nach rechts eine Einschicht-Durchmesserwicklung erhalten.

G. Zusammenfassung. Die eingängige Schleifenwicklung ist ebenso wie die Ringwicklung für eine beliebige Zahl von Stromwenderstegen ausführbar. Der resultierende Wicklungsschritt ist

$$y = \underset{(-)}{+} 1 \quad \ldots\ldots\ldots\ldots \quad (3)$$

Die Zahl der parallelen Ankerzweige ist bei der eingängigen Schleifenwicklung immer gleich der Polzahl,

$$2a = 2p \quad \ldots\ldots\ldots\ldots \quad (1)$$

Man soll alle Schleifenwicklungen als ungekreuzte Wicklungen ($y = +1$) ausführen. Bei Sehnenwicklungen wird man die Spulenweite im allgemeinen k l e i n e r als die Polteilung wählen. Man wird die Wicklungen bevorzugen, bei denen die auf eine Polpaarteilung fallende Stegzahl ganz, aber ungerade ist.

Die eingängige Schleifenwicklung bezeichnet man auch als einfache Parallelwicklung.

5. Die zweigängige Ring- und Schleifenwicklung.

Bei den bisher behandelten Wicklungen war die Zahl der parallelen Ankerzweige immer gleich der Polzahl. Es läßt sich aber auch die Ring- und die Schleifenwicklung für eine Zahl von parallelen Stromzweigen entwerfen, die ein Vielfaches der Polzahl $2p$ ist. Praktische Bedeutung haben nur solche Schleifenwicklungen, bei denen die Zahl der parallelen Stromzweige d o p p e l t so groß wie die Polzahl ist. Wir wollen uns deshalb hier auf diese Wicklungen beschränken und zunächst die übersichtlichere Ringwicklung behandeln, um daraus die Trommelwicklung abzuleiten.

A. Ringwicklung. Eine Ringwicklung mit den verlangten Eigenschaften entsteht, wenn wir beim Verbinden der einzelnen Spulen immer eine Spule am Ankerumfang überspringen. Die Spiralen am Ankerumfang sind dann so gewunden wie eine zweigängige Schraube; wir sprechen deshalb von einer z w e i g ä n g i g e n Wicklung. Die zweigängige Ringwicklung ist wie die eingängige für eine beliebige Zahl von Stromwenderstegen ausführbar; man erhält aber verschiedene Wicklungen, je nachdem die Stegzahl durch die Gangzahl 2 teilbar ist oder nicht, oder mit andern Worten, je nachdem bei der zweigängigen Wicklung die Zahl der Stromwenderstege gerade oder ungerade ist. Diese beiden Fälle sind in den Abb. 20 und 21 dargestellt.

In Abb. 20 ist die Stegzahl 18, also eine gerade Zahl. Wir erhalten zwei getrennte ineinander geschachtelte Wicklungen, von denen die eine (mit den ungeraden Zahlen) in der Abbildung etwas stärker gezeichnet ist. Beide Wicklungen werden durch jede der Bürsten parallel geschaltet, deren Breite deshalb bei den zweigängigen Wicklungen größer als die Stromwenderteilung sein muß. Die Zahl der parallelen Ankerzweige ist bei der zweipoligen Wicklung 4.

Wenn die Zahl der Stromwenderstege ungerade ist, z. B. 19 wie in Abb. 21, so gelangt man nach dem ersten Umgang am Ankerumfang noch nicht zu der Ausgangspule zurück. Die Wicklung schließt sich erst nach dem zweiten Umgang, wenn alle Spulen der

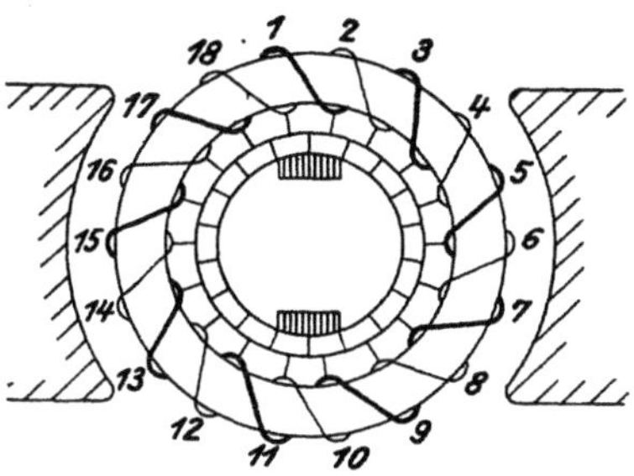

Abb. 20. Zweigängige zweifach geschlossene Ringwicklung.

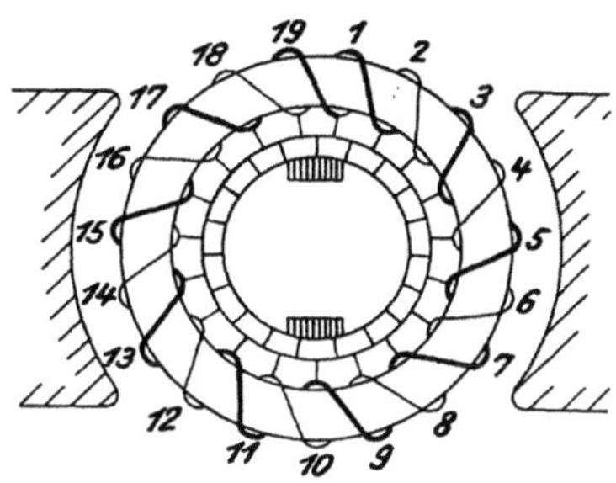

Abb. 21. Zweigängige einfach geschlossene Ringwicklung.

Wicklung durchlaufen sind. Beginnen wir z. B. bei Spule 1, so kommen wir nach dem ersten Umgang (in der Abbildung durch starke Linien hervorgehoben) von Spule 19 zu Spule 2 und nach dem zweiten Umgang schließt sich die Wicklung von Spule 18 nach Spule 1, von der wir ausgegangen sind. Es entsteht eine einzige, in sich geschlossene, aber ebenfalls zweigängige Wicklung. Auch bei dieser Wicklung ist die Zahl der parallelen Ankerzweige doppelt so groß wie die Polzahl. Wir haben bei der zweipoligen Maschine vier parallele Ankerzweige. Im ersten Zweig der Abb. 21 liegen die Spulen 2 4, 6, 8, im zweiten 1, 3, 5, 7, 9, im dritten 19, 17, 15, 13, 11 und im vierten die Spulen 18, 16, 14, 12; Spule 10 ist durch die Bürste kurzgeschlossen.

Auch bei der zweigängigen Ringwicklung kann wie bei der eingängigen derselbe Anker für Maschinen beliebiger Polzahl Verwendung finden, wenn die am Stromwenderumfang aufgelegte Zahl der Bürsten gleich der Polzahl ist. Die Zahl der parallelen Ankerzweige ist dann

$$2a = 4p. \qquad (4)$$

B. Schleifenwicklung. Aus den zweigängigen Ringwicklungen erhalten wir nun in bekannter Weise die entsprechenden Schleifen-

Trommelwicklungen, die man auch als Zweifach-Parallelwicklungen bezeichnet, indem wir die inneren Spulenseiten der Ringwicklung um ungefähr eine Polteilung verschieben und am äußeren Umfang anordnen. Wir wollen aus den zweipoligen Schaltungen in Abb. 20 und 21 die vierpoligen Trommelwicklungen ableiten.

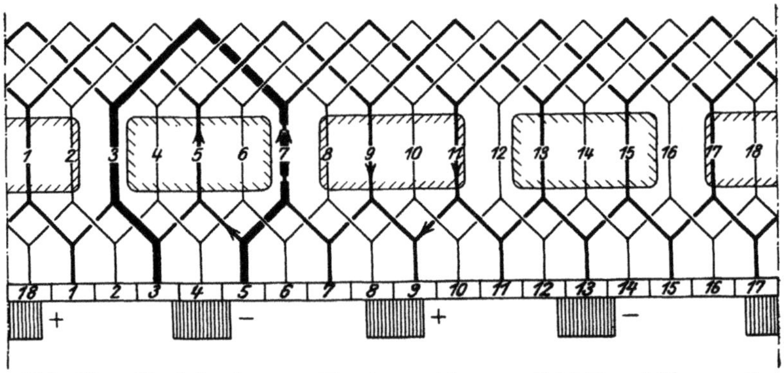

Abb. 22a. Zweigängige zweifach geschlossene Schleifenwicklung mit y_1 = gerade und $\frac{k}{p}$ = ungerade (abgeleitet aus Abb. 20).

Je nachdem wir den Schritt y_1, der bei den Trommelwicklungen die Spulenweite bestimmt, gerade oder ungerade wählen, entstehen

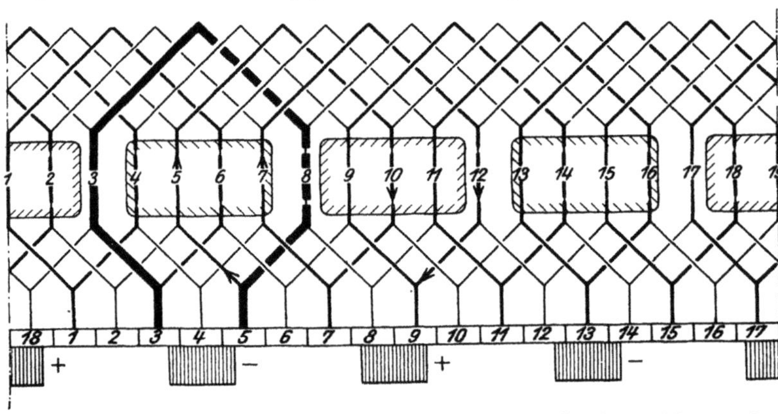

Abb. 22b. Zweigängige zweifach geschlossene Schleifenwicklung mit y_1 = ungerade und $\frac{k}{p}$ = ungerade (abgeleitet aus Abb. 20).

aus der Ringwicklung in Abb. 20 die Wicklungen in Abb. 22a oder 22b. Die beiden getrennten Wicklungsteile sind wie in Abb. 20 durch verschiedene Strichstärken voneinander unterschieden; eine Spule ist wieder du1ch dicke Linien besonders hervorgehoben. In Abb. 22a liegen immer solche Spulenseiten übereinander, die zu demselben in sich geschlossenen Wicklungsteil gehören, während in Abb. 22b immer die Spulenseiten verschiedener Wicklungsteile übereinanderliegen. Jede der einzelnen in sich geschlossenen Wicklungen ist also in Abb. 22a wie eine Zweischichtwicklung, in Abb. 22b dagegen wie eine

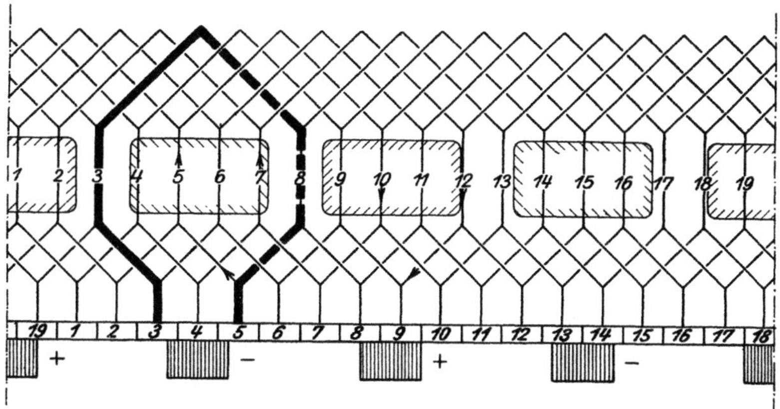

Abb. 23. Zweigängige einfach geschlossene Schleifenwicklung (abgeleitet aus Abb. 21).

Einschichtwicklung verteilt. Bei der Wicklung in Abb. 22b ist es gleichgültig, wie sich der gesamte Strom auf die beiden je in sich

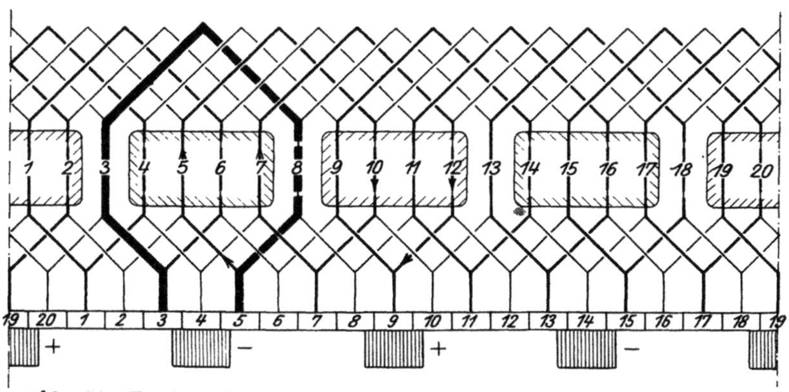

Abb. 24. Zweigängige zweifachgeschlossene Schleifenwicklung mit $y_1 =$ ungerade und $\frac{k}{p} =$ gerade (Durchmesserwicklung).

geschlossenen Wicklungen verteilt, die resultierende Stromverteilung am Ankerumfang, die sich aus den zwei übereinanderliegenden Schichten ergibt, ist immer dieselbe.

Die Wicklung in Abb. 22b haben wir für eine Spulenweite y_1

gezeichnet, die etwas größer als die Polteilung ist, weil bei verkürztem Schritt die Seiten der von Bürsten kurzgeschlossenen Spulen schon unter den Polschuhen liegen würden. Bei größerer Stegzahl, als sie der Übersichtlichkeit wegen in den Abbildungen angenommen wurde, ist dies aber nicht zu befürchten, so daß man dann wohl die Wicklung mit verkürztem Schritt ausführen würde.

Die Schleifenwicklung in Abb. 23 entspricht der Ringwicklung in Abb. 21. Wir haben wieder die innern Spulenseiten der Ringwicklung um etwa eine Polteilung verschoben und am äußern Ankerumfang als Unterschicht angeordnet. Es ergibt sich hier natürlich wieder eine einfach in sich geschlossene Wicklung mit $4p = 8$ parallelen Stromzweigen.

Wenn die Zahl der Stromwenderstege durch die Polzahl teilbar ist, ist eine Durchmesserwicklung möglich. Je nachdem dann der Schritt y_1 (Spulenweite) gerade oder ungerade ist, ergibt sich wieder eine Wicklung, bei der immer Spulenseiten derselben oder verschiedener in sich geschlossener Wicklungen übereinanderliegen. Der letzte Fall ist in Abb. 24 dargestellt, und zwar für 20 Stromwenderstege; es ist $\frac{k}{2p} = \frac{20}{4} = 5$, also ungerade. Der wesentliche Unterschied zwischen den zweigängigen Wicklungen nach Art der Abb. 22a und 22b einerseits und 24 andrerseits ist der, daß bei der ersten Gruppe $\left(\frac{k}{p}\text{ ungerade}\right)$ die um eine Polpaarteilung auseinander liegenden Stromwenderstege verschiedenen Wicklungsteilen, bei der zweiten Gruppe $\left(\frac{k}{p}\text{ gerade}\right)$ denselben Wicklungsteilen angehören. Bei der Behandlung der Ausgleichsverbindungen werden wir hierauf noch zurückkommen.

C. Zusammenfassung. Eine zweigängige Schleifenwicklung ist ebenso wie die eingängige für eine beliebige Zahl von Stromwenderstegen ausführbar. Der resultierende Wicklungsschritt ist

$$y = \underset{(-)}{+} 2 \quad \ldots \ldots \ldots \ldots \quad (5)$$

und die Zahl der parallelen Ankerzweige

$$2a = 4p \quad \ldots \ldots \ldots \ldots \quad (4)$$

Bei den zweigängigen Wicklungen muß die Breite der Bürsten größer sein als die Teilung des Stromwenders, damit mindestens zwei Stromwenderstege ganz oder teilweise von einer Bürste bedeckt werden. Wir erhalten eine einfachgeschlossene zweigängige Schleifenwicklung (vgl. Abb. 23), wenn bei beliebiger Polpaarzahl p die gesamte Zahl der Stromwenderstege ungerade ist. In allen andern

Fällen (Abb. 22a, 22b und 24) ergeben sich zwei je in sich geschlossene Wicklungsteile, die immer durch die Bürsten parallel geschaltet sind.

Wenn bei der zweigängigen zweifachgeschlossenen Wicklung (k gerade) das Verhältnis $\frac{k}{p}$ von Stegzahl zu Polpaarzahl eine gerade Zahl ist (Abb. 24), so haben immer die Spulen desselben der beiden getrennten Wicklungsteile gleiche Lagen unter gleichpoligen Bürsten; ist dagegen das Verhältnis $\frac{k}{p}$ ungerade (Abb. 22a und 22b), so gehören die zu den Bürsten derselben Polarität gleichliegenden Spulen verschiedenen Wicklungsteilen an. Wenn die Spulenweite y_1 bei der zweifach geschlossenen Wicklung gerade ist (Abb. 22a), so liegen immer zwei Spulenseiten desselben Wicklungsteiles übereinander; ist y_1 ungerade (Abb. 22b und und 24) so gehören die übereinanderliegenden Spulenseiten verschiedenen Wicklungsteilen an.

Auf die Unterschiede der einzelnen hier behandelten Wicklungen werden wir im Abschnitt über die Ausgleichsverbindungen näher eingehen. Die zweigängigen Schleifenwicklungen haben nur in gewissen Grenzfällen praktische Bedeutung; man bezeichnet sie auch als Zweifach-Parallelwicklungen.

6. Die eingängige Wellenwicklung.

A. Ableitung aus der Schleifenwicklung. Die Wellenwicklung können wir aus der Schleifenwicklung ableiten, indem wir die bei der Schleifenwicklung um etwa eine Polpaarteilung auseinanderliegenden Spulen so miteinander verbinden, daß bei der eingängigen Wicklung an Stelle der einen Spule der Schleifenwicklung immer p in Reihe geschaltete Spulen zwischen zwei benachbarten Stromwenderstegen liegen. Es entsteht dann aus dem Wicklungsteil Abb. 25a einer gekreuzten Schleifenwicklung der Wicklungsteil einer ungekreuzten Wellenwicklung in Abb. 25b. Um möglichst kurze Querverbindungen auf der Stromwenderseite zu bekommen, verschieben wir noch den Stromwender mit den Bürsten um etwa eine Polteilung nach links und erhalten schließlich den Wicklungsteil in Abb. 25c, der der allgemein üblichen Wellenwicklung entspricht.

Wir haben nun aber noch zu untersuchen, ob aus jeder Schleifenwicklung eine brauchbare Wellenwicklung abgeleitet werden kann, oder ob sich an die Ausführbarkeit der Wellenwicklung noch gewisse Bedingungen knüpfen.

Wir wollen zunächst die Beziehungen zwischen dem resultierenden Wicklungsschritt y und der Zahl der Stromwenderstege aufstellen. Dabei dürfen wir uns auf die Zweischichtwicklung beschränken, da in den seltenen Fällen, wo die Spulenseiten in einer einzigen Schicht angeordnet werden, nur Schleifenwicklungen in Frage kommen, und die in Sonderfällen ausgeführten Mehrschichtwicklungen sich aus der Zweischichtwicklung leicht schließen lassen. Wie ohne weiteres aus der Entwicklung in Abb. 25a bis c hervorgeht, muß bei der ungekreuzten Zweischichtwicklung (Abb. 25c), die um 1 vermehrte Summe der Wicklungsschritte eines Umlaufs gleich der Zahl der am Ankerumfang nebeneinander liegenden Spulenseiten sein. Bei der gekreuzten Wicklung wird diese Zahl gleich der um 1 verminderten Summe der Wicklungsschritte. Da p resultierende Wicklungsschritte y für einen Umlauf auszuführen sind, und die Zahl der nebeneinander liegenden Spulenseiten bei der Zweischichtwicklung gleich der Zahl der Stromwenderstege k ist, so muß

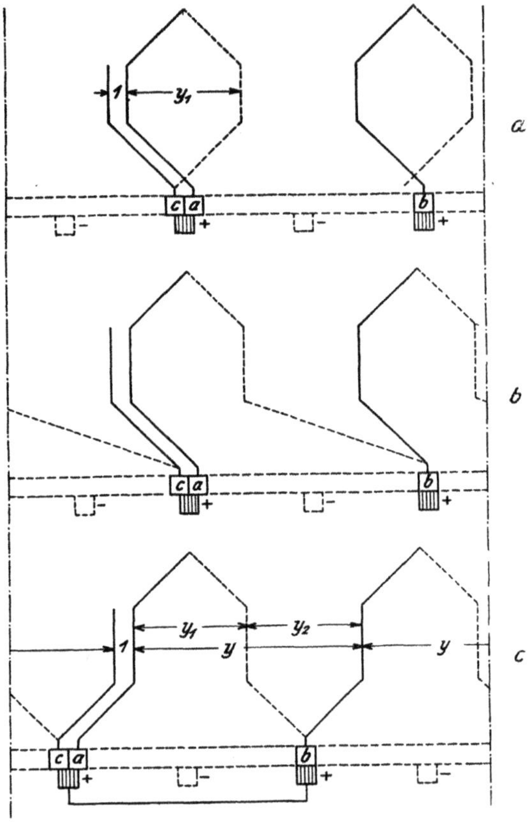

Abb. 25. Ableitung der Wellenwicklung (c) aus der Schleifenwicklung (a).

$$py \overset{+}{(-)} 1 = k \quad \ldots\ldots\ldots \quad (6\,a)$$

sein, oder

$$y = \frac{k \overset{-}{(+)} 1}{p} \quad \ldots\ldots\ldots \quad (6)$$

Wir haben hier wieder das Vorzeichen eingeklammert, das der gekreuzten Wicklung entspricht, weil man auch bei der Wellenwicklung nach Möglichkeit die gekreuzte Wicklung vermeiden wird. Bei gegebener Stegzahl ist dies jedoch bei der Wellenwicklung nicht immer möglich, da in Gl. 6a p, y und k immer ganze Zahlen sind.

Eine Wellenwicklung läßt sich also nur aus solchen Schleifenwicklungen ableiten, deren Stegzahl der Gl. 6a genügt, worin y alle ganzen Zahlen annehmen kann. Die Wellenwicklung ist deshalb nicht wie die Schleifenwicklung für jede beliebige Stegzahl ausführbar, sondern nur mit solchen Stegzahlen, für die nach Gl. 6 der resultierende Wicklungsschritt y eine ganze Zahl ist. Wir werden später sehen, daß besonders bei den Wicklungen mit mehreren in der Nut nebeneinander liegenden Spulenseiten, die wir erst in Abschnitt 8 behandeln wollen, der Ausführbarkeit der Wellenwicklung enge Grenzen gezogen sind.

Wir haben nun noch zu prüfen, ob die nach Abb. 25a bis c entwickelte Wellenwicklung auch den früher aufgestellten notwendigen Bedingungen genügt, daß die in den einzelnen Spulen eines Ankerzweiges induzierten EMKe dasselbe Vorzeichen haben und die Wicklung sich schließt. Die erste Bedingung folgt schon aus Abb. 25, weil die p in einem Umlauf liegenden Spulen um etwa eine Polpaarteilung am Ankerumfang auseinander liegen, im wesentlichen also gleichartig induziert werden, und die einzelnen Umläufe sich ebenso aneinanderreihen wie bei der Schleifen- oder Ringwicklung die einfachen Spulen. Schwerer zu übersehen ist jedoch, daß sich die Wicklung schließt, nachdem alle Spulenseiten im Schema durchlaufen sind.

Wir machen uns dies am besten an Hand der Abb. 26 klar, wo ein Umlauf der Wicklung ($p = 3$) durch dicke Linien hervorgehoben ist; er gehört zu den Stromwenderstegen a_1, b_1, c_1, d_1 und beginnt bei a_1. Wenn wir solche Wicklungsteile aneinanderreihen, so rücken die Stromwenderstege nach jedem neuen Umlauf um eine Stegteilung nach links. Der y-te dieser Umläufe ist von dem ersten Umlauf um $y-1$ Stromwenderstege entfernt. Er ist in der Abbildung durch etwas schwächere Linien dargestellt; zu ihm gehören die Stege a_y, b_y, c_y und d_y. Nach Ausführung des y-ten Umlaufs haben wir py Spulen durchlaufen. Die Wicklung ist aber noch nicht geschlossen, sondern schließt sich erst, wenn noch die dünne Spule zwischen den Stegen d_y und a_1 eingefügt wird. Dann sind alle $py+1=k$ Spulen in der geschlossenen ungekreuzten Wellenwicklung (vgl. Gl. 6a) enthalten. Bei einer gekreuzten Wicklung ergeben sich entsprechend $py-1$ Spulen. In beiden Fällen erhalten wir also einfachgeschlossene Wicklungen.

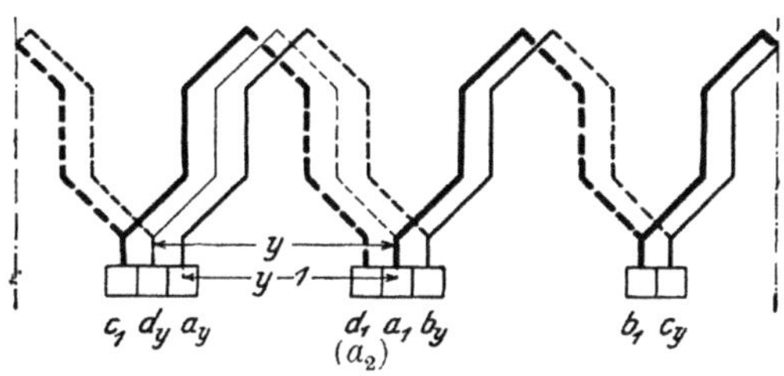

Abb. 26.

Die Teilschritte y_1 und y_2 können beliebig sein; man wird sie jedoch im allgemeinen so wählen, daß die von Bürsten kurzgeschlossenen Spulenseiten möglichst wenig von der neutralen Zone abweichen. Dann ist die Zone, in der die Stromwendung stattfindet, möglichst schmal und die induzierte EMK ist bei gegebener Spulenzahl möglichst groß. Die Spulenseiten einer Durchmesserwicklung $\left(y_1 = \frac{k}{2p}\right)$ haben auch bei der Wellenwicklung gewöhnlich die kleinste Abweichung von der neutralen Zone. Es läßt sich aber bei der Wellenwicklung nicht erreichen, daß alle von einer Bürste kurzgeschlossenen Spulenseiten in der neutralen Zone liegen wie bei der Schleifenwicklung (Abb. 12). Denn dann müßten die $2p$ Spulenseiten eines Umlaufs sich schließen (vgl. Abb. 27), und eine fortlaufende Wellenwicklung wäre nicht möglich. Wir werden in einem besonderen Abschnitt auf die Bestimmung der Breite der Wendezone und auf die Wahl der Teilschritte eingehen.

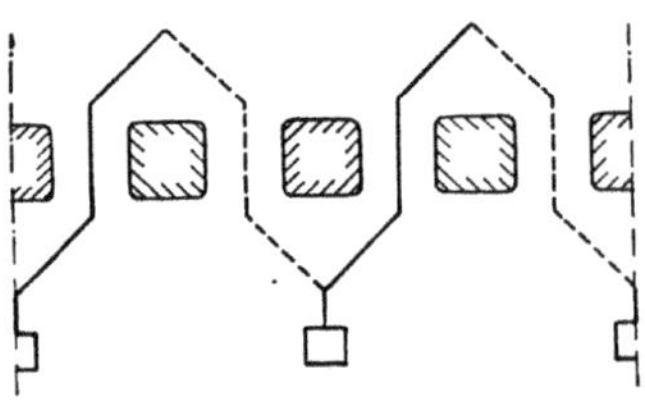

Abb. 27.

Bei der mehrpoligen Schleifen- und Ringwicklung werden durch die äußeren Verbindungsleitungen zwischen den mehrpoligen Bürsten immer p Spulengruppen der Wicklung parallel geschaltet, so daß die gesamte Zahl der parallelen Ankerzweige bei der eingängigen Wicklung $2p$ ist. Wie aus der Ableitung der Wellenwicklung aus der Schleifenwicklung in Abb. 25a bis c hervorgeht, liegen bei der Wellenwicklung immer p Spulen, die verschiedenen der p parallelen Spulengruppen bei der Schleifenwicklung angehören, in Reihe. Es ergeben sich deshalb bei der eingängigen Wellenwicklung immer nur zwei parallele Ankerzweige, wie groß auch die Polzahl sein mag,

$$2a = 2 \quad \quad (7)$$

Hiervon überzeugt man sich leicht, indem man die Wicklung an einem der im folgenden näher zu betrachtenden Beispiele verfolgt. Durch Verbinden der gleichpoligen Bürsten der Wellenwicklung wird nur ein Teil des von einer Bürste kurzgeschlossenen Umlaufs nochmals über zwei Bürsten kurzgeschlossen (Abb. 25c). Daher ist es bei der Wellenwicklung nicht nötig, alle $2p$ Bürsten aufzulegen und es genügt schon, wenn bei beliebiger Polpaarzahl eine positive und eine negative Bürste aufliegen. Zur Unterdrückung des Bürstenfeuers ist es jedoch vorteilhaft, alle $2p$ Bürsten aufzulegen.

Da die halbe Zahl der parallelen Ankerzweige bei der eingängigen

Wellenwicklung immer gleich 1 ist, bezeichnet man sie auch als Reihenwicklung.

B. Ausführungsbeipsiele. In Abb. 28 ist eine ungekreuzte vierpolige Wellenwicklung mit 19 Stromwenderstegen dargestellt. Nach Gl. 6 wird der resultierende Schritt

$$y = \frac{19-1}{2} = 9,$$

den wir in die Teilschritte

$$y_1 = 5 \text{ und } y_2 = 4$$

zerlegt haben. Wir haben also beispielsweise auf der dem Stromwender gegenüberliegenden Ankerseite die Spulenseite 8 der Oberschicht mit der Spulenseite $8+5=13$ in der Unterschicht und auf der Stromwenderseite die Spulenseite 13 der Unterschicht mit der Spulenseite $13+4=17$ der Oberschicht zu verbinden. Durch Verfolgen der Wicklung überzeugen wir uns leicht, daß nur zwei parallele Stromzweige vorhanden sind, und daß sich daran auch nichts ändert, wenn außer den beiden voll ausgezogenen Bürsten noch weitere, in der Abbildung gestrichelt gezeichnete Bürsten auf den Stromwender gelegt werden. Die Stromrichtung in einem der beiden Ankerzweige ist für die Bewegung der Wicklung von links nach rechts durch Pfeile angedeutet. Wir erkennen durch Vergleich mit Abb. 12, daß die Bürsten bei der ungekreuzten Wellenwicklung dieselbe Polarität haben wie bei der ungekreuzten Schleifenwicklung.

Für die vierpolige Maschine ist bei der in Abb. 28 angenommenen Zahl von Stromwenderstegen auch eine gekreuzte Wicklung ausführbar. Der resultierende Wicklungsschritt wird nach Gl. 6

$$y = \frac{19+1}{2} = 10,$$

und wir erhalten mit den Teilschritten

$$y_1 = y_2 = 5$$

die Wicklung in Abb. 29. Wie die gekreuzte und ungekreuzte Schleifenwicklung, so unterscheiden sich auch die entsprechenden Wellenwicklungen dadurch voneinander, daß die Bürstenpolarität verschieden ist und die gekreuzte Wicklung gewöhnlich etwas mehr Aufwand an Wicklungsmetall erfordert.

Vertauschen wir die Wicklungsschritte y_1 und y_2 der Wicklung in Abb. 28, so erhalten wir die Schaltung in Abb. 30 mit verkürzter Spulenweite. Die induzierte EMK ist etwas geringer als bei der Wicklung nach Abb. 28, wo die Spulenweite nicht wesentlich von der Polteilung abweicht, weil die Spulenseiten desselben Stromzweiges gegenüber der Polschuhmitte verschoben sind. Während bei den Schleifenwicklungen die Wicklung mit verkürzter Spulenweite in

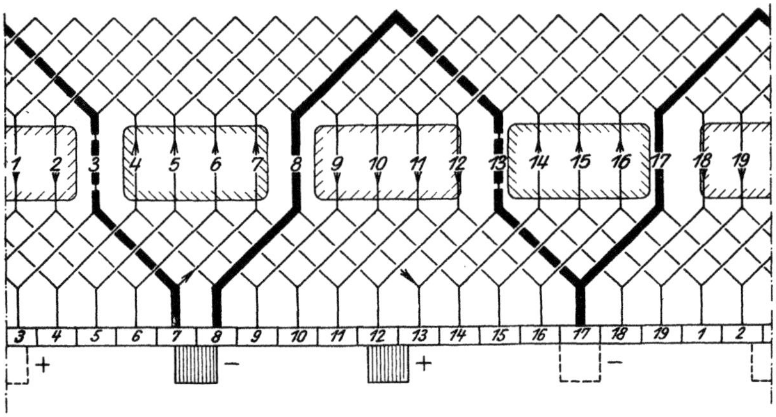

Abb. 28. Eingängige ungekreuzte Wellenwicklung.
$k = 19,\ y_1 = 5,\ y_2 = 4,\ y = 9.$

axialer Richtung immer weniger Raum beansprucht, hat die Wahl der Einzelschritte bei der Wellenwicklung mit nur einer Windung in jeder Spule keinen Einfluß auf die axiale Länge der Wicklung.

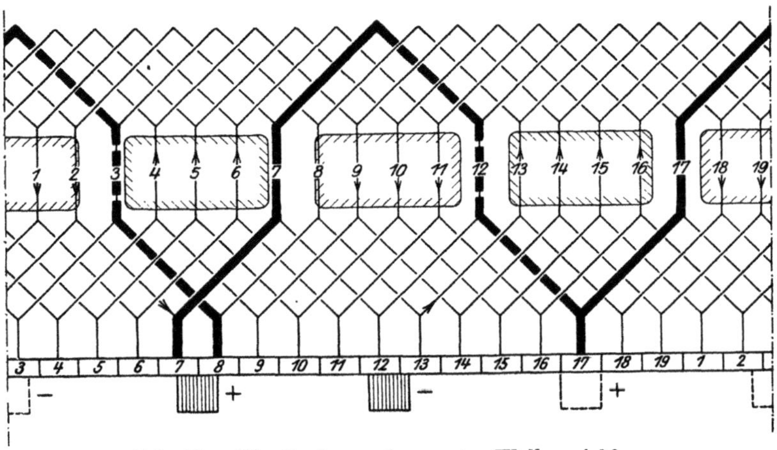

Abb. 29. Eingängige gekreuzte Wellenwicklung.
$k = 19,\ y_1 = 5,\ y_2 = 5,\ y = 10.$

Wie man durch Vergleich der Wicklungen in Abb. 28 und 30 ohne weiteres erkennt, vergrößert sich die Ausladung der Wicklung auf der Stromwenderseite um genau denselben Betrag, um den sie sich auf der gegenüberliegenden Seite durch Verkürzung der Spulenweite verringert. Bei der Wellenwicklung mit nur einer Windung in jeder Spule wird also durch Verkürzung der Spulenweite auch kein Wicklungsmetall erspart. Anders verhält sich dagegen die Wellen-

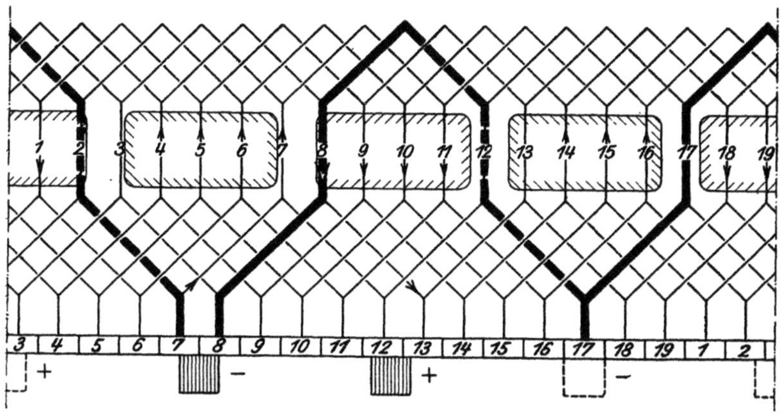

Abb. 30. Eingängige ungekreuzte Wellenwicklung.
$k=19$, $y_1=4$, $y_2=5$, $y=9$.

wicklung mit mehreren Windungen in jeder Spule, wie sie bei kleinen Maschinen und bei Maschinen für sehr hohe Spannung gewöhnlich verwendet wird. Hier hat die Verkürzung der Spulenweite auch etwas Ersparnis an Wicklungsmetall und eine Verkürzung der axialen Länge der Wicklung zur Folge.

Bei der Wellenwicklung wird durch Vertauschen der Teilschritte die Polarität der Bürsten nicht geändert (vgl. Abb. 30 mit 28); die ungekreuzte Wicklung bleibt eine ungekreuzte, und dasselbe gilt von der gekreuzten Wicklung.

C. Zusammenfassung. Die Wellenwicklung ist nicht für jede beliebige Zahl von Stromwenderstegen ausführbar. Zwischen dem resultierenden Wicklungsschritt y, der Zahl der Stromwenderstege k und der Polpaarzahl p muß die Beziehung

$$y=\frac{k\,(\mp)\,1}{p} \quad . \; . \; . \; . \; . \; . \; . \; . \; . \; . \quad (6)$$

bestehen.

Man wird die Zahl der Stromwenderstege möglichst so wählen, daß eine ungekreuzte Wicklung entsteht, entsprechend dem negativen Vorzeichen in Gl. 6. Die Spulenweite ist im allgemeinen so zu bemessen, daß die größte Abweichung der von Bürsten kurzgeschlossenen Spulenseiten aus der neutralen Zone möglichst klein ist. Bei Wellenwicklungen mit nur einer Windung in jeder Spule hat die

Spulenweite keinen Einfluß auf die axiale Länge der Wicklung und den Aufwand an Wicklungsmetall.

Die Zahl der parallelen Ankerzweige ist bei der eingängigen Wellenwicklung immer

$$2a = 2 \quad \ldots\ldots\ldots\ldots \quad (7)$$

Zur Stromabnahme oder -zuführung ist es zur Unterdrückung des Bürstenfeuers vorteilhaft, $2p$ Bürsten am Stromwender aufzulegen.

Man bezeichnet die eingängige Wellenwicklung auch als Reihenwicklung.

7. Die mehrgängige Wellenwicklung.

A. Ableitung der Eigenschaften. Die zweigängige Wellenwicklung läßt sich aus der zweigängigen Schleifenwicklung in genau derselben Weise ableiten wie die eingängige Wellen- aus der Schleifenwicklung (vgl. Abb. 25). Zwischen der Polpaarzahl p, dem resultierenden Wicklungsschritt y und der Zahl der Stromwenderstege k erhält man dann bei der zweigängigen Wellenwicklung die Beziehung

$$py \underset{(-)}{+} 2 = k.$$

Die Zahl der parallelen Stromzweige ist doppelt so groß wie bei der eingängigen Wicklung, weil durch die Bürsten, genau wie bei der Schleifenwicklung, immer zwei Gänge der Wicklung parallel geschaltet werden. Es ist also für die zweigängige Wellenwicklung

$$2a = 4.$$

Die Wellenwicklungen werden auch mit größeren Gangzahlen als 2 ausgeführt. Die Zahl der parallelen Ankerzweige ist bei einer m-gängigen Wicklung m mal so groß wie bei der eingängigen, wovon man sich leicht überzeugt, wenn man die m-gängige Ringwicklung betrachtet, daraus die Schleifenwicklung und aus dieser nach dem Vorbilde der Abb. 25 die Wellenwicklung ableitet. Da die Zahl der parallelen Ankerzweige bei der eingängigen Wellenwicklung 2 ist, so erhalten wir für die m-gängige Wellenwicklung

$$2a = 2m \quad \ldots\ldots\ldots\ldots \quad (8)$$

Die halbe Zahl a der parallelen Ankerzweige ist also gleich der Gangzahl m.

Man bezeichnet deshalb die mehrgängige Wellenwicklung auch als Reihenparallelwicklung.

Für den Wicklungsschritt und die Zahl der Stromwenderstege muß dann (vgl. Abb. 31) die Gleichung

$$py \underset{(-)}{+} m = py \underset{(-)}{+} a = k \quad \ldots\ldots \quad (9\mathbf{a})$$

gelten, woraus wir für den resultierenden Schritt der Wellenwicklung mit beliebiger Gangzahl $m = a$

$$y = \frac{k\,(\mp)\,a}{p} \quad \ldots\ldots\ldots\ldots \quad (9)$$

erhalten.

Wir wollen nun untersuchen, ob und wie oft sich die mehrgängige Wellenwicklung schließt. In Abb. 31 ist ein Umlauf der ungekreuzten Wicklung mit den Stromwenderstegen a_1, b_1, c_1 und d_1, beispielsweise für eine sechspolige Maschine durch stärkere Linien hervorgehoben. Solche Wicklungsteile haben wir aneinanderzureihen ($d_1 = a_2$, $d_2 = a_3$ usw.), wobei wir nach jedem Umlauf um $m = a$ nebeneinanderliegende Spulenseiten oder Stromwenderstege vom Ausgangssteg a nach links rücken. Die Wicklung kann sich zum erstenmal schließen, wenn die Umläufe genau um einen resultierenden Wicklungsschritt von rechts nach links gerückt sind, so daß also der Stromwendersteg b des letzten Umlaufs mit dem Stromwendersteg a_1 des ersten zusammenfällt. Damit dies eintritt, muß, wie aus Abb. 31 ohne weiteres folgt, der resultierende Wicklungsschritt y durch die Gangzahl $m = a$ teilbar sein; es muß

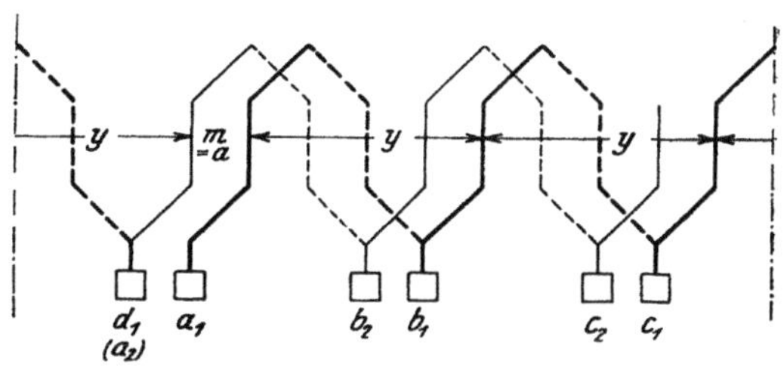

Abb. 31.

$$\frac{y}{a} = g \quad \ldots\ldots\ldots\ldots \quad (10')$$

eine ganze Zahl sein. Der geschlossene Wicklungsteil enthält dann bei der ungekreuzten Wicklung (Abb. 31) $gp + 1$ Spulen. Bei der gekreuzten Wicklung liegen in dem geschlossenen Wicklungsteil $gp - 1$ Spulen, wovon man sich leicht überzeugt, wenn man sich einen Umlauf der gekreuzten Wicklung aufzeichnet. Unter Berücksichtigung von Gl. 10′ und 9 ist nun

$$gp\,(\pm)\,1 = \frac{k}{a} \quad \ldots\ldots\ldots \quad (10'a)$$

Die Wicklung schließt sich also schon, nachdem der a-te Teil der Ankerspulen oder Stromwenderstege durchlaufen ist, so daß wir a nebeneinanderliegende, je in sich geschlossene Wicklungen erhalten.

Wenn y nicht durch a teilbar ist, so kann durch Aneinanderreihen mehrerer Umläufe, wie ein solcher in Abb. 31 durch stärkere

Linien dargestellt ist, niemals Steg b des letzten Umlaufs mit Steg a_1 des ersten zusammenfallen. Ist jedoch

$$\frac{2y}{a} = g \quad \ldots\ldots\ldots\ldots \quad (10'')$$

eine ganze Zahl, so muß Steg c eines Umlaufs einmal nach a_1 kommen. Dann schließt sich die Wicklung und enthält

$$g p \underset{(-)}{+} 2 = 2 \frac{y}{a} p \underset{(-)}{+} 2 = 2 \frac{k}{a} \quad \ldots\ldots \quad (10''\text{a})$$

Spulen oder Stromwenderstege. Es ergeben sich $a/2$ in sich geschlossene und voneinander getrennte Wicklungen. Eine zweigängige Wicklung ($a = 2$) mit der Bedingung $10''$ ist also einfach geschlossen. Für eine viergängige Wicklung ($a = 4$) erhalten wir zwei, für eine sechsgängige Wicklung ($a = 6$) drei nebeneinander liegende zweigängige, je in sich geschlossene Wicklungen.

Bezeichnen wir mit c die kleinste ganze Zahl, die durch Multiplikation $\frac{y}{a}$ zur ganzen Zahl macht,

$$\frac{c y}{a} = g, \quad \ldots\ldots\ldots\ldots \quad (10)$$

so schließt sich die Wicklung mit

$$g p \underset{(-)}{+} c = c \frac{k}{a} \quad \ldots\ldots\ldots\ldots \quad (10\text{a})$$

Spulen oder Stromwenderstegen. Wir erhalten $\frac{a}{c}$ getrennte in sich geschlossene Wicklungen. Setzen wir

$$\frac{a}{c} = t, \quad \ldots\ldots\ldots\ldots \quad (11)$$

so ist t (vgl. Gl. 10) der größte Teiler, den a und y gemeinsam haben. Die Zahl der getrennten in sich geschlossenen Wicklungen ist also gleich dem größten gemeinsamen Teiler von a und y. Für $t = 1$ schließt sich die Wicklung nur einmal und enthält sämtliche Spulen.

Wenn nur zwei Bürsten am Stromwender aufliegen, muß jede Bürste in allen Stellungen des Ankers mindestens so viel Stromwenderstege bedecken, wie die Wicklung Gänge hat, damit durch die Bürsten die einzelnen Gänge der Wicklung parallel geschaltet werden.

B. Ausführungsbeispiele. Ausführungsbeispiele der zweigängigen vierpoligen Wellenwicklung sind in den Abb. 32a, b und 33 dargestellt.

Die Abb. 32a und b gelten für 18 Stromwenderstege; es wird nach Gl. 9 der resultierende Wicklungsschritt

$$y = \frac{18 - 2}{2} = 8 .$$

y ist also durch die Gangzahl $m = a = 2$ teilbar, so daß wir je zwei in sich geschlossene Wicklungsteile erhalten, die in den Abbildungen durch verschiedene Strichstärken unterschieden sind. Die beiden Wicklungen werden durch jede der Bürsten parallel geschaltet, so daß sich also im ganzen 4 parallele Ankerzweige ergeben, von denen einer durch Pfeilspitzen hervorgehoben ist. Die Zahl der parallelen Ankerzweige wird natürlich auch bei den mehrgängigen Wicklungen nicht durch die Zahl der gleichpoligen Bürsten beeinflußt. In Abb. 32a ist der Wicklungsschritt $y_1 = 4$ gerade, wir erhalten also wie bei der zweigängigen Schleifenwicklung (in Abb. 22a) zwei nebeneinanderliegende Zweischichtwicklungen. In Abb. 32b ist $y_1 = 5$ ungerade, es ergeben sich gleichsam zwei Einschichtwicklungen, von denen immer zwei Spulenseiten verschiedener Wicklungen übereinanderliegen (vgl. auch Abb. 22b). Bei beiden Wellenwicklungen weichen die Spulenseiten teilweise sehr stark von der neutralen Zone ab. In dieser Hinsicht sollen die Wicklungen nicht vorbildlich sein. Bei größerer Zahl von Stromwenderstegen, wie sie in praktischen Fällen in Frage kommen, läßt sich dieser Nachteil vermeiden; als Ausführungsbeispiel ist aber die größere Stegzahl nicht geeignet, weil die Wicklung dann weniger übersichtlich wird.

In Abb. 33 ist die Zahl der Stromwenderstege 20 und der resultierende Wicklungsschritt

$$y = \frac{20 - 2}{2} = 9 .$$

Er hat mit der Gangzahl 2 keinen gemeinsamen Teiler, so daß wir eine einfachgeschlossene Wicklung erhalten. Die Wellenwicklungen in den Abb. 32a, b und 33 entsprechen den Schleifenwicklungen in den Abb. 22a, b und 23.

C. Wicklung mit verminderter Stegzahl. Wird bei der einfach geschlossenen Wicklung, deren Gangzahl gleich der Polpaarzahl ($a = p$) ist (z. B. bei der Wicklung in Abb. 33), nur jede a-te Spule an einen Stromwendersteg angeschlossen (vgl. Abb. 34), so erhält man eine Wellenwicklung, die mit der Schleifenwicklung manches gemeinsam hat. Die Zahl der parallelen Ankerzweige ist

$$2a = 2p ,$$

sie ergeben sich aber erst wie bei der Schleifenwicklung durch Auflegen aller $2p$ Bürsten. Die Wellenwicklung mit verminderter Stegzahl verlangt deshalb ebensoviel Bürsten wie Pole vorhanden sind.

Wir können uns diese Wicklung auch aus der eingängigen Schleifenwicklung entstanden denken, indem wir das Schema der Schleifenwicklung ohne Änderung der Lage der Querverbindungen in Wellen durchlaufen, wenn wir also in Abb. 12, die ebenso viele

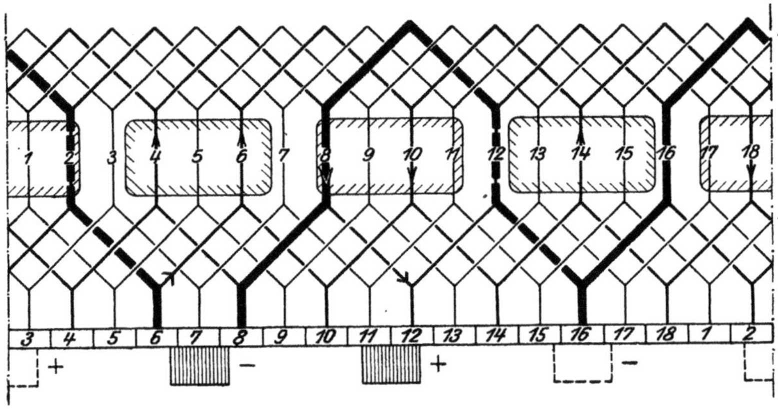

Abb. 32a.
Zweigängige zweifachgeschlossene Wellenwicklung mit y_1 = gerade.

Spulen aufweist wie Abb. 34, in den Querverbindungen auf der Stromwenderseite Ober- und Unterschicht vertauschen. Die Stegzahl in Abb. 34 ist dann halb so groß wie die der entsprechenden

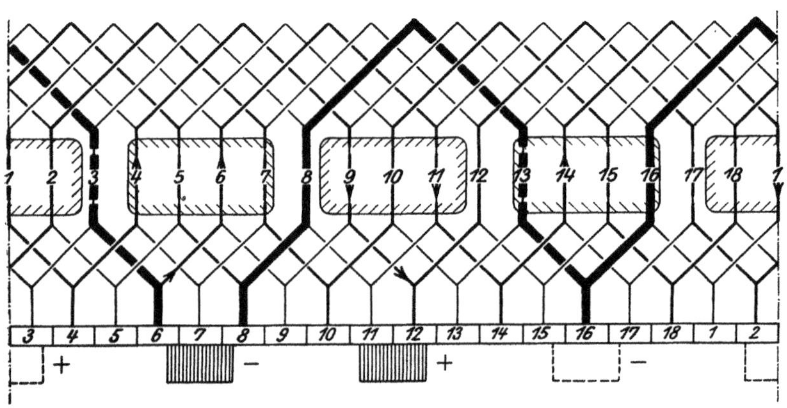

Abb. 32b.
Zweigängige zweifachgeschlossene Wellenwicklung mit y_1 = ungerade.

Schleifenwicklung. Um die beiden Wicklungen bei derselben Steg zahl zu vergleichen, müssen wir bei der Schleifenwicklung in Abb. 12 jeden zweiten Stromwendersteg weglassen. Bei denselben Stegzahlen unterscheiden sich dann Schleifen- und Wellenwicklung nur dadurch, daß bei der Schleifenwicklung die in Reihe geschalteten p Spulen zwischen zwei im Schema aufeinander folgenden Stromwenderstegen nebeneinander (also unter denselben Polschuhen), bei der Wellenwicklung dagegen um etwa eine Polteilung auseinander (also unter

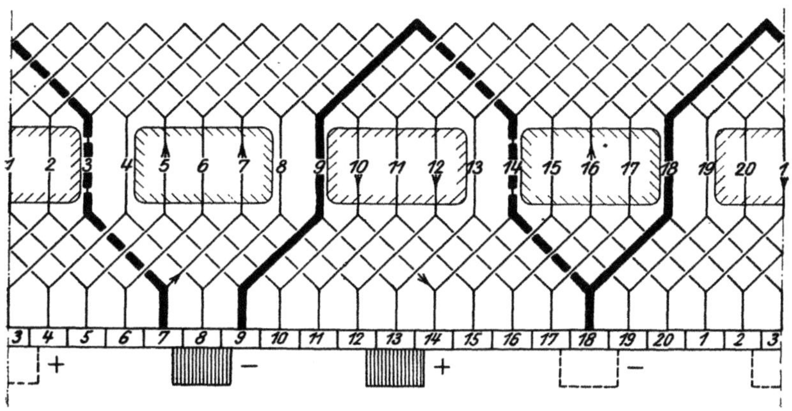

Abb. 33. Zweigängige einfachgeschlossene Wellenwicklung.

verschiedenen Polschuhen) liegen. Die verminderte Stegzahl verschlechtert im allgemeinen die elektrischen Eigenschaften der Maschine, doch kann es in gewissen Fällen, z. B. bei kleinem Stromwender-

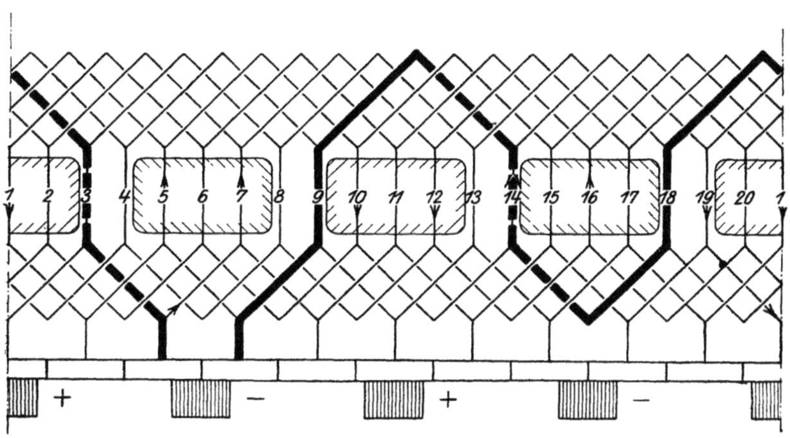

Abb. 34. Wellenwicklung mit verminderter Stegzahl (abgeleitet aus Abb. 33).

durchmesser, erwünscht sein, die Wicklung für verminderte Stegzahl auszuführen. Die Wellenwicklung mit verminderter Stegzahl hat dann gegenüber der Schleifenwicklung den Vorzug, daß die in den einzelnen Ankerzweigen induzierten EMKe gleiche Größe haben, auch wenn die in den Ankermantel eintretenden Polflüsse verschieden groß sind [vgl. auch L. 3, S. 66 bis 71].

D. Zusammenfassung. Zwischen dem resultierenden Schritt, der Zahl der Stromwenderstege und der Polpaarzahl muß die Beziehung

$$y = \frac{k \,(\mp)\, a}{p} \quad \ldots\ldots\ldots \quad (9)$$

bestehen.

Die Zahl der parallelen Ankerstromzweige ist bei der mehrgängigen Wellenwicklung immer doppelt so groß wie die Gangzahl

$$2a = 2m \quad \ldots\ldots\ldots \quad (8)$$

Wir erhalten eine einfachgeschlossene Wicklung, wenn der resultierende Schritt y und die Gangzahl oder die halbe Zahl a der parallelen Ankerzweige keinen gemeinsamen Teiler haben. Es entstehen t getrennte, je in sich geschlossene Wicklungen, wenn y und a den größten gemeinsamen Teiler t haben. Wir erhalten a eingängige, je in sich geschlossene Wicklungen, wenn der Wicklungsschritt y durch die Gangzahl $m = a$ teilbar ist.

Wie bei der zweigängigen zweifachgeschlossenen Schleifenwicklung können auch bei den mehrgängigen mehrfachgeschlossenen Wellenwicklungen entweder immer Spulenseiten derselben Wicklung (Abb. 32a) oder Spulenseiten verschiedener Wicklungen (Abb. 32b) am Ankerumfang übereinanderliegen.

Die Bürstenbreite muß bei Auflage von nur zwei Bürsten am Stromwender größer sein als der a-fache Betrag der Stromwenderteilung und wird zweckmäßig mindestens $(a + 1)$ mal so breit wie die Stromwenderteilung bemessen (s. auch Abschnitt 12B).

Man bezeichnet die mehrgängige Wellenwicklung auch als mehrfache Wellenwicklung oder als Reihenparallelwicklung.

Wenn die Polpaarzahl p gleich der Gangzahl der Wellenwicklung ist, so kann man $\frac{p-1}{p} k$ Stromwenderstege weglassen und erhält eine Wellenwicklung mit $2p$ parallelen Ankerzweigen, die $2p$ Bürsten erfordert.

8. Die Wicklungen mit mehreren in der Nut nebeneinanderliegenden Spulenseiten ($u > 1$).

A. Gewöhnliche Wicklung und Treppenwicklung. Um die Schaltung der ein- und mehrgängigen Schleifen- und Wellenwicklung möglichst übersichtlich darzustellen und ihre Eigentümlichkeiten möglichst klar hervortreten zu lassen, hatten wir uns in den Abschnitten 4 bis 7 auf solche Wicklungen beschränkt, bei denen die am Ankerumfang nebeneinander liegenden Spulenseiten in verschiedenen Ankernuten liegen, so daß die Zahl der Nuten bei den Zweischichtwicklungen ebenso groß, bei den Einschichtwicklungen doppelt so groß war wie die Zahl der Stromwenderstege. Diese Anordnung der Leiter in den Ankernuten kommt jedoch nur in Grenz- oder Sonderfällen in Frage, z. B. bei schnellaufenden Maschinen, wo die Zahl der Ankerleiter gering und besondere Sorgfalt auf gute Stromwendung zu legen ist. Im allgemeinen liegen mehrere Spulenseiten in der Nut nebeneinander, wobei dann die Wicklung wohl immer als Zweischichtwicklung ausgeführt wird, so daß die gesamte Zahl der in einer Nut liegenden Spulenseiten immer doppelt so groß ist wie die Zahl der in der Nut nebeneinander liegenden Spulenseiten, die wir bereits in Abschnitt 2 mit u bezeichnet hatten.

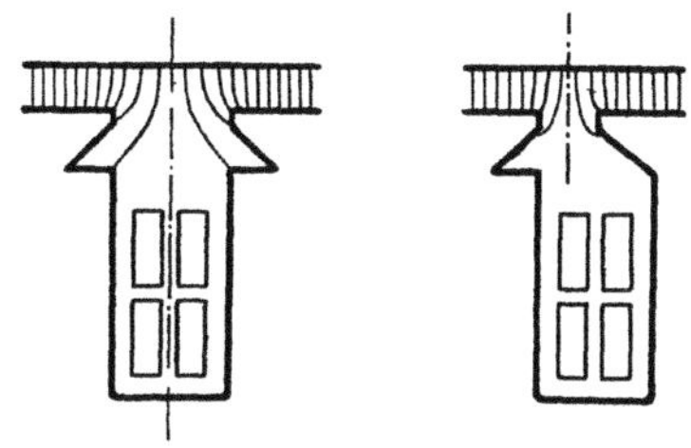

Abb. 35a. Abb. 35b.
Feldverteilung des Hauptflusses an der Nutöffnung.

Die Eigenschaften, die wir für die Wicklungen mit $u = 1$ abgeleitet haben, gelten im wesentlichen auch für die Wicklungen mit $u > 1$. Im besonderen behalten auch die früher abgeleiteten Schaltformeln ihre Gültigkeit. Es ist jedoch zu beachten, daß die Spulenseiten am Ankerumfang eine etwas andere Lage einnehmen als bei den Wicklungen mit $u = 1$, und in dieser Hinsicht müssen wir unsere früheren Untersuchungen noch erweitern.

Alle in derselben Nut liegenden Spulenseiten verhalten sich im wesentlichen so, als lägen sie am Ankerumfang in der Mitte der Nutenöffnung; denn eine durch die Mitte der Nutöffnung und die Ankerachse gelegte Ebene (vgl. Abb. 35a und b) grenzt im wesentlichen den Induktionsfluß am Ankerumfang ab, der mit der Spule verkettet ist. Wenn man daher

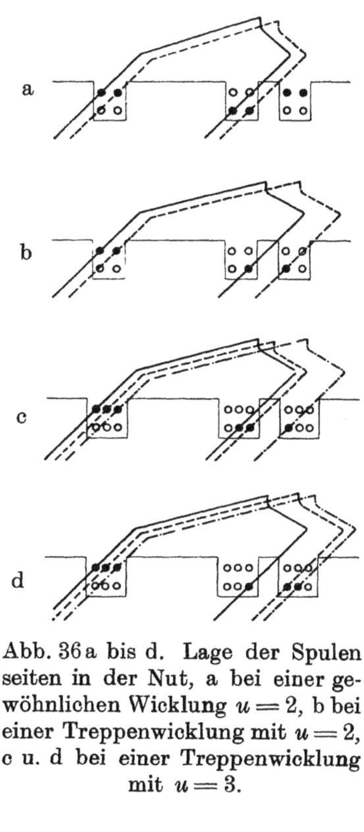

Abb. 36a bis d. Lage der Spulenseiten in der Nut, a bei einer gewöhnlichen Wicklung $u = 2$, b bei einer Treppenwicklung mit $u = 2$, c u. d bei einer Treppenwicklung mit $u = 3$.

aus der Lage der Spulenseiten zu den Polschuhen Schlüsse über die induzierte EMK und die Breite der Wendezone ziehen will, so müssen im Schaltplan alle Spulenseiten einer Nut in der Mitte des Nutenschlitzes liegen, sich also decken. Diese Darstellung ist mög-

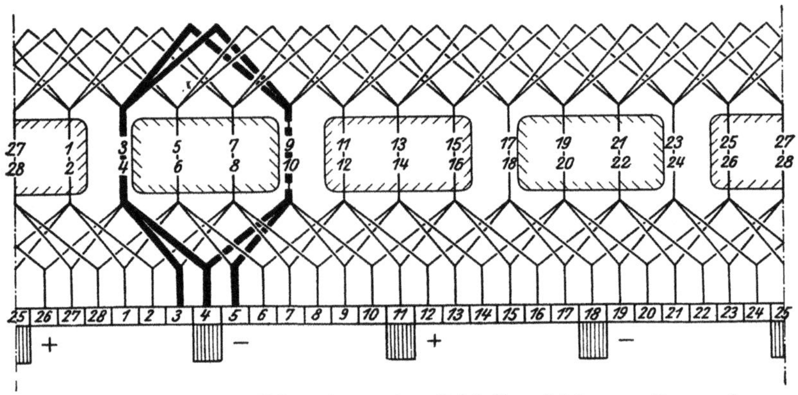

Abb. 37a. Gewöhnliche eingängige Schleifenwicklung mit $u=2$, $y_1=6$, $y_2=5$, $y=+1$, $\eta_1=3$.

lich, ohne die Übersichtlichkeit zu stören oder das Verfolgen der Wicklung zu erschweren, wenn die Querverbindungen der in Wirklichkeit nebeneinander liegenden Spulenseiten auseinandergezerrt

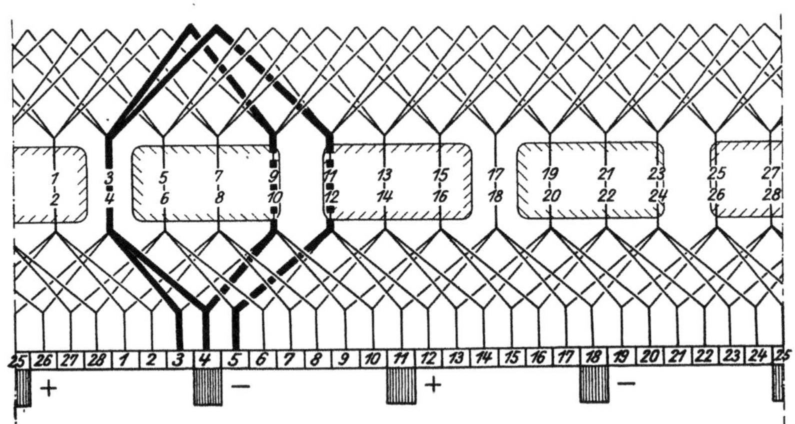

Abb. 37b. Eingängige Treppen-Schleifenwicklung mit $u=2$, $y_1=7$, $y_2=6$, $y=+1$, $\eta_1=3, 4, 3, 4$ usw.

werden, so wie es die Ausführungsbeispiele in den Abb. 37a, b und 38a, b erkennen lassen.

Sowohl bei der Schleifenwicklung, als auch bei der Wellenwicklung sind zwei grundsätzlich verschiedene Ausführungen für

Wicklungen mit mehreren in der Nut nebeneinander liegenden Spulenseiten möglich. Entweder liegen die zu einer Spule gehörigen Seiten in Unter- und Oberschicht an derselben Stelle der Nut, wie z. B. in

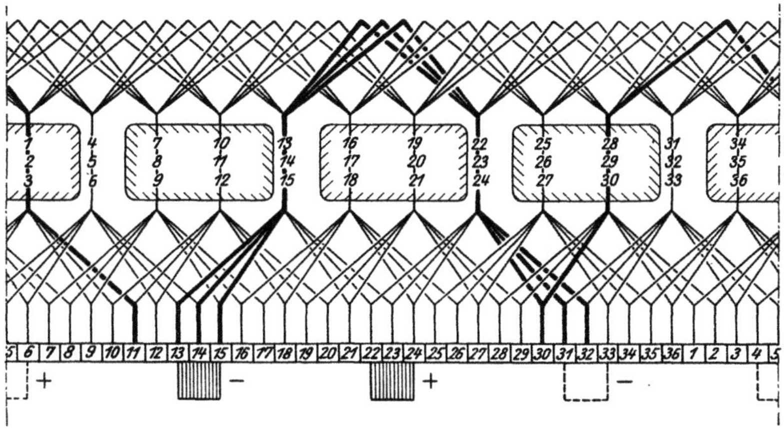

Abb. 38a. Gewöhnliche zweigängige Wellenwicklung mit $u = 3$, $y_1 = 9$, $y_2 = 8$, $y = 17$, $\eta_1 = 3$.

Abb. 36a mit $u = 2$, oder an verschiedenen Stellen, wie in Abb. 36b mit $u = 2$ und in Abb. 36c oder d mit $u = 3$. Im ersten Falle (Abb. 36a) ist der **Nutenschritt** (η_1), der die Spulenweite bestimmt, für

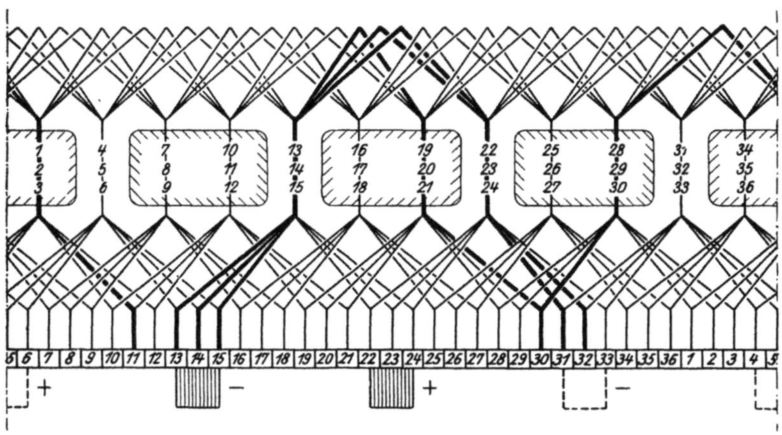

Abb. 38b. Zweigängige Treppen-Wellenwicklung mit $u = 3$, $y_1 = 8$, $y_2 = 9$, $y = 17$, $\eta_1 = 2, 3, 3, 2, 3, 3$ usw.

alle Spulen derselbe. Diese Ausführung wird gewöhnlich bevorzugt, besonders bei offenen Nuten, weil sich dann immer u nebeneinander liegende Spulen vor dem Einlegen in die Nuten gemeinsam abisolieren lassen. Im zweiten Falle (Abb. 36b bis d) sind Spulen verschiedener

Weite, kurze und lange Spulen, zu unterscheiden; der Nutenschritt der langen Spulen ist um 1 größer als der der kurzen Spulen. Man bezeichnet diese Ausführung als Treppenwicklung. Mit der Treppenwicklung läßt sich häufig Bürstenfeuer leichter vermeiden oder eine schmalere Wendezone erhalten als mit der gewöhnlichen Wicklung (Abb. 36 a). Während bei der gewöhnlichen Wicklung alle Spulen dieselbe Weite haben, nämlich $\eta_1 = \frac{y_1}{u}$ Nutteilungen, wechselt bei der Treppenwicklung die Spulenweite, trotzdem der Schritt y_1, der wie früher durch die Zahl der am Ankerumfang nebeneinander liegenden Spulenseiten oder Stromwenderstege gemessen wird, derselbe bleibt. $\frac{y_1}{u}$ ist dann eine gebrochene Zahl, und die Wicklung setzt sich aus kurzen und langen Spulen zusammen, deren Nutenschritte gleich der nächst kleineren und der nächst größeren ganzen Zahl von $\frac{y_1}{u}$ sind.

B. Ausführungsbeispiele. In Abb. 37a und b sind eingängige Schleifenwicklungen mit $u = 2$ dargestellt. Beide Wicklungen sind ungekreuzt und haben 14 Nuten und $2 \cdot 14 = 28$ Spulen oder Stromwenderstege. Abb. 37a stellt die gewöhnliche Wicklung dar. Die Spulenweite in nebeneinander liegenden Spulenseiten $y_1 = 6$ ist durch u teilbar; deshalb haben alle Spulen dieselbe Weite, nämlich $\eta_1 = \frac{6}{2} = 3$ Nutteilungen. Bei Abb. 37b ist $y_1 = 7$; es ergibt sich eine Treppenwicklung, bei der die Weite der Spulen zwischen 3 und 4 Nutteilungen abwechselt. Um den Unterschied der beiden Wicklungsarten leichter zu erkennen, sind zwei nebeneinander liegende Spulen durch dicke Linien hervorgehoben.

In Abb. 38a und b sind zweigängige Wellenwicklungen mit $u = 3$ und $p = 2$ dargestellt. Die Zahl der Nuten ist 12, so daß sich $3 \cdot 12 = 36$ Spulen ergeben. Hierfür ist nach Gl. 9 sowohl eine gekreuzte als auch eine ungekreuzte Wicklung ausführbar. Für die ungekreuzte Wicklung wird $y = 17$. Bei Abb. 38a ist der Schritt $y_1 = 9$ so gewählt, daß alle Spulen dieselbe Weite, nämlich 3 Nutteilungen, erhalten. Abb. 38b stellt die Treppenwicklung dar; der Schritt $y_1 = 8$ ist durch u nicht teilbar, die Spulenweite ist abwechselnd 2, 3, 3 Nutteilungen. Um leicht zu übersehende Schaltpläne zu erhalten, haben wir die Nutenzahl sehr klein gewählt. Deshalb weichen die von Bürsten kurzgeschlossenen Spulenseiten auch beträchtlich von der geometrisch neutralen Zone ab; sie sollen in dieser Hinsicht natürlich nicht vorbildlich sein.

In der Praxis zeichnet man selten den vollständigen Schaltplan einer Gleichstrom-Ankerwicklung auf, der nur dazu dient, die

Eigenschaften der Wicklung zu veranschaulichen. Zur Herstellung der Wicklung genügt es, die in nebeneinander liegenden Spulenseiten oder Stromwenderstegen zu zählenden Wicklungsschritte y_1, y_2 und y anzugeben oder einen kleinen Teil der Wicklung mit Angabe der Nuten aufzuzeichnen. So ist z. B. die Wicklung in Abb. 37a durch den Wicklungsteil in Abb. 39, die Wicklung in Abb. 38b durch

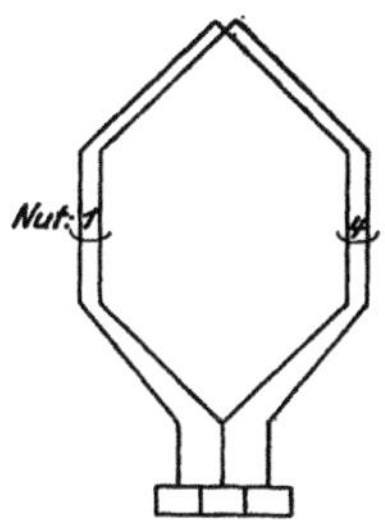

Abb. 39. Angabe der Schleifenwicklung in Abb. 37a für die Werkstatt.

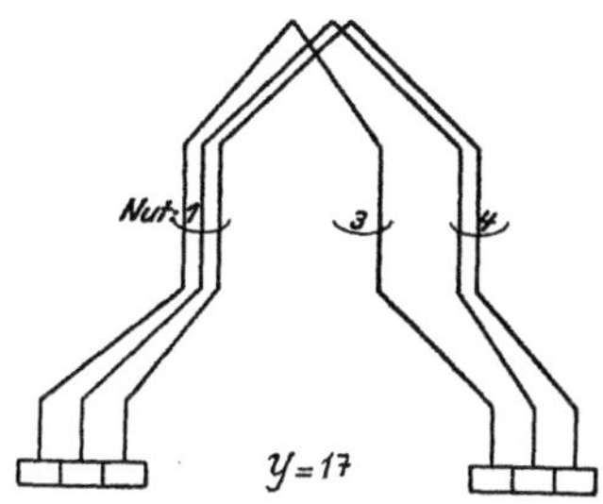

Abb. 40. Angabe der Wellenwicklung in Abb. 38b für die Werkstatt.

den Wicklungsteil in Abb. 40 mit Angabe des resultierenden Wicklungsschritts y eindeutig gekennzeichnet, wenn noch angegeben wird, wie groß die Zahl der Spulen oder Stromwenderstege ist und wie viele Windungen jede Spule erhalten soll.

Auf die Ausführbarkeit der Wicklungen mit $u > 1$ wollen wir an dieser Stelle nicht näher eingehen, sondern diese Frage in einem besondern Abschnitt behandeln, nachdem wir die Spannungsvielecke und die Ausgleichsverbindungen der Gleichstrom-Ankerwicklungen besprochen haben.

9. Das Spannungsvieleck der Gleichstrom-Ankerwicklung.

A. Die Darstellung der Klemmenspannung im Spannungsvieleck. Lassen wir den Ringanker in Abb. 1 (S. 4) in einem zweipoligen Feldmagneten umlaufen, der ein zeitlich unveränderliches magnetisches Feld erregt, dessen Normalkomponente der Induktion am Ankerumfang sinusförmig verteilt ist, so werden in den einzelnen Spulen der Ankerwicklung EMKe induziert, die sich sinusförmig ändern und gegeneinander in der Phase um

$$\frac{1}{k} = \frac{1}{12}$$

Perioden verschoben sind. Numerieren wir die einzelnen Spulen fortlaufend, so wie sie am Ankerumfang nebeneinander liegen, so können wir die Amplituden der in den Spulen induzierten EMKe oder die Spannungen zwischen den Enden der Spulen durch das Vektordiagramm (Spannungsstern) in Abb. 41a darstellen, worin die

Amplituden (Strahlen) ebenso bezeichnet sind wie die Spulen der Wicklung.

Wenn die Spulen der Ringwicklung fortlaufend wie in Abb. 1 miteinander verbunden sind, so addieren sich die Spannungen der einzelnen Spulen, und indem wir die Strahlen 1, 2, 3 usw. der Abb. 41a aneinanderreihen, erhalten wir das Spannungsvieleck in Abb. 41b. Darin entsprechen die mit Ziffern bezeichneten Ecken den Verbindungspunkten je zweier Spulen. Das Vieleck ist in sich geschlossen, weil wir eine symmetrische Wicklung vorausgesetzt haben, d. h. eine Wicklung, bei der alle Spulen gleichviel Windungen haben und in gleichen gegenseitigen Abständen am Ankerumfang verteilt sind. Die resultierende innere Spannung ist also null und es kann kein Ausgleichstrom innerhalb der Wicklung fließen.

Zur Entnahme von Wechselstrom können wir die Wicklung an beliebigen Punkten anzapfen und mit Klemmen verbinden. Bei

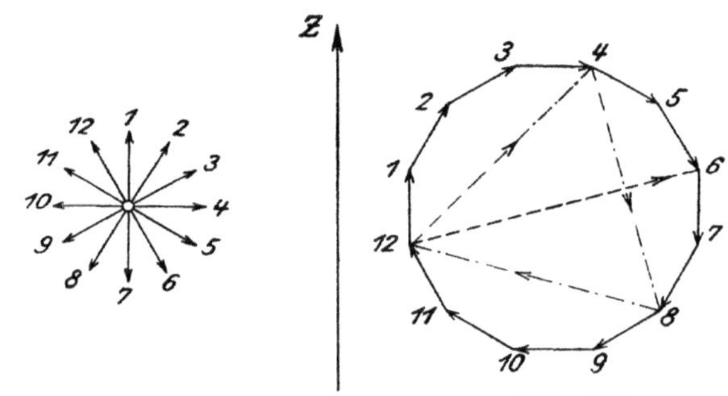

Abb. 41a. Abb. 41b.

Spannungsstern (a) und Spannungsvieleck (b) einer eingängigen, zweipoligen Ring- oder Schleifenwicklung mit 12 Spulen.

Maschinen mit umlaufendem Anker (Außenpolmaschinen) sind die Anzapfstellen über Schleifringe nach außen zu führen. Um der Wicklung Einphasenstrom zu entnehmen, zapfen wir sie zweckmäßig an zwei um eine Polteilung auseinander liegenden Stellen an, z. B. an den Stellen 12 und 6. Die Amplitude der einphasigen Wechselspannung wird dann durch die gestrichelte Linie in Abb. 41b dargestellt. Sie ist wie der Teil 12—1—2—3—4—5—6 von 12 nach 6 gerichtet. Für den äußern Stromkreis kehrt sich dann der Wicklungssinn der Spulen 7, 8, 9, 10, 11 und 12 um, so daß die EMKe der beiden Wicklungszweige nach außen in demselben Sinne wirken. Eine verkettete Dreiphasenspannung erhalten wir, wenn wir die Wicklung beispielsweise an den Stellen 12, 4 und 8 anzapfen. Die Phasenspannungen werden dann durch die strichpunktierten Linien in Abb. 41b dargestellt.

Die Augenblickswerte der Spannungen zwischen beliebigen Punkten der Wicklung sind gleich der Projektion der Amplituden (Sehnen des Spannungsvielecks) auf die Zeitlinie Z [L. 4], die gegenüber dem Vieleck mit der Winkelgeschwindigkeit $\omega = 2\pi f$ umläuft (f = Frequenz der Wechselspannung). Bei Innenpolmaschinen (mit feststehender Ankerwicklung und umlaufendem Feldmagneten) wird man das Vieleck ruhen und die Zeitlinie umlaufen lassen; bei Außenpolmaschinen (mit feststehendem Feldmagneten) ist es aber anschaulicher, die Zeitlinie ruhen und das Vieleck mit der Wicklung umlaufen zu lassen. Die gegenseitige Geschwindigkeit zwischen Zeitlinie und Vieleck ist bei zweipoligen Maschinen gleich der gegenseitigen Geschwindigkeit zwischen Feldmagnet und Ankerwicklung.

Bei der Gleichstrommaschine entsprechen die Ecken des Spannungsvielecks den Stromwenderstegen, auf denen die Bürsten schleifen. Die Gleichstrommaschinen werden immer als Außenpolmaschinen

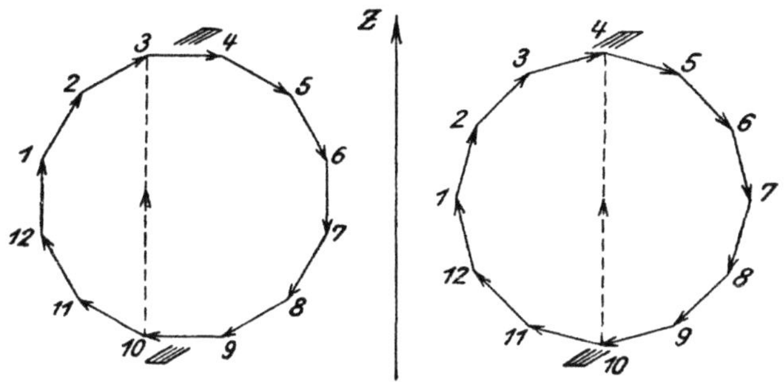

Abb. 41c. Abb. 41d.
Spannungsschwankungen an den Bürsten.

gebaut; der Feldmagnet und die Bürsten stehen dann im Raume still und die Verbindungslinie der auf dem Stromwender schleifenden Bürsten hat im Spannungsvieleck eine feste Lage zur Zeitlinie. Die Projektion dieser Verbindungslinie auf die Zeitlinie ist die gleichgerichtete Spannung, die wir den Bürsten entnehmen können. Die Größe dieser Spannung hängt von der Stellung der Bürsten ab und ist im Vieleck gegeben durch die Projektion der Spannungsamplitude des zwischen den Bürstenkanten liegenden Wicklungsteils. Die größte Spannung erhalten wir, wenn die Bürsten in der neutralen Zone stehen; die Verbindungslinie im Spannungsvieleck liegt dann parallel zur Zeitlinie. Wenn sich die Isolierungszwischenlagen des Stromwenders unter den Bürstenmitten befinden, wie in Abb. 41c angedeutet ist, so wird die Größe der Klemmenspannung durch die Sehne von 10 nach 3 dargestellt. Hat sich der Anker um eine halbe Stegteilung gedreht, so daß die Mitten von Bürste und Stromwendersteg zusammenfallen, so ist die Spannung gleich dem Durchmesser von 10 nach 4, der dann parallel zur Zeitlinie liegt (Abb. 41d). Zwischen diesen beiden Grenzwerten schwankt die gleichgerichtete Spannung, wenn die Bürstenbreite nicht größer als die Teilung des Stromwenders ist. Bei breiteren Bürsten sind für die Spannungsschwankungen die größten und kleinsten Sehnen der Berührungspunkte zwischen Vieleck und Bürsten maßgebend. Die Schwankungen sind um so geringer, je größer die Zahl der Stromwenderstege, je vielseitiger also das Spannungsvieleck ist. Bei unendlich vielen Stromwenderstegen geht das Spannungsvieleck in einen Kreis über. Die meisten praktischen Verhältnisse kommen diesem Grenzfalle sehr nahe.

Durch Verschieben einer der Bürsten oder beider Bürsten können wir jede beliebige kleinere Spannung, die durch die Projektion der Verbindungslinien der Bürsten auf die Zeitlinie bestimmt ist, einstellen. Diese Spannungsregelung hat jedoch wegen des damit verbundenen Bürstenfeuers keine große praktische Bedeutung.

Das Spannungsvieleck gibt über die Größe und Phase der Spannungen zwischen gewissen Punkten der Wicklung Auskunft und ist ein wertvolles Hilfsmittel, um die verschiedenen Wicklungen zu beurteilen und miteinander zu vergleichen. Besondere Beachtung verdienen die Spannungsvielecke mit mehr als zwei parallelen Ankerzweigen, die wir in den Unterabschnitten B bis D zunächst für die Wicklungen aufzeichnen werden, bei denen nur eine Spule quer zur Nut liegt ($u = 1$).

B. Die mehrpolige eingängige Ring- und Schleifenwicklung. Wir wollen nun dieselbe Ringwicklung in einem vierpoligen Feldmagneten umlaufen lassen (vgl. Abb. 3). Der Phasenwinkel zwischen benachbarten Spulen ist dann doppelt so groß wie der Raumwinkel, und die einzelnen EMKe sind in der Phase um

$$\frac{p}{k} = \frac{2}{12} = \frac{1}{6}$$

Perioden gegeneinander verschoben. Es gilt der Spannungsstern in Abb. 42a, in dem die Spannungen der genau um eine Polpaarteilung auseinandergelegenen Spulen, z. B. 1 und $1 + 6 = 7$, phasengleich sind. Das Spannungsvieleck ergibt sich durch Aneinanderreihen der Spulenspannungen, so wie sie im Linienzug der Wicklung aufeinander folgen. Es entsteht ein Spannungsvieleck (Abb. 42b), das zweimal umläuft (erster Umlauf 1 bis 6, zweiter 7 bis 12), wobei sich beide Umläufe decken. Je zwei Punkte der Wicklung (1 und 7, 2 und 8 usw.) können miteinander verbunden werden, ohne daß ein Ausgleichstrom in der Wicklung fließt.

Die gegenseitige Umlaufsgeschwindigkeit zwischen Zeitlinie und Vieleck ist gleich der Kreisfrequenz $\omega = 2\pi f$, bei der $2p$-poligen Maschine also das p-fache der Umlaufsgeschwindigkeit zwischen Feldmagnet und Ankerwicklung.

Denken wir uns jetzt die 12 Spulen des Ringankers durch 13 ebenfalls gleichmäßig am Ankerumfang angeordnete Spulen ersetzt.

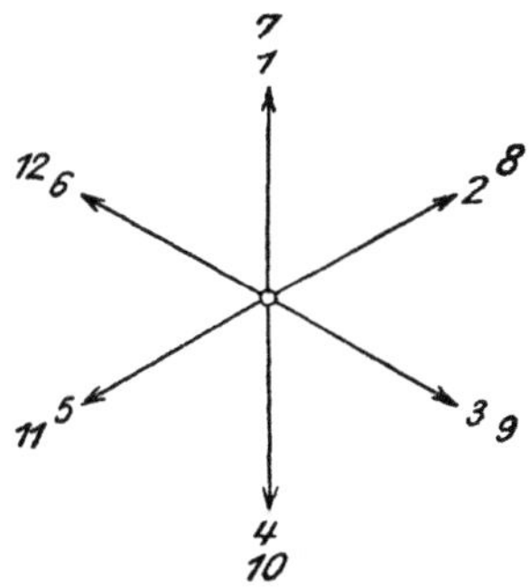

Abb. 42 a.

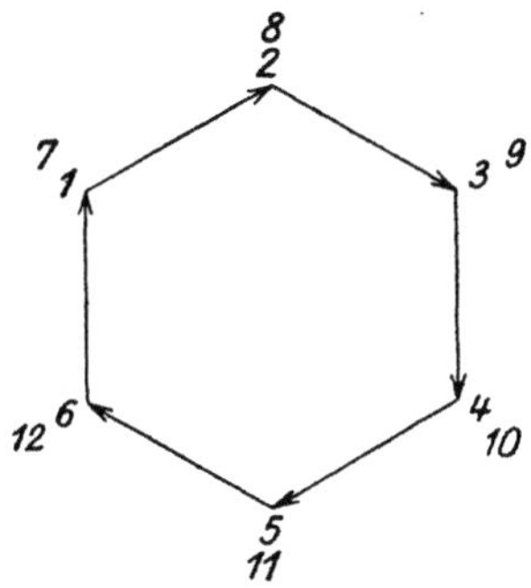

Abb. 42 b.

Spannungsstern und Spannungsvieleck einer eingängigen vierpoligen Ring- oder Schleifenwicklung mit 12 Spulen.

Die Stegzahl $k = 13$ ist nicht durch die Polpaarzahl $p = 2$ teilbar. Die Spannungen benachbarter Spulen sind in der Phase um

$$\frac{p}{k} = \frac{2}{13}$$

Perioden verschoben. Numerieren wir die Spulen am Ankerumfang wieder fortlaufend von 1 bis 13, so wird die Phase der in ihnen

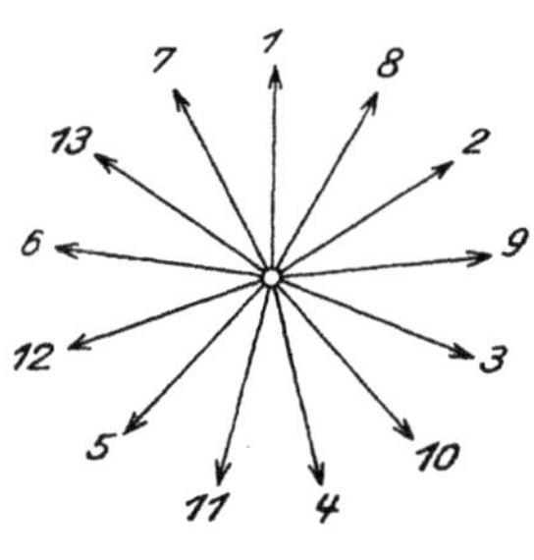

Abb. 43 a.

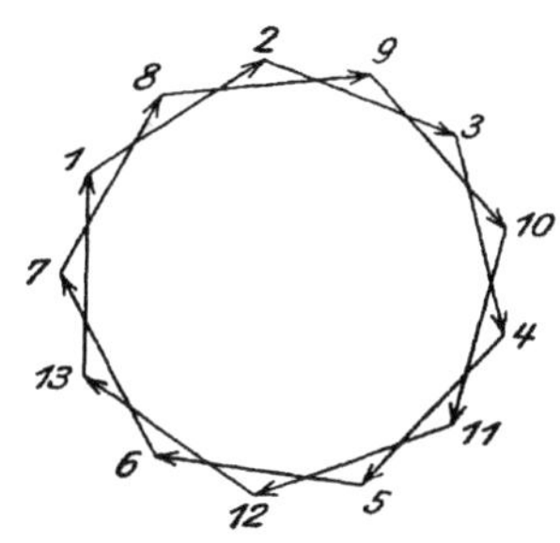

Abb. 43 b.

Spannungsstern und Spannungsvieleck einer eingängigen vierpoligen Ring- oder Schleifenwicklung mit 13 Spulen.

induzierten EMKe durch den Spannungsstern Abb. 43 a dargestellt. Die Phasenfolge im Spannungsstern stimmt nicht mehr überein mit der Reihenfolge der Spulen am Ankerumfang. Das zugehörige Spannungsvieleck (Abb. 43 b) läuft wieder zweimal um, jedoch ergeben sich hier keine gleichphasigen Punkte. Wir dürfen deshalb auch nicht Punkte der Wicklung miteinander verbinden, ohne befürchten zu müssen, daß innerhalb der Wicklung ein Ausgleichstrom fließt.

Die Spannungsdiagramme in Abb. 41 bis 43 gelten auch für die ein- oder mehrschichtige Schleifenwicklung mit derselben Zahl von Stromwenderstegen wie die entsprechende Ringwicklung. Dabei ist es vollkommen gleichgültig, wie groß die Spulenweite ist, ob es sich also um eine Durchmesser- oder um eine Sehnenwicklung handelt. Die Verkürzung der Spulenweite hat bei der Schleifenwicklung lediglich eine Verkleinerung der induzierten EMK zur Folge, so daß bei derselben Umlaufsgeschwindigkeit und bei denselben Induktionsflüssen am Ankerumfang sich wohl der Maßstab, nicht aber die Form des Spannungsdiagramms ändert. Den Maßstab der einzelnen Diagramme haben wir hier immer so gewählt, daß die umschriebenen Kreise der Vielecke gleiche Durchmesser erhalten.

Der Phasenwinkel zwischen zwei am Ankerumfang nebeneinander liegenden Spulen ist bei jeder $2p$-poligen Wicklung, deren Spulen gleichmäßig am Ankerumfang verteilt sind,

$$\alpha = \frac{p}{k} \cdot 360^0. \quad . \quad . \quad . \quad . \quad . \quad . \quad . \quad . \quad (12)$$

Wenn k durch p teilbar ist, erhalten wir je p phasengleiche Strahlen im Spannungsstern. Bezeichnet t den größten Teiler, den k und p gemeinsam haben, so ergeben sich t gleichphasige Strahlen. Die Zahl der ungleichphasigen Strahlen ist daher

$$S = \frac{k}{t}$$

und der Phasenwinkel zwischen ungleichphasigen Strahlen

$$\alpha' = \frac{t}{k} \cdot 360^0. \quad . \quad . \quad . \quad . \quad . \quad . \quad . \quad . \quad (12')$$

Aus dem Spannungsstern ergibt sich dann in allen Fällen das Spannungsvieleck, indem die Spannungen der um den resultierenden Wicklungsschritt y auseinander liegenden Spulen aneinander gereiht werden, indem also immer an dem Strahl, der im Spannungsstern beispielsweise die Bezeichnung x trägt, der mit $(x+y)$ bezeichnete Strahl, an diesen der mit $(x+2y)$ bezeichnete Strahl usw. angefügt wird.

Die Winkel im Spannungsvieleck sind immer p-mal so groß wie die entsprechenden Raumwinkel; deshalb liegen die um eine Polteilung entfernten Bürsten im Vieleck immer auf einem Durchmesser und alle gleichpoligen Bürsten decken sich. Die Bürsten haben also im mehrpoligen Spannungsvieleck dieselbe Lage wie im zweipoligen und sind deshalb hier und in den folgenden Vielecken nicht besonders angedeutet.

C. Die zweigängige Ring- und Schleifenwicklung. Eine zweigängige Ring- und Schleifenwicklung entsteht nach Abschnitt 5,

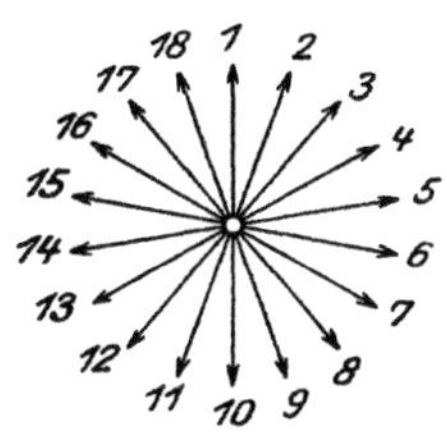

Abb. 44 a.

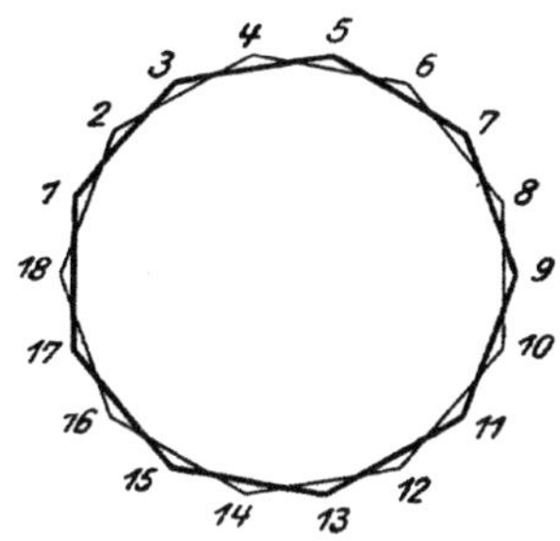

Abb. 44 b.

Spannungsstern und Spannungsvieleck der zweigängigen zweipoligen Ringwicklung in Abb. 20.

indem beim Verbinden der Spulen immer eine am Ankerumfang übersprungen wird. Numerieren wir wieder die Spulen fortlaufend, wie sie am Ankerumfang nebeneinander liegen, so erhalten wir für

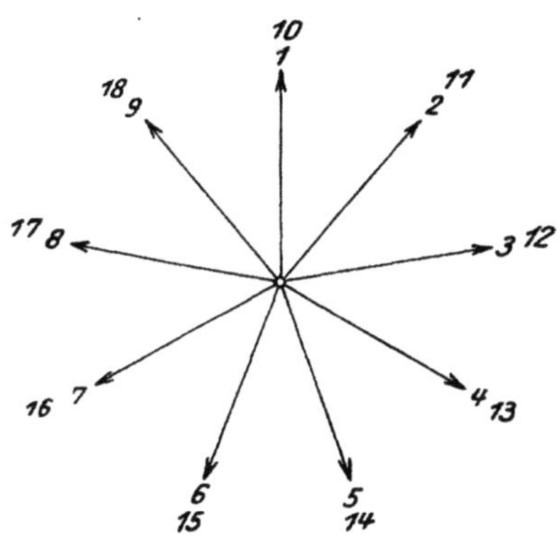

Abb. 45 a.

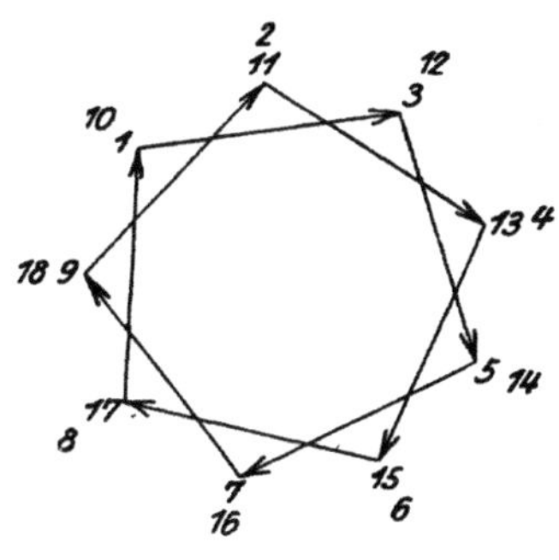

Abb. 45 b.

Spannungsstern und Spannungsvieleck der zweigängigen zweifachgeschlossenen vierpoligen Schleifenwicklungen in Abb. 22 a u. b.

die in Abb. 20 dargestellte zweipolige zweigängige Ringwicklung mit 18 Spulen die Phasenfolge in Abb. 44 a. Es ist der gemeinsame Teiler (t) von Stegzahl und Polpaarzahl $t = p = 1$ und nach Gl. 12 und 12'

$$\alpha = \alpha' = \frac{1}{18} \cdot 360^0 = 20^0.$$

Aus dem Spannungsstern entsteht das Spannungsvieleck in Abb. 44b, wenn wir an die Spannung der Spule 1 die Spannung der Spule 3, an diese die Spannung der Spule 5 usw. anfügen. Wir erhalten zwei getrennte Spannungsvielecke, die den beiden getrennten Wicklungen entsprechen, welche sich bei der zweigängigen Schleifen- oder Ringwicklung mit gerader Stegzahl immer ergeben (vgl. S. 23). Das eine Vieleck ist durch stärkere Linien hervorgehoben. Die Einzelvielecke sind hier so ineinander geschachtelt, daß das resultierende Vieleck symmetrisch wird. Es ergeben sich keine phasengleichen

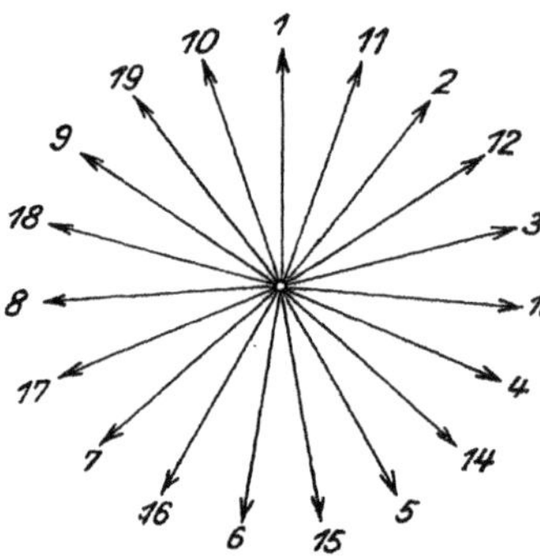

Abb. 46a.

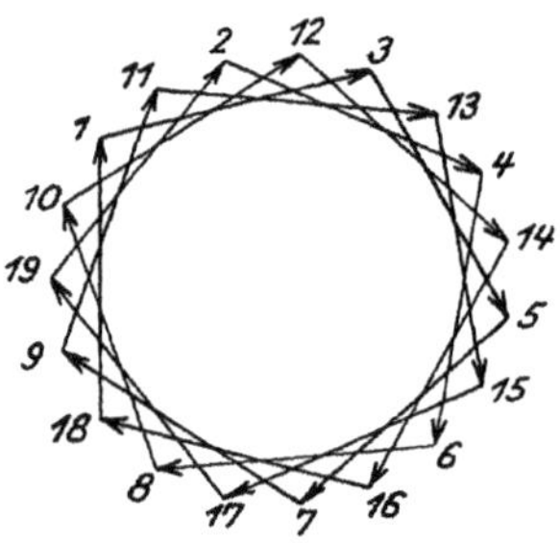

Abb. 46b.

Spannungsstern und Spannungsvieleck der zweigängigen einfachgeschlossenen vierpoligen Schleifenwicklung in Abb. 23.

Punkte. Verbinden wir zwei Punkte der Teilwicklungen miteinander, z. B. die Punkte, die den Ecken 1 und 2 in Abb. 44b entsprechen, so verschieben sich die beiden Spannungsvielecke parallel zueinander und die Symmetrie des resultierenden Spannungsvielecks wird gestört (vgl. auch Abb. 62).

Für die zweigängige zweifach geschlossene Schleifenwicklung in Abb. 22a oder b ist die Phasenfolge der Spannungen in Abb. 45a und das Spannungsvieleck in Abb. 45b dargestellt. Wir erhalten hier zwei getrennte je zweimal umlaufende Spannungsvielecke, die sich decken, so daß immer je zwei Punkte der Wicklung (1 und 10, 2 und 11 usw.) phasengleich sind und miteinander leitend verbunden werden können, ohne daß innere Ausgleichströme fließen. Die innern an die Ecken des Vielecks geschriebenen (hier ungeraden) Zahlen entsprechen den Spulen des einen, die äußern (hier geraden) Zahlen den Spulen des andern der beiden getrennten Wicklungsteile.

Die Abb. 46a und b gelten für die einfach geschlossene zweigängige Wicklung in Abb. 23. Das Spannungsvieleck ist wie die Wicklung einfach geschlossen; es läuft viermal um, ohne daß phasengleiche Punkte auftreten.

D. Die Wellenwicklung. Das Spannungsvieleck der eingängigen Wellenwicklung wollen wir aus der Schaltung in Abb. 28 ableiten. In dieser Schaltung sind die am Ankerumfang nebeneinander liegenden Spulenseiten fortlaufend numeriert. Diese Numerierung gilt auch für die Spulen, wenn wir uns die Ziffern z. B. an die Oberschicht angeschrieben denken. Die Spule, deren eine Seite z. B. in der Oberschicht 8 und deren andere Seite in der Unterschicht 13 liegt, werden wir also mit 8 bezeichnen. Zwei am Ankerumfang nebeneinander liegende Spulen, z. B. 7 und 8, müssen nach Gl. 12 im Spannungsstern Abb. 47a um

$$\alpha = \frac{p}{k} \cdot 360^0 = \frac{2}{19} \cdot 360^0$$

in der Phase gegeneinander verschoben sein. Zwischen benachbarten Spulen liegen im Linienzug der eingängigen Wellenwicklung immer noch $p-1$ weitere Spulen in gleichem gegenseitigen Phasenabstand

Abb. 47a.

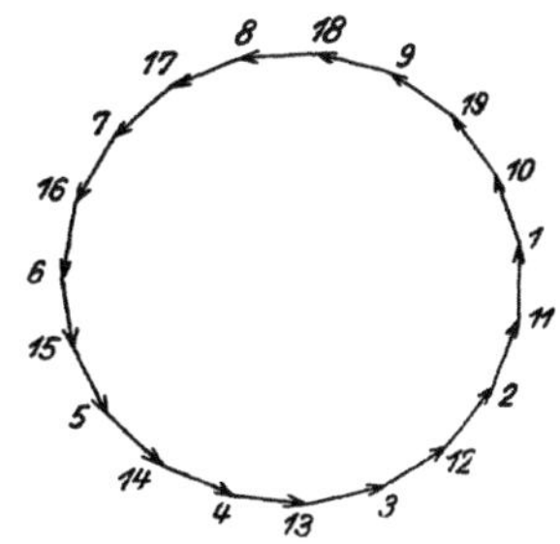

Abb. 47b.

Spannungsstern und Spannungsvieleck der eingängigen vierpoligen Wellenwicklung in Abb. 28.

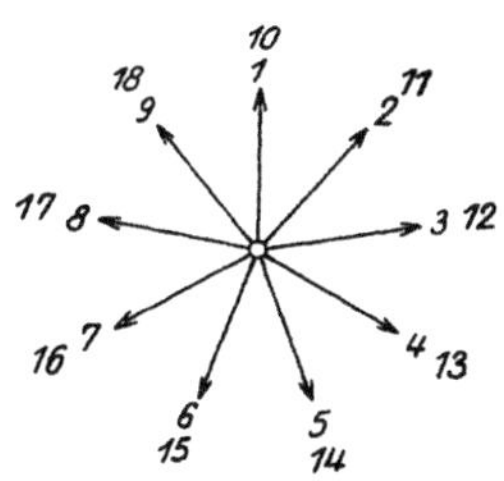

Abb. 48a.

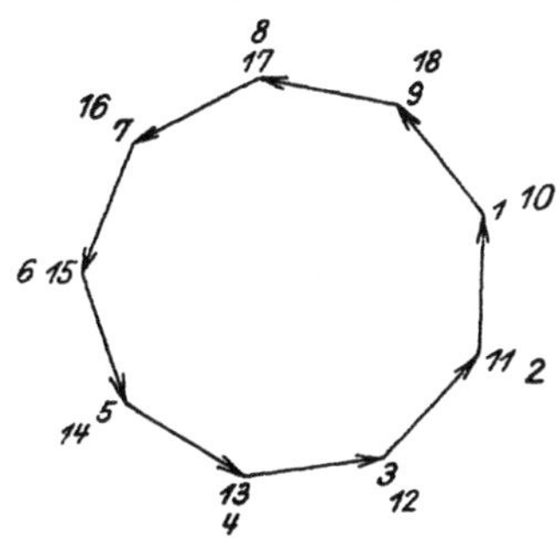

Abb. 48b.

Spannungsstern und Spannungsvieleck der zweigängigen zweifachgeschlossenen vierpoligen Wellenwicklungen in Abb. 32a u. b.

(vgl. Abb. 26). Bei unserm Ausführungsbeispiel in Abb. 28 mit $p = 2$ liegt zwischen den Spulen 7 und 8 die Spule 17. Der Phasenwinkel benachbarter Strahlen im Spannungsstern ist also hier halb so groß wie der der Spannungen benachbarter Spulen, was auch aus Gl. 12′ unmittelbar folgt:

$$\alpha' = \frac{1}{19} \cdot 360^0.$$

Wir erhalten also die in Abb. 47a dargestellte Phasenfolge, woraus das Spannungsvieleck in Abb. 47b entsteht, wenn wir die Spannungen so aneinanderreihen, wie die Spulen im Linienzug des Schaltplans aufeinander folgen. Wir erhalten bei der eingängigen Wellenwicklung immer nur einen Umlauf.

Für die zweigängigen Wellenwicklungen in Abb. 32a und b ergibt sich der in Abb. 48a dargestellte Spannungsstern. Indem wir die Einzelspannungen so aneinanderreihen, wie die Spulen im Schaltplan aufeinander folgen ($y = 8$), erhalten wir das Spannungsvieleck in Abb. 48b. Es entstehen zwei getrennte Spannungsvielecke, die sich decken, so daß immer je zwei phasengleiche Punkte vorhanden sind. Die mit ungeraden Zahlen bezeichneten Ecken gehören dem einen, die mit geraden Zahlen bezeichneten Ecken dem andern der beiden getrennten Wicklungsteile an.

Der einfachgeschlossenen zweigängigen Wicklung in Abb. 33 entspricht ein einfachgeschlossenes zweimal umlaufendes Spannungsvieleck, in dem ebenfalls je zwei Punkte phasengleich sind.

E. Wicklungen mit $u > 1$. Bei den bisher aufgezeichneten Spannungsvielecken hatten wir die Zahl der Nuten einer Zweischichtwicklung immer gleich der Zahl der Stromwenderstege angenommen. Im allgemeinen liegen jedoch mehrere Spulenseiten in der Nut nebeneinander ($u > 1$); die Stegzahl k ist dann u-mal so groß wie die Nutenzahl N.

Wenn die Spulen der Wicklung mit $u > 1$ alle gleiche Weite haben, wird in allen Spulen auch dieselbe Größe der Wechselstrom-EMK induziert, und die Spannungen von u in der Nut nebeneinander liegenden Spulen haben dieselbe Phase. Der Phasenwinkel, den die Spannungen der am Ankerumfang unmittelbar nebeneinander liegenden Gruppen von je u Spulen bilden, ist

$$\alpha = \frac{p}{N} 360^0 \quad . \; . \; . \; . \; . \; . \; . \; . \; . \; . \quad (13)$$

Im Spannungsstern ist der Phasenwinkel zwischen ungleichphasigen Strahlen

$$\alpha' = \frac{t_1}{N} 360^0, \quad . \; . \; . \; . \; . \; . \; . \; . \; . \quad (13')$$

wenn t_1 der größte Teiler ist, den Nutenzahl N und Polpaarzahl p gemeinsam haben.

Anders verhalten sich die Spulenspannungen der Treppenwicklung. Hier haben wir immer zwei Gruppen von Spulen, deren Weiten sich um eine Nutteilung unterscheiden. Deshalb sind auch die Höchstwerte der Induktionsflüsse, die mit den einzelnen Spulen der beiden

Gruppen verkettet sind, verschieden, und wir erhalten im allgemeinen verschieden große EMKe, deren Unterschied aber in den meisten praktischen Fällen wohl kaum 1 $^0/_0$ beträgt. Von größerem Einfluß ist der Unterschied der Spannungsphase von u nebeneinander liegenden Spulen. Die Phase wird durch die Lage der Mittellinie der Spulen am Ankerumfang bestimmt. Die Spannung der Spulen, deren Seiten in einer Schicht in derselben Nut, in der anderen Schicht in verschiedenen, aber benachbarten Nuten liegen, haben einen Phasenunterschied, der $^1/_2$ Nutteilung entspricht. Von je u Spulen, die mit einer Spulenseite in der Nut nebeneinander liegen, haben u_k Spulen (kurze Spulen) die Spulenweite η_1 Nutteilungen und u_l Spulen (lange Spulen) die Weite $(\eta_1 + 1)$ Nutteilungen $(u_k + u_l = u)$. Es

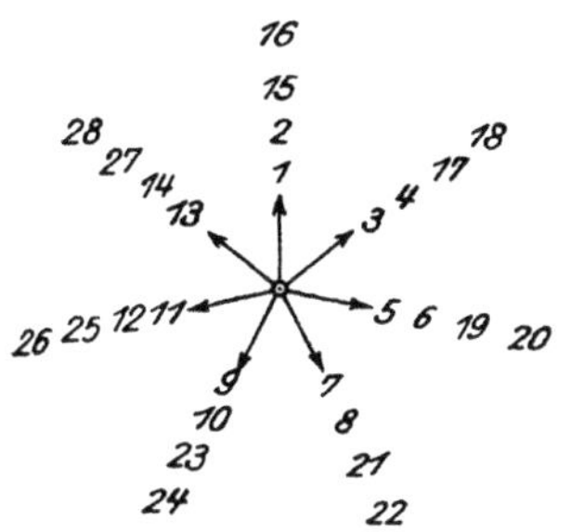

Abb. 49a.

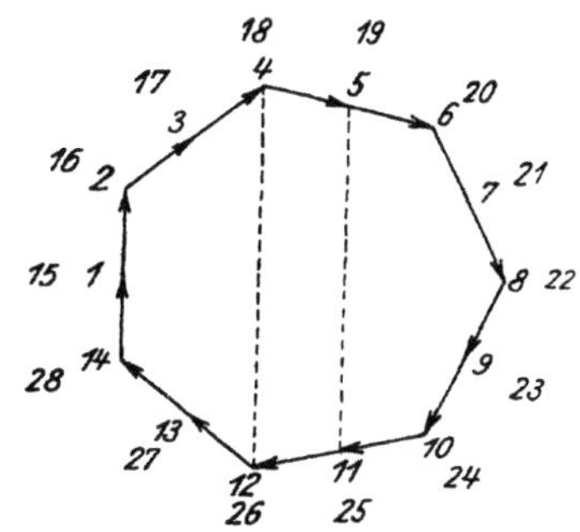

Abb. 49b.

Spannungsstern und Spannungsvieleck der gewöhnlichen Schleifenwicklung mit $u = 2$ in Abb. 37a.

wechseln am Ankerumfang Gruppen von u_k kurzen und u_l langen Spulen ab. Im ganzen sind $2N$ Gruppen vorhanden; die Spulenspannungen jeder Gruppe haben unter allen Umständen dieselbe Phase. Der Phasenwinkel benachbarter Spulengruppen ist

$$\alpha = \frac{p}{2N} 360^0 \quad \ldots \ldots \ldots \ldots (14)$$

und der Phasenwinkel benachbarter Strahlen im Spannungsstern

$$\alpha' = \frac{t_2}{2N} 360^0, \quad \ldots \ldots \ldots \ldots (14')$$

wenn t_2 den größten Teiler bezeichnet, den die doppelte Nutenzahl $(2N)$ und die Polpaarzahl (p) gemeinsam haben.

Nach diesen Überlegungen läßt sich für die Wicklung mit $u > 1$ das Spannungsvieleck in jedem besonderen Falle leicht aufzeichnen, wenn die Spannungen der um den resultierenden Wicklungsschritt y am Ankerumfang auseinander liegenden Spulen aneinandergereiht werden. Wir haben natürlich bei der Treppenwicklung ein anderes Vieleck zu erwarten als bei den übrigen Wicklungen.

Bei der eingängigen Schleifenwicklung folgen die Spulen im Schaltplan ebenso, wie sie am Ankerumfang nebeneinander liegen.

Abb. 50 a.

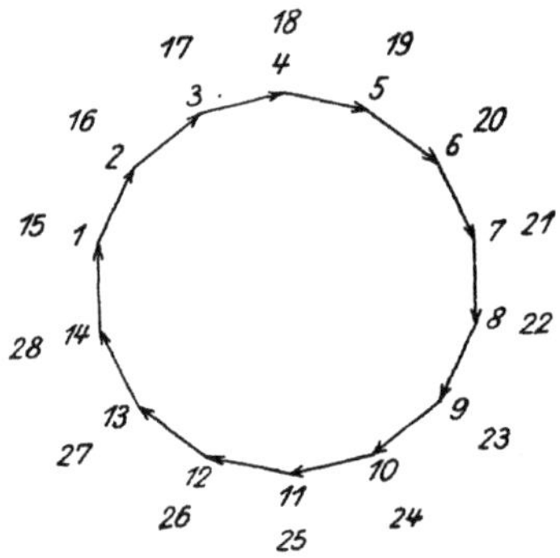

Abb. 50 b.

Spannungsstern und Spannungsvieleck der Treppen-Schleifenwicklung mit $u = 2$ in Abb. 37b.

Wir erhalten z. B. für die Wicklung in Abb. 37a mit $u = 2$ den Spannungsstern in Abb. 49a und das Spannungsvieleck in Abb. 49b. Die Zahl der Ecken im Spannungsvieleck, das zweimal umläuft, ist gleich der Nutenzahl.

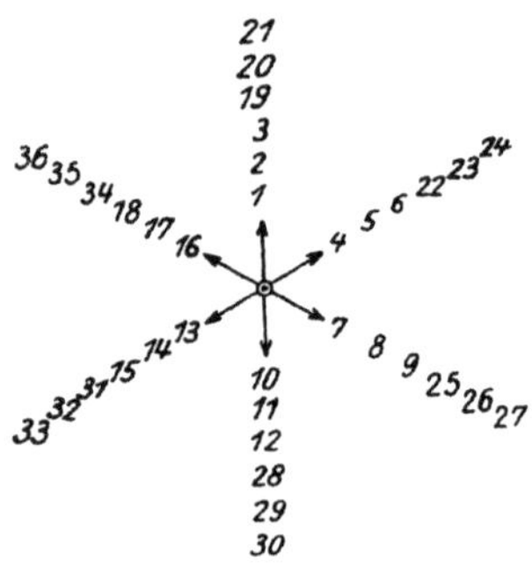

Abb. 51 a.

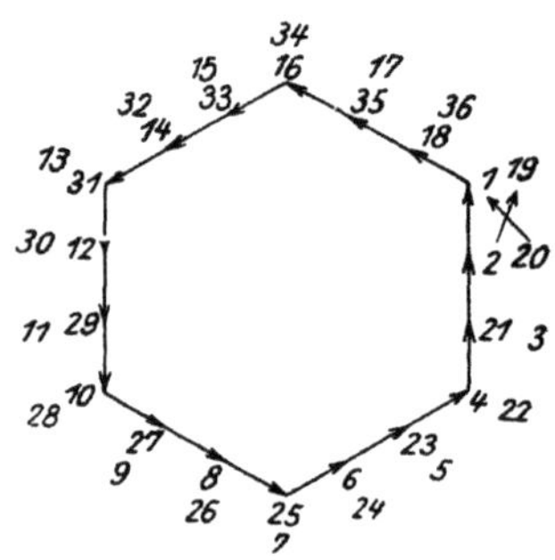

Abb. 51 b.

Spannungsstern und Spannungsvieleck der gewöhnlichen Wellenwicklung mit $u = 3$ in Abb. 38a.

Für die entsprechende Treppenwicklung in Abb. 37b gilt der Spannungsstern in Abb. 50a mit der doppelten Phasenzahl wie bei der gewöhnlichen Wicklung (Abb. 49a). Alle Spulen haben hier zufällig genau dieselbe Größe, weil sich die Weite der kurzen Spule um ebensoviel von der Polteilung unterscheidet wie die der langen. Die Zahl der Ecken im Spannungsvieleck (Abb. 50b) ist hier gleich der

Stegzahl, also doppelt so groß wie bei der gewöhnlichen Wicklung. Während mit der angenommenen Nuten- und Stegzahl bei der eingängigen Treppenwicklung (Abb. 50b) die parallel geschalteten Wicklungszweige immer dieselbe Spannung haben, ist dies bei der gewöhnlichen Wicklung nicht der Fall. Wenn z. B. (vgl. Abb. 49b) die Mitten der positiven Bürsten zwischen den Stegen 4, 5 und 18, 19 die der negativen Bürsten zwischen den Stegen 11, 12 und 25, 26 liegen, haben zwei der vier parallelen Wicklungszweige die Spannung 12—4 und die anderen die etwas kleinere Spannung 11—5. Es kann deshalb innerhalb der Wicklung ein Ausgleichstrom fließen, der jedoch in den meisten praktischen Fällen nur gering ist.

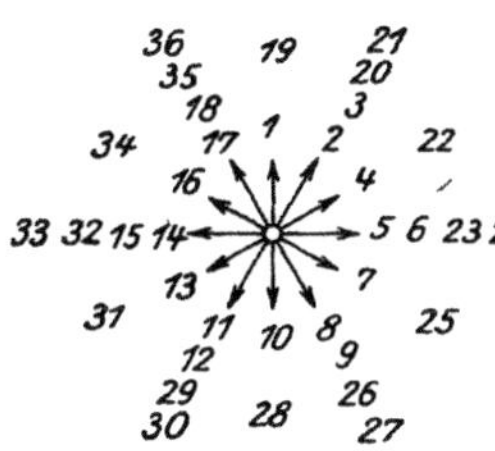

Abb. 52a.

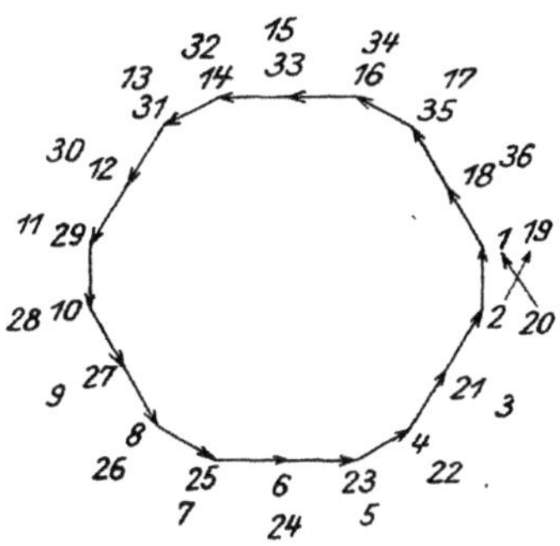

Abb. 52b.

Spannungsstern und Spannungsvieleck der Treppen-Wellenwicklung mit $u = 3$ in Abb. 38b.

In den Abb. 51 und 52 sind Spannungssterne und Vielecke für die zweigängigen Wellenwicklungen der Abb. 38a und b mit $u = 3$ dargestellt. Für die gewöhnliche Wicklung ergibt sich wieder ein Spannungsvieleck mit N Ecken (Abb. 51b). Bei der Treppenwicklung ist nach Gl. 14

$$\alpha = \frac{2}{2 \cdot 12} \cdot 360^0 = 30^0$$

und nach Gl. 14′ mit $t_2 = p = 2$

$$\alpha' = \alpha = 30^0.$$

Mit $u_k = 1$ und $u_l = 2$ (vgl. Abb. 38b) erhalten wir für die Spannungen der am Ankerumfang fortlaufend numerierten Spulen den Stern in Abb. 52a. Die Spannung einer kurzen Spule (z. B. 1, 19, 4, 22 usw.) beträgt 0,866 von der einer langen Spule. Das Spannungsvieleck der Treppenwicklung (Abb. 52b) ist hier sehr unregelmäßig. Die Seiten des Spannungsvielecks setzen sich abwechselnd aus den Spannungen zweier Spulen und der Spannung einer Spule zusammen.

Unter Umständen kann auch die Treppenwicklung die kleinere Zahl der Ecken im Spannungsvieleck ergeben. Als Beispiel sind in den Abb. 53 und 54 die Spannungsvielecke für eine eingängige Wellenwicklung mit $u = 3$, $k = 39$, $p = 2$, $y = 19$ aufgezeichnet. Bei der gewöhnlichen Wicklung (Abb. 53) ist $y_1 = 9$, bei der Treppenwicklung (Abb. 54) ist $y_1 = 10$, also $u_k = 2$ und $u_l = 1$ angenommen. Im Spannungsstern der Treppenwicklung entspricht die Länge der Strahlen der Spannung in den kurzen Spulen; die Spannung der langen Spulen

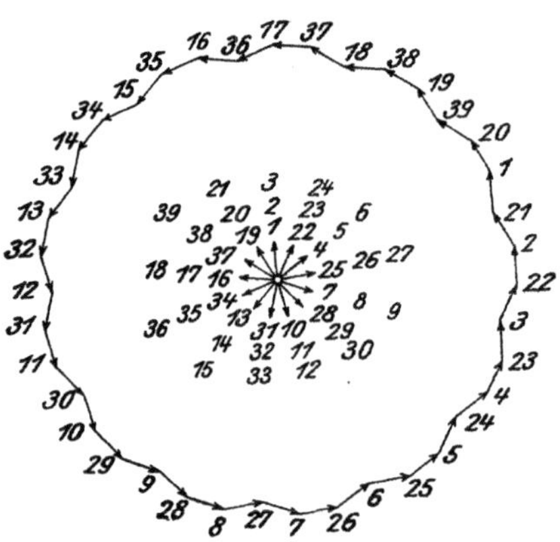

Abb. 53. Spannungsstern und Spannungsvieleck einer eingängigen gewöhnlichen Wellenwicklung mit $p = 2$, $n = 3$, $k = 39$, $y_1 = 9$, $y = 19$.

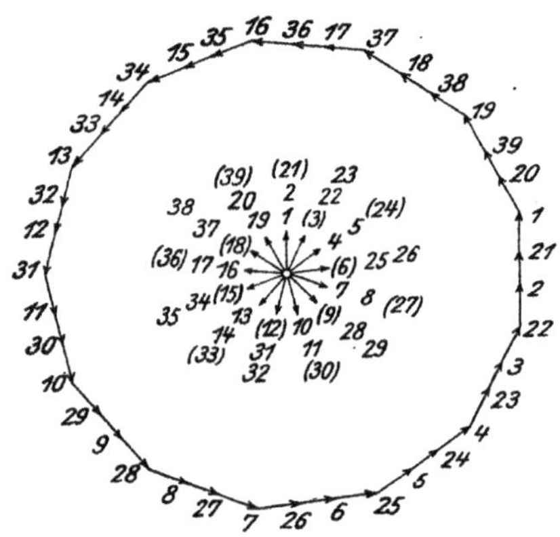

Abb. 54. Spannungsstern und Spannungsvieleck einer eingängigen Treppen-Wellenwicklung mit $p = 2$, $n = 3$, $k = 39$, $y_1 = 10$, $y = 19$.

ist etwa 6% geringer, weil die Höchstwerte der mit den Spulen verketteten Induktionsflüsse im Verhältnis $1:0{,}942$ stehen. Die den langen Spulen entsprechenden Zahlen sind im Spannungsstern eingeklammert. Wir sehen an dem Beispiel Abb. 53, daß bei Wicklungen mit $u > 1$ die Ecken des Spannungsvieleckes auch nach innen gerichtet sein können.

F. Das doppelseitige Spannungsvieleck. Wir haben bisher das Spannungsvieleck immer auf die Seite der Ankerwicklung bezogen, wo der Stromwender angeschlossen ist. Auf dieser Seite befinden sich auch die Spulenenden, so daß die Wicklung ohne weiteres an diesen Stellen angezapft werden kann. Bei Stabwicklungen mit nur einer Windung in jeder Spule sind aber auch die Querverbindungen an der dem Stromwender gegenüberliegenden Wicklungsseite leicht zugänglich, und dann ist es zuweilen erwünscht, die Anzapfung der Wicklung, wie sie z. B. bei Einankerumformern erforderlich ist, auf dieser Wicklungsseite anzubringen. Wenn die Zahl der Ankerleiter, nicht aber die der Ankerspulen, durch die Zahl der Wicklungszweige, die sich bei der angezapften Wicklung ergeben, teilbar ist, muß man die Ankerwicklung auf beiden Seiten anzapfen, um gleichwertige Wicklungszweige zu erhalten. Es entsteht so die Frage, welche Lage die Spannungsvielecke der beiden Seiten zueinander haben. Diese Frage läßt sich eindeutig beantworten, wenn wir die Anzapfstellen auf der einen Seite der Ankerwicklung durch den feldfreien Teil im Innern des Ankers (oder bei Innenpolmaschinen durch die feldfreie äußere Umgebung) nach der andern Seite führen. Durch eine solche Verbindung zerlegen wir immer eine Mantelspule in zwei Ringspulen, wie es im Abschnitt 44 A an der Hand der Abb. 341 a und b näher erläutert ist.

Der um das Spannungsvieleck beschriebene Kreis hat für beide Seiten der Ankerwicklung im allgemeinen nicht genau denselben Durchmesser, und deshalb ist auch die Spannung auf beiden Seiten

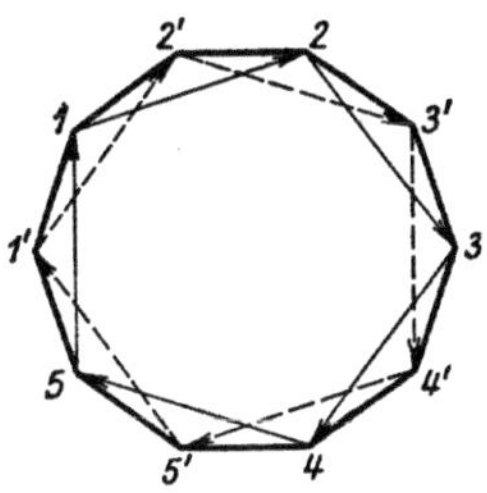

Abb. 55a. Doppelseitiges Spannungsvieleck einer zweipoligen Wicklung mit $\frac{k}{2p} - y_1 = y_2 - \frac{k}{2p}$.

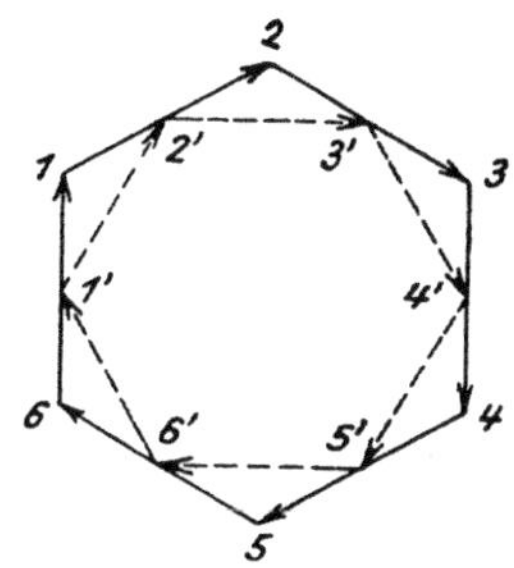

Abb. 55b. Doppelseitiges Spannungsvieleck einer zweipoligen Durchmesserwicklung.

der Wicklung im allgemeinen nicht genau gleich groß. Dies folgt schon daraus, daß die Wicklungsschritte y_1 und y_2 bei der Schleifen wicklung immer, bei der Wellenwicklung im allgemeinen verschieden sind.

Wenn bei Wicklungen mit $u = 1$ der eine der Wicklungsschritte um ebensoviel größer wie der andere kleiner als die Polteilung ist, oder wenn bei Wellenwicklungen $y_1 = y_2$ ist, wird dieselbe EMK auf beiden Seiten der Wicklung induziert (vgl. Abschnitt 10 B und [L. 5 u. 6]). Wir erhalten in diesem Falle z. B. für eine zweipolige Wicklung mit 5 Stromwenderstegen die in Abb. 55 a dargestellten Spannungsfünfecke, die für die beiden Ankerseiten durch verschiedene Stricharten unterschieden sind. Das resultierende Spannungsvieleck, das wir als d o p p e l s e i t i g e s Spannungsvieleek bezeichnen wollen, ist durch stärkere Linien hervorgehoben und hat die doppelte Zahl von Ecken wie jedes der einseitigen Spannungsvielecke.

In allen anderen Fällen liegen die beiden Spannungsvielecke auf verschiedenen konzentrischen Kreisen. Ist z. B. die Spulenweite genau gleich der Polteilung, so sind die EMKe, die in den beiden Ringspulen induziert werden, welche nach Abb. 341b die Mantelspule ersetzen, gleichphasig und gleich groß (Abb. 55b). Die Ecken des Spannungsvielecks der hinteren Ankerseite liegen dann auf den Mitten der Seiten des vorderen Spannungsvielecks.

Wenn auf beiden Seiten der Wicklung Stromwender angeschlossen und die gleichpoligen Bürsten parallel geschaltet werden, sollten die Ecken der beiden Spannungsvielecke auf demselben Kreis liegen.

10. Die Bedingungen für das Auftreten phasengleicher Punkte im Spannungsvieleck.

A. Beim einseitigen Spannungsvieleck. Aus den im vorigen Abschnitt aufgezeichneten Spannungsvielecken erkennen wir, daß die Zahl der Umläufe im Spannungsvieleck immer gleich der halben Zahl a der parallelen Ankerzweige ist. Daß dies bei jeder geschlossenen Ankerwicklung der Fall sein muß, ergibt sich aus folgender Überlegung. Der Polpaarteilung am Ankerumfang entspricht der Winkel 360^0 im Spannungsvieleck. Die gleichpoligen Bürsten, die in der Maschine um ganze Vielfache der Polpaarteilung auseinanderliegen, befinden sich deshalb an derselben Stelle des Spannungsvielecks, während die Bürsten des andern Pols die gegenüberliegenden Stellen im Spannungsvieleck einnehmen. Statt der wirklich vorhandenen Anzahl Bürsten haben wir daher im Spannungsvieleck immer nur zwei Bürsten. Zwischen diesen Bürsten müssen nun immer $2a$ parallele Spulengruppen liegen, was nur möglich ist, wenn das Spannungsvieleck a-mal umläuft.

Wir haben ferner gesehen, daß die Ecken der einzelnen Umläufe des Spannungsvielecks nicht immer zusammenfallen. Es müssen noch bestimmte Bedingungen erfüllt sein, damit gewisse Ecken des Spannungsvielecks phasengleich sind. Zwischen diesen Ecken ist dann bei den Wicklungen mit $u = 1$ auch die Spannung null, weil alle Ecken des einseitigen Spannungsvielecks auf demselben Kreis liegen. Um bei angezapften Wicklungen (z. B. für Einankerumformer) alle Zweige der Wicklung auszunützen, muß eine Anzapfstelle a Punkte der Wicklung verbinden; zwischen diesen Punkten der Wicklung darf im Spannungsvieleck keine Spannung herrschen. Welche Bedeutung solche Punkte bei Gleichstrom-Ankerwicklung haben, werden wir in den nächsten Abschnitten sehen; hier wollen wir zunächst untersuchen, unter welchen Umständen phasengleiche Punkte zu erwarten sind.

Phasengleiche Punkte können natürlich niemals auftreten, wenn das Spannungsvieleck nur einmal umläuft. Bei allen eingängigen zweipoligen Wicklungen und bei allen eingängigen Wellenwicklungen für beliebig viele Polpaare sind deshalb phasengleiche Punkte unmöglich. Man übersieht auch leicht, daß die Zahl der Punkte gleicher Phase höchstens gleich der Zahl der Umläufe im Spannungsvieleck sein kann.

Wir betrachten zuerst die Wicklung mit $u = 1$, bei der immer nur eine Spulenseite quer zur Nut liegt, so daß bei Zweischichtwicklungen die Nutenzahl N gleich der Stegzahl k ist. Bei diesen Wicklungen haben solche Spulenspannungen dieselbe Phase, deren Stromwenderstege um ganze Vielfache der Polpaarteilung auseinander liegen; denn der Polpaarteilung entsprechen im Spannungsvieleck 360^0.

Wenn die Stegzahl k durch die Polpaarzahl p teilbar ist,

$$\frac{k}{p} = \text{ganz}\,, \quad \ldots\ldots\ldots \quad (16'\text{a})$$

so haben p Spulen der Wicklung, die um $\frac{k}{p}$ Stege auseinander liegen, dieselbe Phase und wir erhalten die größte mögliche Zahl von gleichphasigen Spannungen, nämlich p. In allen andern Fällen ist die Zahl der Spulenspannungen gleicher Phase geringer. Sie ist gleich t, wenn t der größte Teiler ist, den die Polpaarzahl p und die Stegzahl k gemeinsam haben, weil dann alle um

$$\frac{p}{t}\,\frac{k}{p} = \frac{k}{t}$$

Stege auseinander liegende Spulen dieselbe Phase haben. Das Auftreten von t gleichphasigen Spannungen ist also an die Bedingungen

$$\frac{p}{t} = \text{ganz} \quad \text{und} \quad \frac{k}{t} = \text{ganz} \quad \ldots\ldots \quad (15'\text{a})$$

geknüpft.

Für die Schleifenwicklung hat nur der Fall praktische Bedeutung, wo die Zahl der phasengleichen Ecken im Spannungsvieleck den größten möglichen Wert $t = p$ hat. Wir erhalten dann

$$y_v = \frac{k}{p} \quad \ldots\ldots\ldots\ldots \quad (16)$$

Gruppen von je p phasengleichen Punkten und y_v gibt gleichzeitig auch den Schritt in Stegteilungen an, um den wir am Stromwenderumfang fortschreiten müssen, um zu phasengleichen Punkten der Wicklung zu gelangen.

Auch bei der zweigängigen Schleifenwicklung kann die Zahl phasengleicher Punkte nicht größer als p sein, wie aus den Gl. 15'a folgt. Die zweipolige zweigängige Schleifenwicklung hat also im einseitigen Spannungsvieleck niemals phasengleiche Ecken (vgl. Abb. 44b), trotzdem das Spannungsvieleck zweimal umläuft.

Bei der Wellenwicklung ist die größte mögliche Zahl der phasengleichen Ecken im Spannungsvieleck gleich a. Die allgemeinen Bedingungen 15'a gehen deshalb für die Wellenwicklung über in

$$\frac{p}{a} = \text{ganz} \quad \text{und} \quad \frac{k}{a} = \text{ganz} \quad . \; . \; . \; . \; . \quad (17'\text{a})$$

Wir erhalten

$$y_v = \frac{k}{a} \quad . \; . \; . \; . \; . \; . \; . \; . \; . \; . \; . \quad (17)$$

Gruppen von je a phasengleichen Punkten, und diese sind in der Wicklung um y_v Stromwenderstege voneinander entfernt.

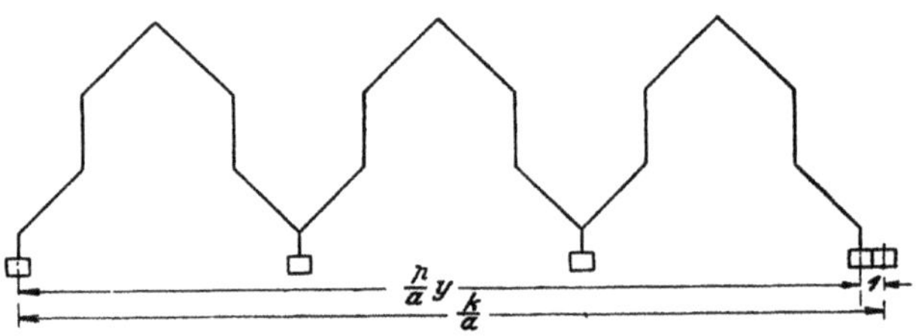

Abb. 56.

Bei der Schleifenwicklung war aus dem Schaltplan ohne weiteres zu ersehen, daß die Punkte der Wicklung, die um y_v Stromwenderstege auseinander liegen, sich im Spannungsvieleck decken. Bei der Wellenwicklung ist dies nicht ohne weiteres ersichtlich, weil an Stelle der einen Spule der Schleifenwicklung immer p am Ankerumfang verteilte Spulen in Reihe geschaltet sind und es möglich wäre, daß ein solcher Wicklungsumlauf die gleichphasigen Spulen enthält, die nach Gl. 17 um $\frac{k}{a}$ Stromwenderstege auseinander liegen. Daß dies aber auch bei der Wellenwicklung niemals der Fall sein kann, folgt aus dem Wicklungsgesetz Gl. 9, nach dem $\frac{p}{a}$ resultierende Wicklungsschritte y immer um $\frac{k}{a} \underset{(+)}{-} 1$ Stromwenderstege auseinander liegen (vgl. auch Abb. 56); es ist

$$\frac{k}{a} = y\,\frac{p}{a} \underset{(-)}{+} 1 .$$

Es ist nun leicht, die Bedingungen für das Auftreten phasengleicher Punkte im einseitigen Spannungsvieleck auf Wicklungen mit mehreren in der Nut nebeneinander liegenden Spulenseiten zu erweitern. Gleichphasige Spulen müssen bei diesen Wicklungen auch dieselbe Lage innerhalb der Nuten einnehmen, und dies ist nur dann der Fall, wenn $\frac{k}{t}$ in Gl. 15'a auch noch durch die Zahl u der in der Nut nebeneinander liegenden Spulenseiten teilbar ist, so daß die Gl. 15'a übergehen in

$$\frac{p}{t} = \text{ganz} \quad \text{und} \quad \frac{k}{ut} = \text{ganz} \qquad (15\,a)$$

Bei der Schleifenwicklung muß also

$$\frac{k}{up} = \text{ganz} \qquad (16\,a)$$

sein, damit die Wicklung $t = p$ phasengleiche Punkte hat, die dann um je

$$y_v = \frac{k}{p} \qquad (16)$$

Stromwenderstege in der Wicklung auseinander liegen.

Bei der Wellenwicklung gehen die Bedingungen (17'a) über in

$$\frac{p}{a} = \text{ganz} \quad \text{und} \quad \frac{k}{ua} = \text{ganz}; \qquad (17\,a)$$

wir erhalten a phasengleiche Punkte, die um je

$$y_v = \frac{k}{a} \qquad (17)$$

Stromwenderstege auseinanderliegen.

Wenn bei einer Wicklung ohne Treppe die Zahl u der in der Nut nebeneinanderliegenden Spulenseiten gleich der Zahl m der Wicklungsgänge ist, können sich auch bei zwei Polen phasengleiche Punkte ergeben. Ist nämlich die m-gängige Wicklung m-fach geschlossen, so liegen immer $u = m$ Spulen, die verschiedenen Teilwicklungen angehören, in denselben Nuten, haben also gleiche und gleichphasige Spannung, so daß sich u Spannungsvielecke ergeben, die sich decken [L. 1, S. 110]. Diese Wicklungen haben jedoch, wie wir später sehen werden, keine praktische Bedeutung.

B. Beim doppelseitigen Spannungsvieleck. Bei Wicklungen mit nur einer Windung in jeder Spule entsteht aus dem einseitigen Spannungsvieleck das doppelseitige, wenn wir die Spannung einer Mantelspule durch die beiden Teilspannungen ersetzen, die den beiden Ringspulen entsprechen, in die wir uns jede Mantelspule zerlegt denken können (Abschnitt 44 A). Das doppelseitige Spannungsvieleck hat deshalb doppelt so viele Ecken wie das einseitige und der Phasenwinkel zweier benachbarter Ecken der Vorderseite wird bei den Wicklungen mit $u = 1$ durch die dazwischenliegenden Ecken der hintern Wicklungsseite genau halbiert.

Die Zahl der Umläufe ist im doppelseitigen Vieleck natürlich dieselbe wie im einseitigen, und deshalb kann auch beim doppelseitigen Vieleck die Zahl der phasengleichen Punkte niemals größer als die halbe Zahl a der parallelen Ankerzweige sein. Wenn daher schon im einseitigen Spannungsvieleck a phasengleiche Punkte auftreten, so kann die Zahl im doppelseitigen Vieleck nicht größer sein; die Zahl der Gruppen von je a gleichphasigen Punkten wird natürlich verdoppelt. Ist dagegen die Zahl der phasengleichen Punkte im einseitigen Spannungsvieleck kleiner als a, z. B. gleich t, entsprechend der allgemeinen Bedingung in Gl. 15a, so kann im doppelseitigen Spannungsvieleck die Zahl der phasengleichen Punkte doppelt so groß, nämlich $2t$ werden. Die Bedingung, die zu erfüllen ist, damit dies eintritt, wollen wir für die Wicklung mit $u = 1$ aufstellen.

Wir betrachten zuerst das Spannungsvieleck auf der Stromwenderseite. Wenn alle Ecken verschiedene Phasen haben, so liegen zwischen benachbarten Ecken eines Umlaufs immer $a - 1$ Ecken der übrigen Umläufe (Abb. 44b und 46b), weil das Spannungsvieleck a Umläufe hat und eine symmetrische Wicklung vorausgesetzt ist. Hat das einseitige Spannungsvieleck t gleichphasige Ecken, so liegen zwischen den aufeinanderfolgenden Ecken eines Umlaufs, die wir mit A und B bezeichnen wollen, immer $\frac{a}{t} - 1$ Ecken anderer Phase (vgl. Abb. 45b mit $\frac{a}{t} - 1 = \frac{4}{2} - 1 = 1$). Wenn $\frac{a}{t} - 1$ ungerade ist, wie z. B. in Abb. 44b oder 45b, so liegt die mittlere der $\frac{a}{t} - 1$ Ecken genau in der Mitte zwischen den Ecken A und B und hat dieselbe Phase wie ein Anzapfpunkt der Windung AB auf der dem Stromwender gegenüberliegenden Seite. Um im doppelseitigen Spannungsvieleck doppelt so viele phasengleiche Punkte zu erhalten wie im einseitigen, muß also für Wicklungen mit $u = 1$ die Bedingung

$$\frac{a}{t} - 1 = \text{ungerade}$$

oder

$$\frac{\boldsymbol{a}}{\boldsymbol{t}} = \textbf{gerade} \quad \ldots\ldots\ldots\ldots \quad (18)$$

bestehen.

Im doppelseitigen Spannungsvieleck erhalten wir also auch bei der zweigängigen Schleifenwicklung mit $u = 1$ $a = 2p$ phasengleiche Punkte, wenn die Bedingung 16′a

$$\frac{k}{p} = \text{ganz}, \quad \dots\dots\dots\dots \quad (16'\text{a})$$

erfüllt ist; denn $\frac{a}{t} = \frac{a}{p} = 2$ ist dann nach Gl. 4 eine gerade Zahl.

Wenn bei der mehrgängigen Wellenwicklung mit $u = 1$ die Bedingungen 17′a nicht erfüllt sind, die Zahl der phasengleichen Punkte im einseitigen Spannungsvieleck also kleiner als a ist, erhält man im doppelseitigen Spannungsvieleck a phasengleiche Punkte, wenn

$$\frac{2p}{a} = \text{ganz}, \quad \frac{2k}{a} = \text{ganz} \quad \text{und} \quad a = \text{gerade} \quad \dots (19)$$

ist. Denn dann ist $t = \frac{a}{2}$ und $\frac{a}{t} = 2$ eine gerade Zahl, wie es die Bedingung 18 verlangt.

Im allgemeinen ist nun die Spannung zwischen zwei phasengleichen Punkten, die verschiedenen Seiten der Ankerwicklung entsprechen, von Null verschieden, weil die Ecken der beiden einseitigen Spannungsvielecke im allgemeinen auf verschiedenen Kreisen liegen. In Abb. 57 ist ein Teil des einseitigen Spannungsvielecks Abb. 44b herausgezeichnet und die Punkte des Spannungsvielecks der andern Wicklungsseite (1′, 2′, 3′, 4′) unter der Voraussetzung angegeben, daß die Spulenweite gleich der Polteilung ist (vgl. Abb. 55b). Phasengleich sind die Punkte 1′ und 18, 2′ und 1 usw. Die Spannung ε zwischen je zwei dieser Punkte beträgt nur einen Bruchteil der Spannung zwischen benachbarten Ecken des Spannungsvielecks. Bezeichnen wir diese Spannung mit e, so ist für eine Durchmesserwicklung

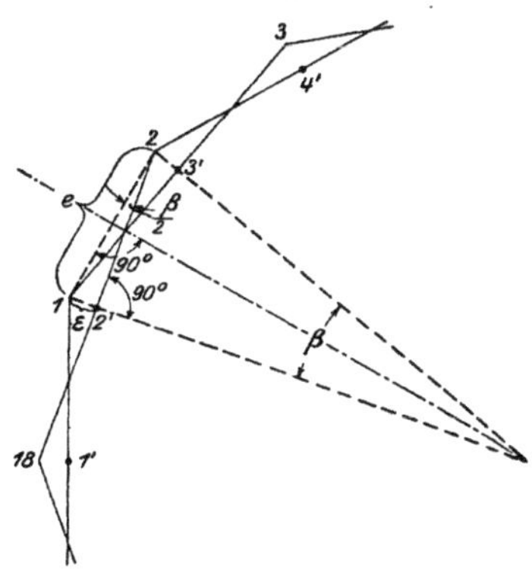

Abb. 57.

$$\frac{\varepsilon}{e} = \sin\frac{\beta}{2}, \quad \dots\dots\dots\dots \quad (20)$$

wenn β der Winkel ist, den benachbarte Ecken im einseitigen Spannungsvieleck einschließen. Wie wir in Abschnitt 9 F gesehen haben, können durch passende Wahl der Wicklungsschritte die Unterschiede in den Spannungen verschiedener Wicklungsseiten verringert werden (vgl. Abb. 55a und b). Beide Spannungen sind einander gleich, und damit ε in Abb. 57 null, wenn für Wicklungen mit $u = 1$ die Spulenweite y_1 gleich dem Schaltschritt y_2 ist, oder wenn der eine Schritt um ebensoviel größer, wie der andere kleiner als die Polteilung ist; wenn also entweder

$$y_1 = y_2 \qquad \text{(21a)}$$

oder

$$\frac{k}{2p} - y_1 = y_2 - \frac{k}{2p} \qquad \text{(21b)}$$

ist [L. 6].

Bei den Wicklungen mit $u > 1$ ist das einseitige Spannungsvieleck im allgemeinen nicht ganz regelmäßig. Die Punkte auf verschiedenen Seiten der Ankerwicklung, die bei einer Wicklung mit $u = 1$ phasengleich sind, also der Bedingung 19 genügen, sind deshalb im allgemeinen nicht genau, sondern nur annähernd phasengleich. Die Spannung zwischen solchen annähernd phasengleichen Punkten kann aus dem doppelseitigen Spannungsvieleck berechnet werden (vgl. auch S. 90 u. 91).

Wenn jede Spule aus mehr als einer Windung besteht, so liegen gewöhnlich auch alle Leiter derselben Spulenseite in derselben Nut. Die Spannung zwischen benachbarten Ecken im Vieleck setzt sich dann aus ebenso vielen gleichphasigen, aber in Reihe geschalteten Teilen zusammen, wie die Spule Windungen enthält, genau wie bei einer eingängigen Schleifenwicklung ohne Treppe mit $u > 1$ (Abb. 49b).

Ist dann die Windungszahl der Spule gerade, so erhält man in der Mitte der Spule, die auf der Stromwenderseite liegt, im einseitigen Spannungsvieleck einen Punkt, der mit einer Ecke des Vielecks auf der gegenüberliegenden Ankerseite phasengleich ist. Das einseitige Spannungsvieleck stimmt mit dem in diesem Abschnitt behandelten doppelseitigen Spannungsvieleck für Durchmesserwicklungen mit nur einer Windung in jeder Spule (Abb. 57) vollkommen überein, so daß für die Spannung zwischen phasengleichen Punkten auch in diesem Falle Gl. 20 gilt.

Wenn die Spulenzahl ungerade ist, so liegt die Spannungsmitte der Spule auf der dem Stromwender gegenüber liegenden Seite und wir erhalten ein doppelseitiges Spannungsvieleck mit denselben Eigenschaften, wie das für Wicklungen mit $u = 1$, wenn die Spulenweite gleich der Polteilung ist. Bei anderen Spulenweiten ist die Spannung phasengleicher Punkte, die verschiedenen Wicklungsseiten entsprechen, besonders zu berechnen, wobei man zu beachten hat, daß die mittlere Windung der Spule nach Abb. 341a u. b in zwei Ringwindungen zu zerlegen ist.

11. Die Ausgleichsverbindungen erster Art.

A. Zweck der Augleichsverbindungen erster Art. Unsere Betrachtungen über das Spannungsvieleck hatten zur Voraussetzung, daß die Normalkomponente der Induktion am Ankerumfang sinusförmig verteilt ist. Diese Voraussetzung ist in den meisten Fällen nicht erfüllt; die Verteilung der Induktion ist zwar periodisch, aber keine reine Sinusfunktion. Wir können diese periodische Funktion in eine Summe harmonischer Sinuswellen zerlegen und für jede dieser Sinuswellen ein Spannungsvieleck zeichnen. Wenn nun die Periode der Induktionskurve gleich der Polpaarteilung ist, wie es ja bei jeder Maschine sein sollte, so entspricht die Grundwelle der Induktion der Polpaarzahl der Maschine und alle Oberwellen einem ganzen Vielfachen dieser Polpaarzahl. Die Punkte der Wicklung, die im Spannungsvieleck phasengleich sind, müssen dann auch in den Spannungsvielecken der Oberwellen phasengleich sein, so daß die Bedingungen, die wir in Abschnitt 10 für das Auftreten phasengleicher Punkte im Spannungsvieleck abgeleitet haben, auch noch gelten, wenn die Induktion nach einer beliebigen periodischen Kurve verteilt ist, deren Grundwelle der Polpaarzahl entspricht. Zwischen den phasengleichen Punkten ist dann auch die Spannung null.

Der Induktionsfluß ist nun bei den mehrpoligen Maschinen sehr häufig nicht so verteilt, daß die Normalkomponente der Induktion an zwei beliebigen um eine Polpaarteilung auseinander liegenden Punkten des Ankerumfangs genau denselben Wert hat. Exzentrische Lagerung des Ankers oder ungenaue Ausführung des Feldmagneten verursachen leicht Unsymmetrien in den Polflüssen der Maschine. Bei Ringwicklungen, wo die Spulenseiten eines Ankerzweiges immer unter nur einem Pol, und bei Schleifenwicklungen, wo sie immer unter zwei benachbarten Polen liegen, wird dann die Spannung zwischen den Punkten der Wicklung, die im Spannungsvieleck phasengleich sind, nicht mehr null sein. Ein Teil dieser Punkte ist aber immer durch die Verbindungsleitung zwischen den gleichpoligen Bürsten leitend miteinander verbunden, so daß über die gleichpoligen Bürsten ein Ausgleichstrom fließen muß. Der Ausgleichstrom kann sehr groß werden, weil sich ihm nur der verhältnismäßig geringe Widerstand der Ankerwicklung und der Berührungswiderstand zwischen den Bürsten und dem Stromwender darbietet. Durch die große Strombeanspruchung einzelner Bürsten wird dann die funkenfreie Stromabnahme oder zuführung leicht gestört.

Denken wir uns z. B. einen Ringanker im vierpoligen Feldmagneten (Abb. 58). Durch exzentrische Lagerung des Ankers mögen die Flüsse der beiden unteren Pole gegenüber dem Mittelwert sämtlicher Polflüsse um 1 $^0/_0$ verstärkt, die der beiden oberen Pole um 1 $^0/_0$ geschwächt sein. In den einzelnen Wicklungszweigen werden EMKe induziert, deren Größe den entsprechenden Polflüssen proportional ist. Die Richtung dieser EMKe ist in der Abbildung durch die Pfeile im Innern des Ankers angedeutet; ihre Größe geben die beigeschriebenen Zahlen an, die Spannungseinheiten bezeichnen mögen. Zwischen den positiven Bürsten wird über die Verbindungsleitung ein Ausgleichstrom fließen, der von 101 — 99 = 2 Spannungseinheiten erregt wird und dessen Richtung in der Abbildung durch einen Pfeil in der Verbindungsleitung der positiven Bürsten angedeutet ist. Der Strom in der untern positiven Bürste wird bei Belastung durch den Ausgleichstrom vergrößert, der in der obern verringert.

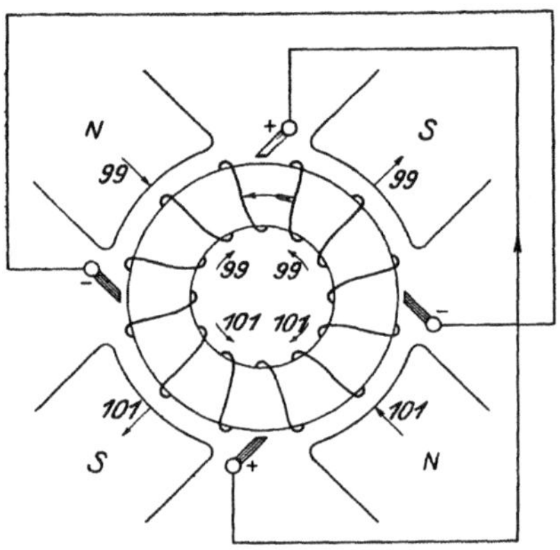

Abb. 58. Ausgleichsstrom bei einer vierpoligen Ringwicklung mit ungleichen Polflüssen.

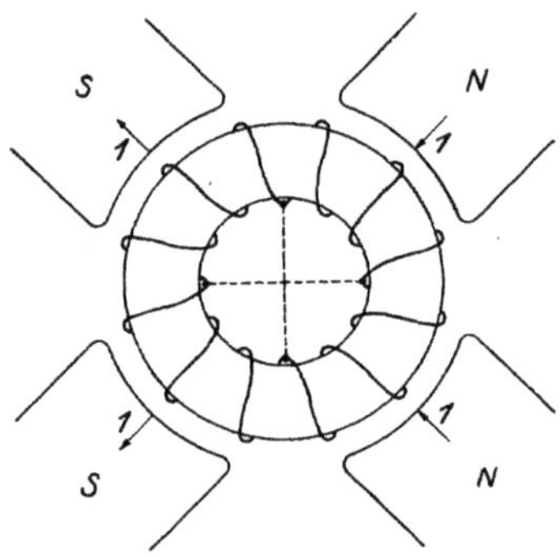

Abb. 59. Zweipoliges Feld, das durch Überlagerung über ein symmetrisches vierpoliges Feld die Polflüsse in Abb. 58 ergibt.

Verbindet man nun innerhalb der Wicklung die Punkte, zwischen denen bei symmetrischer Verteilung der Flüsse die Spannung null sein würde, durch Ausgleichsverbindungen von geringem Widerstande, so werden die entsprechenden Wicklungspunkte zwangsweise auf dieselbe Spannung gebracht und damit Ausgleichströme über die B ü r s t e n verhindert. Durch die Wicklung und die Ausgleichsverbindungen fließt dann ein Wechselstrom, der zwar die Ankerwicklung erwärmt, aber auch die unsymmetrische Verteilung der Polflüsse ausgleicht.

Um diesen Vorgang besser zu übersehen, können wir uns die unsymmetrische Feldverteilung in Abb. 58 aus der Überlagerung je zweier symmetrischer Verteilungen mit 4 und 2 Polen entstanden denken. Das zweipolige Magnetsystem erhält dann auf der rechten Seite Nordpole und auf der linken Seite Südpole; es ist in Abb. 59

dargestellt. Während nun für das vierpolige Feldmagnetsystem die Ausgleichsleitungen spannungsgleiche Punkte verbinden, schließen sie für das zweipolige Magnetsystem die Wicklung zwischen Punkten größter Spannung kurz. Wenn mindestens zwei Gruppen von Ausgleichsverbindungen angebracht werden, wie sie in Abb. 59 durch gestrichelte Linien angedeutet sind, verhält sich die Wicklung in Bezug auf das zweipolige Magnetsystem wie die zweiphasig kurzgeschlossene Wicklung einer Synchronmaschine. Das induzierende Magnetfeld wird im wesentlichen ausgelöscht und damit die Unsymmetrie des vierpoligen Magnetfeldes im wesentlichen beseitigt, so daß die Ausgleichströme nur mäßige Stärke annehmen können.

B. Schleifenwicklung. Ähnlich wie die Ringwicklung verhält sich auch die Schleifenwicklung. Die zu einem Ankerzweige gehörigen Spulenseiten liegen hier immer unter je zwei benachbarten Polen (vgl. z. B. Abb. 12). Die EMKe der Ankerzweige sind dann nicht mehr proportional den einzelnen Polflüssen, sondern proportional den Summen der Flüsse je zweier benachbarter Pole; diese Summen sind im allgemeinen verschieden groß.

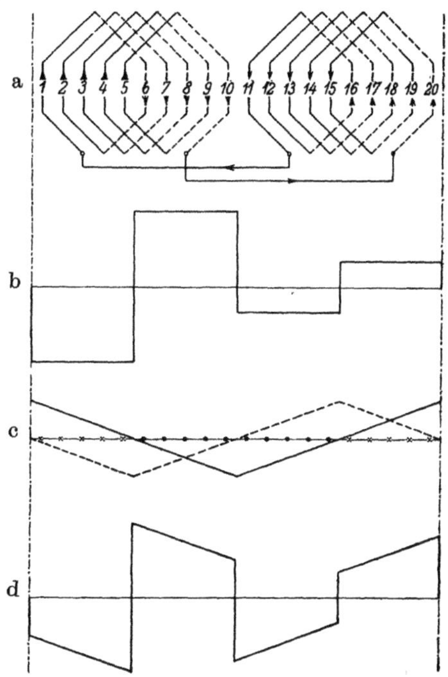

Abb. 60a bis d. Ausgleich der Polflüsse bei einer vierpoligen Schleifenwicklung mit zwei Ausgleichsverbindungen.

Wir wollen zunächst annehmen, daß nur zwei Ausgleichsverbindungen angeschlossen sind, von denen z. B. in Abb. 12 die eine die Stromwenderstege 1 und 11, die andere die Stege 6 und 16 verbindet. Zwei der durch die Ausgleichsverbindungen gegeneinander geschalteten Wicklungszweige sind in Abb. 60a herausgezeichnet. Setzen wir nun voraus, daß von der Feldmagnetwicklung die in Abb. 60b dargestellte unsymmetrische, rechteckige Verteilung der Induktion am Ankerumfang erregt wird, so wird bei der eingezeichneten Lage der Wicklung in dem einen Zweige eine größere EMK induziert als in dem anderen. Es fließt ein Ausgleichsstrom, dessen Sinn die größere EMK bestimmt. Wäre der Strom mit der EMK phasengleich, so ergäbe sich, wenn sich die Wicklung von links nach rechts bewegt, die in Abb. 60a durch Pfeile und in Abb. 60c durch Kreuze und Punkte angegebene Stromrichtung, und der Strom würde am Ankerumfang eine Induktion erregen, die etwa durch die gestrichelte Kurve dargestellt werden kann. Tatsächlich ist jedoch, wie beim kurzgeschlossenen Synchrongenerator, der Strom gegenüber der EMK um etwa $^1/_4$ Periode in der Phase verspätet. Er hat also die in Abb. 60c gestrichelt gezeichnete Verteilung erst angenommen, nachdem sich die Wicklung um $^1/_4$ Periode der Stromverteilung des Ausgleichsstroms gedreht hat. Die von den induzierten Ausgleichsströmen erregte Induktion wird deshalb durch die voll ausgezogene Kurve in Abb. 60c dargestellt. Bilden wir jetzt die resultierende Verteilung der Induktion am Ankerumfang, indem wir die Kurven in Abb. 60b und 60c addieren; so ergibt sich die Verteilung in Abb. 60d und wir erkennen deutlich, daß die zu starken Polflüsse geschwächt und die zu schwachen Polflüsse verstärkt werden. Wenn sich die Wicklung um eine Polteilung gedreht hat, bewirken die in Abb. 60a nicht gezeichneten Ankerzweige denselben Ausgleich. Auch in Zwischenstellungen wird durch die inneren Ströme in der Wicklung die Ungleichheit der Polflüsse ausgeglichen, wobei die eine Gruppe der Ankerzweige die Nordpole und die andere die Südpole ausgleicht. In derselben Weise kommt auch bei den Wicklungen mit mehr als zwei Polpaaren der Ausgleich zustande. Bei der vierpoligen Schleifenwicklung — aber nur bei dieser — bewirken auch die über die Verbindungsleitung der gleichpoligen Bürsten fließenden Ausgleichströme eine Vergleichmäßigung der Polflüsse, so daß bei diesen Wicklungen auch ohne innere Ausgleichsverbindungen gewöhnlich keine unzulässig starke Überlastung einzelner Bürsten durch äußere Ausgleichsströme zu befürchten ist [L. 8]. Trotzdem werden aber im allgemeinen auch die vierpoligen Schleifenwicklungen mit inneren Ausgleichsverbindungen ausgerüstet.

C. Zahl, Querschnitt und Ausführung der Ausgleichsverbindungen. Damit die Ausgleichströme in der Wicklung die Ungleichheit der Polflüsse verringern, genügen also schon zwei Gruppen von Verbindungsleitungen, von denen jede Gruppe die Punkte der Wicklung verbindet, die im Spannungsvieleck phasengleich sind. In den meisten Fällen wird dann die Ungleichheit der Polflüsse soweit ausgeglichen, daß die über Bürsten fließenden Ausgleichströme den funkenfreien Gang nicht stören. Ganz verhindert werden sie, wenn alle Punkte der Wicklung kurzgeschlossen werden, die im Spannungsvieleck phasengleich sind. Dann findet auch der vollkommenste Ausgleich der Polflüsse — und zwar nicht nur der Hauptpolflüsse, sondern auch der etwa vorhandenen Wendepolflüsse — statt, weil die Wicklung für die Ausgleichströme nicht nur zweiphasig, sondern vielphasig kurzgeschlossen ist. Aus Herstellungsgründen begnügt man sich damit, die phasengleichen Punkte nur eines Teils der vorhandenen Gruppen durch Ausgleichsleitungen zu verbinden. Für die Zahl dieser Gruppen sind hauptsächlich konstruktive Gründe maßgebend.

Die Stärke des Ausgleichstromes ist von dem Ohmschen Widerstand des Ausgleichskreises fast unabhängig, weil, wie beim synchronen Generator, der streuinduktive und vor allem der Abfall durch Ankerrückwirkung bei weitem überwiegt. Man wird den Querschnitt der Ausgleichsverbindungen deshalb nicht größer bemessen, als es mit Rücksicht auf Erwärmung notwendig ist. Zahlenmäßig läßt sich dieser Querschnitt gewöhnlich nicht angeben, weil die Ausgleichströme erst bei Unregelmäßigkeiten im Aufbau der Maschine fließen und ihre Größe deshalb nicht vorauszusehen ist.

Man wählt den Querschnitt der Ausgleichsverbindungen deshalb möglichst reichlich, aber doch so, daß sich die Verbindungsleitungen noch bequem am Anker unterbringen lassen; bei wenigen Gruppen von Ausgleichsleitungen etwa gleich dem Querschnitt eines Ankerleiters, bei vielen Gruppen kleiner. Die Berechtigung dieser Bemessung ist nur konstruktiv begründet; denn mit zunehmender Zahl der Ausgleichsverbindungen muß der Strom in einer Verbindung nicht unbedingt oder doch nicht wesentlich abnehmen. Je größer die Zahl der Ausgleichsverbindungen, desto vollkommener ist zwar die Vergleichmäßigung der Polflüsse, desto kleiner also unter sonst gleichen Verhältnissen der Ausgleichstrom. Je größer die Zahl der Ausgleichsverbindungen, desto kleiner ist aber auch die Zahl der durch Ausgleichsverbindungen gegeneinander geschalteten Spulen, und desto mehr kommen die Unterschiede in den EMKen der einzelnen Spulen zur Geltung. Wenn die Ausgleichsverbindungen einer Maschine im Betriebe zu warm werden, empfiehlt es sich, die Unsymmetrie im Aufbau der Maschine zu suchen und zu beseitigen.

Die Ausgleichsverbindungen werden als Ringleitungen oder nach Art der Querverbindungen einer Zweischichtwicklung ausgeführt. Für die Wicklung in Abb. 12 sind z. B. Ausgleichsverbindungen in Abb. 61a als Ringleitungen und in Abb. 61b als Querverbindungen dargestellt. Der Verbindungsschritt, der auszuführen ist, um phasengleiche Punkte miteinander zu verbinden, beträgt nach Gl. 16

$$y_v = \frac{k}{p} = \frac{20}{2} = 10\,.$$

Von den 10 Gruppen phasengleicher Punkte haben hier nur 3 Gruppen Ausgleichsverbindungen erhalten. In praktischen Fällen liegt die Zahl der Gruppen von Ausgleichsverbindungen etwa zwischen 3 und 10. Die Ringleitungen führt man gewöhnlich bei geringerer

Zahl und größerem Querschnitt, die Querverbindungen bei größerer Zahl und kleinerem Querschnitt aus. Die Ausgleichsgruppen sollen möglichst gleichmäßig am Ankerumfang verteilt sein. Die kleine

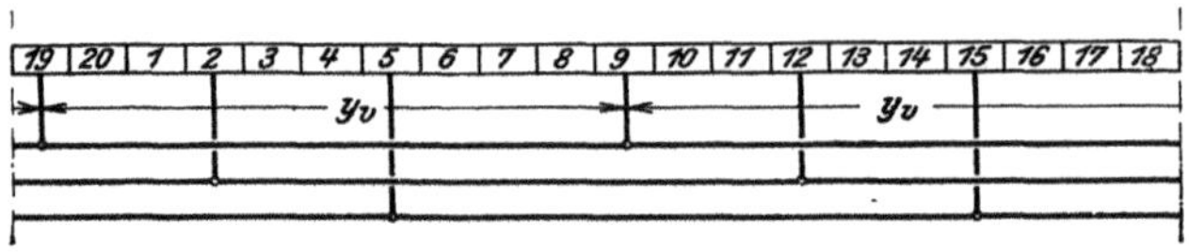

Abb. 61a. Ausgleichsverbindungen in Form von Ringleitungen für die Wicklung in Abb. 12.

Unsymmetrie, die sich dadurch ergibt, daß die Zahl der Gruppen gleichphasiger Punkte nicht durch die Zahl der Ausgleichsgruppen teilbar ist, hat jedoch keine Bedeutung. In den Abb. 61a und 61b

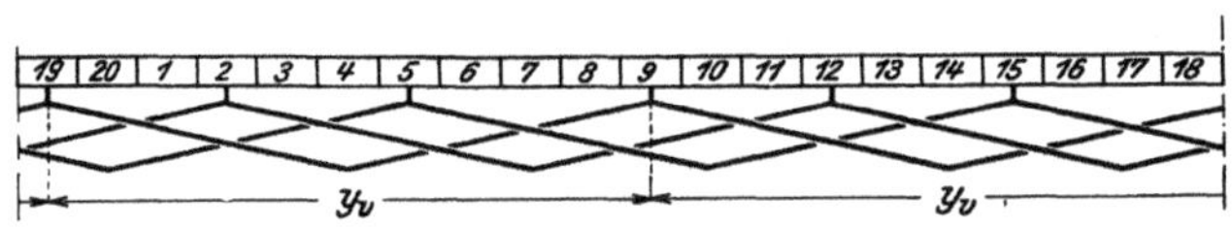

Abb. 61b. Ausgleichsverbindungen in Form von Querverbindungen für die Wicklung in Abb. 12.

liegt z. B. eine solche Unsymmetrie vor; die Zahl 10 der Gruppen gleichphasiger Punkte ist nicht durch die Zahl 3 der Ausgleichsgruppen teilbar. Die Ausgleichsverbindungen können auch auf der dem Stromwender gegenüberliegenden Ankerseite angebracht werden, ohne daß ihre Wirkung wesentlich beeinträchtigt wird.

Sofern es die konstruktive Ausbildung der Verbindungsleitungen erlaubt, kann man an der fertigen Maschine ohne Ausgleichsverbindungen die Unsymmetrie der Polflüsse durch Messung der Spannung zwischen gleichpoligen Bürsten bestimmen, und die Ausgleichsverbindungen erst anschließen, wenn die Unsymmetrie beseitigt ist. Zu entbehren sind auch in diesem Falle die Ausgleichsverbindungen gewöhnlich nicht, weil im Betriebe wieder Unsymmetrie der Polflüsse, z. B. durch Abnützung der Lager, eintreten kann.

12. Die Ausgleichsverbindungen zweiter Art.

A. Wellenwicklung. Bei den Wellenwicklungen hat die Ungleichheit der Polflüsse keinen Einfluß auf die Größe der in einem Wicklungszweige induzierten EMK, weil die Spulen eines solchen Wicklungszweiges annähernd gleichmäßig unter sämtlichen Polen der Maschine verteilt sind. Bei den Wellenwicklungen müssen aber aus andern Gründen die Punkte der Wicklung durch Ausgleichsleitungen miteinander verbunden werden, die im Spannungsvieleck phasengleich sind. Wir wollen diese Verbindungsleitungen als Ausgleichsverbindungen zweiter Art bezeichnen, da sie einen andern Zweck haben, als die früher behandelten Ausgleichsverbindungen der eingängigen Schleifenwicklung.

Die Wirkung der Ausgleichsverbindungen zweiter Art wollen wir uns an dem Schaltplan der zweigängigen zweifach geschlossenen Wellenwicklung in Abb. 32b und dem zugehörigen Spannungsvieleck in Abb. 48b klarmachen. Wenn auf dem Stromwender keine Bürsten aufliegen, ist die Spannung zwischen Punkten verschiedener Teilwicklungen zunächst unbestimmt; die Spannungsvielecke der Wicklung kommen erst zur Deckung, wenn man zwei entsprechende Punkte der Teilwicklungen, z. B. 7 und 16 (Abb. 48b), miteinander verbindet. Dies geschieht durch die Verbindungsleitung der gleichpoligen Bürsten. Die Stege 7 und 16 liegen z. B. in Abb. 32b unter den Mitten der negativen Bürsten. Unter diesen Bürsten befinden sich aber auch noch die Stromwenderstege 6, 8 und 15, 17. Alle sechs Stege werden durch die negativen Bürsten miteinander leitend verbunden. Der Widerstand der Verbindung je zweier dieser Punkte der Wicklung besteht im wesentlichen aus dem Berührungswiderstand zwischen Stromwender und Bürste. Die Größe dieses Widerstandes ist verschiedenen Einflüssen unterworfen und schwankt im Betriebe in weiten Grenzen. Dadurch ändert sich auch die gegenseitige Lage der beiden Spannungsvielecke.

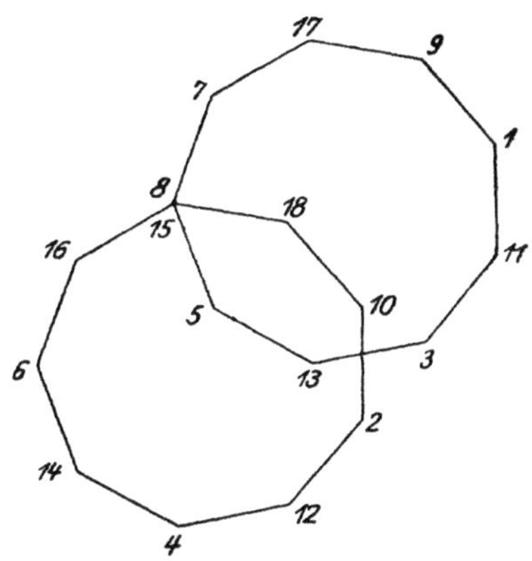

Abb. 62. Verschiebung der Spannungsvielecke in Abb. 48a bei schlechter Auflage der Bürsten.

Nehmen wir z. B. an, daß die in Abb. 32b voll ausgezogene negative Bürste nur mit der rechten Kante, die gestrichelt gezeichnete negative Bürste dagegen nur mit der linken Kante auf dem Stromwender aufliegt. Dann werden die Stege 8 und 15 miteinander leitend verbunden, und wenn die positiven Bürsten abgehoben sind, nehmen die beiden Spannungsvielecke die in Abb. 62 dargestellte Lage ein. Wenn auch die positiven Bürsten aufgelegt werden, die die Stromwenderstege 11, 12 und 2, 3 bedecken, so werden sich die beiden Spannungsvielecke zwar wieder nähern, aber im allgemeinen nicht zur Deckung kommen. Ihre jeweilige Lage wird von der jeweiligen Größe der Bürstenübergangswiderstände abhängen und deshalb mehr oder weniger unbestimmt sein. Die Spannung zwischen benachbarten Stromwenderstegen ist deshalb sehr unregelmäßig, und der Strom verteilt sich nicht gleichmäßig auf die parallelen Ankerzweige. Die Stromwendung wird gestört, weil der Strom in der kurzgeschlossenen Ankerspule in hohem Maße durch die Stromverteilung unter den Bürsten beeinflußt wird. In der Praxis hat sich deshalb auch gezeigt, daß bei mehrgängigen Wellenwicklungen ein funkenfreier Betrieb ohne Ausgleichsverbindungen gewöhnlich nicht möglich ist.

Bei den einfach geschlossenen mehrgängigen Wicklungen ist bei Leerlauf und abgehobenen Bürsten die Lage der Punkte im Spannungsvieleck eindeutig bestimmt. Zwischen phasengleichen Punkten liegt aber immer eine größere Anzahl von Spulen, und wenn Strom durch die Wicklung fließt, so ergeben sich, sei es durch ungleiche Widerstände oder verschieden starke Ströme in den einzelnen Wicklungszweigen, verschieden große Spannungsgefälle, so daß zwischen den phasengleichen Punkten im Spannungsvieleck bei Belastung Spannungen auftreten, die erfahrungsgemäß im allgemeinen keinen funkenfreien Betrieb ermöglichen. Deshalb sind auch bei den einfachgeschlossenen mehrgängigen Wicklungen die Punkte, die im Vieleck phasengleich sind, durch Ausgleichsverbindungen zweiter Art kurzzuschließen.

Wir erkennen hieraus, daß auch bei mehrfachgeschlossenen Wicklungen eine einzige Ausgleichsverbindung nicht genügt, und daß es bei mehrfach- und einfachgeschlossenen Wicklungen zweckmäßig ist, möglichst viele Gruppen der Wicklungspunkte, die bei Leerlauf im Spannungsvieleck phasengleich sind, je unter sich durch Ausgleichsleitungen miteinander zu verbinden.

Wenn alle Spulen an Ausgleichsverbindungen angeschlossen werden, wirken die Ausgleichsverbindungen zweiter Art auch zugleich als Verbindungen erster Art und beseitigen Ungleichheiten der Polflüsse. In Abb. 63 ist die Wicklung der Abb. 32b nochmals mit zwei Ausgleichsverbindungen aufgezeichnet, die je an benachbarte Stromwenderstege angeschlossen sind. Durch die beiden Ausgleichsverbindungen werden zwei Spulen (7—12 und 16—3) parallel geschaltet, die genau so liegen wie die durch Ausgleichsverbindungen parallel geschalteten Spulen der Schleifenwicklung (vgl. Abb. 66). Die parallel geschalteten Spulen sind in Abb. 63 durch dicke Linien hervorgehoben. Die Ausgleichsströme erster Art erwärmen die Ausgleichsverbindungen, und da Ungleichheiten in den Polflüssen bei Wellenwicklungen im allgemeinen nicht stören, sind auch die Ausgleichströme erster Art bei Wellenwicklungen gewöhnlich nicht erwünscht. Um zu verhindern, daß die Verbindungen zweiter Art auch als Verbindungen erster Art wirken, müssen immer ganze Umläufe, d. h. Gruppen von je p oder einem Vielfachen von p in Reihe liegender Spulen durch die Ausgleichsverbindungen parallel geschaltet werden. Dies ist der Fall, wenn nur jede a-te, jede $2a$-te oder jede $3a$-te usw. Spule an Ausgleichsverbindungen angeschlossen wird. Der Verbindungsschritt y_v muß dann durch die Ganzzahl a teilbar, oder es muß (vgl. Gl. 17)

$$\frac{k}{a^2} = \text{ganz} \quad . \; . \; . \; . \; . \; . \; . \; . \; . \; . \quad (22)$$

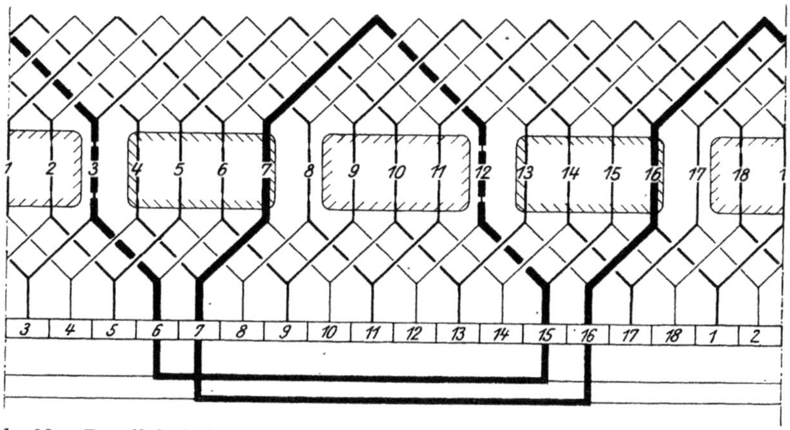

Abb. 63. Parallelschaltung zweier Spulen durch Ausgleichsverbindungen bei der zweigängigen Wellenwicklung nach Abb. 32b.

sein. Wenn diese Bedingung nicht erfüllt ist, erhalten wenigstens zwei der durch Ausgleichsverbindungen gegeneinander geschaltete Spulengruppen eine Spulenzahl, die nicht durch p teilbar ist, in denen dann auch ein Ausgleichstrom erster Art fließen wird. Mehrgängige Wellenwicklungen nach Gl. 22 können selbst dann noch zuverlässig arbeiten, wenn einige Polflüsse fast null sind.

B. Bürstenbreite bei mehrgängigen Wellenwicklungen. Die bei mehrgängigen Wellenwicklungen mit Ausgleichsverbindungen erforderliche Bürstenbreite können wir aus dem Spannungsvieleck ablesen. Die Ecken im Spannungsvieleck (vgl. z. B. Abb. 48b) entsprechen den Stromwenderstegen. Phasengleiche Ecken liegen am Stromwender um den Verbindungsschritt y_v ($= 9$ in Abb. 48b), nebeneinander liegende Ecken desselben Gangs um den Wicklungsschritt y ($= 8$ in Abb. 48b) auseinander. Statt das Spannungsvieleck aufzuzeichnen, können wir auch einen Teil der Stromwenderstege herauszeichnen, wie es in Abb. 64 geschehen ist, wo die obere Reihe der Stromwenderstege dem einen, die untere dem andern Wicklungsgang angehört. Die im Stromwenderschema nebeneinander liegenden Stege haben den Wicklungsschritt y, die übereinanderliegenden den Verbindungsschritt y_v.

Zur Beurteilung des allgemeinen Verhaltens der mehrgängigen Wicklungen ist aber Abb. 64 weniger geeignet, weil sie für eine Wicklung mit $a = p$ gilt. In Abb. 65 ist deshalb noch für eine Wellenwicklung mit $k = 153$, $p = 6$ und $a = 3$ die Lage eines Teils der Stromwenderstege im Spannungsvieleck herausgezeichnet. Wir erhalten $a = 3$ Reihen von Stromwenderstegen. Die im Stromwenderschema nebeneinander liegenden Stege gehören demselben Wicklungsgang an und haben den Schritt $y = \frac{k - a}{p} = 25$, die übereinander liegenden haben den Verbindungsschritt $y_v = \frac{k}{a} = 51$. Sieben nebeneinanderliegende Stege gehören zu einem Wicklungsumlauf. Um die von den Bürsten berührten Stege zu bezeichnen, muß man beachten, daß die Stege im Stromwenderschema im Verhältnis $a : p$ verschmälert gezeichnet sind, damit sich die in Wirklichkeit nebeneinander liegenden Stege (z. B. 100, 101, 102 und 103 in Abb. 65) nicht mit andern Stegen überdecken. Wenn die

6	16	8	18	10	2
15	7	17	9	1	11

ein Wicklungsumlauf

Abb. 64. Stromwenderschema für die Wellenwicklung in Abb. 32b: $y = 8$, $y_v = 9$.

129	1	26	51	76	101	126	151
27	52	77	102	127	152	24	49
78	103	128	153	25	50	75	100

ein Wicklungsumlauf

Abb. 65. Stromwenderschema für eine Wellenwicklung mit $k = 153$, $p = 6$, $a = 3$, $y = 25$ und $y_v = 51$.

Mitte der einen der $p = 6$ Bürsten derselben Polarität auf der Mitte von Steg 1 liegt, liegen die von zwei andern auf der Mitte der Stege 52 und 103, während die Mitten der übrigen Bürsten zwischen den Stegen 26 und 27, 77 und 78, 128 und 129 liegen.

Wenn alle Stromwenderstege Ausgleichsverbindungen erhalten, sind alle übereinanderliegenden Stege miteinander verbunden, so daß mit nur einer Bürste für jede Polarität, die in allen Ankerstellungen mindestens einen Steg berührt, durch alle $2a = 6$ Ankerzweige Strom geleitet wird. Wenn nur jeder a-te Steg an Ausgleichsverbindungen angeschlossen ist (in Abb. 65 z. B. 151 und 1, 49 und 52, 100 und 103), so werden nur volle Wicklungsumläufe gegeneinander geschaltet. Wenn dann für jede Polarität nur eine Bürste am Stromwender aufliegt, muß sie mindestens a Stege berühren, um in allen Ankerstellungen eine gleichmäßige Stromverteilung auf alle Spulen der Wicklungszweige zu ermöglichen. Ist z. B. die Bürste nicht breiter als eine Stegteilung und liegt sie z. B. auf dem Steg 76 auf, so muß der Strom durch den Wicklungsgang, der den oberen Stegen in Abb. 65 entspricht, bis zu den Stegen 1 und 151 fließen, und kann sich erst von diesen beiden Stegen aus auf die sechs Wicklungszweige verteilen. Wenn alle Bürsten aufliegen, braucht eine Bürste eigentlich nur mindestens einen Stromwendersteg zu berühren; die in den einzelnen Zweigen fließenden Ströme werden dann abwechselnd durch verschiedene Bürsten zugeleitet, denn die am Stromwenderumfang nebeneinander liegenden Stege (z. B. 151, 152, 153 usw.) gehören verschiedenen Wicklungsgängen an. Nach der Erfahrung vieler Fachleute soll mit Rücksicht auf funkenfreie Stromabnahme die Breite der Bürste mindestens gleich a Stegteilungen sein; andere Fachleute haben aber gefunden, daß ein funkenfreier Betrieb auch bei schmalen Bürsten möglich ist, wenn alle Bürsten aufliegen und jede a-te Stegteilung an Ausgleichsverbindungen angeschlossen ist [L. 9, S. 59].

Für die Ausführung der Ausgleichsverbindungen zweiter Art gilt im wesentlichen dasselbe wie für die Verbindungen erster Art im Abschnitt 11 C.

C. Zweigängige Schleifenwicklung. Auch bei den zweigängigen Schleifenwicklungen sind Ausgleichsverbindungen zweiter Art erforderlich, um die Spannung zwischen zwei aufeinanderfolgenden Stromwenderstegen des einen Wicklungsgangs durch den dazwischenliegenden Steg des andern Ganges in zwei möglichst genau gleiche Teile zu teilen.

Damit im einseitigen Spannungsvieleck der zweifachgeschlossenen zweigängigen Wicklungen die phasengleichen Punkte verschiedenen Teilwicklungen angehören, muß der Verbindungsschritt (Gl. 16)

$$y_v = \frac{k}{p} = \text{ungerade} \quad . \quad . \quad . \quad . \quad . \quad . \quad (23\,\text{a})$$

sein. Solche Wicklungen hatten wir bereits in den Abb. 22a und b dargestellt. Der Verbindungsschritt ist für diese Wicklungen $y_v = \frac{k}{p} = 9$. In Abb. 66 ist der Schaltplan mit sämtlichen Ausgleichsverbindungen dargestellt. Durch die Verbindungen werden immer je zwei Spulen parallel geschaltet, zwei solche Spulen sind durch dicke Linien in der Abbildung hervorgehoben: sie gehören verschiedenen Teilwicklungen an. Man übersieht leicht, daß diese Ausgleichsverbindungen zweiter Art hier auch genau so wirken, wie die Verbindungen erster Art, deren Aufgabe wir an Hand der Abb. 60 besprochen hatten. Dort hatten wir nur zwei Ausgleichsverbindungen angenommen, während hier beispielsweise alle Stromwenderstege an Ausgleichsleitungen angeschlossen sind, wodurch die Unterschiede in den Polflüssen noch wirksamer ausgeglichen werden.

Wenn bei der zweifachgeschlossenen Schleifenwicklung der Verbindungsschritt

$$y_v = \frac{k}{p} = \text{gerade} \quad . \; . \; . \; . \; . \; . \; . \quad (23\,\text{b})$$

ist (vgl. Abb. 24), verbinden die Ausgleichsleitungen immer nur Spulen, die derselben Teilwicklung angehören, so daß sich die Spannungsvielecke der beiden Teilwicklungen wegen des schwankenden Berührungswiderstandes zwischen Bürste und Stromwender im allgemeinen nicht decken werden. Zweigängige Schleifenwicklungen kommen nun aber

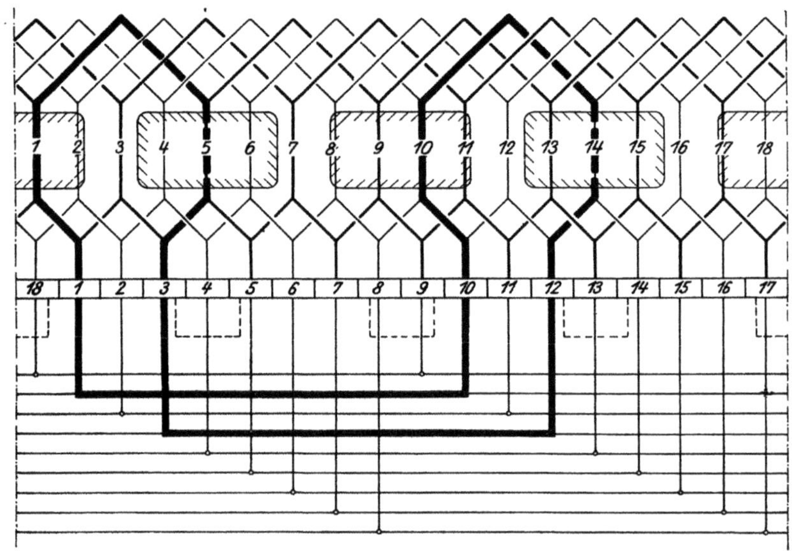

Abb. 66. Ausgleichsverbindungen zweiter Art bei der Wicklung nach Abb. 22a $\left(\frac{k}{p}\ \text{ungerade}\right)$, die auch als Ausgleichsverbindungen erster Art wirken.

praktisch nur in Frage, wenn jede Spule aus einer einzigen Windung besteht. Phasengleiche Punkte zweiter Art liegen dann nach Abschnitt 10 B auf verschiedenen Seiten der Ankerwicklung und können durch Ausgleichsleitungen, die im feldfreien Teil zwischen Ankereisen und Welle untergebracht werden müssen, miteinander verbunden werden. Um die Zahl dieser Verbindungen zweiter Art möglichst zu beschränken, empfiehlt es sich, die Ausgleichsverbindungen erster Art für die eine Teilwicklung auf der gegenüberliegenden Ankerseite unterzubringen, dann ist für p Punkte der Wicklung immer nur eine Ausgleichsleitung zweiter Art erforderlich [L. 10]. Eine solche Wicklung ist für eine vierpolige Maschine mit $u = 1$ Abb. 67 dargestellt. Die beiden Teilwicklungen sind durch verschiedene Strichstärken unterschieden; die Ausgleichsverbindungen zweiter Art, die in Wirklichkeit zwischen Ankereisen und Welle liegen, sind links neben dem Wicklungsplan gezeichnet. Zwei durch Ausgleichsverbindungen gegeneinander geschaltete Windungen sind durch dicke Linien hervorgehoben. Damit in dem so gebildeten Stromkreise kein schädlicher Ausgleichsstrom fließt, müssen die EMKe der gegeneinander geschalteten Windungen gleiche Größe und Phase haben. Dies ist nach unsern Untersuchungen im Abschnitt 10B bei der Schleifenwicklung mit $u = 1$ der Fall, wenn der eine der beiden

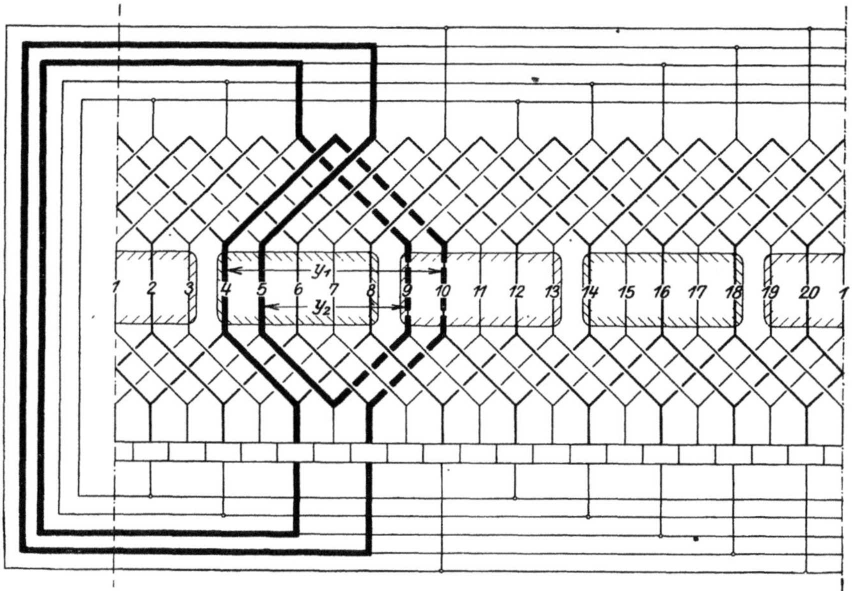

Abb. 67. Ausgleichsverbindungen erster und zweiter Art bei der Wicklung nach Abb. 24 $\left(\frac{k}{p} \text{ gerade}\right)$.

Teilschritte um ebensoviel größer wie der andere kleiner als die Polteilung ist, d. h. wenn Gl. 21b erfüllt ist. Da der resultierende Schritt $y = y_1 - y_2$ bei der zweigängigen Schleifenwicklung immer gleich $\underset{(-)}{+} 2$ ist, müssen die Schritte y_1 und y_2 den Bedingungen

$$\left.\begin{aligned} y_1 &= \frac{k}{2p} \underset{}{(\mp)} 1 \\ y_2 &= \frac{k}{2p} \underset{(-)}{+} 1 \end{aligned}\right\} \quad \ldots \ldots \ldots \quad (24)$$

genügen.

Diese Bedingungen sind bei der Zweischichtwicklung mit $u = 1$ erfüllt, wenn $\frac{k}{2p} =$ ganz, also $\frac{k}{p} =$ gerade ist, wie wir es in Gl. 23b vorausgesetzt haben. Die Einschichtwicklung entsteht nach Abschnitt 4E aus der Zweischichtwicklung, indem die Unterschicht am Ankerumfang um die halbe Entfernung benachbarter Spulenseiten der Oberschicht verschoben wird. Die Bedingung 24 ist dann nicht mehr erfüllt.

Liegen mehrere Spulenseiten in der Nut nebeneinander ($u > 1$), so sind die EMKe der durch Ausgleichsverbindungen parallel geschalteten Windungen gleichphasig und gleich groß, wenn diese Windungen in denselben Nuten liegen. Dies läßt sich für alle Kurzschlußkreise nur erreichen, wenn die Zahl u der in der Nut nebeneinander liegenden Spulenseiten eine gerade Zahl ist. In Abb. 68 ist ein Teil einer solchen Wicklung für $u = 2$ aufgezeichnet. Zwei gegeneinander geschaltete Windungen sind mit den zugehörigen Ausgleichsleitungen durch dicke Linien hervorgehoben. Die in nebeneinander liegenden Spulenseiten oder Stromwenderstegen gezählten Wicklungsschritte sind für beide Teilwicklungen dieselben, aber die in Nutenteilungen gemessenen Schritte sind verschieden (Treppenwicklung). In Abb. 68 sind z. B. die Wicklungsschritte

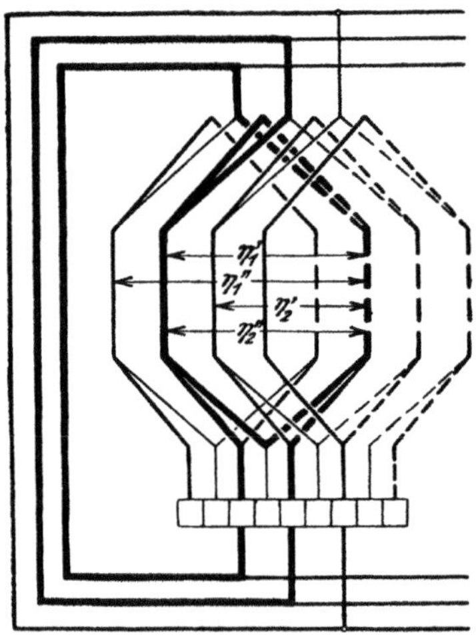

Abb. 68. Ausgleichsverbindungen erster und zweiter Art bei einer zweigängigen Schleifenwicklung mit $u = 2$.

$$y_1 = 9 \quad \text{und} \quad y_2 = 7$$

Spulenseiten, die Nutenschritte (in Nutteilungen) sind für die stärker ausgezogene Teilwicklung

$$\eta_1' = 4 \quad \text{und} \quad \eta_2' = 3,$$

für die schwächer ausgezogene Teilwicklung

$$\eta_1'' = 5 \quad \text{und} \quad \eta_2'' = 4.$$

Die jeweils parallel geschalteten Windungen haben immer dieselbe Weite, nämlich

$$\eta_1' = \eta_2'' = 4$$

Nutteilungen und liegen in denselben Nuten.

Auch bei der einfachgeschlossenen, zweigängigen Schleifenwicklung sind die Ausgleichsleitungen sowohl Verbindungen erster als auch Verbindungen zweiter Art. Die einfach geschlossene Wicklung ist mit Ausgleichsverbindungen nur ausführbar, wenn u und p ungerade sind, denn nur dann kann bei ungerader Stegzahl, die die einfachgeschlossene Wicklung verlangt, der Bedingung 16a genügt werden.

Bei zweigängigen Schleifenwicklungen haben die Ausgleichsleitungen also zwei verschiedene Aufgaben zu erfüllen. Zunächst haben sie den Zweck, die Folgen ungleicher von der Feldmagnetwicklung erregter Polflüsse zu verhindern, indem die über Ausgleichsverbindungen fließenden Ströme Ungleichheiten der Polflüsse im wesentlichen beseitigen und Ausgleichströme über die äußeren Verbindungsleitungen zwischen gleichpoligen Bürsten unterdrücken. Ferner sollen sie aber auch die Spannung zwischen aufeinander folgenden Stromwenderstegen des einen Wicklungsganges durch den dazwischen liegenden Steg des andern Ganges in zwei gleiche Teile teilen, so daß die höchste Spannung zwischen benachbarten Stromwenderstegen einen unveränderlichen und zwar den kleinsten möglichen Wert annimmt. Durch diese Spannungsteilung läßt sich erst der Vorteil der zweigängigen Schleifenwicklung ausnützen; denn diese Wicklung findet gewöhnlich nur dann Anwendung, wenn die eingängige Wicklung eine unzulässig hohe Spannung zwischen benachbarten Stromwenderstegen ergibt. Wenn $\frac{k}{p}$ eine gerade Zahl ist (Gl. 23b), müssen die Ausgleichsleitungen verschiedene Seiten der Wicklung miteinander verbinden.

13. Die Ausgleichsverbindungen dritter Art bei zweigängigen Schleifenwicklungen.

Die im letzten Abschnitt behandelten Schleifenwicklungen mit Ausgleichsverbindungen erster und zweiter Art (Abb. 67 und 68) und mit Ausgleichsverbindungen zweiter Art, die dann zugleich auch wie Verbindungen erster Art wirken (Abb. 66), sind gegenüber einer Ringwicklung für dieselbe Klemmenspannung und mit derselben Stegzahl insofern im Nachteil, als die Induktivität der durch Bürsten kurzgeschlossenen Wicklungsteile im allgemeinen größer ist als bei der Ringwicklung. Der Bürstenkurzschlußkreis der Ringwicklung enthält nur einen in Nuten gebetteten Leiter am äußern Umfang, während der Bürstenkurzschlußkreis der Wicklung in Abb. 66 bei genügend breiter Bürste mindestens zwei in Nuten gebettete Leiter enthält. Bei den Wicklungen nach Abb. 67 und 68 sind die Kurzschlußkreise der beiden Teilwicklungen nicht gleichwertig; die Induktivität der Kurzschlußkreise der einen Teilwicklung ist dieselbe wie bei der Ringwicklung, die der andern ist aber größer.

Dieser Nachteil der zweigängigen Wicklung läßt sich beseitigen, wenn man weitere Ausgleichsverbindungen — wir wollen sie Ausgleichsverbindungen dritter Art nennen — anbringt, die den Zweck haben, die Induktivität der Bürstenkurzschlußkreise gleich und möglichst klein, nämlich gleich der Induktivität bei der Ringwicklung zu machen. Diese Leitungen dritter Art müssen immer Wicklungspunkte auf verschiedenen Seiten des Ankers miteinander verbinden und deshalb zwischen Ankereisen und Welle untergebracht werden. Wirklich gleichwertig können die einzelnen Kurzschlußkreise aber nur bei einer Einschichtwicklung werden, weil die Nuteninduktivität eines Ankerleiters von der Lage innerhalb der Nut abhängt.

In Abb. 69 ist die Wicklung nach Abb. 66 $\left(\frac{k}{p} = \text{ungerade}\right)$ als Einschichtwicklung umgezeichnet und mit Ausgleichsverbindungen

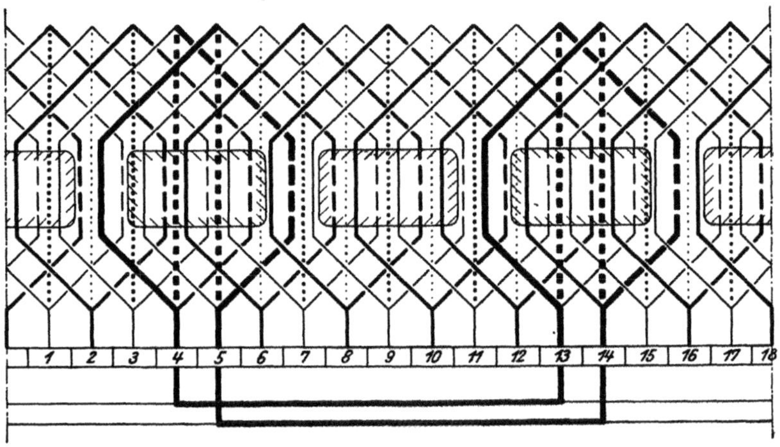

Abb. 69. Einschichtwicklung mit Ausgleichsverbindungen dritter Art; $\frac{k}{p}$ ungerade, $u = 1$.

dritter Art versehen, die zwischen Ankereisen und Welle liegen und in der Abbildung durch punktierte Linien dargestellt sind. Von den gemeinsamen Ausgleichsverbindungen erster und zweiter Art sind nur zwei (auf der Stromwenderseite) dargestellt. Die vier parallelen Kurzschlußkreise zwischen zwei benachbarten Stromwenderstegen sind durch dicke Linien hervorgehoben. Jeder Kurzschlußkreis enthält nur einen in Nuten gebetteten Leiter und die Verbindungsleitung am innern Ankerumfang, genau wie bei der Ringwicklung. Die Wicklung ist gewissermaßen eine Ringwicklung mit $2p$ parallel geschalteten Ankerspulen, deren Leiter am äußern Umfang um genau eine Polteilung auseinander liegen. Der Unterschied zwischen beiden Wicklungen ist nur der, daß bei der Wicklung nach Abb. 69 die inneren Verbindungsleiter nicht den vollen Ankerstrom führen müssen und deshalb mit wesentlich geringerem Ankerquerschnitt ausgeführt werden dürfen als bei der Ringwicklung.

Eine Zweischichtwicklung mit Ausgleichsverbindungen dritter Art ist nicht möglich, wenn $\frac{k}{p}$ eine ungerade Zahl ist, weil diese Verbindungen eine Durchmesserwicklung voraussetzen.

Die Einschichtwicklung kann auch bei mehreren in der Nut nebeneinander liegenden Spulenseiten ($u > 1$) mit Ausgleichsverbindungen dritter Art ausgeführt werden, wenn sämtliche durch Ausgleichsverbindungen parallel geschaltete Leiter um genau eine Polteilung am Ankerumfang auseinander liegen. Diese Bedingung läßt sich nur bei

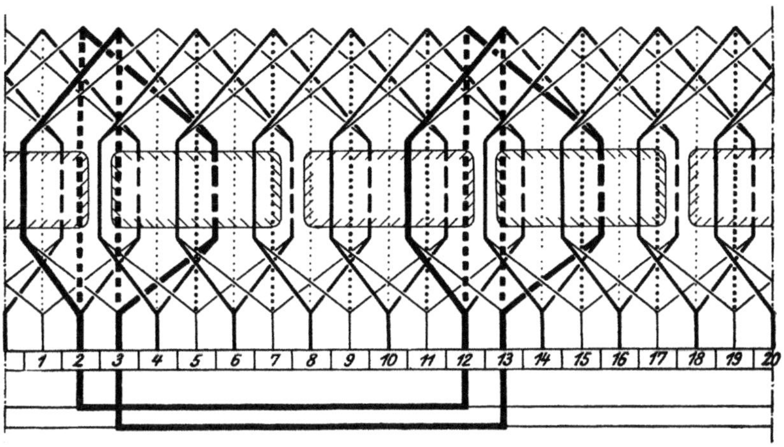

Abb. 70. Einschichtwicklung mit Ausgleichsverbindungen dritter Art; $\frac{k}{p}$ gerade, $u = 2$.

geraden Zahlen von u erfüllen. Für $u = 2$ ist eine solche Wicklung in Abb. 70 dargestellt. Es ist zu beachten, daß die Nutenschritte der beiden Teilwicklungen verschieden sind.

Wenn $\frac{k}{p}$ eine gerade Zahl ist, sind die Ausgleichsverbindungen dritter Art auch zugleich Verbindungen zweiter Art, wie wir aus Abb. 67 und 68 ohne weiteres erkennen. In diesem Falle ist nach Abschnitt 12C eine Einschichtwicklung nicht ausführbar. Bei der Zweischichtwicklung sind aber die einzelnen Bürstenkurzschlußkreise auch bei Verbindungen dritter Art nicht vollkommen gleichwertig, weil die Nuteninduktivitäten der Ober- und Unterstäbe verschieden groß sind.

Bei den einfachgeschlossenen zweigängigen Schleifenwicklungen ist die Zahl der Stromwenderstege k ungerade, deshalb ist auch $\frac{k}{p}$ ungerade. Eine Zweischichtwicklung ist also nicht mit Ausgleichsverbindungen dritter Art ausführbar. Einschichtwicklungen sind dagegen ausführbar, doch muß die Polpaarzahl ungerade sein.

Damit alle Bürsten-Kurzschlußkreise gleiche Induktivität erhalten, muß die Zahl der Ausgleichsverbindungen dritter Art gleich der Zahl der Stromwenderstege sein. Wenn zu beiden Seiten der Wicklung Ausgleichsverbindungen angebracht werden, braucht die Zahl der Ausgleichsverbindungen dritter Art nur $\frac{k}{p}$ betragen. Die zwischen Ankereisen und Welle untergebrachten Ausgleichsverbindungen werden zweckmäßig so zusammengefaßt, daß ihre Induktivität möglichst gering wird. So kann man z. B. solche Verbindungsleitungen immer nebeneinander legen, welche zu Stromwenderstegen führen, die um eine Polteilung voneinander entfernt sind [L. 12, S. 251].

Wenn man in Abb. 69 die eine der beiden Teilwicklungen wegläßt, erhält man eine eingängige Schleifenwicklung, bei der die Querverbindungen auf der dem Stromwender gegenüber liegenden Ankerseite durch Verbindungen zwischen Ankereisen und Welle ebenfalls an Stromwenderstege angeschlossen sind [L. 12, S. 250]. Eine solche Wicklung hat dieselbe Höchstspannung zwischen benachbarten Stromwenderstegen und dieselbe Klemmenspannung wie die zweigängige Wicklung; die Ankerleiter müssen aber den doppelten Strom führen und in einer Ankernut wird auch der doppelte Strom gewendet. Da es sich in den Fällen, wo die Spannung zwischen benachbarten Stromwenderstegen bei der eingängigen Schleifenwicklung zu hoch wird, fast immer auch um starke Ströme handelt, so wird man der zweigängigen Wicklung nach Abb. 69 vor der eingängigen mit vermehrter Stegzahl den Vorzug geben.

Über die Ausführung der Ausgleichsleiter zweiter und dritter Art gilt im wesentlichen dasselbe, was am Schlusse des letzten Abschnitts über die Ausgleichsleiter erster Art gesagt wurde. Während die Ausgleichsverbindungen erster Art aber schon bei zwei Gruppen recht wirksam sind, wird die günstige Wirkung der Verbindungen zweiter Art erst bei größerer Gruppenzahl eintreten und die Verbindungen dritter Art erfüllen nur dann ihren Zweck, wenn so viele Gruppen von Ausgleichsleitungen angeschlossen werden, wie überhaupt möglich sind. Sofern die Ausgleichsverbindungen zweiter oder dritter Art nicht zugleich Verbindungen erster Art sind, wird man die Querschnitte wesentlich geringer bemessen können als bei den Verbindungen erster Art.

14. Über die Ausführbarkeit der Gleichstrom-Ankerwicklungen.

A. **Schleifenwicklung.** Wir haben in Abschnitt 3 gesehen, daß die Schleifenwicklung für jede beliebige Zahl von Stromwenderstegen ausführbar ist. Eine eingängige mehrpolige Schleifenwicklung soll aber nach Abschnitt 11 immer Ausgleichsverbindungen erster Art erhalten, die etwaige Unterschiede in den von der Feldmagnetwicklung erregten Polflüssen ausgleichen. Dann muß bei u in der Nut nebeneinander liegenden Spulenseiten die Bedingung

$$\frac{k}{up} = \text{ganz} \quad . \quad . \quad . \quad . \quad . \quad . \quad . \quad . \quad . \quad (16\text{a})$$

erfüllt sein. Von up unmittelbar aufeinander folgenden ganzen Zahlen ist also immer eine gleich der Stegzahl, für die eine eingängige Schleifenwicklung mit Ausgleichsverbindungen ausführbar ist. Für alle praktisch in Frage kommenden Werte von u und p wird man immer passende Werte von k finden, denn $\frac{k}{up}$ ist die Nutenzahl einer Polpaarteilung und ist schon eine verhältnismäßig große Zahl, im allgemeinen größer als 25. Um die Ausführung einer Wicklung mit einem ganzzahligen Werte von $\frac{k}{up}$ zu ermöglichen, braucht also der Induktionsfluß, der bei bestimmten Betriebsbedingungen einer Maschine für zweckmäßig erachtet worden ist, nur um höchstens $\pm\frac{1}{2}\cdot\frac{1}{25} = \pm 2\,{}^0/_0$ abgeändert zu werden.

Die zweigängige mehrpolige Schleifenwicklung muß, wie wir im Abschnitt 12C gesehen haben, sowohl mit Ausgleichsverbindungen erster Art, als auch mit solchen zweiter Art ausgerüstet werden, wenn nicht die Verbindungen erster Art zugleich Verbindungen zweiter Art sind. Auch dies ist wie bei der eingängigen mehrpoligen Schleifenwicklung immer möglich, wenn nach Gl. 16a $\frac{k}{up}$ eine ganze Zahl ist. Wollen wir aber die unbequeme Wicklung vermeiden, bei der die Ausgleichsleitungen Wicklungspunkte auf verschiedenen Seiten des Ankers miteinander verbinden, so muß nach Gl. 23a

$$\frac{k}{p} = \text{ungerade} \quad . \quad . \quad . \quad . \quad . \quad . \quad . \quad . \quad (23\text{a})$$

sein. Für eine solche Wicklung wird auch immer

$$\frac{k}{up} = \text{ungerade}, \quad . \quad . \quad . \quad . \quad . \quad . \quad . \quad . \quad (23'\text{a})$$

so daß von $2up$ unmittelbar aufeinanderfolgenden ganzen Zahlen immer eine gleich der Stegzahl ist, für die die zweigängige Schleifenwicklung mit Ausgleichsverbindungen auf derselben Seite der Ankerwicklung ausführbar ist. Mit Rücksicht auf Gl. 23a und 23'a ist aber diese Wicklung nur für ungerade Zahlen von u ausführbar. Für ungerade Polpaarzahlen p wird die Stegzahl k ungerade, die Wicklung ist einfach geschlossen; für gerade Polpaarzahlen wird die Stegzahl gerade, die Wicklung ist zweifach geschlossen.

Wenn die zweigängige mehrpolige Schleifenwicklung auch Ausgleichverbindungen dritter Art erhält, so werden nach Abschnitt 13 alle Bürsten-Kurzschlußkreise nur bei Einschichtwicklungen gleichwertig; $\frac{k}{up}$ muß ungerade sein.

B. Wellenwicklung. Während die ein- und zweigängigen Schleifenwicklungen mit Ausgleichsverbindungen für jede Polpaarzahl und für jede up-te oder $2up$-te Stegzahl ausführbar sind, so daß der jeweils für notwendig erachtete Induktionsfluß der Maschine mit Rücksicht auf die Wicklung höchstens um einige Prozente abzuändern wäre, liegen die Verhältnisse bei der Wellenwicklung wesentlich ungünstiger. Hier ist man, besonders bei den mehrgängigen Wicklungen mit Ausgleichsverbindungen, in der Wahl der Stromwenderstegzahl sehr beschränkt. Auch wenn keine Ausgleichsverbindungen gelegt werden, darf die Zahl der Stromwenderstege nicht willkürlich sein, und es muß die in Abschnitt 7 abgeleitete Gleichung 9 für den Wicklungsschritt y erfüllt sein. Da dieser immer eine ganze Zahl sein muß, hat die Zahl der Stromwenderstege k der Bedingung

$$\frac{k \,(\mp)\, a}{p} = y = \text{ganz} \quad . \quad . \quad . \quad . \quad . \quad . \quad . \quad . \quad (9)$$

zu genügen. Wenn die Wicklung mehrgängig ist, müssen nach Abschnitt 12 immer Ausgleichsverbindungen zweiter Art angebracht werden, so daß zu der Bedingung 9 noch die in Abschnitt 10 abgeleiteten Bedingungen

$$\frac{p}{a} = \text{ganz} \qquad \text{und} \qquad \frac{k}{ua} = \text{ganz} \quad . \quad . \quad . \quad . \quad (17\text{a})$$

hinzukommen. Nicht alle Polpaarzahlen und nur wenige Stegzahlen sind mit den Bedingungen 9 und 17a gleichzeitig verträglich.

Nehmen wir z. B. an, es sei eine Wicklung mit $a = 2$ und $u = 1$ für 12 Pole zu entwerfen. Aus der Wicklungsformel folgt zunächst ohne Rücksicht auf Ausgleichsverbindungen

$$k = py \,(\pm)\, a \quad . \quad . \quad . \quad . \quad . \quad . \quad . \quad . \quad . \quad . \quad (9\text{a})$$

Die Stegzahlen sollen z. B. etwa innerhalb der Grenzen 225 bis 245 liegen. Es sind mit

$$y = 38,\ 39,\ 40,\ 41$$

Wicklungen mit den Stegzahlen

$$k = 226,\ 230,\ 232,\ 236,\ 236,\ 242,\ 244$$

ausführbar, und zwar gestatten sie alle, die Wicklung mit Ausgleichsverbindungen auszuführen, weil alle Zahlen der zweiten Bedingung in Gl. 17a genügen, und auch die Polpaarzahl p durch die Gangzahl a teilbar ist. Für $u = 2$ ist die Ausführungsmöglichkeit der Wicklung mit Ausgleichsverbindungen schon wesentlich geringer; es kommen nur die Stegzahlen

$$k = 232,\ 236,\ 244$$

in Betracht. Für $u = 3$ ist die Wicklung überhaupt nicht ausführbar; für $u = 4$ nur mit der Stegzahl $k = 232$; für $u = 5$ mit $k = 230$, und eine Wicklung mit $u = 6$ ist wieder nicht ausführbar.

C. Übersichtstafel 1. Die Auswahl der passenden Wicklungen wird sehr erleichtert, wenn man die ausführbaren Stegzahlen in einer Tafel zusammenstellt. Nach Gl. 9a ist die Zahl der Stromwenderstege

$$k = y p \,(\pm)\, a. \quad . \quad . \quad . \quad . \quad . \quad . \quad . \quad . \quad . \quad (9\,\text{a})$$

Wenn also eine Wicklung mit k Stromwenderstegen ausführbar ist, muß sich auch mit der um ein ganzes Vielfaches der Polpaarzahl (p) vermehrten Stegzahl eine Wicklung derselben Gangzahl (a) ausführen lassen; d. h. die Ausführbarkeit der Wicklung wiederholt sich, nachdem eine Periode von p aufeinanderfolgenden Zahlen durchlaufen ist. Dies gilt für jede Polpaarzahl, für die die Wicklung in Frage kommen könnte. Bezeichnen wir mit k_1, k_2, k_3 usw. die Stegzahlen, mit denen eine Wicklung für p_1, p_2, p_3 usw. Polpaaren ausführbar ist, so erhalten wir wieder ausführbare Wicklungen mit den Stegzahlen $k_1 + \alpha$, $k_2 + \alpha$, $k_3 + \alpha$ usw., wenn α eine ganze Zahl, die durch alle Polpaarzahlen teilbar ist. Wir brauchen deshalb nur zu untersuchen, welche von α aufeinanderfolgenden Stegzahlen dem Wicklungsgesetz genügen; alle um α vermehrten Stegzahlen müssen sich ebenso verhalten. Wenn wir nun alle Polpaarzahlen, sagen wir bis 20, in der Übersichtstafel berücksichtigen wollten, so würde die kleinste Zahl α, die durch alle Polpaarzahlen teilbar ist, sehr groß werden, nämlich $\alpha = 2^4 \cdot 3^2 \cdot 5 \cdot 7 \cdot 11 \cdot 13 \cdot 17 \cdot 19 = 232\,792\,560$. Beschränken wir uns dagegen, wie in der Tafel 1, auf die Polpaarzahlen 2, 3, 4, 5, 6, 10, 12, 15, 20, so ist $\alpha = 2^2 \cdot 3 \cdot 5 = 60$, und die Ausführbarkeit sämtlicher Wicklungen für diese Polpaarzahlen wiederholt sich immer nach 60 Stromwenderstegen. Auf diesen Überlegungen ist die Tafel aufgebaut und berechnet.

1. Tafel über die Ausführbarkeit von Wellenwicklungen ohne Rück-

u	Zahl der Stromwenderstege					$a = 1, p =$									$a = 2, p =$							
						2	3	4	5	6	10	12	15	20	3	4	5	6	10	12	15	20
1	1	61	121	181	241	b	u	u	u	u	u	u	u	u	g1	.	.	.	.	.	.	.
2	2	62	122	182	242	.	g	.	.	.	.	.	.	.	u2	bx	u2	u2	u2	ux	u2	ux
3	3	63	123	183	243	b	.	g	.	.	.	.	.	.	.	.	g1	.	.	.	.	.
4	4	64	124	184	244	.	u	.	g	.	.	.	.	.	g2	.	.	g1	.	.	.	.
5	5	65	125	185	245	b	g	u	.	g	.	.	.	.	u1	.	.	.	.	.	.	.
6	6	66	126	186	246	.	.	.	u	.	.	.	.	.	.	bx	.	.	.	.	.	.
1	7	67	127	187	247	b	u	g	.	u	.	.	.	.	g1	.	u1	.	.	.	.	.
4	8	68	128	188	248	.	g	.	.	.	.	.	.	.	u2	.	g2	u1	g1	.	.	.
3	9	69	129	189	249	b	.	u	g	.	g	.	.	.	.	.	.	.	.	.	.	.
2, 5	10	70	130	190	250	.	u	.	.	.	.	.	.	.	g2	bx	.	g2	.	gx	.	.
1	11	71	131	191	251	b	g	g	u	g	u	g	.	.	u1	.	.	.	.	.	.	.
4. 6	12	72	132	192	252	.	.	.	.	.	.	.	.	.	.	.	u2	.	u1	.	.	.
1	13	73	133	193	253	b	u	u	.	u	.	u	.	.	g1	.	g1	.	.	.	g1	.
2	14	74	134	194	254	.	g	.	g	.	.	.	g	.	u2	bx	.	u2	.	ux	.	.
3, 5	15	75	135	195	255	b	.	g	.	.	.	.	.	.	.	.	.	.	.	.	.	.
4	16	76	136	196	256	.	u	.	u	.	.	.	u	.	g2	.	.	g1	.	.	.	.
1	17	77	137	197	257	b	g	u	.	g	.	.	.	.	u1	.	u1	.	.	.	u1	
6	18	78	138	198	258	.	.	.	.	.	.	.	.	.	.	bx	g2	.	g2	.	.	gx
1	19	79	139	199	259	b	u	g	g	u	g	.	.	g	g1	.	.	.	.	.	.	.
4, 5	20	80	140	200	260	.	g	.	.	.	.	.	.	.	u2	.	.	u1	.	.	.	.
3	21	81	141	201	261	b	.	u	u	.	u	.	.	u	.	.	.	.	.	.	.	.
2	22	82	142	202	262	.	u	.	.	.	.	.	.	.	g2	bx	u2	g2	u2	gx	.	ux
1	23	83	143	203	263	b	g	g	.	g	.	g	.	.	u1	.	g1	.	.	.	.	.
4, 6	24	84	144	204	264	.	.	.	g	.	.	.	.	.	.	.	.	.	.	.	.	.
5	25	85	145	205	265	b	u	u	.	u	.	u	.	.	g1	.	.	.	.	.	.	.
2	26	86	146	206	266	.	g	.	u	.	.	.	.	.	u2	bx	.	u2	.	ux	.	.
3	27	87	147	207	267	b	.	g	.	.	.	.	.	.	.	.	u1	.	.	.	.	.
4	28	88	148	208	268	.	u	.	.	.	.	.	.	.	g2	.	g2	g1	g1	.	g2	.
1	29	89	149	209	269	b	g	u	g	g	g	.	g	.	u1	.	.	.	.	.	.	.
5, 6	30	90	150	210	270	.	.	.	.	.	.	.	.	.	.	bx	.	.	.	.	.	.
1	31	91	151	211	271	b	u	g	u	u	u	.	u	.	g1	.	.	.	.	.	.	.
4	32	92	152	212	272	.	g	.	.	.	.	.	.	.	u2	.	u2	u1	u1	.	u2	.
3	33	93	153	213	273	b	.	u	.	.	.	.	.	.	.	.	g1	.	.	.	.	.
2	34	94	154	214	274	.	u	.	g	.	.	.	.	.	g2	bx	.	g2	.	gx	.	.
5	35	95	155	215	275	b	g	g	.	g	.	g	.	.	u1	.	.	.	.	.	.	.
4, 6	36	96	156	216	276	.	.	.	u	.	.	.	.	.	.	.	.	.	.	.	.	.
1	37	97	157	217	277	b	u	u	.	u	.	u	.	.	g1	.	u1	.	.	.	.	.
2	38	98	158	218	278	.	g	.	.	.	.	.	.	.	u2	bx	g2	u2	g2	ux	.	gx
3	39	99	159	219	279	b	.	g	g	.	g	.	.	g	.	.	.	.	.	.	.	.
4, 5	40	100	160	220	280	.	u	.	.	.	.	.	.	.	g2	.	.	g1	.	.	.	.
1	41	101	161	221	281	b	g	u	u	g	u	.	.	u	u1	.	.	.	.	.	.	.
6	42	102	162	222	282	.	.	.	.	.	.	.	.	.	.	bx	u2	.	u2	.	.	ux
1	43	103	163	223	283	b	u	g	.	u	.	.	.	.	g1	.	g1	.	.	.	g1	.
4	44	104	164	224	284	.	g	.	g	.	.	.	g	.	u2	.	.	u1	.	.	.	.
3, 5	45	105	165	225	285	b	.	u	.	.	.	.	.	.	.	.	.	.	.	.	.	.
2	46	106	166	226	286	.	u	.	u	.	.	.	u	.	g2	bx	.	g2	.	gx	.	.
1	47	107	167	227	287	b	g	g	.	g	.	g	.	.	u1	.	u1	.	.	.	u1	.
4, 6	48	108	168	228	288	.	.	.	.	.	.	.	.	.	.	.	g2	.	g1	.	.	.
1	49	109	169	229	289	b	u	u	g	u	g	u	.	.	g1	.	.	.	.	.	.	.
2, 5	50	110	170	230	290	.	g	.	.	.	.	.	.	.	u2	bx	.	u2	.	ux	.	.
3	51	111	171	231	291	b	.	g	u	.	u	.	.	.	.	.	.	.	.	.	.	.
4	52	112	172	232	292	.	u	.	.	.	.	.	.	.	g2	.	u2	g1	u1	.	.	.
1	53	113	173	233	293	b	g	u	.	g	.	.	.	.	u1	.	g1	.	.	.	.	.
6	54	114	174	234	294	.	.	.	g	.	.	.	.	.	.	bx	.	.	.	.	.	.
5	55	115	175	235	295	b	u	g	.	u	.	.	.	.	g1	.	.	.	.	.	.	.
4	56	116	176	236	296	.	g	.	u	.	.	.	.	.	u2	.	.	u1	.	.	.	.
3	57	117	177	237	297	b	.	u	.	.	.	.	.	.	.	.	u1	.	.	.	.	.
2	58	118	178	238	298	.	u	.	.	.	.	.	.	.	g2	bx	g2	g2	g2	gx	g2	gx
1	59	119	179	239	299	b	g	g	g	g	g	g	g	g	u1	.	.	.	.	.	.	.
4, 5, 6	60	120	180	240	300	.	.	.	.	.	.	.	.	.	.	.	.	.	.	.	.	.
					$p =$	2	3	4	5	6	10	12	15	20	3	4	5	6	10	12	15	20

sicht auf Ausgleichsverbindungen.

$a = 3,\ p =$							$a = 4,\ p =$					
4	5	6	10	12	15	20	5	6	10	12	15	20
g1	.	.	.	.	.	.	g1	.	.	.	.	.
.	g1	.	.	.	.	.	.	g1	.	.	.	.
u3	u3	bx	u3	ux	ux	u3	.	.	.	.	.	.
.	.	.	.	.	.	.	u4	ux	ux	ux	u4	ux
g1	.	.	.	.	.	.	.	.	.	.	.	.
.	.	.	.	.	.	.	g2	.	g1	.	.	.
u1	g1	.	g1	.	.	.	.	.	.	.	.	.
.	u1	.	.	.	.	.	.	gx	.	gx	.	.
g3	.	bx	.	gx	.	.	u1	.	.	.	.	.
.	.	.	.	.	.	.	.	u1	.	.	.	.
u1	.	.	.	.	.	.	g1	.	.	.	g1	.
.	g3	.	.	.	gx	.	.	.	.	.	.	.
g1	u1	.	u1	.	.	.	.	.	.	.	.	.
.	.	.	.	.	.	.	u2	g1	u1	.	.	.
u3	.	bx	.	ux	.	.	.	.	.	.	.	.
.	.	.	.	.	.	.	g4	ux	gx	ux	.	gx
g1	g1	.	g1	.	.	g1	.	.	.	.	.	.
.	u3	.	.	.	ux	.	.	.	.	.	.	.
u1	.	.	.	.	.	.	u1	.	.	.	u1	.
.	.	.	.	.	.	.	.	gx	.	gx	.	.
g3	.	bx	.	gx	.	.	g1	.	.	.	.	.
.	g1	.	.	.	.	.	.	u1	.	.	.	.
u1	u1	.	u1	.	.	u1	.	.	.	.	.	.
.	.	.	.	.	.	.	u4	.	ux	.	.	ux
g1	.	.	.	.	.	.	.	.	.	.	.	.
.	.	.	.	.	.	.	g2	g1	g1	.	g2	.
u3	g3	bx	g3	ux	gx	.	.	.	.	.	.	.
.	u1	.	.	.	.	.	.	ux	.	ux	.	.
g1	.	.	.	.	.	.	u1	.	.	.	.	.
.	.	.	.	.	.	.	.	.	.	.	.	.
u1	.	.	.	.	.	.	g1	.	.	.	.	.
.	g1	.	.	.	.	.	.	gx	.	gx	.	.
g3	u3	bx	u3	gx	ux	.	.	.	.	.	.	.
.	.	.	.	.	.	.	u2	u1	u1	.	u2	.
u1	.	.	.	.	.	.	.	.	.	.	.	.
.	.	.	.	.	.	.	g4	.	gx	.	.	gx
g1	g1	.	g1	.	.	g1	.	.	.	.	.	.
.	u1	.	.	.	.	.	.	g1	.	.	.	.
u3	.	bx	.	ux	.	.	u1	.	.	.	.	.
.	.	.	.	.	.	.	.	ux	.	ux	.	.
g1	.	.	.	.	.	.	g1	.	.	.	g1	.
.	g3	.	.	.	gx	.	.	.	.	.	.	.
u1	u1	.	u1	.	.	u1	.	.	.	.	.	.
.	.	.	.	.	.	.	u4	gx	ux	gx	.	ux
g3	.	bx	.	gx	.	.	.	.	.	.	.	.
.	.	.	.	.	.	.	g2	u1	g1	.	.	.
u1	g1	.	g1	.	.	.	.	.	.	.	.	.
.	u3	.	.	.	ux	.	.	.	.	.	.	.
g1	.	.	.	.	.	.	u1	.	.	.	u1	.
.	.	.	.	.	.	.	.	g1	.	.	.	.
u3	.	bx	.	ux	.	.	g1	.	.	.	.	.
.	g1	.	.	.	.	.	.	ux	.	ux	.	.
g1	u1	.	u1	.	.	.	.	.	.	.	.	.
.	.	.	.	.	.	.	u2	.	u1	.	.	.
u1	.	.	.	.	.	.	.	.	.	.	.	.
.	.	.	.	.	.	.	g4	gx	gx	gx	g4	gx
g3	g3	bx	g3	gx	gx	g3	.	.	.	.	.	.
.	u1	.	.	.	.	.	.	u1	.	.	.	.
u1	.	.	.	.	.	.	u1	.	.	.	.	.
.	.	.	.	.	.	.	.	.	.	.	.	.
4	5	6	10	12	15	20	5	6	10	12	15	20

In der zweiten (senkrechten) Reihe sind die Zahlen der Stromwenderstege eingeschrieben. Zunächst untereinander von 1 bis 60, daneben die um je $a = 60$ vermehrten Zahlen von 61 bis 120, 121 bis 180, 181 bis 240 und 241 bis 300. Größere Zahlen sind nicht eingeschrieben, obgleich Stegzahlen von über 1000 tatsächlich bei ausgeführten Maschinen vorkommen. Man erhält die höheren Stegzahlen, indem man zu den eingeschriebenen Zahlen 300 oder ein Mehrfaches von 300 addiert. Wenn z. B. eine Wicklung bei $2p$ Polen und $2a$ parallelen Ankerzweigen mit 121 Stegen ausführbar ist, so ergeben auch die Stegzahlen 421, 721, 1021 für dieselbe Polzahl und dieselbe Zahl von parallelen Ankerzweigen ausführbare Wicklungen.

Rechts von den Stromwenderstegen ist für verschiedene Werte von a (1 bis 4) und p angegeben, welche Zeilen die Stegzahlen enthalten, für die eine Wellenwicklung ausführbar ist. Die Angaben enthalten im allgemeinen zwei Schriftzeichen. Das erste Schriftzeichen (u, g oder b) gibt an, ob die Stegzahlen der betreffenden Zeile ungekreuzte Wicklungen (u, entsprechend dem —-Zeichen in der Wicklungsformel Gl. 9), gekreuzte Wicklungen (g, entsprechend dem +-Zeichen in der Wicklungsformel) oder beide Wicklungsarten (b) ergeben. Das zweite Schriftzeichen (1, 2, 3, 4 oder x)

gibt an, wie oft sich die Wicklung schließt; es ist bei den eingängigen Wicklungen weggelassen, weil diese stets einfach geschlossen sind. Das Zeichen x bedeutet, daß die Stegzahlen der betreffenden Zeile teilweise a-fach, teilweise $a/2$-fach, teilweise einfach geschlossene Wicklungen ergeben; die Zahl der Schließungen muß dann von Fall zu Fall festgestellt werden. Nach Gl. 10′ ist bei a-fach geschlossenen Wicklungen

$$\frac{y}{a} = \frac{\frac{k}{a} \mp 1}{p} = \text{ganz}, \quad \ldots \ldots \quad (25\,\text{a})$$

nach Gl. 10″ bei $a/2$-fach geschlossenen Wicklungen

$$2\frac{y}{a} = \frac{\frac{2k}{a} \mp 2}{p} = \text{ganz}. \quad \ldots \ldots \quad (25\,\text{b})$$

In der ersten Reihe der Übersichtstafel sind noch die Zahlen von 1 bis 6 angegeben, durch die alle in einer Zeile stehenden Stegzahlen teilbar sind. Sie geben die Zahl u der in der Nut nebeneinander liegenden Spulenseiten an, für die eine Wicklung derselben Zeile ausführbar ist. Die kleinen Zahlen für u, die in den größten ganzzahlig enthalten sind, sind zur Erhöhung der Übersichtlichkeit weggelassen, statt 1, 2, 3, 4, 6 ist also geschrieben 4, 6.

Wenn die mehrgängige Wicklung mit Ausgleichsverbindungen auf derselben Seite des Ankers ausführbar sein soll, müssen noch die Bedingungen 17a beachtet werden. Es kommen dann nur die Polpaarzahlen p in Frage, die durch a teilbar sind; die Stegzahl der Wicklung muß durch ua teilbar sein.

Wenn a gerade ist, sind nach Gl. 18 auch Ausgleichsverbindungen zwischen verschiedenen Seiten der Ankerwicklung möglich. Nach Gl. 19 muß dann die Polpaarzahl durch $a/2$ und die Stegzahl durch $ua/2$ teilbar sein. Außerdem wäre aber noch nach Abschnitt 10B zu untersuchen, ob die Spannung zwischen phasengleichen Punkten nicht unzulässig groß wird.

Nach Arnold [L. 1, S. 181] soll es erfahrungsgemäß zulässig sein, Punkte der Wicklung miteinander zu verbinden, die einen Phasenwinkel von weniger als $\beta = 3^0$ aufweisen. Er setzt dabei stillschweigend voraus, daß alle Anzapfpunkte auf demselben Spannungskreis liegen, Bezeichnen wir den Radius des Spannungskreises mit R und die Spannung zwischen den um den Phasenwinkel β gegeneinander verschobenen Wicklungspunkten mit ε (Abb. 71), so ist

$$\varepsilon = 2\,R \sin\frac{\beta}{2}, \quad \ldots \ldots \ldots \quad (26)$$

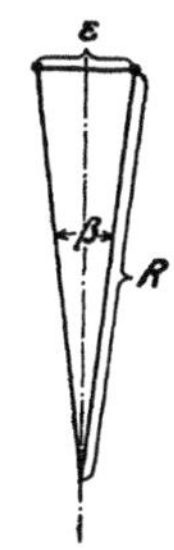

Abb. 71.

und nach Arnold soll also

$$\varepsilon < 0{,}0522\,R \quad . \quad . \quad . \quad . \quad . \quad . \quad . \quad . \quad (26')$$

sein. Da $2R$ gleich der Bürstenspannung des Ankers ist, soll also, wenn man die Erfahrung Arnolds zugrunde legt, die Spannung zwischen zwei durch Ausgleichsleitungen miteinander zu verbindenden Wicklungspunkte kleiner als 2,6 % der Bürstenspannung sein. Diese Spannung würde dann auch zwischen phasengleichen Punkten der Wicklung zulässig sein, um sie durch Ausgleichsleitungen miteinander verbinden zu dürfen. Es empfiehlt sich jedoch, wesentlich unter dieser Spannungsgrenze zu bleiben.

D. Übersichtstafel 2. In Tafel 1 konnten die praktisch zuweilen vorkommenden Polpaarzahlen 8, 9, 16, 18 nicht berücksichtigt werden. Da außerdem die Tafel etwas unübersichtlich ist, weil auch die Wicklungen angegeben sind, die nicht mit Ausgleichsverbindungen ausgeführt werden können, so sind in Tafel 2 noch die Wellenwicklungen zusammengestellt, die für $a = 2$, 3 und 4 mit Ausgleichsverbindungen zwischen phasengleichen Punkten auf derselben Seite der Ankerwicklung ausführbar sind. Sie gilt für Polpaarzahlen bis 24; wobei die Polpaarzahlen 5, 7, 11, 13, 17, 19, 23 mit Rücksicht auf die erste Bedingung in Gl. 17a ausscheiden. Damit aber eine übersichtliche Zusammenstellung überhaupt möglich wurde, mußten noch einige, praktisch weniger wichtige Polpaarzahlen unberücksichtigt bleiben. Es sind dies die Zahlen 10, 14, 15, 20, 21 und 22. Davon sind 10, 15, 20 schon in Tafel 1 enthalten, die übrigen drei — 14, 21, 22 — haben keine große praktische Bedeutung, 14 und 22 kommen nur für $a = 2$ und 21 nur für $a = 3$ in Frage. Die Periode der Ausführbarkeit für alle übrigen Polpaarzahlen bis 24 wiederholt sich nach je 144 unmittelbar aufeinanderfolgenden Stegzahlen. Die Wellenwicklungen mit $p \gtreqless a$ haben nur geringe praktische Bedeutung; deshalb sind die entsprechenden Polpaarzahlen in der Tafel weggelassen. Die Stegzahlen, für die überhaupt keine Wicklung ausführbar ist, sind der Übersichtlichkeit wegen ebenfalls weggelassen. Ausführbar sind auch die Wicklungen mit einer um 1440 vermehrten Stegzahl, doch werden Stegzahlen von über 1440 wohl kaum praktisch in Frage kommen. Die Tafel ist in zwei Teile zerlegt; die rechte Hälfte ist die Fortsetzung von der linken.

Links von den Stegzahlen sind die Werte für ua angegeben durch welche die in derselben Zeile stehenden Stegzahlen teilbar sind; nur die Stegzahlen sind bei Ausgleichsverbindungen ausführbar, die durch ua teilbar sind. Für ua kommen bis $u = 6$ und $a = 4$

2. Tafel über die Ausführbarkeit von Wellenwicklungen

ua	Zahl der Stromwenderstege	*a* = 2, *p* =							*a* = 3, *p* =					*a* = 4, *p* =			
		4	6	8	12	16	18	24	6	9	12	18	24	8	12	16	24
2	2 146 290 434 578 722 866 1010 1154 1298	bb	u2	u2	u2	ux	u2	u2	.	.	.	.	.	.	.	.	.
3	3 147 291 435 579 723 867 1011 1155 1299	.	.	.	.	.	.	.	bb	ux	u3	ux	u3	.	.	.	.
4	4 148 292 436 580 724 868 1012 1156 1300	.	g1	.	.	.	.	.	.	.	.	.	.	bx	u4	ux	ux
6	6 150 294 438 582 726 870 1014 1158 1302	bb	.	g1	.	.	.	.	.	gx	.	.	.	.	.	.	.
8	8 152 296 440 584 728 872 1016 1160 1304	.	u1	.	.	.	.	.	.	.	.	.	.	.	g1	.	.
9	9 153 297 441 585 729 873 1017 1161 1305	.	.	.	.	.	.	.	b1	.	g1	.	.	.	.	.	.
2	10 154 298 442 586 730 874 1018 1162 1306	bb	g2	u1	g1	.	.	.	.	.	.	.	.	.	.	.	.
12	12 156 300 444 588 732 876 1020 1164 1308	.	.	.	.	.	.	.	.	ux	.	.	.	bx	.	gx	.
2	14 158 302 446 590 734 878 1022 1166 1310	bb	u2	g2	u1	gx	.	.	.	.	.	.	.	.	.	.	.
3	15 159 303 446 591 735 879 1023 1167 1311	.		.	.	.	.	.	bb	gx	u1	gx	.	.	.	.	.
16	16 160 304 448 592 736 880 1024 1168 1312	.	g1	.	.	.	g1	.	.	.	.	.	.	.	u1	.	.
18	18 162 306 450 594 738 882 1026 1170 1314	bb	.	u2	.	ux	.	.	.	.	.	.	.	.	.	.	.
4	20 164 308 452 596 740 884 1028 1172 1316	.	u1	.	.	.	u1	.	.	.	.	.	.	bx	g2	ux	g1
3	21 165 309 453 597 741 885 1029 1173 1317	.	.	.	.	.	.	.	bb	ux	g1	ux	g1	.	.	.	.
2	22 166 310 454 598 742 886 1030 1174 1318	bb	g2	g1	g2	.	.	g1	.	.	.	.	.	.	.	.	.
24	24 168 312 456 600 744 888 1032 1176 1320	.	.	.	.	.	.	.	.	gx	.	.	.	.	.	.	.
2	26 170 314 458 602 746 890 1034 1178 1322	bb	u2	u1	u2	.	.	u1	.	.	.	.	.	.	.	.	.
9	27 171 315 459 603 747 891 1035 1179 1323	.	.	.	.	.	.	.	b1	.	u1	.	u1	.	.	.	.
4	28 172 316 460 604 748 892 1036 1180 1324	.	g1	.	.	.	.	.	.	.	.	.	.	bx	u2	gx	u1
6	30 174 318 462 606 750 894 1038 1182 1326	bb	.	g2	.	gx	.	.	.	ux	.	.	.	.	.	.	.
16	32 176 320 464 608 752 896 1040 1184 1328	.	u1	.	.	.	.	.	.	.	.	.	.	.	g1	.	.
3	33 177 321 465 609 753 897 1041 1185 1329	.	.	.	.	.	.	.	bb	gx	g3	gx	.	.	.	.	.
2	34 178 322 466 610 754 898 1042 1186 1330	bb	g2	u2	g1	ux	g2	.	.	.	.	.	.	.	.	.	.
12, 18	36 180 324 468 612 756 900 1044 1188 1332	.	.	.	.	.	.	.	.	.	.	.	.	bx	.	ux	.
2	38 182 326 470 614 758 902 1046 1190 1334	bb	u2	g1	u1	.	u2	.	.	.	.	.	.	.	.	.	.
3	39 183 327 471 615 759 903 1047 1191 1335	.	.	.	.	.	.	.	bb	ux	u3	ux	.	.	.	.	.
8	40 184 328 472 616 760 904 1048 1192 1336		g1	.	.	.	.	.	.	.	.	.	.	.	u1	.	.
6	42 186 330 474 618 762 906 1050 1194 1338	bb	.	u1	.	.	.	.	.	gx	.	.	.	.	.	.	.
4	44 188 332 476 620 764 908 1052 1196 1340	.	u1	.	.	.	.	.	.	.	.	.	.	bx	g4	gx	gx
9	45 189 333 477 621 765 909 1053 1197 1341	.	.	.	.	.	.	.	b1	.	g1	.	g1	.	.	.	.
2	46 190 334 478 622 766 910 1054 1198 1342	bb	g2	g2	g2	gx	.	g2	.	.	.	.	.	.	.	.	.
16, 24	48 192 336 480 624 768 912 1056 1200 1344	.	.	.		.	.	.	.	ux	.	.	.	.	.	.	.
2	50 194 338 482 626 770 914 1058 1202 1346	bb	u2	u2	u2	ux	.	u2	.	.	.	.	.	.	.	.	.
3	51 195 339 483 627 771 915 1059 1203 1347	.	.	.	.	.	.	.	bb	gx	u1	gx	u1	.	.	.	.
4	52 196 340 484 628 772 916 1060 1204 1248	.	g1	.	.	.	g1	.	.	.	.	.	.	bx	u4	ux	ux
18	54 198 342 486 630 774 918 1062 1206 1350	bb	.	g1	.	.	.	.	.	.	.	.	.	.	.	.	.
8	56 200 344 488 632 776 920 1064 1208 1352	.	u1	.	.	.	u1	.	.	.	.	.	.	.	g1	.	.
3	57 201 345 489 633 777 921 1065 1209 1353	.	.	.	.	.	.	.	bb	ux	g1	ux	.	.	.	.	.
2	58 202 346 490 634 778 922 1066 1210 1354	bb	g2	u1	g1	.	.	.	.	.	.	.	.	.	.	.	.
12	60 204 348 492 636 780 924 1068 1212 1356	.	.	.	.	.	.	.	.	gx	.	.	.	bx	.	gx	.
2	62 206 350 494 638 782 926 1070 1214 1358	bb	u2	g2	u1	gx	.	.	.	.	.	.	.	.	.	.	.
9	63 207 351 492 639 783 927 1071 1215 1359	.	.	.	.	.	.	.	b1	.	u1	.	.	.	.	.	.
16	64 208 352 496 640 784 928 1072 1216 1360	.	g1	.	.	.	.	.	.	.	.	.	.	.	u1	.	.
6	66 210 354 498 642 786 930 1074 1218 1362	bb	.	u2	.	ux	.	.	.	ux	.	.	.	.	.	.	.
4	68 212 356 500 644 788 932 1076 1220 1364	.	u1	.	.	.	.	.	.	.	.	.	.	bx	g2	ux	g1
3	69 213 357 501 645 789 933 1077 1221 1365	.	.	.	.	.	.	.	bb	gx	g3	gx	g3	.	.	.	.
2	70 214 358 502 646 790 934 1078 1222 1366	bb	g2	g1	g2	.	g2	g1	.	.	.	.	.	.	.	.	.
18, 24	72 216 360 504 648 792 936 1080 1224 1368	.	.	.	.	.	.	.	.	.	.	.	.	.	.	.	.
	p =	4	6	8	12	16	18	24	6	9	12	18	24	8	12	16	24

mit Ausgleichsverbindungen auf derselben Ankerseite.

$u\,a$	Zahl der Stromwenderstege	$a = 2,\ p =$ 4	6	8	12	16	18	24	$a = 3,\ p =$ 6	9	12	18	24	$a = 4,\ p =$ 8	12	16	24
2	74 218 362 506 650 794 938 1082 1226 1370	bb	u2	u1	u2	.	u2	u1	.	.	.	.	.	.	.	.	.
3	75 219 363 507 651 795 939 1083 1227 1371	.	.	.	.	.	.	.	bb	ux	u3	ux	u3	.	.	.	.
4	76 220 364 508 652 796 940 1084 1228 1372	.	g1	.	.	.	.	.	.	.	.	.	.	bx	u2	gx	u1
6	78 222 366 510 654 798 942 1086 1230 1374	bb	.	g2	.	gx	.	.	.	gx	.	.	.	.	.	.	.
16	80 224 368 512 656 800 944 1088 1232 1376	.	u1	.	.	.	.	.	.	.	.	.	.	.	g1	.	.
9	81 225 369 513 657 801 945 1089 1233 1377	.	.	.	.	.	.	.	b1	.	g1	.	.	.	.	.	.
2	82 226 370 514 658 802 946 1090 1234 1378	bb	g2	u2	g1	ux	.	.	.	.	.	.	.	.	.	.	.
12	84 228 372 516 660 804 948 1092 1236 1380	.	.	.	.	.	.	.	.	ux	.	.	.	bx	.	ux	.
2	86 230 374 518 662 806 950 1094 1238 1382	bb	u2	g1	u1	.	.	.	.	.	.	.	.	.	.	.	.
3	87 231 375 519 663 807 951 1095 1239 1383	.	.	.	.	.	.	.	bb	gx	u1	gx	.	.	.	.	.
8	88 232 376 520 664 808 952 1096 1240 1384	.	g1	.	.	.	g1	.	.	.	.	.	.	.	u1	.	.
18	90 234 378 522 666 810 954 1098 1242 1386	bb	.	u1	.	.	.	.	.	.	.	.	.	.	.	.	.
4	92 236 380 524 668 812 956 1100 1244 1388	.	u1	.	.	.	u1	.	.	.	.	.	.	bx	g4	gx	gx
3	93 237 381 525 669 813 957 1101 1245 1389	.	.	.	.	.	.	.	bb	ux	g1	ux	g1	.	.	.	.
2	94 238 382 526 670 814 958 1102 1246 1390	bb	g2	g2	g2	gx	.	g2	.	.	.	.	.	.	.	.	.
16, 24	96 240 384 528 672 816 960 1104 1248 1392	.	.	.	.	.	.	.	.	gx	.	.	.	.	.	.	.
2	98 242 386 530 674 818 962 1106 1250 1394	bb	u2	u2	u2	ux	.	u2	.	.	.	.	.	.	.	.	.
9	99 243 387 531 675 819 963 1107 1251 1395	.	.	.	.	.	.	.	b1	.	u1	.	u1	.	.	.	.
4	100 244 388 532 676 820 964 1108 1252 1396	.	g1	.	.	.	.	.	.	.	.	.	.	bx	u4	ux	ux
6	102 246 390 534 678 822 966 1110 1254 1398	bb	.	g1	.	.	.	.	.	ux	.	.	.	.	.	.	.
8	104 248 392 536 680 824 968 1112 1256 1400	.	u1	.	.	.	.	.	.	.	.	.	.	.	g1	.	.
3	105 249 393 537 681 825 969 1113 1257 1401	.	.	.	.	.	.	.	bb	gx	g3	gx	.	.	.	.	.
2	106 250 394 538 682 826 970 1114 1258 1402	bb	g2	u1	g1	.	g2	.	.	.	.	.	.	.	.	.	.
12, 18	108 252 396 540 684 828 972 1116 1260 1404	.	.	.	.	.	.	.	.	.	.	.	.	bx	.	gx	.
2	110 254 398 542 686 830 974 1118 1262 1406	bb	u2	g2	u1	gx	u2	.	.	.	.	.	.	.	.	.	.
3	111 255 399 543 687 831 975 1119 1263 1407	.	.	.	.	.	.	.	bb	ux	u3	ux	.	.	.	.	.
16	112 256 400 544 688 832 976 1120 1264 1408	.	g1	.	.	.	.	.	.	.	.	.	.	.	u1	.	.
6	114 258 402 546 690 834 978 1122 1266 1410	bb	.	u2	.	ux	.	.	.	gx	.	.	.	.	.	.	.
4	116 260 404 548 692 836 980 1124 1268 1412	.	u1	.	.	.	.	.	.	.	.	.	.	bx	g2	ux	g1
9	117 261 405 549 693 837 981 1125 1269 1413	.	.	.	.	.	.	.	b1	.	g1	.	g1	.	.	.	.
2	118 262 406 550 694 838 982 1126 1270 1414	bb	g2	g1	g2	.	.	g1	.	.	.	.	.	.	.	.	.
24	120 264 408 552 696 840 984 1128 1272 1416	.	.	.	.	.	.	.	.	ux	.	.	.	.	.	.	.
2	122 266 410 554 698 842 986 1130 1274 1418	bb	u2	u1	u2	.	.	u1	.	.	.	.	.	.	.	.	.
3	123 267 411 555 699 843 987 1131 1275 1419	.	.	.	.	.	.	.	bb	gx	u1	gx	u1	.	.	.	.
4	124 268 412 556 700 844 988 1132 1276 1420	.	g1	.	.	.	g1	.	.	.	.	.	.	bx	u2	gx	u1
18	126 270 414 558 702 846 990 1134 1278 1422	bb	.	g2	.	gx	.	.	.	.	.	.	.	.	.	.	.
16	128 272 416 560 704 848 992 1136 1280 1424	.	u1	.	.	.	u1	.	.	.	.	.	.	.	g1	.	.
3	129 273 417 561 705 849 993 1137 1281 1425		.	.	.	.	.	.	bb	ux	g1	ux	.	.	.	.	.
2	130 274 418 562 706 850 994 1138 1282 1426	bb	g2	u2	g1	ux	.	.	.	.	.	.	.	.	.	.	.
12	132 276 420 564 708 852 996 1140 1284 1428	.	.	.	.	.	.	.	.	gx	.	.	.	bx	.	ux	.
2	134 278 422 566 710 854 998 1142 1286 1430	bb	u2	g1	u1	.	.	.	.	.	.	.	.	.	.	.	.
9	135 279 423 567 711 855 999 1143 1287 1431	.	.	.	.	.	.	.	b1	.	u1	.	.	.	.	.	.
8	136 280 424 568 712 856 1000 1144 1288 1432	.	g1	.	.	.	.	.	.	.	.	.	.	.	u1	.	.
6	138 282 426 570 714 858 1002 1146 1290 1434	bb	.	u1	.	.	.	.	.	ux	.	.	.	.	.	.	.
4	140 284 428 572 716 860 1004 1148 1292 1436	.	u1	.	.	.	.	.	.	.	.	.	.	bx	g4	gx	gx
3	141 285 429 573 717 861 1005 1149 1293 1437	.	.	.	.	.	.	.	bb	gx	g3	gx	g3	.	.	.	.
2	142 286 430 574 718 862 1006 1150 1294 1438	bb	g2	g2	g2	gx	g2	g2	.	.	.	.	.	.	.	.	.
16, 18, 24	144 288 432 576 720 864 1008 1152 1296 1440	.	.	.	.	.	.	.	.	.	.	.	.	.	.	.	.
	$p =$	4	6	8	12	16	18	24	6	9	12	18	24	8	12	16	24

die folgenden Zahlen in Betracht: 2, 3, 4, 6, 8, 9, 10, 12, 15, 16, 18, 20, 24. Von diesen konnten die Zahlen 10, 15 und 20 in die Reihe ua nicht eingetragen werden, weil sie in 144 nicht ganzzahlig enthalten sind; es läßt sich aber bequem im Kopfe ausrechnen, ob eine (Steg-) Zahl durch 10, 15 oder 20 teilbar ist oder nicht. Von den übrigen Zahlen der Reihe ua sind diejenigen weggelassen, die in einer größeren ganzzahlig enthalten sind, es ist also z. B. nicht geschrieben 2, 4, 8, 16, sondern einfach 16. Im übrigen ist die Übersichtstafel 2 ebenso eingerichtet wie Tafel 1. Die hier bei $a = 2$ und 3 noch vorkommende Bezeichnung „bb“ bedeutet, daß die Stegzahlen der betreffenden Zeile die Ausführung sowohl einer ungekreuzten als auch einer gekreuzten ($b =$ beliebig) Wicklung ermöglichen, wovon immer je eine einfach, die andere a-fach ($b =$ beliebig) geschlossen ist.

Die praktische Bedeutung der Übersichtstafeln liegt weniger in der Möglichkeit, schnell festzustellen, ob eine Wicklung für gegebene Verhältnisse ausführbar ist; viel wichtiger ist es, daß die Tafeln erkennen lassen, welche Zusammenstellungen von a, p, k und u brauchbare Wicklungen ergeben. Dies ist besonders beim Entwurf von ganzen Maschinenreihen von praktischer Bedeutung, die man mit möglichst wenig verschiedenen Polzahlen, Ankerschnitten (Nutenzahl) und Stromwendern (Stegzahl) ausführen möchte.

E. Übersichtstafel 3. Die Ausführbarkeit der Wellenwicklung ist besonders dann beschränkt, wenn mehrere Spulenseiten in der Nut nebeneinander liegen. In diesen Fällen muß bei voll bewickelten Nuten die Zahl k der Stromwenderstege durch die Zahl u der in der Nut nebeneinanderliegenden Spulen teilbar sein.

Aus Gl. 9 für den Wicklungsschritt

$$y = \frac{k \mp a}{p} = \frac{u N \mp a}{p}$$

erhalten wir

$$y p - N u = \mp a.$$

Bezeichnen wir mit t den größten Teiler, den p und u gemeinsam haben, so muß

$$\frac{y p - N u}{t} = \mp \frac{a}{t} = \text{ganz} \quad \ldots \ldots \quad (27)$$

sein, da sowohl $y\frac{p}{t}$ als auch $N\frac{u}{t}$ ganz ist. Der größte Teiler t, den p und u gemeinsam haben, muß also auch ein Teiler der Zahl a sein. Diese Bedingung ist bei den eingängigen Wicklungen seltener erfüllt als bei den mehrgängigen, denn bei $a = 1$ darf der gemeinsame Teiler von p und u nicht größer als 1 sein.

Tafel 3. Die Zahl (u) der in einer Nut nebeneinander liegenden Spulenseiten, für die eine symmetrische eingängige Wellenwicklung möglich ist.

p	2	3	4	5	6	7	8	9	10	11	12	13	14	15	16	17	18	19	20
u	1	1	1	1	1	1	1	1	1	1	1	1	1	1	1	1	1	1	1
	—	2	—	2	—	2	—	2	—	2	—	2	—	2	—	2	—	2	—
	3	—	3	3	—	3	3	—	3	3	—	3	3	—	3	3	—	3	3
	—	4	—	4	—	4	—	4	—	4	—	4	—	4	—	4	—	4	—
	5	5	5	—	5	5	5	5	—	5	5	5	5	—	5	5	5	5	—
	—	—	—	6	—	6	—	—	—	6	—	6	—	—	—	6	—	6	—

In der Zahlentafel 3 sind für sämtliche Polpaarzahlen von 2 bis 20 die Werte u von 1 bis 6 angegeben, für die eine eingängige Wellenwicklung ausführbar ist. Bei den vierpoligen Maschinen ($p = 2$) ist es besonders störend, daß die Wicklung nicht für alle Werte von u ausgeführt werden kann, denn fast alle Maschinen kleinerer und mittlerer Leistung werden vierpolig gebaut und mit einer eingängigen Wellenwicklung ausgerüstet. Die Zahl der in der Nut nebeneinander liegenden Spulenseiten kann aber nicht ganz willkürlich gewählt werden. Eine Verkleinerung von u hat schlechte Ausnützung des Wicklungsraumes zur Folge und eine Vergrößerung von u verbreitert die Wendezone und verringert die Zahl der Nuten, die mit Rücksicht auf geräuschlosen Gang in einer Polteilung nicht kleiner als 12 sein sollte. Wenn man auf die günstigsten Werte von p und u, für die eine symmetrische Wellenwicklung unausführbar ist, nicht verzichten will, so muß man eine Schleifenwicklung verwenden oder die Wellenwicklung unsymmetrisch ausführen. Eine unsymmetrische Wellenwicklung erhält man, wenn man einige Spulenseiten wegläßt, oder die Wicklung, die bei den vorhandenen $2\,uN$ Spulenseiten offen bleiben würde, durch eine äußere Verbindungsleitung in sich schließt. Solche Wicklungen sollen im nächsten Abschnitt behandelt werden.

15. Wellenwicklungen mit blinden Spulen und die künstlich geschlossenen Wellenwicklungen.

Die Wellenwicklungen, die in diesem Abschnitt behandelt werden sollen, gewinnen praktische Bedeutung, wenn die Nuten- oder Spulenzahl eine Bedingung erfüllen soll, die nicht mit dem Wicklungsgesetz der gewöhnlichen Wellenwicklung verträglich ist. Am Schlusse des letzten Abschnittes haben wir gesehen, daß dies zuweilen bei Wicklungen mit mehreren in der Nut nebeneinander liegenden Spulenseiten der Fall ist. Mit zwei in der Nut nebeneinander liegenden Spulenseiten ist z. B. nach Tafel 3 keine symmetrische eingängige Wellenwicklung für zwei Polpaare ausführbar. Aber auch bei nur einer Spulenseite quer zur Nut ($u = 1$) kann an die Stegzahl oder Nutenzahl eine Bedingung geknüpft sein, die eine symmetrische Wellenwicklung ausschließt. Wenn z. B. von einer angezapften Ankerwicklung verlangt wird, daß die zwischen je zwei Anzapfungspunkten liegenden Wicklungszweige untereinander gleichwertig sind, so muß die Zahl der Stromwenderstege durch die Zahl der Anzapfpunkte teilbar sein, was nicht immer mit dem Wicklungsgesetz (Gl. 9) verträglich ist. Angezapfte Gleichstromankerwicklungen finden z. B. bei Dreileitermaschinen (vgl. Abschnitt 24 B) und bei Umformern Anwendung.

In allen diesen Fällen muß entweder die Wicklung durch eine äußere Verbindungsleitung künstlich geschlossen werden oder es können, wenn die einzelnen Wicklungszweige nicht vollkommen gleichwertig zu sein brauchen, einzelne Spulenseiten blind bleiben.

Damit im letzten Falle sämtliche Spulen dieselbe Weite behalten und die Unsymmetrie der Wicklung möglichst wenig zur Geltung kommt, empfiehlt es sich, nicht übereinander liegende Spulenseiten auszuschließen, sondern solche, die um die Spulenweite y_1 auseinander liegen und ein oder mehrere Wicklungselemente bilden. Um den Schwerpunkt des Ankers nicht aus der Wellenmitte zu verschieben, legt man die überzähligen Wicklungselemente ebenfalls in die Nuten, schließt sie aber nicht an den Stromwender an, sondern isoliert ihre Enden ab.

Wir wollen hier nur die eingängigen Wellenwicklungen ($a = 1$) betrachten. Die mehrgängigen Wicklungen ($a > 1$) lassen sich in einfacher Weise aus jenen ableiten, haben aber keine große praktische Bedeutung, weil man mit Rücksicht auf funkenfreien Gang mehrgängige Wellenwicklungen gewöhnlich nur vollkommen symmetrisch ausführt.

A. Wicklung mit blinden Spulen und $u = 1$. Zur Erläuterung der Wicklung wollen wir zunächst annehmen, daß $u = 1$ sei. Die Nutenzahl N ist dann gleich der Spulenzahl.

Mit $N = 20$ Stromwenderstegen ist nach Gl. 6 eine gewöhnliche vierpolige Wellenwicklung nicht ausführbar. Um eine Wicklung mit blinden Spulenseiten zu erhalten, lassen wir eine Spule, z. B. die in den Nuten 20 und 4 liegende (in Abb. 72 dick ausgezogen), unbeachtet. Es wird dann die Spulenzahl oder die Zahl der Stromwenderstrege $k = N - 1 = 19$, wofür eine gewöhnliche Wellenwicklung entworfen werden kann. Bei ungekreuzten Wicklungselementen wird der Schritt in nebeneinander liegenden Spulenseiten oder Stromwenderstegen

$$y = \frac{19 - 1}{2} = 9.$$

Zählen wir hierbei die Spulenseiten in Nut 20, wo die Oberschicht der blinden Spule liegt, nicht mit, so können wir unter Annahme der Spulenweite, z. B. $y_1 = \eta_1 = 4$ Nutteilungen, ohne weiteres mit dem resultierenden Schritt $y = 9$ die Wicklung in Abb. 72 aufzeichnen.

Die in Nutteilungen gemessenen resultierenden Schritte (y) und die Verbindungsschritte (y_2) sind nicht alle gleich groß, sie sind immer um eine Nutteilung vergrößert, wenn wir bei Ausführung des resultierenden Schritts die Nut 20, in der die Oberschicht der blinden Spule liegt, überspringen. Wenn wir daher die blinden

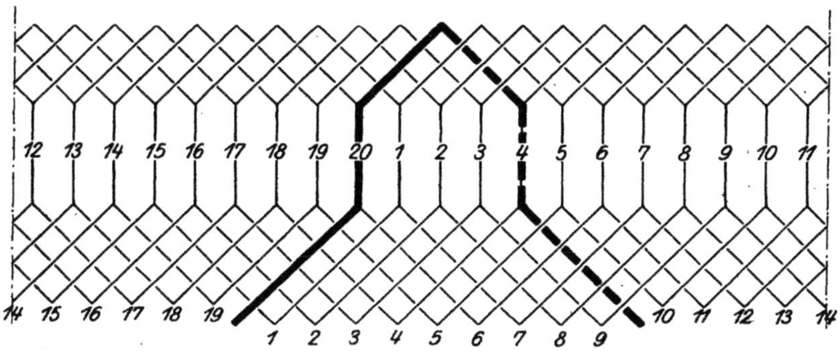

Abb. 72. Vierpolige Wellenwicklung mit blinder Spule ($u = 1$, $a = 1$).

Spulen mitzählen, müssen wir beim Entwurf der Wicklung mit einer blinden Spule abwechselnd einen resultierenden Schritt mit

$$y' = y + 1 = \frac{k \mp 1}{p} + 1 \quad . \; . \; . \; . \; . \quad (28\text{a})$$

und $p - 1$ Schritte mit

$$y = \frac{k \mp 1}{p} \quad . \; . \; . \; . \; . \; . \; . \; . \quad (28\text{b})$$

nebeneinander liegenden Spulenseiten ausführen.

Für die Wicklung in Abb. 72 ist $p = 2$ und $y = 9$. Wir müssen also, wenn wir die blinden Spulenseiten mitzählen, abwechselnd die resultierenden Schritte 10 und 9 ausführen. Wenn wir bei Spule 19 beginnen, erhalten wir so den Schaltplan in Abb. 72.

Den resultierenden Schritten y' und y entsprechen die Verbindungsschritte

$$y_2' = y' - y_1 = y - y_1 + 1 \quad \text{und} \quad y_2 = y - y_1 . \qquad (29)$$

Der Unterschied dieser Verbindungsschritte ist in den meisten praktischen Fällen so gering, daß die Schaltenden der einzelnen Spulen alle gleich lang sein können, wobei dann die Querverbindungen mit den größeren Schritten eine kleinere Neigung erhalten als die übrigen. Im Schaltplan Abb. 72 haben wir allen Querverbindungen dieselbe Neigung gegeben, um die Unterschiede der einzelnen Verbindungsschritte deutlicher zum Ausdruck zu bringen. Die Stromwenderstege, die mit den einzelnen wirksamen Spulen der Wicklung verbunden sind, werden natürlich gleichmäßig am Umfang verteilt. In Abb. 72 sind sie weggelassen, die Anschlußstellen aber fortlaufend mit den Zahlen 1 bis 19 bezeichnet; diese entsprechen den Nuten, in denen die Oberschicht der zugehörigen Spulen liegt.

Wenn wir für die Wicklung in Abb. 72 das Spannungsvieleck aufzeichnen, so sehen wir, daß es sich nicht schließt. Erst wenn auch die Spannung der blinden, nicht in der Wicklung liegenden Spule eingefügt wird, erhalten wir ein geschlossenes Vieleck. Dies folgt ohne weiteres daraus, daß sämtliche Spulen, einschließlich der blinden, gleichmäßig am Ankerumfang verteilt sind. Bei blinden Spulen ist also die resultierende innere EMK der Wicklung nicht null, sondern der Größe nach gleich der Summe der in den blinden Spulen induzierten EMKe. Diese EMK erzeugt in der Wicklung einen inneren Wechselstrom, der aber verhältnismäßig gering ist, weil alle Spulen in Reihe geschaltet sind und der Strom durch den Scheinwiderstand der Wicklung bestimmt wird. Dieser Scheinwiderstand ist zwar verhältnismäßig gering, besonders bei Durchmesserwicklungen, weil dabei die resultierende Durchflutung des inneren Stroms in allen Nuten, die keine blinden Spulenseiten enthalten, null ist, doch ist der Scheinwiderstand der Wicklung immerhin beträchtlich größer als der Gleichwiderstand.

Wenn mehrere blinde Spulen Verwendung finden, empfiehlt es sich mit Rücksicht auf einen möglichst geringen inneren Ausgleichsstrom, diese Spulen so auszuwählen, daß ihre resultierende EMK möglichst klein ist. Dabei ist jedoch zu beachten, daß die Unterschiede in den resultierenden Schritten oder den Verbindungsschritten nicht zu groß werden. Mit Rücksicht auf eine möglichst geringe Abweichung der von Bürsten kurzgeschlossenen Spulenseiten aus der geometrisch neutralen Zone empfiehlt es sich, die gegenseitige Entfernung der blinden Spulen so groß zu wählen, daß der größte Unterschied in den resultierenden Wicklungsschritten nicht größer als eine Nutteilung wird. Diese Wicklungen, bei denen m e h r e r e Spulen blind bleiben, sollen hier nicht näher untersucht werden, da sie in der Praxis bisher keine Verbreitung gefunden haben.

B. Die künstlich geschlossene Wicklung mit $u = 1$. Eine künstlich geschlossene Wellenwicklung erhalten wir aus der Wicklung mit blinden Spulen, indem wir diese Wicklung an passender Stelle aufschneiden und die blinden Spulen einfügen. Diese Stelle der Wicklung darf nicht willkürlich gewählt werden, sondern ist so zu bestimmen, daß die eingefügten Spulen am Ankerumfang zwischen den im Schaltplan angrenzenden Wicklungsumläufen liegen. Um dies zu erreichen, muß die Wicklung an einer der Querverbindungen aufgeschnitten werden, die den blinden Spulen benachbart sind, z. B. an den Stellen 19 oder 1 in Abb. 72. Zeichnet man für beide Fälle den Schaltplan auf, so erkennt man, daß es nicht gleichgültig ist, ob die Spule 20 bei 19 oder bei 1 eingefügt wird. Nur im ersten Falle, der in Abb. 73 dargestellt ist, liegt die eingefügte Spule, die mit ihrer Verbindungsleitung durch dicke Linien hervor-

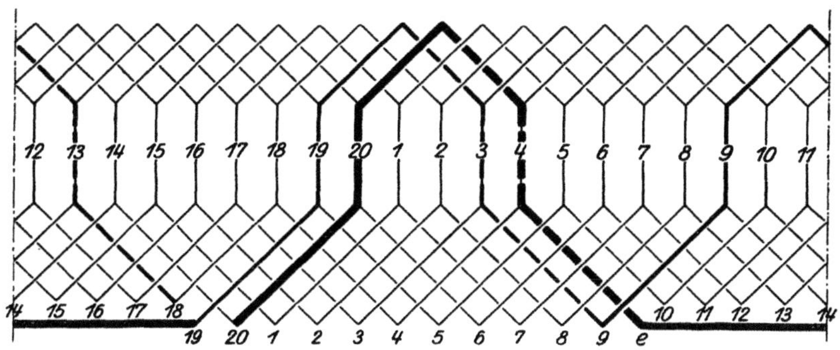

Abb. 73. Vierpolige künstlich geschlossene Wellenwicklung ($u = 1$, $a = 1$).

gehoben ist, am Ankerumfang zwischen anschließenden Umläufen der Wicklung, von denen einer (19—9—18) durch stärkere Linien bezeichnet ist.

Wir können uns die Wicklung in Abb. 73 auch aus der gewöhnlichen Wellenwicklung mit $k = 21$ Stromwenderstegen oder Spulen entstanden denken, indem wir aus dieser Wicklung die 21. Spule herausnehmen und die übrigbleibenden Spulenseiten zusammenschieben. Die Wicklung ist dann offen und muß durch eine äußere Verbindungsleitung, die die fehlende Spule 21 ersetzt, künstlich geschlossen werden. Die Verbindungsleitung bildet mit Spule 20, die in Abb. 72 blind war, einen Umlauf, der bei einer ungekreuzten Wicklung ebenfalls ungekreuzt sein muß.

Die Zahl der Stromwenderstege ist bei der künstlich geschlossenen Wicklung gleich der Spulenzahl. Sämtliche Oberschichten der Spulen sind zu den Stromwenderstegen zu führen, die entweder auf der einen oder andern Seite der Ankerwicklung angeschlossen werden können. Wenn sie z. B. in Abb. 73 auf der Seite der Ankerwicklung angeschlossen werden, wo die Verbindungsleitung liegt, so ist außer den vollständigen Querverbindungen 1 bis 18 und 20 noch der Punkt 19 mit je einem Stromwendersteg zu verbinden.

Für die künstlich geschlossene Wellenwicklung ist das Spannungsvieleck geschlossen; es fließen also keine inneren Ströme in der Wicklung. Dagegen sind die von Bürsten kurzgeschlossenen Wicklungsteile nicht mehr gleichwertig. Über die Stromwenderstege, die mit den benachbarten Spulen 19 und 20 in Abb. 73 verbunden sind, wird nur eine Spule (20) durch die Bürste kurzgeschlossen, während über alle übrigen benachbarten Stromwenderstege immer zwei in Reihe geschaltete Spulen kurzgeschlossen werden.

Der Schaltplan in Abb. 73 gilt für zwei Polpaare. Bei mehr als zwei Polpaaren wird der Unterschied in den einzelnen Bürstenkurzschlußkreisen am geringsten, wenn niemals mehr als eine Spule durch eine Verbindungsleitung ersetzt wird. An einer Stelle liegen dann zwischen zwei benachbarten Stromwenderstegen $p - 1$ Spulen, während zwischen allen übrigen benachbarten Stegen p Spulen liegen. Wir wollen uns hier auf diesen praktisch wichtigsten Fall beschränken.

Aus dem Wicklungsgesetz Gl. 6 für die gewöhnliche eingängige Wellenwicklung ($a = 1$) folgt:

$$k = yp \,{}_{(}\pm{}_{)}\, 1, \qquad \qquad (30\,\text{a})$$

worin das eingeklammerte — -Zeichen einer Wicklung mit gekreuzten Wicklungselementen entspricht. Wenn nur eine Spule durch eine einfache Verbindungsleitung ersetzt wird, ist die Spulen- oder die Stegzahl k' der künstlich geschlossenen Wellenwicklung

$$k' = yp \,{}_{(}\pm{}_{)}\, 1 - 1. \qquad \qquad (30\,\text{b})$$

Hieraus folgt, daß die Stegzahl dieser künstlich geschlossenen Wellenwicklung bei ungekreuzten Wicklungselementen immer, bei gekreuzten Wicklungselementen aber nur für $p = 2$ durch die Polpaarzahl teilbar ist. Wenn, wie gewöhnlich, keine Bedenken gegen die Teilbarkeit der Stegzahl durch die Polpaarzahl bestehen, wird man natürlich die ungekreuzte Wicklung bevorzugen.

In den Abb. 74a und b sind sechspolige Wicklungen mit ungekreuzten und gekreuzten Elementen dargestellt. Abb. 74a gilt für $k' = 21$ Stromwenderstege. Sie entsteht aus der gewöhnlichen Wellenwicklung mit $k = 22$ Stromwenderstegen und ungekreuzten Wicklungselementen, deren resultierender Wicklungsschritt sich zu

$$y = \frac{22 - 1}{3} = 7$$

berechnet. Abb. 74b mit $k' = 19$ Stromwenderstegen entsteht aus der gewöhnlichen Wellenwicklung mit $k = 20$ und gekreuzten Wicklungselementen, deren resultierender Wicklungsschritt

$$y = \frac{20 + 1}{3} = 7$$

ist. Diese Schritte der entsprechenden gewöhnlichen Wellenwicklungen werden auch bei der künstlich geschlossenen Wellenwicklung ausgeführt, nur muß jeder p-te resultierende Schritt um 1 verkürzt werden. Allen Spulen wird man im allgemeinen dieselbe Weite geben, so wie wir es hier auch angenommen haben ($y_1 = 3$).

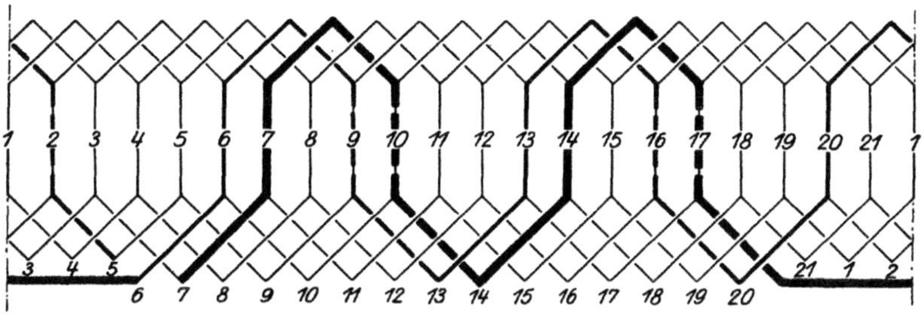

Abb. 74a. Sechspolige ungekreuzte, künstlich geschlossene Wellenwicklung ($u = 1$, $a = 1$).

Beim Entwurf einer künstlich geschlossenen Wicklung mit k' Stromwenderstegen geht man zweckmäßig folgendermaßen vor. Man berechnet aus der Schrittformel Gl. 6 für die gewöhnliche Wellenwicklung mit $k = k' + 1$ Stromwenderstegen den resultierenden Wicklungsschritt y und zerlegt diesen in zwei möglichst gleiche oder ver-

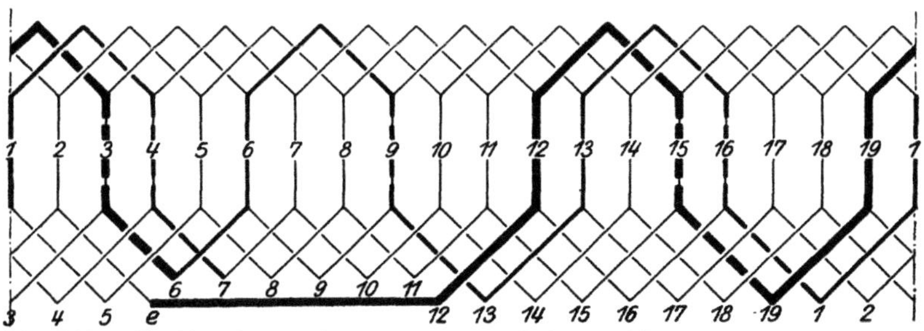

Abb. 74b. Sechspolige gekreuzte, künstlich geschlossene Wellenwicklung ($u = 1$, $a = 1$).

schiedene — je nachdem Durchmesser- oder Sehnenwicklung erwünscht ist — Teilschritte. Man beginnt an beliebiger Stelle zu wickeln, z. B. bei 6 in Abb. 74a und b, und führt abwechselnd $p - 1$ resultierende Schritte mit y und einen Schritt mit $y - 1$ aus, verkürzt also jeden p-ten resultierenden Schritt um eins. Wenn $k' - (p - 1)$ Spulen durchlaufen sind, könnte die Wicklung geschlossen werden (in Abb. 74a bei 6 und 7, in Abb. 74b bei 6 und e), wir erhielten dann Wicklungen mit zwei blinden Spulen. Um eine künstlich geschlossene Wicklung zu erhalten, müssen noch die $p - 1$ blinden Spulen mit ihrer Verbindungsleitung eingefügt werden. Dieser letzte Umlauf der

Wicklung ist durch dicke Linien bezeichnet und liegt in Abb. 74a zwischen den Punkten 6 und 7, in Abb. 74b zwischen 6 und e; er entspricht bei ungekreuzten Wicklungen einem ungekreuzten, bei gekreuzten Wicklungen einem gekreuzten Wicklungsteil von p Spulen.

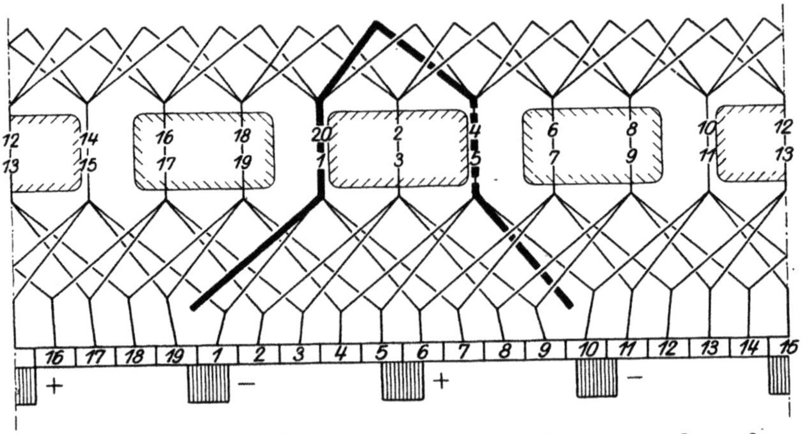

Abb. 75. Vierpolige Wellenwicklung mit blinder Spule und $u = 2$.

Man übersieht leicht, daß für die Stegzahl, die die gekreuzte. künstlich geschlossene Wellenwicklung bei drei Polpaaren verlangt,

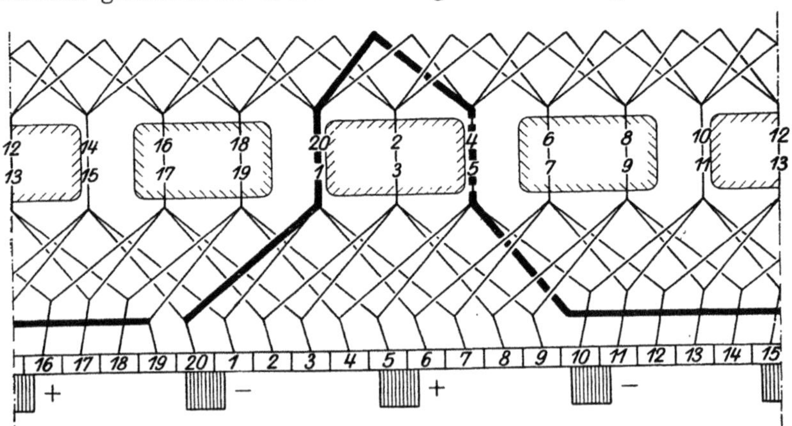

Abb. 76. Vierpolige künstlich geschlossene Wellenwicklung mit $u = 2$.

auch eine symmetrische, ungekreuzte Wellenwicklung ausführbar ist. Nach Gl. 30b ist für $p = 3$ und gekreuzte Wicklungselemente

$$k' = 3y - 2 = 3(y - 1) + 1; \quad . \; . \; . \; . \; . \quad (31)$$

die Stegzahl k' ermöglicht also (vgl. Gl. 30a) auch eine ungekreuzte Wicklung mit dem resultierenden Schritt $y - 1$. Es liegt also keine Veranlassung vor, sechspolige. künstlich geschlossene Wellenwicklungen mit gekreuzten Wicklungselementen auszuführen. Die in Abb. 74b dargestellte Wicklung hat deshalb keine praktische Bedeutung; sie ist hier nur zur Erläuterung des Grundsätzlichen gewählt, weil Wicklungen mit mehr als drei Polpaaren weniger übersichtlich sind.

C. Wicklungen mit $u > 1$. Wir hatten bei der Untersuchung der Wellenwicklung mit blinden Spulen und der künstlich geschlossenen Wellenwicklung bisher angenommen, daß $u = 1$, die Zahl der möglichen Spulenseiten also gleich der Nutenzahl ist. Dies geschah nur, um das Wesentliche dieser Wicklung möglichst deutlich vor Augen zu führen. An dem Entwurf dieser Wicklungen ändert sich nichts, wenn mehrere Spulenseiten in der Nut nebeneinander liegen. Für $u = 2$ in einer Nut nebeneinander liegende Spulenseiten und zwei Polpaare ist in Abb. 75 eine Wicklung mit blinden Spulen und in Abb. 76 eine künstlich geschlossene Wicklung darstellt. Hier sind auch die Stromwenderstege angeschlossen und auch die Lage der Bürsten und Polschuhe ist angedeutet. Eine symmetrische Wellenwicklung ist mit den für u und p angenommenen Zahlen nicht möglich. Die Zahl der Nuten ist $N = 10$. Die blinde Spule in Abb. 75 ist wieder durch dicke Linien angedeutet, ebenso wie die entsprechende Spule und ihre Verbindungsleitung in Abb. 76.

Wicklungen mit blinden Spulen werden bei $u = p = 2$ und $u = p = 3$ häufig ausgeführt und haben sich auch bei nicht zu ungünstigen Stromwendungsverhältnissen bewährt. Wenn irgend möglich, sollte man jedoch die Wicklung mit blinden Spulen und die künstlich geschlossene Wellenwicklung bei Gleichstrommaschinen vermeiden.

Bei Wechselstrommaschinen werden, wie wir später sehen werden, zuweilen künstlich geschlossene Wellenwicklungen ausgeführt, gewöhnlich ohne Stromwender, wobei dann auch der Nachteil ungleicher Bürstenkurzschlußkreise wegfällt.

16. Die Breite der Wendezone.

Im allgemeinen empfiehlt es sich, die Wicklung so zu entwerfen, daß die Zone am Ankerumfang, in der sich die von Bürsten kurzgeschlossenen Spulenseiten bewegen, möglichst schmal wird. Bei Maschinen ohne Wendepole sind dann die Unterschiede der Induktion innerhalb der Wendezone möglichst gering, und das Bürstenfeuer läßt sich durch Verschieben der Bürsten besser unterdrücken. Bei Maschinen mit Wendepolen bestimmt die Breite der Wendezone auch die Abmessungen der Wendepole, die möglichst schmal sein sollen; denn je breiter die Wendepole, desto größer die Streuung des Feldmagneten und desto schlechter die Ausnützung der Maschine, weil der Strombelag des Ankers unter den Wendepolen für das nutzbare

Drehmoment unwirksam ist. Zur Beurteilung der Ankerwicklung einer Gleichstrommaschine ist es deshalb wichtig, die Breite der Wendezone zu kennen und die Wicklung so zu entwerfen, daß die Wendezone möglichst schmal wird. Man kann die Breite der Wendezone zeichnerisch oder rechnerisch bestimmen. Wir wollen uns dabei im folgenden auf die symmetrischen Wicklungen beschränken.

A. Zeichnerische Bestimmung. Zur Bestimmung der Breite der Wendezone wird man zunächst untersuchen, welche Lagen die von einer Bürste kurzgeschlossenen Spulenseiten am Ankerumfang einnehmen. Man erhält dann die Lagen der von einer andern Bürste kurzgeschlossenen Spulenseiten durch Verschieben der ersten Lagen um den Winkel, den die Mittellinien der Bürsten einschließen. Am einfachsten ist die Bestimmung der Wendezone bei Schleifenwicklungen, weil hier eine Bürste immer einfache Spulen kurzschließt, die am Ankerumfang nur etwa eine Polteilung einnehmen. Wenn die Nutenzahl gleich der Stromwenderstegzahl ist ($u = 1$), braucht man dann nur die Lage der Spulenseiten einer einzigen Spule beim Ein- und Austritt aus dem Bürstenkurzschluß zu bestimmen, weil alle Spulen der Wicklung dieselbe Lage zu ihren Stromwenderstegen haben. Liegen mehrere Spulenseiten in der Nut nebeneinander ($u > 1$), so findet die Stromwendung der u nebeneinander liegenden Spulenseiten an verschiedenen Stellen des Ankerumfangs statt, so daß man die Untersuchung auf u nebeneinander liegende Spulen erstrecken muß.

Zur zeichnerischen Bestimmung der Breite der Wendezone genügt es also, den Teil der Wicklung herauszuzeichnen, der u nebeneinander liegende Spulen enthält, wie es z. B. Abb. 77a für eine zweigängige Schleifenwicklung mit $u = 3$ zeigt. Es ist eine Treppenwicklung angenommen mit $u_k = 2$ kurzen und $u_l = 1$ langen Spulen; der Nutenschritt der kurzen Spulen ist $\eta_1 = 3$. Die Zuleitungen der u nebeneinander liegenden Spulen sind durch verschiedene Strichstärken voneinander unterschieden. Die Stromwenderteilung und die Bürstenbreite sind auf den Ankerumfang bezogen, d. h. im Verhältnis der Durchmesser von Anker und Stromwender vergrößert. Wie wir im Abschnitt 8A gesehen haben, verhält sich eine in der Nut eingebettete Spulenseite im wesentlichen so, als läge sie auf einem glatten Anker an der Stelle, wo sich die Mitte des Nutenschlitzes befindet. Deshalb haben wir stets die Lage der Mittellinien der Nutenschlitze zu bestimmen, die zu den Nuten gehören, in denen die von Bürsten kurzgeschlossenen Spulenseiten liegen. In Abb. 77a ist der Zeitpunkt dargestellt, in dem die erste (dicke) Spule in den Kurzschluß tritt (Bewegung des Ankers von rechts nach links); die strichpunktierten Linien a_1 und a_1' bezeichnen daher die Stellen im Raum, wo die Stromwendung der dicken Spule beginnt. Die Stromwendung ist beendet, wenn der Bürstenkurzschluß wieder unterbrochen wird. Dies ist bei der Wicklung nach Abb. 77 der Fall, wenn sich der Anker mit dem Stromwender um die um eine Stegteilung verminderte Bürstenbreite nach links bewegt hat. Die Mitten der Nutenschlitze liegen dann an den Stellen e_1 und e_1'. In Abb. 77b tritt die zweite Spule in den Bürstenkurzschluß ein; die Mitten der Nutenschlitze liegen bei a_2 und a_2'; sie befinden sich an den Stellen e_2 und e_2', wenn die Spule den Bürstenkurzschluß verläßt. Für die letzte Spule sind die Grenzlagen der Nutmitten in Abb. 77c dargestellt.

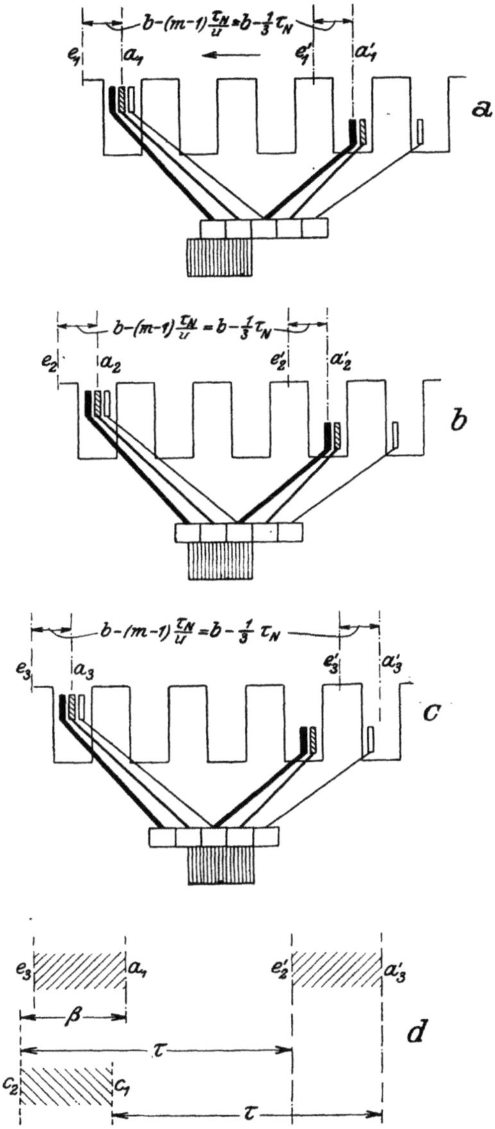

Abb. 77a bis d. Bestimmung der Breite der Wendezone bei einer zweigängigen Treppen-Schleifenwicklung mit $u = 3$.

Die Stromwendung der oberen (linken) Spulenseiten findet also innerhalb der Zone $a_1 - e_3$ (Abb. 77d), die der unteren (rechten) Spulenseiten innerhalb der Zone $a_3' - e_2'$ statt. Die Wendezonen der von den Nachbarbürsten kurzgeschlossenen Spulen sind um die Entfernung der Bürsten gegenüber den Wendezonen der betrachteten Bürsten verschoben. Die Wendezone der oberen Spulenseiten der rechten Nachbarbürste lagert sich über die Zone der Unterschicht ($a_3' - e_2'$), und die Wendezone der unteren Spulenseiten der linken Nachbarbürste lagert sich über die Zone der Oberschicht ($a_1 - e_3$). Wir erhalten z. B. für die unteren Spulenseiten der links liegenden

Nachbarbürste die in Abb. 77d durch die gestrichelten Linien c_1 und c_2 abgegrenzte Wendezone, wenn die Mittellinien der Bürsten um eine Polteilung (τ) voneinander entfernt sind. Die von benachbarten Bürsten herrührenden Wendezonen decken sich, wenn alle Spulen dieselbe Weite haben und diese gleich der Polteilung ist; im allgemeinen überschneiden sie sich wie in Abb. 77d. Die resultierende Breite β der Wendezone ergibt sich durch Überlagerung der Wendezonen und ist in Abb. 77d durch die Entfernung der Linien a_1 und c_2 gegeben. Die übrigen Wendezonen am Ankerumfang haben dieselbe Breite und sind um ganze Vielfache der Polteilung gegeneinander verschoben, wenn die Bürsten in gleichen Abständen am Stromwenderumfang angeordnet und gleich breit sind.

Bei der praktischen Bestimmung der Breite der Wendezone zeichnet man sich den Wicklungsteil mit dem Stromwender auf einen besonderen Streifen Papier auf, läßt diesen an der feststehenden Bürste vorbeigleiten und markiert die Grenzen der Wendezone auf einem festliegenden Papierblatt. Es ist natürlich nicht notwendig, die vollständigen Spulen und Nuten aufzuzeichnen; es genügt vielmehr, die Nutenschlitze und die Stromwenderstege auf dem Papierstreifen anzudeuten. Die u in der Nut nebeneinander liegenden Spulen wird man zweckmäßig durch verschiedene Farben unterscheiden.

Bei der Wellenwicklung bestimmen wir zunächst die Wendezone der Spulen, die von gleichpoligen benachbarten Bürsten kurzgeschlossen werden. In Abb. 78 ist für eine Treppenwicklung mit $u = 3$ der für die Untersuchung erforderliche Wicklungsteil aufgezeichnet. Die am Stromwender angeschriebenen Maße sind in Stromwender-Stegteilungen (bezogen auf den Ankerumfang) angegeben und bestimmen sich nach Gl. 9 bei einer ungekreuzten Wicklung zu

$$\frac{k}{p} - \frac{a}{p} = y;$$

$\frac{k}{p}$ ist die Polpaarteilung, gemessen in Stegteilungen $\left(\frac{\tau_N}{u}\right.$, wenn τ_N die Nutteilung$\left.\right)$. Die Abbildung ist für den Zeitpunkt gezeichnet, wo bei Bewegung des Ankers von rechts nach links die erste Spule (dicke Linien) in den Kurzschluß eintritt. Dabei ist zu beachten, daß die gleichpoligen Bürsten immer miteinander leitend verbunden sind. Die Nutmitten der kurzgeschlossenen Spulenseiten haben gegenüber den Bürsten die Lagen a_1 und a_1'. Der Kurzschluß der Spule ist beendet, wenn der Anker den Weg

$$b + \left(1 - \frac{a}{p}\right)\frac{\tau_N}{u} \quad \ldots \ldots \ldots \quad (32)$$

zurückgelegt hat, worin b die auf den Ankerumfang bezogene Bürstenbreite ist. Die Mitten der ersten Spule liegen dann bei e_1 und e_1'. In derselben Weise bestimmen wir die Grenzlagen der 2. und 3. Spule und erhalten, wie bei der Schleifenwicklung näher erläutert, die äußeren Grenzen der Wendezonen für die von einem gleichpoligen Bürstenpaar kurzgeschlossenen Spulenseiten. Für die von andern gleichpoligen Bürstenpaaren kurzgeschlossenen Spulenseiten erhalten wir dieselbe Breite der Wendezonen. Genau wie bei der Schleifenwicklung ergeben sich auch hier die resultierenden Wendezonen für die von ungleichpoligen Bürsten kurzgeschlossenen Spulen, indem wir die Wendezone der rechten (unteren) Spulenseiten eines Bürsten-

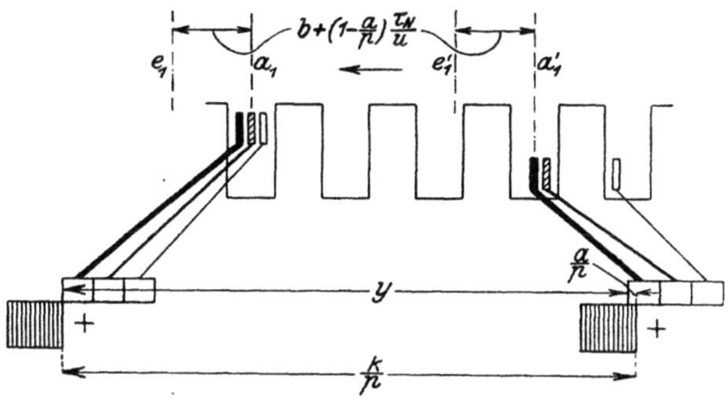

Abb. 78. Bestimmung der Breite der Wendezone bei einer Treppen-Wellenwicklung mit $u = 3$.

paares um eine Polteilung nach links verschieben und mit der Zone der linken (oberen) Spulenseiten zusammensetzen.

Diese Bestimmung der Breite der Wendezone setzt voraus, daß alle $2p$ Bürsten am Stromwender aufliegen, die Wendezonen werden dann alle gleich breit. Wenn nur ein Teil der $2p$ Bürsten bei der Wellenwicklung aufliegt, müssen die Lagen sämtlicher von einer Bürste kurzgeschlossener $2p$ Spulenseiten gegenüber den Bürsten bestimmt werden. Die einzelnen Wendezonen werden dann im allgemeinen verschieden breit. Eine nähere Untersuchung zeigt, daß die Breite der größten Wendezone aber dieselbe ist wie bei Auflage sämtlicher $2p$ Bürsten [L. 14a u. b]. Da man nun gewöhnlich alle Wendepole gleich breit macht, genügt es, die Wendezone für einzelne Spulen zu bestimmen, wie es an Hand der Abb. 78 erläutert wurde.

B. Rechnerische Bestimmung. Schneller und genauer läßt sich die größte Breite der Wendezone rechnerisch bestimmen. Die Formeln hierfür lassen sich aus den Überlegungen im Abschnitt A herleiten. Wir wollen dabei voraussetzen, daß die Mittellinien der

Bürsten immer um ganze Vielfache der Polteilung auseinander liegen und alle Bürsten dieselbe Breite haben.

Bezeichnen wir bei der Schleifenwicklung die Stelle im Raume mit 0, wo die obere Seite der ersten der u Spulen in den Kurzschluß eintritt (a_1 in Abb. 77a), so tritt die obere Spulenseite der letzten der u Spulen an der Stelle $\frac{u-1}{u}\tau_N$ in den Kurzschluß ein. Während des Bürstenkurzschlusses legt der Anker den Weg $b - \frac{m-1}{u}\tau_N$ zurück, worin m die Gangzahl der Wicklung, die in Abb. 77 zu 2 angenommen ist. Wir erhalten für die Spulenseiten der Oberschicht der 1. und u-ten Spule die in die ersten beiden Zeilen der Tafel 4 eingeschriebenen Grenzlagen, die in Nutteilungen (τ_N) angegeben sind; sie schließen auch die Lagen der übrigen Spulenseiten der Oberschicht ein.

Die Lage der Spulenseiten in der Unterschicht ist gegenüber den entsprechenden Spulenseiten der Oberschicht um die Spulenweite verschoben. Bezeichnen wir mit η_1 den Nutenschritt der kurzen Spulen, dann sind in der Unterschicht die Spulenseiten der u_k kurzen Spulen um den Weg $-\eta_1\tau_N$, die der u_l langen Spulen um den Weg $-(\eta_1+1)\tau_N$ gegenüber den entsprechenden Spulenseiten der Oberschicht verschoben. Verschieben wir diese Lagen um eine Polteilung nach links, also um $+\frac{N}{2p}$, so erhalten wir die Grenzlagen für die Spulenseiten der Unterschicht, deren Wendezone sich über die der Oberschicht lagert. Diese Grenzen sind für die 1., u_k-te, (u_k+1)-te und u-te Spule in Tafel 4 zusammengestellt, sie schließen die Lagen der übrigen Spulen der Unterschicht ein.

Wir erhalten die gesamte Breite der Wendezone, indem wir die Differenz zwischen dem größten und kleinsten der in Tafel 4 angegebenen Werte bilden und mit der Nutteilung multiplizieren. Je nachdem $\frac{N}{2p} - \eta_1 - \frac{u_l}{u}$ größer oder kleiner als null ist, wird der Wert für die linke Grenzlage der u_k-ten Spule der Unterschicht oder für die linke Grenzlage der u-ten Spule der Oberschicht am größten und für die rechte Grenzlage der 1. Spule der Oberschicht oder für die rechte Grenzlage der (u_k+1)-ten Spule der Unterschicht am kleinsten. In beiden Fällen erhalten wir die Breite der Wendezone zu

$$\beta = b + \left(\delta + \frac{u-m}{u}\right)\tau_N, \quad \ldots \ldots \quad (33')$$

worin

$$\delta = \left|\frac{N}{2p} - \eta_1 - \frac{u_l}{u}\right| = \left|\frac{N}{2p} - \frac{y_1}{u}\right| \quad \ldots \quad (33\text{a})$$

ist. Diese Formel gilt auch für Wicklungen, deren Spulen alle dieselbe Weite haben ($u_l = 0$).

Aus Abb. 77a erhalten wir eine gekreuzte Wicklung, indem wir die Enden jeder Spule miteinander vertauschen. Die Grenzen der Wendezonen für die einzelnen Spulen werden dadurch nicht beeinflußt, so daß Gl. 33, sowohl für ungekreuzte als auch für gekreuzte Wicklungen gilt.

Tafel 4. Grenzen der Wendezonen für die einzelnen Spulen einer Schleifenwicklung in Nutteilungen (τ_N).

Spule		Rechte Grenzen (Eintritt in den Bürstenkurzschluß)	Linke Grenzen (Austritt aus dem Bürstenkurzschluß)
Oberschicht	1. Spule	o	$\left(\frac{b}{\tau_N} - \frac{m-1}{u}\right)$
	u-te Spule	$\frac{u-1}{u}$	$\left(\frac{b}{\tau_N} - \frac{m-1}{u}\right) + \frac{u-1}{u}$
Unterschicht	1. Spule	$\frac{N}{2p} - \eta_1$	$\left(\frac{b}{\tau_N} - \frac{m-1}{u}\right) + \frac{N}{2p} - \eta_1$
	u_k-te Spule	$\frac{N}{2p} - \eta_1 + \frac{u_k - 1}{u}$ $= \frac{N}{2p} - \eta_1 - \frac{u_l}{u} + \frac{u-1}{u}$	$\left(\frac{b}{\tau_N} - \frac{m-1}{u}\right) + \frac{N}{2p} - \eta_1 - \frac{u_l}{u}$ $+ \frac{u-1}{u}$
	$(u_k+1)^{\text{te}}$ Spule	$\frac{N}{2p} - \eta_1 - 1 + \frac{u_k}{u}$ $= \frac{N}{2p} - \eta_1 - \frac{u_l}{u}$	$\left(\frac{b}{\tau_N} - \frac{m-1}{u}\right) + \frac{N}{2p} - \eta_1 - \frac{u_l}{u}$
	u-te Spule	$\frac{N}{2p} - \eta_1 - 1 + \frac{u-1}{u}$ $= \frac{N}{2p} - \eta_1 - \frac{1}{u}$	$\left(\frac{b}{\tau_N} - \frac{m-1}{u}\right) + \frac{N}{2p} - \eta_1 - \frac{1}{u}$

Bei der Wellenwicklung erhalten wir für die rechten Grenzlagen dieselben Werte wie bei der Schleifenwicklung, die in Tafel 4 zusammengestellt sind. Während der Stromwendung legt hier aber eine Spule den Weg $b + \left(1 - \frac{a}{p}\right)\frac{\tau_N}{u}$ zurück (vgl. Abb. 78); wir erhalten deshalb die linken Grenzlagen, indem wir in Tafel 4 $\left(\frac{b}{\tau_N} - \frac{m-1}{u}\right)$ durch $\left[\frac{b}{\tau_N} + \left(1 - \frac{a}{p}\right)\frac{1}{u}\right]$ ersetzen. Die Breite der Wendezone wird dann bei der Wellenwicklung um

$$\left[\frac{b}{\tau_N} + \left(1 - \frac{a}{b}\right)\frac{1}{u}\right]\tau_N - \left(\frac{b}{\tau_N} - \frac{m-1}{u}\right)\tau_N = \left(\frac{m}{u} - \frac{a}{u\,p}\right)\tau_N$$

größer als bei der Schleifenwicklung, ist also

$$\beta = b + \left(\delta + 1 - \frac{a}{u\,p}\right)\tau_N; \quad \ldots\ldots \quad (33)$$

worin δ wieder durch Gl. 33a bestimmt ist. Die zuletzt angeschriebene Formel hat allgemeine Gültigkeit; denn bei der Schleifenwicklung ist

$$m = \frac{a}{p},$$

sie gilt sowohl für gekreuzte als für ungekreuzte Wicklungen.

Bei den Gl. 33′ und 33 ist zu beachten, daß b die auf den Ankerdurchmesser bezogene Bürstenbreite ist, die sich aus der wirklichen Bürstenbreite ergibt, indem diese mit dem Verhältnis Ankerdurchmesser zu Stromwenderdurchmesser multipliziert wird.

17. Über die Wahl der Ankerwicklung.

A. Wellenwicklung und Schleifenwicklung. Über das Verhalten der Wellen- und Schleifenwicklung läßt sich im allgemeinen folgendes sagen. Die Wellenwicklung hat den Vorzug, daß die in den einzelnen Ankerzweigen induzierten EMKe auch bei vielpoligen Maschinen mit verschieden großen Polflüssen gleich groß sind; denn die in Reihe geschalteten Spulen sind unter allen Polen ungefähr gleichmäßig verteilt. Bei der Schleifenwicklung liegen dagegen die in Reihe geschalteten Leiter eines Zweiges nur unter benachbarten Polen; die in den einzelnen Zweigen induzierten EMKe können deshalb merklich verschieden sein, wenn bei mehrpoligen Maschinen die Summen der Flüsse je zweier benachbarter Pole ungleich sind. Bei Verwendung von Ausgleichsverbindungen innerhalb der Wicklung werden zwar die Unterschiede in den Polflüssen im wesentlichen ausgeglichen, doch wird der Wirkungsgrad durch die ungleichen Ströme in den Ankerzweigen verringert und bei Maschinen mit Wendepolen wird das Wendefeld durch die ungleiche Größe der Zweigströme gestört, so daß Bürstenfeuer zu befürchten ist.

Andrerseits ist zu beachten, daß die Ungleichheiten in den Übergangswiderständen zwischen Bürste und Stromwender bei der Schleifenwicklung von geringerer Bedeutung sind als bei der Wellenwicklung. Bei dieser führen nicht alle Bürsten derselben Polarität unmittelbar zu den Enden eines Wicklungszweiges, sondern teilweise nur unter Zwischenschaltung von Spulen, die sich im Bürstenkurzschluß befinden. Der Strom in solchen Spulen ist im hohen Maße abhängig von der jeweiligen Größe der Übergangswiderstände der Bürsten. Die EMK der Stromwendung ist deshalb bei der Wellenwicklung wesentlich größeren Schwankungen durch die Berührungswiderstände unterworfen als bei der Schleifenwicklung.

Im allgemeinen hat sich in der Praxis die eingängige Schleifenwicklung am besten bewährt. Wenn diese keine zu ungünstige Ausnützung des Nutenraumes ergibt, zieht man sie auch gewöhnlich der Wellenwicklung vor, besonders aber der mehrgängigen Wellenwicklung. Diese wird immer mit Ausgleichsverbindungen zweiter Art ausgeführt und ist dann nur für wenige Zusammenstellungen von Nutenzahl und Polzahl ausführbar. Sie hat auch eine verhältnismäßig breite Wendezone, wenn die Bürste mindestens $(a+1)$mal so breit wie die Stegteilung gewählt wird, was nach der Erfahrung vieler Fachleute mit Rücksicht auf funkenfreie Stromwendung zweckmäßig sein soll.

Die Wahl der Wicklung mit Rücksicht auf funkenfreien Gang soll im nächsten Abschnitt behandelt werden.

Die in Abb. 34 dargestellte Wellenwicklung mit $2p$ Ankerzweigen und verminderter Stegzahl hat bisher keine Verbreitung gefunden, kann aber bei kleiner EMK der Stromwendung und geringer Stegspannung mit Vorteil Verwendung finden. Diese Wicklung muß, wie die mehrgängige Wellenwicklung, immer Ausgleichsverbindungen erhalten.

B. Ausnutzung des Nutenraumes. Gewöhnlich wird man die Ankerwicklung so wählen, daß der Raum in den Nuten möglichst gut ausgenutzt wird. Je größer die Windungszahl einer Spule ist, desto mehr Raum beansprucht die Isolierung der Leiter; bei einer Wicklung mit nur einer Windung in jeder Spule wird der Nutenraum am besten ausgenutzt. Man wird also, wenn nicht andere Gründe dagegensprechen (vgl. den folgenden Unterabschnitt C), die Wicklung verwenden, die mit möglichst wenigen Windungen in einer Spule ausführbar ist. Da gewöhnlich die gesamte Zahl in Reihe geschalteter Leiter vorgeschrieben ist, wird man die Wicklung mit möglichst wenigen parallelen Ankerzweigen ausführen, also die Wicklung bevorzugen, die in der folgenden Zusammenstellung möglichst vorn steht.

1. Bei einem Polpaar die eingängige Schleifenwicklung $(2a=2)$, bei mehreren Polpaaren die eingängige Wellenwicklung $(2a=2)$.

2. Bei wenigen Polpaaren die eingängige Schleifenwicklung $(2a=2p)$, bei vielen Polpaaren die mehrgängige Wellenwicklung $(2a=2m)$.

3. Bei vielen Polpaaren die eingängige Schleifenwicklung $(2a=2p)$.

4. Die zweigängige Schleifenwicklung $(2a=4p)$.

Die Zahl in Reihe geschalteter Leiter ist nach Gl. 160

$$\frac{z}{2a} = \frac{60E}{n} \cdot \frac{1}{2p\Phi}, \quad \ldots \ldots \ldots \quad (34)$$

wenn die induzierte EMK E, die ungefähr gleich der Klemmenspannung ist, in cgs-Einheiten, die Umlaufszahl n in min^{-1} eingesetzt wird. Die Zahl der in Reihe geschalteten Leiter ist proportional dem Verhältnis aus Klemmenspannung und Umlaufzahl $\left(\frac{E}{n}\right)$ und umgekehrt proportional dem gesamten Induktionsfluß $2p\,\Phi$, der am Ankermantel ein- und austritt. Dieser Fluß ist bei derselben magnetischen Beanspruchung im Luftspalt proportional der Mantelfläche des Ankers; wir erhalten also unter sonst gleichen Verhältnissen $\left(\frac{E}{n} = \text{const}, \text{ Induktion im Luftspalt} = \text{const}\right)$ umsomehr in Reihe geschaltete Leiter, je kleiner die Maschine ist.

Bei langsam laufenden Maschinen oder bei Maschinen hoher Spannung und bei fast allen Maschinen kleinerer und mittlerer Leistung muß deshalb die Wicklung immer für eine verhältnismäßig große Zahl von in Reihe geschalteten Ankerleitern ausgeführt werden. Die Schleifenwicklung erhält dann so viele Drähte, daß wegen des großen Raumbedarfs an Isolierstoff der Nutenraum schlecht ausgenützt wird. In diesen Fällen ist die Wellenwicklung am Platze. Die in den Preislisten geführten Maschinen kleinerer und mittlerer Leistung werden gewöhnlich mit eingängigen Wellenwicklungen ausgerüstet; dies ist bei 500 Volt Klemmenspannung bis etwa zu 250 kW, bei 110 Volt bis etwa 25 kW der Fall. Bei den größeren Maschinen erhält man dann eine Stabwicklung, die den Nutenraum gut ausnutzt und gegen mechanische Beschädigungen sehr widerstandsfähig ist.

Bei großen Maschinen werden die vielpoligen gewöhnlich mit mehrgängigen Wellenwicklungen ausgeführt, meistens als Stabwicklungen mit nur einer Windung in jeder Spule. Die mehrgängige Wellenwicklung muß natürlich immer Verbindungsleitungen zweiter Art erhalten. Mehr als vier Wicklungsgänge werden selten ausgeführt, weil man die Bürsten gern $(a+1)$ mal so breit wie die Stegteilung macht und dann die Wendezone schon bei vier Wicklungsgängen $(a=4)$ sehr breit wird.

Bei sehr großen Leistungen und hohen Umlaufzahlen kommt nur die Schleifenwicklung in Frage, die man, wenn irgend möglich, eingängig ausführen wird.

Aus Gl. 34 kann man auch die Zahl der parallelen Ankerzweige überschlägig berechnen.

Es wird

$$2\,a = z \cdot \frac{n}{60\,E} \cdot 2\,p\,\Phi \,. \quad \ldots \ldots \quad (35)$$

Die Größen auf der rechten Seite der Gleichung müssen so angenommen werden, daß $2\,a$ eine gerade Zahl und möglichst klein ist. Bei der Stabwicklung mit nur einer Windung in jeder Spule wird

$$z = 2\,k \quad \ldots \ldots \ldots \quad (36\text{a})$$

und

$$2\,a = 2\,k \cdot \frac{n}{60\,E} \cdot 2\,p\,\Phi \,. \quad \ldots \ldots \quad (36)$$

Die letzte Gleichung gibt also in jedem besonderen Falle darüber Aufschluß, welche Wicklungen als Stabwicklungen mit einer Windung ausführbar sind. Wenn $2\,a$ bei den angenommenen Größen der rechten Seite der Gl. 36 wesentlich kleiner als 2 wird, kommt nur die Wellenwicklung mit mehr als einer Windung in jeder Spule in Frage.

C. Größe der Stegspannung. Nicht immer ist es möglich, die Wicklung zu verwenden, die den Nutenraum am besten ausnützt. Die größte Spannung zwischen benachbarten Stromwenderstegen soll nämlich möglichst unterhalb 35 Volt liegen, um zu verhindern, daß im Betriebe Rundfeuer auftritt. Wenn dieser Grenzwert erreicht wird, muß die Zahl der Stromwenderstege vergrößert werden. Bei einer Wicklung mit nur einer Windung in jeder Spule ist die Vergrößerung der Stegzahl nur durch Vergrößerung der Zahl der parallelen Ankerzweige möglich. Mit Rücksicht auf die größte Stegspannung muß zuweilen die eingängige Wellenwicklung durch eine mehrgängige oder die mehrgängige Wellenwicklung durch eine Schleifenwicklung ersetzt und die schlechtere Ausnutzung des Nutenraums in Kauf genommen werden.

Bei der Berechnung der größten Stegspannung ist zu berücksichtigen, daß in der belasteten Maschine ohne Kompensationswicklung das Magnetfeld unter dem Polschuh verzerrt, die größte Stegspannung gegenüber Leerlauf also erhöht wird. Aus der Klemmenspannung E, der Stegzahl k und der Polpaarzahl p erhält man die mittlere Stegspannung zu

$$e_{sm} = \frac{E}{k}\,2\,p \,. \quad \ldots \ldots \ldots \quad (37)$$

Wir setzen nun das Verhältnis zwischen höchster Induktion und mittlerer Induktion am Ankerumfang bei Leerlauf gleich dem Durchschnittswert 0,66 und nehmen an, daß bei Belastung der Maschine ohne Kompensationswicklung die größte Spannung zwischen benachbarten Stromwenderstegen im ungünstigsten Falle das 1,5fache von der bei Leerlauf betragen kann. Es muß dann zur Vermeidung von Rundfeuer die mittlere, nach Gl. 37 berechnete Stegspannung bei Maschinen mit Kompensationswicklung

$$e_{sm} < 0{,}66 \cdot 35 = 23 \text{ Volt} \quad \ldots \ldots \quad (37\text{a})$$

und bei Maschinen ohne Kompensationswicklung

$$e_{sm} < \frac{0{,}66 \cdot 35}{1{,}5} = 16 \text{ Volt} \quad \ldots \ldots \quad (37\text{b})$$

sein.

In der Praxis haben sich die eingängigen Schleifenwicklungen im allgemeinen am besten bewährt, so daß sie in schwierigen Fällen, z. B. bei Turbogeneratoren, bevorzugt werden. Am günstigsten sind die vierpoligen Schleifenwicklungen, weil hier Ungleichheiten der Polflüsse auch schon ohne Ausgleichsverbindungen und ohne Überlastung der Bürsten ausgeglichen werden [L. 8]. Gewöhnlich rüstet man aber auch die vierpoligen Schleifenwicklungen mit Ausgleichsverbindungen aus.

Die Leistung der Maschine mit eingängiger Schleifenwicklung ist aber durch die Größe der noch als zulässig erkannten Stegspannung beschränkt, so daß sich mit der eingängigen Schleifenwicklung die Maschine häufig nicht mehr für so große Leistungen ausführen läßt, wie es zuweilen erwünscht ist. Will man trotzdem die Leistung in einer einzigen Maschine vereinigen, so muß man entweder die Querverbindungen auf der dem Stromwender gegenüber liegenden Ankerseite zu Zwischenstegen führen [L. 12, S. 250 u. 251] oder eine zweigängige Schleifenwicklung anwenden.

Die zweigängige Schleifenwicklung ist vorzuziehen, muß natürlich immer Ausgleichsverbindungen erster und zweiter Art, möglichst aber auch Verbindungen dritter Art erhalten. Sie ist dann fast gleichwertig der eingängigen Ringwicklung, die nur die halbe Stegspannung wie die eingängige Schleifenwicklung hat, aber aus konstruktiven Gründen gewöhnlich nicht in Frage kommt. Die zweigängige Schleifenwicklung ist bisher nur selten ausgeführt worden, weil man mit ihr zuweilen Mißerfolge erlebt hat. Dies ist wohl darauf zurückzuführen, daß die Wicklung nur mit Ausgleichsverbindungen erster Art hergestellt wurde oder daß die Ausgleichsverbindungen zweiter Art nicht so ausgeführt waren, daß sie ihre Aufgabe, die Spannung zwischen aufeinander folgenden Stegen des einen Wicklungsganges durch die dazwischenliegenden Stege des andern Wicklungsganges in gleiche Teile zu teilen, erfüllten.

18. Einfluß der Wicklung auf die Funkenunterdrückung.

In der Praxis haben sich die Schleifenwicklungen im allgemeinen am besten bewährt, so daß sie in schwierigen Fällen, wo die EMK der Stromwendung verhältnismäßig groß ist, gewöhnlich bevorzugt werden. Dies ist besonders bei Turbogeneratoren und großen Einankerumformern der Fall. Wir wollen in diesem Abschnitt untersuchen, welche Schleifenwicklungen zur Unterdrückung des Bürstenfeuers besonders geeignet sind. Die Überlegungen lassen sich auch auf Wellenwicklungen übertragen.

A. EMK der Stromwendung und Induktivität des Kurzschlußkreises. Je kleiner die EMK der Stromwendung, die in der durch Bürsten kurzgeschlossenen Spule induziert wird, desto weniger ist natürlich Bürstenfeuer zu befürchten. Heute werden die Gleichstrommaschinen fast ausnahmslos mit Wendepolen ausgerüstet, um die EMK der Stromwendung durch eine EMK aufzuheben, die durch Bewegung im Wendefeld induziert wird. Die Größe der EMK der Stromwendung ist dann nur noch von geringerer Bedeutung. Viel wichtiger ist es, daß die EMKe der Stromwendung, die in den einzelnen Ankerspulen induziert werden, am Schlusse der Stromwendung und möglichst auch während der ganzen Dauer der Stromwendung gleich groß sind; denn nur dann können sie ohne Rest durch EMKe der Bewegung aufgehoben werden. Diese Bedingungen lassen sich am leichtesten erfüllen, wenn quer zur Nut nur eine Spulenseite liegt ($u = 1$). Eine solche Wicklung hat auch nach Gl. 33 die schmalste Wendezone.

Zur Beurteilung einer Wicklung auf Funkenunterdrückung ist aber nicht allein die EMK der Stromwendung maßgebend, sondern auch die Induktivität des Kurzschlußkreises in dem Augenblick, wo der Kurzschluß geöffnet wird; wir wollen sie zur Abkürzung als Endinduktivität bezeichnen. Wenn nämlich die Spule kurz vor Beendigung der Stromwendung noch nicht den Zweigstrom führt, muß sie beim Verlassen der Bürste plötzlich diesen Strom aufnehmen. Es ist dann Bürstenfeuer um so eher zu erwarten, je größer die durch die plötzliche Stromänderung induzierte EMK, je größer also die Endinduktivität ist.

B. Wicklungen mit $u = 1$. Wir betrachten zunächst die Wicklung, bei der nur eine Spulenseite quer zur Nut liegt, so daß also bei der Zweischichtwicklung die Stegzahl gleich der Nutenzahl ist. Alle Spulen haben hier dieselbe Lage zu ihren Stromwenderstegen, so daß in allen auch dieselbe EMK der Stromwendung induziert wird.

Bei der Einschichtwicklung findet keine wesentliche gegenseitige Beeinflussung der gleichzeitig kurzgeschlossenen Spulen statt, wenn in einer Nut immer nur eine Spulenseite liegt. Die Endinduktivität ist deshalb im wesentlichen gleich der Induktivität einer Spule, die dem Nutenquerfluß und dem mit den Querverbindungen dieser Spule verketteten Fluß der Kurzschlußströme entspricht.

Anders verhält sich die Zweischichtwicklung. Hier müssen wir unterscheiden, ob das Verhältnis $\frac{k}{p}$, das bei Verwendung von Ausgleichsverbindungen immer ganz sein muß, gerade oder ungerade ist.

Wir wollen zuerst den Fall betrachten, wo

$$\frac{k}{p} = \frac{N}{p} = \text{gerade} \quad \ldots \ldots \ldots \quad (38)$$

ist; entsprechende, unter verschiedenen Büsten liegende Spulen sich also in derselben Phase der Stromwendung befinden (vgl. S. 21), sofern die Bürsten gleich breit und um je eine Polteilung gegeneinander versetzt sind.

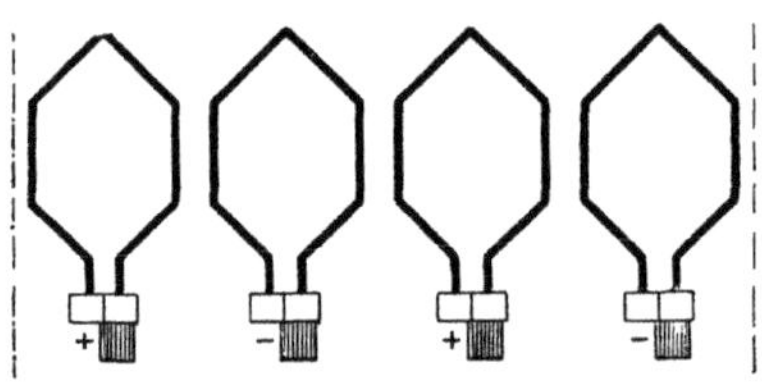

Abb. 79. Kurzschlußkreise einer Sehnenwicklung mit $\frac{k}{p} =$ gerade und schmalen Bürsten. $u = 1$.

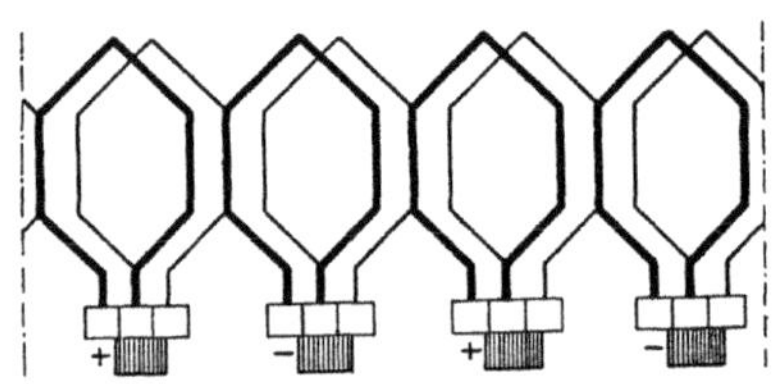

Abb. 80. Kurzschlußkreise einer Sehnenwicklung mit $\frac{k}{p} =$ gerade und breiten Bürsten. $u = 1$.

Wir untersuchen zunächst die Sehnenwicklung nach Abb. 16. In Abb. 79 sind die Spulen dargestellt, wie sie gerade den Bürstenkurzschluß verlassen, wobei die Bewegungsrichtung des Ankers von rechts nach links angenommen ist. Obgleich die von Bürsten kurzgeschlossenen Spulen sich hier in derselben Phase der Stromwendung befinden, beeinflussen sich die einzelnen Spulenseiten nicht merklich, weil die Bürste bei der angenommenen Breite niemals mehr als eine Spule kurzschließt, so daß die im Kurzschluß befindlichen Spulenseiten immer in verschiedenen Nuten liegen. Bei linearem Verlauf des Kurzschlußstromes ist die EMK der Stromwendung während der Dauer der Stromwendung unveränderlich.

Verbreitern wir die Bürsten, so daß sie mehr als einen Stromwendersteg bedecken, so liegt je eine Seite der Spulen, die gerade den Bürstenkurzschluß verlassen, mit je einer Seite der übrigen noch kurzgeschlossenen Spulen, die in Abb. 80 durch schwächere Linien dargestellt sind, in derselben Nut. Der in diesen Nuten von den

Kurzschlußströmen erregte Querfluß ist dann doppelt so groß wie in den übrigen und die EMK der Stromwendung würde vergrößert werden, wenn nicht durch die Verbreiterung der Bürste die Dauer der Stromwendung verlängert und daher die EMK der Stromwendung gegenüber den schmalen Bürsten in Abb. 79 wieder verringert werden würde. Die EMK der Stromwendung während des Bürstenkurzschlusses ist hier auch bei linearem Verlauf des Kurzschlußstromes nur dann unveränderlich, wenn von einer Bürste immer dieselbe Zahl von Spulen kurzgeschlossen wird. Theoretisch ist dies der Fall, wenn die Bürstenbreite gleich einem ganzen Vielfachen der Stegteilung ist; praktisch ist es aber nicht zu erreichen wegen der Ungenauigkeit in der Herstellung des Stromwenders.

Viel ungünstiger verhält sich die Durchmesserwicklung (vgl. Abb. 12). Die Spulen, die gerade den Kurzschluß verlassen, sind in Abb. 81 dargestellt. Die in der Nut übereinanderliegenden Spulenseiten haben hier immer dieselbe Phase der Stromwendung, unabhängig

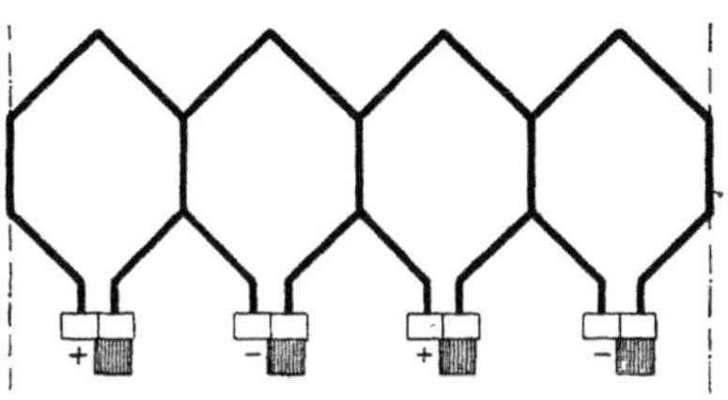

Abb. 81. Kurzschlußkreise einer Durchmesserwicklung. $u = 1$.

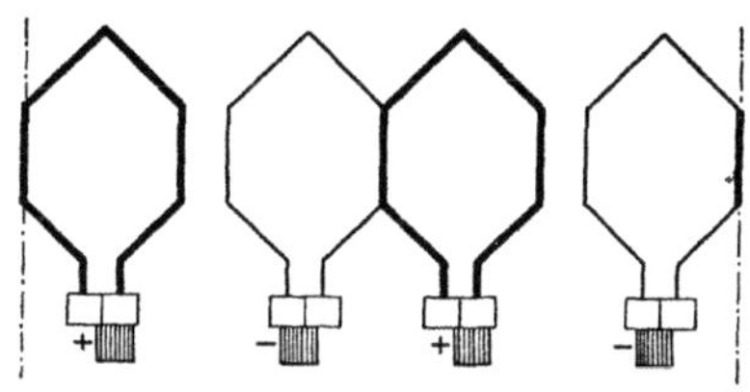

Abb. 82. Kurzschlußkreise einer Wicklung mit $\frac{k}{p}$ = ungerade. $u = 1$.

von der Bürstenbreite. Der größte Teil der EMK der Stromwendung, d. i. der Teil, welcher dem Nutenquerfluß der Kurzschlußströme entspricht, ist fast doppelt so groß wie in Abb. 79.

Wie verhalten sich nun in diesen drei Fällen die Endinduktivitäten? Die Bürstenkurzschlüsse werden von allen Bürsten gleichzeitig unterbrochen. In Abb. 79 beeinflussen sich dabei die einzelnen Kreise nicht merklich, weil die Spulenseiten in verschiedenen Nuten liegen. In Abb. 81 findet eine ungünstige Beeinflussung statt, weil die in derselben Nut liegenden Spulenseiten durch den Nutenquerfluß miteinander elektromagnetisch gekoppelt sind, und die Kurzschlußströme in beiden Spulenseiten gleichsinnig fließen. Die Endinduktivität ist fast doppelt so groß wie in Abb. 79. In Abb. 80 liegt eine Seite der den Bürstenkurzschluß verlassenden Spule (starke Linien) mit einer von Nachbarbürsten noch kurzgeschlossenen Spulenseite (schwächere Linien) in derselben Nut. Die Endinduktivität wird dadurch gegenüber Abb. 79 verringert, jedoch nicht wesentlich, da die dicke und dünne Spule nur sehr unvollkommen (einseitig) miteinander gekoppelt sind.

Die Anordnung nach Abb. 79 hat also, wenn wir in allen Fällen dieselbe Dauer der Stromwendung voraussetzen, die kleinste EMK der Stromwendung. Die Anordnung nach Abb. 80 hat die kleinste Endinduktivität und bei Berücksichtigung der durch die breitere Bürste verlängerten Stromwendungsdauer gewöhnlich auch die kleinste EMK der Stromwendung. Die Anordnung nach Abb. 80 verdient deshalb bei $\frac{k}{p}$ gerade gewöhnlich den Vorzug; die Durchmesserwicklung (Abb. 81) ist entschieden am ungünstigsten und sollte stets vermieden werden.

Wenn
$$\frac{k}{p} = \frac{N}{p} = \text{ungerade} \quad \ldots \ldots \quad (39)$$
ist (vgl. z. B. Abb. 19), befinden sich die von Bürsten verschiedener Polarität kurzgeschlossenen Spulen in verschiedener Phase der Stromwendung. Die kurzgeschlossenen Spulenseiten haben bei einer Spulenweite, die um $^1/_2$ Nutteilung kleiner als die Polteilung, und bei einer Bürstenbreite, die etwa gleich der Stegteilung ist, die in Abb. 82 dargestellte Lage. Die dick gezeichneten Spulen sind gerade im Begriff, den Bürstenkurzschluß zu verlassen. Sowohl die EMK der Stromwendung als auch die Endinduktivität sind hier im wesentlichen dieselben wie in Abb. 80, wenn bei denselben Nutabmessungen die Dauer der Stromwendung und die Durchflutung einer Spulenseite dieselben sind. Durch Verbreiterung der Bürste wird die Endinduktivität noch ein wenig verringert. Die Wicklung mit $\frac{k}{p}$ ungerade (Abb. 82) wird man mit Rücksicht auf EMK der Stromwendung und Endinduktivität bevorzugen, sie hat auch eine schmalere Wendezone als die Wicklungen in Abb. 79 und 80.

Durch gegenseitige Verschiebung der Bürsten verschiedener Polarität um eine halbe Stegteilung oder durch Verwendung von Bürsten verschiedener Breite für die beiden Pole, läßt sich auch bei geraden Zahlen von $\frac{k}{p}$ erreichen, daß die Spulen unter Bürsten verschiedener Polarität nicht gleichzeitig den Kurzschluß verlassen. Die EMK der Stromwendung und die Endinduktivität ist dann aber für die von Bürsten verschiedener Polarität kurzgeschlossenen Spulen nicht dieselbe bei Bürsten verschiedener Breite sind die Spulen der schmalen Bürsten ungünstiger daran; bei gleich breiten, gegeneinander verschobenen Bürsten ist das Verhalten der Spulen von der Drehrichtung abhängig.

C. Wicklungen mit $u > 1$. Wenn mehrere Spulenseiten in der Nut nebeneinander liegen und die Bürstenbreite größer als die Stegteilung ist, beeinflussen sich auch die von derselben Bürste kurzgeschlossenen Spulen. Wir wollen zuerst die Wicklung betrachten, bei der alle Spulen dieselbe in Nutteilungen gemessene Weite haben.

Für eine Wicklung mit $u = 2$ z. B. sind in Abb. 83a und b die Stellungen aufgezeichnet, wo die erste (Abb. 83a) und die letzte (Abb. 83b) von den in der Nut nebeneinander liegenden Spulenseiten im Begriff ist, den Kurzschluß zu verlassen. Sie sind durch dicke Linien hervorgehoben; die übrigen noch kurzgeschlossenen Spulen sind durch etwas schwächere Linien, ein Teil der nicht kurzgeschlossenen Spulen ist durch dünne Linien bezeichnet. In Abb. 83a liegen die beiden kurzgeschlossenen Spulen in denselben Nuten, in Abb. 83b in verschiedenen Nuten. Im ersten Falle ist die EMK der Stromwendung fast doppelt so groß wie im zweiten Falle, wo

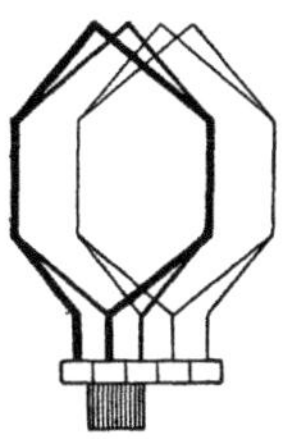

Abb. 83a.

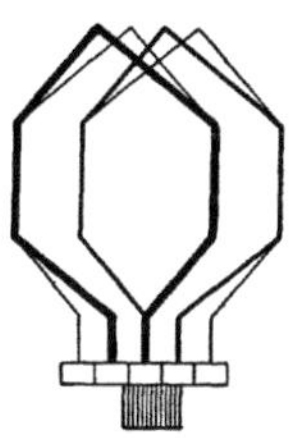

Abb. 83b.

Kurzschlußkreise einer Bürste bei einer Wicklung mit $u = 2$, wenn (a) die erste und (b) die letzte der in der Nut nebeinander liegenden Spulen den Kurzschluß verläßt.

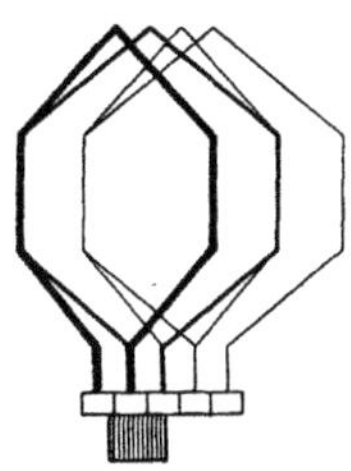

Abb. 84a.

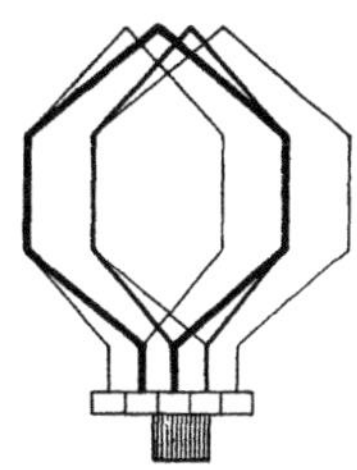

Abb. 84b.

Kurzschlußkreise einer Bürste bei einer Treppenwicklung mit $u = 2$, wenn (a) die erste und (b) die letzte der u nebeneinander liegenden Spulen den Kurzschluß verläßt.

sich die kurzgeschlossenen Spulen fast gar nicht beeinflussen. Noch größer sind die Unterschiede in den EMKen, wenn mehr als zwei Spulenseiten in der Nut nebeneinander liegen und die Bürste mehr als zwei Spulen gleichzeitig kurzschließt. Bei den Wicklungen mit $u > 1$ ist es deshalb im allgemeinen nicht möglich, ein Wendefeld zu erregen, das in allen Stellungen des Ankers die EMK der Stromwendung vollständig aufhebt.

Auch die Endinduktivität ist bei den Wicklungen mit $u > 1$ nicht für alle Spulen dieselbe. Sie ist für die Spule, die als erste von den u in der Nut nebeneinander liegenden Spulen den Bürstenkurzschluß verläßt (Abb. 83a) sehr gering, weil die anderen noch kurzgeschlossenen Spulen in denselben Nuten liegen, im wesentlichen also wie die kurzgeschlossene Sekundärwicklung eines Transformators wirken, dessen Primärwicklung die Spule ist, die gerade den Bürstenkurzschluß verläßt. Die Endinduktivität der Spule, die an letzter Stelle den Bürstenkurzschluß verläßt (Abb. 83b) ist wesentlich größer, weil die andern von derselben Bürste kurzgeschlossenen Spulen in andern Nuten liegen.

Die Unterschiede in dem Verhalten der einzelnen Spulen sind bei einer Treppenwicklung geringer als bei der gewöhnlichen Wicklung, lassen sich aber nur dann ganz beseitigen, wenn $u = 2$ ist. In Abb. 84a und b sind die den Abb. 83a und b entsprechenden Stellungen für die Treppenwicklung aufgezeichnet. Bei der Treppenwicklung mit $u = 2$ wird immer nur eine Seite der den Bürstenkurzschluß verlassenden Spule von andern durch dieselbe Bürste noch kurzgeschlossenen Spulen beeinflußt. In allen Stellungen wird, wenn wir den Einfluß der von Nachbarbürsten kurzgeschlossenen Spulen außer acht lassen dürfen, dieselbe EMK der Stromwendung induziert, die etwa gleich dem Mittelwert der EMKe bei der gewöhnlichen Wicklung (Abb. 83a und b) ist. Die Endinduktivität ist bei der Treppenwicklung unabhängig davon, welche von u nebeneinander liegenden Spulen den Bürstenkurzschluß verläßt. Wir erkennen hieraus den großen Vorteil, den in diesem Falle ($u = 2$) die Treppenwicklung gegenüber der gewöhnlichen Wicklung hat. EMK der Stromwendung und Endinduktivität sind für alle Spulen gleich groß und kleiner als der Höchstwert bei der gewöhnlichen Wicklung.

Wir haben bei den Wicklungen mit $u > 1$ bisher nur den Einfluß der von derselben Bürste noch kurzgeschlossenen Spulen berücksichtigt. Der Einfluß der von andern Bürsten kurzgeschlossenen Spulen äußert sich in ähnlicher Weise wie bei der Wicklung mit $u = 1$. Bei entsprechender Verkürzung der Spulenweite ist dieser Einfluß zu vernachlässigen, die Wendezone wird dann aber bei den Wicklungen mit $u > 1$ so breit, daß diese weitgehende Verkürzung der Spulenweite praktisch wohl kaum in Frage kommt. Es empfiehlt sich deshalb im allgemeinen auch hier

$$\frac{k}{p} = \text{ungerade} \quad \ldots\ldots\ldots \quad (39)$$

zu wählen, damit die von Bürsten verschiedener Polarität kurzgeschlossenen Spulen in der Phase der Stromwendung verschoben sind. Mit Rücksicht auf die Ausführbarkeit von Ausgleichsverbindungen auf derselben Seite der Ankerwicklung muß aber nach Gl. 16a

$$\frac{k}{u\,p} = \text{ganz} \quad \ldots\ldots\ldots \quad (40)$$

sein. Die Bedingungen 39 und 40 lassen sich nur dann gleichzeitig erfüllen, wenn

$$u = \text{ungerade} \quad \ldots\ldots\ldots \quad (41\,\text{a})$$

ist; das Verhältnis von Nutenzahl und Polpaarzahl wird dann ebenfalls ungerade:

$$\frac{N}{p} = \text{ungerade.} \quad \ldots \ldots \ldots \quad (41\,\text{b})$$

Solche Wicklungen (Gl. 41b) verdienen bei $u =$ ungerade im allgemeinen den Vorzug; es läßt sich in den meisten Fällen aber auch

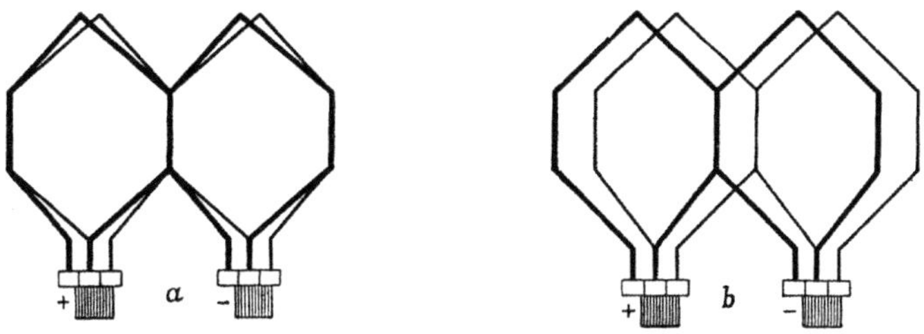

Abb. 85a u. b. Einfluß der von Nachbarbürsten kurzgeschlossenen Spulen bei einer Durchmesserwicklung mit $u = 2$ und $\frac{N}{p} =$ gerade.

hier nicht erreichen, daß sich die einzelnen Spulen der Wicklung gleichartig verhalten.

Für die häufig verwendete Wicklung mit $u = 2$ läßt sich die Bedingung 39 mit Rücksicht auf Gl. 40 nicht erfüllen, deshalb wollen wir diese Wicklung noch näher betrachten.

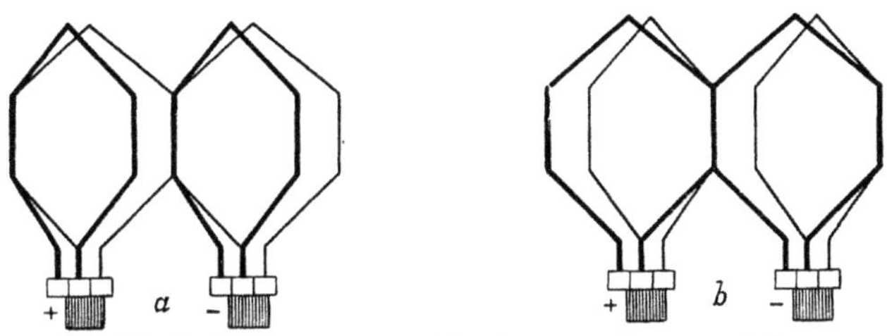

Abb. 86a u. b. Einfluß der von Nachbarbürsten kurzgeschlossenen Spulen bei einer Treppenwicklung mit $u = 2$ und $\frac{N}{p} =$ gerade.

Bei Durchmesserwicklung (Nutenzahl durch Polzahl teilbar) liegen immer zwei Spulenseiten übereinander, die von Nachbarbürsten kurzgeschlossen werden (vgl. Abb. 85a und b). Die EMK der Stromwendung und die Endinduktivität sind dann fast doppelt so groß, wie sie ohne den Einfluß der von Nachbarbürsten kurzgeschlossenen Spulen (Abb. 83a und b) wären. Wenn wir aus der Durchmesserwicklung in Abb. 85a und b eine Treppenwicklung ableiten, bei der jede zweite Spule um eine Nutteilung verkürzt ist, so erhalten wir die in Abb. 86a und b dargestellten Kurzschlußkreise. In Abb. 86a liegt eine Seite der Spule, die im Begriff ist, den Kurzschluß zu verlassen (dicke Spule), mit je 2 Seiten anderer noch kurzgeschlossener (dünner) Spulen in derselben Nut. Die EMK der Stromwendung wird dadurch erhöht, die Endinduktivität etwas verringert. In Abb. 86a treten die in einer Nut übereinanderliegenden Spulenseiten gleichzeitig aus dem Kurzschluß aus, in derselben Nut liegt noch die Spulenseite einer andern kurzgeschlossenen Spule. Die EMK am Schluß der Stromwendung und besonders die Endinduktivität sind in Abb. 86b größer als in Abb. 86a.

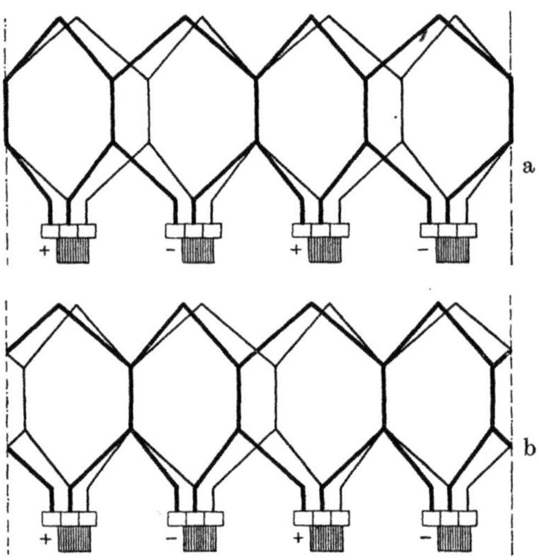

Abb. 87 a u. b. Kurzschlußkreise bei einer Treppenwicklung mit $u = 2$ und $\frac{N}{p} =$ ungerade. Gleichwertige Kurzschlußkreise in allen Stellungen.

Um bei der Wicklung mit $u = 2$ vollständig gleichwertige Kurzschlußkreise zu erhalten, muß man die Nutenzahl so wählen, daß sie nur durch die Polpaarzahl teilbar ist, und die Weite der einen der beiden nebeneinander liegenden Spulen so bemessen, daß sie um ebensoviel kleiner wie die andere größer als die Polteilung ist. Die gegenseitige Beeinflussung der gleichzeitig im Kurzschluß befindlichen Spulen wird dann durch Abb. 87a und b dargestellt. Wir erhalten in beiden Stellungen dieselbe EMK der Stromwendung und dieselbe Endinduktivität. Diese Wicklung ist bei $u = 2$ für die Stromwendung am günstigsten, und ist deshalb in schwierigen Fällen stets zu bevorzugen.

D. Zusammenfassung. Zur Beurteilung einer Wicklung auf Funkenunterdrückung ist die Lage sämtlicher von Bürsten kurzgeschlossener Spulenseiten in u um je eine Stegteilung auseinander liegenden Ankerstellungen zu bestimmen und zu untersuchen, in welchem Maße sich die Spulenseiten gegenseitig beeinflussen. Diese Untersuchung ist von zweierlei Art. Erstens ist die EMK der Stromwendung zu bestimmen, die für alle den Bürstenkurzschluß verlassenden Spulen möglichst gleich und möglichst klein sein soll. Zweitens ist die Endinduktivität zu bestimmen, die ebenfalls für alle Spulen möglichst gleich und möglichst klein sein soll.

Bei Schleifenwicklungen mit ungeradem u empfiehlt es sich, das Verhältnis von Stegzahl zu Polpaarzahl ungerade zu machen. Für $u = 1$ sind dann die EMK am Schluß der Stromwendung und die Endinduktivität für alle Spulen gleich groß. Dies ist auch bei Wicklungen mit $u = 2$ der Fall, wenn die Weite der am Ankerumfang nebeneinander liegenden Spulen abwechselt (Treppenwicklung), derart, daß die Weite der einen Spule um eine halbe Nutteilung kleiner, die der andern um eine halbe Nutteilung größer ist als die Polteilung $\left(\frac{N}{p}\ \text{ungerade}\right)$. In allen andern Fällen sind im allgemeinen die einzelnen Kurzschlußkreise nicht gleichwertig und es läßt sich auch nicht ein Wendefeld erregen, das alle EMKe der einzelnen Spulen restlos aufhebt.

19. Die technische Ausführung der Gleichstrom-Ankerwicklungen.

A. Zylinderwicklung mit Stabelementen. Die meisten Gleichstrom-Ankerwicklungen werden heute als Zylinderwicklungen ausgeführt, bei denen die außerhalb der Ankernuten liegenden Teile der Wicklung, die Querverbindungen, ebenso wie die in Nuten gebetteten Teile auf einem Zylindermantel liegen. In dieser Weise haben wir auch die Querverbindungen in den abgewickelten Schaltplänen dargestellt. Man bezeichnet diese Art der Ausführung auch als Oberflächenwicklung.

Bei Wicklungen mit nur einer Windung in jeder Nut und starken Strömen, also großen Leiterquerschnitten, wird die Wicklung aus einzelnen Ankerleitern zusammengesetzt, die an den Stirnverbindungen miteinander verlötet werden.

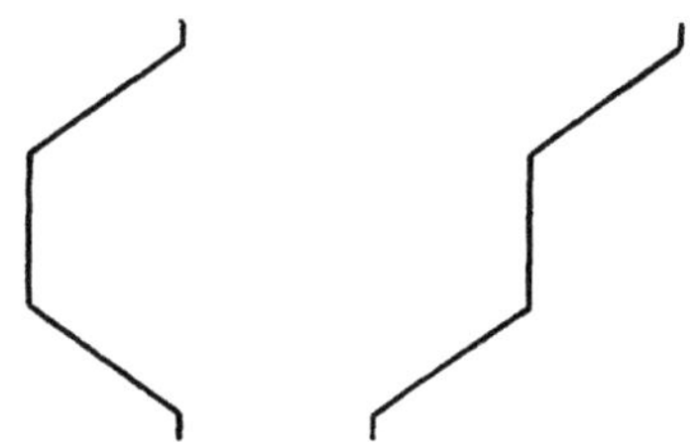

Abb. 88a. Abb. 88b. Stabelemente einer Schleifenwicklung (a) und einer Wellenwicklung (b) zum Einlegen in die offenen oder halbgeschlossenen Nuten.

Bei offenen Nuten und bei halb geschlossenen Nuten mit genügend großem Nutenschlitz werden die einzelnen Ankerstäbe vor dem Einlegen in die Nuten fertig gebogen und abisoliert. Die Stäbe erhalten dann bei Schleifenwicklungen die in Abb. 88a, bei Wellenwicklungen die in Abb. 88b angedeutete Form. Die in Richtung des Umfanges betrachtete Wicklung ist in Abb. 89 dargestellt. Der außerhalb des Ankereisens liegende Teil der Unterstäbe wird gewöhnlich etwas zur Welle abgebogen, um zu verhindern, daß die sich kreuzenden Querverbindungen sich berühren und die Isolierung der Stäbe beschädigen. Zuweilen wird zwischen Unter- und Oberschicht

Abb. 89. Längsschnitt eines Ankers mit Stabwicklung.

der Querverbindungen noch eine isolierende Zwischenlage angeordnet (vgl. Abb. 97 u. 107c). Damit der äußere Durchmesser der Bandage B, die die Zentrifugalkräfte der Querverbindungen aufnimmt, kleiner als der Ankerdurchmesser bleibt, müssen zuweilen auch die Oberstäbe etwas zur Welle abgebogen werden. Die Stabenden werden durch Zwingen z miteinander verbunden. Der Raum in der Hülse zwischen den Stabenden wird durch eine Beilage b ausgefüllt. Auf der Stromwenderseite wird an Stelle der Beilage die zu den Stegen führende Verbindungsleitung eingelötet (vgl. Abb. 90d) oder die Zwinge wird, wie es auf der rechten Seite der Abb. 89 veranschaulicht ist, als Anschlußleitung ausgebildet.

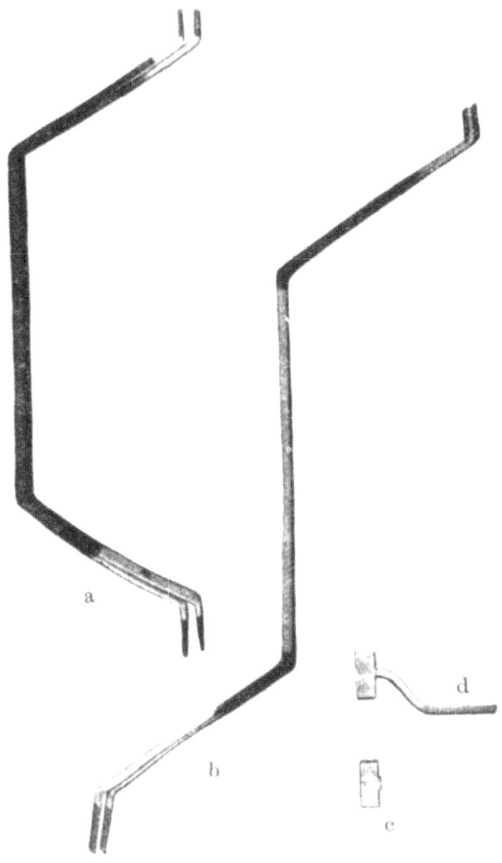

Abb. 90a bis d. Stabelemente einer zweischichtigen Schleifen- (a) und Wellenwicklung (b) für offene Nuten mit $u = 2$, Zwinge (c) und Verbindungsleitung (d) zum Stromwender.

Wenn mehrere Stäbe in der Nut nebeneinander liegen ($u > 1$) und die Nuten offen sind, können die nebeneinanderliegenden Stäbe gegenüber der Nut gemeinsam abisoliert werden. Für $u = 2$ sind in Abb. 90a bis d photographische Aufnahmen solcher Elemente für Schleifen- und Wellenwicklungen mit einer einfachen Zwinge und einer Zwinge mit Verbindungsleitung zum Stromwender wiedergegeben. Zur Erhöhung der Isolierfähigkeit und zum Schutze gegen Feuchtigkeit ist der mittlere Teil der Stabbündel in Lack getränkt, daher die dunkle Farbe dieses Teiles im Lichtbild der Abb. 90a.

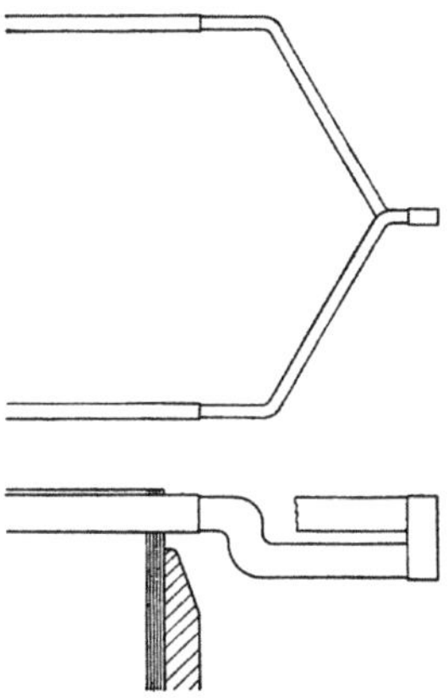

Abb. 91. Querverbindung einer Einschichtwicklung.

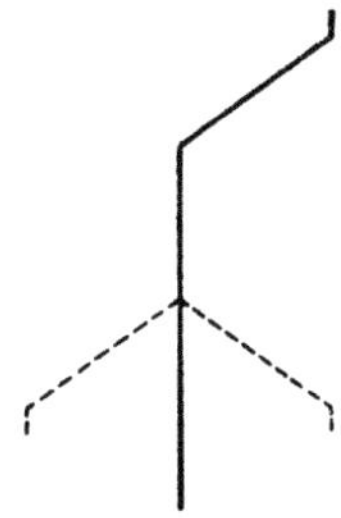

Abb. 92. Stabelement zum Einschieben in die halbgeschlossenen Nuten.

Auch die Einschichtwicklung läßt sich als Zylinderwicklung ausführen, wenn die Stäbe der Wicklung, die bei der Zweischichtwicklung in der Unterschicht liegen, außerhalb der Nuten abgekröpft

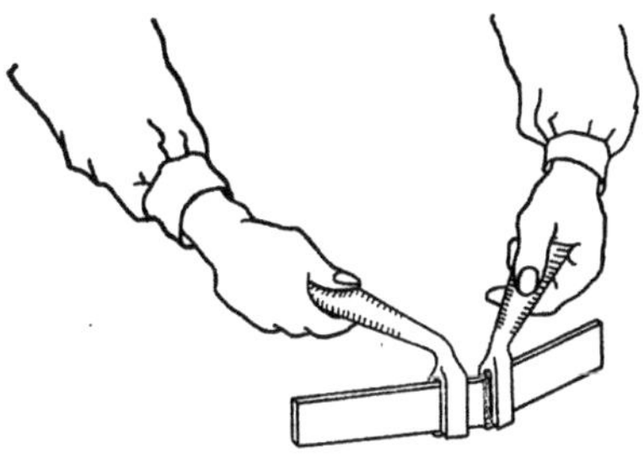

Abb. 93. Werkzeug zum Biegen der Querverbindungen im Anker.

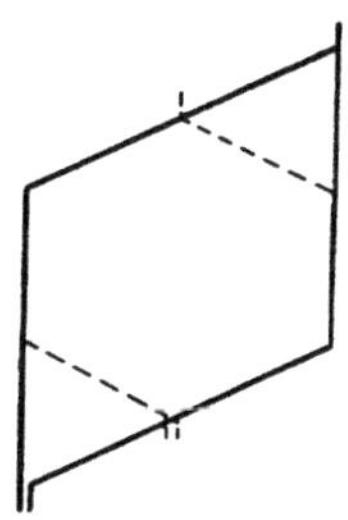

Abb. 94. Windung aus nur einseitig abgebogenen Stabelementen.

werden, so daß die Querverbindungen wieder in zwei Schichten liegen, genau wie bei der Zweischichtwicklung. Eine Wicklungszeichnung ist für diesen Fall in Abb. 91 dargestellt.

Wenn die Breite des Nutenschlitzes kleiner ist als die Dicke der Ankerstäbe, müssen diese axial in die Nuten eingeschoben werden und dürfen deshalb vor dem Einschieben nur auf einer Seite fertig abgebogen werden. Die Stäbe haben dann vor dem Einschieben in die Nuten die in Abb. 92 durch voll ausgezogene Linien angedeutete Form. Nachdem die Unterschicht der Wicklung eingeschoben ist, wird der noch gerade Teil der Stäbe mit zwei gabelartigen Werkzeugen (vgl. Abb. 93) oder entsprechend ausgebildeten Zangen so abgebogen (vgl. die gestrichelten Linien in Abb. 92), daß die Stäbe die in Abb. 88a oder b angegebene Form erhalten. Hierauf wird die Oberschicht eingeschoben und in entsprechender Weise abgebogen. Man kann die Stäbe auch dann zu einer fortlaufenden Wicklung vereinigen, wenn sie in der Unterschicht auf der einen, in der Oberschicht auf der andern Ankerseite gerade bleiben. Für eine Schleifenwicklung ist dies durch Abb. 94 veranschaulicht. Hierbei wird aber die axiale Abmessung der Wicklung und damit auch der Aufwand an Wicklungsmetall größer, als wenn in jeder Ankernut sowohl die Oberstäbe als auch die Unterstäbe abgebogen werden, wie es in Abb. 94 durch gestrichelte Linien angedeutet ist. Aus diesem Grunde vermeidet man gewöhnlich die Wicklung mit einseitig abgebogenen Stäben.

B. Zylinderwicklung mit Spulenelementen und einer Windung in jeder Spule. Bei kleineren Stabquerschnitten kann die ganze Windung vor dem Einlegen in die Nuten auf einer besonderen Vor-

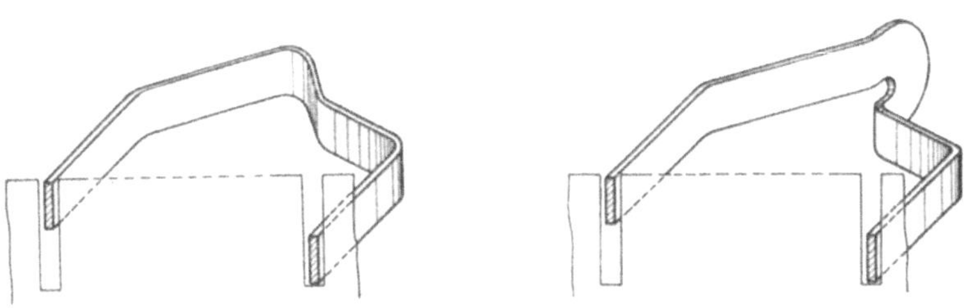

Abb. 95a. Abb. 95b.

Querverbindungen, bei denen Ober- und Unterkante des Leiters erhalten bleiben (a) oder nach jeder Querverbindung ihre Lage wechseln (b).

richtung fertig gebogen werden, so daß auf der dem Stromwender gegenüberliegenden Ankerseite die Lötverbindungen wegfallen.

Die Wicklungsköpfe können dann auf zwei verschiedene Weisen ausgeführt werden, entweder nach Abb. 95a oder nach Abb. 95b. In Abb. 95a bleibt die in der Unterschicht oben oder unten liegende Stabkante auch in der Oberschicht oben oder unten, während nach Ausführung der Querverbindung in Abb. 95b Ober- und Unterkante vertauscht werden. Bei massiven Leitern sind diese beiden Ausführungen des Wicklungskopfes im Verhalten der Wicklung vollkommen gleichwertig. Wenn jedoch der Leiter zur Verringerung der zusätzlichen Stromwärme aus Einzelleitern zusammengesetzt ist, die an den Enden der Spule leitend verbunden sind, wird in der

Wicklung mit der Querverbindung nach Abb. 95b eine wesentlich geringere zusätzliche Stromwärme entwickelt (vgl. Abschnitt 33 D). Diese Querverbindung wird bei Wicklungen mit nur einer Windung in jeder Spule auch bei massiven Stäben immer bevorzugt, weil sie sich technisch am bequemsten herstellen läßt.

Wenn mehrere Spulenseiten in einer offenen Nut nebeneinander liegen und alle Spulen dieselbe Weite haben, können die nebeneinanderliegenden Spulen gemeinsam gegen die Nut abisoliert werden. In Abb. 96 ist die Photographie eines solchen Wicklungsteils für eine Schleifenwicklung mit $u = 2$ wiedergegeben. Bei Treppenwicklung können vor dem Einlegen der Spulen nur die Spulenseiten gemeinsam abisoliert werden, die in der Unterschicht einer Nut liegen.

Abb. 96. Wicklungselement für eine Wicklung in offenen Nuten, einer Windung in jeder Spule und $u = 2$.

Abb. 97 zeigt einen halbbewickelten 12poligen Anker mit Wellenwicklung und zwei in der Nut nebeneinanderliegenden Spulenseiten. Obgleich es sich hier nicht um eine Treppenwicklung handelt, können die beiden nebeneinanderliegenden Spulenseiten doch nicht vor dem Einlegen in die Nut gemeinsam abisoliert werden, weil die Breite des Schlitzes der halbgeschlossenen Nuten geringer ist, als die gesamte Dicke der in der Nut nebeneinander liegenden Stäbe. Erst muß die eine und dann die andere Spulenseite durch den Nutenschlitz eingelegt werden.

Auch wenn die Breite des Nutenschlitzes geringer ist als die Dicke eines einzelnen Leiters, kann die Wicklung aus Windungselementen zusammengesetzt werden. Die Querverbindungen auf der Stromwenderseite können dann aber erst gebogen werden, nachdem die einzelnen Windungen axial in die Nuten geschoben sind. Da in diesem Falle aber immer Unter- und Oberstab gleichzeitig eingefügt werden müssen, ist das Abbiegen der Querverbindungen auf der Stromwenderseite sehr erschwert. Die Leiter der Oberschicht müssen zur Ausführung der Biegungen in der Unterschicht soweit zurückgebogen werden (vgl. Abb. 98), bis die Unterschicht frei liegt. Nachdem die Unterschicht fertig gebogen ist, werden die Leiter der

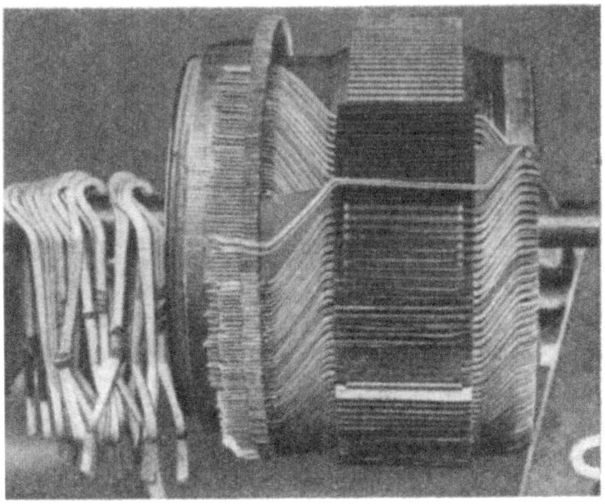

Abb. 97. Wellenwicklung mit halbgeschlossenen Nuten und $u = 2$.

Oberschicht in die ursprüngliche Lage zurückgeführt und abgebogen. Durch das Abbiegen der Leiter der Oberschicht wird die Isolierung in der Nut oft beschädigt, so daß diese Ausführung der Wicklung nicht zu empfehlen ist. Wenn die Windungen nicht durch die Nutenschlitze in die Nuten eingelegt werden können, wird man es vorziehen, die Wicklung aus einzelnen Stäben (Abb. 92) zusammenzusetzen.

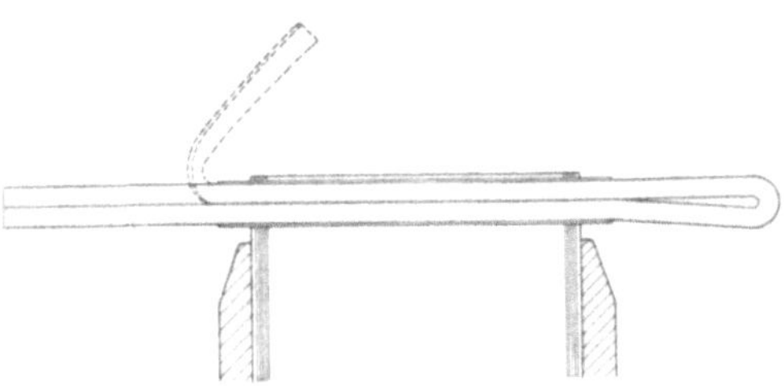

Abb. 98. Längsschnitt eines Ankers mit eingeschobenen Windungselementen und abgebogener Oberschicht.

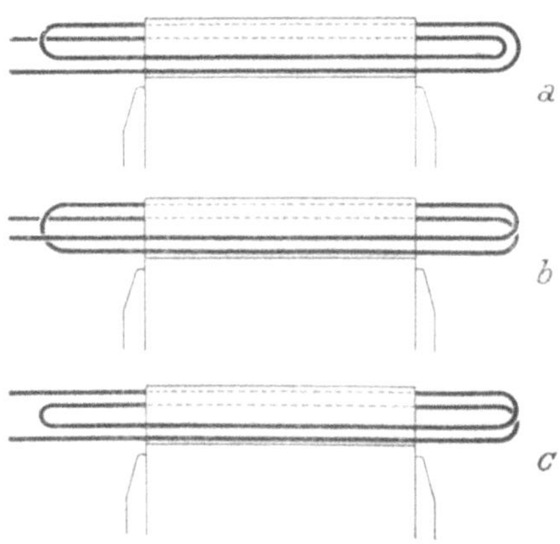

Abb. 99a bis c. Verschiedene Lage der Enden eines Spulenelements mit zwei Windungen.

C. Zylinderwicklung mit mehreren Windungen in jeder Spule.

Wenn jede Spule der Zweischichtwicklung aus mindestens zwei Windungen besteht, ergeben sich drei verschiedene Ausführungen, die

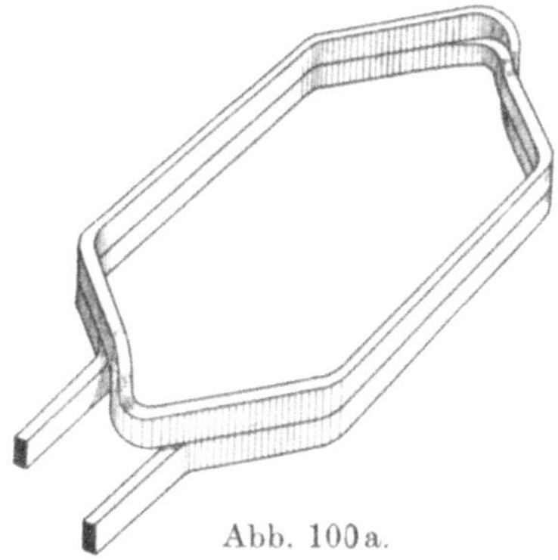

Abb. 100 a.
Spulenenden nach Abb. 99 a.

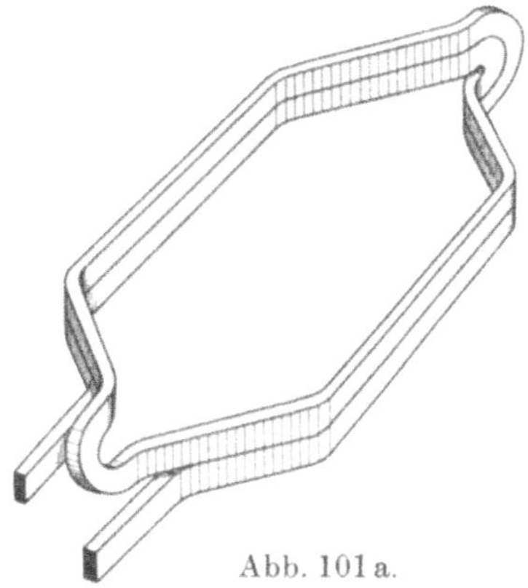

Abb. 101 a.
Spulenenden nach Abb. 99 a.

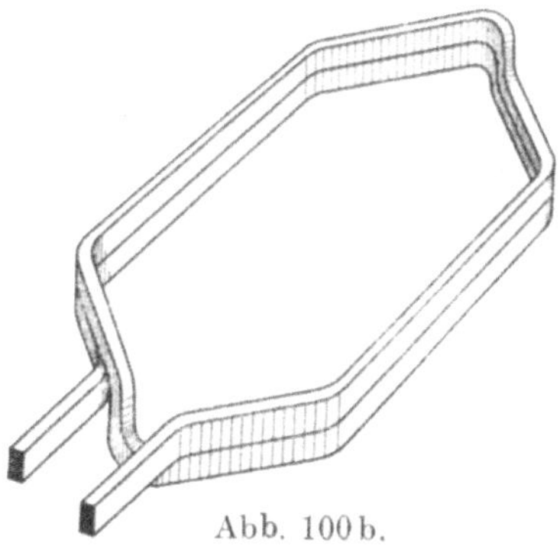

Abb. 100 b.
Spulenenden nach Abb. 99 b.

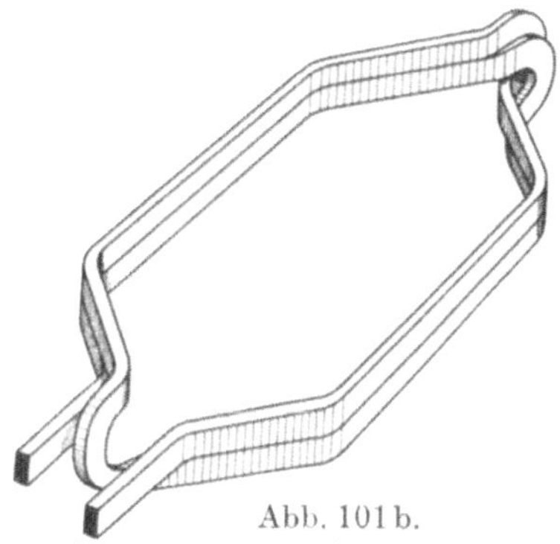

Abb. 101 b.
Spulenenden nach Abb. 99 b.

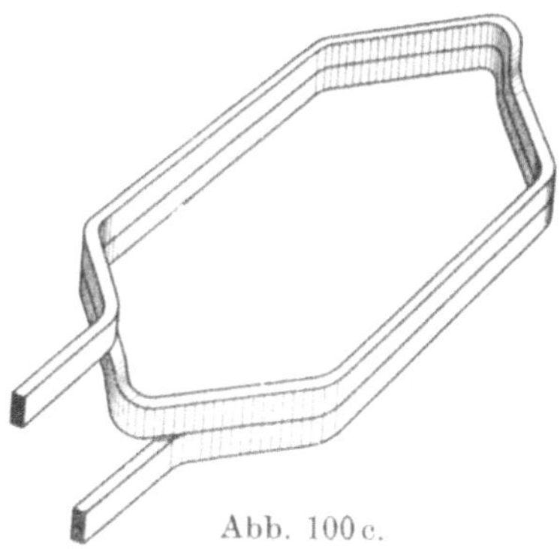

Abb. 100 c.
Spulenenden nach Abb. 99 c.

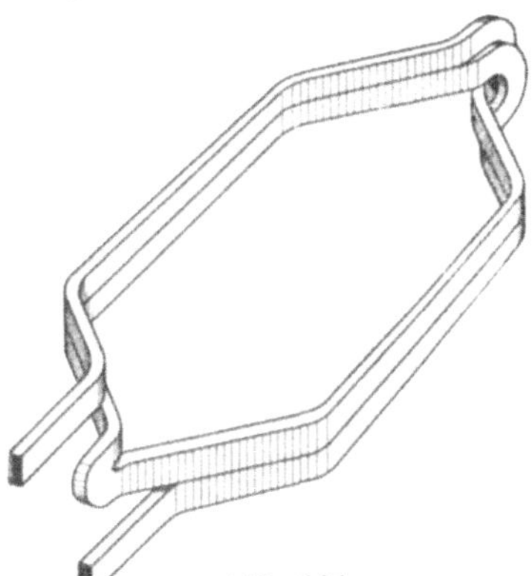

Abb. 101 c.
Spulenenden nach Abb. 99 c.

Abb. 100 a bis c. Wicklungselemente mit zwei Windungen und Querverbindungen nach Abb. 95 a.

Abb. 101 a bis c. Wicklungselemente mit zwei Windungen und Querverbindungen nach Abb. 95 b.

sich durch die Lage der Spulenenden unterscheiden. In Abb. 99a bis c sind diese Ausführungen für Spulen mit zwei in Reihe geschalteten Windungen angedeutet. Bei der Spule *a* führt ein innerer (der untere der Oberschicht) und ein äußerer Leiter (der untere der Unterschicht) zum Stromwender, bei *b* zwei innere und bei *c* zwei äußere. Die Querverbindungen dieser drei Spulen können sowohl nach Abb. 95a wie auch nach Abb. 95b hergestellt werden, so daß sich z. B. für eine Schleifenwicklung die in den Abb. 100 und 101a bis c perspektivisch dargestellten sechs verschiedenen Ausführungen ergeben [L. 50, S. 47].

Betrachten wir zunächst die Spulenköpfe auf der dem Stromwender gegenüberliegenden Ankerseite, also die hinteren Spulenköpfe in den Abb. 100 und 101, so erkennen wir, daß sich in den Abb. 100 die Windungen der Spule *a*, in den Abb. 101 die der Spulen *b* und *c* überschneiden, während die Windungen bei Abb. 100b und c übereinander, bei Abb. 101a ineinander liegen. Die Querverbindungen der Spulen Abb. 100a und 101b und c beanspruchen deshalb mehr Raum als die der übrigen Spulen und es besteht die Gefahr, daß die Umspinnung der Leiter an den Kreuzungsstellen beschädigt wird. In dieser Hinsicht sind also in Abb. 100a bis c die Spulen *b* und *c*, in Abb. 101a bis c ist die Spule *a* im Vorteil.

Die Herstellung der Schaltverbindungen auf der Stromwenderseite ist bei den Spulen *c* am bequemsten, weil die äußeren Leiter der Spule zum Stromwender führen. Die Schaltenden liegen immer unter oder über den Wicklungsköpfen, wodurch der Anschluß an die Stromwenderstege sehr erleichtert wird. Am ungünstigsten sind in dieser Hinsicht die Spulen *b* (vgl. Abb. 99 bis 101), weil

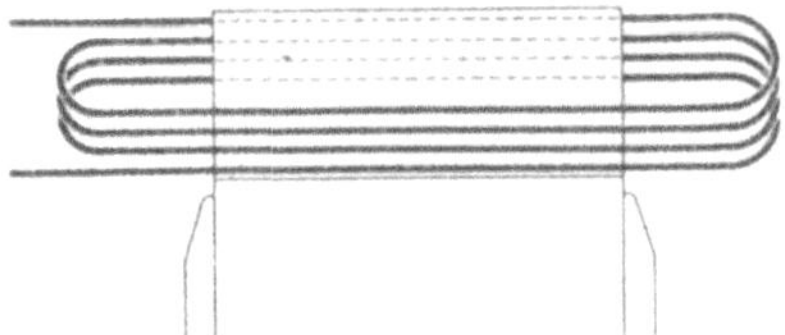

Abb. 102. Wicklungselement mit vier Windungen bei außenliegenden Spulenenden und Querverbindungen nach Abb. 95a.

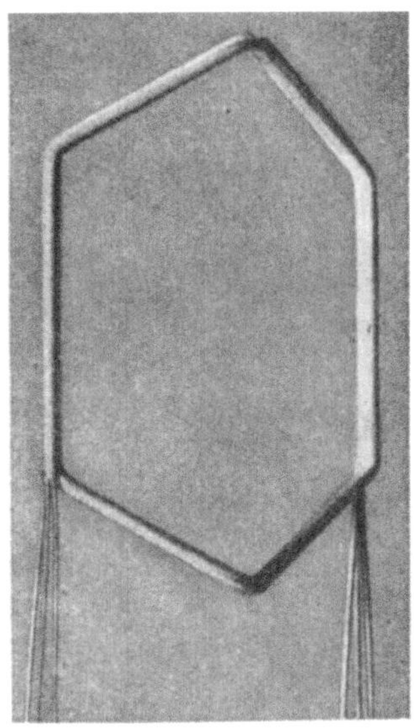

Abb. 103. Wicklungselement nach Abb 102 mit $u = 3$.

beide Spulenenden zwischen Unter- und Oberschicht liegen. Dadurch wird besonders bei der Wellenwicklung der Anschluß an den Stromwender sehr erschwert. Man führt deshalb die Wicklung gewöhnlich auch nicht mit solchen Spulen aus.

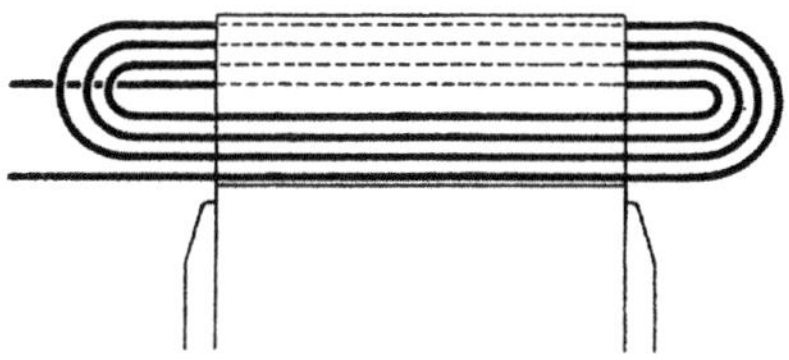

Abb. 104. Wicklungselement mit vier Windungen, Lage der Spulenenden nach Abb. 99a und Querverbindungen nach Abb. 95b.

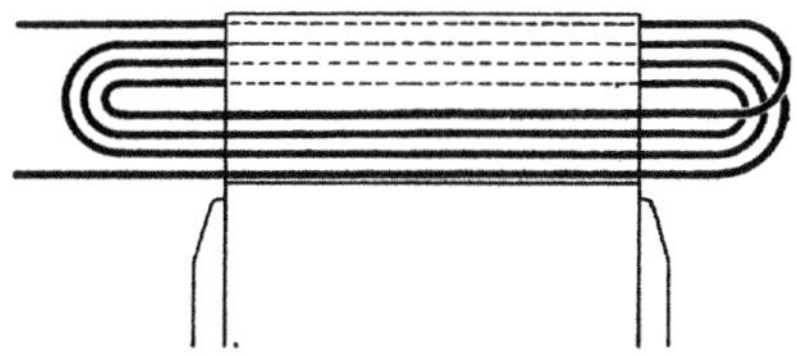

Abb. 105. Wicklungselement mit vier Windungen, Lage der Spulenenden nach Abb. 99c und Querverbindungen nach Abb. 95b.

Von den Spulen in Abb. 100a bis c verdient *c* sowohl mit Rücksicht auf die hintern Querverbindungen wie auch mit Rücksicht auf die Lage der Schaltenden gegenüber *a* und *b* den Vorzug. Dasselbe

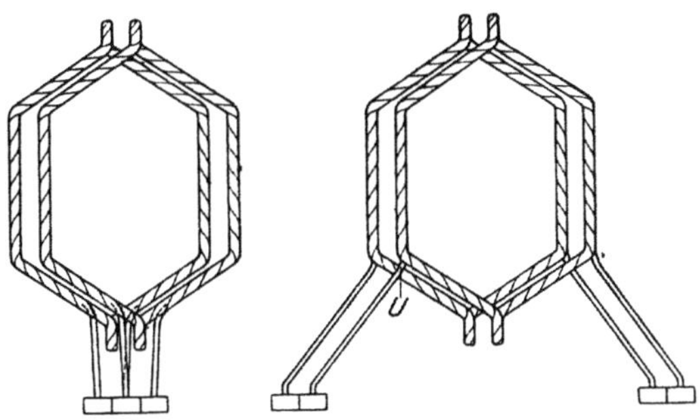

Abb. 106a. Abb. 106b.
Lage der Spulenenden bei Schleifen- (a) und Wellen- (b) Wicklungselementen nach Abb. 104.

gilt auch für Spulen mit mehr als zwei in Reihe geschalteten Windungen, wie eine solche z. B. für vier Windungen durch Abb. 102 veranschaulicht wird.

In Abb. 103 ist die Photographie eines Wicklungselementes nach Abb. 102 mit $u = 3$ dargestellt.

Von den Spulen in Abb. 101a bis c ist entweder *a* oder *c* zu bevorzugen, je nachdem man die günstigere Form der hinteren Spulenköpfe oder die günstigere Lage der Schaltenden höher bewertet. Für mehr als zwei in Reihe geschaltete Windungen sind diese beiden Spulen durch Abb. 104 und 105 veranschaulicht.

Zur Ausführung der Schaltung muß bei den Spulen *a* (Abb. 104) immer ein innerer Leiter an dem vorderen Spulenkopf vorbeigeführt werden. Bei den Schleifenwicklungen ist dies weniger störend, weil zwischen den Wicklungsköpfen gewöhnlich genügend Raum ist (vgl. Abb. 106 a). Bei Wellenwicklungen ist es jedoch sehr umständlich, einen inneren Leiter der Spule an den Stromwender anzuschließen. Man führt gewöhnlich den inneren Leiter durch den Raum zwischen benachbarten Spule erst zum äußern Umfang der Wicklung (siehe Abb. 106 b bei U), dann kann man so schalten, wie bei den Spulen, wo die äußern Leiter zum Stromwender führen (wie bei Abb. 103). Obgleich hierbei die Isolierung der Spulenenden an der Ausführungsstelle gefährdet ist, wird diese Wicklung (Abb. 104 und 106b) wegen der bequemen und betriebssicheren Herstellung der hinteren Querverbindung sehr häufig ausgeführt. Für eine Wellenwicklung mit drei in der Nut nebeneinanderliegenden Spulenseiten sind in Abb. 107a die gemeinsam gegen die Nut abisolierten Spulenelemente dargestellt. Jeder Leiter besteht dabei aus zwei parallel geschalteten Einzelleitern, wie es zur bequemeren Herstellung der Wicklung (Verwendung von Runddrähten) oder zur Verringerung der zusätzlichen Stromwärme zuweilen geschieht. Die Unterschicht von zwei dieser Spulengruppen ist in Abb. 107b in die Nuten des Ankers gelegt; die Spulenenden der Unterschicht sind an die Stromwenderstege angeschlossen, die Spulenenden der Oberschicht aber nach oben herausgeführt. Abb. 107c zeigt den zur Hälfte mit Wicklungselementen belegten Anker, und Abb. 107d den vollständig bewickelten Anker, aber noch ohne Bandagen, während in Abb. 107e der fertige Anker dargestellt ist.

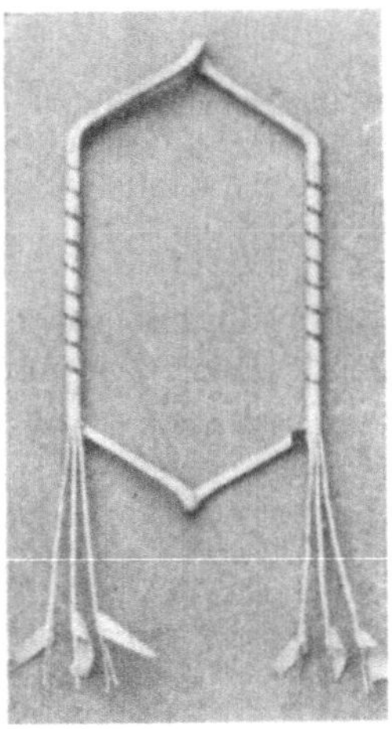

Abb. 107a. Wicklungselement nach Abb. 104 mit $u = 3$.

Die Schaltverbindungen einer Wicklung mit Spulen nach Abb. 105 liegen genau wie bei dem Wicklungselement in Abb. 103.

Die Spulenköpfe können auch auf der einen Ankerseite nach Abb. 95a und auf der andern Seite nach Abb. 95b ausgeführt werden [L. 50, S. 49 und L. 56]. Solche Ausführungen sind zu empfehlen, wenn zur Verringerung der zusätzlichen Stromwärme durch Stromverdrängung die Leiter aus Einzelleitern zusammengesetzt sind, die erst an den Spulenenden miteinander leitend verbunden werden (vgl. Abschnitt 33 D). Hier sind hauptsächlich die Spulen in Abb. 108a und b mit zwei in Reihe geschalteten Windungen hervorzuheben, von denen die erste (*a*) die zusätzliche Stromwärme am besten unter drückt, aber nicht so betriebssicher ausführbar ist wie die zweite (*b*), wo sich keine Windungen kreuzen. Die Spule nach Abb. 108b vereinigt die Vorteile der Spulen nach Abb. 100c und Abb. 101c.

Am bequemsten läßt sich der Stromwender an die Wicklung anschließen, wenn die Schaltenden aus den beiden obersten Lagen der

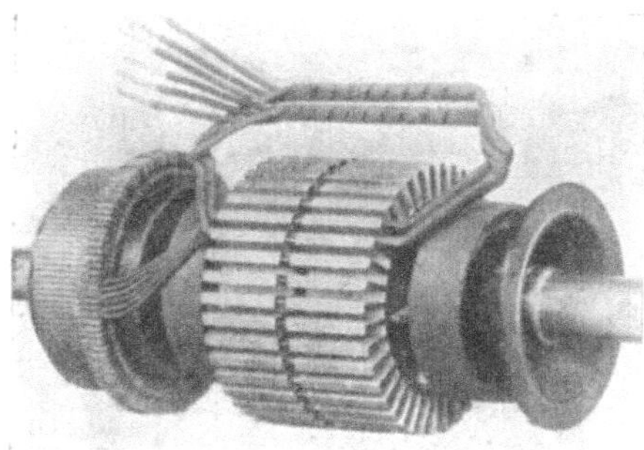

Abb. 107b. Anker mit zwei Wicklungselementen nach Abb. 107a.

Abb. 107c. Halb bewickelter Anker mit Wicklungselementen nach Abb. 107a.

Abb. 107d. Bewickelter Anker ohne Bandagen.

Abb. 107e. Fertiger Anker mit Bandagen.

Nut kommen. Solche Spulen sind für vier in Reihe geschaltete Windungen in den Abb. 109a und b dargestellt, wovon a zweckmäßig mit den Wicklungsköpfen in Abb. 95a, und b mit den Wicklungsköpfen in Abb. 95b ausgeführt wird. Bei diesen Wicklungen liegen nur die Leiter der oberen Spulenseite in der Nut unmittelbar übereinander, während ein Leiter aus der unteren Spulenseite noch über die obere Spulenseite gelegt wird, natürlich in dieselbe Nut, in der die zugehörige untere Spulenseite liegt. Dieser Leiter muß beim Einlegen der Wicklung in die Nuten zunächst abgebogen werden, wie es in den Abb. 109a und b gestrichelt angedeutet ist. Erst nachdem mindestens $\frac{1}{p}$ aller Spulen in die Nuten gelegt sind, können die abgebogenen Leiter eingewickelt und an den Strom-

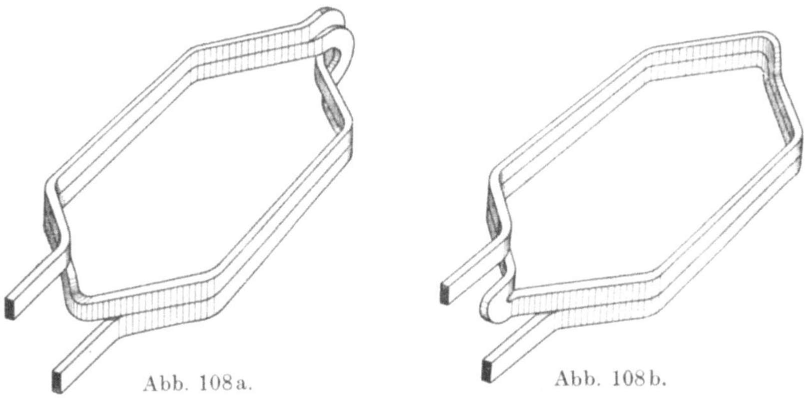

Abb. 108a. Abb. 108b.

Wicklungselemente mit zwei Windungen und außen liegenden Wicklungsenden; bei a Ausführung der vordern Querverbindung nach Abb. 95a, der hintern nach Abb. 95b, bei b umgekehrt.

wender angeschlossen werden. Die Herstellung der Wicklung wird dadurch wieder erschwert; deshalb wendet man diese Wicklung auch nur selten an.

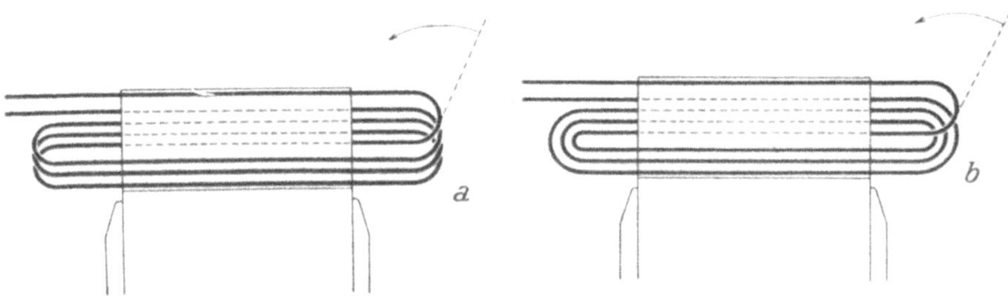

Abb. 109a u. b. Wicklungselemente mit vier Windungen, deren Enden aus den beiden obersten Lagen der Nut kommen. a Querverbindungen nach Abb. 95a, b Querverbindungen nach Abb. 95b.

Zwischen den Leitern, die verschiedenen Spulenseiten angehören, herrscht bei den Zweischichtwicklungen immer fast die volle Klemmenspannung. Bei den Wicklungen nach Abb. 109a und b muß deshalb die obere (in der Nut gestrichelt gezeichnete) Spulenseite sowohl gegen die darunterliegenden, wie auch gegen den an der Nutöffnung liegenden Leiter für die volle Klemmenspannung abisoliert werden.

D. Länge der Querverbindungen bei Zylinderwicklungen. In Abb. 110 sind die Querverbindungen einer Zylinderwicklung mit dem Mantel des Wicklungsträgers abgerollt. Bezeichnen wir mit R den Radius des Zylindermantels, auf dem die Spulenköpfe aufliegen (äußerer Radius des Wicklungsträgers), und mit N die Nutenzahl, so steht für jede Spulenseite am Ankerumfang die Breite $\frac{2R\pi}{N}$ zur Verfügung. Bezeichnen wir ferner mit d die Dicke der isolierten Querverbindung einschließlich des Spielraums zwischen benachbarten Spulenseiten, der mindestens einige Zehntel mm betragen

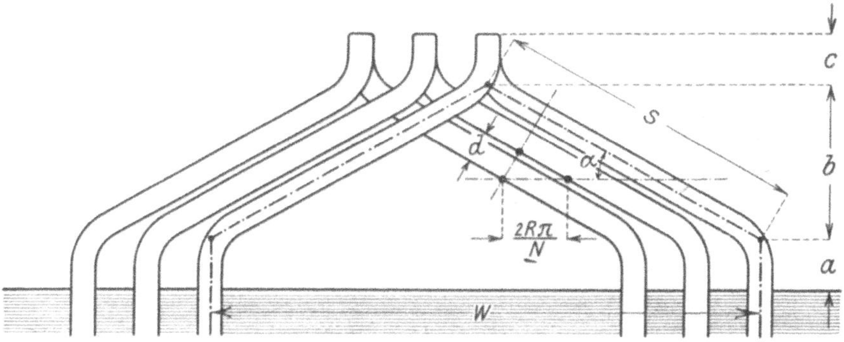

Abb. 110. Zur Berechnung der Abmessungen der Querverbindungen einer Zylinderwicklung.

muß, so erhalten wir die Neigung der Querverbindungen aus der Gleichung

$$\sin\alpha = \frac{dN}{2R\pi} \qquad (42)$$

Bezeichnen wir noch mit W die Weite der Spule, bezogen auf den Kreisumfang $2R\pi$, so erhalten wir für die axiale Länge b des schrägen Teils des Wicklungskopfes

$$b = \frac{dNW}{2\sqrt{(2R\pi)^2 - (dN)^2}} \qquad (43a)$$

und für die Seitenlänge S des schrägen Teils des Wicklungskopfes

$$S = \frac{WR\pi}{\sqrt{(2R\pi)^2 - (dN)^2}} \qquad (43b)$$

Diese Abmessungen gelten zunächst für die Spulenköpfe auf der dem Stromwender gegenüber liegenden Ankerseite. Um die entsprechenden Abmessungen der Spulenköpfe auf der Stromwenderseite zu bekommen, ist noch die Lage der Schaltenden zu berücksichtigen.

Diese müssen z. B. bei den Wellenwicklungen nach Abb. 106b und 107a bis e zwischen den Spulenköpfen herausgeführt werden. Man kann auch für diese Wicklungen die Abmessungen b und S aus den Gl. 43a und b berechnen, wenn man zu d noch die Dicke eines isolierten Schaltdrahtes schlägt und R und W auf den Kreisumfang bezieht, auf dem die oberen Teile der Spulenquerverbindungen aufliegen.

Abb. 111a. Einschicht-Stabwicklung als Stirnwicklung.

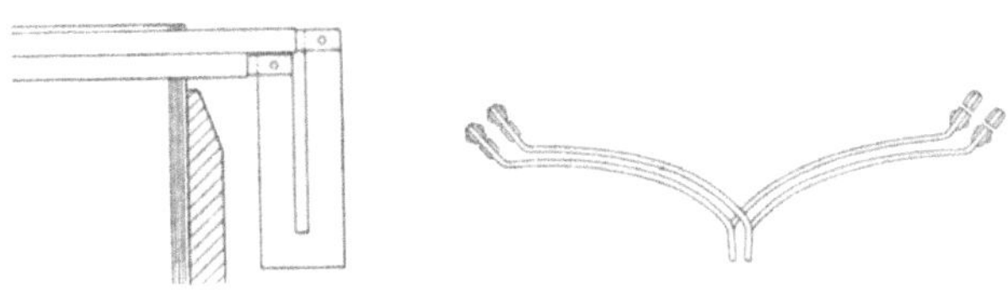

Abb. 111b. Zweischicht-Stabwicklung als Stirnwicklung.

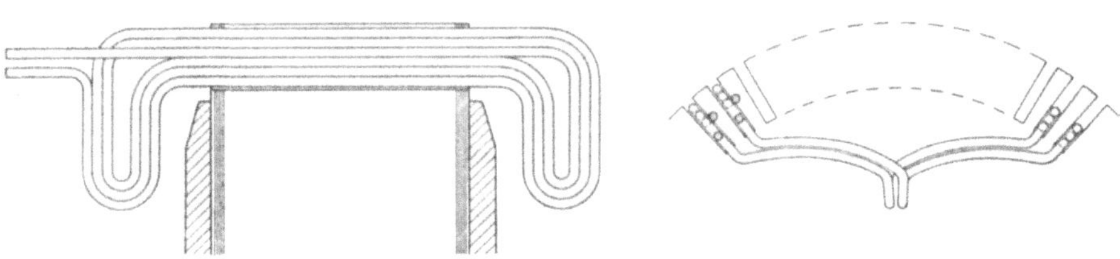

Abb. 111c. Spulen-Stirnwicklung.

Die Länge a des aus der Nut herausragenden geraden Teils des Wicklungskopfes beträgt, je nach Größe und Spannung der Maschine, etwa 10 bis 30 mm. Die Länge c hängt bei Stabelementen von der Länge der Zwinge (z in Abb. 89) ab und beträgt ebenfalls etwa 10 bis 30 mm. Bei Spulenwicklungen wird c durch die Höhe einer Spulenseite bestimmt.

An Hand der Abb. 110 läßt sich von Fall zu Fall die mittlere Länge einer Windung auf die axiale Ausladung des Wicklungskopfes leicht bestimmen.

E. Stirnwicklungen. Früher wurde an Stelle der Zylinderwicklung sehr häufig die Stirnwicklung ausgeführt, bei der die außerhalb der Nut liegenden Wicklungsteile, die Querverbindungen, im wesentlichen in Ebenen senkrecht zur Ankerwelle liegen. Stirnwicklungen sind in Abb. 111a bis c dargestellt, in a und b ein- und zweischichtige

Stabwicklungen, in c eine zweischichtige Spulenwicklung. Damit die Querverbindungen möglichst kurz werden, gibt man ihnen die Form von Evolventen und bezeichnet die so ausgeführten Wicklungen deshalb auch als Evolventenwicklungen. Abb. 112 zeigt die

Abb. 112. Anker mit Stirnwicklung.

Photographie eines Ankers mit Stirnwicklung. Von den Oberstäben sind in der Abbildung nur zwei eingelegt, um die Lage der Querverbindungen deutlich hervortreten zu lassen.

Abb. 113. Wicklung, bei der die Spulenköpfe auf einem Kegelmantel liegen.

Abb. 114. Wicklung, bei der die Spulenköpfe auf einem Zylinder, in einer Ebene und auf einem Kegel liegen.

Die Stirnwicklung ergibt im allgemeinen die kleinste axiale Abmessung einer Wicklung; da sie aber gewöhnlich teurer wird als die Zylinderwicklung, so verwendet man sie heute fast nur noch in den Fällen, wo die Baulänge der Maschine möglichst klein sein soll.

Außer den reinen Zylinder- und Stirnwicklungen werden auch Wicklungen ausgeführt, bei denen die Querverbindungen auf einem

Kegelmantel liegen (Abb. 113), oder bei denen der Übergang von einer Spulenseite zur andern teilweise auf einem Zylindermantel, teilweise auf einer Ebene senkrecht zur Welle und teilweise auf einem Kegelmantel stattfindet (Abb. 114). Solche Ausführungen der Wicklungsköpfe kommen hauptsächlich dann in Frage, wenn es auf möglichst kleine Baulänge ankommt, der Raum, den die reine Stirnwicklung in radialer Richtung beansprucht, aber nicht zur Verfügung steht.

F. Herstellung der Wicklungselemente. Die Wicklungselemente, aus denen sich eine Gleichstrom-Ankerwicklung zusammensetzt, werden auf besonderen Vorrichtungen hergestellt, die bei Stabwicklungen gewöhnlich aus Eisen, bei Spulenwicklungen meistens aus Holz bestehen. Stabwicklungen mit größeren Querschnitten werden gewöhnlich blank gebogen und erst nachträglich isoliert.

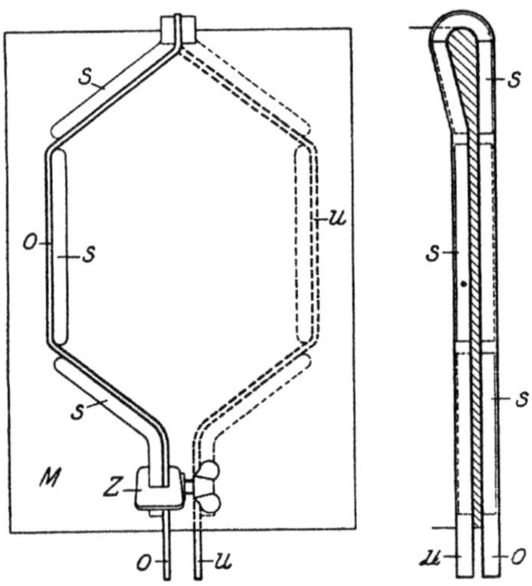

Abb. 115. Vorrichtung zum Wickeln von Spulen mit einer Windung.

In Abb. 115 ist das Wesen einer Vorrichtung zur Herstellung von Wicklungselementen mit einer Windung dargestellt. *M* ist ein Teil des Hohlzylinders, an dessen äußerem Mantel die Unterkante des Oberstabes *o* und an dessen innerem Mantel die Oberkante des Unterstabes *u* liegt. Auf diesem Hohlzylinder sind Stege *s* befestigt, um die der Leiter, nachdem er an dem einen Ende durch die Schraubzwinge *Z* befestigt ist, mit Hammer und Richteisen, zuweilen auch mit besonderen Hilfsvorrichtungen gebogen wird.

Bei Wicklungen mit mehreren Windungen in der Spule erhalten die Wicklungselemente entweder gleich beim Aufwickeln auf die Wicklungsform die endgültige Gestalt oder sie werden zu einer einfachen Spule gewickelt und nachträglich in die richtige Form gepreßt.

Wicklungsformen, auf denen die Wicklungselemente gleich die endgültige Gestalt erhalten, sind in den Abb. 116 und 117a bis c dargestellt; sie gelten für die Wicklungen in Abb. 100c und 101a. Die Abbildungen *a* stellen die perspektivischen Ansichten mit der aufgewickelten Spule dar, die durch dünnere Linien bezeichnet ist.

Die Wicklungsformen bestehen aus zwei Teilen (*o* und *u*), die beim Wickeln zusammengeschraubt sind, aber auseinander genommen werden müssen, um die fertige Spule von der Form zu befreien. Der obere

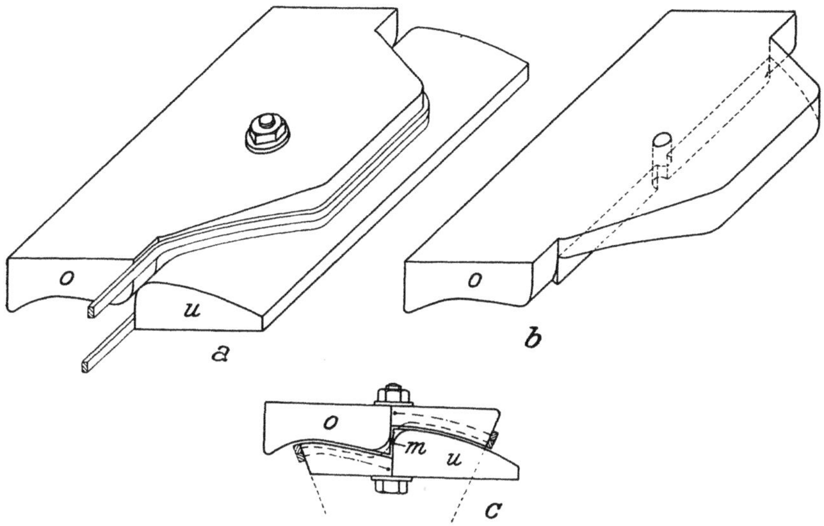

Abb. 116a bis c.
Holzform zum Wickeln von Spulen nach Abb. 100c.

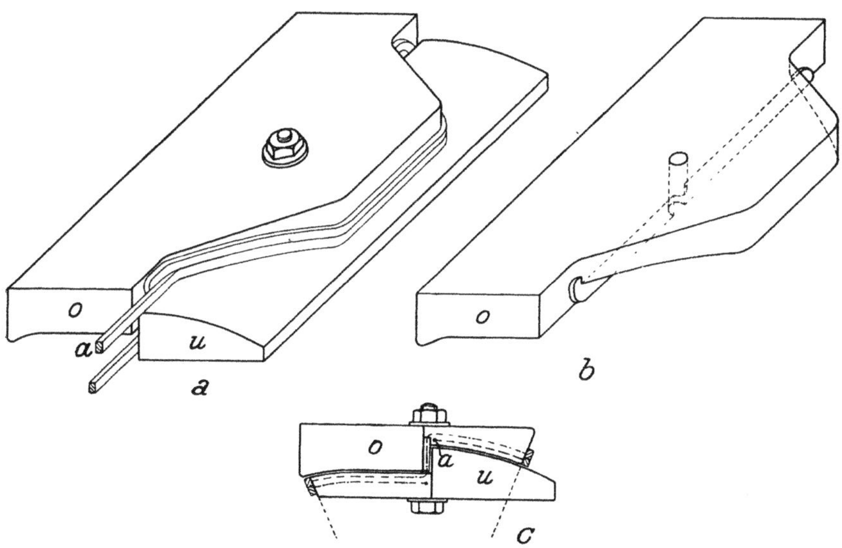

Abb. 117a bis c.
Holzform zum Wickeln von Spulen nach Abb. 101a.

Teil der Form ist in den Abbildungen *b* herausgezeichnet. Die Abbildungen *c* stellen die Stirnansichten dar; die Mittellinien der Leiter

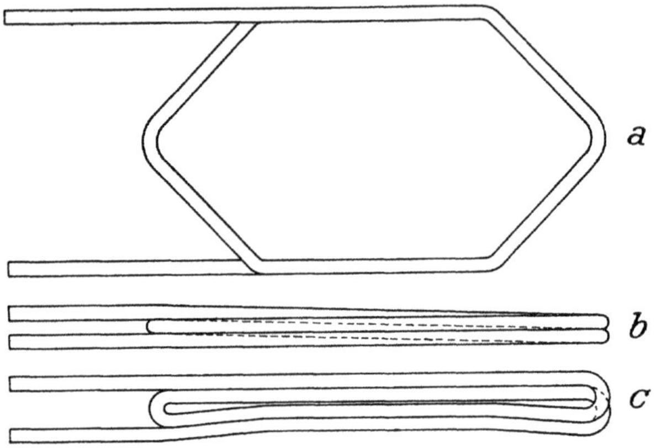

Abb. 118a bis c. Flache Spule (a u. b), die durch Pressen die Form in c (vgl. Abb. 100c) erhält.

sind darin durch strichpunktierte Linien angedeutet. Bei der Spule in Abb. 117a und c wird man mit dem Leiterende *a* zu wickeln anfangen, bei der Spule in Abb. 116a und c werden von der Mitte *m*

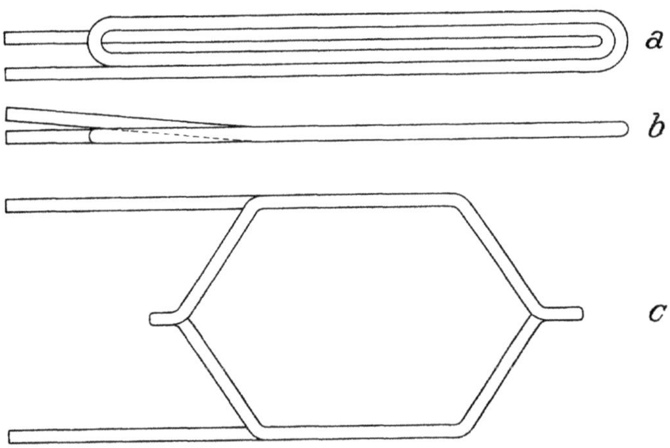

Abb. 119a bis c. Flache Spule (a u. b), die durch Verzerren (scheren) die Form in c (vgl. Abb. 101a) erhält.

aus die beiden Spulenhälften gewickelt. Auf ebenso einfache Weise lasssen sich auch die Spulen herstellen, bei denen der Wicklungskopf auf der einen Seite nach Abb. 95a und auf der andern

Seite nach Abb. 95b ausgeführt ist (vgl. Abb. 108a und b sowie [L. 50, S. 50]).

Wenn auf beiden Seiten der Wicklung dieselben Wicklungsköpfe vorkommen (entweder nach Abb. 95a oder b), können zylindrische oder ebene Spulen gewickelt, und diese dann nachträglich in die richtige Form gepreßt werden. Für die Wicklung in Abb. 100c

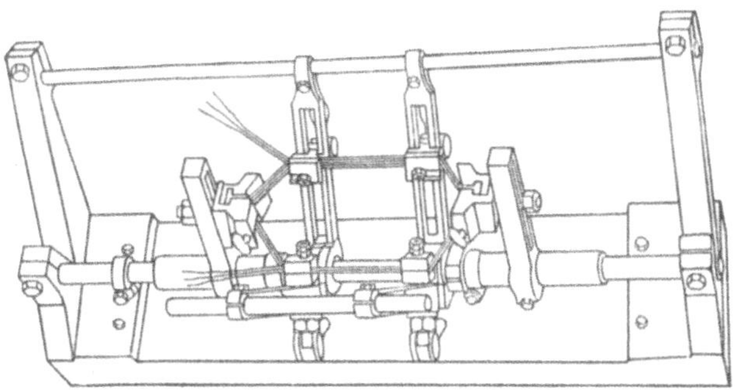

Abb. 120. Vorrichtung zur Überführung der Spule nach Abb. 119a u. b in die Form nach Abb. 119c.

wickelt man z. B. die in Abb. 118a und b in zwei Ansichten dargestellte Spule, die dann in einer Holzform so gepreßt wird, daß die Ansicht b in die Ansicht c übergeht. Für die Wicklung in Abb. 101a stellt Abb. 119a und b die ebene Spule dar, die mit einer besonderen Vorrichtung (sogenannten Schere), wie sie z. B. in Abb. 120 dargestellt ist, so verzerrt wird, daß die Ansicht b in c übergeht [L. 18, S. 58, L. 16, S. 18 und L. 15, S. 90 u. 91].

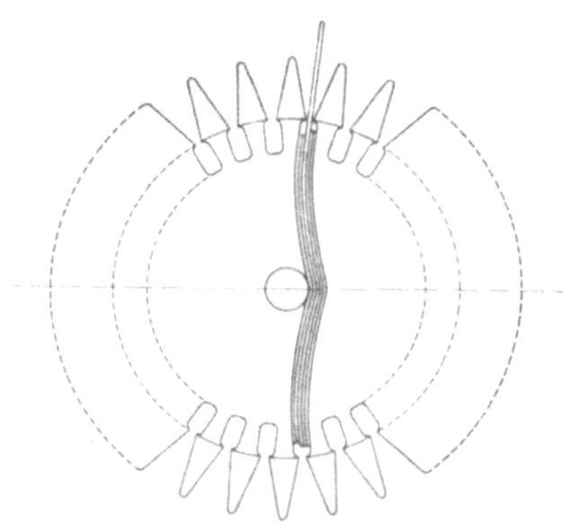

Abb. 121. Einwickeln der Spulen in die Nuten bei kleinen Maschinen.

Unmittelbar in die Nuten werden die Windungen heute wohl nur noch bei ganz kleinen Maschinen gewickelt. Man spannt dann den Anker gewöhnlich auf eine Drehbank und läßt ihn beim Aufwickeln der Windungen, die bei so kleinen Maschinen sehr zahlreich sind, um eine Achse umlaufen die senkrecht zur Welle des Ankers liegt. Damit die Drähte auch bei höheren Umlaufzahlen leicht in die Nut hineingeleitet werden, bringt man zuweilen an den Stirnflächen des Ankers Führungssterne aus Preßspan an, wie es Abb. 121 zeigt. Die über den Ankermantel hinausragenden Teile des Preßspansterns werden nach Fertigstellung der Wicklung entfernt.

G. Ausgleichsverbindungen. Die Ausgleichsverbindungen werden entweder als Ringleitungen oder nach Art der Querverbindungen

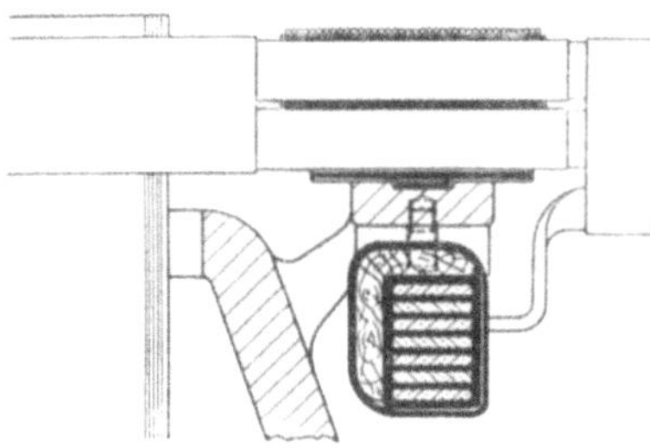

Abb. 122. Anordnung der Ausgleichsverbindungen als Ringleitungen.

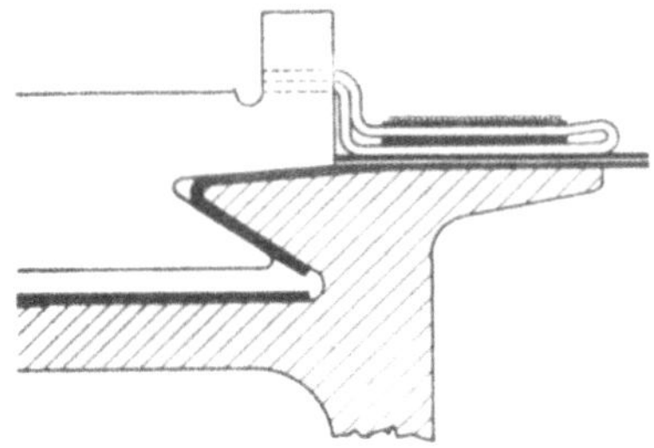

Abb. 123. Ausgleichsleitungen in Form von Querverbindungen am Stromwender.

einer Zweischichtwicklung ausgeführt (vgl. Abb. 61a und b). Die Ringleitungen bringt man gewöhnlich auf der dem Stromwender gegenüberliegenden Ankerseite an, unterhalb des Wicklungsträgers (Abb. 122). Zuweilen werden auch die Bandagen der Ankerwicklung als Ringleitungen benutzt und an die phasengleichen Punkte der Wicklung

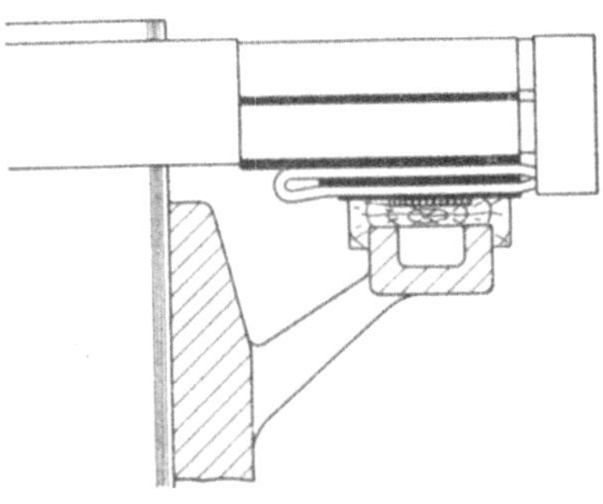

Abb. 124. Ausgleichsleitungen in Form von Querverbindungen unterhalb der Wicklungsköpfe.

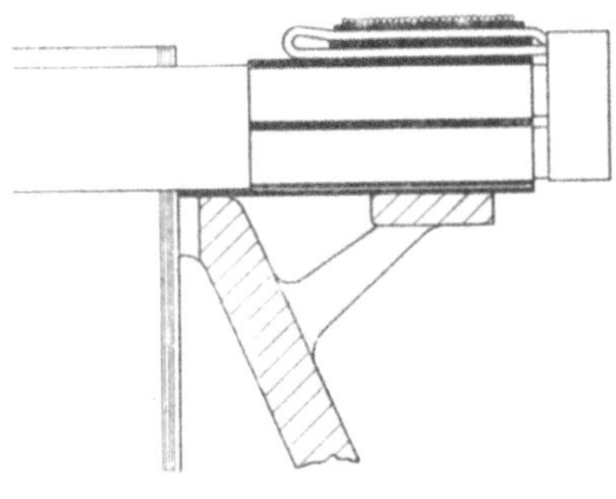

Abb. 125. Ausgleichsleitungen in Form von Querverbindungen über den Wicklungsköpfen.

angeschlossen. Die nach Art der Wicklungsköpfe einer Zweischichtwicklung ausgeführten Ausgleichsverbindungen werden meistens unmittelbar an den Stromwender angeschlossen (Abb. 123), zuweilen werden sie auch unter (Abb. 124) oder über (Abb. 125) den Spulenköpfen der Ankerwicklung angebracht. Die Ausgleichsverbindungen nach Abb. 125 verlangen keine besondere Ausgestaltung der Wicklungsträger und können an jeder fertigen Maschine nachträglich leicht angebracht werden, haben aber den Nachteil, daß der Ankerdurchmesser an der Stelle der Ausgleichsverbindungen vergrößert wird, und diese Stelle deshalb sehr leicht beschädigt werden kann, bevor der Anker in die Maschine eingebaut ist.

20. Die Isolierung der blanken Leiter.

Die in elektrischen Maschinen verwendeten Drähte werden gewöhnlich mit Baumwolle isoliert. Die Umspinnung wird mit verschiedenen Fadenstärken ausgeführt [L. 19, S. 59 u. 60]. Für runde Drähte ist die Zunahme des Durchmessers bei einfacher Umspinnung mit Baumwolle

Nr. 200	160	100	60
0,08	0,10	0,13	0,17 mm.

Nur bei sehr dünnen Drähten und für die Feldmagnetwicklung begnügt man sich mit einfacher Umspinnung. Gewöhnlich wird doppelte Umspinnung gewählt, wobei die Zunahme des Drahtdurchmessers dann doppelt so groß ist wie bei einfacher Umspinnung. Am gebräuchlichsten sind die in Tafel 5 angegebenen Umspinnungen [L. 20].

Tafel 5. Baumwollumsponnene Runddrähte.

Blanker Durchmesser	Baumwollumspinnung	Zunahme des Drahtdurchmessers
0,1—0,5 mm	2 × Nr. 200	0,16 mm
0,5—1 „	2 × „ 160	0,20 „
1 —2 „	2 × „ 100	0,26 „
2 —4 „	2 × „ 60	0,34 „

Leiter von rechteckigem Querschnitt werden bis zu etwa 200 mm² nach Tafel 6 isoliert; wobei zu beachten ist, daß die Zunahme der kleineren Querschnittsseite durch die Umspinnung bei schmalen Leitern etwas größer ist als die der größeren Querschnittsseite.

Tafel 6. Baumwollumsponnene Drähte rechteckigen Querschnitts.

Kleinste Querschnittsseite	Baumwollumspinnung	Ges. Zunahme der kleinern und größern Querschnittsseite
0,5— 1 mm	2 × Nr. 160	0,35 und 0,30 mm
1 — 4 „	2 × „ 100	0,45 „ 0,40 „
4 —10 „	2 × „ 60	0,60 „ 0,60 „

Wenn bei der Herstellung der Wicklung die Isolierung der Drähte stärkeren mechanischen Beanspruchungen ausgesetzt ist (vgl. Abschn. 40 A), wird der Draht beklöppelt. Die gesamte Zunahme des Drahtdurchmessers beträgt bei der Umklöppelung etwa 0,5—0,6 mm. Gewöhnlich werden die Drähte vor der Umklöppelung einfach mit Baumwolle Nr. 160 umsponnen. Die gesamte Zunahme des Drahtdurchmessers beträgt dann bei runden Drähten 0,6 bis 0,7 mm.

Rechteckige Litzen erhalten vor der Umklöppelung gewöhnlich eine einfache Umspinnung mit Baumwolle Nr. 60. Die gesamte Zunahme einer Querschnittsseite ist dann bei Litzen von 9 bis 30 mm² Leiterquerschnitt 1,0 mm, bei 30 bis 90 mm² 1,1 mm.

Bei einfacher Umklöppelung (ohne Umspinnung) der rechteckigen Kupferlitze rechnet man von 3 bis 10 mm² Kupferquerschnitt 0,6 mm, bei 11 bis 90 mm² 0,65 mm für die gesamte Zunahme einer Querschnittsseite. Das Verhältnis zwischen dem Kupferquerschnitt und der Fläche des um den blanken Querschnitt umschriebenen Rechtecks beträgt etwa 0,75.

Stabwicklungen oder Litzenwicklungen mit großen Querschnitten werden gewöhnlich mit Band bewickelt, und zwar so, daß sich die

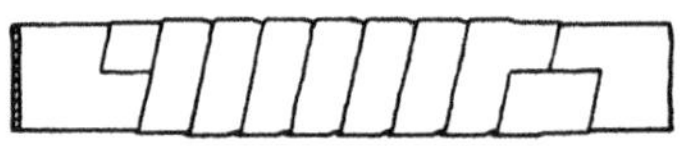

Abb. 126. Bandumwicklung eines flachen Leiters; einfache Überlappung.

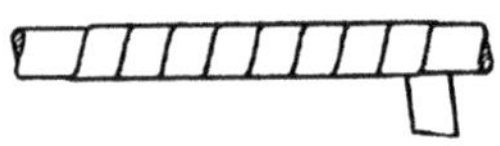

Abb. 127. Papierumwicklung eines runden Drahtes; ohne Überlappung.

einzelnen Bandlagen überlappen. Bei einer einfachen Bewicklung, wie sie in Abb. 126 dargestellt ist, werden dann die linearen Abmessungen des Litzenquerschnitts um die vierfache Bandstärke vergrößert. Gewöhnlich verwendet man Band von 0,15 bis 0,2 mm Stärke, so daß die linearen Abmessungen des isolierten Leiters bei einer einfachen Bewicklung etwa 0,8 mm größer sind als die des blanken Leiters.

Um die mechanische Festigkeit der Isolierfasern zu erhöhen und die Isolierung vor Feuchtigkeit zu schützen, werden die isolierten Drähte häufig noch mit Lack getränkt. Dadurch erhöht sich die Stärke der Isolierung um etwa 10 bis 20%.

Als Ersatz für Baumwolle wird auch Seidenpapier verwendet, das in schmalen, zuweilen verdrillten Streifen ebenso wie die Baumwollfäden um den Draht gesponnen wird. Die gesamte Zunahme des Drahtdurchmessers kann hierbei etwa ebenso angenommen werden wie bei der Baumwolle in Tafel 5. Gewöhnlich werden die Drähte zweimal mit Papier umsponnen. Die kleinste

Zunahme des Drahtdurchmessers beträgt bei einfacher Umspinnung mindestens 0,07 mm. Bei gleicher Stärke ist die Isolierfestigkeit der Papierdrähte größer als die der Baumwolldrähte. Dagegen bricht bei scharfen Biegungen die Papierisolierung, besonders wenn sie mit Lack getränkt ist, während die Baumwollfäden sich nur verschieben. Um das Abringeln des Papiers vom Draht zu verhindern, wird die Papierisolierung zuweilen noch mit einem dünnen Baumwoll- oder Seidenfaden umwickelt. Die Papierisolierung ist wesentlich billiger als die Baumwollisolierung; dafür aber auch gegen mechanische Beanspruchungen sehr wenig widerstandsfähig; sie wird deshalb für Nutenwicklungen selten verwendet.

Zuweilen wird auch der Draht zur Erhöhung der Isolierfestigkeit vor der Baumwollumspinnung mit Papier, gewöhnlich ohne Überlappung (vgl. Abb. 127), umwickelt und umklebt. Die Zunahme des Drahtdurchmessers ist dann 0,1 bis 0,2 mm größer als bei der reinen Baumwollumspinnung.

Bei massiven Stäben wird der gerade Teil des Stabes mit Papier umklebt. Der Papierstreifen ist gewöhnlich so breit wie der zu isolierende Teil des Stabes; es wird etwa 0,1 bis 0,2 mm dickes Papier verwendet, das frisch lackiert in mehreren Lagen um den Stab gewickelt und gepreßt wird (vgl. Abb. 128). Diese Papierisolierung ist mechanisch und elektrisch sehr widerstandsfähig und erfordert deshalb gewöhnlich den kleinsten Raum.

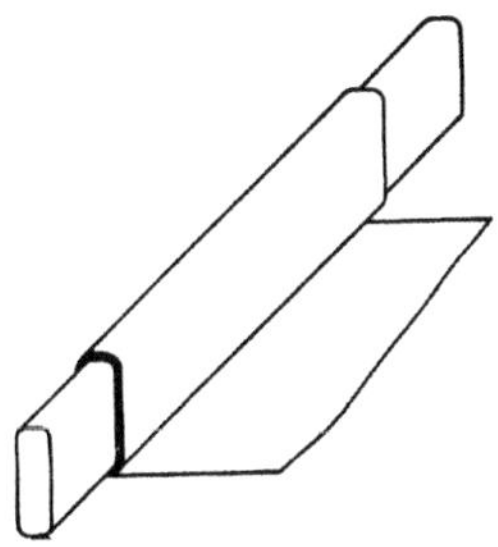

Abb. 128. Umkleben eines Leiters mit Papier.

Mit Seide umsponnene Drähte werden im Elektromaschinenbau selten und nur bei sehr dünnen Drähten verwendet, wo die Baumwollumspinnung verhältnismäßig viel Raum beansprucht. Bei einfacher Seidenumspinnung kann man mit einer Zunahme des Durchmessers um 0,04 mm, bei doppelter Umspinnung um 0,07 mm rechnen.

Wesentlich geringer ist die Zunahme des Durchmessers bei emaillierten Drähten, die für blanke Durchmesser von 0,07 bis 1,6 mm ausgeführt werden. Sie beträgt etwa 25% des blanken Drahtdurchmessers bei sehr dünnen Drähten und sinkt mit zunehmendem Durchmesser bis auf etwa 9%.

Emaillierte Drähte werden auch mit Baumwollumspinnung ausgeführt. Gewöhnlich erhalten sie eine zweifache Umspinnung mit Baumwolle Nr. 160. Sie werden nach den AEG-Normalien [L. 20, S. 340] mit 0,1 bis 3,2 mm Kupferdrahtdurchmesser ausgeführt, wobei die Zunahme des Durchmessers 0,23 bis 0,35 mm beträgt.

21. Die Isolierung der Leiter und Spulenseiten in der Nut.

A. Isolierung der Leiter gegeneinander. In den meisten Fällen liegen die Leiter derselben Spulenseite in der Nut übereinander, wie z. B. in Abb. 129, wo die Leiter der ersten Windung benachbarter Spulen mit a_1, a_2 und die Leiter der letzten Windung mit e_1, e_2 bezeichnet sind, und die Verbindungslinien der Leitermitten die Reihenfolge der Einzelleiter in den Spulenseiten andeuten.

Die Spannung zwischen zwei Windungen derselben Spule ist bei s Windungen der s-te Teil der Spulenspannung, und diese ist bei Schleifenwicklung gleich dem Produkt aus der Gangzahl und der Spannung e_s zwischen benachbarten Stromwenderstegen, bei Wellenwicklung der p-te Teil davon, weil in einem Wicklungsumlauf immer

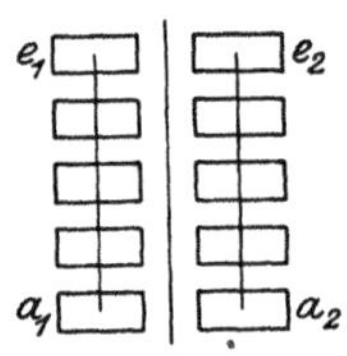

Abb. 129. Nebeneinander liegende Spulenseiten mit je einer Leiterlage quer zur Nut.

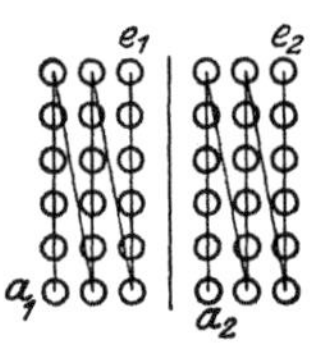

Abb. 130. Nebeneinander liegende Spulenseiten mit je drei nebeneinander liegenden Leiterlagen.

p Spulen in Reihe geschaltet sind. Wir können deshalb bei beiden Wicklungsarten für die Spannung zwischen benachbarten Leitern derselben Spule schreiben

$$e = \frac{a}{p} \frac{e_s}{s} \quad \ldots \ldots \ldots \quad (44\text{a})$$

Die größte Spannung e_s zwischen benachbarten Stromwenderstegen soll nach Abschnitt 17C nicht größer als 35 Volt sein, in allen praktischen Fällen ist deshalb e wesentlich kleiner als 35 Volt, wofür die übliche Umspinnung der Leiter gewöhnlich ausreicht.

Wenn mehrere Leiter derselben Spule nebeneinander liegen, so wickelt man die Spule gewöhnlich mit der in Abb. 130 angedeuteten Reihenfolge der Leiter (vgl. auch Abb. 311a bis c). Wir erhalten mehrere (n) Lagen, die nach Abb. 130 ($n = 3$) nebeneinander liegen. Die größte Spannung zwischen benachbarten Leitern derselben Spule wird hier

$$e = \frac{a}{p} \frac{e_s}{n} \quad \ldots \ldots \ldots \quad (44\text{b})$$

und erreicht auch in diesem Falle sehr selten 35 Volt, sodaß eine besondere Isolierung zwischen den einzelnen Lagen derselben Spulenseite meistens entbehrt werden kann.

Für die Isolierung der Leiter wird gewöhnlich eine zweifache Umspinnung mit Baumwolle gewählt (Tafel 5 und 6 in Abschnitt 20). Leiter von größerem Querschnitt werden mit Band oder Papier umwickelt, wie es in Abschnitt 20 näher erläutert ist.

Die Spannung zwischen benachbarten Leitern verschiedener Spulenseiten ist bei der Leiteranordnung in Abb. 129 ($n = 1$) immer gleich der Spannung e_s zwischen benachbarten Stromwenderstegen; denn die Spulenseiten folgen am Ankerumfang in derselben Weise wie die Stege am Stromwenderumfang. Wenn die Leiter einer Spulenseite in mehreren Lagen nebeneinander liegen (Abb. 130), ist die Spannung zwischen benachbarten Leitern verschiedener Spulenseiten gleich der Differenz zwischen der Spannung e_s und der Spannung von $n - 1$ Lagen einer Spule, also unter Berücksichtigung von Gl. 44 b

$$e = e_s - (n - 1)\frac{a}{p}\frac{e_s}{n} = \left(1 + \frac{a}{np} - \frac{a}{p}\right)e_s \quad . . . (45)$$

Dieser Wert ist immer kleiner als die Spannung e_s, also kleiner als 35 Volt.

Wenn die in einer Nut nebeneinander liegenden Spulenseiten gemeinsam auf eine Schablone gewickelt und gemeinsam vor dem Einlegen in die Nuten fertig abisoliert werden (offene Nuten), kann gewöhnlich auf eine besondere Isolierung zwischen den Spulenseiten verzichtet werden. Nur in den Fällen, wo sich die Stegspannung dem Grenzwert 35 Volt nähert, werden noch die Spulen durch Papierzwischenlagen von 0,1 bis 0,2 mm voneinander isoliert. Diese Grenzfälle kommen gewöhnlich bei Maschinen von 500 Volt und darüber vor, besonders auch bei Maschinen geringer Leistung, wo der kleine Durchmesser des Stromwenders nur eine verhältnismäßig geringe Zahl von Stegen zuläßt.

Bei offenen Nuten mit Treppenwicklung oder bei halbgeschlossenen Nuten können die in einer Nut nebeneinander liegenden Spulenseiten gewöhnlich nicht vor dem Einlegen gemeinsam abisoliert werden. Die Isolierung kann dann beim Einlegen in die Nut sehr leicht beschädigt werden. Man darf sich deswegen in diesen Fällen nicht auf die Isolierung der Leiter verlassen und muß zwischen die Spulenseiten noch Papierstreifen von etwa 0,2 mm Stärke einlegen oder jede Spulenseite für sich durch eine einfache Bandumwicklung abisolieren.

Zwischen Unter- und Oberschicht einer Gleichstrom-Ankerwicklung herrscht ungefähr die Klemmenspannung, weil die Spulenweite immer annähernd gleich der Polteilung ist. Unter- und Oberschicht müssen deshalb voneinander noch besonders isoliert werden.

B. Isolierung der Spulenseiten gegen die Nut. Besondere Sorgfalt erfordert die Isolierung der Spulenseiten gegenüber dem

Ankereisen der Nut. Die Spannung zwischen Wicklung und Ankereisen ist zwar nur halb so groß wie die Klemmenspannung, also gewöhnlich nicht höher als 250 Volt, doch wird die Isolierung in den Nuten mechanisch sehr ungünstig beansprucht. Da der Anker aus einzelnen gestanzten Blechen zusammengesetzt ist, sind die Nutenflächen nicht glatt. Die hervorstehenden Eisenteilchen können zwar mit der Feile beseitigt werden, der sich hierbei bildende Grat überbrückt dann aber leicht die Isolierung zwischen den einzelnen Blechen und gibt zu Wirbelströmen Veranlassung. Man beschränkt sich deshalb darauf, die gröbsten Unebenheiten zu beseitigen und wählt die Isolierung zwischen Spulenseite und Nut reichlicher, als es bei vollständig glatten Flächen erforderlich wäre. Am meisten sind die Stellen gefährdet, wo die Spulenseite aus der Nut austritt. Die Nutenkanten werden deshalb an den Stirnflächen gut abgerundet und geglättet; zuweilen werden auch an den Austrittsstellen noch dünne Glimmerplättchen eingelegt, um die Betriebssicherheit zu erhöhen.

Die Stärke der Isolierung wird also hauptsächlich durch mechanische Rücksichten bestimmt, während die Höhe der Klemmenspannung gewöhnlich nur eine geringe Rolle spielt. Diese Überlegungen waren auch maßgebend für die Höhe der in den Richtlinien des Verbandes Deutscher Elektrotechniker angegebenen Prüfspannung zwischen Wicklung und Ankereisen [L. 22, S. 301]. Diese Prüfspannung (effektive Wechselspannung, eine Minute lang) soll bei Maschinen von 40 bis 400 Volt Klemmenspannung 1000 Volt, bei Maschinen von 400 bis 1000 Volt dagegen das $2^1/_2$-fache der Klemmenspannung betragen. Gewöhnlich werden die Gleichstrommaschinen nur bis etwa 500 Volt Klemmenspannung gebaut. Hierbei ist die vorgeschriebene Prüfspannung 1250 Volt, also nicht wesentlich höher als die Spannung, die für 40 bis 400 Volt Klemmenspannung vorgeschrieben ist. Gleichstrommaschinen bis zu etwa 500 Volt Klemmenspannung, wie sie z. B. in den Preislisten der Maschinenfabriken zu finden sind, erhalten deshalb sehr häufig dieselbe Isolierung.

Die verschiedenen Isolierstoffe, die zur Abisolierung der Spulenseiten gegen die Nut verwendet werden, sind so zahlreich, daß sie hier nicht alle aufgezählt werden können. Neben Baumwoll- und Leinenband wird vor allem noch Papier und Glimmerpapier verwendet. Das Papier soll mechanisch möglichst fest sein und beim Biegen nicht brüchig werden. Diese Eigenschaften erfüllt z. B. Preßspan, und zwar um so vollkommener, je dünner er ist. Stärkeren Preßspan als 0,5 mm verwendet man selten und gibt immer mehreren dünnen Preßspanlagen den Vorzug vor einer einzigen starken Preßspanlage. Durch Aufkleben dünner, sich gegenseitig überlappender Glimmerblättchen auf einen Bogen dünnen Papiers erhält man das zur Isolierung häufig verwendete Glimmerpapier, das bis herunter zu etwa 0,2 mm gesamter Stärke hergestellt werden kann. Von allen Isolierstoffen verlangt man, daß sie möglichst wenig Feuchtigkeit aufnehmen, deshalb werden auch die Spulen oder Spulengruppen vor dem Einlegen in die Nuten noch mit Lack getränkt.

Die Isolierung der Spulenseiten kann in verschiedener Weise ausgeführt werden. Wir wollen uns darauf beschränken, die gebräuchlichsten Isolierungen an einigen Beispielen zu zeigen. Die Stärke der Isolierung hängt von der Güte der Isolierstoffe und von dem Grad der verlangten Betriebssicherheit ab. Je glatter die Nuten ausgefeilt werden, desto schwächer kann natürlich die Isolierung bemessen werden. Große Abweichungen gegenüber den im folgenden behandelten Beispielen kommen jedoch in der Praxis nicht vor.

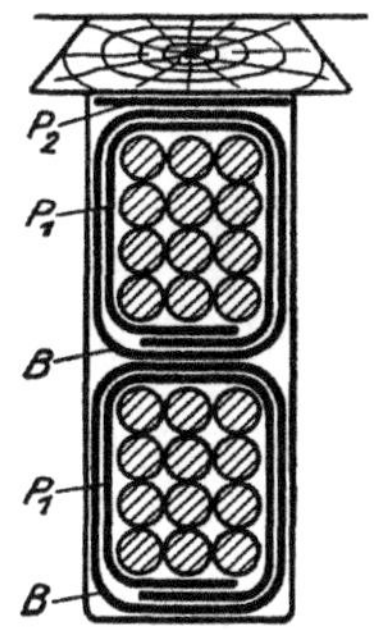

Abb. 131. Einfache Isolierung der Spulenseiten gegen die offene Nut.

Bei offenen Nuten und Spulenwicklungen ohne Treppe werden die Spulenseiten etwa nach Abb. 131 isoliert. Die in der Nut nebeneinander liegenden Spulenseiten erhalten zunächst Preßspanhülsen (P_1) von etwa 0,3 bis 0,4 mm Stärke, die sich an der unteren Seite der Spule überlappen. Durch die Überlappung soll an den Stoßfugen die Ablagerung von Staub möglichst verhindert werden, der beim Eintritt von Feuchtigkeit die Isolierfestigkeit verringern würde. Um die Preßspanhülse wird gewöhnlich Band (B) mit einfacher Überlappung gewickelt (vgl. Abschnitt 20). Die Überlappung der Preßspanhülsen liegt in beiden Schichten der Wicklung unten. In der Unterschicht ist die doppelte Lage Preßspan erwünscht, weil beim Einschieben des Keils die Spulenseiten mit beträchtlichem Druck in die Nut gepreßt werden, wodurch die Isolierung zwischen der Unterschicht und dem mehr oder weniger rauhen Nutengrund mechanisch sehr stark beansprucht wird. In der Oberschicht liegt die Überlappung ebenfalls unten, weil die Stoßfuge an dieser Stelle am besten vor Staub und Feuchtigkeit geschützt ist. Über die Oberschicht wird noch ein Preßspanstreifen (P_2) gelegt, um zu verhindern, daß beim Einschieben des Keils die Bandisolierung verletzt wird, und um das Einfügen des Keils, der an der glatten Oberfläche des Preßspans ohne wesentliche Reibung vorbeigleitet, zu erleichtern. Die Stärke dieses Preßspanstreifens richtet sich hauptsächlich nach der Länge des Ankers und beträgt 0,3 bis 1 mm. Nehmen wir diesen Streifen zu 0,5 mm, die Stärke des Preßspans der Hülse zu 0,4 und den doppelseitigen Auftrag der Bandbewicklung zu 0,8 mm an, so beansprucht die gesamte Isolierung der Spulenseiten in der Höhe (ohne Keil) 4,5 mm und in der Breite 1,6 mm. Um die Spulenseiten bequem in die Nuten einlegen zu können, muß man in der Breite noch mit einem Spielraum von mindestens 0,1 mm rechnen.

Die in Abb. 131 dargestellte Isolierung der Spulenseiten wird wegen ihrer Einfachheit im allgemeinen bevorzugt. Wenn aber die Nutenflächen nicht genügend glatt sind, wird durch die hervorstehenden Eisenteilchen die äußere Bandisolierung leicht verletzt. Es empfiehlt sich daher, noch eine besondere Nutisolierung zu verwenden, wenn hohe Betriebssicherheit verlangt wird oder die Nuten zur Vermeidung von Wirbelströmen nur wenig bearbeitet sind. Diese besondere Nutisolierung besteht gewöhnlich aus einem U-förmig gebogenen Preßspanstreifen (P_3 in Abb. 132) von etwa 0,2 mm Stärke.

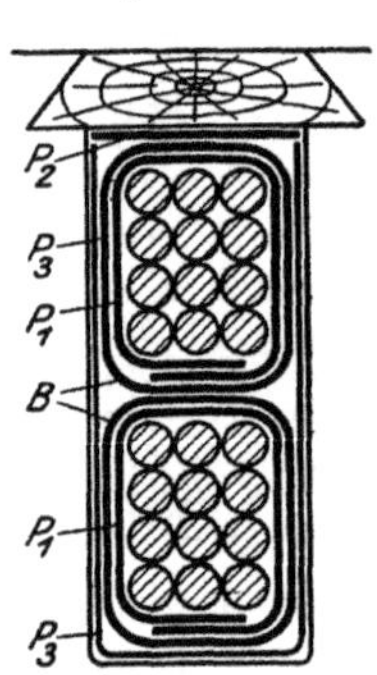

Abb. 132. Isolierung der Spulenseiten mit besonderer Nutauskleidung.

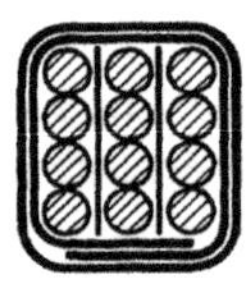

Abb. 133. Isolierung der Spulenseiten gegen die Nut und gegeneinander.

Bei Treppenwicklungen können die Spulenseiten einer Nut in der Oberschicht erst gemeinsam abisoliert werden, wenn die Unterschicht in den Nuten liegt. Da hierbei die Isolierung der Leiter sehr leicht beschädigt werden kann, empfiehlt es sich, zwischen die Spulenseiten noch besondere Preßspanstreifen von etwa 0,2 mm Stärke einzulegen, wie es für eine Spulenseite mit $u = 3$ in Abb. 133 gezeigt ist. Da die Isolierung der Spulenseiten am Anker nicht so sorgfältig ausgeführt werden kann wie außerhalb des Ankers bei der Wicklung ohne Treppe und die isolierten Spulenseiten nicht in besondern Formen gepreßt werden können, muß man bei der Treppenwicklung reichlich Spiel quer zur Nut annehmen, etwa 0,3 bis 0,5 mm.

Stabwicklungen erhalten gewöhnlich dieselbe Isolierung wie Spulenwicklungen. Die einzelnen Stäbe werden bei kleinen Querschnitten zweifach mit Baumwolle umsponnen (doppelseitiger Auftrag 0,4 mm), bei größeren Querschnitten dagegen mit Papier umklebt (doppelseitiger Auftrag 0,4 bis 0,6 mm) oder mit Band umwickelt (doppelseitiger Auftrag 0,8 mm).

Bei halbgeschlossenen Nuten müssen die Spulenseiten nacheinander in die Nuten eingelegt werden, wobei der Nutenschlitz dann etwas breiter sein muß als die isolierte Spulenseite. Bei Spulenwicklungen können hierbei die Einzelleiter sehr leicht verletzt werden, wenn nicht jede Spulenseite besonders abisoliert wird. Durch diese besondere Isolierung der Spulenseiten würde aber der Nutenraum schlecht ausgenützt werden; deshalb verwendet man halbgeschlossene Nuten gewöhnlich nur bei Stabwicklungen. In Abb. 134a und b ist die Isolierung für eine Stabwicklung mit $u = 3$ nebeneinander liegenden Spulenseiten dargestellt. Die Nut wird vor dem Einlegen der Stäbe mit einer Preßspanhülse (P_1) ausgekleidet, deren offene Enden durch den Nutenschlitz ragen (Abb. 134a), damit die Isolierung der Spulenseiten beim Einlegen in die Nut nicht durch die Kanten der Eisenbleche beschädigt wird. Zur Verstärkung der Isolierung im Nutengrunde dient ein besonderer Preßspanstreifen P_3. Zuerst werden die äußern Stäbe eingelegt und zuletzt der mittlere Stab (vgl. Abb. 134a). Unter- und Oberschicht werden durch Preßspan (P_4) voneinander isoliert. Nachdem die Oberschicht eingelegt ist, wird die Hülse geschlossen (Abb. 134b) und zum Schutz gegen den Keil noch mit einem Preßspanstreifen P_2 abgedeckt. Die Stärke der Preßspanhülse und der Streifen beträgt gewöhnlich etwa 0,6 mm oder setzt sich aus zwei Preßspanlagen von je 0,3 mm zusammen. Die Stäbe selbst sind über den in Nuten gebetteten Teil entweder mit Papier umklebt (doppelseitiger Auftrag etwa 0,6 mm) oder mit Band bewickelt (doppelseitiger Auftrag etwa 0,8 mm). Für Spiel rechnet man quer zur Nut etwa 0,3 mm. In den Querverbindungen sind die Stäbe in beiden Fällen mit Band umwickelt, wobei im ersten Falle die Bandisolierung die aus den Nuten herausragende Papierisoliernng des geraden Stabteils überlappt.

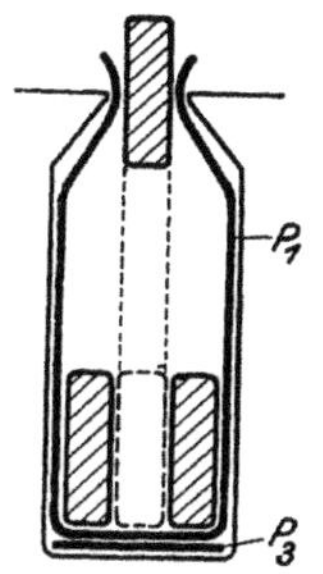

Abb. 134a.

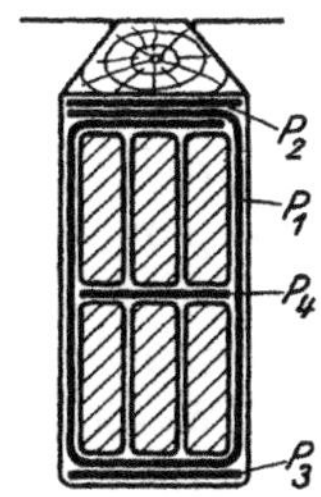

Abb. 134b.

Isolierung bei halbgeschlossenen Nuten.

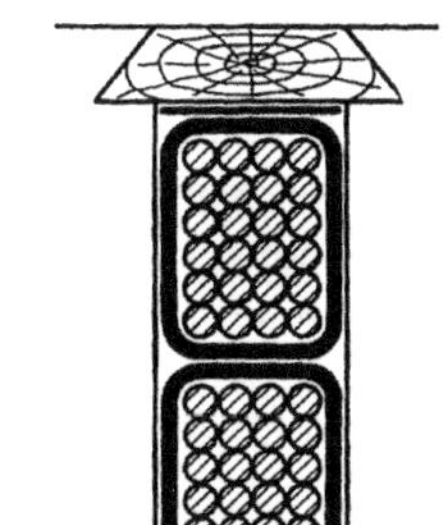

Abb. 135. Isolierung bei Spannungen über 500 Volt.

Bei Stabwicklungen mit $u = 1$ kann man die besondere Nutisolierung entbehren, wenn die Leiter im geraden Teil mit Papier umklebt werden. Die in mehreren Lagen umklebte Papierisolierung (vgl. Abb. 128 und 328) ist mechanisch sehr widerstandsfähig und beansprucht deshalb den kleinsten Raum in der Nut. Die doppelseitige Stärke der Isolierung beträgt etwa 1,2 mm.

Bei großen und besonders teueren Maschinen verlangt man auch eine hohe Betriebssicherheit. Die Isolierung wird für solche Maschinen etwas reichlicher bemessen als in den Beispielen angegeben ist. Man vergrößert die Papierisolierung dann um etwa 50 $^0/_0$ und ersetzt sie teilweise durch Glimmerpapier, das von hervorstehenden Eisenteilchen der Nut nicht so leicht verletzt werden kann wie Preßspan. Die Hülse in Abb. 134b wird z. B. häufig aus 3 Lagen von je etwa 0,3 mm Stärke hergestellt, wobei die äußern Lagen aus Preßspan, die innere Lage aus Glimmerpapier besteht.

Wenn die Klemmenspannung der Maschine wesentlich höher als 500 Volt ist, kann die Isolierung nach den Angaben im Abschnitt 41 B und C bemessen werden. Die Spulenseiten müssen hier gegenüber der Nut ohne jede Stoßfuge von Isolierstoff umkleidet sein (Abb. 135).

II. Die Wechselstromwicklungen.

22. Die Stromverteilung in einphasig gespeisten Gleichstrom-Ankerwicklungen.

In Abschnitt 4D (vgl. Abb. 17a bis c) hatten wir die Stromverteilung von vierpoligen mit Gleichstrom gespeisten Schleifenwicklungen mit verschiedenen Spulenweiten aufgezeichnet. Dieselbe Stromverteilung ergibt sich auch bei der Speisung mit einphasigem Wechselstrom, wenn wir einen beliebigen Zeitpunkt ins Auge fassen. Bei Wechselstrom kommt jedoch häufig auch eine mehrfache Speisung, entweder mit Einphasen- oder mit Mehrphasenströmen, in Frage. Wir wollen in diesem Abschnitt für die praktisch wichtigsten Schaltungen die Stromverteilung bei einphasiger Speisung bestimmen, woraus sich dann auch die mehrphasige Speisung, die wir im nächsten Abschnitt behandeln werden, ableiten läßt.

Um das Wesentliche der Stromverteilung hierbei möglichst deutlich hervorzuheben, werden wir uns auf die zweipolige Wicklung beschränken. Daraus ergibt sich durch p-fache Wiederholung der Stromverteilung am Ankerumfang ohne weiteres die Verteilung für $2p$-polige Schleifen- oder Wellenwicklungen. Im allgemeinen gilt dies bei Wellenwicklungen allerdings nur angenähert, weil der Stromwechsel in Unter- und Oberschicht nicht immer genau nach einer Polteilung stattfindet. Die Abweichung ist um so geringer, je größer die Zahl der Nuten und Stromwenderstege ist und würde vollkommen verschwinden, wenn diese Zahl unendlich groß wäre. Um die Darstellung übersichtlicher zu gestalten, werden wir auch die Bürsten nicht in der Lage, die der gewöhnlich üblichen Form der Querverbindungen entspricht, sondern um eine halbe Polteilung verschoben einzeichnen, so daß bei Durchmesserwicklung die Bürsten an den Seiten der kurzgeschlossenen Spulen liegen. Diese Darstellung ist in der Praxis sehr verbreitet.

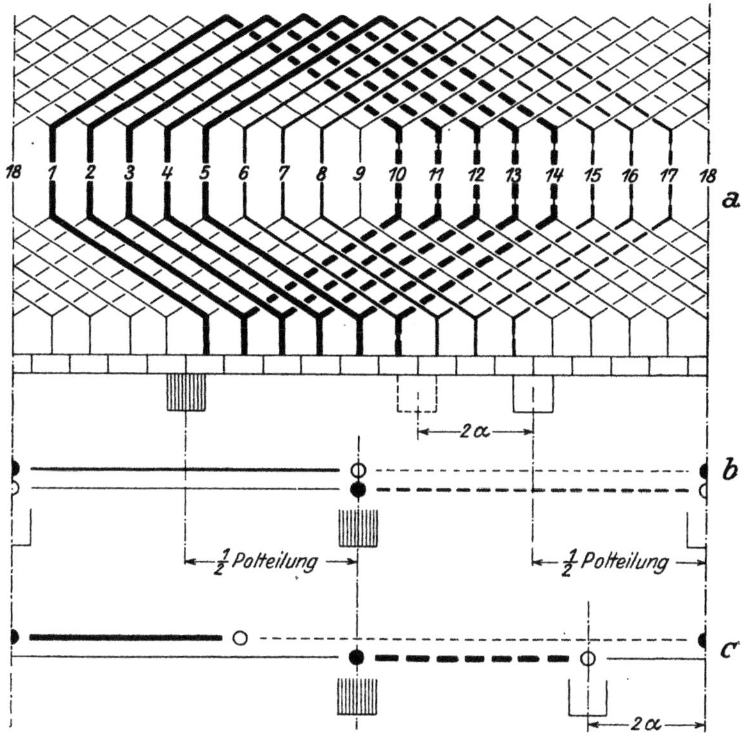

Abb. 136a bis c. Einfluß der Bürstenstellung auf die Stromverteilung in einer Durchmesserwicklung.

A. Durchmesserwicklung. In Abb. 136a ist der abgewickelte Schaltplan für eine Wicklung mit 18 Nuten und Stromwenderstegen und mit ungekreuzten Wicklungselementen dargestellt. Wenn der Strom in die schraffierte Bürste ein- und bei der um eine Polteilung entfernten Bürste austritt, ergibt sich von der Stromwenderseite betrachtet für Unter- und Oberschicht die in Abb. 136b angegebene Stromverteilung am Ankerumfang. Dabei ist der in die Papierebene gerichtete Strom durch voll ausgezogene Linien, der aus der Papierebene heraustretende Strom durch gestrichelte Linien angedeutet; die Ströme in den beiden Wicklungszweigen sind durch verschiedene

Strichstärken unterschieden. Die Lage der von Bürsten kurzgeschlossenen Spulenseiten ist durch Kreise bezeichnet, und zwar sind die Spulenseiten, die die schraffierte Bürste kurzschließt, schwarz ausgefüllt. Wenn wir in der durch Abb. 136b veranschaulichten Stromverteilung die Bürsten gegenüber ihrer wirklichen Lage um eine halbe Polteilung nach rechts verschoben einzeichnen, liegt die Bürste immer unter der rechten Spulenseite der von ihr kurzgeschlossenen Spule.

Für den senkrecht zur Welle geschnittenen Anker ist die der Abb. 136b entsprechende Stromverteilung in Abb. 137a dargestellt. Der Stromwenderumfang, auf dem die Bürsten schleifen, ist hier durch eine dünne Kreislinie angedeutet; die Kreisbögen, die die Stromrichtung in Ober- und Unterschicht angeben, sind stärker gezeichnet; gleiche Strichstärken entsprechen denselben Wicklungszweigen. Die Bürste, in die der Strom eintritt, sowie die von ihr kurzgeschlossenen Spulenseiten, sind schwarz ausgefüllt; die Spulenseiten jeder kurzgeschlossenen Spule sind durch dünne Kreisbogen miteinander verbunden. Die von der Stromeintrittsstelle nach der Stromaustrittsstelle gezogene Linie („Bürstenachse“) ist der Stromrichtung in der Wicklung im Korkziehersinne zugeordnet, gibt also bei der hier gewählten Darstellung gleichzeitig auch die Richtung des von der Ankerwicklung erregten magnetischen Feldes an.

Dieselbe Stromverteilung, wie sie in Abb. 137a dargestellt ist, erhalten wir auch bei einer Wicklung mit gekreuzten Elementen, wenn der Strom in die weiße Bürste eingeleitet und bei der schwarzen Bürste abgeleitet wird. Wir wollen hier immer Wicklungen mit ungekreuzten Wicklungselementen voraussetzen, wobei der Strom in die schwarze Bürste eintritt.

Verschieben wir nun die unschraffierte Bürste im Schaltplan Abb. 136a um den Winkel 2α nach links, so nimmt sie die gestrichelt angedeutete Lage ein. Die beiden zwischen den Bürsten liegenden Wicklungszweige haben jetzt verschiedene Länge; der kürzere Wicklungszweig ist durch dicke Linien hervorgehoben, während die schwächeren und dünnen Linien dem längeren Wicklungszweig angehören. In Abb. 136c ist die Stromverteilung am Ankerumfang mit den um eine halbe Polteilung gegenüber der wirklichen Lage nach rechts verschobenen Bürsten eingezeichnet. Mit der Verschiebung der Bürste um den Winkel 2α gegenüber Abb. 136b bewegt sich natürlich die von ihr kurzgeschlossene Spule, und da nach jeder kurzgeschlossenen Spulenseite ein Wechsel der Stromrichtung am Ankerumfang stattfindet, läßt sich ohne weiteres für beliebige Bürstenstellungen die Stromverteilung am Ankerumfang angeben.

Die Stromstärke wird in den beiden Wicklungszweigen im allgemeinen verschieden sein. Bei Gleichstrom wird sich der in die Bürste eingeleitete Strom im umgekehrten Verhältnis der Widerstände, also der Längen der Wicklungszweige verteilen, wenn der Berührungswiderstand zwischen Bürste und Stromwender vernachlässigt werden darf. Bei der in Abb. 136a und c angenommenen Bürstenverschiebung von $2\alpha = 60^0$ werden sich die Ströme in den beiden Wicklungszweigen wie $(180 - 60):(180 + 60) = 1:2$ verhalten; die in den beiden Wicklungszweigen induzierten EMKe sind dagegen gleich groß. Bei Wechselstrom wird der Unterschied im allgemeinen geringer sein, weil die Scheinwiderstände der beiden Wicklungszweige weniger verschieden sind als die Gleichwiderstände; im allgemeinen werden die Ströme der beiden Wicklungszweige auch verschiedene Phasen haben. Der resultierende Strombelag, der sich aus den Strombelägen der Unter- und Oberschicht zusammensetzt, wird aber durch die Ungleichheit der Zweigströme nicht beeinflußt.

Für den senkrecht zur Welle geschnittenen Anker ist die der Abb. 136c entsprechende Stromverteilung in Abb. 138a dargestellt. Die Wicklungsachse des Ankers, die parallel zur Verbindungslinie der beiden Bürsten liegt, ist hier, wie bei allen einphasigen Schaltungen, senkrecht gezeichnet. Wir können uns Abb. 138a aus 137a dadurch entstanden denken, daß die schwarze Bürste mit der von ihr kurzgeschlossenen Spule um den Winkel α im Sinne des Uhrzeigers, die weiße Bürste mit der von ihr kurzgeschlossenen Spule um denselben Winkel im entgegengesetzten Sinne verschoben wird. Zur Abkürzung wollen wir die Bürsten in Abb. 138a als Sehnenbürsten, die in Abb. 137a als Durchmesserbürsten bezeichnen.

Man übersieht leicht, daß bei den Sehnenbürsten 4 Stromzonen am Ankerumfang bestehen. In zwei gegenüberliegenden Zonen addieren sich die Strombeläge von Unter- und Oberschicht, in den andern subtrahieren sie sich; wo sie sich addieren, gehören beide Schichten verschiedenen Wicklungszweigen an, wo sie sich subtrahieren, liegen sie in demselben Wicklungszweige (dem längeren), ergeben also dort immer den resultierenden Strombelag null.

Zur Beurteilung der Wicklung wollen wir noch die Feld-Erregerkurve (vgl. Abschnitt 48) aufzeichnen. Die Erregerkurve ist die Integralkurve des Strombelags, wobei die Integrationskonstante so zu bestimmen ist, daß der in den Ankermantel eintretende Induktionsfluß gleich dem aus dem Mantel austretenden Induktionsfluß ist. Die Flächen, die der oberhalb und der unterhalb der Abszissenachse liegende Teil der Erregerkurve begrenzt, müssen also einander gleich sein. Die Erregerkurven, die den Strombelägen der Abb. 137a und 138a entsprechen, sind in Abb. 137b und 138d dargestellt. Die

Abb. 137 bis 142. Stromverteilung bei verschiedenen Spulenweiten $(\pi - 2\beta)$ und verschiedenen Bürstenanordnungen.

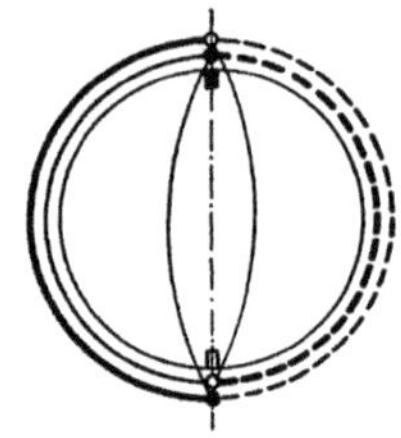

Abb. 137 a. Durchmesserwicklung und Durchmesserbürsten.

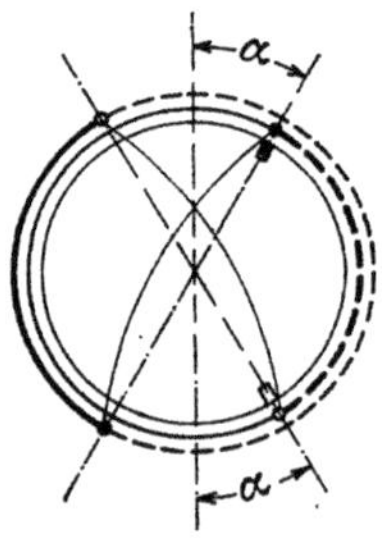

Abb. 138 a. Durchmesserwicklung und einfache Sehnenbürsten.

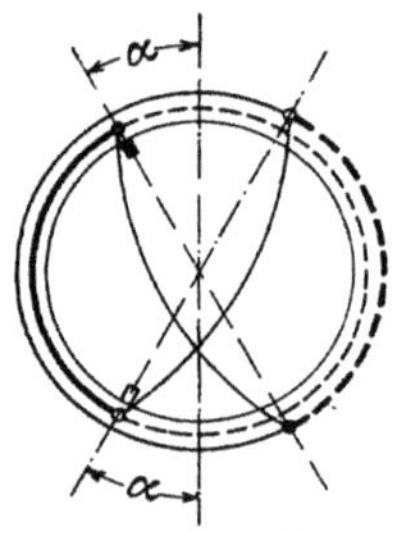

Abb. 138 b. Durchmesserwicklung und einfache Sehnenbürsten.

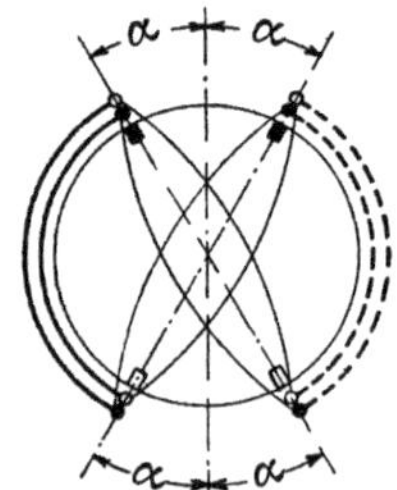

Abb. 138 c. Durchmesserwicklung und Doppel-Sehnenbürsten.

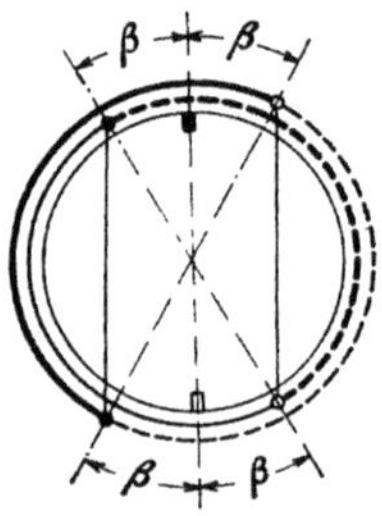

Abb. 138 e. Sehnenwicklung und Durchmesserbürsten.

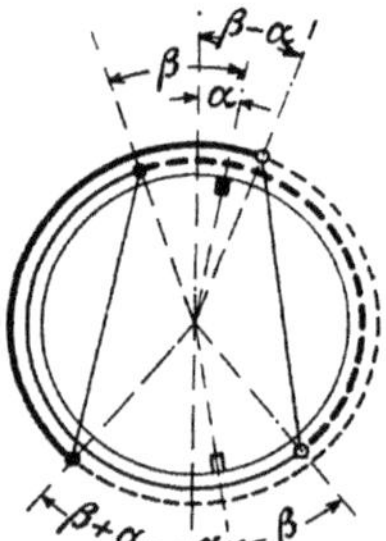

Abb. 139 a. Sehnenwicklung u. einfache Sehnenbürsten. $\alpha = 10^0$, $\beta = 30^0$.

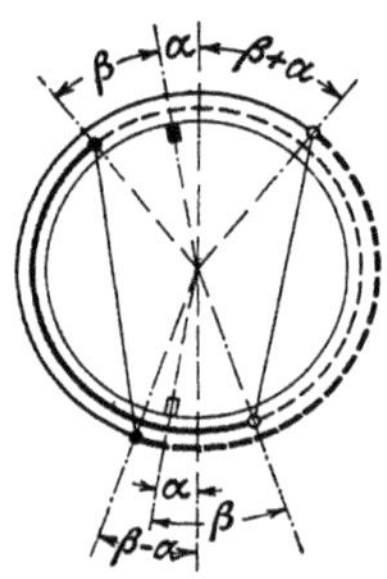

Abb. 139 b. Sehnenwicklung und einfache Sehnenbürsten. $\alpha = 10^0$, $\beta = 30^0$.

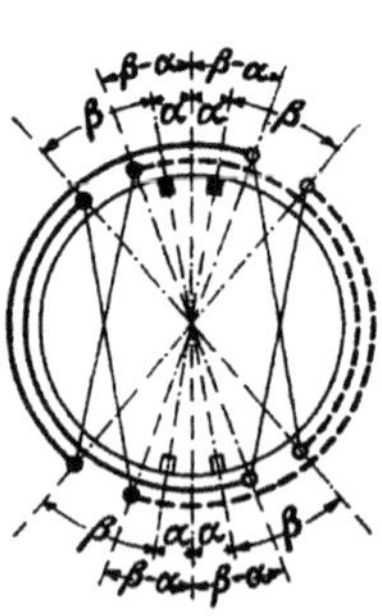

Abb. 140 a. Sehnenwicklung und Doppel-Sehnenbürsten. $\alpha = 10^0$, $\beta = 30^0$.

Abb. 141 a. Sehnenwicklung u. Doppel-Sehnenbürsten. $\alpha = \beta = 30^0$.

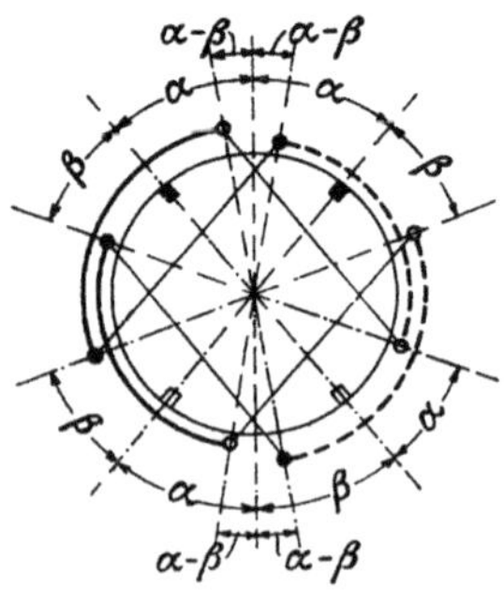

Abb. 142 a. Sehnenwicklung und Doppel-Sehnenbürsten. $\alpha = 40^0$, $\beta = 30^0$.

Ankerleiter sind dabei unendlich fein am Ankerumfang verteilt vorausgesetzt, um die in Wirklichkeit treppenförmige Kurve, deren Stufenzahl von der Nutenzahl abhängig ist, durch eine glatte Kurve ersetzen zu können, die das Wesentliche der Verteilung besser zum

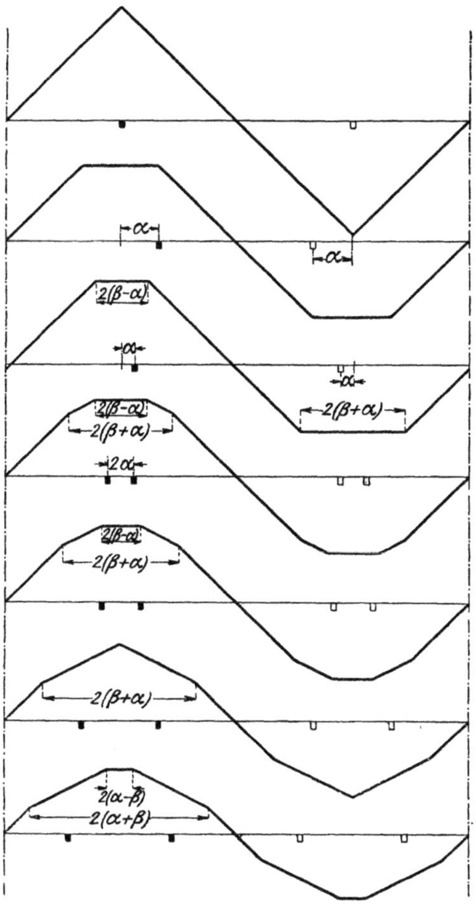

Abb. 137b. Erregerkurve für Abb. 137a.

Abb. 138d. Erregerkurve für Abb. 138a bis c und Abb. 138e, wenn $\beta = \alpha$.

Abb. 139c. Erregerkurve für Abb. 139a.

Abb. 140b. Erregerkurve für Abb. 140a.

Abb. 140c. Erregerkurve für Abb. 140a, wenn $\alpha = \frac{\beta}{2}$.

Abb. 141b. Erregerkurve für Abb. 141a.

Abb. 142b. Erregerkurve für Abb. 142a.

Ausdruck bringt. Die Form der Erregerkurve ist unabhängig von der Größe der beiden Zweigströme. Bei allen in diesem Abschnitt gezeichneten Erregerkurven ist angenommen, daß der Höchstwert des resultierenden effektiven Strombelags für alle Kurven denselben Wert hat; sämtliche Erregerkurven haben also dieselbe größte Steigung.

B. Doppel-Sehnenbürsten. Wenn die beiden Bürsten im entgegengesetzten Sinne aus der senkrechten Mittellinie verschoben werden, als wir es in Abb. 138a angenommen haben, so bewegen sich auch die von den Bürsten kurzgeschlossenen Spulenseiten im entsprechenden Sinne und es ergibt sich die Bürstenstellung und die Stromverteilung in Abb. 138 b, wo in Übereinstimmung mit Abb. 138a der Strombelag des kürzeren Wicklungszweiges durch stärkere Linien hervorgehoben ist. Der resultierende Strombelag aus Unter- und Oberschicht ist in Abb. 138b bei demselben Bürstenverschiebungswinkel α derselbe wie in Abb. 138a, es sind nur Unter- und Oberschicht gegeneinander vertauscht.

Speisen wir nun die Ankerwicklung gleichzeitig durch die zwei Bürstensätze in Abb. 138a und b, so überlagern sich die beiden Ströme, und es ergibt sich die in Abb. 138c dargestellte resultierende Verteilung des Strombelags in den beiden Wicklungsschichten. Die Ankerleiter, die in der Bürstenverschiebungszone 2α liegen, sind vollkommen stromfrei. Der resultierende Strombelag aus Unter- und Oberschicht ist genau ebenso verteilt wie bei den einfachen Speisungen der Wicklung in Abb. 138a und b. Es gilt deshalb auch hier wieder die Erregerkurve in Abb. 138d. Die Bürsten in Abb. 138c wollen wir zur Abkürzung Doppel-Sehnenbürsten nennen.

In den meisten praktischen Fällen wird der Anker nicht von außen gespeist, sondern die Wicklung über die Bürsten je eines Bürstensatzes kurzgeschlossen, wobei die durch die Bürsten fließenden Ströme in der Ankerwicklung induziert werden. Die Stromverteilung ist auch in diesem Falle durch die Abb. 137a und 138a bis c gekennzeichnet.

Wenn bei Doppel-Sehnenbürsten die Bürstenverschiebungswinkel α der beiden Bürstensätze verschieden sind, läßt sich keine allgemein gültige Stromverteilung angeben, da diese dann von den Induktivitäten der einzelnen Wicklungsteile und von der Größe der darin induzierten EMKe abhängt. In der Bürstenverschiebungszone ist dann der Strombelag in den einzelnen Wicklungsteilen nicht mehr null, doch ergibt sich für die Bürstenverschiebungszone, die dem Bürstensatz mit dem kleineren Verschiebungswinkel entspricht, wieder der resultierende Strombelag null aus der Unter- und Oberschicht.

Die durch die Stromwendung in einer Ankerspule induzierte EMK ist proportional der Differenz der Ströme, die unmittelbar vor und nach dem Bürstenkurzschluß in der Ankerspule fließen. Für jede kurzgeschlossene Spulenseite ist die EMK der Stromwendung proportional der Differenz der angrenzenden Strombeläge. Die Stromverteilung dient also auch zur Beurteilung der Größe der EMK der Stromwendung. Bei denselben effektiven Strombelägen ist z. B. für den Doppelbürstensatz nach Abb. 138c die EMK nur halb so groß wie für den einfachen Bürstensatz nach Abb. 137a, weil die kurzgeschlossenen Spulenseiten in Abb. 138c zwischen positiven oder negativen Strombelägen und dem Strombelag null, in Abb. 137a zwischen positiven und negativen Strombelägen liegen (vgl. Tafel 7, S. 171).

C. Sehnenwicklung. Die Stromverteilung der Sehnenwicklung mit Durchmesserbürsten hatten wir bereits im Abschnitt 4D aufgezeichnet. Die Sehnenwicklung entsteht aus der Durchmesserwicklung durch Verkürzung der Spulenweite. Halten wir in Abb. 136a und b den Stromwender und die Bürsten fest, so verschiebt sich bei Verkürzung der Spulenweite der Strombelag in der Oberschicht um den halben Betrag der Verkürzung nach rechts, der der Unterschicht um denselben Betrag nach links. In dem senkrecht zur Welle geschnittenen Anker wird die Stromverteilung durch Abb. 138e dargestellt, worin $2\beta = 60^0$ den Winkel bezeichnet, um den die Spulenweite gegenüber der Durchmesserwicklung verkürzt ist.

Der resultierende Strombelag aus Unter- und Oberschicht ist innerhalb der Verkürzungszone 2β null, so daß für die Sehnenwicklung mit Durchmesserbürsten dieselbe Erregerkurve Abb. 138d gilt wie für die Durchmesserwicklung mit Sehnenbürsten (Abb. 138a und b), wenn $\beta = \alpha$ ist. Die von Bürsten kurzgeschlossenen Spulenseiten liegen bei der Sehnenwicklung mit Durchmesserbürsten an denselben Stellen des Ankerumfangs wie bei der Durchmesserwicklung mit Sehnenbürsten, jedoch haben die zu derselben kurzgeschlossenen Spule gehörigen Spulenseiten in beiden Fällen verschiedene Lage (vgl. Abb. 138b mit Abb. 138e). Die in den kurzgeschlossenen Ankerspulen induzierten EMKe sind deshalb bei den beiden Schaltungen im allgemeinen verschieden. Bei der Durchmesserwicklung mit Sehnenbürsten induziert z. B. das vom Feldmagneten erregte Feld in der kurzgeschlossenen Spule eine EMK der Bewegung, die im allgemeinen schädlich wirkt. Deshalb würde man wohl in den meisten praktischen Fällen die Sehnenwicklung mit Durchmesserbürsten gegenüber der Durchmesserwicklung mit Sehnenbürsten bevorzugen, doch kann die erste Schaltung nicht die zweite ersetzen, wenn zur Regelung der Geschwindigkeit nicht nur die „Bürstenachse“ verschoben, sondern auch die Bürsten*sehne* geändert werden soll (feste und bewegliche Bürsten), wie es bei Repulsionsmotoren häufig zweckmäßig ist [L. 23]. Bei demselben resultierenden Strombelag ist ferner die Stromwärme der Durchmesserwicklung mit Doppel-Sehnenbürsten immer geringer als die der Sehnenwicklung mit Durchmesserbürsten, weil der Wicklungsteil innerhalb der Bürstenverschiebungszone 2α bei der Durchmesserwicklung vollständig stromfrei bleibt (vgl. Abb. 138c mit Abb. 138e).

Auch bei der Sehnenwicklung bewegen sich die Spulenseiten mit der Bürste, von der sie kurzgeschlossen werden, und bestimmen die Stromverteilung am Ankerumfang. Die Abb. 139a und b stellen die Stromverteilung bei der Sehnenwicklung ($2\beta = 60^0$) mit Sehnenbürsten ($2\alpha = 20^0$) dar; sie unterscheiden sich nur durch verschiedenen Sinn der Bürstenverschiebung. Die Erregerkurve ist für diese Schaltungen im allgemeinen nicht mehr symmetrisch zur Abszissenachse; sie wird für die Bürstenstellung in Abb. 139a durch Abb. 139c dargestellt.

Verwenden wir aber einen Doppelbürstensatz, bei dem die Bürstenverschiebungswinkel gleich groß sind, so erhalten wir wieder eine symmetrische Erregerkurve. Durch Überlagerung der Strombeläge, die den Strömen der einzelnen Bürstensätze in Abb. 139a und b entsprechen, ergibt sich die Stromverteilung in Abb. 140a mit einer Verkürzung der Spulenweite $2\beta = 60^0$ und einer Bürstenverschiebungszone $2\alpha = 20^0$. Die Erregerkurve wird durch Abb. 140b dargestellt. Wir können hier im allgemeinen 8 Zonen der Stromverteilung unterscheiden. In zwei gegenüberliegenden Zonen addieren sich die Strombeläge von Unter- und Oberschicht, in den beiden um $^1/_4$ Polteilung (90^0) gegen diese verschobene Zonen sind die Strombeläge in Unter- und Oberschicht entgegengesetzt gleich, so daß der resultierende Strombelag null ist; in den übrigen vier Zonen ist immer eine der beiden Wicklungsschichten stromlos. Diese Verteilung ist unabhängig davon, wie sich der Strom jedes einzelnen Bürstensatzes auf die beiden parallel geschalteten Wicklungszweige verteilt; die stromführenden Leiter der Wicklung sind auch alle mit demselben Strom belastet.

Vergrößern wir die Bürstenverschiebungswinkel α, so ändern sich die Stromverteilung und die Erregerkurve. Für $\alpha = \frac{\beta}{2}$ wird $(\beta - \alpha) = \alpha$ und wir erhalten die Erregerkurve in Abb. 140c, die sich nur wenig von einer Sinuskurve unterscheidet. Vergrößern wir den Bürstenwinkel α noch mehr, so wird die Erregerkurve spitzer. Bei $\alpha = \beta$ liegen an zwei Stellen des Ankerumfanges die kurzgeschlossenen Spulenseiten der Unter- und Oberschicht unmittelbar übereinander, wir erhalten mit $2\beta = 2\alpha = 60^0$ die Stromverteilung in Abb. 141a, der die Erregerkurve in Abb. 141b entspricht. Bei weiterer Verschiebung der Bürsten ($\alpha > \beta$) entsteht in der Wicklungsachse eine stromfreie Zone (Abb. 142a mit $2\beta = 60^0$ und $2\alpha = 80^0$), die Erregerkurve flacht sich wieder ab (Abb. 142b).

Auch bei der Sehnenwicklung ist die EMK der Stromwendung proportional der Differenz der Strombeläge, die an die kurzgeschlossenen Spulenseiten grenzen. Der Proportionalitätsfaktor ist jedoch im allgemeinen kleiner als bei der Durchmesserwicklung, wo bei Doppelbürsten (Abb. 138c) gewöhnlich zwei kurzgeschlossene Spulenseiten in denselben Nuten liegen, sich also gegenseitig beeinflussen.

Über das Anwendungsgebiet der hier besprochenen Schaltungen lassen sich keine allgemein gültigen Regeln aufstellen, da die zweckmäßigste Schaltung nur von Fall zu Fall bestimmt werden kann; ihre Wahl wird aber durch die in diesem Abschnitt angegebenen Stromverteilungen und Erregerkurven erleichtert. Die Sehnenwicklung neigt im allgemeinen wegen der günstigeren Lage der von Bürsten kurzgeschlossenen Spulenseiten weniger zu Bürstenfeuer als die Durchmesserwicklung; ihre Erregerkurve nähert sich mehr der Sinusform. Der Doppelbürstensatz findet hauptsächlich bei Repulsionsmotoren zur Regelung der Geschwindigkeit Anwendung; die schwarzen Bürsten eines Bürstensatzes und die weißen des andern stehen dann gewöhnlich fest, während die andern beiden Bürsten zur Regelung gemeinsam verschoben werden. Den Vergleich zwischen einfachen und Doppelbürsten erleichtert die am Schlusse des nächsten Abschnitts angegebene Tafel (S. 171).

23. Die Stromverteilung in dreiphasig gespeisten Gleichstrom-Ankerwicklungen.

A. Einfacher Bürstensatz. Bei der dreiphasigen Speisung der Gleichstrom-Ankerwicklung mit einfachem Bürstensatz liegen die Bürsten am Stromwenderumfang um $^2/_3$ Polteilungen, bei der zweipoligen Maschine also um 120^0 auseinander. Dadurch wird die (geschlossene) Ankerwicklung in Dreieck geschaltet. Zwischen je zwei Bürsten liegt ein Wicklungsstrang. Die Lage eines Wicklungsstrangs am Ankerumfang ist dieselbe wie die des kurzen Wicklungszweiges bei einphasiger Speisung mit einem Bürstenverschiebungswinkel $2\alpha = 180 - 120 = 60^0$. Die Phasen der in den drei Wicklungssträngen fließenden Ströme sind unter sich verschieden und im allgemeinen auch verschieden von den Phasen der in die Bürsten eingeleiteten Ströme. Wir wollen bei der Darstellung der Stromverteilung die Phasen der in den Wicklungssträngen fließenden Ströme durch verschiedene Stricharten (▬▬, ═══, ≡≡≡) unterscheiden, und den Strom, der aus der Papierebene heraustritt, wieder gestrichelt andeuten, wobei wir uns jeden Wicklungsstrang in demselben Sinne vom Strom durchflossen denken. Dann stellen die Abbildungen der Stromverteilung nicht Augenblickswerte, sondern die Amplituden oder die Effektivwerte und ihre Phase dar. Die Phase der Bürstenströme wollen wir ebenso wie die Bürsten selbst durch die römischen Zahlen I, II und III bezeichnen. Phase und Größe der Ströme sind dann durch das Amplitudendiagramm in Abb. 143 gegeben.

Wir wollen zunächst die Stromverteilung bei der Durchmesserwicklung betrachten. In Abb. 136a liegen die schraffierte Bürste und die gestrichelt gezeichnete Bürste um $^2/_3$ Polteilungen auseinander, der dick ausgezogene Wicklungsteil bildet also einen Wicklungsstrang bei dreiphasiger Speisung. Wenn noch die dritte Bürste aufgelegt wird, ist die Wicklung in Dreieck geschaltet. Zwischen je zwei Bürsten liegt ein Wicklungsstrang, der dieselbe Lage hat wie der kurze Wicklungszweig bei einphasiger Speisung mit einem Bürstenabstand von $^2/_3$ Polteilungen (vgl. Abb. 138a). Die Phase der Ströme ergibt sich aus dem Amplitudendiagramm der Abb. 143. In Abb. 144a ist die Bürste I schwarz ausgefüllt, die Bürste II schraffiert und die Bürste III weiß; in derselben Weise sind auch die entsprechenden Spulenseiten der von Bürsten kurzgeschlossenen Spulen angedeutet. Der Strombelag des Wicklungsstrangs zwischen den Bürsten I und II ist durch dicke Linien, der des Strangs zwischen den Bürsten II und III durch Doppellinien und der Strom-

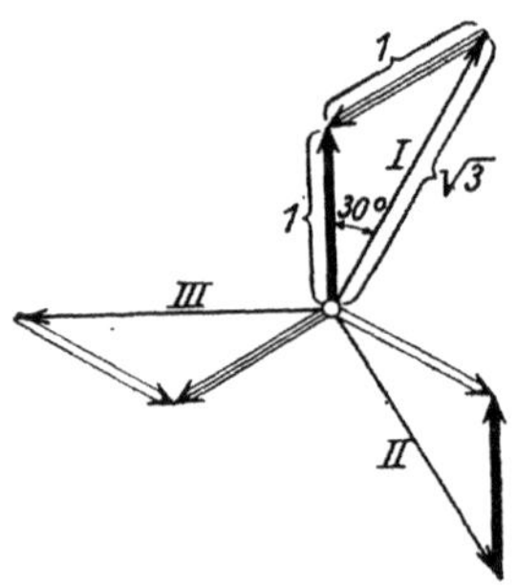

Abb. 143. Amplitudendiagramm für die Ströme in den Wicklungssträngen und den Bürsten.

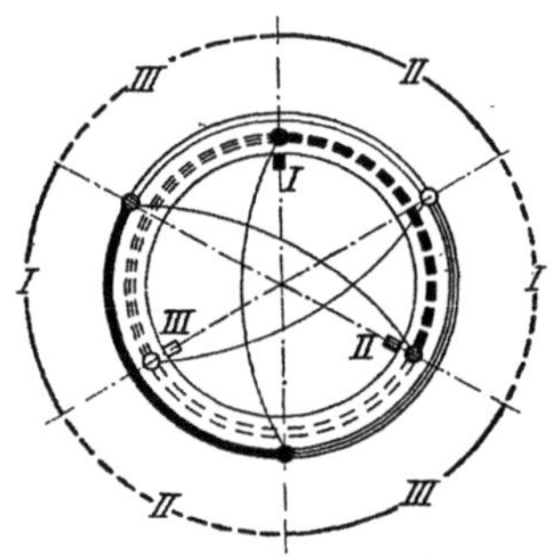

Abb. 144a. Stromverteilung einer mit einfachem Bürstensatz dreiphasig gespeisten Durchmesserwicklung.

belag des Wicklungsstrangs zwischen den Bürsten III und I durch Dreifachlinien bezeichnet. Die Erregerkurve jedes Wicklungsstrangs ist dieselbe wie bei der einphasigen Speisung und wird auch durch Abb. 138d dargestellt.

An jeder Stelle des Ankerumfangs führen Unter- und Oberschicht Ströme verschiedener Phase, und zwar führt die Unterschicht negative Ströme, wenn in der Oberschicht positive Ströme fließen. Der resultierende Strombelag bestimmt sich daher nach Größe und Phase immer aus der Differenz je zweier positiver Ströme, ist also, wie aus dem Amplitudendiagramm Abb. 143 hervorgeht, immer phasengleich mit den Bürstenströmen (I, II und III). Die äußeren Kreisbogen in Abb. 144a stellen den resultierenden effektiven Strombelag dar. Die dreiphasig durch einfachen Bürstensatz (3 Bürsten) gespeiste Gleichstrom-Durchmesserwicklung kann also ersetzt oder kompensiert werden durch eine gewöhnliche Wechselstrom-Spulenwicklung, deren Spulenseiten in jedem Wicklungsstrang $^1/_3$ der Polteilung einnehmen und von Bürstenströmen gespeist werden. Damit beide Wicklungen denselben Strombelag ergeben, muß die Zahl der in einem Wicklungsstrang in Reihe geschalteten Leiter bei der Wechselstromwicklung genau halb so groß sein wie bei der Gleichstrom-Ankerwicklung. Wegen der Phasenverschiebung der in Unter- und Oberschicht fließenden Ströme wirken nämlich 2 übereinanderliegende Leiter der Gleichstrom-Ankerwicklung nur so wie $\sqrt{3}$ phasengleiche Leiter und der durch den Strang der Wechselstromwicklung fließende Bürstenstrom ist $\sqrt{3}$ mal so groß wie der Strom in einem Wicklungsstrang der Gleichstrom-Ankerwicklung. Beachtet man noch, daß die Zahl der parallelen Wicklungszweige in einem Wicklungsstrang der dreiphasig gespeisten Gleichstrom-Ankerwicklung halb so groß ist wie die Zahl $2a$ der parallelen Ankerzweige in der einphasig gespeisten Gleichstrom-Ankerwicklung, so kann man auch sagen: die gesamte Zahl der in Reihe geschalteten Ankerleiter aller drei Wicklungsstränge ist bei der Wechselstromwicklung, die die Gleichstrom-Ankerwicklung ersetzt, gleich der gesamten Zahl $\left(\frac{z}{2a}\right)$ der in Reihe geschalteten Ankerleiter bei der mit Gleichstrom oder einphasigem Wechselstrom gespeisten Gleichstrom-Ankerwicklung.

Abb. 144 b. Erregerkurve eines Wicklungsstrangs der Wechselstromwicklung, die die Gleichstrom Ankerwicklung in Abb. 144a ersetzt.

Die Erregerkurve eines Wicklungsstrangs der Wechselstromwicklung, die die Stromverteilung der Gleichstromwicklung ersetzt, ist in Abb. 144b dargestellt. Die Resultierende aus den Erregerkurven der drei Wicklungsstränge wechselt wie bei jeder Dreiphasenwicklung, deren einzelne Erregerkurven von der Sinusform abweichen, periodisch ihre Gestalt, auch wenn sich die Ströme, mit denen die Wicklung gespeist wird, sinusförmig ändern (vgl. Abschnitt 49B). Die resultierende Erregerkurve ist für jeden Zeitpunkt unter Berücksichtigung der jeweiligen Größe der Strangströme leicht zu bestimmen, worauf hier nicht näher eingegangen werden soll.

Bei der Sehnenwicklung, die mit einfachem Bürstensatz dreiphasig gespeist wird, ergibt sich der Strombelag in derselben Weise aus der Durchmesserwicklung in Abb. 144a, wie er sich bei der einfach gespeisten Sehnenwicklung in Abb. 138e aus der Durchmesserwicklung in Abb. 137a ergab, d. h. die Stromverteilung der Oberschicht verschiebt sich im Sinne des Uhrzeigers, die der Unterschicht im entgegengesetzten Sinne um den Winkel β. Mit einer Verkürzung der Spulenweite von $2\beta = 40^0$ entsteht die Stromverteilung in Abb. 145. Für jeden Wicklungsstrang ergibt sich dieselbe Stromverteilung wie bei der entsprechenden einphasigen Speisung in Abb. 139a, doch ist zu beachten, daß dort $2\beta = 60^0 > 2\alpha = 20^0$, und hier $2\beta = 40^0 < 2\alpha = 60^0$ ist. Der resultierende Strombelag aus Unter- und Oberschicht der Wicklung hat wieder die Phase der Bürstenströme und ist in Abb. 145 durch die mit I, II und III bezeichneten äußeren Kreisbögen angegeben. Dieser resultierende Strombelag läßt sich nicht mehr durch eine gewöhnliche Wicklung mit Mantelspulen erzeugen, weil die positiven Ströme nicht gleich den negativen desselben Wicklungstrangs sind. Der resultierende Strombelag kann nur von einer Ringwicklung erzeugt werden. Da die positiven und negativen Strombeläge desselben Wicklungsstrangs hier nicht mehr einander gleich sind, würde die algebraische Summe der Strombeläge eines Wicklungsstrangs den äußern Teil der Maschine zirkular magnetisieren, und zwar bei unserer Annahme, daß die Permeabilität des Eisens unendlich groß sei, mit einer unendlich großen Induktion. Wir dürfen deshalb hier nicht mehr die Erregerkurve eines einzelnen Wicklungsstrangs allein betrachten, sondern müssen die resultierende Erregerkurve in jedem beliebigen Zeitpunkt bestimmen. Da die Summe der dreiphasigen Ströme immer null ist, so ist auch die algebraische Summe der Strombeläge der ganzen Wicklung immer null; bei dreiphasiger Speisung kann also keine zirkulare Magnetisierung auftreten. Die resultierenden Erregerkurven sind hier im Gegensatz zur Durchmesserwicklung aber nicht mehr symmetrisch zur Abszissenachse.

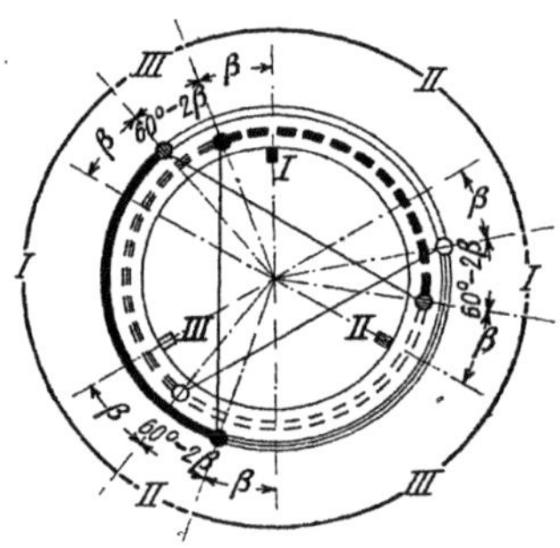

Abb. 145. Stromverteilung einer mit einfachem Bürstensatz dreiphasig gespeisten Sehnenwicklung mit einer Verkürzung der Spulenweite $2\beta = 40^0$.

Wenn $2\beta = 60^0$ wird, die Spulenweite also gleich dem Abstand zweier Bürsten ist, verschwindet die Zone $60^0 - 2\beta$ und es bleiben nur positive Strombeläge übrig. Die resultierende Stromverteilung entspricht dann einer Ringwicklung, die an drei um 120^0 auseinander liegenden Stellen angezapft ist.

Im allgemeinen empfiehlt es sich nicht, bei dreiphasiger Speisung Sehnenwicklungen zu verwenden, weil das von der Wicklung erregte Drehfeld sehr unregelmäßig ist. Bei der zuweilen verwendeten

Wicklung mit $2\beta = 60^0$ liegen außerdem immer zwei kurzgeschlossene Spulenseiten der Unter- und Oberschicht in derselben Nut, wodurch die funkenfreie Stromabnahme erschwert wird.

B. Doppelbürstensatz in Durchmesserstellung. Beim Doppelbürstensatz werden für jede Stromphase zwei Bürsten verwendet. In die eine tritt der Strom derselben Phase ein (in den folgenden Abbildungen schwarz ausgefüllt), aus der andern aus, genau wie bei der einphasigen Speisung. Damit jeder der drei Ströme unbeeinflußt von den übrigen durch die Wicklung fließt, müssen wir im allgemeinen das speisende Drehstromnetz unverkettet voraussetzen. Wir wollen annehmen, daß die Ankerwicklung von den unverketteten Sekundärwicklungen des Transformators in Abb. 146 gespeist werde. Jeder der drei Ströme durchfließt dann unabhängig von den übrigen sämtliche Leiter der Wicklung, genau wie bei der einphasigen Speisung, so daß sich in jedem Leiter der Wicklung drei Ströme verschiedener Phase überlagern.

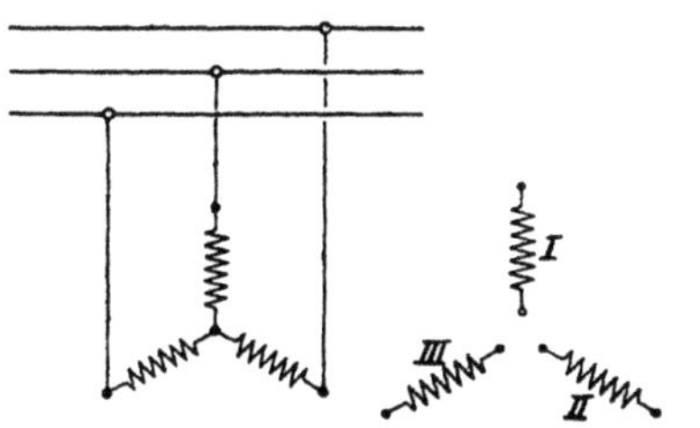

Abb. 146. Transformator zur Speisung der Wicklung mit Doppelbürstensatz.

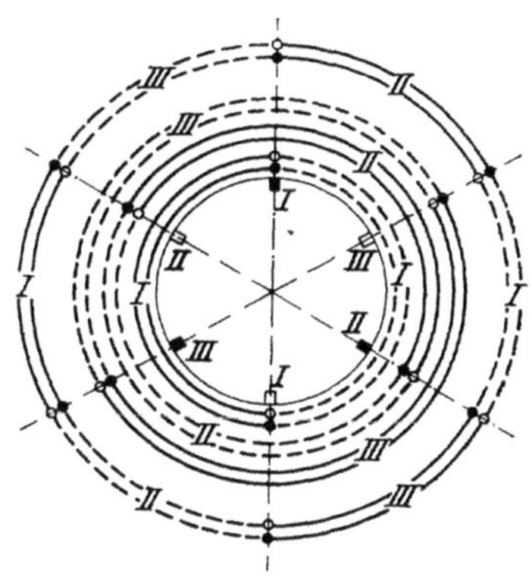

Abb. 147a. Stromverteilung einer mit Doppelbürsten in Durchmesserstellung dreiphasig gespeisten Durchmesserwicklung.

Wir betrachten zunächst die Durchmesserwicklung mit Durchmesserbürsten. In Abb. 147a sind die Strombeläge, die jeder der drei in die Bürsten eingeleiteten Ströme in der Ankerwicklung erzeugt, in üblicher Weise durch Kreisbögen und römische Zahlen angedeutet; es sind dies die unmittelhar über dem Stromwenderkreis liegenden drei Doppelkreise. Der äußerste Doppelkreis stellt die resultierenden Strombeläge in Unter- und Oberschicht dar, wie sie sich durch Überlagerung der einzelnen Strombeläge ergeben. Unter- und Oberschicht führen hier also immer Ströme gleicher Phase und Größe, im Gegensatz zu der Schaltung mit einfachen Bürsten (Abb. 144a). Deshalb verhalten sich bei demselben resultierenden Strombelag die Stromwärmen in den Wicklungen mit einfachem und doppeltem Bürstensatz wie $2^2 : (\sqrt{3})^2 = 4 : 3$; d. h. die einfachen Bürsten ergeben

33 % mehr Stromwärme als die Doppelbürsten in Durchmesserstellung. Die Verteilung des resultierenden Strombelags ist dieselbe wie beim einfachen Bürstensatz, läßt sich also ebenfalls durch eine gewöhnliche Wechselstromwicklung ersetzen, deren Spulenseiten in einem Strang $^1/_3$ der Polteilung einnehmen, und bei der die Wicklungsstränge von den Bürstenströmen gespeist werden. Die Zahl der in Reihe geschalteten Leiter aller drei Wicklungsstränge muß bei der Ersatzwicklung genau doppelt so groß sein, wie die Zahl $\left(\frac{z}{2\,a}\right)$ der in Reihe geschalteten Leiter der einphasig gespeisten Gleichstrom-Ankerwicklung; denn der resultierende Strom in einem Ankerleiter ist $2\,\frac{1}{2\,a} = \frac{1}{a}$ mal so groß wie der Bürstenstrom (vgl. Abb. 143).

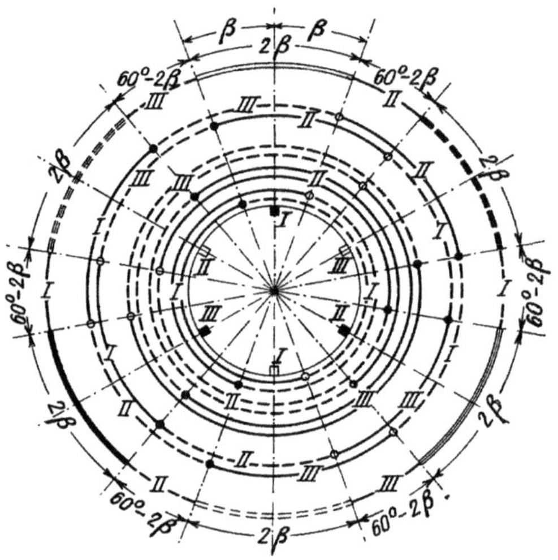

Abb. 147 b. Stromverteilung einer mit Doppelbürsten in Durchmesserstellung dreiphasig gespeisten Sehnenwicklung. $2\,\beta = 40^0$.

Für die Sehnenwicklung mit Durchmesserbürsten ist die Stromverteilung bei einer Verkürzung der Spulenweite um $2\,\beta = 40^0$ in Abb. 147b dargestellt. Die drei inneren Doppelkreise stellen die von jedem der drei Ströme herrührenden Strombeläge in Unter- und Oberschicht dar, der dann folgende Doppelkreis gibt die resultierenden Strombeläge in Unter- und Oberschicht an und der äußere Kreis stellt schließlich den resultierenden Strombelag aus Unter- und Oberschicht dar. Dieser resultierende Strombelag weist 12 verschiedene Phasen auf, die in Übereinstimmung mit dem Amplitudendiagramm in Abb. 143 durch verschiedene Stricharten und durch römische Ziffern angedeutet sind. Wir können zwei Gruppen von Strombelägen unterscheiden; in der ersten Gruppe (—I—, --I--, —II—, --II--, —III—, --III--) sind die Strombeläge mit den Bürstenströmen phasengleich, in der zweiten Gruppe (▬▬▬, ▬ ▬ ▬ ▬, ═══, = = = =, ≡≡≡, ≡ ≡ ≡ ≡) sind sie um 30^0 in der Phase gegenüber den Bürstenströmen verschoben (vgl. Abb. 143). Da beide Gruppen der Strombeläge am Ankerumfang ebenfalls um den Winkel 30^0 auseinander liegen, so erzeugen beide Gruppen resultierende Erregerkurven, die sich unterstützen. Die Erregerkurve ist in jedem beliebigen Zeitpunkt symmetrisch zur Abszissenachse, weil den positiven Strombelägen immer gleich große um eine Polteilung verschobene negative Strombeläge gegenüberstehen.

Für $2\beta = 60^0$ ergibt sich eine Stromverteilung, die wie bei den Abb. 144a und 147a durch eine gewöhnliche Wechselstromwicklung, deren Spulenseiten in jedem Wicklungsstrang $^1/_3$ der Polteilung einnehmen, erzeugt werden kann. Während aber in den Schaltungen Abb. 144a und 147a die Ersatzwicklung mit Bürstenströmen gespeist werden mußte, müssen die Ströme der Wechselstromwicklung, die die Gleichstrom-Ankerwicklung mit einer Verkürzung der Spulenweite von $2\beta = 60^0$ bei Doppelbürsten ersetzt, um 30^0 gegenüber den Bürstenströmen verschoben sein. Die Wicklungsstränge der Ersatzwicklung müßten also in Dreieck geschaltet werden, wenn sie mit Strömen gespeist werden soll, die mit den Bürstenströmen phasengleich sind. Wie aus dem Amplitudendiagramm Abb. 143 folgt, ist diese Wicklung ebenso schlecht ausgenützt wie die Durchmesserwicklung mit einfachem Bürstensatz (Abb. 144a), weil die Ströme in Unter- und Oberschicht an jeder Stelle des Ankerumfangs eine Phasenverschiebung von 60^0 aufweisen.

Für $2\beta = 0$ geht die Stromverteilung der Sehnenwicklung in die der Durchmesserwicklung (Abb. 147a) über. In allen übrigen praktisch in Frage kommenden Fällen, wo $0 < 2\beta < 60^0$, liegt die Ausnützung der Wicklung zwischen den beiden Grenzfällen, deren Stromverteilung in Abb. 144a und 147a dargestellt ist. Die Sehnenwicklung ist bei Doppelbürsten mit Durchmesserstellung also im allgemeinen schlechter ausgenützt als die Durchmesserwicklung; doch hat eine geringe Verkürzung der Spulenweite den Vorteil, daß die in den kurzgeschlossenen Ankerspulen induzierten EMKe fast auf die Hälfte gegenüber der Durchmesserwicklung verringert werden, bei der immer zwei kurzgeschlossene Spulenseiten in denselben Nuten liegen (vgl. Abb. 147a mit Abb. 147b).

C. Doppelbürstensatz in Sehnenstellung. Die Durchmesserwicklung mit Sehnenbürsten liefert dieselbe resultierende Stromverteilung in den einzelnen Wicklungsschichten wie die Sehnenwicklung mit Durchmesserbürsten, wenn die Bürstenverschiebungszone 2α gleich der Verkürzung der Spulenweite 2β ist. Die Sehnenbürsten haben aber den Vorteil, daß sich die Stromverteilung während des Betriebs durch Verschieben der Bürsten ändern läßt, wodurch die Geschwindigkeit geregelt werden kann. Mit der Bürstenverschiebung 2α verschiebt sich die resultierende Erregerkurve um denselben Winkel α, um den sich die „Bürstenachse" dreht. In Abb. 148a ist die Stromverteilung für den Bürstenverschiebungswinkel $2\alpha = 40^0$ abgeleitet; durch Vergleich mit Abb. 147b für $2\beta = 40^0$ erkennt man die Übereinstimmung in der resultierenden Stromverteilung dieser beiden Schaltungen. Über die Ausnutzung der Wicklung gilt deshalb für die Durchmesserwicklung mit Sehnenbürsten dasselbe wie für die Sehnenwicklung mit Durchmesserbürsten.

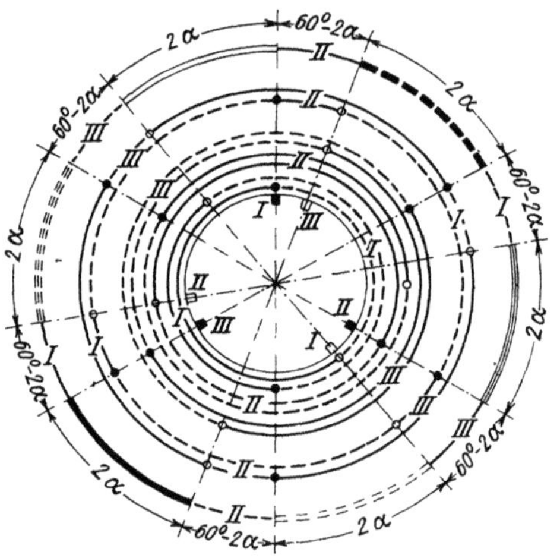

Abb. 148a. Stromverteilung einer mit Doppelbürsten in Sehnenstellung dreiphasig gespeisten Durchmesserwicklung. $2\alpha = 40^0$.

Wenn $2\alpha = 60^0$ wird, fällt die weiße Bürste I mit der schwarzen II (vgl. Abb. 148a), die weiße II mit der schwarzen Bürste III und die weiße Bürste III mit der schwarzen Bürste I zusammen. Je zwei in der Phase um 60^0 verschobene Bürstenströme vereinigen sich im Stromwendersteg und es entsteht wieder die Stromverteilung mit einfachem Bürstensatz in Abb. 144a. Die Strombeläge der beiden Schaltungen unterscheiden sich, wie aus Abb. 143 hervorgeht, nur durch eine Phasenverschiebung von $\alpha = 30^0$.

Vergrößern wir den Bürstenverschiebungswinkel 2α über 60^0, so entsteht, wie in Abb. 148b für $2\alpha = 90^0$, eine ähnliche Stromverteilung wie bei $2\alpha < 60^0$, deren resultierende Erregerkurve gegenüber der Schaltung mit Durchmesserbürsten um $\alpha = 45^0$ verschoben ist.

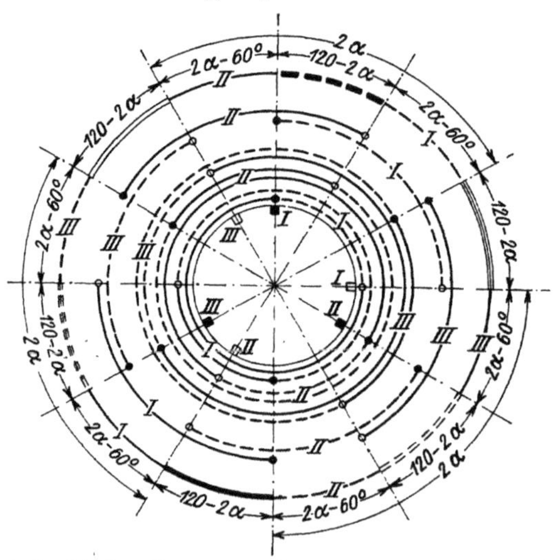

Abb. 148b. Stromverteilung einer mit Doppelbürsten in Sehnenstellung dreiphasig gespeisten Durchmesserwicklung. $2\alpha = 90^0$.

In Abb. 148c ist schließlich noch die Stromverteilung einer Sehnenwicklung mit Sehnenbürsten abgeleitet. Die Verkürzung der Spulenweite ist $2\beta = 40^0$, die Bürstenverschiebungszone $2\alpha = 20^0$. Es ergeben sich im allgemeinen unsymmetrische Erregerkurven. Die Wicklung hat keine praktische Bedeutung, weil sie ein ziemlich unregelmäßiges Drehfeld erregt.

Die Stromänderung in einer Ankerspule während des Bürstenkurzschlusses bestimmt sich auch bei den mehrphasigen Speisungen nach Größe und Phase durch die Differenz der an die Spulenseiten grenzenden Strombeläge. Wie aus den Stromverteilungen und aus dem Amplitudendiagramm in Abb. 143 hervorgeht, ist diese Stromänderung in allen Fällen bei einphasiger und bei mehrphasiger Speisung nach Größe und Phase immer gleich dem Strom in der Bürste, die die Spule kurzschließt. Diese auffallende Tatsache ist darin begründet, daß die an eine kurzgeschlossene Spulenseite grenzenden Strombeläge immer den beiden Wicklungsteilen angehören, in die sich der Strom der zugehörenden Bürste verzweigt, der Bürstenstrom aber immer gleich der Differenz der Zweigströme ist.

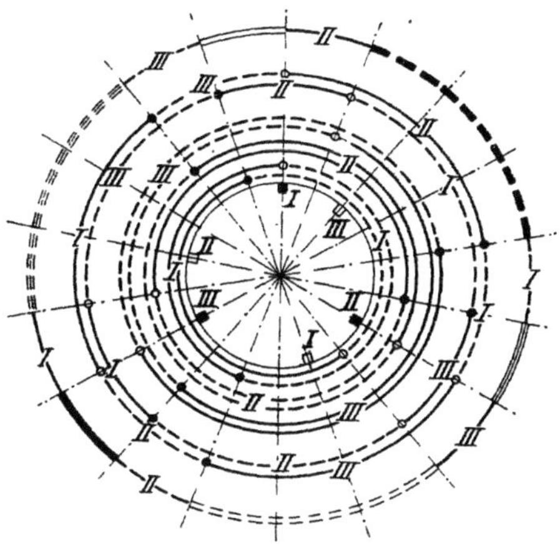

Abb. 148c. Stromverteilung einer mit Doppelbürsten in Sehnenstellung ($2\alpha = 20^0$) dreiphasig gespeisten Sehnenwicklung ($2\beta = 40^0$).

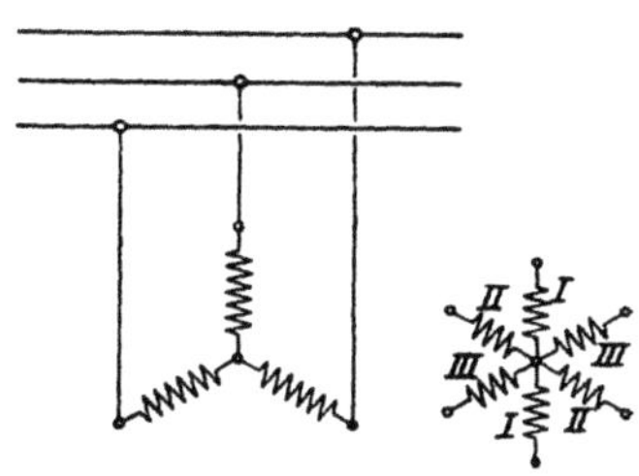

Abb. 149. Transformator zur sechsphasigen Speisung bei Doppelbürsten in Durchmesserstellung.

D. Sechsphasige Speisung. Bei allen Schaltungen mit Doppelbürstensatz haben wir vorausgesetzt, daß die drei Ströme, die die Wicklung speisen, unverkettet sind. Bei den Schaltungen mit Durchmesserbürsten können wir die drei Wicklungsstränge der Sekundärwicklung des Transformators, der die Gleichstrom-Ankerwicklung speist (vgl. Abb. 146), auch so schalten, daß sich eine sechsphasige verkettete Wicklung ergibt und die Ankerwicklung mit verketteten sechsphasigen Strömen speisen. Die Schaltung des Transformators ist hierfür in Abb. 149 dargestellt. An der Stromverteilung der Wicklung wird dadurch nichts geändert, und es gelten deshalb auch für diese Speisung die Abb. 147a und b. Hiervon kann man sich leicht durch Bestimmung der Strombeläge, die von den einzelnen sechs Strömen verschiedener Phase herrühren und durch ihre Überlagerung überzeugen. Bei der Durchmesserwicklung in Abb. 147a läßt sich dies besonders leicht erkennen. Die von der weißen Bürste III nach der schwarzen Bürste I und von der schwarzen Bürste III nach der weißen Bürste I durch die Wicklung fließenden in Gegenphase befindlichen Ströme erzeugen eine Stromverteilung ähnlich Abb. 138c, nur ist $2\alpha = 120^0$. Es entsteht der Strombelag II in der resultierenden Stromverteilung in Abb. 147a, während die übrigen Zonen stromfrei bleiben. Ebenso erzeugen die Ströme zwischen den Bürsten II und III den Strombelag I und die Ströme zwischen den Bürsten II und I den Strombelag III. Die Zulässigkeit der Verkettung der Transformatorwicklungen nach Abb. 149 folgt übrigens bei Durchmesserbürsten auch mittelbar aus dem Spannungskreis der Gleichstrom-Ankerwicklungen. Aus diesem Kreis geht auch hervor, daß bei Sehnenbürsten die Verkettung der Transformatorwicklungen nicht mehr zulässig ist. Dies erkennt man sehr leicht, wenn man den Grenzfall betrachtet, wo Bürsten verschiedener Phasen an derselben Stelle des Ankerumfangs liegen ($2\alpha = 60^0$), je zwei Wicklungsstränge der sechsphasigen Transformatorwicklung würden dann kurzgeschlossen werden.

E. Zusammenstellung. In Tafel 7 sind zur Erleichterung des Vergleichs der wichtigsten Speisungen mit Einphasen- und Mehrphasenströmen die Eigenschaften der Schaltungen zusammengestellt. Es ist angenommen, daß die resultierenden effektiven Strombeläge in allen Fällen denselben Wert haben, wobei für die letzte Schaltung (dreiphasige Speisung mit Sehnenbürsten) der Mittelwert der örtlich und zeitlich um 30^0 verschobenen Strombeläge eingeführt ist. Bei den dreiphasigen Speisungen ergibt sich deshalb in allen drei Fällen im wesentlichen dieselbe resultierende Erregerkurve; bei den beiden einphasigen Speisungen verhalten sich die Amplituden der Erregerkurven wie $90^0 : 90^0 - \alpha^0$. Die Angaben in den ersten fünf Zeilen gelten zunächst nur für Durchmesserwicklungen, werden sich aber erst bei größerer Verkürzung der Spulenweite, wie sie praktisch gewöhnlich nicht in Frage kommt, ändern. In den letzten beiden Zeilen ist der Unterschied in den EMKen der Stromwendung bei Durchmesser- und Sehnenwicklung angegeben. Bei der Durchmesserwicklung liegen immer 2 kurzgeschlossene Spulenseiten in derselben Nut, während bei der Sehnenwicklung, wenn wir von Grenzfällen (vgl. z. B. Abb. 141a) absehen, alle Spulenseiten in verschiedenen Nuten liegen und sich nicht gegenseitig beeinflussen. Der von dem Nutenquerfelde herrührende Teil der EMK der Stromwendung ist also bei der Sehnenwicklung im allgemeinen halb so

Tafel 7.

Vergleich zwischen einphasiger und mehrphasiger Bürstenspeisung bei denselben resultierenden effektiven Strombelägen.

				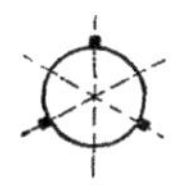		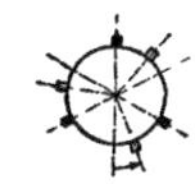
Durchmesserwicklung	Strom in einem Leiter	$\frac{J}{2a}$	$\frac{J}{2a}$	$\frac{J}{\sqrt{3}a}$	$\frac{J}{2a}$	$\frac{J}{2a}$ bis $\frac{J}{\sqrt{3}a}$
	Strom in einer Bürste	J	$\frac{J}{2}$	J	$\frac{J}{2}$	$\frac{J}{2}$ bis $\frac{J}{\sqrt{3}}$
	Summe d. Bürstenströme	$2J$	$2J$	$3J$	$3J$	$3J$ bis $2\sqrt{3}J$
	Stromwärme	$J^2 r$	$\frac{90^0 - \alpha^0}{90^0} J^2 r$	$\frac{4}{3} J^2 r$	$J^2 r$	$J^2 r$ bis $\frac{4}{3} J^2 r$
	Stromänderung in einem Leiter	$\frac{J}{a}$	$\frac{J}{2a}$	$\frac{J}{a}$	$\frac{J}{2a}$	$\frac{J}{2a}$ bis $\frac{J}{a}$
EMK der Stromwendung	Durchmesserwicklung	e	$\frac{e}{2}$	e'	$\frac{e}{2}$	$\frac{e'}{2}$ bis e'
	Sehnenwicklung	e'	$\frac{e'}{2}$	e'	$\frac{e'}{2}$	$\frac{e'}{2}$ bis e'

groß wie bei der Durchmesserwicklung, während der in den Querverbindungen induzierte Teil bei beiden Wicklungen fast derselbe ist. Es ist immer $\frac{e}{2} < e' < e$ (vgl. die Tafel); e' liegt aber gewöhnlich näher an $\frac{e}{2}$ als an e, weil der durch das Nutenquerfeld induzierte Teil der EMK gewöhnlich der größere ist.

24. Die angezapften und die aufgeschnittenen Gleichstrom-Ankerwicklungen.

A. Schaltung und Ausnützung. Wir haben in Abschnitt 9 gesehen, daß eine Gleichstrom-Ankerwicklung auch zur Erzeugung von einphasigen und mehrphasigen Wechselströmen dienen kann, wenn die Wicklung an entsprechenden Punkten angezapft und zu Schleifringen oder Klemmen geführt wird. Bei einer zweipoligen dreiphasigen Gleichstrom-Ankerwicklung, z. B. bei der Ringwicklung in Abb. 150a, liegen die Anzapfungspunkte um je 120° auseinander;

die von der Grundwelle der Induktion am Ankerumfang herrührenden Spannungen zwischen den Klemmen der Wicklung werden durch die Sehnen ab, bc und ca im Spannungskreis der Abb. 150b dargestellt. Die dreiphasig angezapfte Gleichstrom-Ankerwicklung erzeugt also in Dreieck verkettete Dreiphasenspannungen.

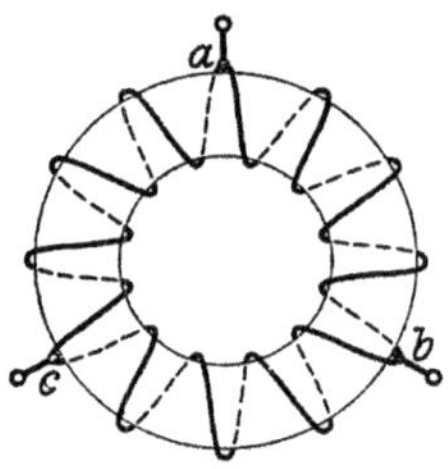

Abb. 150a. Dreiphasig angezapfte Ringwicklung.

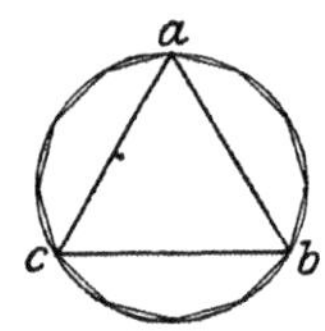

Abb. 150b. Spannungsdiagramm der Wicklung in Abb. 150a.

Schneiden wir die Gleichstrom-Ankerwicklung an den Anzapfpunkten auf, verbinden alle Anfänge miteinander und führen die Enden zu Klemmen, so erhalten wir die aufgeschnittene in Stern geschaltete Gleichstrom-Ankerwicklung in Abb. 151a. Das Spannungsdiagramm ist für diese Wicklung in Abb. 151b dargestellt. Die Spannung zwischen Sternpunkt und einer Klemme setzt sich aus den

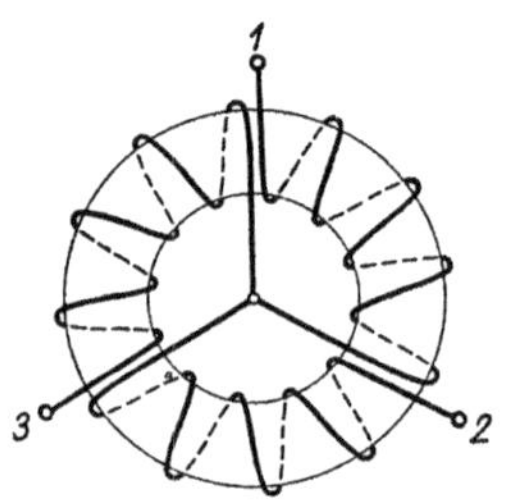

Abb. 151a. Dreifach aufgeschnittene und im Stern geschaltete Ringwicklung.

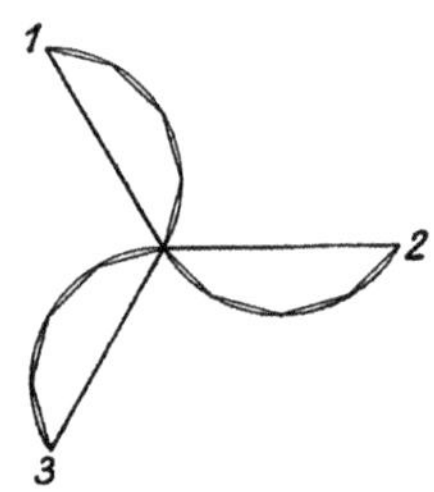

Abb. 151b. Spannungsdiagramm der Wicklung in Abb. 151a.

Spannungen der einzelnen Windungen der Wicklung zusammen, die im allgemeinen nicht phasengleich sind und bei unendlich vielen Spulen durch Kreisbögen, bei endlicher Zahl der Spulen durch Sehnen auf diesen Kreisbögen dargestellt werden.

Die auf diese Weise entstandenen Dreiphasenwicklungen sind verhältnismäßig schlecht ausgenützt, weil sich die Spannungen an den einzelnen Windungen geometrisch addieren, so daß das Verhältnis der Spannungen zwischen einer Klemme und Sternpunkt zu der algebraischen Summe der Windungsspannungen eines Wicklungszweiges annähernd durch das Verhältnis zwischen Sehne und Bogen, das ist

$$\xi_{III} = \frac{2 \sin \frac{2\pi}{6}}{\frac{2\pi}{3}} = \frac{3\sqrt{3}}{2\pi} = 0{,}826 \quad . \; . \; . \; . \quad (46\,\mathrm{a})$$

gegeben ist.

Die günstigste Ausnutzung der Wicklung, d. h. die größte Klemmenspannung bei gegebener Windungszahl, würden wir erhalten, wenn alle Windungen eines Wicklungsstrangs in derselben Nut lägen;

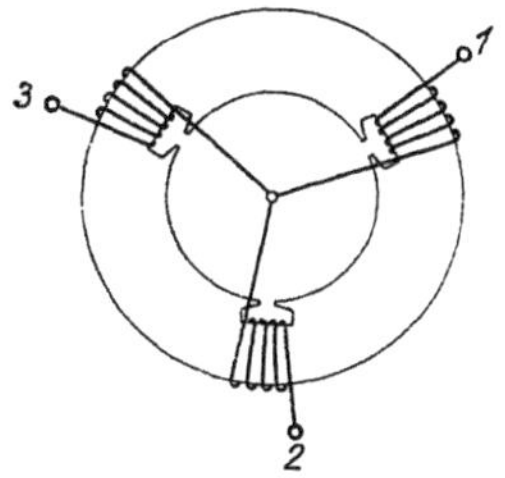

Abb. 152a. Ringwicklung mit einer Nut für jeden Wicklungsstrang.

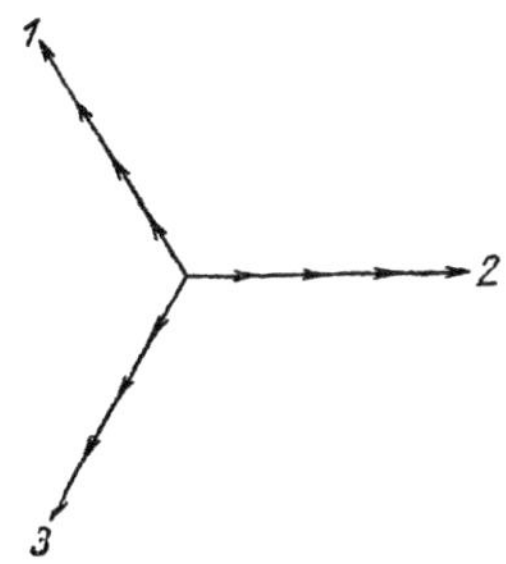

Abb. 152b. Spannungsdiagramm der Wicklung in Abb. 152a.

denn dann haben alle Windungsspannungen desselben Wicklungsstrangs dieselbe Phase und addieren sich algebraisch. Für eine Innenpolmaschine mit Ringwicklung ist diese Wicklung in Abb. 152a und das Spannungsdiagramm in Abb. 152b dargestellt.

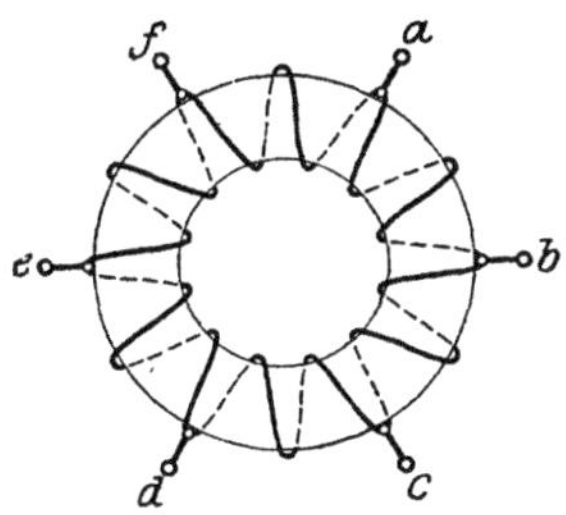

Abb. 153a. Sechsphasig angezapfte Ringwicklung.

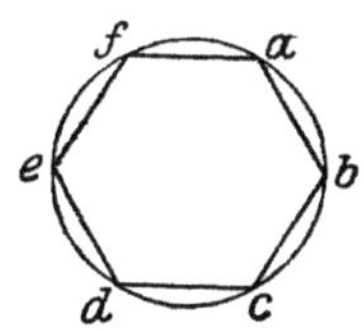

Abb. 153b. Spannungsdiagramm der Wicklung in Abb. 153a.

Diese günstigste Ausnützung der Wicklung können wir annähernd auch bei einer Gleichstrom-Ankerwicklung erreichen, wenn wir sie **sechsphasig** anzapfen (Abb. 153a und b). Wir erhalten eine in Sechseck geschaltete Sechsphasenwicklung mit dem Ausnützungsfaktor

$$\xi_{VI} = \frac{2 \sin \frac{\pi}{6}}{\frac{\pi}{3}} = \frac{3}{\pi} = 0{,}955. \quad . \; . \; . \; . \quad (46\,\mathrm{b})$$

Eine ebenso gut ausgenützte **Dreiphasenwicklung** entsteht, wenn die Gleichstrom-Ankerwicklung an den sechs Punkten a bis f (Abb. 153a) aufgeschnitten wird und die gleichphasigen Wicklungsteile (Wicklungszweige) in Reihe oder parallel und die drei Wicklungsstränge in Dreieck oder Stern geschaltet werden. In Abb. 154a ist das Spannungsdiagramm für Dreieckschaltung, in Abb. 154b für Sternschaltung, in beiden Fällen bei Reihenschaltung der gleichphasigen Wicklungszweige dargestellt. Bei Parallelschaltung der gleichphasigen Wicklungszweige und Sternschaltung der drei Wicklungsstränge brauchen nur drei Punkte der Wicklung (z. B. a, c, e) aufgeschnitten zu werden, wenn drei weitere Anzapfungsstellen (b, d, f) noch miteinander verbunden werden. Es entsteht dann das Spannungsdiagramm in Abb. 154c. Diese dreiphasige nur an drei Stellen aufgeschnittene und in Stern geschaltete Gleichstrom-Ankerwicklung ist ebenso gut ausgenützt wie die sechsphasige aufgeschnittene Wicklung. Bleiben jedoch die Wicklungspunkte b, d, f voneinander isoliert, so entsteht eine in Dreieck geschaltete dreiphasige Wicklung, deren Ausnützung vollkommen mit der dreiphasig angezapften Wicklung (Abb. 150a und b) übereinstimmt.

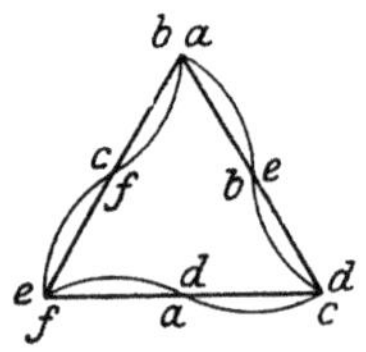

Abb. 154a.

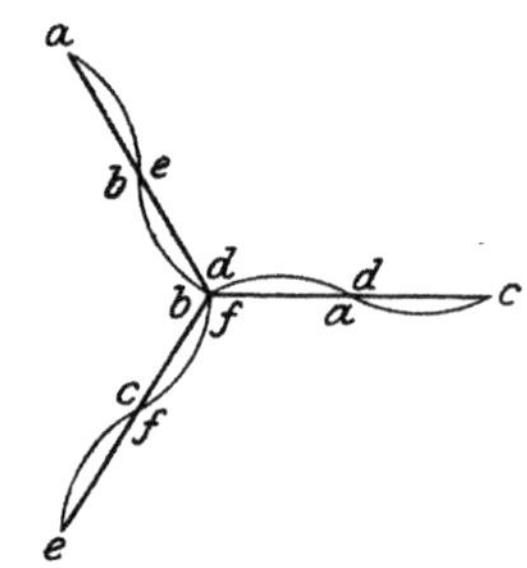

Abb. 154b.

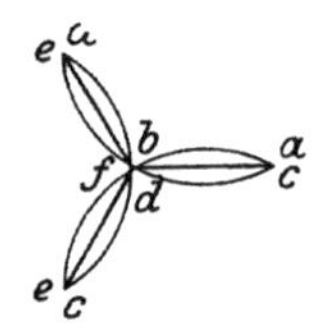

Abb. 154c.

Spannungsdiagramme der sechsfach aufgeschnitten Dreiphasenwicklung.
a Dreieckschaltung der Stränge, Reihenschaltung der Zweige.
b Sternschaltung der Stränge, Reihenschaltung der Zweige,
c Sternschaltung der Stränge, Parallelschaltung der Zweige.

Die Ausnutzungsfaktoren der an sechs Punkten und der an drei Punkten angezapften oder aufgeschnittenen Gleichstromwicklungen verhalten sich wie

$$\frac{\xi_{VI}}{\xi_{III}} = \frac{2}{\sqrt{3}} = 1{,}155 \qquad (46\text{c})$$

Auch bei höherer Phasenzahl als 3 läßt sich die Ausnutzung der Wicklung immer verbessern, wenn doppelt so viele Punkte der Wicklung aufgeschnitten werden wie Wicklungsstränge entstehen sollen. Praktische Bedeutung haben jedoch die aufgeschnittenen Gleichstromwicklungen für mehr als drei Phasen nicht.

Die in Abb. 155a zweiphasig an den Punkten *o* und *a* und *b* angezapfte Wicklung läßt sich wesentlich besser ausnutzen, wenn sie an vier Punkten *o*, *a*, *b* und *c* aufgeschnitten wird und die gleichphasigen Wicklungszweige parallel geschaltet werden. Dieselbe

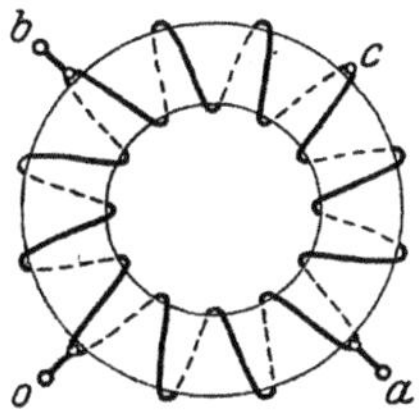

Abb. 155a.
Zweiphasig angezapfte Ringwicklung.

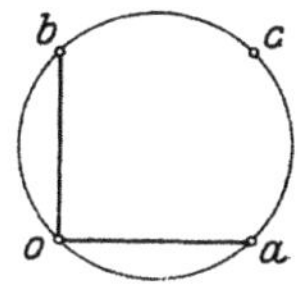

Abb. 155b.
Spannungsdiagramm der Wicklung in Abb. 155a.

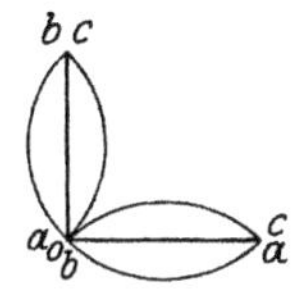

Abb. 155c.
Diagramm d. vierfach aufgeschn. Zweiphasenwickl.

Klemmenspannung wird dann zwar nicht mit weniger Windungen erhalten, aber die Stromverteilung innerhalb der Wicklung ist günstiger, so daß bei derselben Stromwärme etwa die Hälfte des Wicklungskupfers gespart werden kann. Die Spannungsdiagramme sind für die angezapfte und die aufgeschnittene Wicklung in den Abb. 155b und c dargestellt.

B. Gemischte Wicklungen. Die aufgeschnittenen Gleichstrom-Ankerwicklungen finden auch bei Dreileiter-Gleichstrommaschinen Verwendung. Außer der geschlossenen Gleichstrom-Anker-

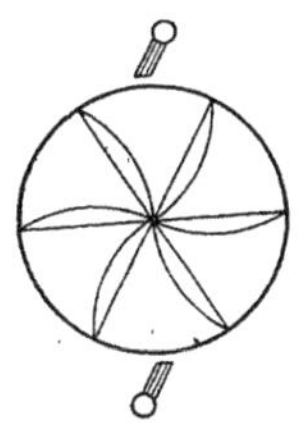

Abb. 156a.

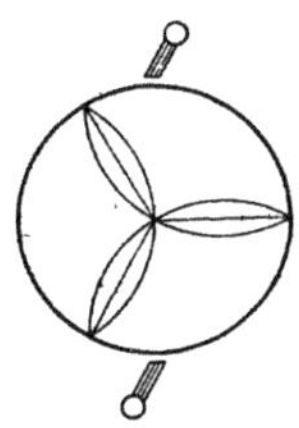

Abb. 156b.

Abb. 156c.

Spannungsdiagramme der Wicklungen von Dreileiter-Gleichstrommaschinen.
a sechsphasige Ausgleichswicklung,
b dreiphasige „
c zweiphasige „

wicklung, deren einzelne Windungen an die Stromwenderstege angeschlossen sind, wird noch eine aufgeschnittene Gleichstrom-Ankerwicklung in Stern geschaltet und mit der geschlossenen Ankerwicklung verbunden, so daß durch den Sternpunkt der aufgeschnittenen Wicklung die Gleichstromspannung immer in zwei gleiche Teile geteilt wird. Die Spannungsdiagramme für die Wicklungen solcher Dreileitermaschinen sind in den Abb. 156a bis c dargestellt, die auch zugleich die Wicklungsschaltung andeuten. Der Spannungskreis der geschlossenen mit Stromwenderstegen verbundenen Ankerwicklung ist etwas stärker gezeichnet als die Bogen der aufgeschnittenen Wicklung, deren Sternpunkt zum Nulleiterschleifring führt. In Abb. 156a ist diese Wicklung sechsmal aufgeschnitten und die 6 Wicklungsstränge sind in Stern geschaltet; in Abb. 156b ist die Wicklung an 3 Punkten aufgeschnitten und an 3 weiteren Punkten angezapft (vgl. Abb. 154c). Nur in diesen beiden Fällen (*a* und *b*) kann und muß die aufgeschnittene Wicklung dieselbe gesamte Windungszahl haben wie die geschlossene Wicklung; bei anderer Phasenzahl muß die gesamte Windungszahl der aufgeschnittenen Wicklung in einem ganz bestimmten, zuweilen irrationalen Verhältnis zur gesamten Windungszahl der geschlossenen Wicklung stehen, was nicht immer zu erreichen ist. Wird die zweite Wicklung an nur 2 Punkten aufgeschnitten und werden die beiden Wicklungsstränge so miteinander verbunden, wie es im Spannungsdiagramm der Abb. 156c zum Ausdruck kommt, so muß die gesamte Windungszahl der aufgeschnittenen Wicklung genau halb so groß sein wie die der geschlossenen Ankerwicklung.

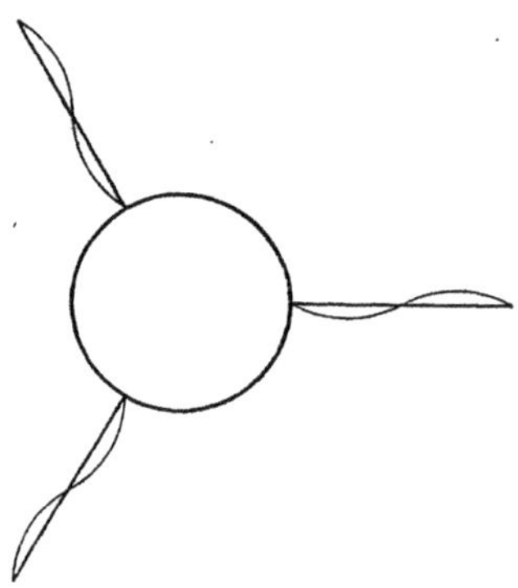

Abb. 157. Spannungsdiagramm einer gemischten Wicklung.

Die Herstellung einer Wicklung mit Spannungsteilung durch eine aufgeschnittene Gleichstrom-Ankerwinklung wird um so einfacher, je kleiner die Zahl der Wicklungsstränge ist, weil dann um so weniger Schnitt- und Anzapfpunkte erforderlich werden. Andrerseits ist die Stromwärme bei ungleicher Belastung der beiden Zweige des Dreileiternetzes um so geringer, je größer die Zahl der Wicklungsstränge der aufgeschnittenen Gleichstromwicklung ist. Die Leiter der aufgeschnittenen Wicklung erhalten im allgemeinen wesentlich geringere Querschnitte als die geschlossene Wicklung, weil der Unterschied in der Belastung der beiden Dreileiterzweige gewöhnlich nur gering ist.

Bei der Wicklung einer Dreileitermaschine liegt die aufgeschnittene Ankerwicklung parallel zur geschlossenen. Schaltet man beide Wicklungen in Reihe, so erhält man bei 6 Schnittpunkten und dreiphasiger Schaltung das in Abb. 157 dargestellte Spannungsdiagramm. Solche Schaltungen können z. B. bei Einankerumformern in Frage kommen, wenn die Netzspannung von der Wechselspannung der geschlossenen Gleichstrom-Ankerwicklung abweicht und ein besonderer ruhender Transformator zur Umformung der Wechselspannung vermieden werden soll. Auch bei Einphasen-Induktionsmotoren, die als Wechselstrom-Kommutatormotoren anlaufen und deren Ankerwicklungen kurzgeschlossen werden, wenn die Umlaufzahl den Synchronismus nahezu erreicht hat, kann zuweilen eine durch Abb. 157 gekennzeichnete Schaltung in Frage kommen, um kleine Spannungen am Stromwender, kleine Ströme aber am Kurzschließer zu erhalten.

Mit Rücksicht auf Funkenunterdrückung wird man die Stromwenderwicklung in allen diesen Fällen an die Nutöffnung legen.

C. Die Anzapf- oder Schnittpunkte der Wicklung. Bezeichnen wir mit m die Zahl der Anzapf- oder Schnittpunke bei der eingängigen zweipoligen Wicklung, wie wir sie bei unsern bisherigen Betrachtungen in diesem Abschnitt vorausgesetzt haben, so sind bei der Gleichstromwicklung mit $2a$ parallelen Ankerzweigen am Anzapf- oder Schnittpunkte erforderlich. Die gesamte Zahl der Wicklungszweige ist ebenfalls am. Je a dieser Wicklungszweige sind bei der Gleichstrom-Ankerwicklung entweder durch Ausgleichsverbindungen oder die auf den Stromwender aufgelegten Bürsten parallel geschaltet. Bei der aufgeschnittenen Wicklung können diese a Wicklungszweige entweder parallel oder in Reihe geschaltet werden Wenn sie parallel geschaltet werden, muß die Gleichstromwicklung den Bedingungen genügen, die wir früher für die Ausführbarkeit von Ausgleichsverbindungen abgeleitet haben (vgl. Abschnitt 10).

Die Schnitt- und Anzapfpunkte ergeben sich aus dem Spannungsvieleck, in dem bekanntlich die Spannungen der einzelnen Spulen so aufeinander folgen wie entsprechende Spulen im Schaltplan. Um die Anzapf- oder Schnittpunkte zu finden, sind immer

$$v = \frac{k}{am} \quad \text{. . . . .} \quad (47)$$

im Schaltplan aufeinanderfolgende Spulen abzuzählen. Die Verbindungen der einzelnen Wicklungszweige ergeben sich dann ohne weiteres aus den Schaltungen in den Abschnitten A und B. Im allgemeinen wird aber v keine ganze Zahl sein; ein Teil der Wicklungszweige muß dann eine Spule mehr oder weniger als der übrige erhalten. Die Spannungen an den Wicklungszweigen sind dann nicht mehr genau gleich und die Wicklungsstränge im allgemeinen auch nicht um $1/m$ einer Polpaarteilung am Ankerumfang gegeneinander verschoben. Bei genügend großer Spulenzahl ist der Unterschied aber nur gering. Um ihn ganz zu beseitigen, muß man gewöhnlich die angezapfte oder aufgeschnittene Wicklung aus der künstlich geschlossenen Gleichstrom-Ankerwicklung ableiten (vgl. Abschnitt 15 B).

Die parallel geschalteten Wicklungszweige müssen natürlich immer dieselbe Spulenzahl haben und um genau ganze Vielfache der Polpaarteilung am Ankerumfang verschoben sein.

Wenn bei Stabwicklungen die Anzapf- und Schnittpunkte auf verschiedenen Seiten der Wicklung liegen dürfen, so läßt sich der Unterschied in den Spannungen der Wicklungsteile wesentlich verringern und vollkommen beseitigen, wenn $2v$ eine ganze Zahl ist. Um zu Anzapf- oder Schnittpunkten zu gelangen, sind dann immer

$$v = \frac{2k}{am} \quad \ldots\ldots\ldots\ldots \quad (47')$$

im Schaltplan der geschlossenen Wicklung aufeinanderfolgende Spulenseiten abzuzählen.

Die Herstellung einer aufgeschnittenen oder angezapften Gleichstrom-Ankerwicklung ist um so einfacher, je weniger Stellen aufzuschneiden oder anzuzapfen sind. Man wird deshalb dafür die eingängige Wellenwicklung ($a = 1$) im allgemeinen bevorzugen.

Der wichtigste Fall ist hier die an 6 Stellen aufgeschnittene und dreiphasig geschaltete Wicklung, bei der die Verbindungen der Wicklungszweige auf derselben Seite des Ankers liegen. Damit die drei Wicklungsstränge dieselbe Spulenzahl aufweisen und am Ankerumfang um $^1/_3$ der Polpaarteilung verschoben sind, muß die Bedingung

$$\frac{\boldsymbol{k}}{3} = \textbf{ganz} \quad \ldots\ldots\ldots\ldots \quad (48)$$

erfüllt sein, worin k die Spulenzahl ist. Die Bedingung läßt sich nach dem Wicklungsgesetz der eingängigen Wellenwicklung (Gl. 6) für alle Polpaarzahlen erfüllen, die nicht durch 3 teilbar sind.

Wenn

$$\frac{\boldsymbol{k}}{3} = \textbf{gerade}, \quad \ldots\ldots\ldots \quad (48\text{a})$$

wird nach Gl. 47 bei der eingängigen Wellenwicklung mit sechs Schnittpunkten ($m = 6$)

$$v = \frac{k}{6} \quad \ldots\ldots\ldots\ldots \quad (47\text{a})$$

und der Schritt, der auszuführen ist, um von einem Schnittpunkt zum nächsten zu gelangen, ist

$$\boldsymbol{y_v} = \frac{\boldsymbol{k}}{6}\,\boldsymbol{y}. \quad \ldots\ldots\ldots\ldots \quad (49\text{a})$$

Wir erhalten so die Punkte a bis f in Abb. 153a. Die Enden der Wicklungszweige können dann nach den Schaltungen in den Abb. 154a bis c miteinander verbunden werden.

Wenn

$$\frac{k}{3} = \textbf{ungerade}, \quad \ldots\ldots \quad (48\,b)$$

sind abwechselnd die Schritte

$$y_{v_1} = \left(\frac{k}{6} + \frac{1}{2}\right) y \quad \text{und} \quad y_{v_2} = \left(\frac{k}{6} - \frac{1}{2}\right) y \quad .\ . \quad (49\,b)$$

auszuführen, um zu Schnittpunkten der Wicklung zu gelangen. Die Wicklungszweige zwischen den Schnittpunkten *ab*, *cd* und *ef* (vgl. Abb. 153a) enthalten dann eine Spule mehr als die übrigen. Die beiden Wicklungszweige eines Strangs dürfen in diesem Falle natürlich nur in Reihe geschaltet werden.

Die nach den Gl. 49a und b berechneten Schritte y_v sind im allgemeinen größer als die Spulenzahl k. Man wird deshalb bei der Bestimmung der Schnittpunkte nicht y_v von am Ankerumfang nebeneinander liegenden Spulen abzählen, sondern nur den Überschuß der y_v Spulen über ganze Vielfache von k.

25. Die Spulenbreite und die Nutenzahl für Pol und Strang.

Als Spulenbreite bezeichnet man gewöhnlich den Teil des Ankerumfangs, den die nebeneinander liegenden und gleichsinnig vom Strom durchflossenen Spulenseiten eines Wicklungsstrangs einnehmen. Man mißt diesen Teil gewöhnlich in Einheiten, die gleich der Nutteilung sind, so daß die Spulenbreite bei den gewöhnlichen ein- oder

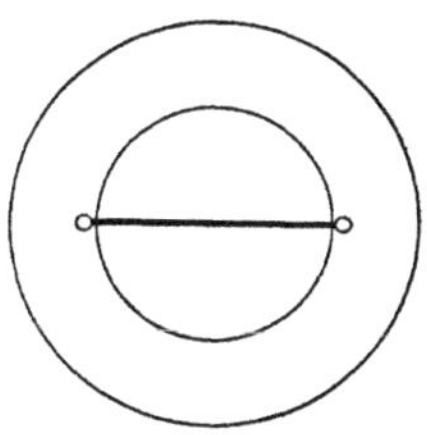

Abb. 158a.

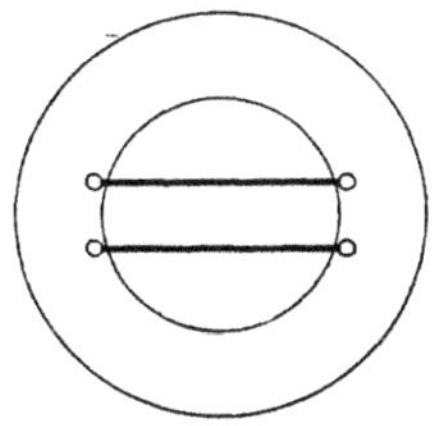

Abb. 158b.

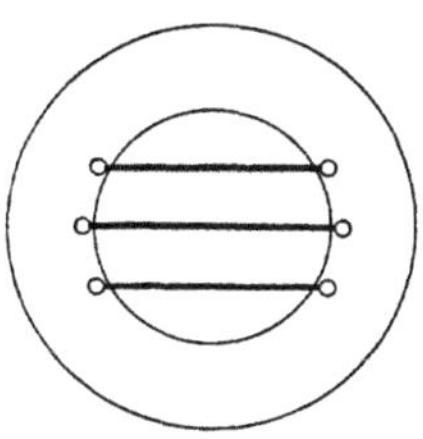

Abb. 158c.

Einphasige Einloch- (a), Zweiloch- (b) und Dreilochwicklung (c).

zweischichtigen Wechselstromwicklungen auch gleich der Zahl der Nuten ist, in denen die gleichsinnigen Spulenseiten eines Wicklungsstrangs innerhalb einer Polteilung liegen.

Die Wechselstromwicklungen werden gewöhnlich als **Einschichtwicklungen** ausgeführt, bei denen nur immer eine Spulenseite in der Nut liegt. Je nachdem bei diesen Einschichtwicklungen die Zahl der Nuten, in denen gleichsinnige Spulenseiten eines Wicklungsstrangs liegen, innerhalb einer Polteilung gleich 1, 2, 3 oder q ist, spricht man von Einloch-, Zweiloch-, Dreiloch- oder q-Loch-Wicklungen, die wir auch als einnutige, zweinutige usw. Wicklungen bezeichnen können. Für Innenpolmaschinen mit 2 Polen sind in Abb. 158 und 159a bis c für Ein- und Dreiphasenstrom ein-, zwei- und dreinutige Wicklungen dargestellt. Die Spulenköpfe sind hier quer über die Bohrung des Ankers gezeichnet, während sie in Wirklichkeit abgebogen werden, damit die Ankerbohrung für den Einbau des inneren Teils der Maschine frei bleibt. In Abb. 159a bis c sind die drei Wicklungsstränge durch volle, gestrichelte und punktierte Linien unterschieden.

Die negativen Spulenseiten sind bei den gewöhnlichen Wechselstromwicklungen immer um eine Polteilung gegenüber den positiven Spulenseiten desselben Wicklungsstrangs am Ankerumfang verschoben

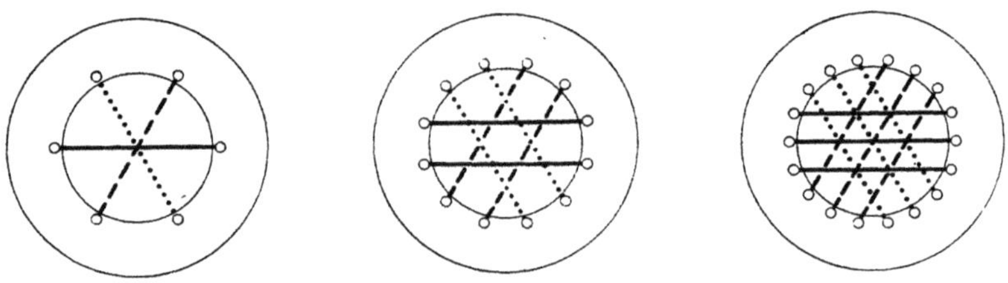

Abb. 159a. Abb. 159b. Abb. 159c.
Dreiphasige Einloch- (a), Zweiloch- (b) und Dreilochwicklung (c).

(vgl. Abb. 158 und 159a bis c sowie auch Abschnitt 44 A). Bei den Mehrphasenwicklungen werden gewöhnlich alle Nuten bewickelt. Wenn dann bei der Einschichtwicklung die Strangzahl m ungerade ist, wird die Spulenbreite der Mehrphasenwicklung gleich der Nutenzahl q für Pol und Strang:

$$S = q = \frac{N}{2pm} \quad \text{(50a)}$$

Bei gerader Strangzahl m sind immer je zwei Wicklungsstränge um eine Polteilung am Ankerumfang verschoben. Deshalb sind die gewöhnlichen Wechselstromwicklungen, bei denen negative und positive Spulenseiten um eine Polteilung auseinander liegen, mit geradem m nur als Zweischichtwicklungen ausführbar, wobei dann immer verschiedensinnige Spulenseiten zweier um eine Polteilung auseinander liegender Wicklungsstränge dieselben Nuten ausfüllen. Die Spulenbreite ist dann

$$S = 2q = \frac{N}{pm} \quad \text{(50b)}$$

Wenn aber nicht verlangt wird, daß die negativen Spulenseiten um eine Polteilung gegenüber den positiven desselben Wicklungsstrangs am Ankerumfang verschoben sind, so kann auch die Mehrphasenwicklung mit gerader Strangzahl als Einschichtwicklung und für die Spulenbreite $S = q$ (Gl. 50a) ausgeführt werden. Diese Wicklungen haben jedoch keine praktische Bedeutung erlangt.

Die unter dem Namen „Zweiphasenwicklung" verwendete Wicklung ist eigentlich eine Vierphasenwicklung, bei der der 3. und 4. Wicklungsstrang fehlen. Die Stromverteilung am Ankerumfang ändert sich durch die Weglassung dieser Wicklungsstränge nicht, weil die positiven bzw. negativen Spulenseiten des 3. und 4. Strangs in denselben Nuten liegen wie die negativen bzw. positiven Spulenseiten des 1. und 2. Strangs und ihre Ströme dieselbe Phase haben. Die Spulenbreite ergibt sich deshalb für die „Zweiphasenwicklung" nach Gl. 50b, wenn $m = 4$ gesetzt wird.

Von den Einschichtwicklungen haben gewöhnlich nur die Dreiphasenwicklung ($m = 3$) und die Zweiphasenwicklung praktische Bedeutung. Für diese sind die Spulenbreiten gleich den Nutenzahlen q für Pol und Strang (Gl. 50a), wenn bei der Zweiphasenwicklung $m = 2$ gesetzt wird.

Bei den angezapften Gleichstrom-Ankerwicklungen ist die Spulenbreite durch Gl. 50b gegeben.

Wie wir im vorigen Abschnitt gesehen haben, ist zur Erzeugung einer bestimmten Spannung bei der einnutigen Wicklung die geringste Zahl von Windungen erforderlich. Der Ankerumfang wird aber bei dieser Wicklung, besonders wenn es sich um einphasigen Wechselstrom handelt (Abb. 158a), sehr schlecht ausgenutzt, und die Oberschwingungen in der induzierten EMK, die durch die Nutung des Ankers hervorgerufen werden (vgl. Abschn. 46A), sind in den meisten praktischen Fällen um so größer, je gröber die Nutteilung ist. Während früher Einphasenmaschinen und besonders Dreiphasenmaschinen sehr häufig mit einer Nut für Pol und Strang ausgeführt wurden, hat man diese Wicklungen heute allgemein verlassen. Bei Drehstromgeneratoren schwankt die Nutenzahl für Pol und Strang gewöhnlich zwischen 2 und 6, bei asynchronen Drehstrommotoren im primären Teil zwischen 2 und 8 und im sekundären Teil zwischen 2 und 10. Bei Einphasenmaschinen bleibt gewöhnlich $^1/_3$ des Ankerumfanges unbewickelt, so daß also bei Einphasenwicklungen die Spulenbreite doppelt so groß ist wie bei Dreiphasenwicklungen.

Die Zahl der Nuten, in denen die gleichsinnigen Spulenseiten eines Wicklungsstrangs liegen, muß nicht immer für alle Pole dieselbe sein. Man führt deshalb zur Kennzeichnung der Wicklung die mittlere Spulenbreite ein, die bei den einschichtigen Wechselstromwicklungen gleich dem Verhältnis von (bewickelter) Nutenzahl und Produkt aus Pol- und Strangzahl ist. Die mittlere Spulenbreite oder die (mittlere) Nutenzahl für Pol und Strang kann auch eine gebrochene Zahl sein. Man spricht dann von einer Bruchlochwicklung, die wir noch in besondern Abschnitten behandeln werden. Entsprechend kann man die Wicklungen mit ganzer Nutenzahl für Pol und Strang als Ganzlochwicklungen bezeichnen. Eine gebrochene Nutenzahl für Pol und Strang haben im allgemeinen auch die im letzten Abschnitt behandelten aufgeschnittenen oder angezapften Gleichstrom-Ankerwicklungen. Bei einer Ringwicklung, wie sie in Abb. 152a dargestellt ist, ist die Nutenzahl für Pol und Strang ein echter Bruch, $q = {}^1/_2$.

Bei den mehrnutigen Wicklungen nach Abb. 158 und 159a bis c liegen die Verbindungslinien der zu derselben Spule gehörigen Spulenseiten im allgemeinen auf einer Sehne, und die Spulenweite, d. i. die Entfernung dieser Spulenseiten am Ankerumfang, ist im allgemeinen

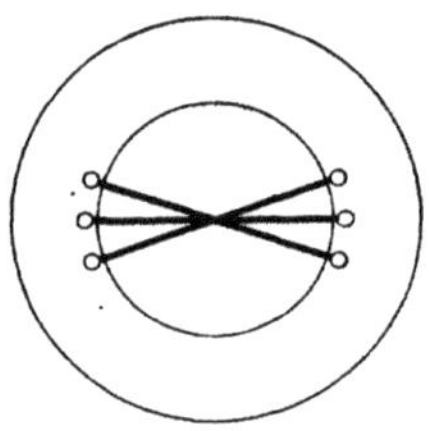

Abb. 160. Dreilochwicklung mit Spulen gleicher Weite; Durchmesserspulen.

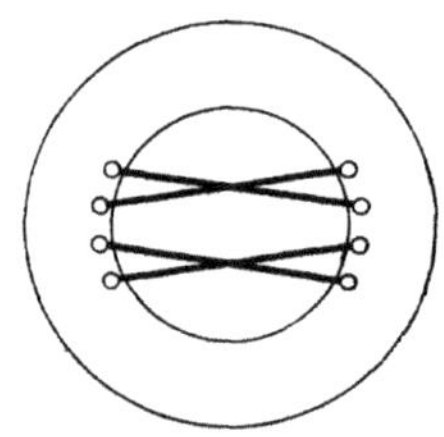

Abb. 161. Vierlochwicklung mit Spulen gleicher Weite; Sehnenspulen.

verschieden. Die Wicklungen lassen sich auch mit Spulen gleicher Weite ausführen, die bei beliebiger Nutenzahl für Pol und Strang gleich der Polteilung, wie in Abb. 160, oder bei gerader Nutenzahl für Pol und Strang auch gleich einer Sehne ist, wie in Abb. 161. Wenn wir den Streufluß, der sich um die außerhalb der Nut liegenden Wicklungsköpfe schließt, außer acht lassen, so ist es vollkommen gleichgültig, in welcher Reihenfolge die q unter einem Pol liegenden Spulenseiten eines Wicklungsstrangs im Schaltplan miteinander verbunden werden. Die Reihenfolge hat weder auf die induzierte EMK, noch auf die magnetisierende Wirkung der vom Strom durchflossenen Wicklung einen Einfluß (vgl. Abschnitt 44 A).

Bei den mehrnutigen Wicklungen können die Wicklungsköpfe in grundsätzlich verschiedener Weise abgebogen werden. Die Lage und die Form der Spulenköpfe werden wir im nächsten Abschnitt behandeln.

26. Lage und Form der Spulenköpfe.

Die Spulenköpfe (Querverbindungen) werden gewöhnlich so geformt, daß sie auf der Oberfläche gedachter Rotationskörper liegen, deren Achsen mit der Maschinenachse zusammenfallen. Diese Oberflächen (vgl. Abb. 162a) sind in den meisten Fällen Zylinder- (z) oder Kegelflächen (k) oder Ebenen senkrecht zur Maschinenachse (e), doch nehmen diese Flächen auch weniger einfache Formen an.

Bei mehrphasigen Wicklungen überschneiden sich die Spulenköpfe der einzelnen Wicklungsstränge und können deshalb nicht alle auf derselben Rotationsfläche liegen. Man sagt, die Wicklungen liegen in verschiedenen Ebenen oder Etagen.

Die gedachten Flächen, auf denen die Spulenköpfe der Wicklung liegen, können entweder Flächen gleicher Art — axial nebeneinander angeordnete Ebenen (Abb. 162b) oder Kegelflächen (Abb. 162c und d) — oder Flächen verschiedener Art sein (Abb. 162a).

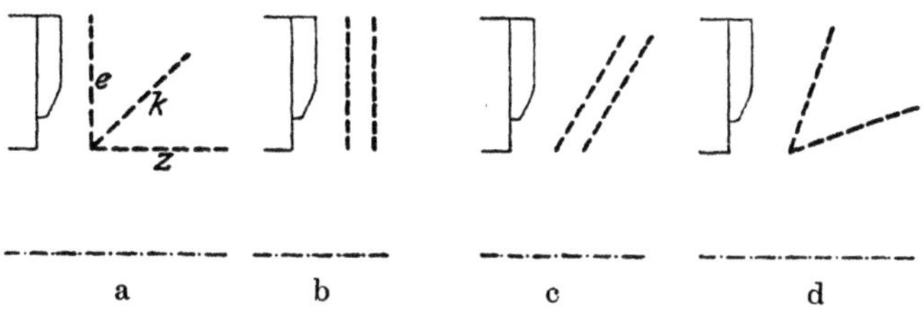

Abb. 162a bis d. Lage der Flächen, auf denen die Spulenköpfe liegen.

Wir können die Wicklungen nach der Lage und Form der Spulenköpfe in zwei Hauptgruppen einteilen, in solche, deren Spulen im allgemeinen verschiedene Weite und ihre Spulenköpfe daher auch verschiedene Form haben, und solche, deren Spulen immer — d. h. bei beliebiger Nutenzahl für Pol und Strang — gleiche Weite und gleiche Form haben. Innerhalb dieser Hauptgruppen können wir bei den Dreiphasenwicklungen noch unterscheiden zwischen Wicklungen, bei denen an gewissen Stellen des Ankerumfangs immer drei Wicklungsstränge und solchen, bei denen nur zwei Wicklungsstränge nebeneinander liegen; im ersten Falle wollen wir von dreifachen, im zweiten von zweifachen Wicklungsköpfen sprechen.

A. Dreiphasenwicklungen mit Spulen verschiedener Form und dreifachen Wicklungsköpfen. In Abb. 163a sind die Spulenköpfe einer zweipoligen viernutigen Wicklung so abgebogen, daß die Wicklungsköpfe jedes der drei Wicklungsstränge auf einer besonderen Rotationsfläche liegen: man sagt, die Wicklungsköpfe liegen in „drei Ebenen oder Etagen". Die Spulenköpfe jedes Wicklungsstrangs sind hier gleichmäßig am Ankerumfang verteilt; jede der drei Spulengruppen (vgl. Abb. 159b) ist zur Hälfte nach der einen, zur Hälfte nach der andern Seite der Bohrung abgebogen. Ein Wicklungskopf desselben Wicklungsstrangs besteht also aus $q/2$ Spulenköpfen. An $6p$ Stellen liegen die Wicklungsköpfe der drei Stränge immer nebeneinander. Diese Stellen sind in der Abbildung durch strichpunktierte Linien angedeutet; sie schneiden immer je $3q/2$ Spulen in den Querverbindungen. Abb. 163b stellt die Lage der Spulenköpfe einer vierpoligen Wicklung mit $q=2$ dar.

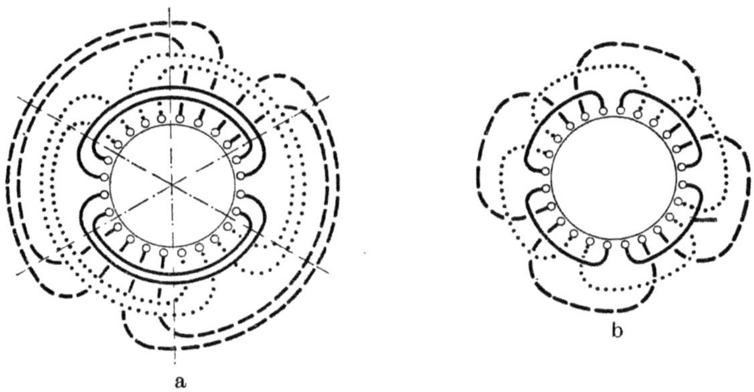

Abb. 163a u. b. Dreiphasenwicklungen mit Spulen verschiedener Form; Wicklungsköpfe in 3 Etagen und gleichmäßig verteilt.
a) $p=1$, $q=4$; b) $p=2$, $q=2$.

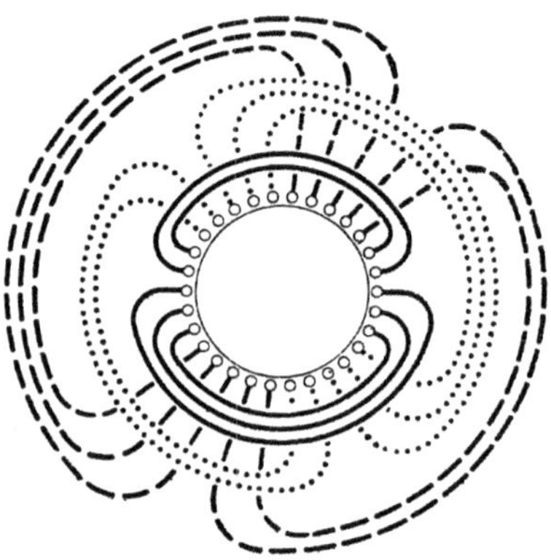

Abb. 164. Wicklungsköpfe bei ungeradem q in 3 Etagen und möglichst gleichmäßig verteilt, $p=1$, $q=5$.

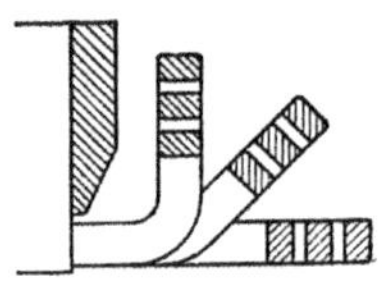

Abb. 165a.

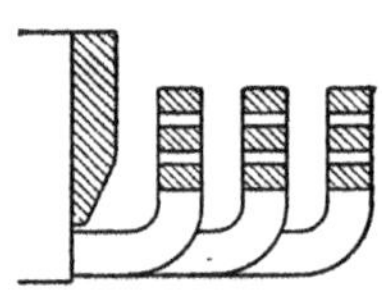

Abb. 165b.

Abb. 165a u. b. Form der in 3 Etagen angeordneten Wicklungsköpfe mit $q=6$ bei gleichmäßiger Verteilung oder $q=3$ bei zusammengedrängten Köpfen.

Bei ungerader Nutenzahl für Pol und Strang wäre eine vollständig gleichmäßige Verteilung der Wicklungsköpfe nur möglich, wenn man die Spulen in den mittleren Nuten jedes Strangs in zwei Teile zerlegen würde. In diesen Fällen verzichtet man gewöhnlich auf vollständig gleichmäßige Verteilung der Wicklungsköpfe und legt abwechselnd $\frac{q-1}{2}$

und $\frac{q+1}{2}$ Spulenköpfe desselben Strangs zu einem Wicklungskopf zusammen, wie es in Abb. 164 für eine zweipolige Wicklung mit $q = 5$ Nuten für Pol und Strang angedeutet ist.

Die Spulenköpfe können nach Abb. 165a und b geformt werden. Abb. 165a ermöglicht gewöhnlich kürzere Windungslängen; die

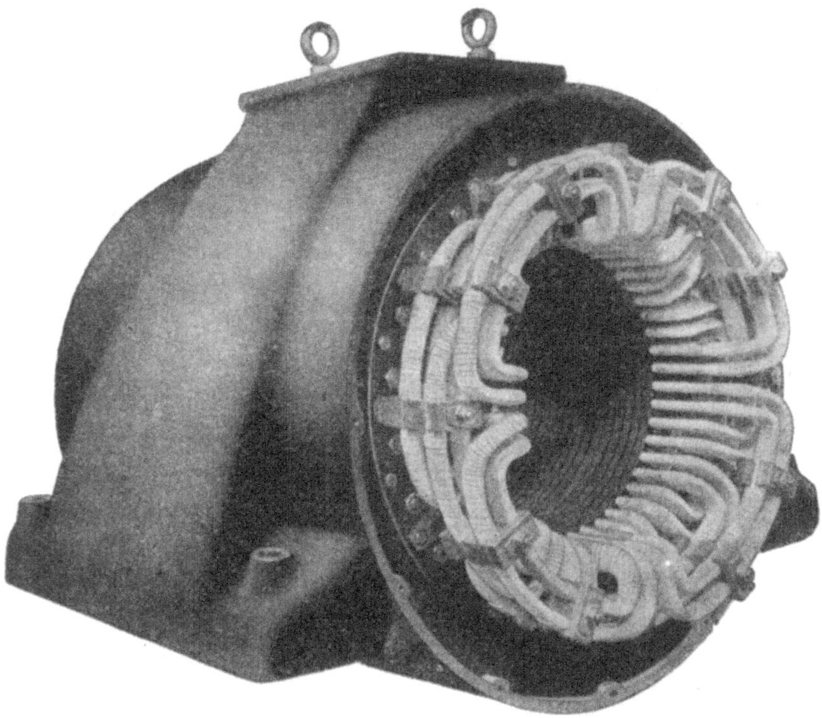

Abb. 166. Drei-Etagen-Wicklung der A. E. G. mit gleichmäßig verteilten Wicklungsköpfen. Form der Wicklungsköpfe nach Abb. 165b; $p = 2$, $q = 4$.

Wicklungsköpfe nach Abb. 165b lassen sich aber sicherer befestigen.

In Abb. 166 ist ein Ausführungsbeispiel einer Dreiphasenwicklung mit dreifachen gleichmäßig verteilten Wicklungsköpfen für $p = 2$ und $q = 4$ dargestellt. Die Wicklungsköpfe sind nach Abb. 165b geformt.

In Abb. 167a liegen die Wicklungsköpfe ebenfalls in drei Etagen; die Spulenköpfe einer Spulengruppe sind aber nach derselben Seite der Bohrung abgebogen, so daß an einer Stelle a—b die Querverbindungen aller Spulen der drei Wicklungsstränge zusammengedrängt nebeneinander liegen, und an der um eine Polteilung entfernten Stelle c—d sich überhaupt keine Spulenköpfe befinden. Während bei

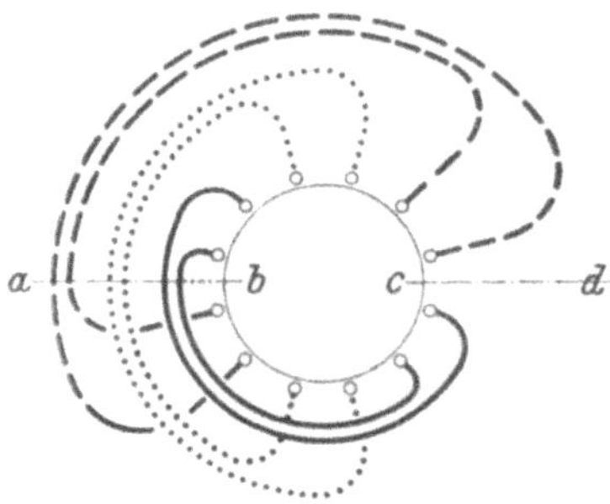

Abb. 167a.

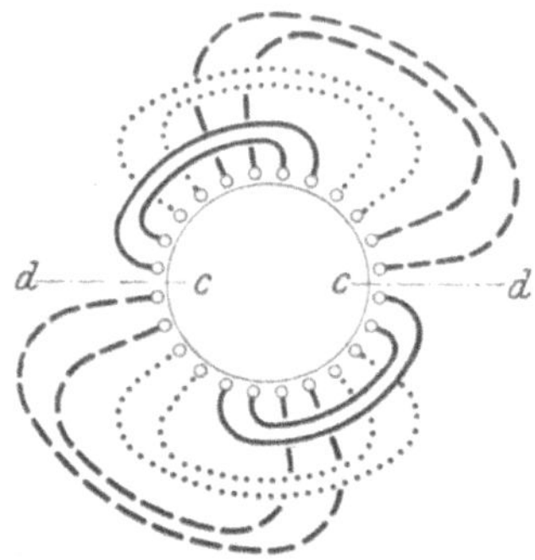

Abb. 167b.

Wicklungsköpfe in 3 Etagen und innerhalb jeder Polpaarteilung zusammengedrängt.
a) $p = 1$, $q = 2$, b) $p = 2$, $q = 2$, geteilter Ständer.

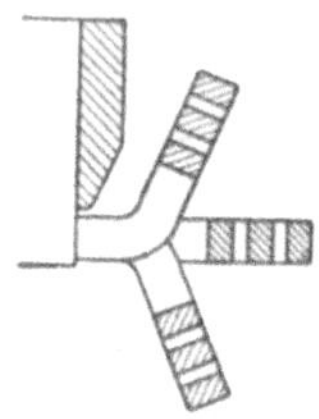

Abb. 168. Form von in 3 Etagen angeordneten Wicklungsköpfen; nur bei geteiltem Ständer ausführbar; $q = 3$.

Abb. 169a. Drei-Etagen-Wicklung der A. E. G. mit zusammengedrängten Wicklungsköpfen für geteilten Ständer; $p = 2$, $q = 5$ (vgl. Abb. 169b). Leistung 350 kVA.

der Wicklung in Abb. 163a, die ebenfalls für zwei Pole, aber für die doppelte Nutenzahl für Pol und Strang gilt, niemals mehr als $3\,q/2$ Spulenköpfe nebeneinander liegen, schneidet die Linie a—b in Abb. 167a $3q$ Spulen in den Querverbindungen. Die Wicklungsköpfe beanspruchen an den Überschneidungsstellen hier also bei derselben Nutenzahl für Pol und Strang mehr Raum als bei der Wicklung in Abb. 163a; es wird deshalb auch die mittlere Windungslänge größer. Bei mehrpoligen Maschinen liegen aber an gewissen Stellen des Ankers, die alle um eine Polpaarteilung voneinander entfernt sind, überhaupt keine Spulenköpfe, so daß der Anker an dieser Stelle geteilt werden kann, ohne daß die Wicklungsköpfe aufgeschnitten oder die Spulen ausgewickelt werden müssen. Für eine vierpolige Maschine ist die Lage der Spulenköpfe in Abb. 167b dargestellt,

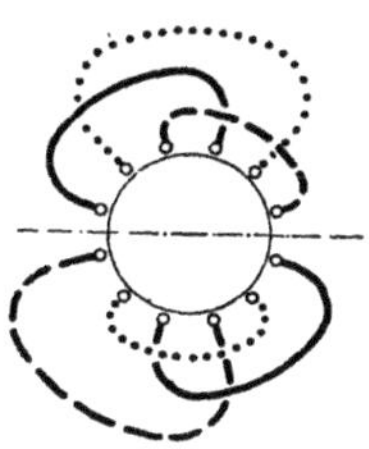

Abb. 169b. Lage der Wicklungsköpfe bei möglichst gleichen mittleren Windungslängen; $p = 2$, $q = 1$.

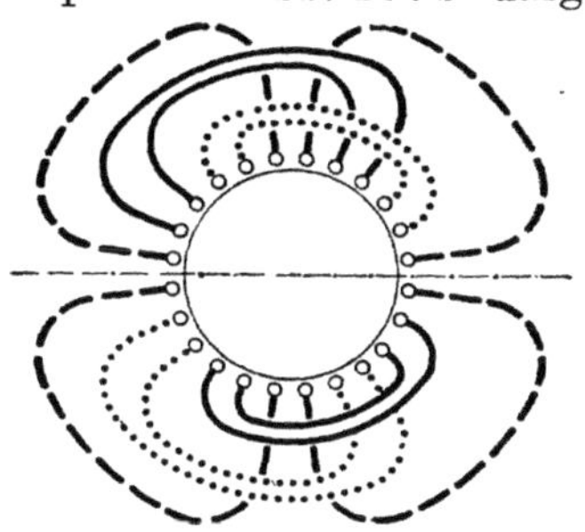

Abb. 170. Wicklungsköpfe in 3 Etagen und teilweise zusammengedrängt; $p = 2$, $q = 2$, geteilter Ständer.

jede durch die Schnittlinie c—d begrenzte Ankerhälfte kann vor dem Zusammenbau fertig gewickelt werden.

Die Wicklungsköpfe können in derselben Weise geformt werden, wie bei gleichmäßiger Verteilung der Spulenquerverbindungen (Abb. 165a und b). Die Zahl der Spulen in einem Wicklungskopf ist hier aber doppelt so groß, nämlich q. Bei zwei- oder mehrteiligem Ständer können die Wicklungsköpfe auch die in Abb. 168 angegebene Form annehmen, wo je eine Spulengruppe teilweise über die Ankerbohrung gebogen ist. Der innere Teil der Maschine kann dann nur ein- oder ausgebaut werden, wenn eine Ankerhälfte abgehoben ist.

In Abb. 169a ist eine Wicklung, bei der die Spulenköpfe ähnlich wie in Abb. 167b abgebogen sind, für $p = 2$ und $q = 5$ dargestellt. Um die Unterschiede in den mittleren Windungslängen der Wicklungsstränge und die Beeinflussung der Wechselstromwiderstände durch benachbarte Eisenteile nach Möglichkeit auszugleichen, gehören die beiden vorn und die beiden hinten liegenden Spulengruppen je verschiedenen Wicklungssträngen an, wie es in Abb. 169b für $q = 1$ angedeutet ist. Weitere Ausführungsbeispiele von Wicklungen, deren Wicklungsköpfe in drei Etagen zur Teilbarkeit des Ankers zusammengelegt sind, siehe Abb. 316 und 322 auf S. 329 und 335.

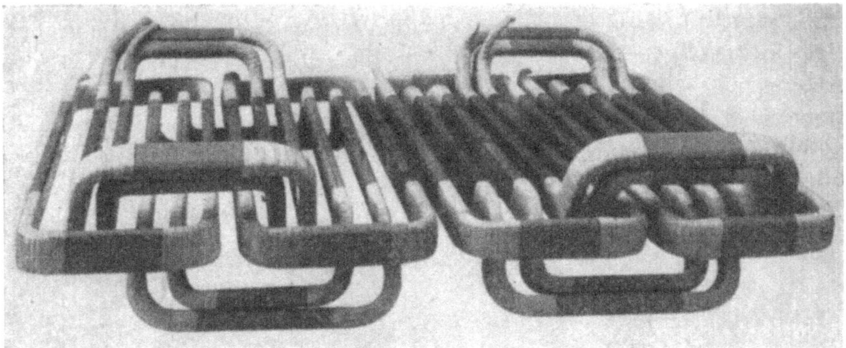

Abb. 171. Lage der Spulen in zwei Polpaarteilungen einer Drei-Etagen-Wicklung der A.E.G. mit teilweise zusammengedrängten Wicklungsköpfen für geteilten Ständer. Form der Spulenköpfe nach Abb. 168; $p = 16$, $q = 2$. Maschinenleistung 6600 kVA.

Die Teilbarkeit des Ständers ist auch dann noch möglich, wenn die Spulenköpfe des einen Wicklungsstrangs gleichmäßig am Ankerumfang verteilt werden, wie es in Abb. 170 für eine vierpolige Wicklung mit $q = 2$ dargestellt ist. Die größte Zahl der nebeneinander liegenden Spulenquerverbindungen ist dann nur $5q/2$ und es kann an der mittleren Windungslänge etwas gespart werden. Für $q = 2$ ist in Abb. 171 die Anordnung der Spulen über zwei Polpaarteilungen einer 32-poligen Maschine dargestellt. Die Spulenköpfe haben hier die Form nach Abb. 168, doch enthält der gerade Wicklungskopf nur $q/2$, also hier nur eine Spulenquerverbindung.

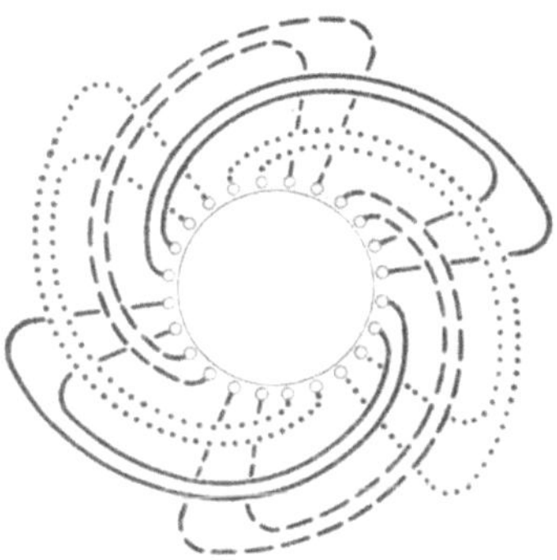

Abb. 172. Dreiphasenwicklung mit Spulen verschiedener Weite und dreifachen Wicklungsköpfen mit gleichgeformten gleichmäßig verteilten Spulengruppen. $p = 1$, $q = 4$.

Eine Wicklung mit dreifachen Wicklungsköpfen ist auch möglich, ohne daß die Wicklungsköpfe in drei verschiedenen Etagen angeordnet werden. Dieser Fall ist in Abb. 172 für gleichmäßig verteilte Spulenköpfe (vgl. Abb. 163a) dargestellt. Die einzelnen Spulen*gruppen* erhalten dieselbe Form, nicht aber die einzelnen Spulen derselben Gruppe, weil ihre Weiten verschieden sind. Bei der technischen Ausführung liegt jeder Wicklungskopf zwischen zwei Ebenen und geht von der einen in die andere mehr oder weniger plötzlich über. Abb. 177 kann hierfür als Ausführungsbeispiel mit $p = 3$ und $q = 8$ dienen. Diese Abbildung stellt zwar eine andere Wicklung dar, doch unterscheidet sie sich in der dargestellten Ansicht nicht von einer Wicklung nach Abb. 172. Für $q = 2$ erhalten bei gleichmäßiger Verteilung der Spulenköpfe alle Spulen dieselbe Form; die Wicklung fällt dann auch unter Abschnitt C, wo in Abb. 181a bis c verschiedene Spulenformen dargestellt sind.

B. Dreiphasenwicklungen mit Spulen verschiedener Form und zweifachen Wicklungsköpfen. Die Wicklungsköpfe sämtlicher Stränge können bei den dreiphasigen Wicklungen auch in nur *zwei* Ebenen oder Etagen gelegt werden. Eine solche Wicklung entsteht

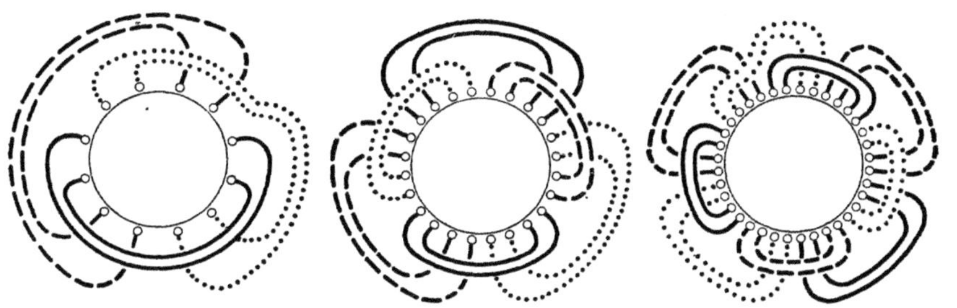

a b c

Abb. 173a bis c. Dreiphasenwicklungen mit Spulen verschiedener Form; Wicklungsköpfe in 2 Etagen. a) $p = 1$, $q = 2$, b) $p = 2$, $q = 2$, c) $p = 3$, $q = 2$.

für die zweipolige Maschine aus Abb. 167a, indem der punktiert gezeichnete Wicklungskopf nach der andern Seite der Bohrung abgebogen wird. Er muß dann von der einen in die andere Raumfläche übergehen, so wie es in Abb. 173a dargestellt ist, erhält also „gekröpfte" Spulen.

Eine solche gekröpfte Spulengruppe ist bei dreiphasigen Wicklungen, deren Wicklungsköpfe in zwei Etagen angeordnet sind, aber nur dann erforderlich, wenn die Zahl der Spulengruppen ungerade ist. Diese Zahl ist $3p$; es verlangen also die Wicklungen mit ungerader Polpaarzahl p immer eine gekröpfte Spulengruppe. Bei gerader Polpaarzahl, wie z. B. bei 2 Polpaaren in Abb. 173b, sind keine gekröpften Spulengruppen erforderlich, die Spulengruppen desselben Wicklungsstrangs liegen abwechselnd in verschiedenen Raumflächen. Die Lage der Spulenköpfe einer sechspoligen Wicklung ist in Abb. 173c dargestellt; hier ergibt sich wieder eine gekröpfte Spulengruppe (oben), da $p = 3$ ungerade ist.

Die Wicklungsköpfe erhalten gewöhnlich eine der in den Abb. 174a, b oder c dargestellten Formen.

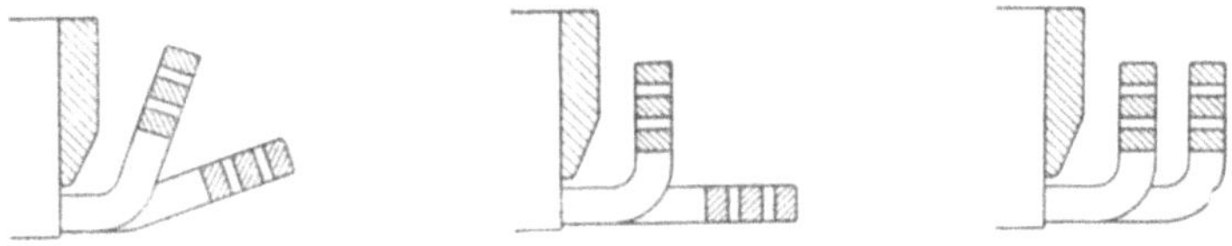

Abb. 174a bis c. Form der in 2 Etagen angeordneten Wicklungsköpfe mit $q = 3$.

Abb. 175a. Zwei-Etagen-Wicklung ohne gekröpfte Spulengruppe. Form der Wicklungsköpfe nach Abb. 174b, $p = 2$, $q = 6$.

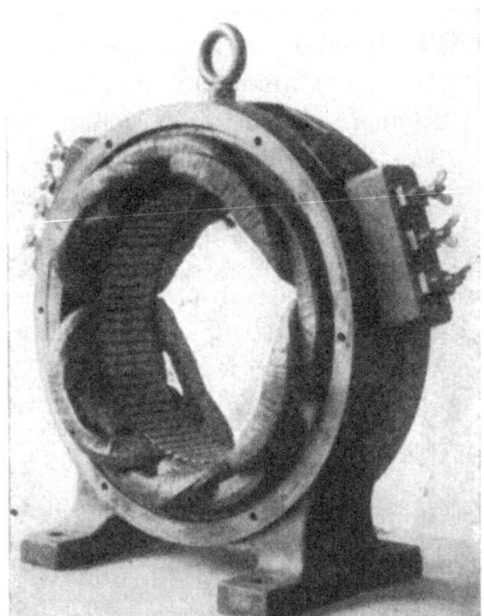

Abb. 175b. Zwei-Etagen-Wicklung mit gekröpfter Spulengruppe (unten links). Form der Wicklungsköpfe nach Abb. 174a, $p = 3$, $q = 4$. Leistung 15 kVA.

In Abb. 175a und b sind Ausführungsbeispiele für Wicklungen mit zweifachen Wicklungsköpfen nach Abb. 173b und c dargestellt. Abb. 175a gilt für $p = 2$ und $q = 6$, Abb. 175b für $p = 3$ und $q = 4$ und läßt die hierbei erforderliche gekröpfte Spulengruppe (unten links) erkennen. Andere Ausführungsbeispiele von Zwei-Etagen-Wicklungen mit gerader Polpaarzahl sind in Abb. 314, 318 und 323 dargestellt.

Bei den Wicklungen mit zweifachen Wicklungsköpfen können auch alle Spulen gekröpft sein, wie in Abb. 176, oder allmählich von einer Ebene in die andere übergehen. Alle Spulengruppen haben dann dieselbe Form; die einzelnen Spulen jeder Gruppe sind

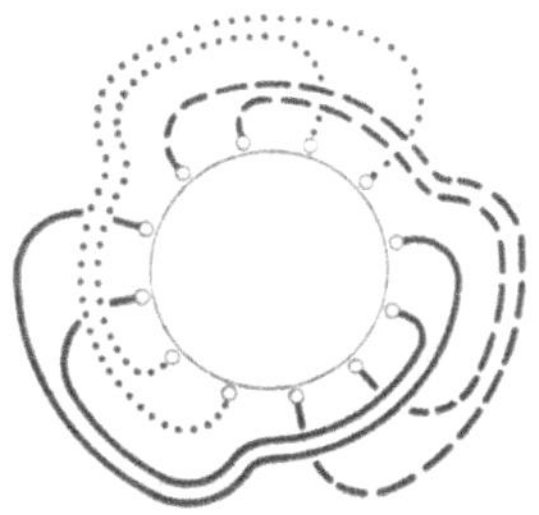

Abb. 176. Dreiphasenwicklung mit Spulen verschiedener Weite und zweifachen Wicklungsköpfen mit gleichgeformten Spulengruppen. $p = 1$, $q = 2$.

aber, wenn $q > 1$ ist, verschieden, weil sie verschiedene Weite haben. Ausführungsbeispiele dieser Art sind in Abb. 177 für $p = 6$ und $q = 4$ und in Abb. 315 dargestellt.

Abb. 177. Dreiphasenwicklung der A. E. G. mit zweifachen Wicklungsköpfen und gleichgeformten Spulengruppen (vgl. Abb. 176); $p = 6$, $q = 4$. Leistung 600 kVA.

C. Dreiphasenwicklungen mit Spulen gleicher Weite. Wenn die Spulenköpfe nach Art der Querverbindungen einer Gleichstrom-Ankerwicklung ausgeführt werden, so erhalten alle Spulen dieselbe Weite und dieselbe Form. Die Spulenköpfe können auch dann in

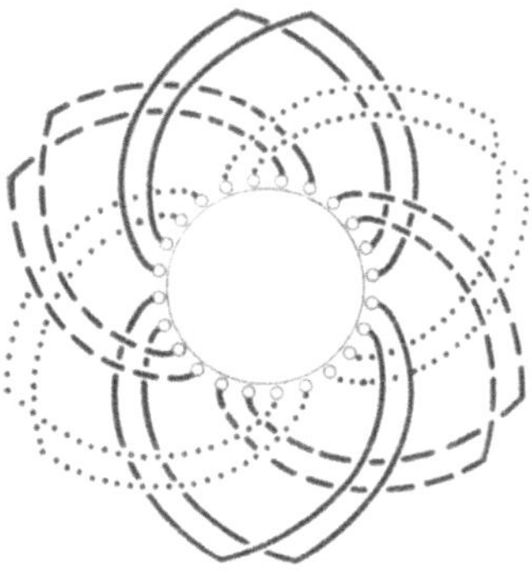
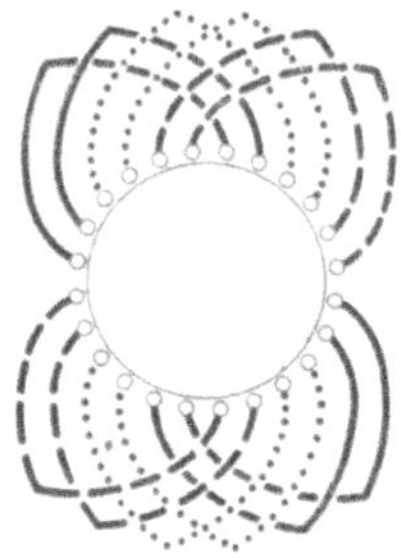
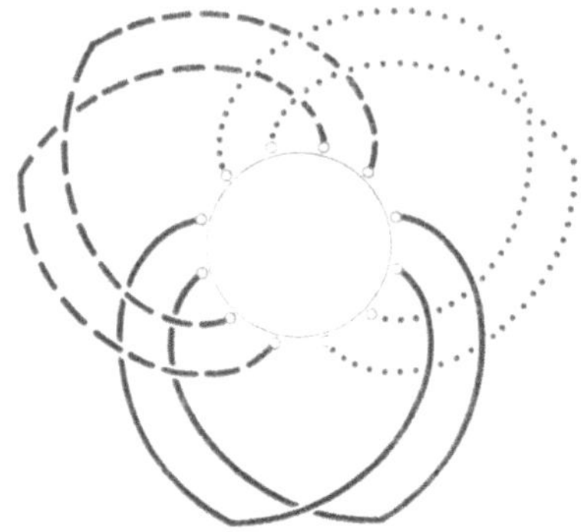

Abb. 178 bis 180. Dreiphasenwicklungen mit Spulen gleicher Weite.

Abb. 178. Dreifache gleichmäßig verteilte Wicklungsköpfe (vgl. Abb. 163a), $p=1$, $q=4$.

Abb. 179. Dreifache zusammengedrängte Wicklungsköpfe (vgl. Abb. 167b), $p=2$, $q=2$.

Abb. 180. Zweifache Wicklungsköpfe (vgl. Abb. 173a). $p=1$, $q=2$.

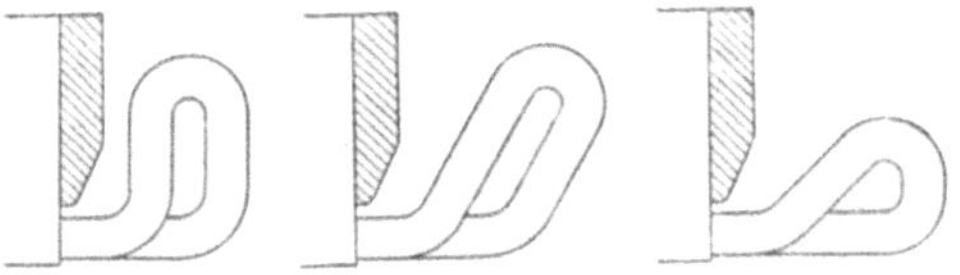

a b c

Abb. 181a bis c. Form der Spulenköpfe bei Spulen gleicher Weite.

Abb. 182. Dreiphasenwicklung der B. B. C. mit Spulen gleicher Weite und gleichmäßig verteilten Wicklungsköpfen (vgl. Abb. 178); $p=3$, $q=2$.

Abb. 183a. Dreiphasenwicklung der B. B. C. mit Spulen gleicher Weite und zusammengedrängten Wicklungsköpfen (vgl. Abb. 179), $p=6$, $q=3$.

Abb. 183b. Spulengruppe eines Wicklungsstrangs in Abb. 183a.

verschiedenem Sinne von der Bohrung weggebogen werden. In Abb. 178 sind die Spulenköpfe in demselben Sinne abgebogen wie in Abb. 163a. Die Spulenweite ist hier bei gerader Nutenzahl q für Pol und Strang immer gleich $^5/_6$ der Polteilung; für ungerade

Abb. 184. Dreiphasenwicklung der S. S. W. mit Spulen (Windungen) gleicher Weite und zweifachen Wicklungsköpfen (vgl. Abb. 180); $p = 2$, $q = 14$. Leistung 1000 kVA.

Nutenzahlen q ist diese Wicklungsart mit Spulen gleicher Weite nicht ausführbar.

Wenn die Spulenköpfe für geteilte Ständer nach dem Vorbilde der Abb. 167b abgebogen werden, erhalten wir für Spulen mit gleicher Weite die Abb. 179; die Weite der Spulen ist hier immer gleich der Polteilung.

Aus der Wicklung in Abb. 173a, deren Spulenköpfe in zwei Etagen angeordnet sind, entsteht bei Spulen gleicher Weite die Lage der Querverbindungen nach Abb. 180; auch hier ist die Weite immer gleich der Polteilung.

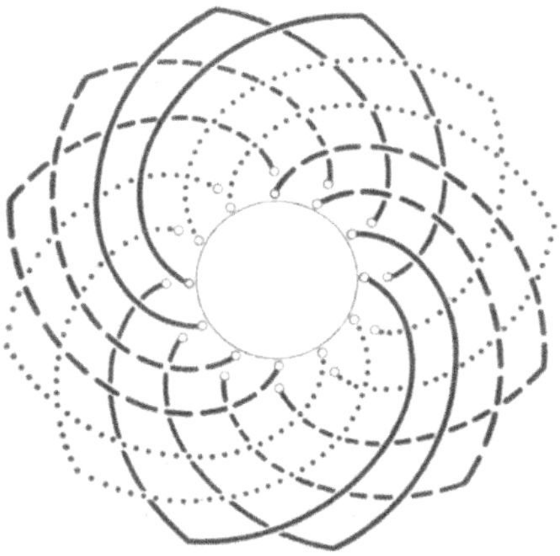

Abb. 185. Dreiphasige Zweischichtenwicklung mit Spulen gleicher Weite; $p = 1$, $q = 2$.

Die wichtigsten Formen der Spulenköpfe sind in Abb. 181 a, b und c dargestellt, sie entsprechen den Abb. 111 c, 113 und 114 bei den Gleichstrom-Ankerwicklungen (S. 136 u. 137).

Ausführungsbeispiele für Dreiphasenwicklungen mit Spulen gleicher Weite sind in Abb. 182 bis 184 dargestellt. Abb. 182 mit $p = 3$ und $q = 2$

Abb. 186. Dreiphasige Zweischichtwicklung der B. B. C.; $p = 2$, $q = 6$. Leistung 5000 kVA.

entspricht den dreifachen und gleichmäßig verteilten Wicklungsköpfen in Abb. 178, Abb. 183a mit $p = 6$ und $q = 3$ den dreifachen Wicklungsköpfen in Abb. 179 für geteilte Ständer und Abb. 184 mit $p = 2$ und $q = 14$ den zweifachen Wicklungsköpfen in Abb. 180. Abb. 183b stellt eine Spulengruppe eines Wicklungsstrangs der Abb. 183a dar. Andere Ausführungsbeispiele siehe Abb. 319 und 321 auf S. 332 u. 334.

Bei den bisher besprochenen Wechselstrom-Wicklungen liegt in jeder Nut nur eine Spulenseite. Zuweilen werden aber auch die Wechselstromwicklungen als Zweischichtwicklungen ausgeführt, wobei dann die in derselben Nut liegenden Spulenseiten demselben Wicklungsstrang angehören. Eine solche zweischichtige Wechselstromwicklung hat bei derselben Nutenzahl für Pol und Strang die doppelte Spulenzahl wie die Einschichtwicklung und unterscheidet sich von dieser nur durch die technische Ausführung. In Abb. 185 ist die Lage der Spulenquerverbindungen bei einer Zweischichtwicklung mit $p = 1$ und $q = 2$ dargestellt. Abb. 186 zeigt ein Ausführungsbeispiel mit $p = 2$ und $q = 6$ (vgl. auch Abb. 324).

D. Zweiphasen- und Einphasenwicklungen. Bei den Zweiphasenwicklungen werden die Spulenköpfe immer entsprechend der Strangzahl mit zweifachen Wicklungsköpfen ausgeführt. Wie bei den Dreiphasenwicklungen können auch hier die Spulenköpfe gleichmäßig am Anker verteilt (vgl. Abb. 163a) oder an einer Stelle der Polpaarteilung zusammengedrängt werden (vgl. Abb. 167b und 170), um die Teilbarkeit des Ankers zu erleichtern. Für eine vierpolige Maschine mit $q = 4$ ist die erste Ausführung in Abb. 187, die zweite in den Abb. 188a und b dargestellt. Der eine der beiden Wicklungsstränge ist durch volle Linien, der andere durch punktierte Linien dargestellt. Die Wicklungsköpfe erhalten dieselbe Form wie bei den Dreiphasenwicklungen, deren Köpfe in zwei Ebenen angeordnet sind (vgl. Abb. 174a bis c). Auch die Zweiphasenwicklungen lassen sich wie Dreiphasenwicklungen mit Spulen gleicher Weite ausführen.

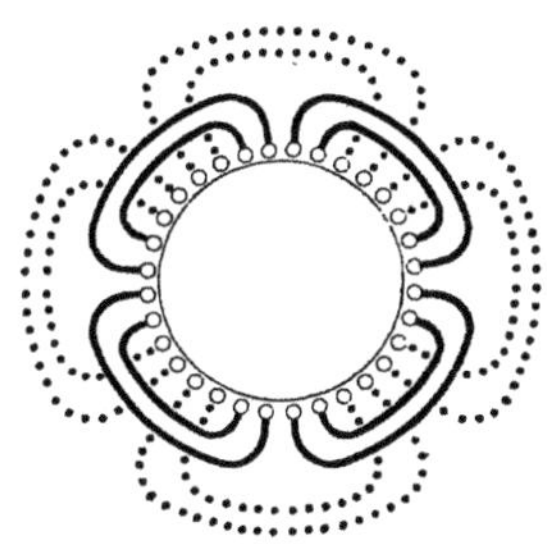

Abb. 187. Zweiphasenwicklung mit Spulen verschiedener Form und gleichmäßig verteilten Wicklungsköpfen; $p = 2$, $q = 4$.

Bei den Einphasenwicklungen werden gewöhnlich nur $^2/_3$ des Ankerumfangs bewickelt, weil bei größerer Bewicklung die Windungszahl schlechter ausgenützt wird und die Vergrößerung der Stromwärme in keinem vernünftigen Verhältnis zur Erhöhung der gesamten induzierten EMK steht. Wenn einer der drei Wicklungsstränge einer in Stern geschalteten Dreiphasenwicklung unbenützt bleibt, so

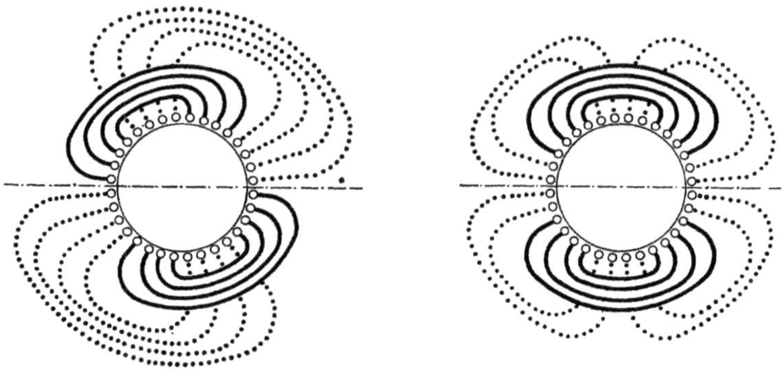

a b

Abb. 188a u. b. Zweiphasenwicklungen mit Spulen verschiedener Form für geteilte Ständer; $p = 2$, $q = 4$.
a) Wicklungsköpfe beider Stränge zusammengedrängt. b) Wicklungsköpfe eines Stranges zusammengedrängt.

ergibt sich ohne weiteres eine über $^2/_3$ des Ankerumfanges verteilte Einphasenwicklung. Es ist jedoch nicht notwendig, die Spulenköpfe der Einphasenwicklung in mehreren Ebenen anzuordnen. In Abb. 189 ist z. B. eine Einphasenwicklung mit $q = 6$ für eine zweipolige Maschine veranschaulicht. Die Form der Spulenköpfe ist in Abb. 190a bis d dargestellt. In den Abb. 190a bis c mit $q = 6$ liegen die Spulenköpfe in einer Schicht, in Abb. 190d, die beispielsweise für $q = 12$ gilt, sind sie mit Rücksicht auf möglichst kleine mittlere Windungslänge in zwei Schichten angeordnet.

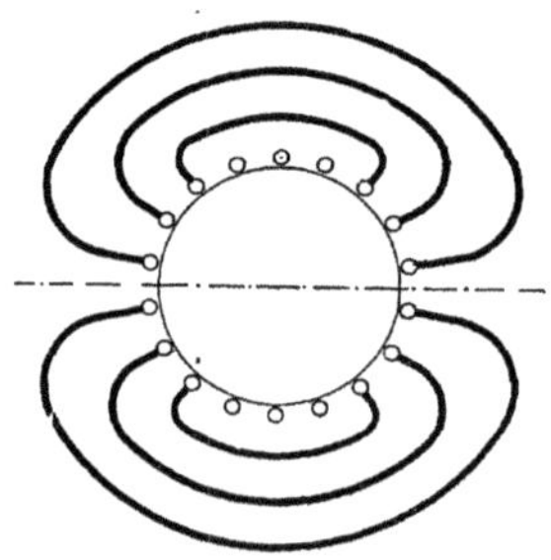

Abb. 189. Einphasenwicklung; $p = 1$, $q = 6$.

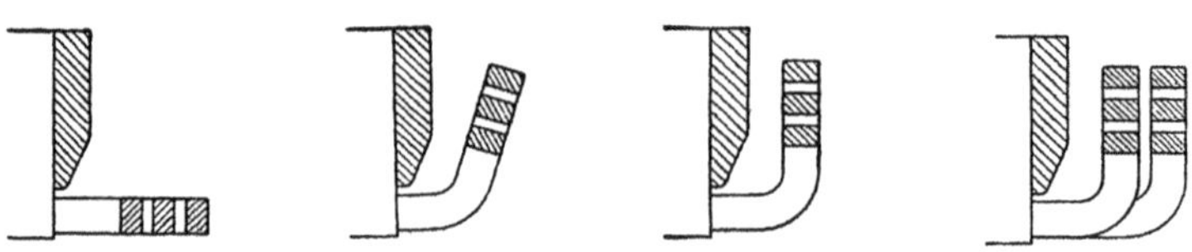

a b c d

Abb. 190a bis d. Form der Wicklungsköpfe einer Einphasenwicklung. a bis c mit $q = 6$, d mit $q = 12$.

E. Sonderwicklungen für geteilte Anker. Bei Maschinen mit geteiltem Ständer werden zuweilen auch die Spulen, die die Teilfuge überspannen würden, in Teilspulen zerlegt, so daß die Spulen jedes Ständerteils vor dem Zusammenbau der Maschine fertiggewickelt

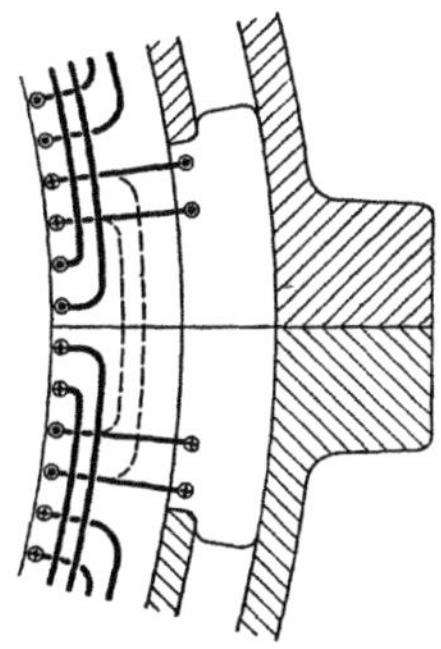

Abb. 191. Ersatz der Mantelspulen an der Teilfuge durch Ringspulen.

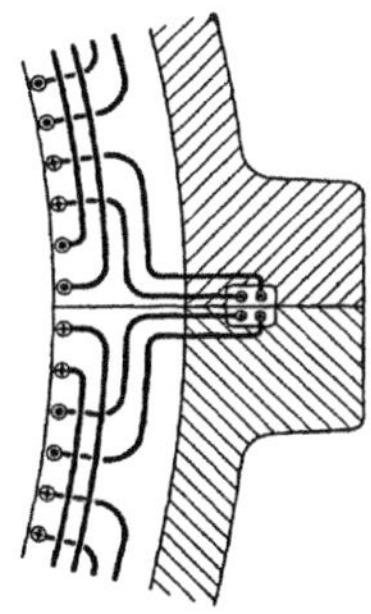

Abb. 192. Anordnung je einer Spulenseite der Teilspulen in einer gemeinsamen Aussparung an der Teilfuge.

werden können [L. 32 u. 33]. Solche Ausführungen sind z. B. für eine Wicklung, deren Wicklungsköpfe in zwei Ebenen liegen, in den Abb. 191 und 192 dargestellt. In Abb. 191 sind die gestrichelt gezeichneten Spulen, die die Teilfuge des Ständers überspannen, durch

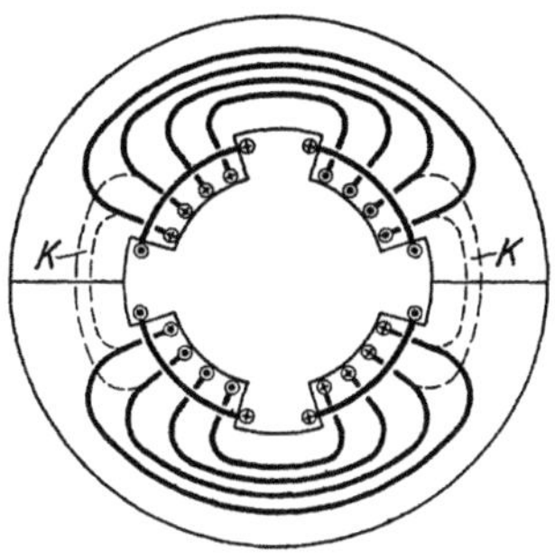

Abb. 193. Verlegung eines Teils der Kompensationswicklung K, so daß diese die Teilfuge nicht überspannt.

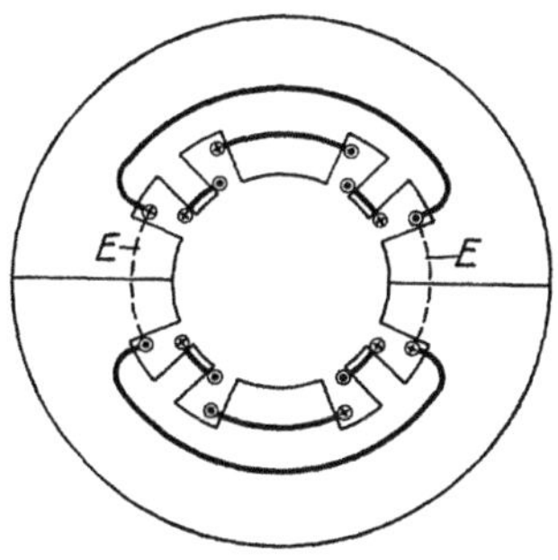

Abb. 194. Verlegung eines Teils der Erregerwicklung E bei Wendepolmaschinen, so daß diese die Teilfuge nicht überspannt.

Ringspulen ersetzt; in Abb. 192 sind diese Spulen in je zwei Teilspulen zerlegt, von denen je eine Spulenseite in eine gemeinsame Aussparung des Gehäuses an der Teilfuge gelegt ist, so daß die resultierende Durchflutung in dieser Aussparung null ist und das Gehäuse durch die Spulenseiten in der Ausparung nicht magnetisiert wird.

In den meisten Fällen kann man die Spulenquerverbindungen so legen, daß sie nicht die Teilfuge des Ständers überspannen. In den Abb. 193 und 194 sind hierfür zwei Ausführungen, wie sie bei Wechselstrom-Kommutatormaschinen vorkommen, dargestellt [L. 34 u. 35]. Die gestrichelt gezeichneten Spulenquerverbindungen, die bei der sonst üblichen Ausführung die Teilfuge überspannen würden, sind hier so gelegt, daß sie nicht mehr von der durch die Teilfuge gelegte Ebene geschnitten werden. In Abb. 193 ist ein Teil der Kompensationswicklung K, in Abb. 194 ein Teil der Erregerwicklung E verlegt.

27. Die Schaltung der Spulen.

A. Darstellung im Schaltplan und Lage der Schaltverbindungen. Wie wir früher gesehen haben, ist zur Herstellung der Gleichstrom-Ankerwicklung nicht der vollständige Schaltplan erforderlich, weil die miteinander zu verbindenden Spulen immer um gleich viele Spulenseiten auseinander liegen. Der Schaltplan wird für die Gleichstromwicklung nur aufgezeichnet, um das Verhalten der Wicklung leichter erklären zu können.

Bei den Wechselstromwicklungen mit größerer Zahl von Spulengruppen und mehreren Wicklungssträngen ist es jedoch im allgemeinen notwendig, zur Herstellung der Verbindungen zwischen den einzelnen Spulen der Werkstatt einen Schaltplan zu übergeben, der gewöhnlich die ganze Wicklung darstellt und wie bei den Gleichstromwicklungen den Ankermantel in der Papierebene abbildet. Die Spulen werden hierbei gewöhnlich durch dicke Linien hervorgehoben, während dünne Linien die Schaltverbindungen angeben.

Die Lage der Spulenköpfe, die die einzelnen Spulenseiten zu Spulen verbinden, hatten wir im letzten Abschnitt aus den einfachen Darstellungen der zweipoligen Maschine in Abb. 158 bis 161 abgeleitet. Dabei hatten wir angenommen, daß sich bei den Maschinen mit mehreren Polpaaren die Verteilung der Spulenseiten am Ankerumfang mehrfach, entsprechend der Polpaarzahl, wiederholt; wir hatten also stillschweigend vorausgesetzt, daß die Nutenzahl für Pol und Strang immer eine ganze Zahl ist. In diesem Falle war es ohne weiteres möglich, die Lage und Form der Spulenköpfe auch bei mehrpoligen Maschinen anzugeben. Bei den Bruchlochwicklungen ist dies nicht ohne weiteres möglich, und wir werden im Abschnitt 29 B sehen, daß uns dann der Nutenstern (Abschnitt 28) ein wertvolles Hilfsmittel ist, um Lage und Sinn der Spulenseiten in den einzelnen Wicklungssträngen zu bestimmen und damit die Spulen im Schaltplan zu entwerfen. Auch über die Schaltung der einzelnen Spulen gibt uns am

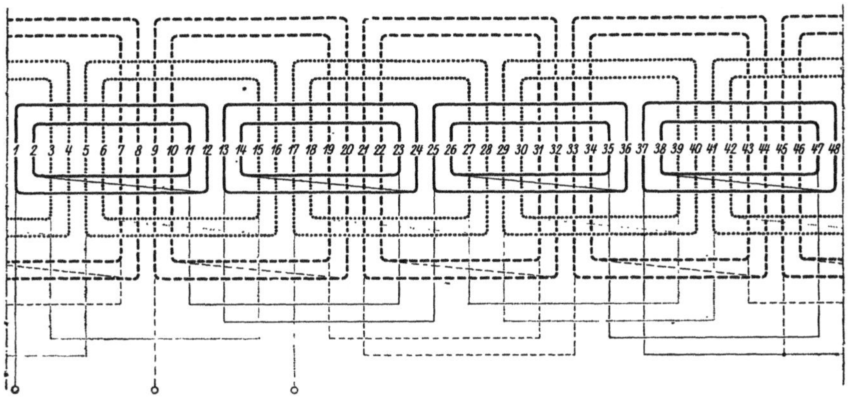

Abb. 195. Schaltplan einer Drei-Etagen-Wicklung mit gleichmäßig verteilten Wicklungsköpfen (vgl. Abb. 163a). $p = 2$, $q = 4$; Reihenschaltung und Sternschaltung.

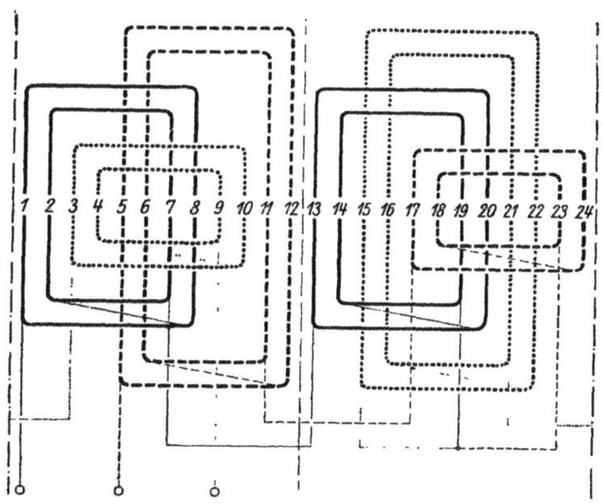

Abb. 196. Drei-Etagen-Wicklung mit zusammengedrängten Wicklungsköpfen für geteilten Ständer (vgl. Abb. 169a). $p = 2$, $q = 2$; Reihenschaltung und Sternschaltung.

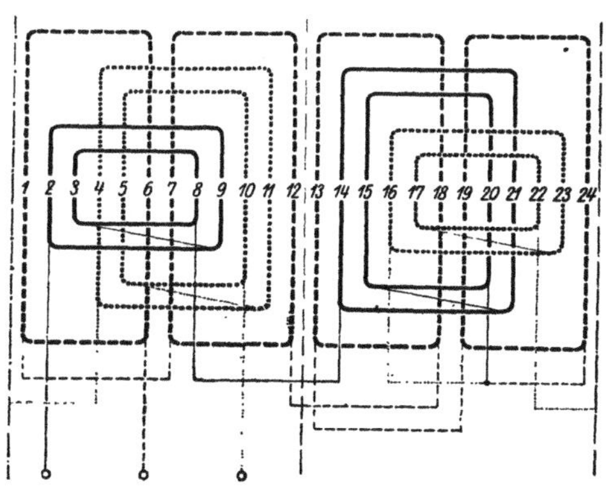

Abb. 197. Drei-Etagen-Wicklung mit teilweise zusammengedrängten Wicklungsköpfen für geteilten Ständer (vgl. Abb. 170). $p = 2$, $q = 2$; Reihenschaltung und Sternschaltung.

sichersten der Nutenstern Auskunft, wie wir in Abschnitt 28 sehen werden. Bei den gewöhnlichen Wechselstromwicklungen, den Ganzlochwicklungen, liegen die Verhältnisse jedoch so einfach, daß wir auch ohne den Nutenstern die Schaltverbindungen angeben können, wenn wir nur beachten, daß die Stromverteilung am Ankerumfang sich nach jeder Polpaarteilung wiederholt und in jeder Polpaarteilung der zweipoligen Maschine entsprechen muß.

Für die Dreiphasenwicklungen mit den im letzten Abschnitt behandelten Spulenformen sind in den Abb. 195 bis 204 die Schaltpläne dargestellt. Dabei ist Reihenschaltung sämtlicher Spulen jedes Wicklungsstrangs und Sternschaltung der Stränge angenommen. Mit Ausnahme von Abb. 200 gelten alle Schaltungen für vierpolige Wicklungen, die Erweiterung auf andere Polzahlen bedarf keiner besonderen Erläuterung.

Abb. 195 bis 197 sind Schaltpläne für Wicklungen, deren Wicklungsköpfe in drei Etagen angeordnet sind. Bei Abb. 195 sind die Spulenköpfe gleichmäßig am Ankerumfang verteilt (vgl. Abb. 163a), bei den Abb. 196 und 197 sind sie auf je eine Polpaarteilung zusammengedrängt, um bei geteilter Maschine die Ständerteile vor dem Zusammenbau fertig wickeln zu können. Die Teilfugen des Ständers sind durch strichpunktierte Linien angedeutet; sie schneiden bei Abb. 196 und 197 im ganzen 3 Schaltverbindungen, die gelöst werden müssen, wenn der Ständer in seine Teile zerlegt werden soll.

Die mittleren Windungslängen sind in den drei Strängen der Wicklungen, deren Querverbindungen in drei Etagen angeordnet sind, im allgemeinen verschieden, besonders wenn die Wicklungsköpfe die in Abb. 165b angegebene Form erhalten. Deshalb werden auch im allgemeinen die Streuinduktivitäten und die Ohmschen Widerstände der drei Wicklungsstränge nicht genau gleich sein. Diese Unterschiede haben zwar gewöhnlich keine große praktische Bedeutung, weil der Spannungsabfall bei Generatoren und die Stromaufnahme bei Motoren dadurch nicht wesentlich beeinflußt wird. Immerhin wird man aber solche Ausführungen bevorzugen, die möglichst gleiche Streuinduktivitäten und Ohmsche Widerstände der Stränge ergeben. In Abb. 196 erhält deshalb einer der drei Wicklungsstränge die Spulengruppen mittlerer Länge, die andern beiden Wicklungsstränge erhalten je eine Gruppe von großen und kleinen Spulen (vgl. Abb. 169a und b). Auch in Abb. 197 ist die Lage der Spulen so angenommen, daß die Unterschiede in der mittleren Windungslänge möglichst klein sind (vgl. Abb. 170). Wenn die Polpaarzahl durch 3 teilbar ist, lassen sich bei der Schaltung nach Abb. 196 die Unterschiede in den mittleren Windungslängen ganz beseitigen, wenn die Querverbindungen so gelegt werden, daß jeder Strang gleich viele kleine, mittlere und große Spulen enthält.

In Abb. 198 ist auch der Schaltplan für eine Wicklung mit Spulenquerverbindungen nach Abb. 172 dargestellt. Hier sind die Wicklungsstränge immer gleichwertig.

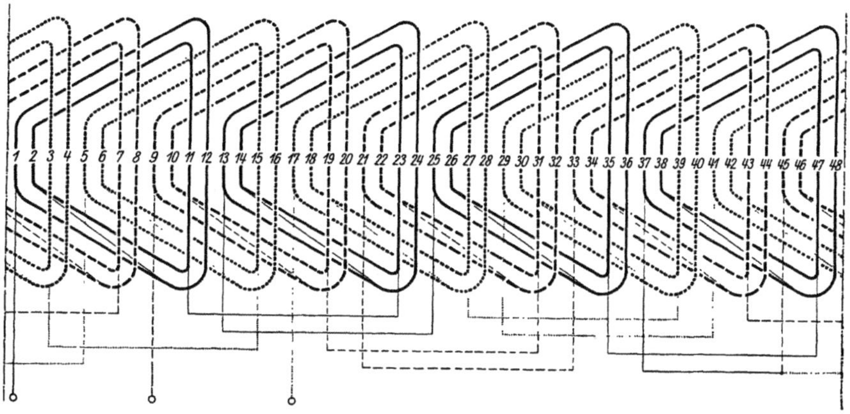

Abb. 198. Dreiphasenwicklung mit dreifachen Wicklungsköpfen und gleichgeformten Spulengruppen (vgl. Abb. 172). $p = 2$, $q = 4$; Reihenschaltung und Sternschaltung.

Die Abb. 195 bis 198 gehören zu den Wicklungen mit dreifachen Wicklungssträngen, bei denen an gewissen Stellen des Ankers immer 3 Wicklungsstränge nebeneinander liegen und mehrere Spulen im allgemeinen verschiedene Form haben (Abschnitt 26 A). In Abb. 199 bis 201 sind die Schaltpläne für Dreiphasenwicklungen mit zweifachen Wicklungssträngen (Abschnitt 26 B) und mit Spulen von im allgemeinen verschiedener Form dargestellt. Die Schaltungen in Abb. 199 und 200 entsprechen den Wicklungen, die man gewöhnlich als Zwei-Etagen-Wicklungen bezeichnet (Abb. 173b und c). Abb. 199 gilt für eine gerade Polpaarzahl ($p = 2$), alle drei Wicklungsstränge haben hier dieselbe Streuinduktivität und denselben Widerstand, weil jeder Strang gleich viele kleine und große Spulen

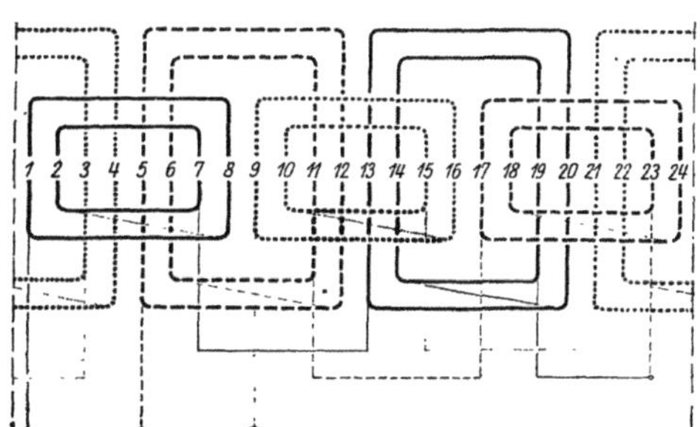

Abb. 199. Zwei-Etagen-Wicklung ohne gekröpfte Spulengruppe (vgl. Abb. 173b). $p = 2$, $q = 2$; Reihenschaltung und Sternschaltung.

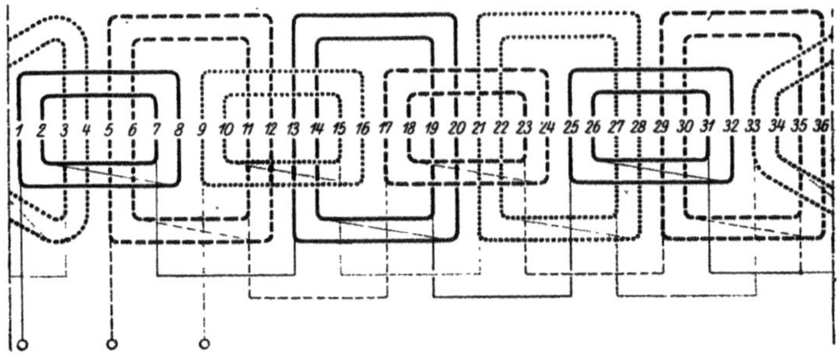

Abb. 200. Zwei-Etagen-Wicklung mit einer gekröpften Spulengruppe (vgl. Abb. 173c). $p = 3$, $q = 2$; Reihenschaltung und Sternschaltung.

enthält. Abb. 200 gilt für eine ungerade Polpaarzahl ($p = 3$), wo immer eine Spulengruppe gekröpft sein muß. Die Wicklungsstränge sind dann nicht vollkommen gleichwertig, doch ist der Unterschied in den Induktivitäten und Widerständen nur sehr gering. Abb. 201 stellt den Schaltplan für eine Wicklung mit Spulenquerverbindungen nach Abb. 176 dar. Die Wicklungsstränge sind hier immer gleichwertig.

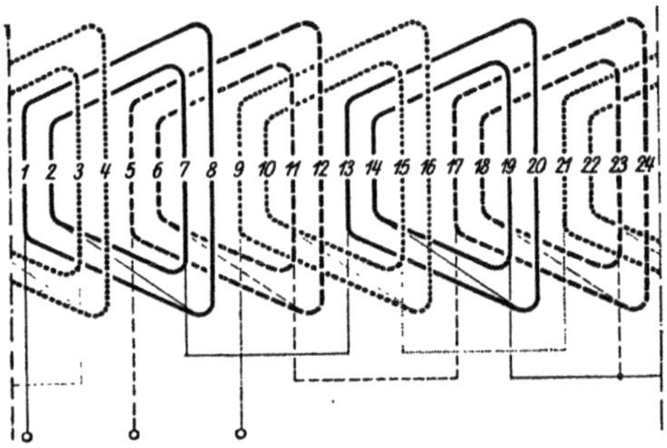

Abb. 201. Dreiphasenwicklung mit zweifachen Wicklungsköpfen und gleichgeformten Spulengruppen (vgl. Abb. 176). $p = 2$, $q = 2$; Reihenschaltung und Sternschaltung.

Für Dreiphasenwicklungen mit Spulen gleicher Weite und Form sind die Schalt-

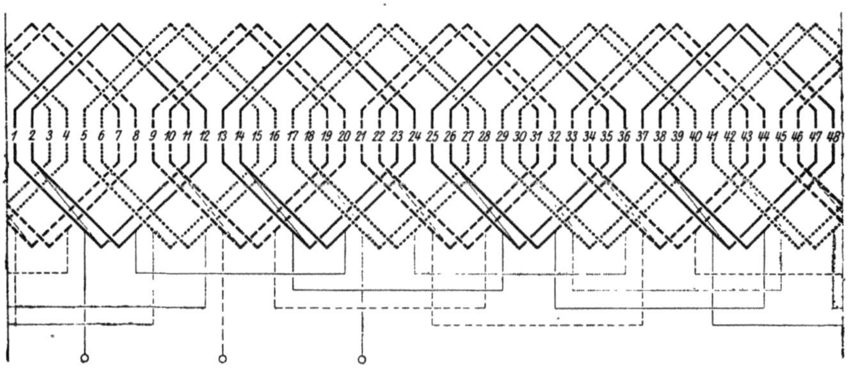

Abb. 202. Dreiphasenwicklung mit Spulen gleicher Weite und dreifachen gleichmäßig verteilten Wicklungsköpfen (vgl. Abb. 178). $p = 2$, $q = 4$; Reihenschaltung und Sternschaltung.

pläne in Abb. 202 bis 204 dargestellt; sie entsprechen den Spulenquerverbindungen in Abb. 178 bis 180. In Abb. 202 ist die Spulenweite $^5/_6$ der Polteilung, in Abb. 203 und 204 ist sie gleich der Polteilung.

Bei den bisher besprochenen Schaltungen liegen die zu den Klemmen der Maschine führenden Wicklungsenden immer nur um

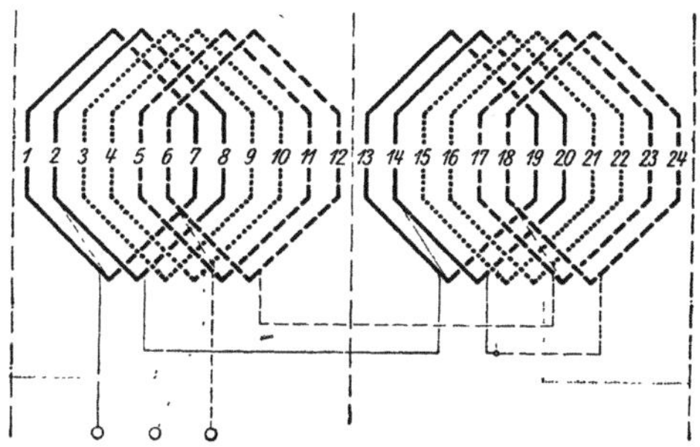

Abb. 203. Dreiphasenwicklung mit Spulen gleicher Weite und dreifachen zusammengedrängten Wicklungsköpfen für geteilten Ständer (vgl. Abb. 179). $p=2$, $q=2$; Reihenschaltung und Sternschaltung.

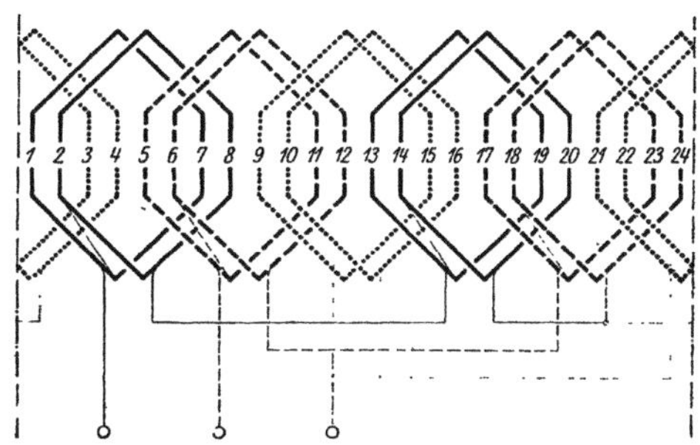

Abb. 204. Dreiphasenwicklung mit Spulen gleicher Weite und zweifachen Wicklungsköpfen (vgl. Abb. 180). $p=2$, $q=2$; Reihenschaltung und Sternschaltung.

$^2/_3$ Polteilungen auseinander. Man erhält hierbei gewöhnlich die kürzesten Verbindungen zwischen der Wicklung und den Klemmen. Bei Wicklungen in umlaufenden Maschinenteilen empfiehlt es sich,

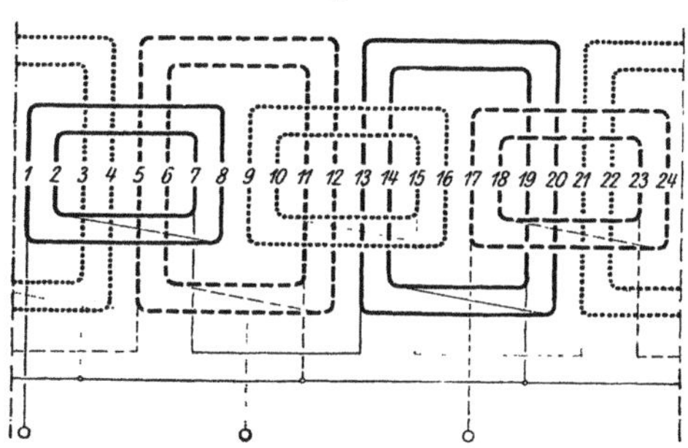

Abb. 205. Zwei-Etagen-Wicklung mit um 120° auseinanderliegenden Klemmen. $p=2$, $q=2$; Reihenschaltung und Sternschaltung.

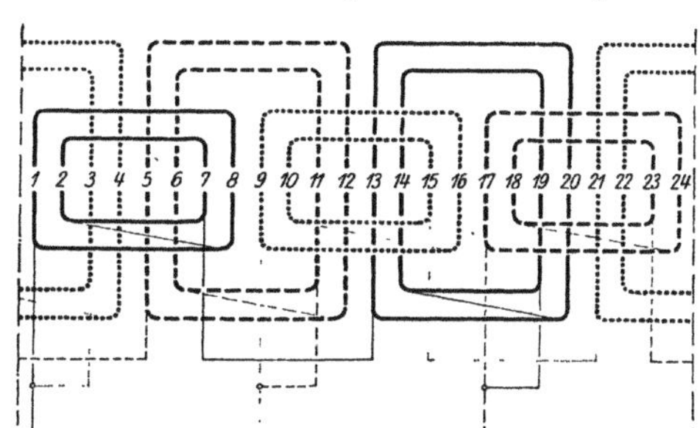

Abb. 206. Zwei-Etagen-Wicklung. $p=2$, $q=2$; Reihenschaltung und Dreieckschaltung.

die Wicklungsenden gleichmäßig am Ankerumfang zu verteilen, so daß die Ausführungsenden symmetrisch zur Ankerwelle liegen und nicht durch Gegengewichte ausgewuchtet werden müssen. Bei Wicklungen, deren Polpaarzahl durch 3 teilbar ist, läßt sich dies nur annähernd erreichen, weil die um 120° auseinander liegenden Nuten demselben Wicklungsstrang angehören. Für eine vierpolige Zwei-Etagen-Wicklung ist in Abb. 205 die Schaltung mit am Ankerumfang gleichmäßig verteilten Wicklungsenden dargestellt. Wenn die Wicklungsenden um $^2/_3$ Polteilungen auseinander liegen, tritt zwischen benachbarten Nuten, z. B. in Abb. 199 zwischen der 8. und 9. Nut (oder Spulenseite), fast die volle Klemmenspannung auf, nämlich die Klemmenspannung abzüglich der Spannung einer Windung. Dasselbe gilt auch für die vierpolige Schaltung in Abb. 205. Während aber in der Schaltung nach Abb. 199 die volle Klemmenspannung auch bei beliebig vielen Polen auftritt, verringert sich hier (Abb. 205) die höchste Spannung zwischen benachbarten Spulenseiten (Nuten) mit Vergrößerung der Polzahl und beträgt bei vielpoligen Maschinen nur noch etwa $1/\sqrt{3}$ der vollen Klemmenspannung. Aus diesem Grunde verteilt man auch bei ruhenden Wechselstromwicklungen gern die Wicklungsenden gleichmäßig am Ankerumfang, wenn die Polzahl groß und die Spannung hoch ist. Dies gilt auch für die übrigen hier behandelten Schaltungen.

In Abb. 206 ist der abgewickelte Schaltplan mit Dreieckschaltung der Wicklungsstränge dargestellt, beispielsweise für eine Wicklung, deren Wicklungsköpfe in zwei Etagen liegen.

B. Die Parallelschaltung von Wicklungszweigen. Wir haben bisher vorausgesetzt, daß sämtliche Spulen eines Wicklungsstrangs in Reihe geschaltet sind. Im allgemeinen lassen sich die Spulen eines Strangs in mehrere Gruppen zerlegen, deren Spannungen nach Größe und Phase gleich sind. Solche Wicklungszweige können nach Belieben parallel oder in Reihe geschaltet werden. Damit sich der gesamte Strom der Maschine gleichmäßig auf die einzelnen parallel geschalteten Wicklungszweige verteilt, genügt es in Strenge nicht, wenn die Zweig-EMKe bei Leerlauf gleich sind, sondern es müssen auch die Streuinduktivitäten und die Widerstände der einzelnen Wicklungszweige gleich groß sein. Die Unterschiede in den Wirkwiderständen der einzelnen Spulengruppen sind, wie die der mittleren Windungslängen, gewöhnlich nur gering. Da ferner der vom Nutenquerfluß herrührende Teil der Streuinduktivität von der Form der einzelnen Spulen unabhängig ist, sind auch die gesamten Streuinduktivitäten der Spulengruppen, die sich durch die verschiedene Form und Lage der Wicklungsköpfe ergeben, gering und beeinflussen die Verteilung des gesamten Stromes auf die einzelnen Wicklungszweige nicht wesentlich. Deshalb ist es in den meisten Fällen auch gestattet, solche Wicklungszweige parallel zu schalten, deren Spannungen nach Größe und Phase bei Leerlauf gleich sind. Man braucht also nicht die Form der Spulenköpfe, sondern nur die Lage der Spulenseiten am wirksamen Ankerumfang zu beachten.

Wir werden im Abschnitt 28 sehen, daß uns der Nutenstern der Wicklung über die mögliche Zahl der parallelen Wicklungszweige

Auskunft gibt; bei den Wicklungen mit ganzer Nutenzahl für Pol und Strang läßt sich die mögliche Zahl der parallelen Wicklungszweige aber auch ohne den Nutenstern erkennen. Wicklungszweige oder Spulen gleicher Windungszahl, die gegeneinander um ganze Vielfache einer Polteilung verschoben sind, dürfen parallel geschaltet werden. Die Zahl der Wicklungszweige gleicher Spannung (Größe und Phase) ist bei den hier behandelten Wicklungen mindestens

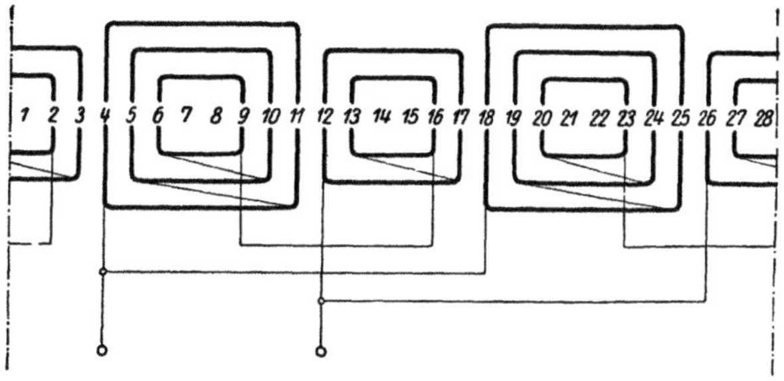

Abb. 207a. Einphasenwicklung mit ungeradem q und mit p parallelen Wicklungszweigen. $p = 2$, $q = 5$.

gleich der Polpaarzahl p, in den meisten Fällen aber doppelt so groß. Nur p gleichwertige Wicklungszweige ergeben sich bei den Wicklungen nach Abb. 203 und 204. In den andern Fällen ergeben sich $2p$ gleichwertige Wicklungszweige, wenn q eine gerade Zahl

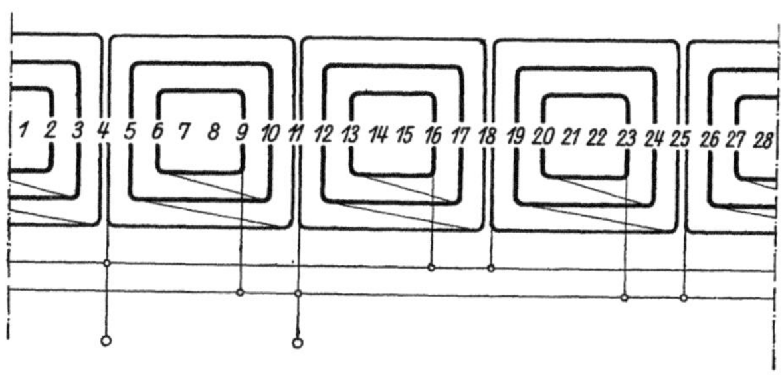

Abb. 207b. Einphasenwicklung mit ungeradem q und mit $2p$ parallelen Wicklungszweigen. $p = 2$, $q = 5$.

ist. Bei den Wicklungen in Abb. 195, 198 und 202 (Spulenköpfe nach Abb. 163a, 172 und 178) ist dies ohne weiteres zu erkennen, weil wir hier $2p$ gleichgeformte Spulengruppen im Strang (Polgruppen) haben. Bei den übrigen Wicklungen (Abb. 196 u. 197 und 199 bis 201) läßt sich jede der p Spulengruppen (Polpaargruppen) noch in zwei Teile zerlegen, so daß die Weite der Spulen des einen Teils um ebensoviel größer wie die des andern kleiner als die Polteilung ist. So dürfen z. B. in Abb. 173a für $p = 1$ je zwei Spulen desselben Strangs parallel geschaltet werden, vorausgesetzt, daß die Windungszahl der Spulen dieselbe ist.

Bei ungerader Nutenzahl q für Pol und Strang (vgl. Abb. 164) ist die Zahl der gleichwertigen Wicklungszweige nur p, wenn nicht einige (p) Spulen in je zwei Spulen gleicher Windungszahl zerlegt werden. Für eine vierpolige Einphasenwicklung mit $q = 5$ ist die Parallelschaltung aller gleichwertigen Wicklungszweige in Abb. 207a ohne zerlegte Spulen, in Abb. 207b mit zerlegten Spulen dargestellt; im ersten Falle ergeben sich $p = 2$, im zweiten Falle $2p = 4$ parallele Wicklungszweige. Wenn viele Wicklungzweige parallel geschaltet werden, legt man die Enden der Zweige gewöhnlich an Ringleitungen, wie es in Abb. 207b angenommen ist.

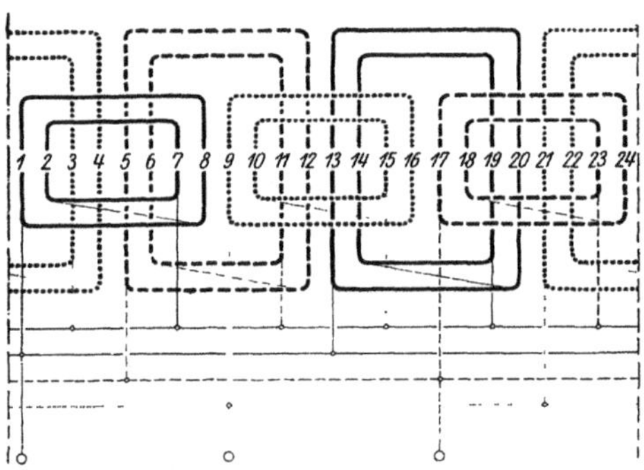

Abb. 208a. Zwei-Etagen-Wicklung mit p parallelen Wicklungszweigen. $p = 2$, $q = 2$; Sternschaltung.

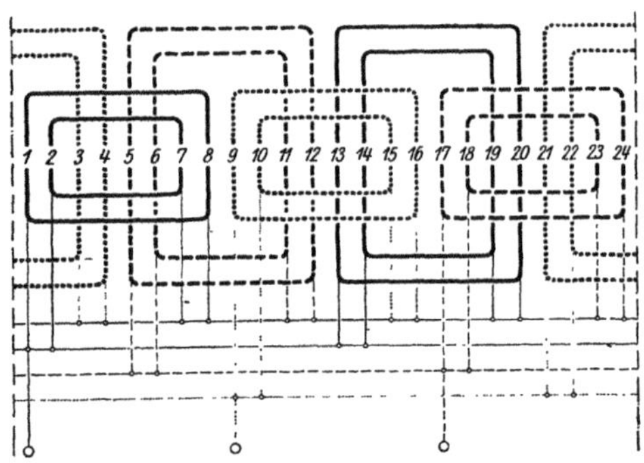

Abb. 208b. Zwei-Etagen-Wicklung mit $2p$ parallelen Wicklungszweigen. $p = 2$, $q = 2$; Sternschaltung.

Abb. 208a ist der Schaltplan für eine in Stern geschaltete vierpolige Wicklung mit Spulenköpfen in zwei Etagen, wobei die $p = 2$ Polpaargruppen der Spulen jedes Wicklungsstrangs parallel geschaltet sind. Trotz der verschiedenen Form der Spulengruppen ist es bei nicht zu großen Unterschieden in den Streuinduktivitäten statthaft, diese parallel zu schalten, weil ihre relative Lage zu den Polen dieselbe ist. Da in der Wicklung nach Abb. 208a $q = 2$ eine gerade Zahl ist, läßt sich jede der p Spulengruppen noch in zwei gleichwertige Teile zerlegen, die wieder parallel geschaltet werden können. Wir erhalten dann den Schaltplan in Abb. 208b mit $2p = 4$ parallelen Wicklungszweigen.

Die Parallelschaltung der Spulengruppen wird bei Induktionsmotoren gern bevorzugt, um auch bei exzentrischer Lage des Läufers zum Ständer gleiche Polflüsse zu erhalten, wodurch einseitiger magnetischer Zug im wesentlichen verhindert wird. Die Parallelschaltung sämtlicher Spulengruppen desselben Wicklungsstrangs läßt sich aber nicht immer durchführen, weil hierbei die Drahtzahl in der Nut dann häufig so groß wird, daß der Wicklungsraum wegen des größeren Raumbedarfs an Isolierstoff schlecht ausgenützt und die Herstellung der Wicklung auch verteuert wird. Den magnetischen Zug kann man aber auch verhindern, wenn man nur einen Teil der Spulengruppen parallel schaltet, diese aber symmetrisch am Ankerumfang anordnet, so daß z. B. bei zwei parallelen Spulengruppen diese immer diametral gegenüber, bei drei parallelen Gruppen um den Raumwinkel 120° am Ankerumfang auseinander liegen [L. 37]. Jede der parallel geschalteten Spulengruppen muß dann denselben Polfluß erregen, weil ihre Enden je an derselben Spannung liegen. Da diese Polflüsse aber symmetrisch am Ankerumfang verteilt sind, kann einseitiger magnetischer Zug nicht auftreten. Eine solche Schaltung ist beispielsweise für eine achtpolige Maschine mit Wicklungsköpfen in zwei Etagen und $q=1$ in Abb. 209 dargestellt. Von den vier Spulengruppen (oder hier Spulen, da $q=1$ ist) sind nur zwei parallel geschaltet; sie liegen am Ankerumfang immer diametral gegenüber, wie z. B. die Spulen A und A' oder B und B' des voll ausgezogenen Wicklungsstrangs.

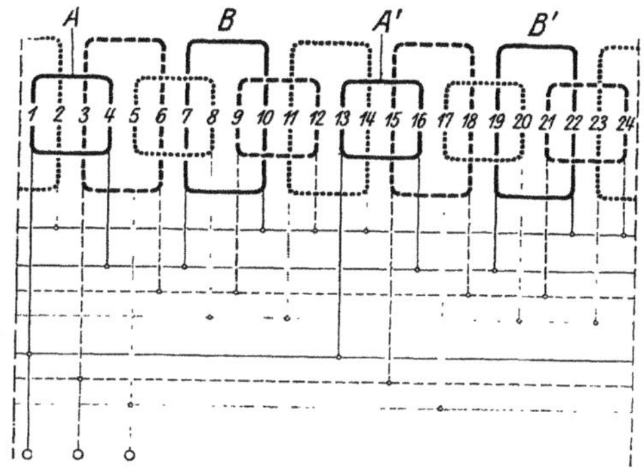

Abb. 209. Schaltung zur Vermeidung einseitigen magnetischen Zugs bei nur zwei parallelen Wicklungszweigen. $p=4$, $q=1$; Sternschaltung.

28. Der Nutenstern der Wechselstromwicklungen.

Wenn wir für eine Wechselstromwicklung die Grundwellen der einzelnen Spulenspannungen nach Größe und Phase in einem Polardiagramm darstellen, wie wir es im Abschnitt 9 für die Gleichstrom-Ankerwicklung getan haben, so erhalten wir den Spannungsstern. Bei den Wechselstromwicklungen haben die einzelnen Spulen jedoch im allgemeinen verschiedene Weite, und daher sind auch die einzelnen Spulenspannungen nicht gleich groß, selbst wenn alle Spulen dieselbe Windungszahl haben. Der Spannungsstern der Wicklung, der die Spannungen der einzelnen Spulen im Polardiagramm darstellt, ist mehr oder weniger unregelmäßig. Stellt man aber im Polardiagramm die Spannungen der einzelnen Spulen**seiten** dar, die nach Abschnitt 44 A den gegeneinander geschalteten Ringspulen entsprechen, in die man sich jede Mantelspule zerlegt denken kann, so erhält man einen Spannungsstern, dessen Strahlen gleich lang sind, wenn alle Spulenseiten dieselbe Leiterzahl haben. Jeder Nut entspricht dann ein Strahl im Polardiagramm, und da mit Rücksicht auf einfache und billige Herstellung der Maschine die Nuten immer gleichmäßig am Ankerumfang verteilt werden, so erhalten wir auch einen regelmäßigen Stern. Wir können dieses Polardiagramm als Nutenstern bezeichnen.

Der Phasenwinkel zwischen benachbarten Nuten am Ankerumfang ist im Nutenstern

$$\alpha = \frac{p}{N} 360^0 \qquad (51)$$

Bezeichnen wir mit t den größten Teiler, den die Nutenzahl N und die Polpaarzahl p gemeinsam haben, so ergeben sich immer t phasengleiche Nuten, denn es ist dann

$$\frac{N}{t}\alpha = \frac{p}{t} 360^0 = g\, 360^0 \qquad (51a)$$

ein ganzes Vielfaches von 360^0. Im Nutenstern erhalten wir N/t ungleichphasige Strahlen (Nuten), die um den Phasenwinkel

$$\alpha' = \frac{t}{N} 360^0 \qquad (51')$$

gegeneinander verschoben sind.

Für eine Wicklung mit ganzer Nutenzahl q für Pol und Strang ist die Nutenzahl immer durch die Polpaarzahl teilbar, es ist also $t = p$, so daß immer p Nuten phasengleich sind und $\alpha = \alpha'$ ist.

Wir wollen für eine Dreiphasenwicklung mit $N = 24$, $p = 2$ und $q = 2$ den Nutenstern aufzeichnen. Numerieren wir die Nuten so, wie sie am Ankerumfang aufeinander folgen, so wird die Phase der Nuten oder die Größe und Phase der Spannungen der Spulenseiten durch die Strahlen in Abb. 210a dargestellt, wobei die gleichphasigen Strahlen, z. B. der Nuten 1 und 13, der Deutlichkeit wegen aneinandergereiht sind.

Mit Hilfe des Nutensterns können wir die Wicklung entwerfen. Wir haben zunächst die Nuten auf die Wicklungsstränge zu verteilen. Jeder Strang erhält $24/3 = 8$ Spulenseiten, je 4 positive und 4 negative, wie wir zur Abkürzung den Sinn bezeichnen wollen, in dem die entsprechenden Ringspulen zu schalten sind, damit Mantelspulen entstehen (vgl. Abschnitt 44 A). Die gleichsinnigen Spulenseiten desselben Strangs sollen mit Rücksicht auf gute Ausnutzung der Wicklung möglichst wenig Phasenunterschied aufweisen.

Wir werden deshalb die positiven Spulenseiten des einen Strangs beispielsweise in den Nuten 1, 2, 13 und 14 unterbringen. Die entsprechenden Spannungsstrahlen sind durch dicke voll ausgezogene Linien gekennzeichnet. Die positiven Spulenseiten der andern Stränge müssen in Nuten liegen, die um je 120^0 in der Phase verschoben sind, damit eine symmetrische Wicklung entsteht. Wir erhalten hierfür die Nuten, deren Strahlen durch dicke gestrichelte und punktierte Linien bezeichnet sind. Die negativen Spulenseiten jedes Strangs müssen wieder mit Rücksicht auf gute Ausnutzung der Wicklung möglichst wenig Phasenunterschied aufweisen, aber gegenüber den entsprechenden positiven Spulenseiten um möglichst 180^0 in der

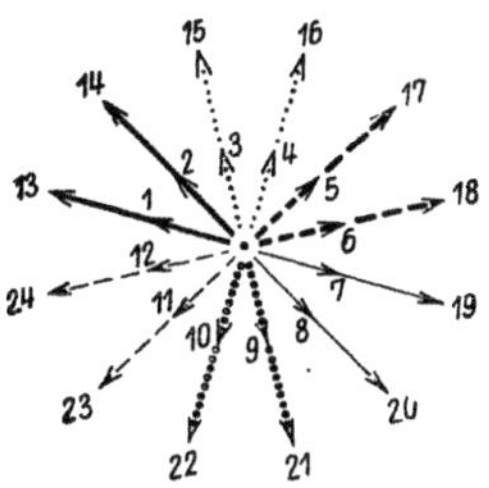

Abb. 210a. Nutenstern einer Dreiphasenwicklung mit $N = 24$, $p = 2$, $q = 2$.

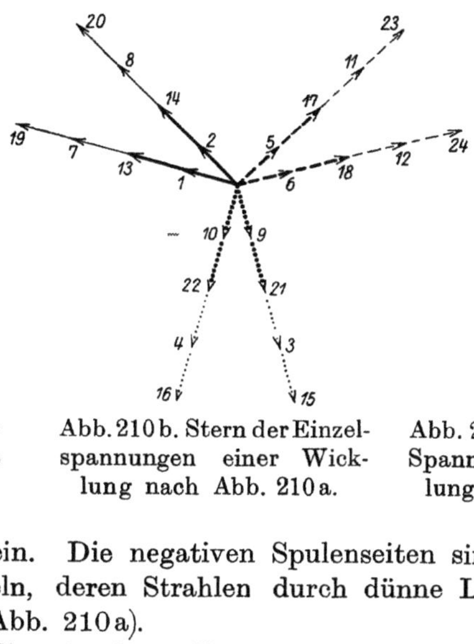

Abb. 210b. Stern der Einzelspannungen einer Wicklung nach Abb. 210a.

Abb. 210c. Resultierende Spannungen einer Wicklung nach Abb. 210a.

Phase verschoben sein. Die negativen Spulenseiten sind deshalb in die Nuten zu wickeln, deren Strahlen durch dünne Linien gekennzeichnet sind (vgl. Abb. 210a).

Hiermit sind die einzelnen Nuten und Spulenseiten den einzelnen Wicklungssträngen zugeteilt und man kann jetzt je zwei ungleichsinnige Spulenseiten desselben Wicklungsstrangs zu je einer Mantelspule vereinigen. Diese Spulenseiten können im übrigen nach Abschnitt 44A beliebig gewählt werden; man wird deshalb die Vereinigung so ausführen, wie es mit Rücksicht auf einfache Herstellung der Wicklung zweckmäßig erscheint. Zu diesem Zwecke bezeichnet man im abgewickelten Schaltplan die positiven und negativen Spulenseiten der einzelnen Wicklungsstränge und sucht die für die Wicklung zweckmäßigste Vereinigung der ungleichsinnigen Spulenseiten auf. Wenn z. B. die Wicklungsköpfe in zwei Ebenen angeordnet werden sollen, wird man in dem durch volle Linien bezeichneten Wicklungsstrang die Spulenseiten 2 mit 7, 1 mit 8, 14 mit 19 und

13 mit 20 verbinden, und erhält so die im Schaltplan der Abb. 199 dargestellten Spulen der Wicklung.

Die Schaltverbindungen der einzelnen Spulen desselben Wicklungsstrangs ergeben sich ebenfalls aus dem Nutenstern; sie sind immer so zu legen, daß sie bei Reihenschaltung verschiedensinnige Spulenseiten miteinander verbinden. Die Reihenfolge der Spulen kann dabei beliebig sein und wird zweckmäßig so gewählt, daß die Verbindungsleitungen möglichst kurz werden. Legen wir z. B. das aus der Nut 1 kommende Ende der Spule 1—8 (vgl. Abb. 199) an die Klemme der Maschine, so muß das aus Nut 8 kommende Spulenende mit einem der Spulenenden in Nut 2, 13 oder 14 verbunden werden, weil nach dem Nutenstern (Abb. 210a) die Spulenseite 8 als negative Spulenseite gekennzeichnet und mit einer positiven zu verbinden ist. Wir schalten von Nut 8 nach 2, weil dies die kürzeste Verbindung ergibt. Ebenso lesen wir aus dem Nutenstern die übrigen Spulenverbindungen des Schaltplans Abb. 199 ab, in dem alle Spulen desselben Strangs in Reihe geschaltet sind. Zu den Klemmen der Maschine müssen immer die Enden von gleichsinnigen Spulenseiten führen, die im übrigen beliebig ausgewählt werden können.

Durch die Vereinigung (Gegenschaltung) je zweier Ringspulen zu Mantelspulen ändert sich der Sinn der im Nutenstern dünn ausgezogenen Spannungsstrahlen, so daß die Einzelspannungen des aus Mantelspulen bestehenden Wicklungsstrangs durch die Strahlen in Abb. 210b dargestellt werden. Bei Reihenschaltung sämtlicher Spulen desselben Strangs sind die Teilspannungen zu addieren, um die Gesamtspannung zu erhalten; es ergeben sich dann (in kleinerem Maßstabe) die Spannungen der drei Wicklungsstränge in Abb. 210c.

Dem Spannungsstern, der die Einzelspannungen in den Wicklungssträngen darstellt, können wir auch entnehmen, wieviel Zweige in einem Wicklungsstrang parallel geschaltet werden dürfen. Die Spannung dieser Zweige muß nach Größe und Phase gleich sein. Es ist deshalb aus Abb. 210b festzustellen, in wieviel Gruppen sich die Strahlen desselben Strangs zerlegen lassen, so daß jede Gruppe gleichviel dicke und dünne Strahlen enthält und denselben resultierenden Strahl nach Größe und Phase ergibt. In Abb. 210b erhalten wir 4 solcher Gruppen, z. B. mit den Strahlen 1—8, 2—7, 13—20 und 14—19; es sind also hier mindestens 4 parallele Wicklungszweige in jedem Strang möglich (vgl. Abb. 208b).

Aus dem Stern der Einzelspannungen im Wicklungsstrang können wir auch den Wicklungsfaktor berechnen, der ein Maß für die Ausnutzung der Wicklung ist. Nach Abschnitt 44 B ist der Wicklungsfaktor gleich dem Verhältnis von geometrischer Summe zu algebraischer

Summe der zu demselben Wicklungsstrang gehörigen Teilspannungen und läßt sich aus dem Stern der Einzelspannungen nach Gl. 128 berechnen.

Der Nutenstern und der Stern der Einzelspannungen haben für die Bruchlochwicklungen, die wir in den nächsten beiden Abschnitten behandeln werden, besondere Bedeutung, weil sich bei diesen Wicklungen die Lage der Spulenseiten nicht so einfach überblicken läßt wie bei den gewöhnlichen Wechselstromwicklungen, wo die Nutenzahl q für Pol und Strang eine ganze Zahl ist.

29. Die Bruchlochwicklungen, bei denen alle Nuten bewickelt sind.

A. Begriff, Symmetriebedingungen und Ausführbarkeit. In den meisten Fällen liegen bei den Wechselstromwicklungen immer p Spulengruppen desselben Wicklungsstrangs um genau eine Polpaarteilung am Ankerumfang auseinander. Die Nutenzahl q für Pol und Strang ist dann immer eine ganze Zahl und es lassen sich immer mindestens p gleichwertige Wicklungszweige herstellen, die in jedem Augenblick genau dieselbe Spannung haben und nach Bedarf parallel geschaltet werden können. Solche Wicklungen haben wir als Ganzlochwicklungen bezeichnet, es sind die gewöhnlichen Wechselstromwicklungen, die wir in den Abschnitten 25 bis 27 behandelt haben.

Die Wechselstromwicklungen lassen sich nun auch so ausführen, daß die Zahl der Nuten für Pol und Strang eine gebrochene Zahl ist,

$$q = \frac{N}{2pm} = \textbf{gebrochen}; \quad . \; . \; . \; . \; . \quad (52)$$

man bezeichnet solche Wicklungen als Bruchlochwicklungen oder Teillochwicklungen.

Die Bruchlochwicklungen haben gegenüber den Ganzlochwicklungen den Vorteil, daß die Spulengruppen desselben Wicklungsstrangs unter sich in der Phase verschoben sind. Dadurch werden im allgemeinen die Wicklungsfaktoren der Oberwellen in höherem Maße verkleinert als der Wicklungsfaktor der Grundwelle, so daß die Spannungskurve sich mehr der Sinusform nähert als bei der Ganzlochwicklung mit ungefähr derselben Nutenzahl. Da bei den Bruchlochwicklungen die unter verschiedenen Polen liegenden Spulenseiten (Nuten) Phasenunterschiede aufweisen, die nur Bruchteile von dem Phasenunterschied benachbarter Nuten betragen, so müssen auch die Oberwellen der EMK, die von der Nutung des Ankers herrühren, mehr oder weniger vollkommen unterdrückt werden.

Zuweilen wird man auch zur Bruchlochwicklung geführt, wenn ein vorhandener Blechschnitt Verwendung finden soll, dessen Nutenzahl nicht durch die verlangte Pol- und Strangzahl teilbar ist, oder wenn mit Rücksicht auf die gute Ausnützung des Nutenraums (Hochspannungsmaschinen) die Zahl der Nuten so klein gewählt werden muß, daß eine Ganzlochwicklung überhaupt unmöglich ($q < 1$) oder doch eine schlechtere Form der Spannungskurve ergibt.

Wir wollen zunächst die Symmetriebedingungen der Bruchlochwicklungen dieses Abschnitts aufstellen. Man nennt im allgemeinen eine m-Phasenwicklung symmetrisch, wenn die Spannungen an den m Wicklungssträngen gleich groß und gegeneinander um den Phasenwinkel $\frac{1}{m} 360^0$ verschoben sind. Eine solche Wicklung läßt sich stets ausführen, wenn es möglich ist, je m Spulen zu wickeln, deren Spannungen denselben Symmetriebedingungen genügen, die an die resultierenden Spannungen der Wicklungsstränge gestellt werden. Jede Mantelspule entsteht nun durch Vereinigung von zwei wirksamen Spulenseiten (vgl. S. 356); deshalb müssen sich, damit eine symmetrische m-Phasenwicklung mit einer Spulenseite in jeder Nut ausführbar ist, die N Nuten oder Spulenseiten der Wicklung immer in eine gerade Anzahl Gruppen einteilen lassen, von denen jede Gruppe m Spulenseiten enthält, die um den Phasenwinkel $\frac{1}{m} 360^0$ gegeneinander verschoben sind. Die Einzelspannungen von je zwei Gruppen müssen dabei auch gleiche Größen haben, damit immer je m Spulen gebildet werden können, deren Spannungen gleich groß sind. Wenn diese Bedingungen erfüllt sind, lassen sich die Spulenseiten so schalten, daß die resultierenden Spannungen der Wicklungsstränge den Symmetriebedingungen genügen.

Damit nun eine gerade Anzahl Gruppen von je m Spulenseiten möglich ist, muß bei der üblichen Einschichtwicklung, wo jede Nut nur eine Spulenseite erhält,

$$\frac{N}{2m} = \gamma \quad . \quad . \quad . \quad . \quad . \quad . \quad . \quad . \quad . \quad . \quad (52\,\text{a})$$

sein. Darin ist γ die Zahl der Spulen in jedem der Wicklungsstränge; γ kann alle Zahlen des Zahlensystems durchlaufen.

Damit ferner die m Spannungen jeder Gruppe gegeneinander um den Winkel $\frac{1}{m} 360^0$ in der Phase verschoben sind, muß im Nutenstern (vgl. Abschnitt 28) die Zahl der Strahlen ungleicher Phase durch die Strangzahl m teilbar sein. Diese Zahl ist nun nach Gl. 52a

$$\frac{N}{t} = \frac{2m\gamma}{t},$$

worin t der größte Teiler ist, den die Nutenzahl N und die Polpaarzahl p gemeinsam haben und es muß daher gelten:

$$\frac{2\gamma}{t} = \text{ganz}. \quad \ldots\ldots\ldots \quad (52\,b)$$

Außerdem müssen immer je $2m$ Nuten dieselbe in Reihe geschaltete Leiterzahl erhalten, damit die Spannungen von je m Spulen auch gleich groß werden. Wir wollen voraussetzen, daß alle Spulen dieselbe Windungszahl haben, daß also in allen Nuten gleich viele Leiter liegen.

Es läßt sich zahlentheoretisch nachweisen, daß die Gl. 52a und b nicht nur hinreichende, sondern auch notwendige Bedingungen für die Ausführbarkeit einer symmetrischen m-Phasenwicklung darstellen.

Die in der Elektrotechnik unter dem Namen Zweiphasenwicklung verwendete Wicklung ist in Wirklichkeit eine Vierphasenwicklung ($m = 4$), bei welcher der 3. und 4. Wicklungsstrang fehlen oder die um 180^0 phasenverschobenen Wicklungsstränge, also der 1. und 3. sowie der 2. und 4. Strang gegeneinander geschaltet sind, so daß aus den vier Wicklungssträngen zwei Wicklungsstränge entstehen. In Übereinstimmung mit dem Sprachgebrauch wollen wir diese Zweiphasenwicklung symmetrisch nennen, wenn die Spannungen der beiden Wicklungsstränge gleich groß sind, ihr Phasenunterschied aber 90^0 beträgt. Die Spannungen der beiden um 180^0 verschobenen Stränge der Vierphasenwicklung, aus denen sich jeder Strang der Zweiphasenwicklung zusammensetzt, brauchen bei einer symmetrischen Zweiphasenwicklung nun nicht gleich groß zu sein; deshalb dürfen wir bei der Zweiphasenwicklung auch in Gl. 52a $m = 2$ setzen, während Gl. 52b übergeht in

$$\frac{\gamma}{t} = \text{ganz}, \quad \ldots\ldots\ldots \quad (52\,b')$$

wenn wir für die Zweiphasenwicklung wieder $m = 2$ (und nicht $m = 4$) setzen.

Die beiden Symmetriebedingungen lauten also:

erstens für alle Wicklungen

$$\frac{\boldsymbol{N}}{\boldsymbol{2m}} = \gamma, \quad \ldots\ldots\ldots \quad (52\,a)$$

worin m die Phasen- oder Strangzahl ist;

zweitens für Zweiphasenwicklungen

$$\frac{\gamma}{\boldsymbol{t}} = \textbf{ganz}, \quad \ldots\ldots\ldots \quad (52\,b')$$

für alle andern Wicklungen

$$\frac{\boldsymbol{2}\gamma}{\boldsymbol{t}} = \textbf{ganz}. \quad \ldots\ldots\ldots \quad (52\,b)$$

Praktische Bedeutung haben heute nur die Ein-, Zwei- und Dreiphasenwicklungen. Da nach unsrer Voraussetzung alle Nuten bewickelt sein sollen, und die Einphasenwicklungen dann schlecht ausgenützt sind (Wicklungsfaktor etwa $2/\pi$), wollen wir uns auf die Zwei- und Dreiphasenwicklungen beschränken.

In den Tafeln 8 und 9 sind die Nutenzahlen q für Pol und Strang mit den zugehörigen Nuten- und Polpaarzahlen der symmetrischen Bruchlochwicklungen für Zwei- und Dreiphasenstrom zusammengestellt. Am Kopfe der Tafeln stehen die Spulenzahlen γ im Strang und die Nutenzahlen N. Es sind nur die Zahlen 1 bis 20 für γ berücksichtigt, weil aus der gesetzmäßigen Folge der Zahlen q sich ohne weiteres die Wicklungen für größere Spulenzahlen ergeben. Die Bedeutung der eingeklammerten Zahlen für q werden wir später kennen lernen. An der linken Seite der Tafeln sind die Polpaarzahlen von 2 bis 20 angeschrieben. Ein Teil dieser Zahlen ist in eckige Klammern gesetzt, um sie von den Polpaarzahlen zu unterscheiden, die im Anhang zu den Maschinennormalien des Verbandes Deutscher Elektrotechniker empfohlen werden [L. 22, 309].

B. Nutenzahl und Polpaarzahl sind teilerfremd. Wenn Nutenzahl N und Polpaarzahl p keinen gemeinsamen Teiler haben, so sind nach Gl. 52a auch γ und p teilerfremd. Die Nutenzahl $q = \frac{\gamma}{p}$ für Pol und Strang läßt sich deshalb immer in der Form

$$q = g + \frac{z}{p} \quad \ldots\ldots\ldots\ldots (53)$$

schreiben, worin g eine beliebige ganze Zahl (einschließlich Null) ist und z und p nicht gekürzt werden können.

In den Tafeln 8 und 9 sind die Zahlen q für alle Bruchlochwicklungen, deren Nutenzahl für Pol und Strang in Form von Gl. 53 geschrieben werden kann, ohne Klammern gedruckt. Von den Dreiphasenwicklungen werden wir die mit geraden Polpaarzahlen erst im nächsten Abschnitt behandeln; denn da nach Gl. 52a N immer gerade sein muß, scheiden bei den Wicklungen dieses Abschnitts alle geraden Polpaarzahlen aus.

Bei der Aufzeichnung des Nutensterns haben wir zu beachten, daß $t = 1$ ist. Nuten gleicher Phase kommen also hier nicht vor, und die Spannungen der Spulenseiten bilden einen regelmäßigen Stern mit N Strahlen. Dieser Nutenstern stimmt mit einem der p Nutensterne einer Ganzlochwicklung überein, deren gesamte Nutenzahl pN, oder deren Nutenzahl für Pol und Strang gleich γ ist. Es müssen deshalb bei ungerader Spulenzahl im Strang (γ = ungerade) alle Spulen in Reihe geschaltet werden, während bei gerader Spulenzahl

Tafel 8.

Nutenzahl q für Pol und Strang der symmetrischen Bruchlochwicklungen, die für Zweiphasenstrom ausführbar sind.

Spulenzahl eines Strangs $\gamma = \frac{N}{4}$	1	2	3	4	5	6	7	8	9	10	11	12	13	14	15	16	17	18	19	20
Gesamte Nutenzahl $N = 4\gamma$	4	8	12	16	20	24	28	32	36	40	44	48	52	56	60	64	68	72	76	80
Polpaarzahl p: 2	—	—	—	—	—	—	—	—	—	—	—	—	—	—	—	—	—	—	—	—
3	$^1/_3$	$^2/_3$	—	$1^1/_3$	$1^2/_3$	—	$2^1/_3$	$2^2/_3$	—	$3^1/_3$	$3^2/_3$	—	$4^1/_3$	$4^2/_3$	—	$5^1/_3$	$5^2/_3$	—	$6^1/_3$	$6^2/_3$
4	—	—	—	—	—	—	—	—	—	—	—	—	—	—	—	—	—	—	—	—
5	$^1/_5$	$^2/_5$	$^3/_5$	$^4/_5$	—	$1^1/_5$	$1^2/_5$	$1^3/_5$	$1^4/_5$	—	$2^1/_5$	$2^2/_5$	$2^3/_5$	$2^4/_5$	—	$3^1/_5$	$3^2/_5$	$3^3/_5$	$3^4/_5$	—
6	—	[$^1/_3$]	—	[$^2/_3$]	—	—	—	[$1^1/_3$]	—	[$1^2/_3$]	—	—	—	[$2^1/_3$]	—	[$2^2/_3$]	—	—	—	[$3^1/_3$]
[7]	$^1/_7$	$^2/_7$	$^3/_7$	$^4/_7$	$^5/_7$	$^6/_7$	—	$1^1/_7$	$1^2/_7$	$1^3/_7$	$1^4/_7$	$1^5/_7$	$1^6/_7$	—	$2^1/_7$	$2^2/_7$	$2^3/_7$	$2^4/_7$	$2^5/_7$	$2^6/_7$
8	—	—	—	—	—	—	—	—	—	—	—	—	—	—	—	—	—	—	—	—
[9]	$^1/_9$	$^2/_9$	[$^1/_3$]	$^4/_9$	$^5/_9$	[$^2/_3$]	$^7/_9$	$^8/_9$	—	$1^1/_9$	$1^2/_9$	[$1^1/_3$]	$1^4/_9$	$1^5/_9$	[$1^2/_3$]	$1^7/_9$	$1^8/_9$	—	$2^1/_9$	$2^2/_9$
10	—	[$^1/_5$]	—	[$^2/_5$]	—	[$^3/_5$]	—	[$^4/_5$]	—	—	—	[$1^1/_5$]	—	[$1^2/_5$]	—	[$1^3/_5$]	—	[$1^4/_5$]	—	—
[11]	$^1/_{11}$	$^2/_{11}$	$^3/_{11}$	$^4/_{11}$	$^5/_{11}$	$^6/_{11}$	$^7/_{11}$	$^8/_{11}$	$^9/_{11}$	$^{10}/_{11}$	—	$1^1/_{11}$	$1^2/_{11}$	$1^3/_{11}$	$1^4/_{11}$	$1^5/_{11}$	$1^6/_{11}$	$1^7/_{11}$	$1^8/_{11}$	$1^9/_{11}$
12	—	—	—	[$^1/_3$]	—	—	—	[$^2/_3$]	—	—	—	—	—	—	—	[$1^1/_3$]	—	—	—	[$1^2/_3$]
[13]	$^1/_{13}$	$^2/_{13}$	$^3/_{13}$	$^4/_{13}$	$^5/_{13}$	$^6/_{13}$	$^7/_{13}$	$^8/_{13}$	$^9/_{13}$	$^{10}/_{13}$	$^{11}/_{13}$	$^{12}/_{13}$	—	$1^1/_{13}$	$1^2/_{13}$	$1^3/_{13}$	$1^4/_{13}$	$1^5/_{13}$	$1^6/_{13}$	$1^7/_{13}$
14	—	[$^1/_7$]	—	[$^2/_7$]	—	[$^3/_7$]	—	[$^4/_7$]	—	[$^5/_7$]	—	[$^6/_7$]	—	—	—	[$1^1/_7$]	—	[$1^2/_7$]	—	[$1^3/_7$]
[15]	$^1/_{15}$	$^2/_{15}$	[$^1/_5$]	$^4/_{15}$	[$^1/_3$]	[$^2/_5$]	$^7/_{15}$	$^8/_{15}$	[$^3/_5$]	[$^2/_3$]	$^{11}/_{15}$	[$^4/_5$]	$^{13}/_{15}$	$^{14}/_{15}$	—	$1^1/_{15}$	$1^2/_{15}$	[$1^1/_5$]	$1^4/_5$	[$1^1/_3$]
16	—	—	—	—	—	—	—	—	—	—	—	—	—	—	—	—	—	—	—	—
[17]	$^1/_{17}$	$^2/_{17}$	$^3/_{17}$	$^4/_{17}$	$^5/_{17}$	$^6/_{17}$	$^7/_{17}$	$^8/_{17}$	$^9/_{17}$	$^{10}/_{17}$	$^{11}/_{17}$	$^{12}/_{17}$	$^{13}/_{17}$	$^{14}/_{17}$	$^{15}/_{17}$	$^{16}/_{17}$	—	$1^1/_{17}$	$1^2/_{17}$	$1^3/_{17}$
18	—	[$^1/_9$]	—	[$^2/_9$]	—	[$^1/_3$]	—	[$^4/_9$]	—	[$^5/_9$]	—	[$^2/_3$]	—	[$^7/_9$]	—	[$^8/_9$]	—	—	—	[$1^1/_9$]
[19]	$^1/_{19}$	$^2/_{19}$	$^3/_{19}$	$^4/_{19}$	$^5/_{19}$	$^6/_{19}$	$^7/_{19}$	$^8/_{19}$	$^9/_{19}$	$^{10}/_{19}$	$^{11}/_{19}$	$^{12}/_{19}$	$^{13}/_{19}$	$^{14}/_{19}$	$^{15}/_{19}$	$^{16}/_{19}$	$^{17}/_{19}$	$^{18}/_{19}$	—	$1^1/_{19}$
20	—	—	—	[$^1/_5$]	—	—	—	[$^2/_5$]	—	—	—	[$^3/_5$]	—	—	—	[$^4/_5$]	—	—	—	—

Tafel 9.

Nutenzahl q für Pol und Strang der symmetrischen Bruchlochwicklungen, die für Dreiphasenstrom ausführbar sind.

Spulenzahl eines Strangs $\gamma = \frac{N}{6}$	1	2	3	4	5	6	7	8	9	10	11	12	13	14	15	16	17	18	19	20
Gesamte Nutenzahl $N = 6\gamma$	6	12	18	24	30	36	42	48	54	60	66	72	78	84	90	96	102	108	114	120
Polpaarzahl p: 2	1/2	—	1 1/2	—	2 1/2	—	3 1/2	—	4 1/2	—	5 1/2	—	6 1/2	—	7 1/2	—	8 1/2	—	9 1/2	—
3	—	—	—	—	—	—	—	—	—	—	—	—	—	—	—	—	—	—	—	—
4	1/4	[1/2]	3/4	—	1 1/4	[1 1/2]	1 3/4	—	2 1/4	[2 1/2]	2 3/4	—	3 1/4	[3 1/2]	3 3/4	—	4 1/4	[4 1/2]	4 3/4	—
5	1/5	2/5	3/5	4/5	—	1 1/5	1 2/5	1 3/5	1 4/5	—	2 1/5	2 2/5	2 3/5	2 4/5	—	3 1/5	3 2/5	3 3/5	3 4/5	—
6	—	—	[1/2]	—	—	—	—	—	[1 1/2]	—	—	—	—	—	[2 1/2]	—	—	—	—	—
[7]	1/7	2/7	3/7	4/7	5/7	6/7	—	1 1/7	1 2/7	1 3/7	1 4/7	1 5/7	1 6/7	—	2 1/7	2 2/7	2 3/7	2 4/7	2 5/7	2 6/7
8	1/8	[1/4]	3/8	[1/2]	5/8	[3/4]	7/8	—	1 1/8	[1 1/4]	1 3/8	[1 1/2]	1 5/8	[1 3/4]	1 7/8	—	2 1/8	[2 1/4]	2 3/8	[2 1/2]
[9]	—	—	—	—	—	—	—	—	—	—	—	—	—	—	—	—	—	—	—	—
10	1/10	[1/5]	3/10	[2/5]	[1/2]	[3/5]	7/10	[4/5]	9/10	—	1 1/10	[1 1/5]	1 3/10	[1 2/5]	[1 1/2]	[1 3/5]	1 7/10	[1 4/5]	1 9/10	—
[11]	1/11	2/11	3/11	4/11	5/11	6/11	7/11	8/11	9/11	10/11	—	1 1/11	1 2/11	1 3/11	1 4/11	1 5/11	1 6/11	1 7/11	1 8/11	1 9/11
12	—	—	[1/4]	—	—	[1/2]	—	—	[3/4]	—	—	—	—	—	[1 1/4]	—	—	[1 1/2]	—	—
[13]	1/13	2/13	3/13	4/13	5/13	6/13	7/13	8/13	9/13	10/13	11/13	12/13	—	1 1/13	1 2/13	1 3/13	1 4/13	1 5/13	1 6/13	1 7/13
14	1/14	[1/7]	3/14	[2/7]	5/14	[3/7]	[1/2]	[4/7]	9/14	[5/7]	11/14	[6/7]	13/14	—	1 1/14	[1 1/7]	1 3/14	[1 2/7]	1 5/14	[1 3/7]
[15]	—	—	[1/5]	—	—	[2/5]	—	—	[3/5]	—	—	[4/5]	—	—	—	—	—	[1 1/5]	—	—
16	1/16	[1/8]	3/16	[1/4]	5/16	[3/8]	7/16	[1/2]	9/16	[5/8]	11/16	[3/4]	13/16	[7/8]	15/16	—	1 1/16	[1 1/8]	1 3/16	[1 1/4]
[17]	1/17	2/17	3/17	4/17	5/17	6/17	7/17	8/17	9/17	10/17	11/17	12/17	13/17	14/17	15/17	16/17	—	1 1/17	1 2/17	1 3/17
18	—	—	—	—	—	—	—	—	—	—	—	—	—	—	—	—	—	—	—	—
[19]	1/19	2/19	3/19	4/19	5/19	6/19	7/19	8/19	9/19	10/19	11/19	12/19	13/19	14/19	15/19	16/19	17/19	18/19	—	1 1/19
20	1/20	[1/10]	3/20	[1/5]	[1/4]	[3/10]	7/20	[2/5]	9/20	[1/2]	11/20	[3/5]	13/20	[7/10]	[3/4]	[4/5]	17/20	[9/10]	19/20	—

im Strang (γ = gerade) immer zwei parallele Wicklungszweige möglich sind. Benachbarte Strahlen schließen im Spannungsstern hier immer den Winkel (Gl. 51′)

$$\alpha' = \frac{1}{N}\,360^0$$

ein, während der Phasenwinkel zwischen benachbarten Nuten nach Gl. 51

$$\alpha = \frac{p}{N}\,360^0 = p\,\alpha'$$

ist. Die Phasen unmittelbar aufeinanderfolgender Nuten liegen im Nutenstern also immer um p Strahlen auseinander.

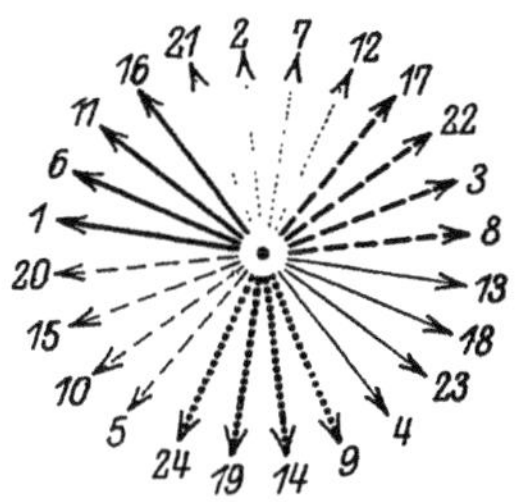

Abb. 211 a.

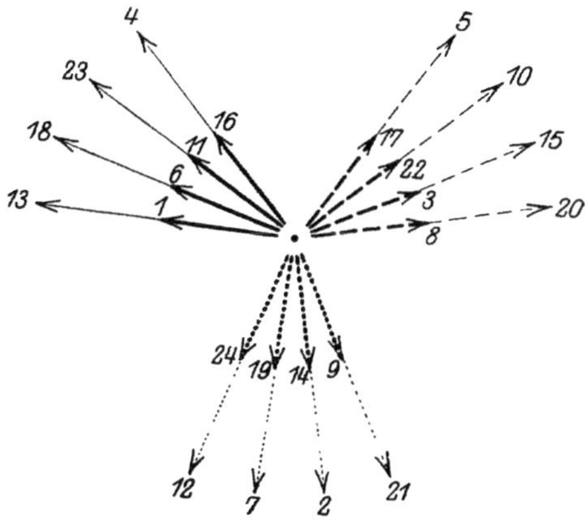

Abb. 211 b.

Nutenstern (a) und Einzelspannungen (b) einer dreiphasigen Bruchlochwicklung (Abschn. 29 B) mit $N = 24$, $p = 5$, $\gamma = 4$, $q = {}^4/_5$.

In Abb. 211 a ist der Nutenstern für eine Dreiphasenwicklung mit $N = 24$ Nuten und $p = 5$ Polpaaren dargestellt. Die Nutenzahl q für Pol und Strang ist $q = \frac{N}{2pm} = \frac{4}{5}$. Wenn die Nuten so numeriert werden, wie sie am Ankerumfang aufeinander folgen, und wir den mit 1 bezeichneten Strahl der Nut 1 zuordnen, so finden wir die den Nuten 2, 3, 4 usw. entsprechenden Strahlen, indem wir immer um je $p = 5$ Strahlen vorrücken, also immer je $p - 1 = 4$ Strahlen im Nutenstern überspringen. Auf diese Weise ergeben sich die an die Strahlen des Nutensterns geschriebenen Zahlen, die den fortlaufend numerierten Nuten des Ankers entsprechen.

Unterscheiden wir wieder die drei Wicklungsstränge durch voll ausgezogene, gestrichelte und punktierte Linien und positive und negative Spulenseiten durch verschiedene Strichstärken, so verteilen sich nach

Abschnitt 28 die einzelnen Spulenseiten auf die Nuten, wie es in Abb. 211a angedeutet ist.

Um mit möglichst wenig Wicklungsmetall auszukommen, wird man solche Spulenseiten zu Spulen vereinigen, die möglichst kurze Querverbindungen ergeben, deren Nuten also möglichst wenig am Ankerumfang auseinander liegen. So erhalten wir z. B. für den Wicklungsstrang, der durch voll ausgezogene Linien gekennzeichnet ist (vgl. Abb. 211a), die kürzesten Spulenquerverbindungen, wenn wir (vgl. Abb. 211c) die Spulenseiten in den Nuten 1 und 23, 6 und 4, 11 und 13, 16 und 18 zu Spulen vereinigen.

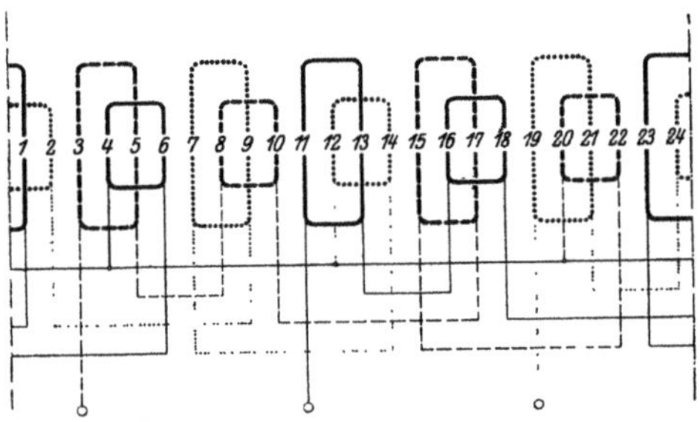

Abb. 211c.

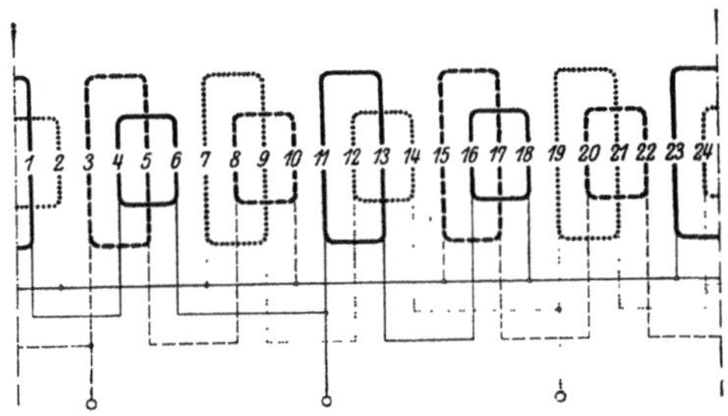

Abb. 211d.

Schaltpläne von Bruchlochwicklungen nach Abb. 211a u. b mit Sternschaltung und a) Reihenschaltung, b) Parallelschaltung der Zweige.

Im allgemeinen wird man die Anordnung der Wicklungsköpfe in zwei Etagen bevorzugen. Eine solche Ausführung ist in unserm Beispiel mit $q < 1$ möglich, ohne daß Spulenköpfe von der einen in die andere Ebene abzukröpfen sind, wie es bekanntlich alle Ganzlochwicklungen mit ungeraden Polpaarzahlen verlangen. Abb. 211c läßt die Spulenanordnung erkennen. Es ergeben sich für die ganze Wicklung nur zwei verschiedene Spulenformen. Alle Spulen haben dieselbe Weite und der Anker kann so geteilt werden, daß keine Spulenköpfe von der Teilungsebene geschnitten werden.

Die Schaltverbindungen zwischen den einzelnen Spulen desselben Wicklungsstrangs ergeben sich, wie wir im Abschnitt 28 gesehen haben, ebenfalls aus dem Nutenstern. Im Schaltplan 211c liegen die Wicklungsenden um 120° am Ankerumfang auseinander, die Wicklungsstränge sind beispielsweise in Stern geschaltet. Wenn die Klemmen der Wicklung nahe beieinander liegen sollen, wird man die aus den Nuten 11, 14 und 17 oder 8, 9 und 11 kommenden Spulenenden an die Maschinenklemmen legen und die Schaltverbindungen entsprechend abändern.

In unserm Beispiel ist γ eine gerade Zahl, die Spannungen je einer positiven und negativen Spulenseite sind phasengleich. Deshalb lassen sich in jedem Strang zwei Wicklungszweige parallel schalten. Nach dem Stern der Einzelspannungen in Abb. 211b ergeben die Spulen 11—13 und 16—18 dieselbe resultierende Spannung nach Größe und Phase wie die Spulen 1—23 und 6—4. Wir erhalten den Schaltplan in Abb. 211d mit zwei parallelen Wicklungszweigen und Sternschaltung der Stränge.

Zum Entwurf der Wicklung ist die Aufzeichnung der Spannungssterne nicht immer erforderlich. Nebeneinander liegende Strahlen im Nutenstern entsprechen stets solchen Spulenseiten, die bei jeder Wicklung um dieselbe Anzahl (r) Nuten am Ankerumfang auseinander liegen. So ist z. B. im Nutenstern der Abb. 211a $r = 5$. Den „Nutenschritt" r, um den wir am Ankerumfang oder im Schaltplan fortschreiten müssen, um zu benachbarten Strahlen im Nutenstern zu gelangen, können wir berechnen.

Im Nutenstern hatten wir die Strahlen, die um den „Sternschritt" p auseinander liegen, fortlaufend numeriert und damit die Phase der am Ankerumfang aufeinanderfolgenden Nuten erhalten. Benachbarte Nuten liegen also im Nutenstern um den Sternschritt p auseinander. Wenn wir daher am Ankerumfang den Nutenschritt r ausführen, so entspricht dieser dem Sternschritt rp im Nutenstern. Dieser Sternschritt muß nun gleich dem um 1 vermehrten oder verminderten ganzen Vielfachen der Gesamtzahl (N) der Strahlen oder Nuten sein, damit uns der Schritt rp zu dem Nachbarstrahl im Nutenstern führt. Wir erhalten also für den Nutenschritt r die Bedingung

$$rp = gN \pm 1 \quad \ldots \ldots \ldots \quad (54\text{a})$$

oder

$$r = \frac{gN \pm 1}{p} \quad \ldots \ldots \ldots \quad (54)$$

worin g eine beliebige ganze Zahl (einschließlich Null) ist. Wir bestimmen r so, daß Gl. 54 mit dem kleinsten ganzen Wert von g erfüllt ist. Für die Wicklung, die dem Nutenstern in Abb. 211a entspricht, ist diese kleinste ganze Zahl $g = 1$ und wir erhalten

$$r = \frac{1 \cdot 24 + 1}{5} = 5.$$

Die Wicklung in Abb. 211c z. B. können wir nun, ohne den Nutenstern aufzuzeichnen, folgendermaßen entwerfen. Wir bestimmen zunächst die $\gamma = 4$ positiven Spulenseiten des ersten Wicklungsstrangs, indem wir, beispielsweise mit der Nut 1 beginnend, um den Schritt $r = 5$ fortschreiten. Wir erhalten die Nuten 1, 6, 11, 16. Die nächsten vier, je um den Schritt $r = 5$ auseinander liegenden Nuten gehören (vgl. Abb. 211a) den negativen Spulenseiten des dritten Wicklungsstrangs an, die darauffolgenden vier Nuten den positiven Spulenseiten des zweiten Strangs usw. Ungleichsinnige Spulenseiten desselben Wicklungsstrangs werden dann zu Spulen vereinigt. Die Spulen sind so zu schalten, daß immer positive Spulenseiten mit negativen verbunden werden, und umgekehrt.

In Abb. 212 ist eine zweiphasige Bruchlochwicklung mit $N = 20$, $p = 3$ und $q = 1^2/_3$ auf diese Weise entworfen. Nach Gl. 54 ist der Nutenschritt

$$r = \frac{1 \cdot 20 + 1}{3} = 7.$$

Die Zahl der gleichsinnigen Spulenseiten eines Strangs ist $\gamma = 5$. Die positiven Spulenseiten des ersten Strangs legen wir in die Nuten 1, $1 + 7 = 8$, 15, 22 ($= 2$) und 9, die negativen Spulenseiten des zweiten Strangs in die Nuten $9 + 7 = 16$, 23 ($= 3$), 10, 17 und 24 ($= 4$), die negativen Spulenseiten des ersten Strangs in die Nuten 11, 18, 5, 12 und 19 und die positiven Spulenseiten des zweiten Strangs in die Nuten 6, 13, 20, 7 und 14. Wir erhalten den Schaltplan in Abb. 212 mit Reihenschaltung sämtlicher Spulen jedes Strangs.

Die Wicklungsfaktoren der dreiphasigen Bruchlochwicklungen können der Tafel 23 (S. 359) entnommen werden, wenn wir darin q durch γ ersetzen; denn die Spannungen der einzelnen Spulenseiten haben bei den in diesem Abschnitt behandelten Bruchlochwicklungen dieselbe Lage im Spannungsstern wie die Spulenseiten eines Polpaares einer Ganzlochwicklung mit $q = \gamma$ Nuten für Pol und Strang. Bei der Bruchlochwicklung ist nun γ im allgemeinen wesentlich größer als die Nutenzahl q für Pol und Strang einer Ganzlochwicklung mit ungefähr derselben gesamten Nutenzahl N. Deshalb sind die Wicklungsfaktoren der Oberwellen der Bruchlochwicklung im allgemeinen merklich kleiner und die Spannungskurve nähert sich mehr der Sinusform als bei der Ganzlochwicklung.

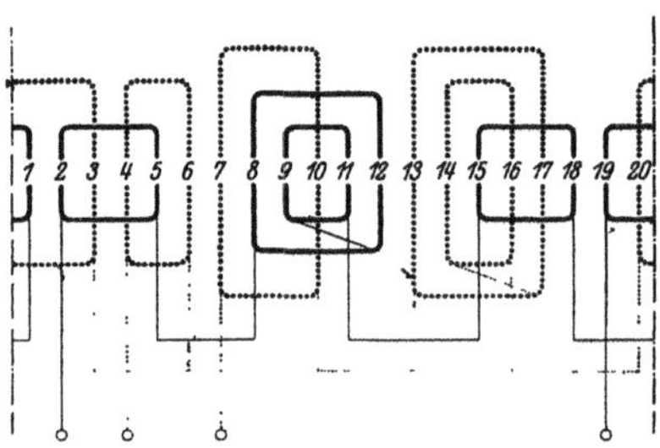

Abb. 212. Zweiphasige Bruchlochwicklung (Abschn. 29 B) mit $N = 20$, $p = 3$, $\gamma = 5$, $q = 1^2/_3$.

Zur Beurteilung der durch die Nutung des Ankers hervorgerufenen Oberwellen in der resultierenden EMK müssen wir beachten, daß die Ordnungszahlen dieser Oberwellen in der Nähe von

$$\nu_{N_1} = \frac{N}{p}, \quad \nu_{N_2} = 2\frac{N}{p}, \quad \ldots\ldots\ldots \quad \nu_{N_n} = n\frac{N}{p}$$

liegen (Abschnitt 46 A). Dabei sind erfahrungsgemäß die Oberwellen zweiter Art (Ordnungszahl in der Nähe von ν_{N_2}) klein gegenüber den Oberwellen erster Art (Ordnungszahl in der Nähe von ν_{N_1}), während die Oberwellen noch höherer Art sich kaum bemerkbar machen.

Für die Oberwellen der Nutung n^{ter} Art ist nach Gl. 51 die gegenseitige Phasenverschiebung zwischen zwei am Ankerumfang nebeneinander liegenden Spulenseiten nahezu $n\,360^0$, während der Phasenwinkel benachbarter Strahlen im Nutenstern für die Oberwellen n^{ter} Art nahezu

$$\beta_n = n \frac{360^0}{p} \quad \ldots \ldots \ldots \quad (55)$$

ist. Beschränken wir uns auf die Oberwellen, für die $n < p$ ist, so wäre die resultierende Amplitude der Oberwellen im Wicklungsstrang nahezu null, wenn die Zahl der im Nutenstern nebeneinander liegenden Strahlen desselben Wicklungsstrangs gleich der Polpaarzahl p oder einem Vielfachen davon wäre. In diesem Falle $\left(\frac{\gamma}{p} = q = \text{ganz}\right)$ erhielten wir aber eine Ganzlochwicklung; nach Gl. 52a müßte die Nutenzahl N durch die Polpaarzahl p teilbar sein, während wir für die Wicklungen in diesem Abschnitt vorausgesetzt haben, daß N und p teilerfremd sind. Wir erhalten im allgemeinen die kleinsten resultierenden Amplituden der Oberwellen, wenn sich die Zahl $q = \frac{\gamma}{p}$ möglichst wenig von einer ganzen Zahl unterscheidet, wenn also

$$q = g \mp \frac{1}{p} \quad \ldots \ldots \ldots \quad (56)$$

ist, worin g eine beliebige ganze Zahl ist. In diesem Falle ist, wie sich leicht übersehen läßt, die resultierende Oberwelle von je γ Spulenseiten eines Wicklungsstrangs immer nahezu gleich der Oberwelle einer einzelnen Spulenseite. *In der resultierenden EMK eines Wicklungsstrangs kommt daher von der Amplitude jeder Oberwelle der Nutung nur etwa*

$$v = \frac{1}{\gamma} \quad \ldots \ldots \ldots \quad (57)$$

zur Wirkung.

C. Nutenzahl und Polpaarzahl haben bei Dreiphasenwicklungen mit $\gamma =$ ungerade als größten gemeinsamen Teiler 2. Auch bei den Bruchlochwicklungen dieses Abschnitts müssen γ und p teilerfremd sein, weil nach Gl. 52a $N = 2m\gamma$ immer gerade ist, und der größte gemeinsame Teiler von N und p hier 2 sein soll. Die Nutenzahl für Pol und Strang wird deshalb auch hier durch Gl. 53 dargestellt.

Mit denjenigen Wicklungen in Abschnitt B, die ungerade Spulenzahl im Strang haben ($\gamma =$ ungerade), stimmen sie außerdem noch darin überein, daß alle Spulen des Wicklungsstrangs immer in Reihe geschaltet werden müssen. Alle dreiphasigen Bruchlochwicklungen dieser Art, die nicht unter Abschnitt B fallen, gehören hierher. Sie sind in Tafel 9 durch die nicht eingeklammerten Zahlen von q bei geraden Polpaarzahlen gekennzeichnet.

Als Ausführungsbeispiel wählen wir eine Wicklung mit $p = 2$ und $N = 18$, also mit der Nutenzahl für Pol und Strang $q = 1^1/_2$. Da Nutenzahl und Polpaarzahl den gemeinsamen Teiler

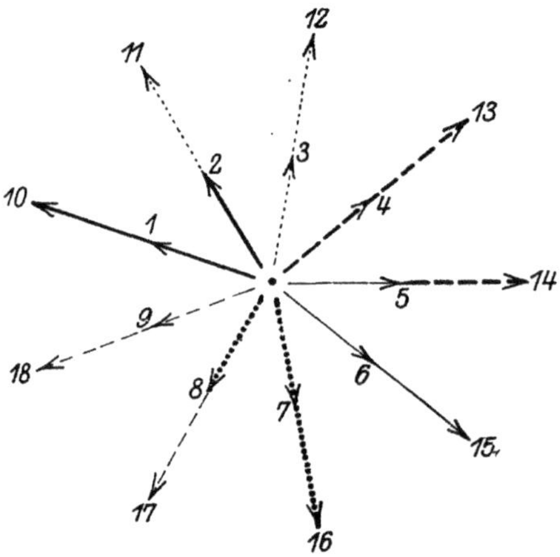

Abb. 213a.

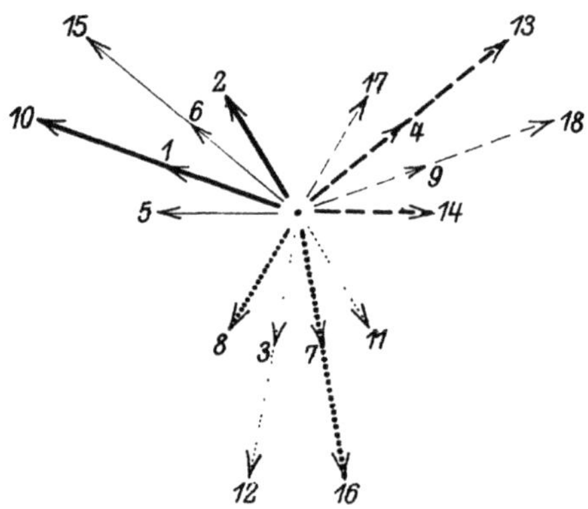

Abb. 213b.

Nutenstern (a) und Einzelspannungen (b) einer dreiphasigen Bruchlochwicklung (Abschn. 29 C) mit $N = 18$, $p = 2$, $\gamma = 3$, $q = 1^1/_2$.

$t = 2$ haben, erhalten immer zwei Nuten dieselbe Phase. Numerieren wir wieder die Nuten, so wie sie am Ankerumfang aufeinanderfolgen, so erhalten wir den Nutenstern in Abb. 213a, in dem benachbarte Strahlen auch benachbarten Nuten angehören, weil $t = p$ ist (vgl. Gl. 51 und 51').

Damit die Wicklung möglichst gut ausgenützt wird, der Wicklungsfaktor also möglichst groß wird, sollen die gleichsinnigen Spulenseiten möglichst wenig Phasenunterschied aufweisen. Je zwei Nuten haben immer dieselbe Phase, die Zahl der gleichsinnigen Spulenseiten ist aber ungerade, nämlich gleich $\gamma = 3$; deshalb muß je eine Spulenseite eines Wicklungsstrangs mit der eines andern phasengleich sein. In Abb. 213a sind dies die Spulenseiten in den Nuten 2 und 11, 5 und 14, 8 und 17. Für das Verhalten der Wicklung ist es vollkommen gleichgültig, welche der beiden gleichphasigen Nuten man dem einen oder andern Wicklungsstrang zuweist; man wird sie deshalb so auf die einzelnen Wicklungsstränge verteilen, daß die technisch zweckmäßigste und einfachste Wicklung entsteht. Dies läßt sich sehr schnell feststellen, wenn man im abgewickelten Schaltplan zunächst die Nuten, die nicht mehr willkürlich den Wicklungssträngen zugeordnet werden dürfen, einzeichnet, wobei die drei Wicklungsstränge

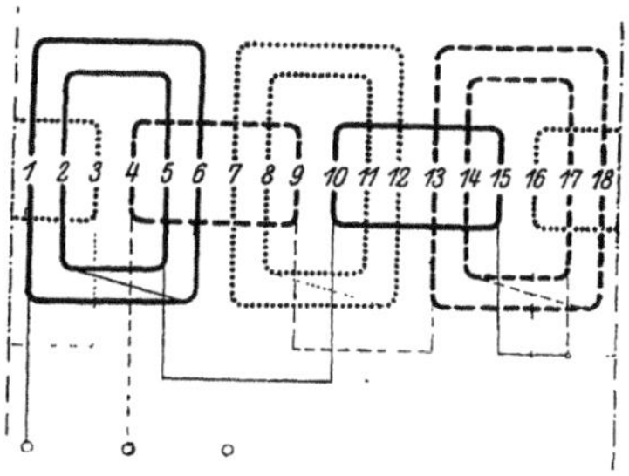

Abb. 213c. Bruchlochwicklung nach Abb. 213a u. b.

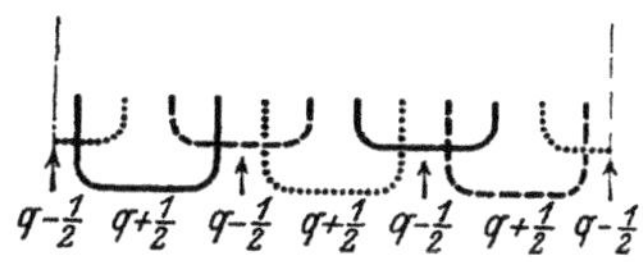

Abb. 214. Form und Zahl der Spulenquerverbindungen bei vierpoligen Bruchlochwicklungen mit $q = g + \frac{1}{2}$.

durch verschiedene Stricharten oder noch besser durch verschiedene Farben hervorzuheben sind. Die zweckmäßigste Aufteilung der übrigen Nuten auf die einzelnen Wicklungsstränge läßt sich dann leicht feststellen, da hier nur drei Kombinationen möglich sind, die ver-

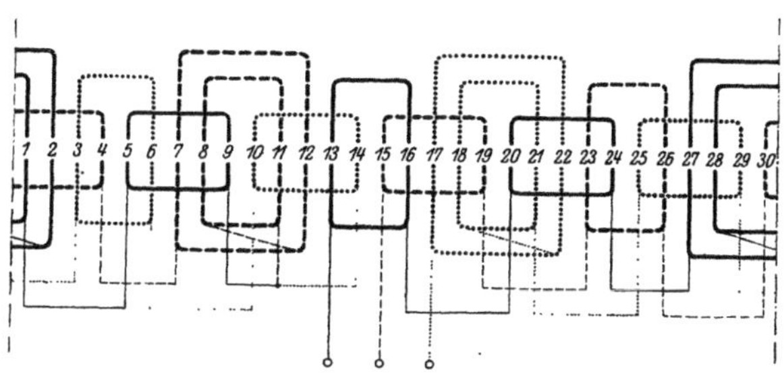

Abb. 215. Dreiphasige Bruchlochwicklung (Abschn. 29C) mit $N = 30$, $p = 4$, $\gamma = 5$, $q = 1\frac{1}{4}$.

schiedene Ausführungen ergeben. Im Nutenstern, Abb. 213a, sind die gleichphasigen Nuten so auf die Wicklungsstränge verteilt, daß die Spulenköpfe in zwei Etagen angeordnet werden können, wie es der Schaltplan in Abb. 213c erkennen läßt. Bei der Vereinigung von Spulenseiten zu Spulen und der Herstellung der Schaltverbindungen ist genau ebenso zu verfahren, wie es in Abschnitt 28 und 29B ausführlich erläutert ist.

Die Wicklungsköpfe aller vierpoligen ($p = 2$) Bruchlochwicklungen dieses Abschnitts, deren Nutenzahl für Pol und Strang also in der Form

$$q = g + \tfrac{1}{2} \quad . \; . \; . \; . \; . \; . \; . \; . \; . \quad (58)$$

geschrieben werden kann, lassen sich in zwei Etagen anordnen. Ihre Lage wird durch Abb. 214 dargestellt. Die Wicklungsköpfe erhalten abwechselnd $q - {}^1/_2$ und $q + {}^1/_2$ Spulenquerverbindungen.

In Abb. 215 ist noch eine Bruchlochwicklung für $p = 4$ Polpaare aufgezeichnet. Die Gesamtzahl der Nuten ist $N = 30$, die Nutenzahl für Pol und Strang $q = 1{}^1/_4$ und die Spulenzahl im Strang $\gamma = 5$.

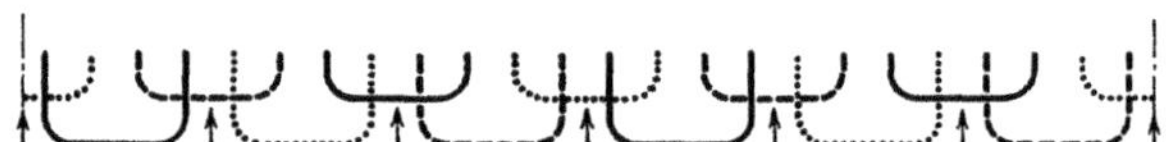

Abb. 216. Form und Zahl der Spulenquerverbindungen bei achtpoligen Bruchlochwicklungen mit $q = g \mp \frac{1}{4}$.

Die Wicklungsköpfe aller achtpoligen ($p = 4$) Bruchlochwicklungen dieses Abschnitts, deren Nutenzahl für Pol und Strang also in der Form

$$q = g \mp \tfrac{1}{4} \quad . \; . \; . \; . \; . \; . \; . \; . \; . \quad (59)$$

geschrieben werden kann, lassen sich wieder in zwei Etagen anordnen. Die Anzahl der Spulenquerverbindungen, die dann in einem Wicklungskopf nebeneinander liegen, ist in Abb. 216 angeschrieben.

Die Wicklungsfaktoren der in diesem Abschnitt behandelten Bruchlochwicklungen sind bei derselben Spulenzahl für Pol und Strang immer kleiner als bei den Wicklungen in Abschnitt B. In Tafel 10 sind die nach Gl. 128 berechneten Wicklungsfaktoren zusammengestellt.

Tafel 10.

Wicklungsfaktoren der dreiphasigen Bruchlochwicklungen im Abschnitt 29 C.

γ	$\nu =$					
	1	3	5	7	9	11
1	0,866	0	0,866	0,866	0	0,866
2	0,933	0,500	0,067	0,067	0,500	0,933
3	0,954	0,577	0,140	0,061	0	0,061
4	0,950	0,603	0,162	0,096	0,103	0,016
6	0,952	0,621	0,179	0,118	0,167	0,058
10	0,954	0,631	0,187	0,130	0,196	0,077
20	0,954	0,635	0,190	0,135	0,208	0,084
∞	0,955	0,637	0,191	0,136	0,223	0,088

Bei den Wicklungen dieses Abschnitts lassen sich die Spannungen der Spulenseiten eines Wicklungsstranges immer in zwei Gruppen mit $\gamma - 1$ und $\gamma + 1$ Spannungen zerlegen (vgl. Abb. 213b). Die Spannungen jeder Gruppe sind unter sich in der Phase um $\frac{1}{p}$ des Phasenwinkels benachbarter Nuten, der für die Oberwellen n^{ter} Art $n\,360^0$ ist, verschoben. Die Oberwellen, für die $n < p$ ist, werden deshalb im wesentlichen unterdrückt, wenn die beiden Gleichungen

$$\left.\begin{aligned}\gamma - 1 &= g\,p\\ \gamma + 1 &= g\,p\end{aligned}\right\} \quad \ldots\ldots\ldots \quad (60\,\text{a})$$

gleichzeitig bestehen, worin g eine beliebige ganze Zahl ist. Dividieren wir diese Gleichungen durch p, so gehen sie über in

$$\left.\begin{aligned}q &= g + \frac{1}{p}\\ q &= g - \frac{1}{p}\end{aligned}\right\} \quad \ldots\ldots\ldots\ldots \quad (60)$$

Diese Bedingungen sind für die Polpaarzahl $p = 2$ immer erfüllt, so daß also bei den vierpoligen Wicklungen mit am Ankerumfang gleichmäßig verteilten Nuten die Oberwellen erster Art im wesentlichen unterdrückt werden (vgl. die Abb. 364a bis d, S. 385).

Für die übrigen hier in Frage kommenden Polpaarzahlen ($p > 2$) können die Gl. 60 nicht gleichzeitig erfüllt werden. Wir erhalten für $n < p$ die kleinsten Amplituden der Oberwellen, wenn eine der beiden Gleichungen erfüllt ist, wenn also, wie bei den Wicklungen im Abschnitt B,

$$q = g \mp \frac{1}{p} \quad \ldots\ldots\ldots\ldots \quad (56)$$

ist. Die resultierende EMK der Oberwellen (n^{ter} Art) sämtlicher in Reihe geschalteter Spulenseiten desselben Wicklungsstrangs ist dann nahezu gleich der geometrischen Summe der Oberwellen von nur 2 Spulenseiten, die um den Phasenwinkel $n \cdot \frac{360^0}{p}$ verschoben sind. Die Unterdrückung der Oberwellen ist also noch etwas vollkommener als bei den Wicklungen des Abschnitts B.

D. Die übrigen symmetrischen Bruchlochwicklungen und die Zahl der parallelen Wicklungszweige. In den Abschnitten B und C haben wir alle Bruchlochwicklungen mit $t = 1$, außerdem auch noch die dreiphasigen Wicklungen mit $t = 2$ und $\gamma =$ ungerade behandelt. Diese Bruchlochwicklungen erfüllen die Gl. 53 und sind dadurch gekennzeichnet, daß bei ungerader Spulenzahl im Strang alle Spulen in Reihe geschaltet werden müssen, bei gerader Spulenzahl im Strang aber höchstens zwei gleichwertige Wicklungszweige möglich sind. Die Zahl der möglichen parallelen Wicklungszweige ist also bei den früher behandelten Bruchlochwicklungen dieselbe wie bei einer zweipoligen Wicklung. Für alle Wicklungen dieser Art sind in den Tafeln 8 und 9 die Nutenzahlen q für Pol und Strang ohne Klammern gedruckt.

Alle übrigen symmetrischen Bruchlochwicklungen entstehen nun aus den bereits behandelten, indem man Nutenzahl und Polpaarzahl mit demselben Faktor t' multipliziert. Es ergeben sich dann immer t'mal so viel gleichwertige Wicklungszweige wie bei den Wicklungen in Abschnitt B und C, also t' oder $2t'$ Wicklungszweige, je nachdem die Spulenzahl im Strang der alten Wicklung ungerade oder gerade ist. Diese Tatsache ergibt sich ohne weiteres daraus, daß der Nutenstern der abgeleiteten Wicklung sich für je $\frac{N}{t'}$ aufeinanderfolgende Nuten wiederholt. Wir erhalten die neuen Wicklungen aus den alten, indem wir im abgewickelten Schaltplan je t' alte Wicklungen aneinanderreihen, wofür kein Ausführungsbeispiel aufgezeichnet zu werden braucht. Die Nutenzahl q für Pol und Strang ist bei der neuen Wicklung dieselbe wie bei der Wicklung, aus der sie abgeleitet ist. Die Tafeln 8 und 9 lassen deshalb ohne weiteres erkennen, welche Bruchlochwicklungen abgeleitet sind. Die gleichen Werte von q liegen in den Tafeln auf Strahlen, die von links oben nach rechts unten laufen (vgl. z. B. $q = {}^1/_2$ in Tafel 9), der Strahl beginnt bei den zugeordneten Werten von N und p, für die eine Wicklung mit $t' = 1$ ausführbar ist. Die Werte von q sind für diese Wicklungen, die wir als Urwicklungen bezeichnen können, in den Tafeln 8 und 9 ohne Klammern gedruckt, die der abgeleiteten Wicklungen dagegen in eckige Klammern gesetzt.

Die Wicklungsfaktoren der Wicklungen dieses Abschnitts sind dieselben wie die Wicklungsfaktoren der entsprechenden Urwicklungen; auch die durch die Nutung des Ankers hervorgerufenen Oberwellen der EMK werden bei allen Wicklungen mit demselben Werte von q auch in demselben Maße unterdrückt.

Bei einer gegebenen Bruchlochwicklung bestimmt sich die Zahl der möglichen parallelen Wicklungszweige aus dem größten Teiler t', durch den Nutenzahl N und Polpaarzahl p der Bruchlochwicklung derart gekürzt werden können, daß die gekürzte Nutenzahl $N' = \frac{N}{t'}$ und die gekürzte Polpaarzahl $p' = \frac{p}{t'}$ wieder die Ausführung einer symmetrischen Bruchlochwicklung ermöglichen. Dies ist nach Gl. 52a der Fall, wenn

$$\frac{N'}{2\,m} = \frac{N}{2\,m\,t'} = \frac{\gamma}{t'}$$

eine ganze Zahl ist. Die Gl. 52b und 52b′ sind dann ebenfalls erfüllt.

$$\frac{\gamma}{t'} = \text{ganz und } \frac{p}{t'} = \text{ganz} \quad \ldots\ldots \quad (61)$$

sind also die Bedingungen für das Auftreten von mindestens t' gleichwertigen Wicklungszweigen.

Die Zahl der möglichen parallelen Wicklungszweige können wir den Tafeln 8 und 9 entnehmen, welche die Zahlen q für Pol und Strang enthalten. Es ist

$$q = \frac{N}{2\,p\,m} = \frac{\gamma}{p}.$$

Wenn, wie in den Tafeln 8 und 9, q als gebrochene Zahl in der Form

$$q = g + \frac{z}{n}$$

geschrieben wird, so daß z und n keinen gemeinsamen Teiler mehr haben, γ und p also durch den größten gemeinsamen Teiler t' gekürzt sind, so ist

$$t' = \frac{p}{n}. \quad \ldots\ldots\ldots\ldots \quad (62)$$

Das Verhältnis aus der Polpaarzahl und dem kleinsten Nenner n des Bruches q gibt also die halbe oder die volle Zahl der möglichen parallelen Wicklungszweige an, je nachdem das Verhältnis $\frac{\gamma}{t'}$ gerade oder ungerade ist.

Wenn $n = p$ ist, sind bei geraden Zahlen für γ (am Kopfe der Tafeln) zwei, bei ungeraden Zahlen für γ gar keine parallelen Wicklungszweige möglich.

Wenn $\frac{p}{n} = t'$ ist, sind mit $\frac{\gamma}{t'} =$ gerade $2\,t'$, mit $\frac{\gamma}{t'} =$ ungerade t' parallele Wicklungszweige möglich. So finden wir z. B. in Tafel 9 bei $p = 10$ und $\gamma = 16$, $q = 1^3/_5$; es ist also $t' = \frac{p}{n} = \frac{10}{5} = 2$. Da $\frac{\gamma}{t'} = \frac{16}{2} = 8$ eine gerade Zahl, so ist die Zahl der möglichen parallelen Wicklungszweige $2\,t' = 4$. Ferner ist in Tafel 9 bei $p = 14$ und

$\gamma = 7$, $q = {}^1/_2$. Es ist $t' = \frac{p}{n} = \frac{14}{2} = 7$ und $\frac{\gamma}{t'} = \frac{7}{7} = 1$ eine ungerade Zahl. Die Zahl der möglichen parallelen Wicklungszweige ist also $t' = 7$.

Zur Beurteilung des Wicklungsfaktors und der von der Nutung des Ankers herrührenden Oberwellen dient der Nenner n in den Zahlen für q der Tafeln 8 und 9. Je nachdem n ungerade oder gerade ist, gelten für den Wicklungsfaktor und die Unterdrückung der Oberwellen die in den Abschnitten B oder C gefundenen Ergebnisse.

30. Bruchlochwicklungen mit mehreren unbewickelten Nuten.

A. Die Ausführbarkeit. Aus jeder Ganzlochwicklung entsteht eine Bruchlochwicklung, wenn die Nuten der Ganzlochwicklung um eine unbewickelte Nut vermehrt und die so erhaltenen Nuten gleichmäßig am Ankerumfang verteilt werden. Damit die mehrphasigen Bruchlochwicklungen symmetrisch werden, müssen mehrere Nuten unbewickelt bleiben. Andrerseits ist es nicht wie bei der Ganzlochwicklung notwendig, daß die Spulenzahl im Strang durch die Polpaarzahl teilbar ist. Wir wollen zunächst die Bedingungen aufstellen, denen die Nutenzahl einer symmetrischen Bruchlochwicklung mit mehreren unbewickelten Nuten und beliebiger Spulenzahl im Strang genügen muß.

Bei der Einphasenwicklung ist nur ein einziger Wicklungsstrang vorhanden; deshalb ist der Begriff der Symmetrie hier eigentlich bedeutungslos. Wenden wir aber die Definition der Symmetrie von Mehrphasenwicklungen (vgl. Abschnitt 29 A) sinngemäß auf die Einphasenwicklung ($m = 1$) an, so ergibt sich, daß jede Einphasenwicklung symmetrisch ist.

Für Dreileiternetze werden Einphasenwicklungen mit zwei Wicklungsabteilungen ausgeführt, deren Spannungen gleiche Größe haben und in der Phase um 180° verschoben sind; es sind dies im eigentlichen Sinne „Zweiphasenwicklungen". Wir brauchen diese Wicklungen nicht besonders zu behandeln, weil sie sich aus jeder Einphasenwicklung mit einer geraden Zahl gleichwertiger Wicklungszweige durch entsprechende Schaltung der Zweige ergeben.

Bezeichnen wir mit η die Zahl der unbewickelten Nuten und mit γ wieder die Zahl der Spulen im Strang (bei den Einphasenwicklungen also die gesamte Spulenzahl), so wird die Nutenzahl der einphasigen Bruchlochwicklung

$$N = 2\gamma + \eta, \quad . \; . \; . \; . \; . \; . \; . \; . \; . \quad (63)$$

wobei η im allgemeinen aber nicht willkürlich gewählt werden darf.

Für die Ausführbarkeit einer Bruchlochwicklung genügt es, wenn das Verhältnis von gesamter Nutenzahl und Produkt aus Polzahl und Strangzahl

$$\boldsymbol{Q} = \frac{\boldsymbol{N}}{2\,\boldsymbol{p}\,\boldsymbol{m}} = \textbf{gebrochen} \quad \ldots\ldots \quad (64)$$

ist. Die bewickelte Nutenzahl q für Pol und Strang kann dabei ganz oder gebrochen sein. Wenn

$$q = \frac{\gamma}{p} = \text{ganz} \quad \ldots\ldots\ldots \quad (63\text{a})$$

ist, so muß nach Gl. 63

$$\frac{\eta}{2\,p} = \text{gebrochen} \quad \ldots\ldots\ldots \quad (63\text{b})$$

sein, damit nach Gl. 64 bei der Einphasenwicklung $(m = 1)$

$$Q = \frac{N}{2p} = q + \frac{\eta}{2p}$$

gebrochen wird.

Bei passender Wahl der Spulenzahl läßt sich für jede Polpaarzahl eine einphasige Bruchlochwicklung mit mehreren unbewickelten Nuten ausführen. Die Zweiphasenwicklungen mit unbewickelten Nuten haben keine praktische Bedeutung.

Bei den symmetrischen Dreiphasenwicklungen muß nach unsern Überlegungen im Abschnitt 29A die Zahl der bewickelten Nuten durch 6 und die Gesamtzahl der ungleichphasigen Nuten $\left(\frac{N}{t}\right)$ durch 3 teilbar sein. Wir müssen also für die Zahl der gesamten Nuten der dreiphasigen Bruchlochwicklung mit mehreren unbewickelten Nuten

$$N = 6\gamma + \eta \quad \ldots\ldots\ldots \quad (65)$$

schreiben, wobei die Zahl η der unbewickelten Nuten durch die Gleichung

$$\frac{N}{3t} = \frac{6\gamma + \eta}{3t} = \text{ganz} \quad \ldots\ldots \quad (65\text{b})$$

bestimmt ist. Diese Bedingung läßt sich nur erfüllen, wenn η mindestens durch 3 teilbar ist. Beschränken wir uns auf den praktisch wichtigsten Fall, wo η gleich der kleinsten möglichen Zahl, nämlich

$$\boldsymbol{\eta = 3} \quad \ldots\ldots\ldots\ldots \quad (66\text{a})$$

ist, so wird die Nutenzahl

$$\boldsymbol{N = 6\gamma + 3} \quad \ldots\ldots\ldots \quad (66)$$

und nach Gl. 65b muß

$$\boldsymbol{\frac{2\gamma + 1}{t}} = \textbf{ganz} \quad \ldots\ldots\ldots \quad (66\text{b})$$

sein.

Tafel 11.

Verhältnis Q von Nutenzahl N und Produkt aus Polzahl $2p$ und Strangzahl $m = 3$ der symmetrischen dreiphasigen Bruchlochwicklungen mit 3 unbewickelten Nuten.

	γ	1	2	3	4	5	6	7	8	9	10	11	12	13	14	15	16	17	18	19	20
	$N = 6\gamma + 3$	9	15	21	27	33	39	45	51	57	63	69	75	81	87	93	99	105	111	117	123
Polpaarzahl p	1	**1 1/2**	**2 1/2**	**3 1/2**	**4 1/2**	**5 1/2**	**6 1/2**	**7 1/2**	**8 1/2**	**9 1/2**	**10 1/2**	**11 1/2**	**12 1/2**	**13 1/2**	**14 1/2**	**15 1/2**	**16 1/2**	**17 1/2**	**18 1/2**	**19 1/2**	**20 1/2**
	2	3/4	**1 1/4**	1 3/4	**2 1/4**	2 3/4	**3 1/4**	3 3/4	**4 1/4**	4 3/4	**5 1/4**	5 3/4	**6 1/4**	6 3/4	**7 1/4**	7 3/4	**8 1/4**	8 3/4	**9 1/4**	9 3/4	**10 1/4**
	3	[1/2]	—	—	[1 1/2]	—	—	[2 1/2]	—	—	[3 1/2]	—	—	[4 1/2]	—	—	[5 1/2]	—	—	[6 1/2]	—
	4	3/8	5/8	7/8	**1 1/8**	1 3/8	1 5/8	1 7/8	**2 1/8**	2 3/8	2 5/8	2 7/8	**3 1/8**	3 3/8	3 5/8	3 7/8	**4 1/8**	4 3/8	4 5/8	4 7/8	**5 1/8**
	5	3/10	[1/2]	7/10	**9/10**	**1 1/10**	1 3/10	[1 1/2]	1 7/10	1 9/10	**2 1/10**	2 3/10	[2 1/2]	2 7/10	2 9/10	**3 1/10**	3 3/10	[3 1/2]	3 7/10	3 9/10	**4 1/10**
	6	[1/4]	—	—	[3/4]	—	—	[1 1/4]	—	—	[1 3/4]	—	—	[2 1/4]	—	—	[2 3/4]	—	—	[3 1/4]	—
	[7]	3/14	5/14	[1/2]	9/14	11/14	13/14	**1 1/14**	1 3/14	1 5/14	[1 1/2]	1 9/14	1 11/14	1 13/14	**2 1/14**	2 3/14	2 5/14	[2 1/2]	2 9/14	2 11/14	2 13/14
	8	3/16	5/16	7/16	9/16	11/16	13/16	15/16	**1 1/16**	1 3/16	1 5/16	1 7/16	1 9/16	1 11/16	**1 13/16**	1 15/16	**2 1/16**	2 3/16	2 5/16	2 7/16	2 9/16
	[9]	[1/6]	—	—	[1/2]	—	—	[5/6]	—	—	[1 1/6]	—	—	[1 1/2]	—	—	[1 5/6]	—	—	[2 1/6]	—
	10	3/20	[1/4]	7/20	9/20	11/20	13/20	[3/4]	17/20	19/20	**1 1/20**	1 3/20	[1 1/4]	1 7/20	1 9/20	1 11/20	1 13/20	[1 3/4]	1 17/20	1 19/20	**2 1/20**
	[11]	3/22	5/22	7/22	9/22	[1/2]	13/22	15/22	17/22	19/22	21/22	**1 1/22**	1 3/22	1 5/22	1 7/22	1 9/22	[1 1/2]	1 13/22	1 15/22	1 17/22	1 19/22
	12	[1/8]	—	—	[3/8]	—	—	[5/8]	—	—	[7/8]	—	—	[1 1/8]	—	—	[1 3/8]	—	—	[1 5/8]	—
	[13]	3/26	5/26	7/26	9/26	11/26	[1/2]	15/26	17/26	19/26	21/26	23/26	25/26	**1 1/26**	1 3/26	1 5/26	1 7/26	1 9/26	1 11/26	[1 1/2]	1 15/26
	14	3/28	5/28	[1/4]	9/28	11/28	13/28	15/28	17/28	19/28	[3/4]	23/28	25/28	27/28	**1 1/28**	1 3/28	1 5/28	[1 1/4]	1 9/28	1 11/28	1 13/28
	[15]	[1/10]	[1/6]	—	[3/10]	—	—	[1/2]	—	—	[7/10]	—	[5/6]	[9/10]	—	—	[1 1/10]	[1 1/6]	—	[1 3/10]	—
	16	3/32	5/32	7/32	9/32	11/32	13/32	15/32	17/32	19/32	21/32	23/32	25/32	27/32	29/32	31/32	**1 1/32**	1 3/32	1 5/32	1 7/32	1 9/32
	[17]	3/34	5/34	7/34	9/34	11/34	13/34	15/34	[1/2]	19/34	21/34	23/34	25/34	27/34	29/34	31/34	33/34	**1 1/34**	1 3/34	1 5/34	1 7/34
	18	[1/12]	—	—	[1/4]	—	—	[5/12]	—	—	[21/36]	—	—	[3/4]	—	—	[33/36]	—	—	[1 1/12]	—
	[19]	3/38	5/38	7/38	9/38	11/38	13/38	5/38	17/38	[1/2]	21/38	23/38	25/38	27/38	29/38	31/38	33/38	35/38	37/38	**1 1/38**	1 3/38
	20	3/40	[1/8]	7/40	9/40	11/40	13/40	[3/8]	17/40	19/40	21/40	23/40	[5/8]	27/40	29/40	31/40	33/40	[7/8]	37/40	39/40	**1 1/40**

Das Verhältnis von Nutenzahl N und Produkt aus Polzahl $2p$ und Strangzahl m

$$Q = \frac{N}{2pm}$$

ist in Tafel 11 für alle symmetrischen Wicklungen mit 3 unbewickelten Nuten eingeschrieben. Für die Wicklungen, deren Nutenzahl N und Polpaarzahl p keinen gemeinsamen Teiler besitzen ($t = 1$), alle Nuten also verschiedene Phase haben, sind zum Unterschied von den übrigen die Zahlen Q ohne Klammern gedruckt. Wir erhalten hier auch bei zweipoligen Maschinen ($p = 1$) für Q eine gebrochene Zahl. Durch Fettdruck der ganzzahligen Teile von Q sind noch die Wicklungen hervorgehoben, die mit ganzzahligem q

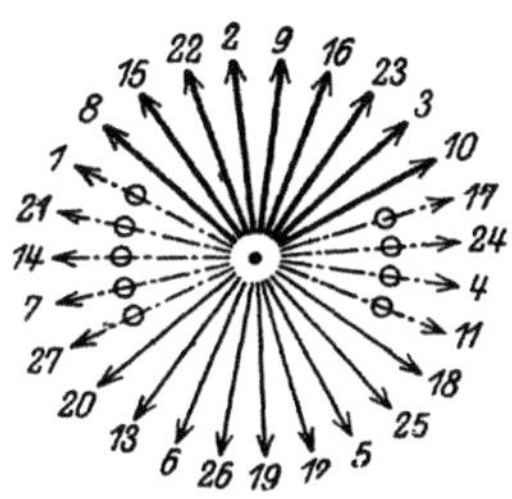

Abb. 217a.

Abb. 217b.

Nutenstern (a) und Einzelspannungen (b) einer einphasigen Bruchlochwicklung mit $N = 27$, $p = 4$, $\gamma = \eta = 9$, $Q = 3^3/_8$, $q = 2^1/_4$.

ausführbar sind. In diesen Fällen ist q gleich dem ganzzahligen Teil von Q. Die Bedeutung dieser Wicklungen werden wir im Abschnitt 31 kennen lernen.

B. Einphasenwicklungen. Am praktisch wichtigsten sind die Bruchlochwicklungen, bei denen die Nutenzahl N und die Polpaarzahl p keinen gemeinsamen Teiler besitzen. Alle Nuten haben dann verschiedene Phase. Wir erhalten also die größte Zahl der ungleichphasigen Nuten.

Wir wollen zunächst eine Bruchlochwicklung für $N = 27$ Nuten und $p = 4$ Polpaare entwerfen. Der Nutenstern (Abb. 217a) erhält 27 ungleichphasige Strahlen. Wenn die Nuten des Ankers fortlaufend numeriert werden, bezeichnen die an die Strahlen in Abb. 217a angeschriebenen Zahlen die entsprechenden Nuten. Benachbarte Nuten (z. B. 1 und 2) liegen in der Phase um $p = 4$ Strahlen auseinander. Im vorliegenden Falle können wir, wie bei den üblichen einphasigen Ganzlochwicklungen genau $^2/_3$ aller Nuten bewickeln. Es wird dann $\gamma = \eta = 9$ und die Nutenzahl für Pol und Strang ist $q = 2^1/_4$.

Um die Wicklung möglichst gut auszunützen, müssen die Spannungen der gleichsinnigen Spulenseiten möglichst wenig Phasenunterschied aufweisen, und die beiden Resultierenden aus den Spannungen der positiven und der negativen Spulenseiten jedes Stranges müssen möglichst um 180° in der Phase verschoben sein. Wenn wir dies beachten, sind die Spulenseiten so auf die Nuten des Ankers zu verteilen, wie es durch den Nutenstern in Abb. 217a veranschaulicht wird. Die Nuten, in denen positive Spulenseiten liegen, sind durch starke, die, in denen negative Spulenseiten liegen, durch schwache voll ausgezogene Linien angedeutet; die strichpunktierten Linien mit den kleinen Kreisen entsprechen den unbewickelten Nuten.

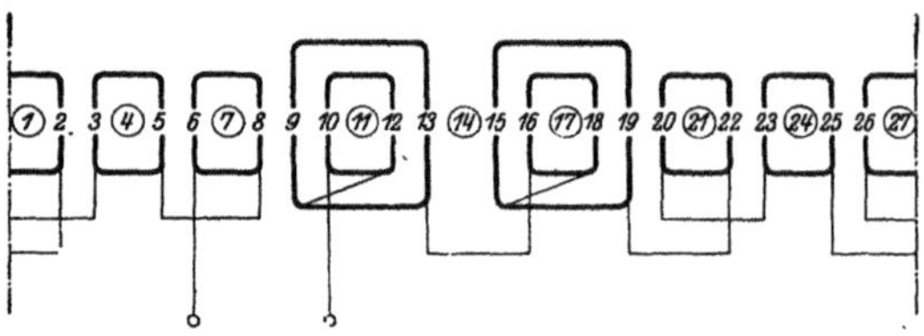

Abb. 217c.
Bruchlochwicklung nach Abb. 217a u. b.

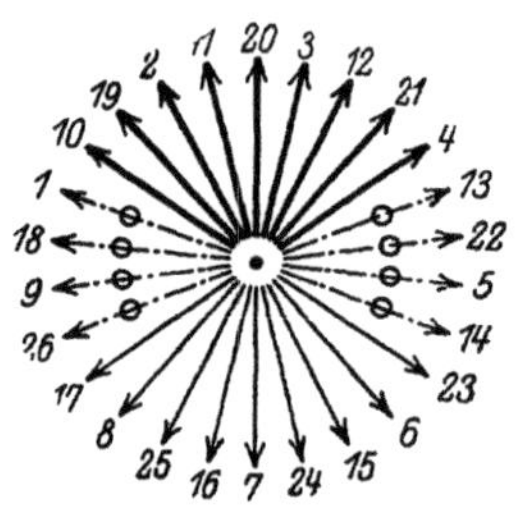

Abb. 218a.

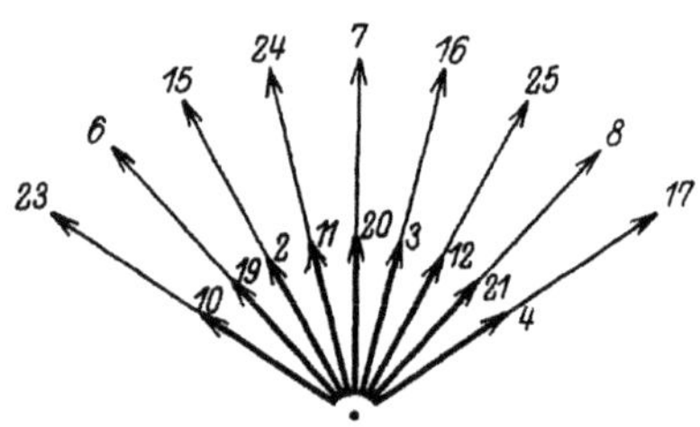

Abb. 218b.

Nutenstern (a) und Einzelspannungen (b) einer einphasigen Bruchlochwicklung mit $N = 26$, $p = 3$, $\gamma = 9$, $\eta = 8$, $Q = 4^1/_3$, $q = 3$.

Die Phase der Einzelspannungen wird nach Herstellung der Spulenquerverbindungen durch Abb. 217b veranschaulicht. In Abb. 217c ist die Wicklung im abgewickelten Schaltplan dargestellt. Sämtliche Spulen müssen in Reihe geschaltet werden, weil sich die Einzelspannungen der Wicklung nicht in zwei Gruppen zerlegen lassen, deren Resultierenden nach Größe und Phase gleich sind.

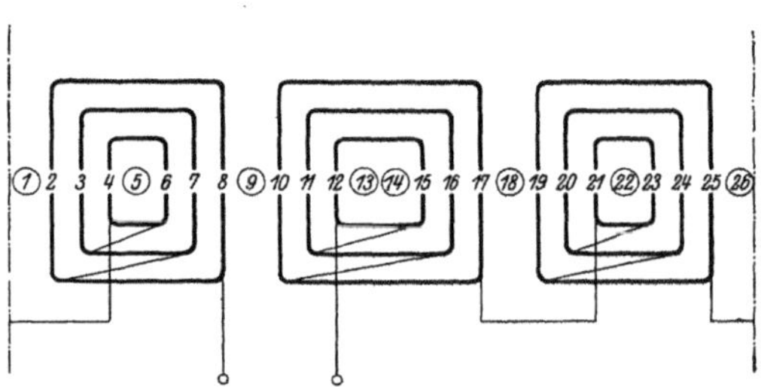

Abb. 218c.
Bruchlochwicklung nach Abb. 218a u. b.

Als Beispiel für eine Wicklung mit ganzer Nutenzahl $q = 3$ für Pol und Strang wählen wir $p = 3$ und $\gamma = 9$. Die Zahl der unbewickelten Nuten η muß dann nach Gl. 63b so gewählt werden, daß sie nicht durch die Polzahl teilbar ist. Damit N und p teilerfremd und annähernd $^2/_3$ aller Nuten bewickelt sind, wählen wir $\eta = 8$; die Nutenzahl des Ankers wird dann $N = 2\gamma + \eta = 26$.

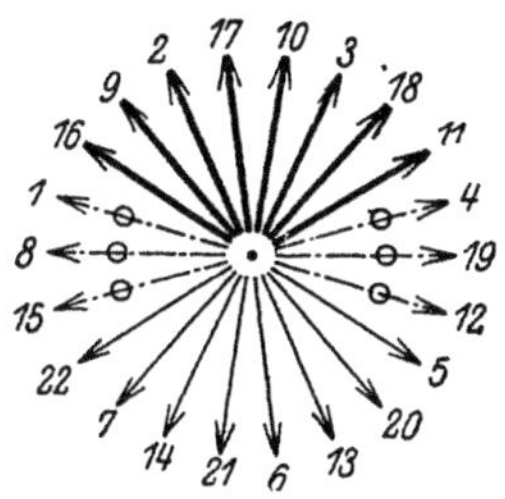

Abb. 219a.

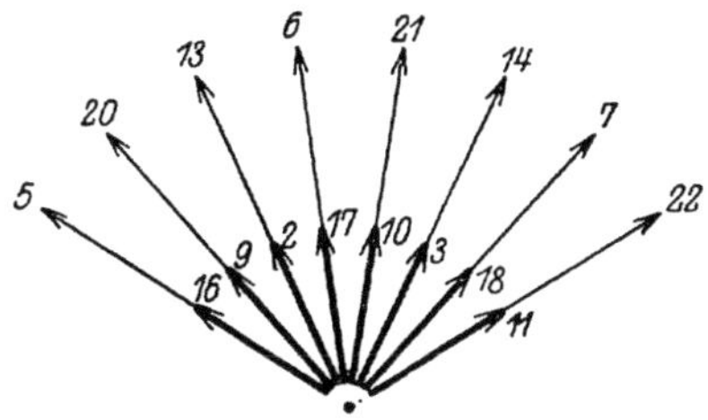

Abb. 219b.

Nutenstern (a) und Einzelspannungen (b) einer einphasigen Bruchlochwicklung $N = 22$, $p = 3$, $\gamma = 8$, $\eta = 6$, $Q = 3^2/_3$, $q = 2^2/_3$.

In Abb. 218a ist der Nutenstern und in Abb. 218b sind die Einzelspannungen dieser Wicklung dargestellt. Der Schaltplan wird durch Abb. 218c veranschaulicht. Auch in diesem Falle sind keine parallelen Wicklungszweige möglich, weil γ ungerade ist.

Durch Vergleich der Nutensterne in Abb. 217a und 218a übersehen wir leicht, daß bei Wicklungen mit N und p teilerfremd nur dann parallele Wicklungszweige möglich sind, wenn sowohl die Nutenzahl N als auch die Spulenzahl γ gerade ist,

$$N = \text{gerade} \quad \text{und} \quad \gamma = \text{gerade} \; . \; . \; . \; . \; . \; . \quad (67)$$

Nur in diesem Falle lassen sich die Spulenseiten in je zwei Gruppen, enthaltend gleich viele positive und negative Spulenseiten zusammenfassen, deren resultierende Spannungen nach Größe und Phase gleich sind. Wir wählen als Beispiel eine sechspolige ($p = 3$) Wicklung mit

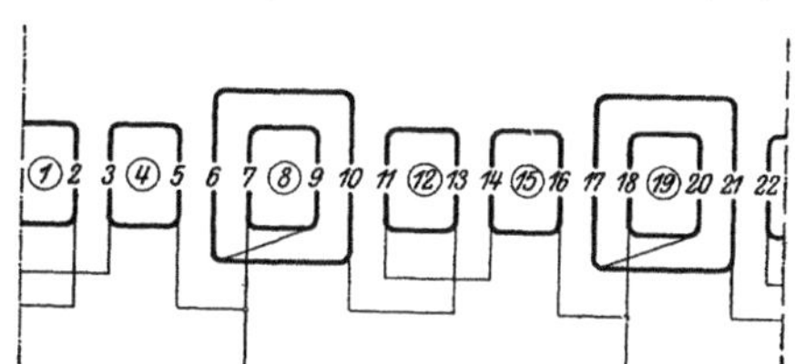

Abb. 219c.

Bruchlochwicklung nach Abb. 219a u. b. mit 2 parallelen Wicklungszweigen.

$$N = 22 = \text{gerade} \quad \text{und} \quad \gamma = 8 = \text{gerade}.$$

Die Zahl der unbewickelten Nuten muß dann nach Gl. 63 $\eta = 6$ sein. Der Nutenstern für diese Wicklung ist in Abb. 219a, die Einzelspannungen in Abb. 219b und der abgewickelte Schaltplan in Abb. 219c dargestellt, wobei die beiden gleichwertigen Wicklungszweige parallel geschaltet sind.

Eine Einphasen-Bruchlochwicklung läßt sich auch für die Polpaarzahl $p = 1$ ausführen. $q = \frac{\gamma}{p}$ ist dann immer eine ganze Zahl; das Verhältnis Q von Nutenzahl N und Polzahl $2p = 2$ muß gebrochen sein, was für ungerade Nutenzahlen immer der Fall ist

Aus den Bruchlochwicklungen, deren Nutenzahl N und Polpaarzahl p teilerfremd sind, lassen sich andere Bruchlochwicklungen ableiten, indem Nutenzahl N und Polpaarzahl p der alten Wicklung mit einer beliebigen ganzen Zahl t' multipliziert werden. Die Zahl der möglichen parallelen Wicklungszweige ist dann t' mal so groß wie die bei der alten Wicklung.

Die Wicklung läßt sich auch ohne Aufzeichnen des Nutensterns entwerfen, wenn man nach Gl. 54 den Nutenschnitt r berechnet. Durchläuft man dann den Ankerumfang mit diesem Schritt, so berührt man nacheinander die Nuten, die im Nutenstern nebeneinander liegen, kann also ohne den Nutenstern angeben, welche Nuten positive und welche negative Spulenseiten erhalten und welche Nuten freibleiben.

Die einphasigen Bruchlochwicklungen sind auch für die mit Gleichstrom gespeisten Wicklungen von zylindrischen Feldmagneten geeignet. Es können damit den Wechselstrom-Ganzlochwicklungen solcher Maschinen die Eigenschaften von Bruchlochwicklungen verliehen und die durch die Nutung des Ankers hervorgerufenen Schwankungen des Induktionsflusses bei passender Nutenzahl im Feldmagneten verhindert oder verringert werden.

In Tafel 24 (S. 360) sind die Wicklungsfaktoren der Ganzlochwicklungen mit

$$\frac{q}{Q} = \frac{2}{3}$$

für verschiedene Werte von Q bis zur 11. Welle zusammengestellt. Dieser Tafel können auch die Wicklungsfaktoren der Einphasen-Bruchlochwicklungen mit gerader Nutenzahl und

$$\frac{2\gamma}{N} = \frac{q}{Q} = \frac{2}{3}$$

entnommen werden, wenn darin q durch γ ersetzt wird. Bei ungerader Nutenzahl sind diese Wicklungsfaktoren noch mit dem Faktor $\cos \nu \frac{90^0}{N}$ zu multiplizieren [L. 38, S. 252], der sich in den praktisch wichtigsten Fällen $\left(\frac{N}{\nu} \geq 10\right)$ aber nicht wesentlich von der Einheit unterscheidet.

Wenn bei den Bruchlochwicklungen

$$\frac{2\gamma}{N} \gtrless \frac{2}{3}$$

ist, läßt sich durch passende Wahl von $\frac{N}{\gamma}$ eine der Oberwellen ganz unterdrücken. Es muß dann

$$\frac{\nu\gamma}{N} = \text{ganz}$$

sein, was z. B. für die 3., 5., 7., 9. oder 11. Welle eintritt,

$$\text{wenn } \frac{N}{\gamma} = 3,\ 2^1/_2,\ 3^1/_2,\ 3 \text{ oder } 2^3/_4 \text{ ist.}$$

Bei den einphasigen Bruchlochwicklungen mit N und p teilerfremd lassen sich die resultierenden Oberwellen der EMK, die von der Nutung des Ankers hervorgerufen werden, bis zur n^{ten} Art (vgl. S. 220/21 und 372/73) nahezu vollkommen unterdrücken, wenn

$$\frac{\gamma}{p} = \text{ganz} \quad \dots\dots\dots \quad (68)$$

und bei gerader Nutenzahl N (Abb. 218a und 219a)

$$n < p,$$

bei ungerader Nutenzahl N (Abb. 217a)

$$n \leqq p$$

ist. Dies folgt ohne weiteres daraus, daß für die Oberwellen n^{ter} Art die gegenseitige Phasenverschiebung der Einzelspannungen der Wicklung bei gerader Nutenzahl (vgl. Abb. 218b und Abb. 219b)

$$\beta_n = n\,\frac{360^0}{p},$$

bei ungerader Nutenzahl (vgl. Abb. 217b)

$$\beta_n = n\,\frac{360^0}{2p}$$

ist.

Für die Wicklung in Abb. 218c (Nutenstern in Abb. 218a) ist $N = 26 =$ gerade, $p = 3$ und $\frac{\gamma}{p} = 3 =$ ganz. Deshalb werden hier die Oberwellen erster und zweiter Art nahezu vollkommen unterdrückt (vgl. die Abb. 363a bis c, S. 384).

Die Oberwellen erster Art werden auch bei zweipoligen Wicklungen nahezu vollkommen unterdrückt, weil die Nutenzahl N dieser Wicklungen immer ungerade ist.

C. Dreiphasenwicklungen mit 3 unbewickelten Nuten, N und p teilerfremd. Da die Nutenzahl N nach Gl. 66 immer ungerade ist, haben alle 2γ Einzelspannungen im Strang verschiedene Phase. Sie lassen sich deshalb auch bei gerader Spulenzahl γ nicht in Gruppen mit gleichen resultierenden Spannungen zerlegen. Alle Spulen eines Wicklungsstrangs müssen also bei diesen Wicklungen in Reihe geschaltet werden.

Nach Gl. 66 muß die Nutenzahl N auch durch 3 teilbar sein. Alle Polpaarzahlen, die den Teiler 3 haben ($p = 3$, 6, 9, 12, 15, 18 usw.), scheiden also bei den in diesem Abschnitt zu behandelnden Wicklungen aus.

In Tafel 11 sind die Zahlen Q, deren zugehörige Nuten- und Polpaarzahlen Wicklungen dieses Abschnitts ermöglichen, ohne Klammern gedruckt. Sie sind nur für solche Polpaarzahlen ausführbar, für die auch dreiphasige Bruchlochwicklungen, deren sämtliche Nuten

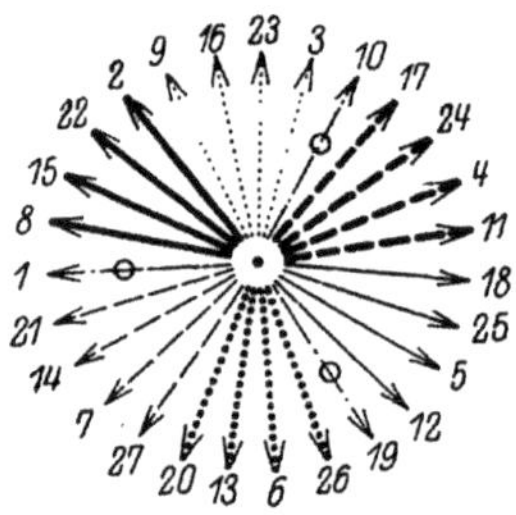

Abb. 220a.

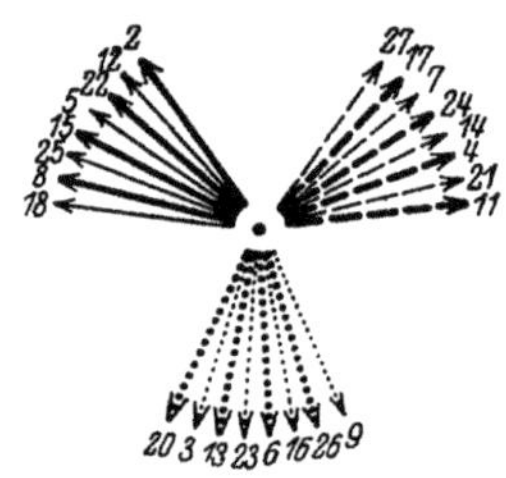

Abb. 220b.

Nutenstern (a) und Einzelspannungen (b) einer dreiphasigen Bruchlochwicklung (Abschnitt 30C) mit $N = 27$, $p = 4$, $\gamma = 4$, $\eta = 3$, $Q = 1\,{}^1/_8$, $q = 1$.

bewickelt sind, ausgeführt werden können. Man hat jedoch bei den Wicklungen dieses Abschnitts eine etwas größere Freiheit in der Wahl der Nuten- und Spulenzahl, auch lassen sich die Wicklungen bei richtiger Wahl der Spulenzahl immer so entwerfen, daß die durch die Nutung des Ankers hervorgerufenen Oberwellen fast vollständig unterdrückt werden. Die Wicklungen dieses Abschnitts lassen sich auch teilweise mit ganzzahligem q ausführen. Es sind dies die Wicklungen in Tafel 11, deren ganzzahliger Teil von Q, der in diesem Falle gleich q ist, durch Fettdruck hervorgehoben ist.

An einem Ausführungsbeispiel für eine Wicklung mit $N = 27$ Nuten und $p = 4$ Polpaaren wollen wir den Entwurf der Wicklung erläutern. Die Phase der fortlaufend numerierten Nuten ist in Abb. 220a dargestellt. Damit die Wicklung symmetrisch wird, müssen die Phasen der drei unbewickelten Nuten um 120^0 gegeneinander verschoben sein; es ist angenommen, daß die Nuten 1, 10 und 19, deren Spannungsstrahlen in Abb. 220a durch strichpunktierte Linien mit kleinen Kreisen angedeutet sind, unbewickelt bleiben.

Damit die Wicklung möglichst gut ausgenützt wird, müssen die $\gamma=4$ Strahlen der gleichsinnigen Spulenseiten desselben Wicklungsstrangs im Spannungsstern nebeneinander liegen, am besten — aber nicht notwendig — so, daß die gleichsinnigen Strahlen desselben Wicklungsstrangs nicht durch den Strahl einer unbewickelten Nut unterbrochen werden. Es entsteht so der Nutenstern in Abb. 220a und die Einzelspannungen der Wicklung in Abb. 220b. In Abb. 220c ist der aus dem Nutenstern in der früher erläuterten Weise abgeleitete Schaltplan aufgezeichnet. Sämtliche Spulen müssen in Reihe geschaltet werden.

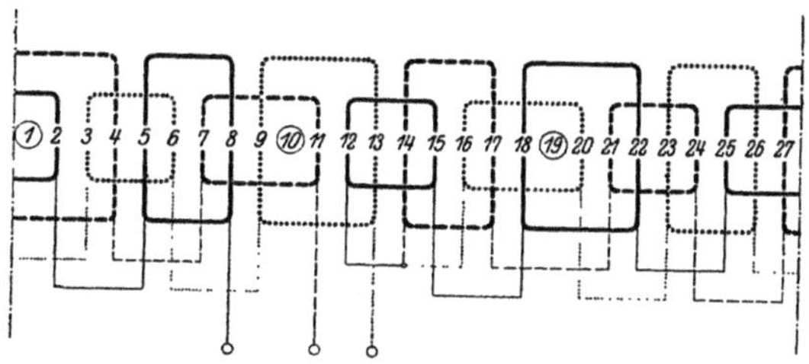

Abb. 220c. Bruchlochwicklung nach Abb. 220a u. b.

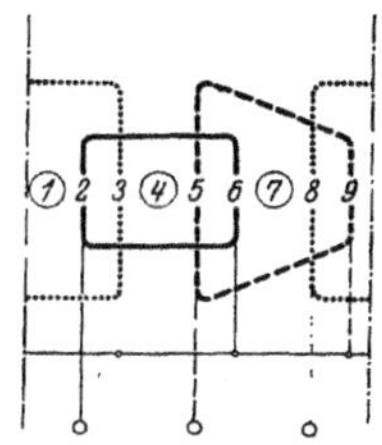

Abb. 221. Dreiphasige Bruchlochwicklung mit $N=9$, $p=1$, $\gamma=1$, $\eta=3$, $Q=1^1/_2$, $q=1$.

Auch der Schaltplan der Wicklungen dieses Abschnitts läßt sich mit Hilfe des Nutenschritts r (Gl. 54) unmittelbar aufzeichnen (vgl. S. 219 und 234). Für eine zweipolige Wicklung mit 9 Nuten erhalten wir nach Gl. 54 (mit $g=0$) $r=\pm 1$ und den Schaltplan in Abb. 221.

Die Wicklungsfaktoren der dreiphasigen Bruchlochwicklungen dieses Abschnitts sind in Tafel 12 für ν bis 11 und verschiedene Werte von γ zusammengestellt. In den meisten Fällen sind hiernach die Wicklungsfaktoren der Wellen 1., 3., 5. und 11. Ordnung größer, die der Wellen 7. und 9. Ordnung dagegen kleiner als bei den Bruchlochwicklungen nach Abschnitt 29B mit derselben Spulenzahl γ im Strang (vgl. Tafel 23).

Für die Unterdrückung der von der Nutung des Ankers herrührenden Oberwellen der EMK gelten dieselben Überlegungen wie bei der Einphasenwicklung (vgl. S. 235). Bei zweipoligen Wicklungen werden die Oberwellen erster Art, bei den übrigen Wicklungen die Oberwellen bis zur n^{ten} Art nahezu vollkommen unterdrückt, wenn

$$\frac{\gamma}{p}=\text{ganz} \quad \text{und} \quad n \overline{\gtrless} p \quad \ldots\ldots \quad (69)$$

ist. Diesen Bedingungen genügt z. B. unser Ausführungsbeispiel nach Abb. 220a, b und c für Oberwellen bis zur 4. Art (vgl. auch die Abb. 363a bis c, S. 384).

Tafel 12.

Wicklungsfaktoren der dreiphasigen Bruchlochwicklungen mit 3 unbewickelten Nuten und $t = 1$ (N und p teilerfremd, Abschnitt C).

γ	$\nu =$ 1	3	5	7	9	11
1	0,985	0,866	0,643	0,342	0	0,342
2	0,973	0,769	0,433	0,078	0,182	0,272
3	0,968	0,730	0,357	0	0,209	0,222
4	0,965	0,709	0,317	0,037	0,216	0,192
6	0,962	0,688	0,277	0,072	0,220	0,160
10	0,959	0,667	0,243	0,098	0,219	0,133
20	0,957	0,652	0,217	0,119	0,216	0,111
∞	0,955	0,637	0,191	0,136	0,212	0,088

D. Die übrigen symmetrischen Dreiphasenwicklungen mit 3 unbewickelten Nuten. Da wir die Wicklungen, deren Nutenzahl N und Polpaarzahl p teilerfremd sind, bereits behandelt haben, muß bei den Wicklungen dieses Abschnitts t immer größer als 1 sein. Zwischen der Spulenzahl γ im Strang und dem Teiler t muß dann die Beziehung Gl. 66b bestehen; woraus zunächst folgt, daß der Teiler t ungerade sein muß. Deshalb scheiden hier alle Polpaarzahlen aus, die eine Potenz von 2 sind (also $p = 2$, 4, 8, 16 usw.). Für alle übrigen Polpaarzahlen lassen sich symmetrische Bruchlochwicklungen ausführen. Besonders wichtig sind die Wicklungen für die sehr häufig vorkommende Polpaarzahl $p = 3$, für die sich, wie wir gesehen haben, Bruchlochwicklungen, deren sämtliche Nuten bewickelt sind, nicht ausführen lassen.

Die Zahl der ausführbaren Spulenzahl γ im Wicklungsstrang wird nach Gl. 66b durch den größten Teiler t bestimmt, den N und p gemeinsam haben. In Tafel 11 sind die Zahlen Q, die den zugeordneten Nuten- und Polpaarzahlen der Wicklungen dieses Abschnitts entsprechen, in eckige Klammern gesetzt. Trotzdem bei den Wicklungen $t > 1$ ist, sind, wie wir nach Behandlung der Ausführungsbeispiele sehen werden, parallele Wicklungszweige nicht möglich.

Wir wollen den Entwurf der Wicklung an einem Beispiel für $N = 27$ Nuten und $p = 3$ Polpaare erläutern. Das Verhältnis von Nutenzahl und Produkt aus Polpaarzahl und Strangzahl ist $Q = 1^1/_2$, die Spulenzahl im Strang $\gamma = 4$ und die Nutenzahl für Pol und Strang $q = 1^1/_3$. Der gemeinsame Teiler t von N und p ist 3, je drei Nuten haben also dieselbe Phase. Wir erhalten den Spannungsstern in Abb. 222a, worin die Einzelstrahlen zunächst die Phasen der fortlaufend numerierten Nuten angeben. Benachbarte Strahlen entsprechen hier auch benachbarten Nuten, da $t = p$ ist (vgl. Gl. 51 und 51').

Die drei unbewickelten Nuten müssen in der Phase um 120° verschoben sein. Lassen wir z. B. die Nut 1 frei, dann müssen außerdem noch die Nuten 4 oder 13 oder 22 und 7 oder 16 oder 25 unbewickelt bleiben. Welche dieser Ausführungen die zweckmäßigste ist, kann nach Aufzeichnung des Schaltplans festgestellt werden. Wir wollen zunächst annehmen, daß die Nuten 1, 4 und 7 frei bleiben.

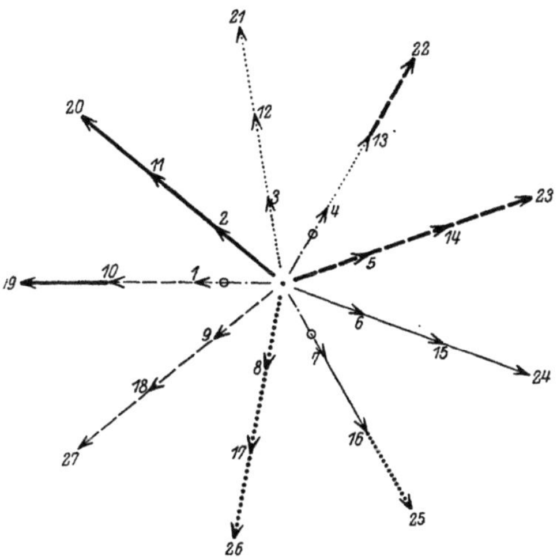

Abb. 222a.

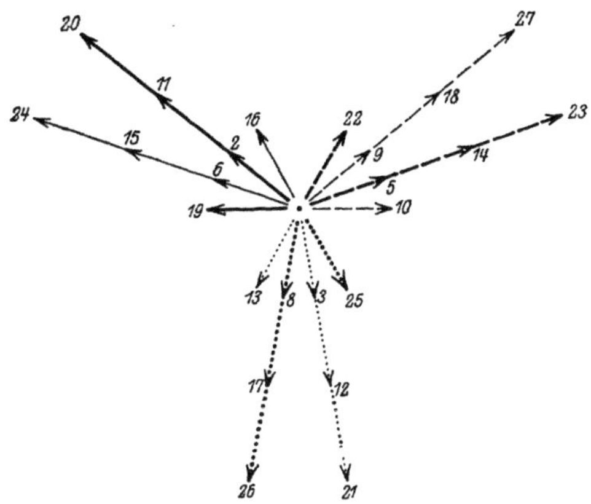

Abb. 222b.

Nutenstern (a) und Einzelspannungen (b) einer dreiphasigen Bruchlochwicklung (Abschn. 30 D) mit $N = 27$, $p = 3$, $\gamma = 4$, $\eta = 3$, $Q = 1^1/_2$, $q = 1^1/_3$.

Jetzt können wir die übrigen Nuten auf die drei Wicklungsstränge verteilen. Dabei werden wir uns wieder davon leiten lassen, daß die Resultierende der Einzelspannungen eines Wicklungsstrangs möglichst groß sein soll. Gleichphasige Nuten müssen nun bei den Wicklungen dieses Abschnittes zum Teil verschiedenen Wicklungssträngen angehören. Man überzeugt sich leicht, daß die Resultierende der Einzelspannungen eines Wicklungsstrangs am größten wird, wenn die gleichphasigen Nuten, die verschiedenen Wicklungssträngen angehören, auch mit einer unbewickelten Nut phasengleich sind, wie es für unser Ausführungsbeispiel in Abb. 222a angenommen ist.

Aus Abb. 222a erhalten wir wieder den Schaltplan der Wicklung, indem wir je eine positive mit einer negativen Spulenseite desselben Wicklungsstrangs zu Spulen vereinigen, und die Schaltenden so legen, daß immer ungleichsinnige Spulenseiten miteinander verbunden werden. Eine Wicklung mit Gruppen von gleichachsigen Spulen und der Spulenanordnung in zwei Etagen ist bei der Nutenaufteilung nach Abb. 222a nicht möglich, es werden deshalb zweckmäßig gekröpfte Spulen, wie im Schaltplan Abb. 222c angedeutet, verwendet, die alle im wesentlichen dieselbe Form erhalten. 11 Spulen haben hier dieselbe Weite, nämlich gleich 4 Nutteilungen, während die Weite einer Spule (16—19) um eine Nutteilung verkürzt ist.

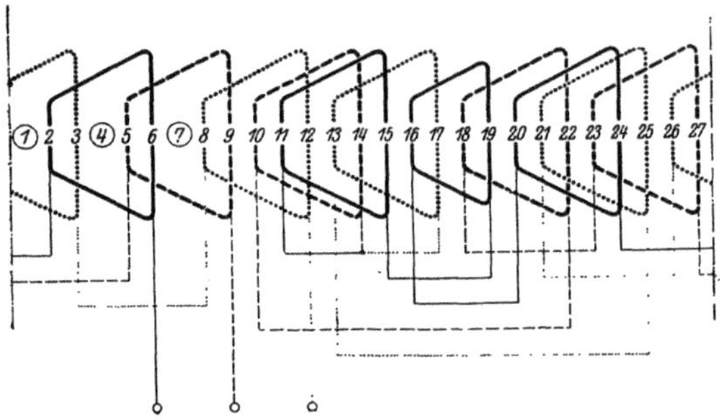

Abb. 222c. Dreiphasige Bruchlochwicklung nach Abb. 222a u. b.

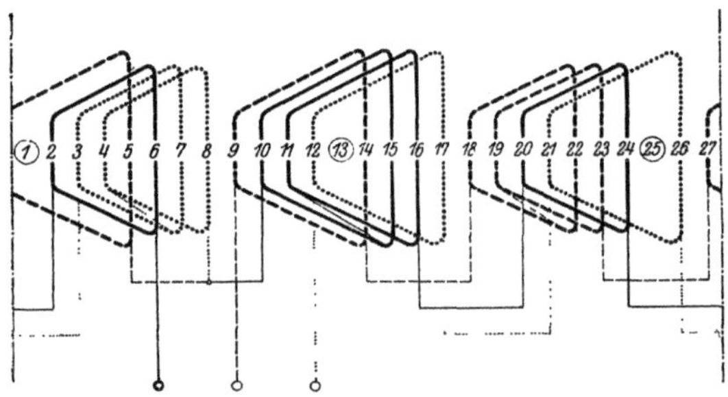

Abb. 222d. Dreiphasige Bruchlochwicklung für teilbaren Ständer.

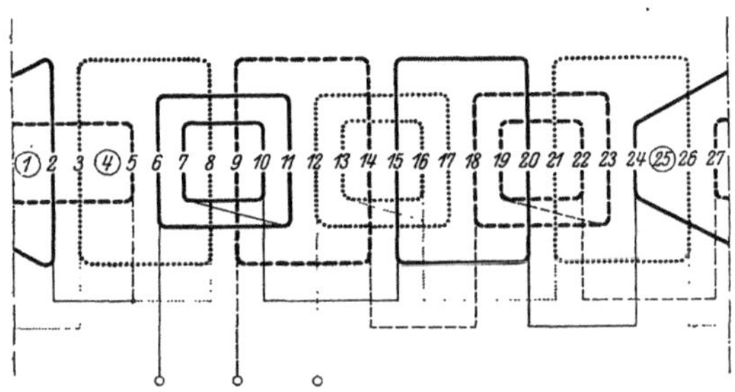

Abb. 222e. Dreiphasige Bruchlochwicklung mit Wicklungsköpfen in 2 Etagen.

Einfacher wird die Wicklung, wenn im Nutenstern der Abb. 222a die Spulenseiten in den gleichphasigen Nuten 10 und 19 vertauscht werden und die Spulenseite der Nut 13 in die gleichphasige unbewickelte Nut 4, die der Nut 25 in die gleichphasige unbewickelte Nut 7 gelegt wird. Dieser Nutenaufteilung entspricht der Schaltplan in Abb. 222d. Wir erhalten hier je sechs Spulen mit einer Weite von 4 und 5 Nutteilungen. Die Schaltverbindungen werden hier wesentlich einfacher als in Abb. 222c und der Anker kann an drei um $^1/_3$ des Ankerumfangs auseinander liegende Stellen (zwischen den Nuten 8 und 9, 17 und 18, 26 und 27) geteilt werden, ohne daß Spulenquerverbindungen von der Teilungsebene geschnitten werden.

Die Spulenköpfe lassen sich auch in zwei Etagen anordnen, wenn wir in Abb. 222a die Spulenseiten in den gleichphasigen Nuten 10 und 19 vertauschen, die Spulenseite der Nut 16 in die unbewickelte gleichphasige Nut 7 und die Spulenseite der Nut 25 in die frei gewordene gleichphasige Nut 16 legen. Der Schaltplan für diese Nutenaufteilung ist in Abb. 222e dargestellt. Ein Wicklungskopf (von Nut 24 nach 2) muß hier, wie auch bei jeder sechspoligen Ganzlochwicklung, von der einen Ebene in die andere übergeführt (gekröpft) werden.

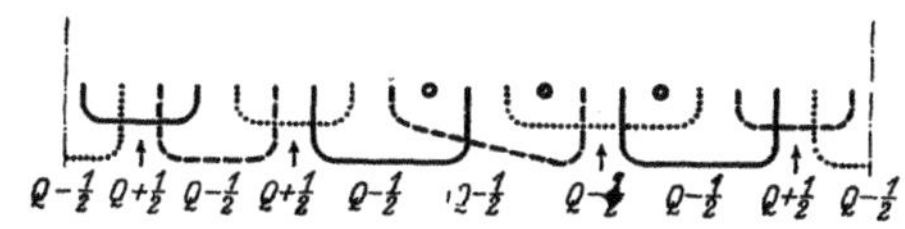

Abb. 223. Form und Zahl der Spulenquerverbindungen bei sechspoligen Bruchlochwicklungen nach Abschn. 30 D.

Um die günstigste Aufteilung der verschiedenen Wicklungssträngen angehörigen gleichphasigen Nuten auf die einzelnen Wicklungsstränge zu finden, bedarf es einiger Übung. Am schnellsten kommt man zum Ziel, wenn man die Spulenseiten, die nicht mehr willkürlich verlegt werden können, im Schaltplan aufzeichnet, und dann den Einfluß der Lage der übrigen Spulenseiten auf den Schaltplan untersucht.

Für alle sechspoligen Wicklungen dieses Abschnitts ergibt sich die Zahl der Einzelspulen der Wicklungsköpfe und ihre Form aus Abb. 223.

Bei Wicklungen mit andern Polpaarzahlen aber demselben gemeinsamen Teiler von Nutenzahl N und Polpaarzahl p unterscheidet sich der Nutenstern nur durch die Numerierung der Strahlen. Nebeneinander liegende Nuten sind dann immer um $\frac{p}{t}$ nebeneinander liegende Strahlen im Spannungsstern verschoben (vgl. Gl. 51 und 51′).

Die **Wicklungsfaktoren** der Bruchlochwicklungen dieses Abschnitts sind in Tafel 13 zusammengestellt [L. 38, S. 262].

Die von der Nutung des Ankers herrührenden Oberwellen **erster** Art werden nahezu vollkommen unterdrückt, wenn die Nutenzahl durch die Polpaarzahl teilbar ist,

$$\frac{N}{p} = \text{ganz}, \quad \ldots \ldots \ldots \quad (70')$$

wenn also

$$t = p \quad \ldots \ldots \ldots \ldots \quad (70)$$

ist. Dann entsprechen, wie wir gesehen haben, benachbarte Nuten auch benachbarten Strahlen im Spannungsstern. Da N nun immer ungerade ist, sind im Stern der Einzelspannungen des Wicklungsstrangs immer die Spannungen einer positiven und negativen Spulenseite in der Phase um $^1/_2$ Nutteilung verschoben, heben sich also für die Oberwellen erster Art im wesentlichen auf.

Tafel 13.

Wicklungsfaktoren der dreiphasigen Bruchlochwicklungen mit 3 unbewickelten Nuten und $t > 1$ (Abschnitt D).

t	γ	$\nu =$ 1	3	5	7	9	11
3	1	0,866	0	0,866	0,866	0	0,866
	4	0,955	0,636	0,699	0,473	0	0,473
	7	0,943	0,669	0,495	0,190	0,279	0,357
	10	0,958	0,657	0,408	0,087	0,275	0,286
	13	0,957	0,654	0,359	0,100	0,120	0,244
	19	0,957	0,652	0,308	0,113	0,207	0,197
	31	0,956	0,646	0,263	0,123	0,240	0,156
	61	0,956	0,642	0,228	0,131	0,227	0,123
	∞	0,955	0,637	0,191	0,136	0,212	0,088
5	2	0,866	0	0,866	0,866	0	0,866
	7	0,951	0,619	0,707	0,492	0	0,492
	12	0,955	0,624	0,505	0,209	0,150	0,379
	17	0,956	0,644	0,417	0,102	0,184	0,297
	22	0,955	0,644	0,367	0,112	0,197	0,253
	32	0,956	0,645	0,314	0,121	0,206	0,204
	52	0,955	0,665	0,267	0,128	0,211	0,161
	102	0,954	0,640	0,230	0,124	0,212	0,125
	∞	0,955	0,637	0,191	0,136	0,212	0,088
7	3	0,866	0	0,866	0,866	0	0,866
	10	0,949	0,606	0,710	0,499	0	0,499
	17	0,954	0,634	0,506	0,217	0,150	0,377
	24	0,955	0,638	0,420	0,108	0,183	0,302
	31	0,955	0,640	0,370	0,117	0,195	0,257
	45	0,955	0,642	0,316	0,124	0,205	0,207
	73	0,955	0,640	0,[illegible]68	0,130	0,210	0,163
	143	0,955	0,639	0,273	0,134	0,212	0,126
	∞	0,955	0,637	0,191	0,136	0,212	0,088
9	4	0,866	0	0,866	0,866	0	0,866
	13	0,948	0,599	0,711	0,503	0	0,503
	22	0,953	0,629	0,512	0,221	0,148	0,380
	31	0,955	0,636	0,422	0,112	0,182	0,305
	40	0,955	0,638	0,372	0,120	0,195	0,259
	58	0,955	0,640	0,318	0,126	0,205	0,209
	94	0,955	0,639	0,269	0,131	0,210	0,164
	184	0,955	0,638	0,231	0,135	0,211	0,127
	∞	0,955	0,637	0,191	0,136	0,212	0,088

In allen übrigen Fällen ($t < p$) werden die Oberwellen der Nutung nur unvollkommen unterdrückt. In jedem Einzelfalle läßt sich der Grad der Unterdrückung an Hand des Spannungssterns leicht feststellen [L. 38, S. 265].

E. Dreiphasenwicklungen mit mehr als 3 unbewickelten Nuten. Aus den in Abschnitt C und D behandelten und in Tafel 11 zusammengestellten Bruchlochwicklungen lassen sich neue Bruchlochwicklungen mit demselben Verhältnis Q von Nutenzahl und Produkt aus Polzahl und Strangzahl ableiten, indem Nutenzahl N und Polpaarzahl p der Urwicklung mit demselben Faktor t' multipliziert werden, so daß die Nutenzahl der neuen Wicklung $t'N$ und die Polpaarzahl $t'p$ ist. Die Spulen eines Wicklungsstrangs lassen sich dann zu t' gleichwertigen Gruppen vereinigen, die nach Belieben parallel oder in Reihe geschaltet werden können. Die Zahl der unbewickelten Nuten ist hierbei $3t'$. In Tafel 11 sind diese Bruchlochwicklungen nicht vermerkt, da sie auch für Nutenzahlen ausführbar sind, die nicht am Kopf der Tafel 11 stehen und Tafel 11 dadurch unübersichtlich werden würde.

Da symmetrische dreiphasige Bruchlochwicklungen mit drei unbewickelten Nuten auch für die Polpaarzahl $p = 1$ ausführbar sind, ist es wie bei einer Ganzlochwicklung stets möglich, eine Bruchlochwicklung mit p gleichwertigen Spulengruppen auszuführen. Die Zahl der unbewickelten Nuten ist dann immer $3p$. Je nachdem eine solche Wicklung mit $Q = 1^1/_2$, $2^1/_2$, $3^1/_2$ usw. ausgeführt wird, sind von sämtlichen Ankernuten nur $^2/_3$, $^4/_5$, $^6/_7$ usw. bewickelt. Der Ankerumfang der Bruchlochwicklung mit $t' = p$ parallelen Wicklungszweigen ist also besonders bei kleinen Werten von Q schlecht ausgenützt.

Aus der im Abschnitt C (Abb. 221) behandelten Wicklung mit $N = 9$ und $p = 1$ erhalten wir z. B. eine Wicklung mit $N = 3 \cdot 9 = 27$ und $p = 3 \cdot 1 = 3$, indem wir den Schaltplan der Abb. 221 dreimal wiederholen. Es entsteht so der Schaltplan in Abb. 224a, der sich noch so abändern läßt (vgl. Abb. 224b), daß die Querverbindungen von nur einer Spule (gekröpfte Spule) in zwei verschiedenen Etagen liegen. Die drei gleichwertigen Wicklungszweige sind in den Abbildungen parallel geschaltet.

Vergleichen wir die Wicklung in Abb. 224b mit der Bruchlochwicklung in Abb. 222e, die bei nur drei unbewickelten Nuten für dieselbe Nuten- und Polpaarzahl gilt, so erkennen wir, daß sie durch Weglassen der Spulen 7—10, 13—16 und 19—22 in Abb. 222e und durch Verlegung der Spulenquerverbindungen entsteht. Die Möglichkeit der Parallelschaltung von Wicklungszweigen wird also durch eine unvollkommenere Ausnützung des Ankerumfangs erkauft.

Der Wicklungsfaktor der Grundwelle ist bei der Wicklung Abb. 224b etwas größer (0,985) als der nach Abb. 222e (0,955). Die von der Nutung des Ankers herrührenden Oberwellen der EMK erster Art werden bei beiden Schaltungen fast vollkommen unterdrückt. Wir werden im nächsten Abschnitt sehen, daß die Feld-Erregerkurve der

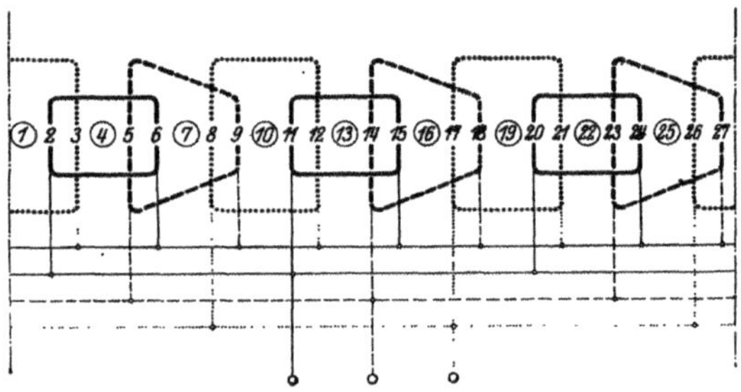

Abb. 224a. Dreiphasige Bruchlochwicklung mit p parallelen Wicklungszweigen. $N = 27$, $p = 3$, $\gamma = 3$, $\eta = 9$, $Q = 1^1/_2$, $q = 1$ (vgl. Abb. 221).

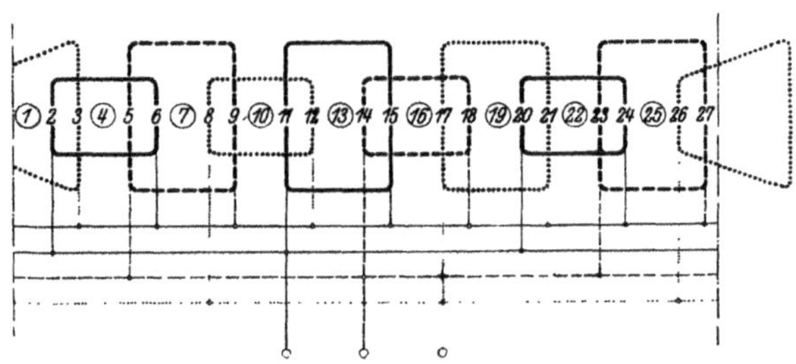

Abb. 224b. Dreiphasige Bruchlochwicklung mit p parallelen Wicklungszweigen. $N = 27$, $p = 3$, $\gamma = 3$, $\eta = 9$, $Q = 1^1/_2$, $q = 1$.

Abb. 224b günstiger ist als die der Abb. 222e, weil in Abb. 224 q eine ganze Zahl ist.

Alle Wicklungen dieses Abschnitts, die aus den Wicklungen in den Abschnitten C und D durch Multiplikation der Nutenzahl und der Polpaarzahl mit demselben Faktor (t') entstehen, haben auch denselben Wicklungsfaktor wie die Wicklungen, aus denen sie abgeleitet sind, und die Oberwellen der EMK, die von der Nutung des Ankers herrühren, werden in demselben Grade unterdrückt.

Die übrigen symmetrischen Bruchlochwicklungen mit mehr als drei freien Nuten entstehen aus den Bruchlochwicklungen, bei denen alle Nuten bewickelt sind, indem in jedem Strang einige Spulen wegbleiben und beanspruchen deshalb wohl keine weitere Beachtung.

31. Die Feld-Erregerkurve der Bruchlochwicklungen.

Während bei der Ganzlochwicklung sich der Strombelag nach jeder Polpaarteilung der Maschine genau wiederholt, ist dies bei der Bruchlochwicklung im allgemeinen nicht der Fall; der Strombelag wiederholt sich hier nur nach je $1/t'$ des Ankerumfangs, wenn t' der größte Teiler ist, durch den Nutenzahl N und Polpaarzahl p derart gekürzt werden können, daß die gekürzte Nutenzahl $N' = N/t'$ und die gekürzte Polpaarzahl $p' = p/t'$ wieder die Ausführung einer Bruchwicklung ermöglichen (vgl. S.226). Für die Bruchlochwicklungen, deren Nuten alle bewickelt sind, ist t' nach Gl. 61 der Teiler, den die Spulenzahl γ eines Strangs und die Polpaarzahl p der Wicklung gemeinsam haben. In dem Bereiche $1/t'$ des Ankerumfangs ist also der Strombelag in den einzelnen Polpaarteilungen verschieden, und deshalb ist auch die Feld-Erregerkurve (vgl. Abschn. 48) im allgemeinen keine periodische Funktion mit der Periode der Polpaarteilung. Die Polflüsse in diesem Teil des Ankerumfangs sind nicht gleich groß und schwanken zeitlich.

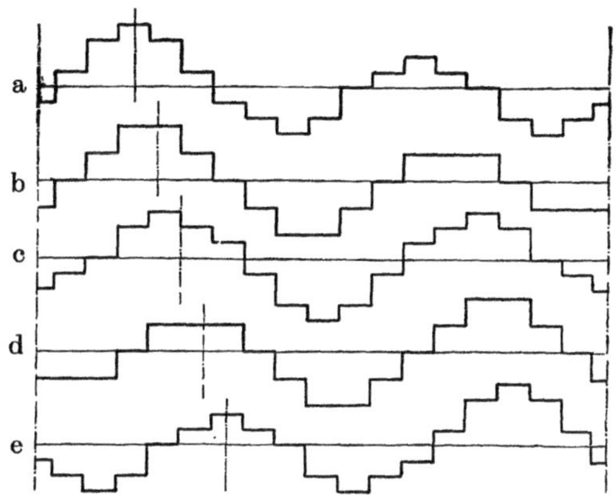

Abb. 225 a bis e. Feld-Erregerkurven der Bruchlochwicklung in Abb. 213 c für 5 um je $^1/_{12}$ Perioden auseinanderliegende Zeitpunkte.

Für die Wicklung in Abb. 213c mit $q = 1^1/_2$ sind z. B. in Abb. 225a bis e die Erregerkurven für fünf aufeinanderfolgende und um je $^1/_{12}$ der Periode des sinusförmig angenommenen Wechselstroms auseinander liegende Zeitpunkte aufgezeichnet. Die jeweilige Lage der Amplitude der Grundwelle, die einem festen Punkte des synchron umlaufenden Feldmagneten entspricht, ist durch eine strichpunktierte Ordinate hervorgehoben. Im ersten Zeitpunkt (Abb. 225a) hat der Strom des ersten Wicklungsstrangs (in Abb. 213c voll ausgezogen), im letzten Zeitpunkt (Abb. 225e) der des zweiten Wicklungsstrangs seinen Höchstwert. Während dieser Zeit, die gleich einer Drittelperiode des Wechselstroms ist, schwankt der Polfluß zwischen dem größten und kleinsten Wert; die Periode der Polflußschwankungen des Drehfelds ist gleich $^2/_3$ Perioden des Wechselstroms.

Die Schwankungen des Polflusses werden hervorgerufen durch die Unregelmäßigkeiten, die gegenüber einer Ganzlochwicklung auftreten, und müssen sich deshalb relativ um so stärker bemerkbar machen, je kleiner der Wert von q ist. Für die durch Abb. 214 veranschaulichte Wicklungsgruppe mit $p=2$ sind beispielsweise in Abb. 226a bis d für $q={}^1/_2$, $1^1/_2$, $2^1/_2$, $3^1/_2$ die Erregerkurven für den Zeitpunkt dargestellt, wo der Strom im ersten Wicklungsstrang seinen Höchstwert hat. Man erkennt deutlich, daß die relativen Unterschiede der einzelnen Polflüsse um so geringer sind, je größer q ist. Für $q<1$ (Abb. 226a) schwankt der Polfluß zwischen seinem Höchstwert und Null.

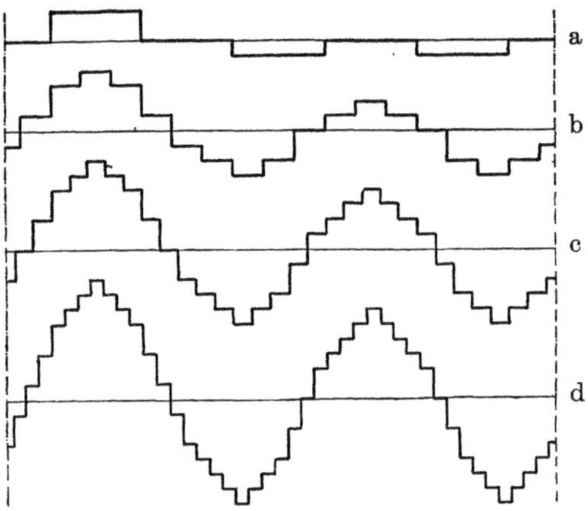

Abb. 226a bis d. Feld-Erregerkurve der Bruchlochwicklungen nach Abb. 214; a) $q={}^1/_2$, b) $q=1^1/_2$, c) $q=2^1/_2$, d) $q=3^1/_2$.

Ähnlich verhalten sich auch die übrigen Bruchlochwicklungen, auch die mit mehreren unbewickelten Nuten. Wenn jedoch bei dieser Gruppe von Bruchlochwicklungen nur das Verhältnis (Q) von Nutenzahl und Produkt aus Polzahl und Strangzahl gebrochen, das Verhältnis (q) von bewickelter Nutenzahl zu jenem Produkt aber ganz ist, so sind die Höchstwerte der Halbwellen der Erregerkurve dieselben, und wir erhalten in diesem Falle wesentlich geringere Schwankungen des Polflusses als bei den übrigen Bruchlochwicklungen. Bruchlochwicklungen mit

$$q = \text{ganz} \quad \ldots\ldots\ldots \quad (71\,\text{a})$$

erhalten wir nach den Gl. 64 und 66, wenn

$$Q = g + \frac{1}{2p} \quad \ldots\ldots\ldots \quad (71\,\text{b})$$

ist, worin g eine beliebige ganze Zahl. Dies ist nur bei den Dreiphasenwicklungen des Abschnitts 30C und den aus diesen abgeleiteten Wicklungen des Abschnitts 30E der Fall. In Tafel 11 sind die Wicklungen mit $q=$ ganz (Nenner von Q gleich $2p$) durch Fettdruck des ganzzahligen Teils von Q, der in diesen Fällen gleich q ist, hervorgehoben.

In Abb. 220c und 221 hatten wir Bruchlochwicklungen mit $q=$ ganz dargestellt. Für die zweipolige Bruchlochwicklung in Abb. 221 mit $q=1$ ist in Abb. 227 die Erregerkurve für fünf um je $^1/_{12}$ Perioden auseinander liegende Zeitpunkte aufgezeichnet; mit dünneren Linien ist die Erregerkurve der dreiphasigen Einlochwicklung mit $Q = q = 1 =$ ganz angedeutet, um die Abweichung der Erregerkurve der Bruchlochwicklung von der der Ganzlochwicklung zu zeigen. Die Erregerkurve für die achtpolige Bruchlochwicklung in Abb. 220c ist in Abb. 228 für den Zeitpunkt aufgezeichnet, wo der Strom in dem ersten Wicklungsstrang (in Abb. 220c voll ausgezogen) seinen Höchstwert hat. Die einzelnen Polflüsse sind bei diesen Bruchlochwicklungen auch verschieden, aber da die Höchstwerte der Halbwellen der Erregerkurve gleich groß sind, werden die Unterschiede der Polflüsse bei weitem geringer als bei den andern Bruchlochwicklungen mit ungefähr demselben Werte von q. Deshalb verdienen die Bruchlochwicklungen mit $q =$ ganz (Abschnitt 30C und die daraus abgeleiteten Wicklungen in Abschnitt 30E) besondere Beachtung.

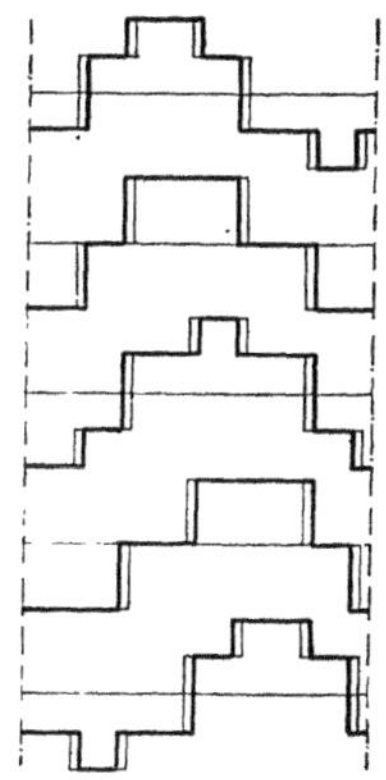

Abb. 227. Feld-Erregerkurven der zweipoligen Bruchlochwicklung in Abb. 221 mit $q = 1$.

Wenn wir zur rechnerischen Behandlung der Vorgänge die Kurve der Erregerwicklung in ihre Einzelwellen zerlegen, müssen wir beachten, daß bei der Bruchlochwicklung außer der Grundwelle, die der Polpaarteilung der Wicklung entspricht, nicht nur Oberwellen,

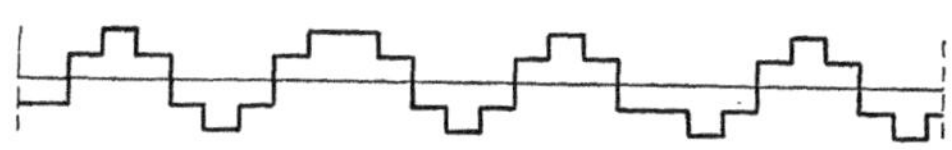

Abb. 228. Feld-Erregerkurve der achtpoligen Bruchlochwicklung in Abb. 220c mit $q = 1$.

sondern auch noch Unterwellen auftreten, deren Periode gleich $1/t'$ des Ankerumfangs ist, also p/t' mal so groß ist wie die Periode 2τ der Grundwelle. Die Unterwellen laufen viel schneller um als die übrigen Wellen und werden deshalb nicht nur im Feldmagneten, sondern auch im Anker beträchtliche Wirbelströme zur Folge haben, durch die sie allerdings auch wesentlich abgedämpft werden. Wir wollen die Vorgänge hier nicht im einzelnen untersuchen, sondern nur die Unterwellen verfolgen, die die größte Periode nämlich $2p\tau/t'$ haben und deshalb auch mit der größten Geschwindigkeit umlaufen, Wir erhalten diese Wellen, wenn wir in Gl. 176c (S. 398) ν durch t'/p ersetzen. Aus dieser Gleichung folgt dann, daß der Periode $2p\tau/t'$ im allgemeinen sowohl eine positiv als auch eine negativ umlaufende Welle entspricht und beide erst für $t'/p = 0$ Null werden.

Das Verhältnis λ zwischen der Resultierenden aus den Amplituden der drei Wicklungsstränge zur Amplitude eines Wicklungsstrangs wird dann unter Beachtung von Gl. 176 c

$$\lambda = \frac{\sin\left(\frac{t'}{p} \mp 1\right)\pi}{\sin\left(\frac{t'}{p} \mp 1\right)\frac{\pi}{3}} \quad \ldots \ldots \ldots \quad (72)$$

worin das —-Zeichen für die positiv, das +-Zeichen für die negativ umlaufende Welle gilt. In Tafel 14 sind die Verhältniszahlen λ für verschiedene Werte von t' zusammengestellt, λ sinkt mit t'/p, verschwindet aber erst für $t'/p = 0$. t' ist der Teiler, durch den die Nutenzahl N und die Polpaarzahl p derart gekürzt werden können, daß die gekürzte Nutenzahl und die gekürzte Polpaarzahl wieder die Ausführung einer Bruchlochwirkung ermöglichen. Für die Bruchlochwicklungen, deren Nuten alle bewickelt sind, ist nach Gl. 62 p/t' gleich dem kleinsten Nenner n des Bruches q (vgl. Tafel 9, S. 216).

Tafel 14.

Verhältnis zwischen resulutierender Feldamplitude und Amplitude eines Strangs für die Grundwelle ($p/t' = 1$) und die Unterwellen $p/t' > 1$).

$\frac{p}{t'}$	$\frac{t'}{p}$	positive Welle	negative Welle
1	1	3,000	0,000
	$^1/_2$	2,000	1,000
3	$^1/_3$	1,348	0,879
4	$^1/_4$	1,000	0,730
5	$^1/_5$	0,792	0,618
6	$^1/_6$	0,651	0,534
10	$^1/_{10}$	0,384	0,339
∞	0	0,000	0,000

32. Stabwicklungen.

Als Stabwicklungen bezeichnet man gewöhnlich die Wicklungen mit nur einer Windung in jeder Spule. Alle Spulenwicklungen sind auch als Stabwicklungen ausführbar; bei den Stabwicklungen kann aber unter Umständen die Zahl der Spulenseiten in einem Wicklungsstrang auch ungerade sein, Anfang und Ende des Strangs liegen dann auf verschiedenen Seiten des Ankers. Die Verbindungen der einzelnen Stäbe (Spulenseiten) können so ausgeführt werden, daß die Wicklung im Schaltplan entweder Schleifen oder Wellen darstellt. Die Wellenform wird bevorzugt, weil dabei die Verbindungen gewöhnlich einfacher werden, und häufig auch den kleinsten Aufwand an Wicklungsmetall verlangen.

A. Einschichtige Stabwicklungen mit ganzer Nutenzahl für Pol und Strang. Entsprechend der Ausführung der Spulenwicklungen mit Spulen gleicher oder verschiedener Weite können wir bei den Stabwicklungen Gabel- und Bügelverbindungen unterscheiden. Die Gabelverbindung liegt wie die Verbindung der Stirnwicklung eines Gleichstromankers (vgl. Abb. 111a) immer in zwei Ebenen, während die Bügelverbindung immer in nur einer Ebene liegt, wie z. B. der Spulenkopf einer Wechselstromwicklung nach Abb. 190a bis d.

Schaltpläne mit Bügelverbindungen sind in Abb. 229 und 230 für eine vierpolige Dreiphasenwicklung mit $q=4$ dargestellt; der Übersichtlichkeit wegen ist nur einer der drei Wicklungsstränge gezeichnet. Die Schaltungen entsprechen den Spulenwicklungen in Abb. 195 und 199. Bei Abb. 229 müssen die Querverbindungen der drei Wicklungsstränge in drei Etagen angeordnet werden, während Abb. 230 auch die Ausführung der Querverbindungen in nur zwei Etagen gestattet. Der vollständige Schaltplan einer Wicklung mit Bügelverbindungen in zwei Etagen ist für $q=1$ und $p=2$ in Abb. 231a dargestellt; die Wicklungsstränge sind in Stern geschaltet. Je drei Stäbe der Wicklung haben verschiedene Länge. Bei ungerader Polpaarzahl muß eine Bügelverbindung, ähnlich wie die gekröpfte Spule einer Spulenwicklung (vgl. Abb. 200), von einer Ebene in die andere übergehen, also als Gabelverbindung ausgeführt werden. Für eine sechspolige Wicklung ist der Schaltplan mit $q=1$ in Abb. 231b dargestellt.

Die den Abb. 229 und 230 entsprechenden Schaltpläne mit Gabelverbindungen sind in Abb. 232 und 233 für einen Wicklungsstrang dargestellt. Der größte Teil der Gabeln verbindet Stäbe, die um eine Polteilung auseinander liegen, nur in $q-1=3$ Gabeln ist der Schritt verkürzt. In Abb. 232 ist der Schritt der Bügel a und b, in Abb. 233 der Bügel a, b und c um eine Nutteilung und in Abb. 232 der Schritt des Bügels c um zwei Nutteilungen verkürzt. Die Wicklungen lassen sich auch mit $q-1$ verlängerten Schritten ausführen; doch sind die verkürzten Schritte zu bevorzugen, weil sie weniger Wicklungsmetall verlangen.

Die Zahl der möglichen parallelen Wicklungszweige erhalten wir nach Abschnitt 28 aus dem Nutenstern und dem Stern der Einzelspannungen im Wicklungsstrang. Diesem Stern können wir auch entnehmen, welche Spulenseiten zu einem Wicklungszweig vereinigt werden können. Im allgemeinen gibt es für diese Vereinigung zahlreiche Möglichkeiten, die alle an Hand des abgewickelten Schaltplans zu untersuchen sind, um die jeweils zweckmäßigste Ausführung der Querverbindungen festzustellen. Die einzelnen in Reihe geschalteten Stäbe wird man gern über möglichst viele Pole gleichmäßig verteilen, um eine Wicklung in Wellenform zu erhalten. Die gleichmäßige Verteilung der in Reihe geschalteten Leiter über alle Pole macht

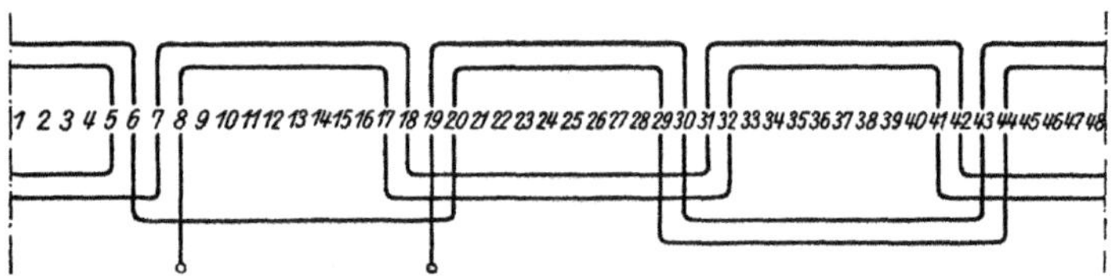

Abb. 229. Wicklungsstrang einer dreiphasigen Stabwicklung mit Bügelverbindungen und dreifachen Wicklungsköpfen (vgl. Abb. 195). $p = 2$, $q = 4$.

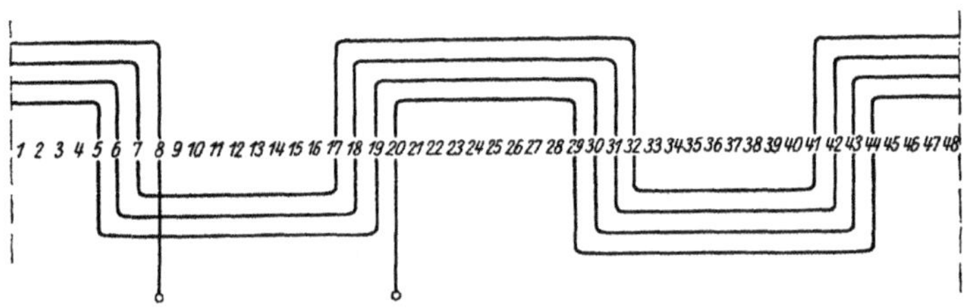

Abb. 230. Wicklungsstrang einer dreiphasigen Stabwicklung mit Bügelverbindungen und zweifachen Wicklungsköpfen (vgl. Abb. 199). $p = 2$, $q = 4$.

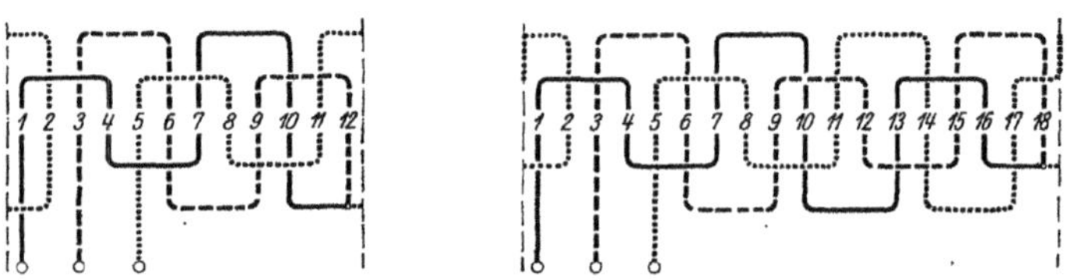

a b

Abb. 231 a u. b. Dreiphasige Stabwicklungen mit Querverbindungen in 2 Etagen.
a) $p = 2$, $q = 1$. b) $p = 3$, $q = 1$.

auch die Größe der in den Wicklungszweigen induzierten EMK von der Größe der Polflüsse unabhängig. In Abb. 234 ist der der Abb. 208a entsprechende Schaltplan einer vierpoligen Stabwicklung mit $q = 2$ und zwei parallelen Wicklungszweigen dargestellt. Während in Abb. 208a die beiden Spulengruppen eines Wicklungsstrangs parallel geschaltet sind, ist dies in Abb. 234 für die beiden Umläufe der in Wellenform verbundenen Stabelemente der Fall. Daß in den beiden parallel geschalteten Wicklungszweigen dieselbe EMK induziert wird, folgt aus dem Stern der Einzelspannungen, der für die hier behandelte Wicklung in Abb. 210b dargestellt ist.

Der Stern der Einzelspannungen im Wicklungsstrang ist ein

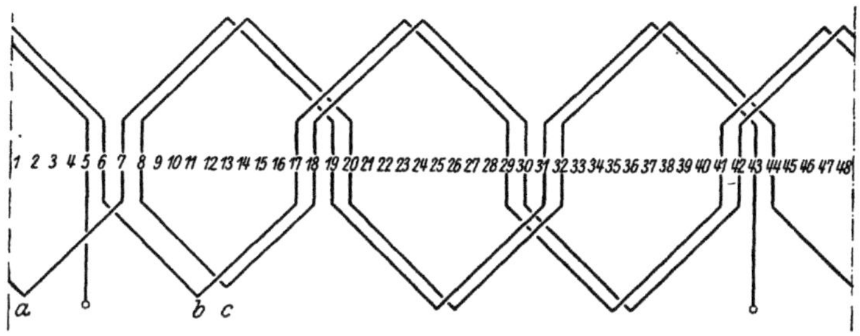

Abb. 232. Wicklungsstrang einer dreiphasigen Stabwicklung mit Gabelverbindungen und dreifachen Wicklungsköpfen (vgl. Abb. 202). $p = 2$, $q = 4$.

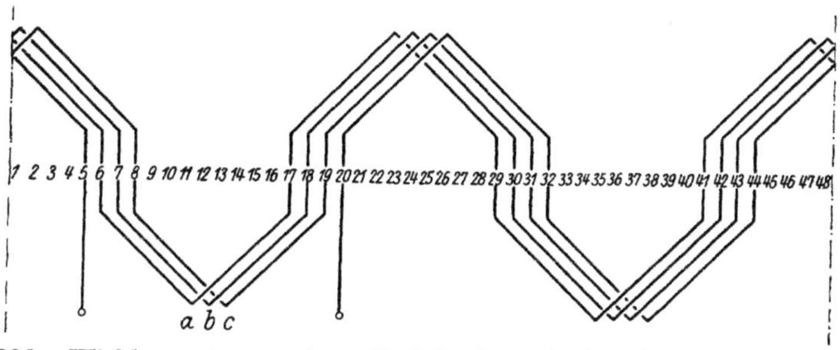

Abb. 233. Wicklungsstrang einer dreiphasigen Stabwicklung mit Gabelverbindungen und zweifachen Wicklungsköpfen (vgl. Abb. 204). $p = 2$, $q = 4$.

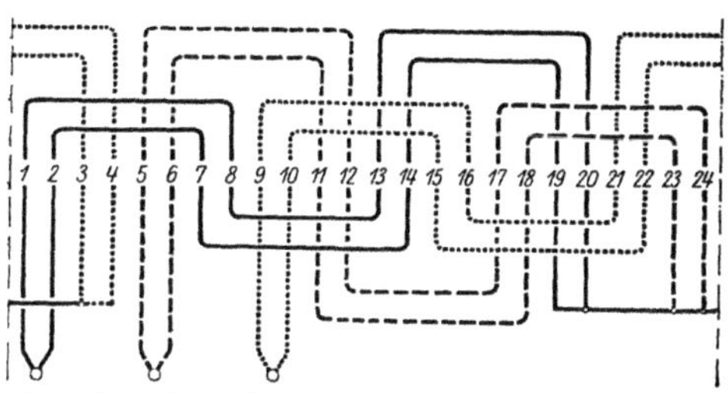

Abb. 234. Dreiphasige Stabwicklung mit zwei parallelen, umlaufenden Wicklungszweigen (vgl. Abb. 208a).

Abb. 235. Einzelspannungen eines Wicklungsstrangs einer Dreiphasenwicklung mit $p = 3$ und $N = 54$.

wertvolles Hilfsmittel beim Entwurf der Wicklung. Wir wollen deshalb seine Anwendung beim Entwurf einer sechspoligen dreiphasigen Stabwicklung mit $q = 3$, also mit 54 Nuten erläutern. In Abb. 235 sind die aus dem Nutenstern erhaltenen Spannungen der einzelnen

Spulenseiten eines Wicklungsstrangs aufgezeichnet. Wenn Anfang und Ende der Wicklungszweige auf derselben Seite der Ankerwicklung liegen sollen, die Wicklung sich also aus einzelnen Mantelwindungen zusammensetzen soll, wie wir es bei der Aufzeichnung des Nutensterns im Abschnitt 28 vorausgesetzt haben, so muß jeder Wicklungsstrang gleich viele positive und negative Spulenseiten, und die resultierende Spannung eines Wicklungszweigs desselben Strangs muß gleich viele dicke und dünne Strahlen im Stern der Einzelspannungen erhalten. Man übersieht leicht, daß die Einzelspannungen sich hier nur in drei Gruppen mit gleichen resultierenden Spannungen zusammenfassen lassen. Wenn die Anfänge und Enden der Wicklungsstränge auf derselben Seite des Ankers liegen sollen, sind also nur drei parallele Wicklungszweige möglich. In Abb. 236a ist der Schaltplan für einen Wicklungsstrang mit Bügelverbindungen und Wellenschaltung dargestellt. Auf der einen Seite des Ankers kreuzen sich an zwei Stellen zwei Bügel. Der eine der drei parallelen Zweige enthält die Spulenseiten 1, 12, 19, 30, 38 und 47, der andere die Spulenseiten 2, 11, 21, 28, 39 und 46 und der dritte die Spulenseiten 3, 10, 20, 29, 37 und 48. Wir erkennen aus dem Stern der Einzelspannungen, daß alle drei Wicklungszweige dieselbe resultierende Spannung nach Größe und Phase haben.

Wenn Anfang und Ende der einzelnen Wicklungszweige auf verschiedenen Seiten der Ankers liegen, ist die Zahl der Spulenseiten eines Wicklungszweiges ungerade. In diesem Falle können wir die Einzelstrahlen in Abb. 235 auch in 6 Gruppen mit je 3 Spulenseiten oder in 2 Gruppen mit je 9 Spulenseiten zusammenfassen, die alle dieselbe Spannung nach Größe und Phase ergeben. Dabei müssen wir beachten, daß die im Stern der Einzelspannungen durch dünne Linien bezeichneten Strahlen dem Wicklungssinn von hinten nach vorn entsprechen.

Für die Schaltung mit 6 parallelen Wicklungszweigen sind in Abb. 236b und c Beispiele gegeben; der Übersicht wegen ist nur

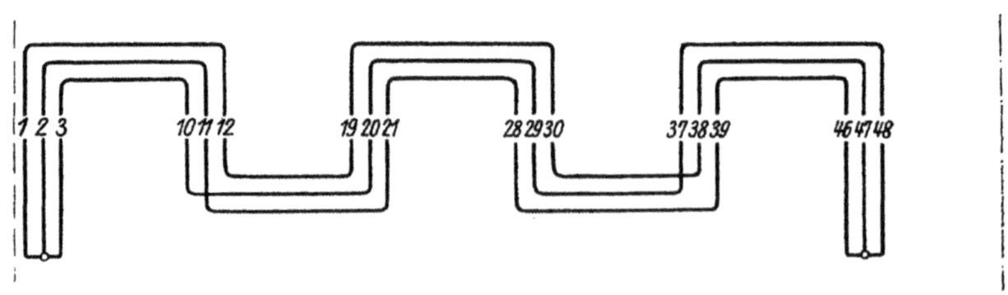

a) Wicklungsstrang mit 3 parallelen Zweigen; Bügelverbindungen.

Abb. 236a bis e. Schaltpläne von dreiphasigen Stabwicklungen mit $p = 3$ und $N = 54$.

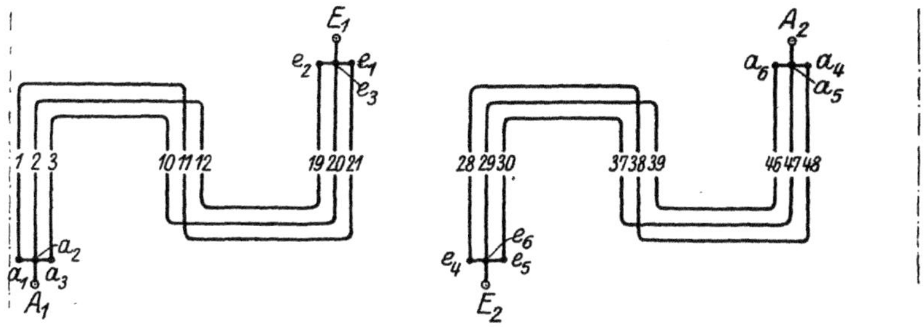

b) Wicklungsstrang mit 6 parallelen Zweigen; je 3 Zweige nebeneinander; Bügelverbindungen.

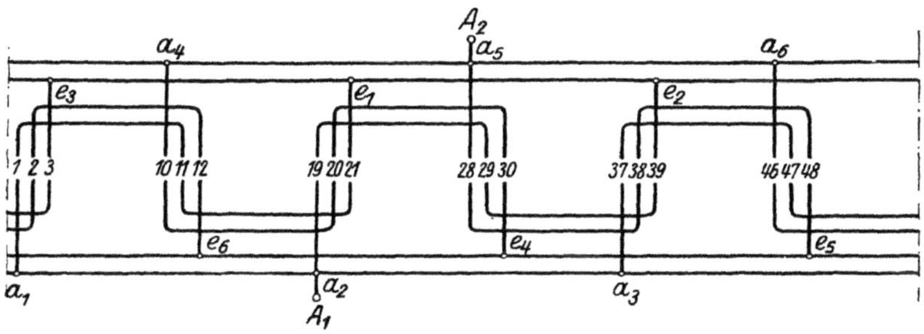

c) Wicklungsstrang mit 6 parallelen Zweigen; Zweige gleichmäßig verteilt. Bügelverbindungen.

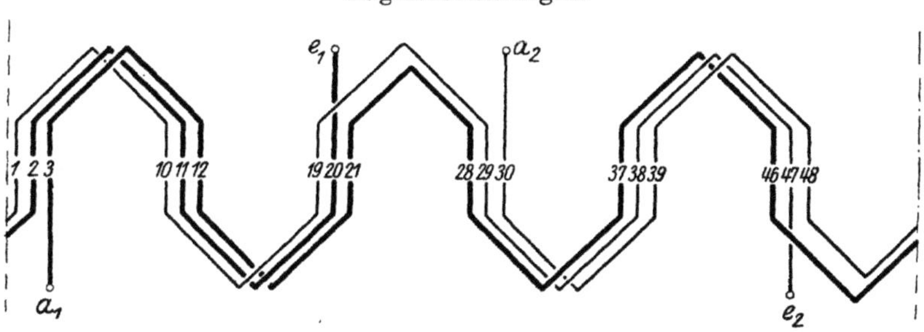

d) Wicklungsstrang mit 2 parallelen Zweigen; Anfänge auf verschiedenen Seiten; Gabelverbindungen.

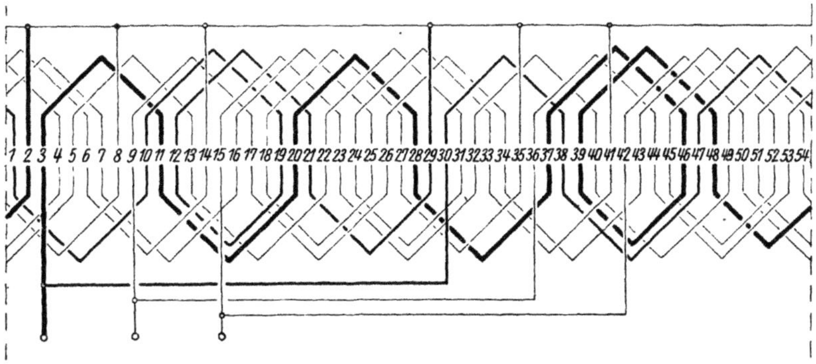

e) vollständiger Schaltplan mit 2 parallelen Zweigen und Sternschaltung; Anfänge auf derselben Seite; Gabelverbindungen.

ein Wicklungsstrang gezeichnet. In Abb. 236b laufen je drei Wicklungszweige nebeneinander; die Anfänge und Enden der 6 Zweige sind mit a_1 bis a_6 und e_1 bis e_6 bezeichnet. Anfänge und Enden der nebeneinander laufenden und parallel geschalteten Zweige sind mit A_1, A_2 und E_1, E_2 bezeichnet. Die Klemmen A_1 und A_2 sind außerhalb der Maschine zur gemeinsamen Klemme zu vereinigen, die auf verschiedenen Seiten des Ankers liegenden Enden der Wicklungszweige (E_1 und E_2) brauchen nicht verbunden zu werden, wenn die Stränge in Stern geschaltet sind. In Abb. 236c sind die 6 parallelen Wicklungszweige gleichmäßig am Ankerumfang verteilt. Über die Bezeichnung der Wicklungsenden gilt dasselbe wie bei Abb. 236b. Daß wir in beiden Fällen gleichwertige Wicklungszweige erhalten, folgt aus dem Stern der Einzelspannungen in Abb. 235.

Schaltungen mit 2 parallelen Wicklungszweigen in jedem Wicklungsstrang sind in Abb. 236d und e mit Gabelverbindungen dargestellt. In Abb. 236d liegen sowohl die Anfänge als auch die Enden der beiden Wicklungszweige auf verschiedenen Seiten des Ankers. Die beiden Wicklungsanfänge a_1 und a_2 müssen deshalb außerhalb der Maschine zu einer gemeinsamen Klemme vereinigt werden. Die beiden Zweige des aufgezeichneten Wicklungsstrangs sind durch verschiedene Strichstärken unterschieden. In Abb. 236e liegen alle Anfänge auf einer und alle Enden auf der andern Seite des Ankers; dies ist nur möglich, wenn in jedem Umlauf eine Schleife oder wenn andere Unregelmäßigkeiten in Kauf genommen werden. Es ist hier der vollständige Schaltplan für Sternschaltung aufgezeichnet; der eine Wicklungszweig des ersten Wicklungsstrangs ist durch dicke Linien hervorgehoben, der andere Wicklungszweig desselben Wicklungsstrangs durch Linien mittlerer Stärke bezeichnet. Aus dem Spannungsstern in Abb. 235 erkennt man wieder, daß in beiden Fällen die parallel geschalteten Wicklungszweige gleichwertig sind.

An Hand des Sterns der Einzelspannungen läßt sich zeigen, daß bei manchen in der Literatur vorgeschlagenen Schaltungen (vgl. z. B. [L. 29, Fig. 135, S. 85 und Fig. 139, S. 87]) die in den einzelnen parallelen Wicklungszweigen induzierten EMKe ungleich sind.

B. Zweischichtwicklungen (Läuferwicklungen). Für die Läufer von Asynchronmotoren verwendet man gewöhnlich Zweischichtwicklungen, die sich nach Art der als Zylinderwicklungen ausgeführten Gleichstrom-Ankerwicklungen sehr einfach herstellen lassen. Alle Gleichstrom-Ankerwicklungen sind hierfür geeignet, besonders die sechsphasig aufgeschnittenen. Die Spannungen der einzelnen Wicklungsstränge sind hierbei gewöhnlich aber nicht gleich groß und auch nicht in der Phase um gleiche Winkel verschoben. Man verwendet

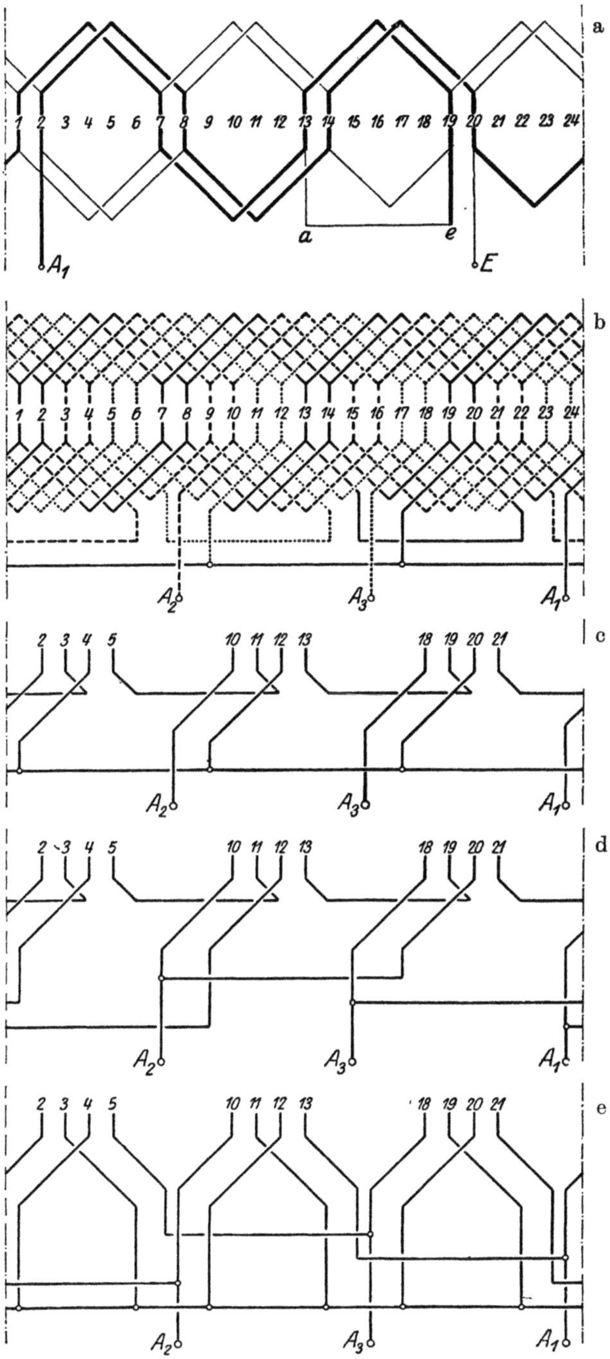

a) Die beiden Wicklungszweige eines Strangs.

b) Vollständiger Schaltplan mit Reihenschaltung und Sternschaltung.

c) Werkstattsangabe zur Ausführung der Wicklung mit Reihenschaltung und Sternschaltung.

d) Werkstattsangabe zur Ausführung der Wicklung mit Reihenschaltung und Dreieckschaltung.

e) Werkstattsangabe zur Ausführung der Wicklung mit Parallelschaltung und Sternschaltung.

Abb. 237 a bis e. Zweischichtige dreiphasige Stabwicklung mit ganzer Nutenzahl q für Pol und Strang; $p = 2$. $q = 2$.

deshalb viel häufiger Wicklungen mit ganzer Nutenzahl für Pol und Strang, die aber in der technischen Ausführung mit den zweischichtigen Gleichstrom-Ankerwicklungen übereinstimmen. Die einzelnen Stäbe werden dabei gewöhnlich in Wellenschaltung verbunden, weil hierbei die Schaltverbindungen am einfachsten werden. Dieser Vorteil fällt besonders ins Gewicht, wenn die Stäbe desselben Wicklungsstrangs in Reihe geschaltet werden. Reihenschaltung der Stäbe kommt bei Maschinen kleiner und mittlerer Leistung gewöhnlich in Frage, weil man mit Rücksicht auf gute Ausnutzung des Nutenraums nur zwei Stäbe in einer Nut anordnet und hier bei mehrfacher Parallelschaltung zu kleine Läuferspannungen und unbequem große Schleifringströme erhalten würde.

Für eine vierpolige Maschine und $q = 2$ Nuten für Pol und Strang ist in Abb. 237b eine Dreiphasenwicklung dargestellt. Ein Wicklungsstrang ist in Abb. 237a herausgezeichnet. Der Wicklungsstrang beginnt bei A_1. Die Stäbe werden wie bei Wellenwicklungen geschaltet, ein Oberstab wird immer mit einem Unterstab und umgekehrt verbunden. Jeder Teilschritt in einem Umlauf ist aber im Gegensatz zur Gleichstrom-Ankerwicklung hier gleich der Polteilung; nach jedem Umlauf wird der Schaltschritt um eine Nutteilung verkürzt. Nachdem bei einer q-Lochwicklung q Wicklungsumläufe ausgeführt sind, hat man in der Schaltung je einen der beiden in der Nut liegenden Stäbe, und zwar abwechselnd q Oberstäbe und q Unterstäbe. Dieser Teil des Wicklungsstrangs ist in Abb. 237a durch dicke Linien hervorgehoben und endigt bei e. Um auch die andern Stäbe des Wicklungsstrangs in die Schaltung einzufügen, sind dieselben Nuten des Wicklungsstrangs nochmals in Wellenform, aber im umgekehrten Sinn zu durchlaufen, wobei man zweckmäßig an einer Stelle (a) beginnt, die gegenüber dem Ende e des ersten Wicklungszweigs um nur eine Polteilung verschoben ist. Wir erhalten dann den dünn ausgezogenen Wicklungszweig mit den Enden a und E. Bei Reihenschaltung der beiden Wicklungszweige und Sternschaltung der Stränge werden die Enden e und a miteinander verbunden; A_1 ist dann der Anfang und E das Ende des Wicklungsstrangs. In derselben Weise werden auch die übrigen Wicklungsstränge entworfen, so daß sich bei Reihenschaltung der Zweige und Sternschaltung der Stränge der in Abb. 237b dargestellte Schaltplan ergibt. Darin liegen die Wicklungsenden, die zu den drei Schleifringen führen, um 120^0 am Ankerumfang verschoben, damit der Schwerpunkt des Ankers durch die Verbindungsleitungen nicht aus der Wellenmitte gedrängt wird. Bei Polpaarzahlen, die durch 3 teilbar sind, läßt sich dies nicht genau erreichen, weil $^1/_3$ des Ankerumfangs immer ein ganzes Vielfaches der Polteilung ist.

Zur Herstellung der Wicklung ist es nicht notwendig, den vollständigen Schaltplan der Werkstatt zu übergeben; es genügt die Angabe der unregelmäßigen Schaltverbindungen mit den zugehörigen Nuten, wie es in Abb. 237c bis e für verschiedene Schaltungen der Zweige und Stränge dargestellt ist. Die Verbindungen werden gewöhnlich unterhalb der Wicklungsköpfe oder teilweise unterhalb, teilweise axial neben den Wicklungsköpfen angeordnet.

Auch für Generatoren und für den primären Teil der asynchronen Motoren kann eine zweischichtige Wicklung nach Abb. 237b bis e verwendet werden. In diesem Falle wird man die Wicklungsenden aber gewöhnlich nicht um 120° am Ankerumfang auseinander legen, sondern so anordnen, daß die Verbindungsleitungen zu den Klemmen möglichst kurz werden. Auch aus den im Abschnitt A besprochenen Wicklungen lassen sich entsprechende Zweischichtwicklungen ableiten, auf die aber nicht weiter eingegangen werden soll.

C. Stabwicklungen mit gebrochener Nutenzahl für Pol und Strang. Auch die in den Abschnitten 29 und 30 behandelten Bruchlochwicklungen lassen sich als Stabwicklungen ausführen. Bei den Stab-

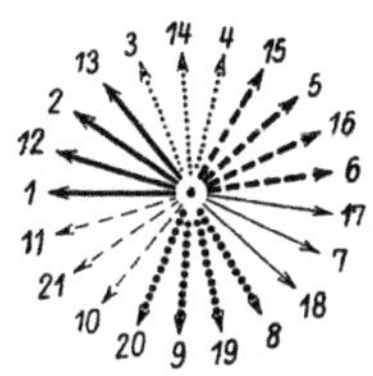

Abb. 238a.

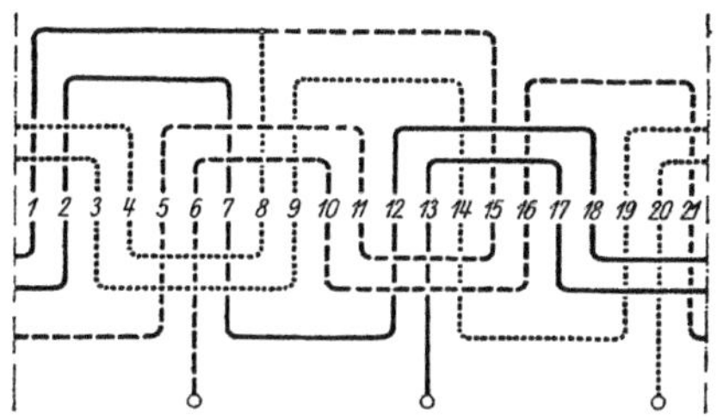

Abb. 238b.

Nutenstern (a) und Schaltplan (b) einer dreiphasigen Bruchlochwicklung mit ungerader Stabzahl im Strang. $N = 21$, $p = 2$, $\gamma = 3^1/_2$, $q = 1^3/_4$.

wicklungen kann jedoch die Zahl 2γ der Spulenseiten (Stäbe) im Strang auch ungerade sein. Diese Ausführung ist jedoch nur bei Mehrphasenströmen zulässig, deren Summe in jedem Augenblick Null ist, also nur bei Mehrphasenströmen ohne Nulleiter, weil sonst, besonders bei Einphasenwicklungen, die resultierende Durchflutung der ganzen Ankerwicklung nicht Null ist und das die Wicklung umgebende Eisen zirkular magnetisiert.

Für die Ausführbarkeit einer Stabwicklung mit gebrochener Nutenzahl für Pol und Strang gelten ebenfalls die Bedingungen in den Gl. 52a u. b, die wir für die Bruchlochwicklungen, deren Nuten sämtlich bewickelt sind, abgeleitet haben. γ kann nun bei den Stabwicklungen auch ein Bruch mit dem Nenner 2 sein, so daß man in der Wahl der Nutenzahl einer Stabwicklung weniger beschränkt ist als bei der Spulenwicklung. Mit $\gamma = 3^1/_2$, also $2\gamma = 7$ Stäben in jedem Strang wollen wir eine vierpolige dreiphasige Bruchlochwicklung entwerfen. Die Nutenzahl wird $N = 2\gamma 3 = 21$. Die Gl. 52a u. b sind hierfür erfüllt und es ist eine symmetrische Bruchlochwicklung ausführbar. In Abb. 238a ist der Nutenstern für diese Wicklung aufgezeichnet, aus dem man in der im Abschnitt 28 erläuterten Weise den Schaltplan in Abb. 238b erhält.

Eine Stabwicklung mit gebrochener Nutenzahl für Pol und Strang, bei denen alle Nuten bewickelt sind, ist auch bei den Polpaarzahlen ausführbar, die durch 3 teilbar sind, was bei den Spulenwicklungen,

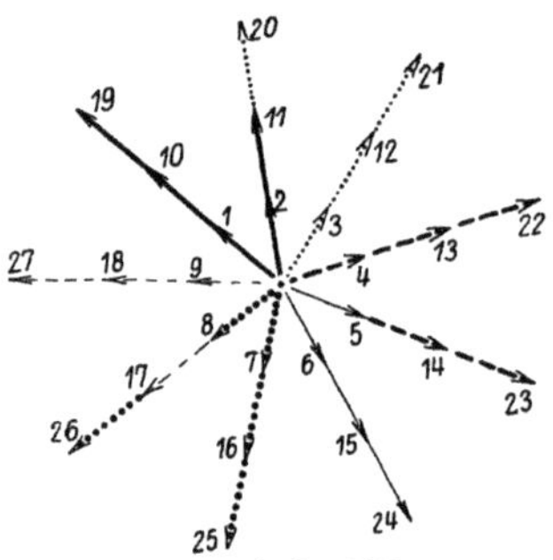

Abb. 239a.

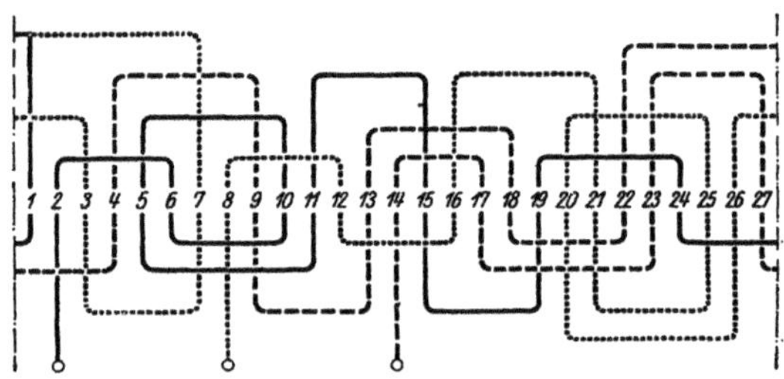

Abb. 239b.

Nutenstern (a) und Schaltplan (b) einer dreiphasigen Bruchlochwicklung mit ungerader Stabzahl im Strang. $N = 27$, $p = 3$, $\gamma = 4^1/_2$, $q = 1^1/_2$.

wie wir in Abschnitt 29 gesehen haben, nicht möglich ist. Bei einer Dreiphasenwicklung mit $p = 3$ genügt die Nutenzahl $N = 27$ der Gl. 52a; γ ist $N/6 = 4^1/_2$, so daß auch die Gl. 52b erfüllt ist. Wir erhalten den Nutenstern in Abb. 239a, nach dem der Schaltplan in Abb. 239b entworfen ist.

33. Wicklungen zur Unterdrückung der zusätzlichen Stromwärme.

A. Die zusätzliche Stromwärme bei massiven Leitern. Bei Nutenwicklungen induziert das mit dem Strom wechselnde Nutenquerfeld in der Wicklung Wirbelströme, die sich über die sonst im wesentlichen gleichmäßige Verteilung der Strömung lagern und die Stromwärme in der Wicklung vergrößern. Den Unterschied zwischen den Stromwärmen bei Speisung der Wicklung mit Wechsel- und Gleichstrom bei gleichen effektiven Strömen bezeichnet man als zusätzliche Stromwärme. Den Weg zur Berechnung dieser zusätzlichen Stromwärme hat im Jahre 1905 Field [L. 41 u. 42] gewiesen und gezeigt, daß bei unzweckmäßig entworfenen Wicklungen die Wechselstromwärme ein Mehrfaches der Gleichstromwärme betragen kann. In den Wicklungsteilen, die außerhalb der Nuten liegen, ist die zusätzliche Stromwärme gewöhnlich nur gering; in den in Nuten eingebetteten Teilen der Leiter ist sie um so größer, je näher diese Teile an der Nutöffnung liegen. Zur Beurteilung der zusätzlichen Stromwärme dient das Verhältnis k zwischen den Stromwärmen bei Wechselstrom und Gleichstrom; es ist das Verhältnis zwischen Echtwiderstand und Gleichwiderstand [L. 44] und soll als Widerstandsverhältnis bezeichnet werden.

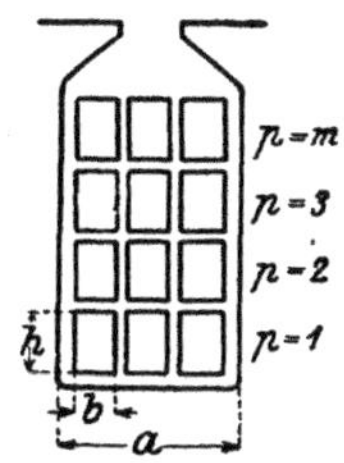

Abb. 240. Erläuterung der Bezeichnungen in den Gl. 73 u. 73a bis c.

Wir wollen drei Widerstandsverhältnisse unterscheiden:

a) das Widerstandsverhältnis der ganzen Wicklung,
b) das (mittlere) Widerstandsverhältnis der in den Nuten eingebetteten Wicklungsteile,
c) das Widerstandsverhältnis eines Leiters der p-ten Lage innerhalb der Nut.

Wenn die Leiter rechteckigen Querschnitt von der Breite b cm und der Höhe h cm haben und in einer ganz oder teilweise offenen Nut von der Breite a cm so angeordnet sind, daß n Leiter nebeneinander und m Leiter übereinander liegen (vgl. Abb. 240), so sind bei Reihenschaltung der Leiter für die drei Fälle a, b und c die Widerstandsverhältnisse

$$k = \frac{\varphi(\xi) + \frac{m^2 - 1}{3}\psi(\xi) + \lambda}{1 + \lambda}, \quad \ldots \ldots \quad (73\text{a})$$

$$k = \varphi(\xi) + \frac{m^2 - 1}{3}\psi(\xi), \quad \ldots \ldots \ldots \quad (73\text{b})$$

$$k = \varphi(\xi) + (p^2 - p)\,\psi(\xi). \quad \ldots \ldots \ldots \quad (73\text{c})$$

Darin ist λ das Verhältnis zwischen den Längen der außerhalb der Nut liegenden zu den innerhalb der Nut liegenden Leiterteilen; es ist ferner mit

$$\left.\begin{aligned} &\xi = \alpha h \qquad \text{und} \qquad \alpha = 2\pi\sqrt{\frac{n\,b}{a}\,\frac{f}{\varrho}}: \\ &\varphi(\xi) = \xi\,\frac{\mathfrak{Sin}\,2\xi + \sin 2\xi}{\mathfrak{Cos}\,2\xi - \cos 2\xi}, \qquad \psi(\xi) = 2\,\xi\,\frac{\mathfrak{Sin}\,\xi - \sin\xi}{\mathfrak{Cos}\,\xi + \cos\xi}, \end{aligned}\right\} \quad (73)$$

wenn f die Frequenz des Wechselstroms in der Sekunde und ϱ der spezifische Widerstand des Leitermetalls in cgs-Einheiten ($\varrho = \varrho' \cdot 10^5$, wenn ϱ' in Ohm mm²/m). [L. 46, S. 175 u. L. 50, S. 3].

Wenn $0 \leqq \xi \leqq 1{,}0$, wie in fast allen praktisch wichtigen Fällen, so ist angenähert [L. 43]

$$\varphi(\xi) = 1 + \frac{4}{45}\xi^4 \quad \text{und} \quad \psi(\xi) = \frac{1}{3}\xi^4 \quad . \quad . \quad . \quad . \quad (74)$$

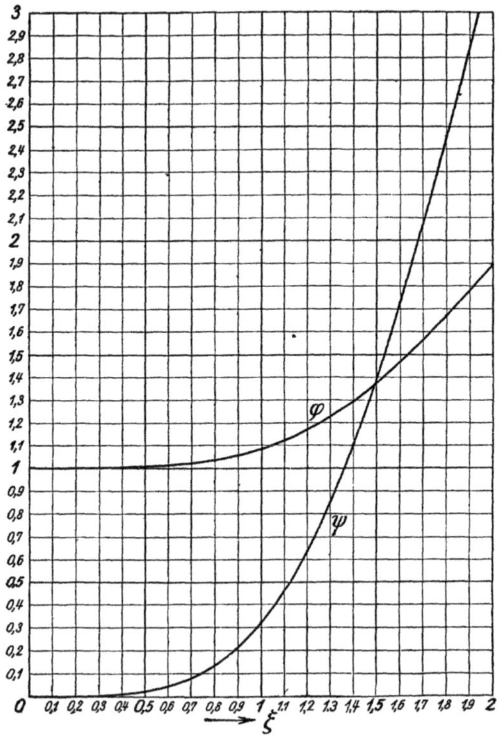

Abb. 241. Darstellung der Funktionen $\varphi(\xi)$ und $\psi(\xi)$.

Wir können dann für die Gl. 73a, b und c schreiben:

$$\boldsymbol{k = 1 + \frac{m^2 - 0{,}2}{9(1+\lambda)}\xi^4}, \quad . \quad . \quad . \quad . \quad . \quad . \quad . \quad . \quad (74\,\text{a})$$

$$\boldsymbol{k = 1 + \frac{m^2 - 0{,}2}{9}\xi^4}, \quad . \quad . \quad . \quad . \quad . \quad . \quad . \quad . \quad (74\,\text{b})$$

$$\boldsymbol{k = 1 + \frac{p^2 - p + 0{,}27}{3}\xi^4}. \quad . \quad . \quad . \quad . \quad . \quad . \quad (74\,\text{c})$$

Wenn $\xi > 2$, ist annähernd

$$\varphi(\xi) = \xi \quad \text{und} \quad \psi(\xi) = 2\,\xi \quad . \quad . \quad . \quad . \quad . \quad . \quad . \quad (75)$$

Die Gl. 73a, b und c gehen dann über in

$$k = \frac{2m^2+1}{3(1+\lambda)}\xi + \frac{\lambda}{1+\lambda}, \quad \ldots \ldots \quad (75\text{a})$$

$$k = \frac{2m^2+1}{3}\xi, \quad \ldots \ldots \ldots \ldots \quad (75\text{b})$$

$$k = (2p^2 - 2p + 1)\xi. \quad \ldots \ldots \ldots \quad (75\text{c})$$

Für $1 < \xi < 2$ können die Funktionen φ und ψ der Abb. 241 entnommen werden.

Das Verhältnis der zusätzlichen Stromwärmen bei kreisförmigen und bei quadratischen Leiterquerschnitten ist bei derselben Leiterhöhe [L. 48, S. 16]

$$\frac{k_{Kr} - 1}{k_{Qu} - 1} = 0{,}59 \,. \quad \ldots \ldots \ldots \ldots \quad (76)$$

Jede Wechselstromwicklung hat für eine bestimmte Leiterhöhe (die kritische Leiterhöhe) einen kleinsten Widerstand, so daß bei Überschreitung dieser Leiterhöhe trotz Vergrößerung des Leiterquerschnitts die Stromwärme der Wicklung zunimmt. Bei massiven Leitern bedeutet eine Überschreitung der kritischen Leiterhöhe im allgemeinen eine Verschwendung von Wicklungsmetall [L. 45 und 46]. Der Gleichwiderstand ist umgekehrt proportional der Leiterhöhe, also unter sonst gleichen Verhältnissen umgekehrt proportional der Größe ξ; die Wechselstromwärme ist deshalb proportional $\frac{k}{\xi}$. Unter Berücksichtigung von Gl. 74a erhalten wir bei rechteckigen Leiterquerschnitten für das praktisch wohl allein in Frage kommende Gebiet $0 \leqq \xi \leqq 1{,}0$ den Wert ξ_0, der der kritischen Leiterhöhe h_0 entspricht, zu

$$\xi_0 = \alpha h_0 = \sqrt[4]{\frac{3(1+\lambda)}{m^2 - 0{,}2}} \quad \ldots \ldots \ldots \quad (77')$$

oder für $m > 1$ angenähert

$$\boldsymbol{\xi_0 = \frac{1{,}33}{\sqrt{m}} \sqrt[4]{1+\lambda}} \,. \quad \ldots \ldots \ldots \quad (77)$$

Für $m = 1$ nimmt bei $\lambda > 0{,}7$ der Widerstand mit der Leiterhöhe ständig ab [L. 47, S. 182]. Mit dem kritischen Wert für ξ_0 erhalten wir nach Gl. 74a das Widerstandsverhältnis der ganzen Wicklung zu

$$\boldsymbol{k_0 = 1{,}33} \,, \quad \ldots \ldots \ldots \ldots \quad (78\text{a})$$

d. h. bei richtig entworfenen Wechselstromwicklungen soll die zusätzliche Stromwärme nicht größer als 33 v. H. der Gleichstromwärme betragen [L. 45, S. 111].

B. Wicklungen mit massiven Leitern. Aus Gl. 74a erkennen wir, daß innerhalb des hauptsächlich in Frage kommenden Gebiets für ξ die zusätzliche Stromwärme annähernd mit dem Quadrat der Lagenzahl m wächst. Der Lagenzahl ist aber die Größe $\xi = \alpha h$ umgekehrt proportional, wenn die gesamte Leiterhöhe $m h$ in der Nut dieselbe bleibt. Wir können deshalb für Gl. 74a auch schreiben

$$k = 1 + \frac{m^4 h^4 \alpha^4}{9\,(1+\lambda)} \cdot \frac{m^2 - 0{,}2}{m^4} \quad . \; . \; . \; . \quad (74'\mathrm{a})$$

und sehen, daß bei derselben gesamten Leiterbreite $n b$ quer zur Nut ($\alpha = \text{const}$) und bei derselben gesamten Leiterhöhe $m h$ in der Nut die zusätzliche Stromwärme proportional der Funktion $\frac{m^2 - 0{,}2}{m^4}$ ist. Diese Funktion ist in Abb. 242 dargestellt.

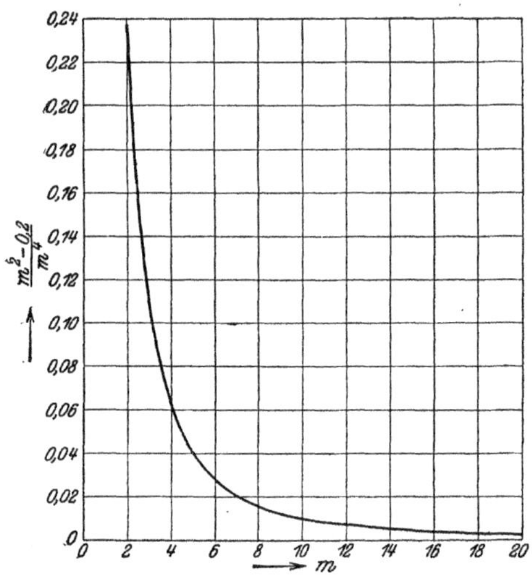

Abb. 242. Abhängigkeit der zusätzlichen Stromwärme von der Lagenzahl.

In Abb. 243 ist gezeigt, welchen großen Einfluß die Anordnung der Leiter in der Nut auf die zusätzliche Stromwärme hat. Für fünf verschiedene Gruppierungen der 18 Leiter in der Nut ist die zusätzliche Stromwärme $(k - 1)$ über der Nut angeschrieben. Dabei ist der Einfachheit wegen der Raumbedarf für die Isolierung der Leiter vernachlässigt. α ist dann unabhängig von der Nutbreite und für Kupferleiter bei 50 P./s etwa gleich 1. Unter dieser Annahme ist dann bei den angeschriebenen zusätzlichen Stromwärmen die gesamte Kupferhöhe in der Nut $m h = 2{,}5$ cm. Es empfiehlt sich also, möglichst viele Leiter in der Nut übereinander anzuordnen. Hierbei ist allerdings die zusätzliche Stromwärme, die vom Nutenlängsfeld herrührt, vernachlässigt. Diese ist um so größer, je breiter die Leiter sind. Das Nutenlängsfeld bildet sich hauptsächlich an der Nutöffnung aus, wo sich die Linien des Hauptfeldes ausbreiten (vgl. Abb. 35a u. b); bei halbgeschlossenen Nuten ist deshalb dieser Teil der zusätzlichen Stromwärme sehr gering.

Wir hatten bei der Beurteilung des Einflusses der Lagenzahl m auf die zusätzliche Stromwärme angenommen, daß die Gesamtzahl der Leiter in der Nut gegeben sei. Die Berechnung einer Wicklung führt aber zunächst auf die gesamte Zahl der in Reihe geschalteten Leiter oder Windungen der ganzen Wicklung und es steht dem Konstrukteur frei, gleichwertige, verschiedenen Nuten angehörige Teile

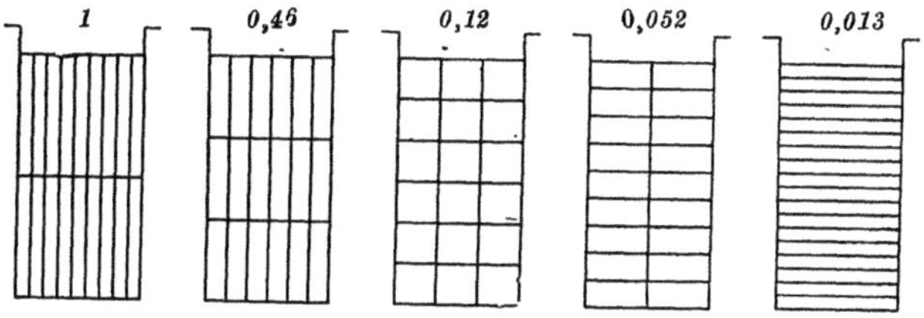

Abb. 243. Zusätzliche Stromwärme bei gleich großen Leiterquerschnitten, aber verschiedener Querschnittsform.

der Wicklung parallel zu schalten. Die Zahl der Leiter einer Nut ist nun unter sonst gleichen Verhältnissen der Zahl der parallelen Wicklungszweige proportional, so daß mit der Zahl der parallelen Zweige auch die Zahl m der übereinander liegenden Leiter in der Nut vergrößert wird. Abb. 242 stellt daher auch den Einfluß der Vergrößerung der Zahl der parallelen Wicklungszweige auf die zusätzliche Stromwärme dar. Die Parallelschaltung von möglichst vielen Wicklungszweigen ist ein sehr wirksames Mittel, um geringe zusätzliche Stromwärme zu erhalten [L. 48, S. 10].

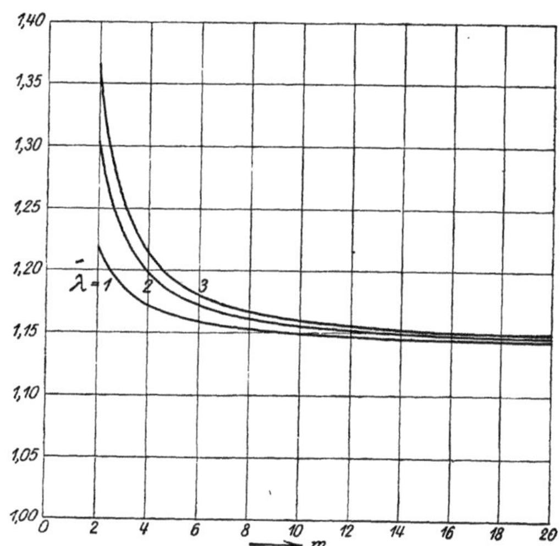

Abb 244. Verhältnis der Widerstandsminima bei Wicklungen mit gleichen und abgestuften Leiterhöhen.

Nach Gl. 74c ist die zusätzliche Stromwärme in den einzelnen Leiterlagen der Wicklung verschieden groß. Es gibt deshalb für jede Leiterlage auch eine Leiterhöhe, bei deren Überschreitung die Stromwärme in dieser Lage trotz Vergrößerung des Leiterquerschnitts zunimmt. Diese Leiterhöhe ist für die p-te Lage.

$$h_{p_0} = \frac{\xi_{p_0}}{\alpha} = \sqrt[4]{\frac{1+\lambda}{p^2-p}} \quad . \quad . \quad . \quad . \quad . \quad . \quad . \quad (79)$$

Mit diesen für die einzelnen Lagen verschiedenen Leiterhöhen läßt sich eine Wicklung entwerfen, deren zusätzliche Stromwärme geringer ist, als bei einer Wicklung mit Leitern gleicher Höhe, wie wir sie im Abschnitt A berechnet haben. In Abb. 244 ist für $\lambda = 1$, 2 und 3 das Verhältnis der Stromwärmen zweier Wicklungen mit gleichen und abgestuften Leiter als Funktion der Lagenzahl m dargestellt, wenn beide Wicklungen für die kleinste Stromwärme entworfen sind [L. 48, S. 6]. Wir erkennen hieraus, daß sich die zusätzliche Stromwärme bei niedriger Lagenzahl (m) durch Abstufung der Leiterhöhen wesentlich verringern läßt, daß der Gewinn bei größerer Lagenzahl aber nur gering ist. Praktisch wird die Abstufung der Leiterhöhen deshalb wohl nur bei $m = 2$ in der Nut übereinanderliegenden Leitern in Frage kommen.

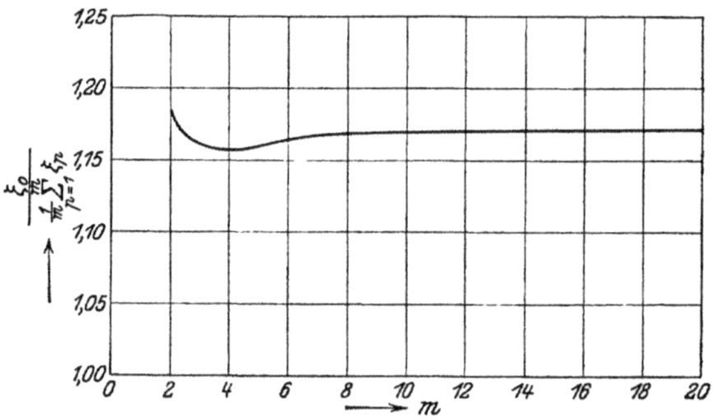

Abb. 245. Verhältnis der mittleren Leiterhöhen bei Wicklungen mit gleichen und mit abgestuften Leiterhöhen und derselben gesamten Stromwärme.

Vergleicht man eine Wicklung mit gleichen Leiterhöhen, die nach Gl. 77 für kleinste Stromwärme berechnt sind, mit einer Wicklung für dieselbe Stromwärme bei zweckmäßig abgestuften Leiterhöhen, so erhält man für das Verhältnis der gesamten Leiterhöhen in der Nut (Nuttiefen) die in Abb. 245 dargestellte Kurve. Durch Abstufung der Leiterhöhen lassen sich also etwa 17 v. H. an Wicklungsmetall ersparen [L. 48, S. 8].

Legt man andrerseits bei beiden Wicklungen denselben Aufwand an Wicklungsmetall zugrunde, so findet man, wenn beispielsweise die Leiterteile außerhalb der Nut doppelt so lang sind wie die in Nuten eingebetteten Leiterteile ($\lambda = 2$), daß durch Abstufung der Leiterhöhen die kleinste zusätzliche Stromwärme um etwa 7 v. H. verringert werden kann [L. 48, S. 8].

C. Wicklungen für kleinste Erwärmung bei massiven Leitern. Im letzten Abschnitt haben wir gesehen, daß bei gegebenem Metallaufwand die gesamte Stromwärme der Wicklung verringert wird, wenn die Leiterhöhen in der Nut derart abgestuft werden, daß sie nach der Nutöffnung zu abnehmen. Dadurch wird aber die Wärmeabführung in den oberen Lagen, die die größte Wärme entwickeln und die kleinste Oberfläche haben, erschwert. Die Aufgabe, eine Wicklung mit kleinster Erwärmung zu entwerfen, führt dazu, die Leiterhöhen in umgekehrtem Sinne abzustufen, so daß die Leiterhöhe nach der Nutöffnung hin zunimmt [L. 48, S. 23]. Aus diesem Grunde wird man meistens die Wicklung mit gleichen Leiterhöhen bevorzugen, und die etwas größere gesamte Stromwärme der Wicklung in Kauf nehmen, besonders wenn die Lagenzahl größer als 2 ist, weil dann auch durch die Abstufung der Leiterhöhen die Herstellung der Wicklung erschwert wird, während der Einfluß auf die gesamte Stromwärme nach Abb. 244 nur gering ist.

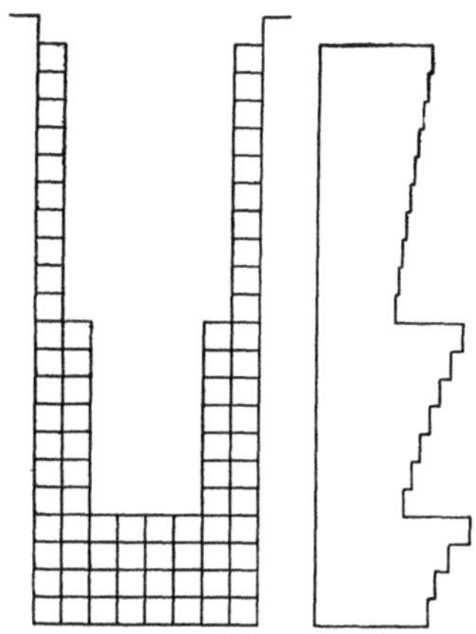

Abb. 246. Leiteranordnung (links) zur Vergleichmäßigung der Stromwärme (rechts) in den einzelnen Leiterlagen.

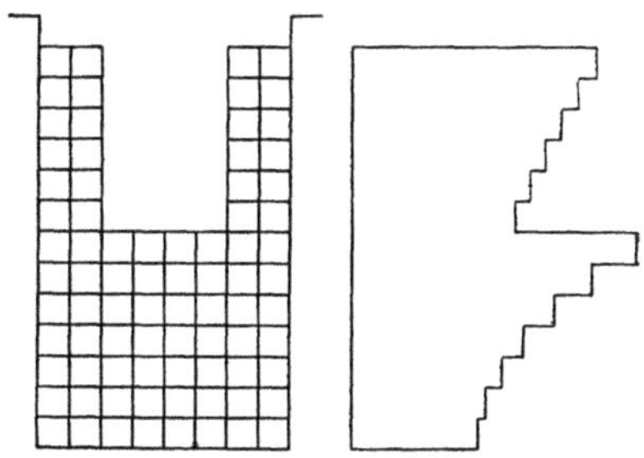

Abb. 247. Leiteranordnung (links) zur Verringerung der Stromwärme (rechts) in den oberen Leiterlagen.

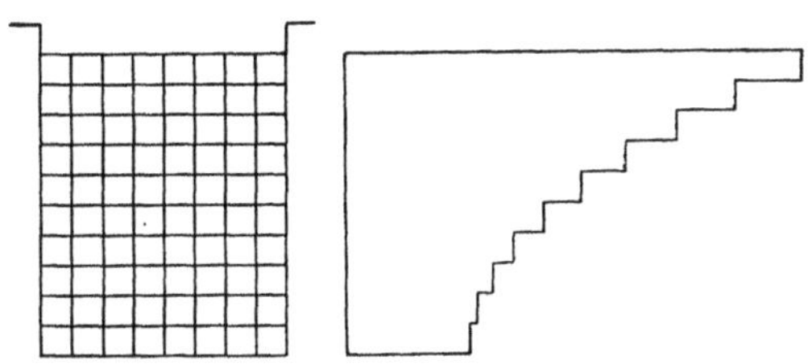

Abb. 248. Stromwärme (rechts) in den einzelnen Leiterlagen bei gleich vielen Leitern (links) in jeder Lage.

Um die Erwärmung der Leiterlagen, die in der Nähe der Nutöffnung liegen, zu verringern, kann bei Vergrößerung der Nuttiefe die Zahl der in der Nut nebeneinander liegenden Leiter nach der Nutöffnung zu verkleinert werden, so daß die Wärmeentwicklung in jeder Leiterlage ungefähr gleich groß ist [L. 48, S. 23 bis 35]. Dadurch wird die gesamte Stromwärme der Wicklung nicht merklich beeinflußt, wenn Breite und Höhe jedes Leiters dieselben bleiben. Solche Wicklungen sind in Abb. 246 und 247 für 80 Leiter in der Nut dargestellt. Rechts davon sind die Stromwärmen in den einzelnen Lagen der Nut als Funktion der Lage dargestellt. Abb. 248 zeigt die Stromwärme der Lagen für dieselbe gesamte Leiterzahl, aber mit gleich vielen Leitern in jeder Lage. Während in Abb. 248 die Stromwärme in der obersten Lage beispielsweise 3,8 mal so groß ist wie in der untersten, beträgt das Verhältnis der größten Stromwärme einer Lage zur Stromwärme der untersten Lage 2,3 in Abb. 247 und nur 1,35 in Abb. 246. Der freie Raum innerhalb der Nut bei den Abb. 246 und 247 kann als Lüftungskanal dienen.

D. Wicklungen mit unterteilten Leitern. Die Wicklungen für Maschinen großer Leistung lassen sich bei großen Leiterhöhen nicht mehr mit massiven Leitern ausführen. Man muß den Leiter in Einzelleiter unterteilen und diese an den Enden des Leiters, einer Windung oder eines Wicklungsteils leitend miteinander verbinden.

Abb. 249. Flach gepreßte Litze mit einer einzigen Faserschicht.

Die einfache Unterteilung des Leiters hat aber noch keine wesentliche Verringerung der zusätzlichen Stromwärme zur Folge. Die Einzelleiter müssen vielmehr so in den Nuten angeordnet werden, daß alle Einzelleiter mit annähernd demselben Nutenfluß verkettet sind. Eine gewöhnliche Litze entspricht dieser Forderung nicht, weil die äußern und innern Fasern der Litze mit verschieden großen Induktionsflüssen verkettet sind. Besteht die Litze dagegen nur aus einer einzigen Faserschicht, wie es z. B. Abb. 249 darstellt [L. 51, S. 126], so verläuft jede Faser zickzackförmig zwischen dem untern und obern Rande des Leiters. Mit allen Fasern ist derselbe Nutenfluß verkettet, wenn die Gangzahl der Litze innerhalb des in der Nut liegenden Teils eine ganze Zahl ist. Die gesamte Breite dieses Litzenleiters ist doppelt so groß wie die Breite eines Einzelleiters, so daß bei genügend feiner Unterteilung der Leiter sehr schmal ist.

Dieser Nachteil ist bei dem Roebelschen Ankerstab der Firma Brown, Boveri & Cie beseitigt, bei dem die Einzelleiter flache Bänder bilden, die so gebogen sind, daß ihre Mittellinien innerhalb der Nut ebenso verlaufen wie die Fasern einer einschichtigen Litze und jeder Einzelleiter innerhalb der Nut einen vollen Schraubengang bildet. Die Breite des Stabes ist hier unabhängig von der Höhe des Einzelleiters. Abb. 250 zeigt die Ausführung solcher Stäbe, aus denen sich die ganze Wicklung zusammensetzt. Die untern beiden Bilder stellen

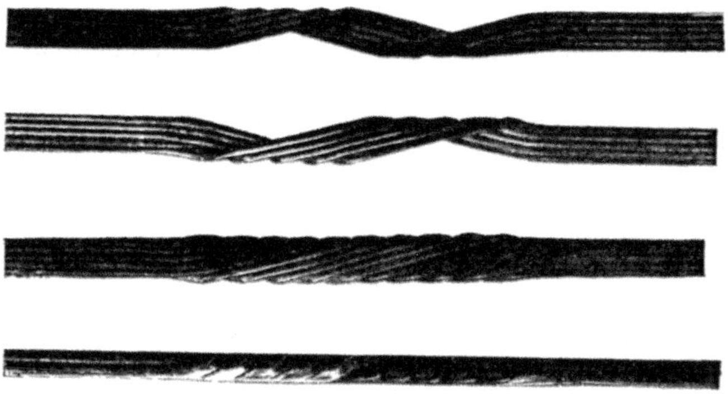

Abb. 250. Roebelscher Ankerstab der Firma Brown, Boveri & Cie.

den Stab in zwei Ansichten dar, darüber sind die beiden auseinander gespaltenen Gruppen der Einzelleiter, die in der Nut nebeneinander liegen, abgebildet. Die geraden Teile der Einzelleiter liegen in der Maschine außerhalb der Nut. Bei genügend feiner Unterteilung der Einzelleiter in der Stabhöhe läßt sich mit solchem Stab die zusätzliche Stromwärme praktisch vollkommen unterdrücken.

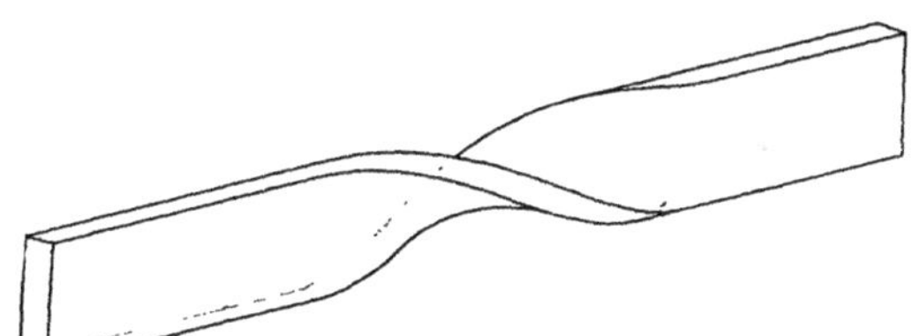

Abb. 251. Leiterverdrillung um 180°.

Auf einfachere, aber im allgemeinen nicht so wirksame Weise läßt sich die zusätzliche Stromwärme unterdrücken, wenn die Querverbindungen der Wicklung so ausgeführt werden, daß die Reihenfolge der Einzelleiter in der einen Spulenseite die umgekehrte ist wie in der andern. Innerhalb der Nut können dann die Einzelleiter parallel und geradlinig liegen und jeder Einzelleiter kann die volle Breite des zusammengesetzten Leiters erhalten. Die Umkehr der Reihenfolge der Einzelleiter läßt sich durch eine Verdrillung des unterteilten Leiters um 180° erreichen, wie es Abb. 251 darstellt. Auf technisch einfachere Weise kann die Änderung der Reihenfolge der Einzelleiter auch durch einfache Biegungen erreicht werden

[L. 50, S. 30 bis 34]. Die praktisch wichtigsten Beispiele dieser Art sind durch die Spulenköpfe in Abb. 181 a, b und c (Abschn. 26) gekennzeichnet. Verfolgen wir z. B. die Oberkante einer Spulenseite über die Querverbindung, so wird sie in der andern Spulenseite zur Unterkante und umgekehrt. Diese Umkehr der Reihenfolge der Einzelleiter ist für eine Wicklung mit nur einer Stablage in Abb. 252 schematisch dargestellt. Es ist nicht nötig die Verschränkung in jeder Windung vorzunehmen, es genügt vielmehr eine Verschränkung in der Mitte des Wicklungszweigs zwischen den leitend verbundenen Enden der Einzelleiter. Bei genügend feiner Unterteilung und Vernachlässigung der Isolierung zwischen den Einzelleitern ist das Widerstandsverhältnis (S. 50, S. 9].

$$k = \varphi\left(\frac{\xi}{2\sqrt{1+\lambda}}\right), \quad \ldots \ldots \quad (80)$$

worin die Funktion φ dieselbe Bedeutung hat wie im Abschnitt A und $\xi = \alpha h$ aus der gesamten Höhe h des zusammengesetzten Leiters zu berechnen ist.

Gl. 80 gilt auch für Wicklungen mit mehreren Leiterlagen ($m > 1$), wobei es gleichgültig ist, ob die Verschränkungen in allen oder nur in den hinteren Querverbindungen ausgeführt werden.

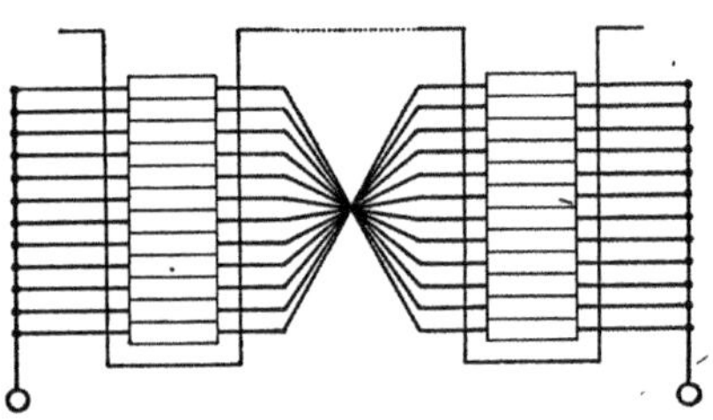

Abb. 252. Schematische Darstellung der Leiterverdrillung.

Mit der einfachen Verschränkung nach Abb. 252 wird sich die zusätzliche Stromwärme bei mehreren Leiterlagen wohl immer praktisch genügend unterdrücken lassen. In den meisten Fällen wird dies auch bei Wicklungen mit nur einer Leiterlage der Fall sein. Bei sehr großen Generatoren kommen jedoch Nuttiefen bis zu 10 cm vor. Dann erhält man mit der einfachen Verschränkung nach Abb. 252 eine zu große zusätzliche Stromwärme. Schaltet man jedoch die Einzelleiter nach Abb. 253a oder b [L. 54], so lassen sich auch die schwierigsten Fälle durch eine einfache Verschränkung beherrschen. Bei Abb. 253a müssen sämtliche Einzelleiter, bei Abb. 253b zwei Gruppen der Einzelleiter über zwei volle Windungen voneinander isoliert bleiben. Für diese Wicklungen ist bei genügend feiner Unterteilung der Einzelleiter das Widerstandsverhältnis

$$k = \varphi\left(\frac{\xi}{4\sqrt{1+\lambda}}\right), \quad \ldots \ldots \quad (81)$$

worin $\xi = \alpha h$ wieder der gesamten Höhe des ganzen zusammengesetzten Einzelleiters (hier annähernd gleich der Nuttiefe) entspricht.

Die Wechselstromwicklungen werden zuweilen auch wie die üblichen Gleichstrom-Ankerwicklungen als Zweischichtwicklungen ausgeführt. Hierbei nimmt die eine Spulenseite immer die untere, die andere Spulenseite die obere Hälfte der Nut ein. Die Spulenelemente solcher Wicklungen haben wir im Abschnitt 19 B und C behandelt. Die einzelnen Spulen können dabei entweder in Form von Schleifen oder Wellen geschaltet werden. Wenn jede Spule aus nur

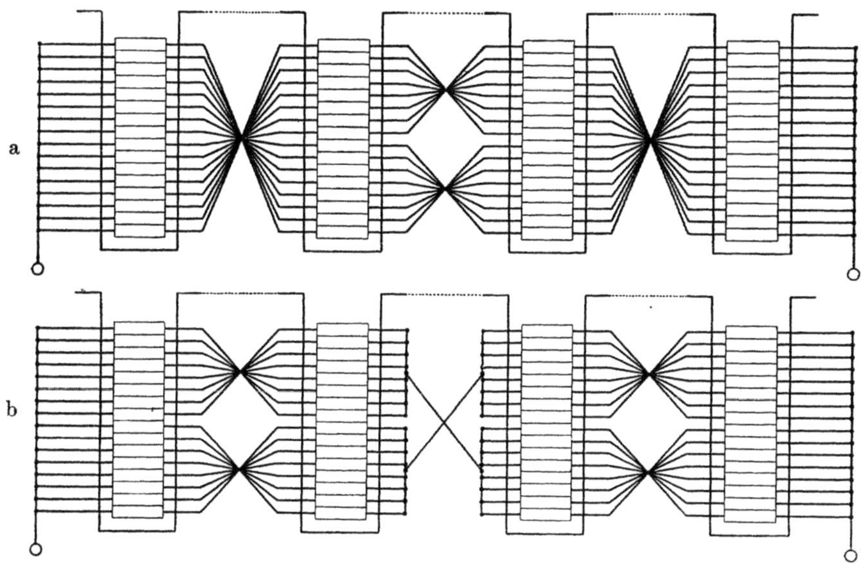

Abb. 253a u. b. Leiterverdrillung bei sehr tiefen Nuten. a) Sämtliche Einzelleiter sind erst an den Enden zweier Windungen, b) die Einzelleiter jeder der zwei Gruppen sind nach jeder Windung leitend miteinander verbunden.

einer Windung besteht, liegen immer zwei Leiter in der Nut übereinander. Bei unterteilten Leitern erhält man dann die kleinste zusätzliche Stromwärme, wenn die Leiter nur in solchen Querverbindungen verschränkt werden, die auf derselben Seite des Ankers liegen, wenn also die Spulenköpfe auf der einen Ankerseite nach Abb. 95a, auf der andern Seite des Ankers nach Abb. 95b ausgeführt werden. Das Widerstandsverhältnis ist dann durch Gl. 80 gegeben [L. 50].

Bei Zweischichtwicklungen mit zwei in der Spulenseite übereinanderliegenden und in Reihe geschalteten Leitern, also mit 4 Leiterlagen in der Nut, ergeben die in den Abb. 108a u. b dargestellten Wicklungselemente die kleinste zusätzliche Stromwärme [L. 56]. Das

Widerstandsverhältnis ist bei genügend feiner Unterteilung wieder durch Gl. 80 gegeben, wenn $\xi = \alpha h$ die gesamte Höhe des zusammengesetzten Leiters ist, die also bei Vernachlässigung der Isolierung gleich dem 4. Teil der Nuttiefe ist.

Die Zahl der in einem Leiter übereinanderliegenden Einzelleiter ist so groß zu wählen, daß das bei Reihenschaltung sämtlicher Einzelleiter nach Gl. 74a berechnete Widerstandsverhältnis nicht wesentlich von der Einheit abweicht.

E. Wicklungen mit magnetischen Hilfskreisen. Die zusätzliche Stromwärme kann bei unterteilten Leitern auch durch besondere magnetische Hilfskreise unterdrückt werden, die so um die Einzelleiter geschlungen werden, daß alle Einzelleiter dieselbe Induktivität erhalten und der Strom sich auf die parallel geschalteten Einzelleiter gleichmäßig verteilt [L. 58 bis 61]. Diese magnetischen Hilfskreise können innerhalb der Nuten, in den Querverbindungen der Wicklung oder, wenn die Einzelleiter bis zu den Klemmen der Maschine voneinander isoliert bleiben, auf dem Wege von der Wicklung zu den Klemmen angeordnet werden. Von den zahlreichen Ausführungsmöglichkeiten dieser Art sei hier nur das Ausführungsbeispiel in Abb. 254 kurz besprochen. Jede Nut erhält einen Leiter, der aus 6 übereinander liegenden Einzelleitern besteht, die mindestens über eine volle Windung voneinander isoliert bleiben. Die Querverbindung ist nach Abb. 181a, b oder c ausgeführt, so daß die Reihenfolge der 6 Einzelleiter, die in Abb. 254 kreuzweise schraffiert sind, in der einen Spulenseite umgekehrt ist wie in der andern. Wenn dann noch die schwarz ausgefüllten Eisenbleche s_1 (1 mm dick) und s_2 (0,5 mm dick) in dem Teil innerhalb der Nut zwischen den untersten drei Einzelleitern eingefügt werden, verteilt sich der gesamte Strom gleichmäßig über die 6 Einzelleiter. Die zusätzliche Stromwärme wäre dann unterdrückt, wenn die zusätzliche Stromwärme bei Reihenschaltung der 6 Einzelleiter null wäre. Dies wird, da die Höhe eines Einzelleiters nur 1,2 cm beträgt, der Fall sein, wenn die Einzelleiter gewöhnliche Litzen sind. Statt der Eisenbleche s_1 und s_2 innerhalb der Nuten können entsprechende Hilfskreise auch um die Einzelleiter in den

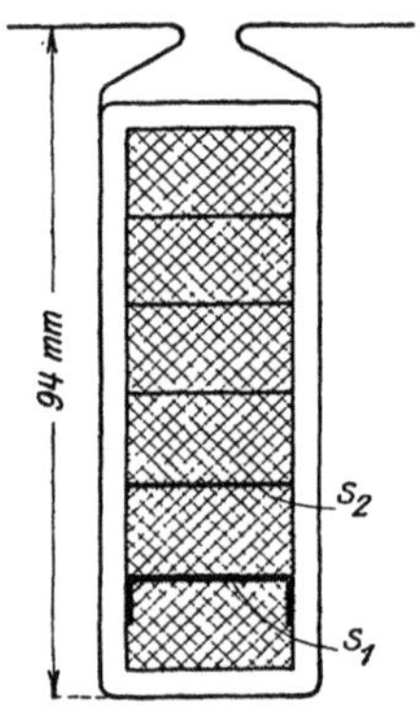

Abb. 254. Querschnitt durch die Nut einer Wicklung zur Unterdrückung der zusätzlichen Stromwärme durch magnetische Zwischenlagen (s_1 und s_2).

Querverbindungen oder um die Verbindungsleitungen zwischen der Wicklung und den Klemmen der Maschine geschlungen werden.

F. Die zusätzliche Stromwärme bei Stromwenderwicklungen. Bei einer Gleichstrom-Ankerwicklung mit Stromwender ist der in einem Leiter fließende Strom ebenfalls ein Wechselstrom, weil der Strom durch die Bürsten und den Stromwender periodisch gewendet wird. Deshalb können auch bei einer Gleichstrom-Ankerwicklung dieselben Mittel zur Verringerung der zusätzlichen Stromwärme angewendet werden wie bei den Wechselstromwicklungen. Der Strom ist jedoch bei den Stromwenderwicklungen keine Sinusfunktion, wie es bei der Berechnung der zusätzlichen Stromwärme in Wechselwirkungen vorausgesetzt ist, sondern er wird innerhalb einer sehr kurzen Zeit, während der Leiter durch die Bürsten kurzgeschlossen ist, gewendet. Die zusätzliche Stromwärme, die in einer Gleichstrom-Ankerwicklung auftritt, ist deshalb immer größer als die nach den Gleichungen für die Wechselstromwicklungen berechnete zusätzliche Stromwärme, wenn man dabei die Grundwelle des in dem Leiter der Stromwenderwicklung fließenden Stromes einführt. Die Frequenz dieser Grundwelle ist

$$f = \frac{n}{60} p, \qquad (82)$$

wenn mit n die Umlaufzahl in der Minute und mit p die Polpaarzahl bezeichnet wird.

Setzen wir bei einer Stromwenderwicklung geradlinige Stromwendung voraus, so ist für eine Durchmesserwicklung, deren Nutenzahl gleich der Stromwenderstegzahl ist ($u = 1$), das Widerstandsverhältnis

$$k = 1 + \frac{2{,}4\,\alpha^2 (m h)^2}{\pi} \frac{1}{1+\lambda} \frac{1}{2 + C m^2}. \qquad (83)$$

Darin ist

$$C = \frac{\pi^3}{2\alpha^2 (m h)^2} \frac{\beta}{\tau} \qquad (83\text{a})$$

und $\frac{\beta}{\tau}$ das Verhältnis der Bürstenbreite zu der auf den Stromwenderumfang bezogenen Polteilung. Die übrigen Größen haben dieselbe Bedeutung wie im Abschnitt A [L. 63 S. 276 u. L. 50, S. 38 bis 40].

Für Sehnenwicklungen und für Wicklungen mit $u > 1$ verringert sich die zusätzliche Stromwärme; wenn die Stromwendung nicht geradlinig erfolgt, wird sie größer. Das nach Gl. 83 berechnete Widerstandsverhältnis stellt also, wenn die Stromwendung geradlinig ist, einen oberen Grenzwert dar.

Auch bei den Stromwenderwicklungen gibt es eine kritische Leiterhöhe, bei deren Überschreitung die zusätzliche Stromwärme trotz

Vergrößerung des Leiterquerschnitts zunimmt. Wenn die Stromwendung plötzlich erfolgt ($\beta = 0$), ist die kritische Leiterhöhe

$$h_0 = \frac{\sqrt{3\pi}}{2} \cdot \frac{\sqrt{1+\lambda}}{a m}; \quad \quad (84)$$

die gesamte Höhe $m h_0$ der in der Nut übereinander liegenden Leiter ist also von der Lagenzahl m unabhängig. Mit der kritischen Leiterhöhe wird unter den gemachten Annahmen

$$k_0 = 2. \quad \quad (85)$$

Bei Berücksichtigung der Dauer der Stromwendung ($\beta > 0$), erhält man eine etwas größere kritische Leiterhöhe, als Gl. 84 angibt.

34. Die magnetisierende Wirkung der Querverbindungen.

Der in den Querverbindungen der Wicklung fließende Strom erregt ein magnetisches Feld, das teilweise in benachbarten Eisenteilen der Maschine, den Preßplatten des Ankers und den Lagerschilden oder Wicklungskappen, seinen magnetischen Schluß findet. Dieses magnetische Feld äußert sich auf zweifache Weise. Zunächst erhöht es die Streuinduktivität der Wicklung, dann aber induziert es auch in den massiven Eisenteilen der Maschine Wirbelströme. In Abb. 255 ist zur Veranschaulichung des Vorgangs dargestellt, wie eine Induktionslinie (gestrichelt) mit den Spulenköpfen verkettet ist und ihren Weg teilweise durch die benachbarten Eisenteile findet. Die Erhöhung der Streuinduktivität ist in sehr vielen Fällen unerwünscht, die Wirbelströme in den Eisenteilen sind aber unter allen Umständen schädlich, weil sie die Maschine erwärmen und ihren Wirkungsgrad verringern.

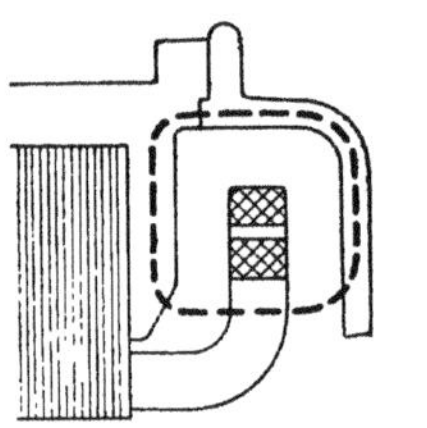

Abb. 255. Streufluß in den massiven Gehäuseteilen.

Die in Abschnitt 26 behandelten Wicklungen verhalten sich in bezug auf die magnetisierende Wirkung der Querverbindungen verschieden, deshalb wollen wir für die wichtigsten Wicklungen, die dreiphasigen, zunächst die Durchflutung der Querverbindungen untersuchen.

A. Die Durchflutung der Querverbindungen bei Dreiphasenwicklungen. In Abb. 256a sind die Querverbindungen einer vierpoligen Wicklung mit $q = 2$ Nuten für Pol und Strang, deren Spulenköpfe in zwei Etagen angeordnet sind, dargestellt. Die drei Wicklungsstränge sind wieder durch verschiedene Stricharten unterschieden. In gleicher Weise sind auch im Zeitdiagramm Abb. 257 (dicke Strahlen 1, 5, 9) die drei Ströme bezeichnet, die in den Spulenquerverbindungen fließen. Die den Strahlen in Abb. 257 entsprechenden positiven Ströme sind in Abb. 256a durch Pfeile angedcutet und ergeben sich aus der Schaltung der Spulen in Abb. 199. Bilden wir nun die resultierenden Durchflutungen der Querverbindungen, indem wir durch die Achse der Maschine eine Ebene legen, und die von dieser Ebene jeweils geschnittenen Ströme der Querverbindungen addieren, so wird ihre Durchflutung für die in Abb. 256a mit den Zahlen 1 bis 12 bezeichneten Zonen durch die entsprechend bezeichneten Strahlen in Abb. 257 dargestellt. Die Strahlen liegen auf einem Sechseck [L. 64], dessen umschriebener Kreis den Radius qI hat, wenn I der gesamte Strom einer Spulenquerverbindung, also auch der einer Spulenseite ist.

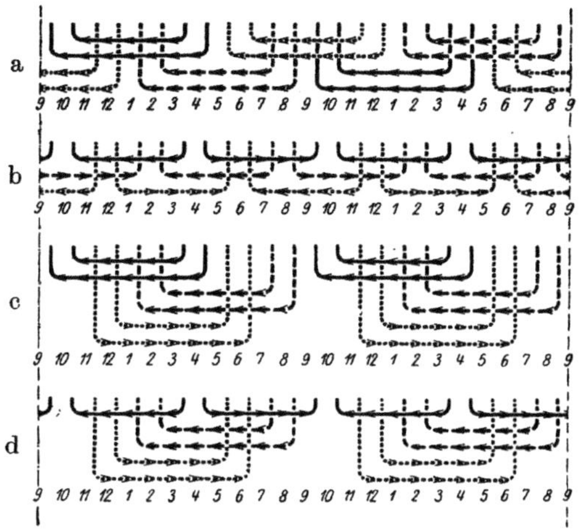

Abb. 256a bis d. Strom in den Querverbindungen bei Dreiphasenwicklungen mit zweifachen (a), dreifachen gleichmäßig verteilten (b), dreifachen zusammengedrängten (c) und dreifachen teilweise zusammengedrängten (d) Wicklungsköpfen.

Dieselbe resultierende Durchflutung der Querverbindungen nach Größe und Phase erhalten wir auch bei der Wicklung in Abb. 256b, deren Spulenköpfe in drei Etagen angeordnet sind. Auch in dieser Abbildung sind die dem Zeitdiagramm entsprechenden positiven Stromrichtungen, die sich aus der Schaltung der Spulen (Abb. 195) ergeben, durch Pfeile angedeutet. Die in den Querverbindungen von links nach rechts fließenden Ströme haben wir bei der Bestimmung der resultierenden Durchflutung negativ einzuführen, wenn wir die von rechts nach links fließenden Ströme als positiv bezeichnen.

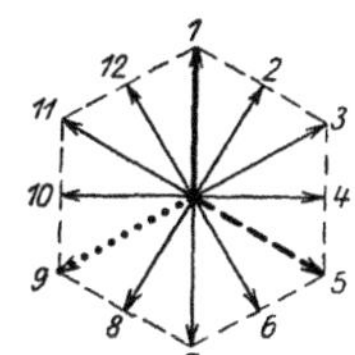

Abb. 257. Strom- und Durchflutungsdiagramm der Querverbindungen nach Abb. 256a u. b.

Bei den Wicklungsköpfen in Abb. 256a und b stellen, wie sich leicht zeigen läßt [L. 64], die auf die Zeitlinie projizierten Strahlen der Abb. 257 für jeden Augenblick die Ordinaten der Erregerkurve (vgl. Abschnitt 48C) der Wicklung in den Zonen 1 bis 12 dar. Auch bei anderen Nutenzahlen q für Pol und Strang liegen bei der Dreiphasenwicklung die Strahlen für die resultierende Durchflutung der Querverbindungen auf einem regelmäßigen Sechseck.

Für die Querverbindungen in Abb. 256c und 256d, die den Wicklungen mit geteiltem Ständer in Abb. 196 und 197 entsprechen, sind die resultierenden Durchflutungen der Querverbindungen in Abb. 258 und 259 dargestellt. Die einzelnen mit 1 bis 12 bezeichneten Strahlen entsprechen wieder den Durchflutungen der Querverbindungen nach Größe und Phase in den Zonen 1 bis 12 der Abb. 256c und 256d. Auch hier liegen die Endpunkte der Strahlen, die die resultierenden Durchflutungen der Querverbindungen darstellen, auf einem regelmäßigen Sechseck, dessen umschriebener Kreis

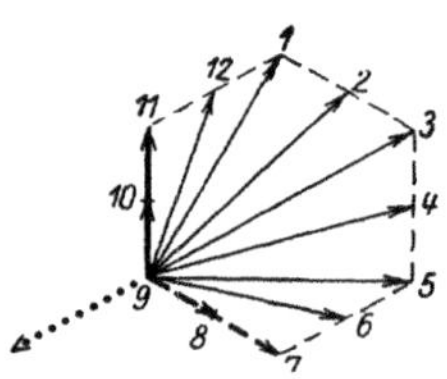

Abb. 258. Strom- und Durchflutungsdiagramm der Querverbindungen nach Abb. 256c.

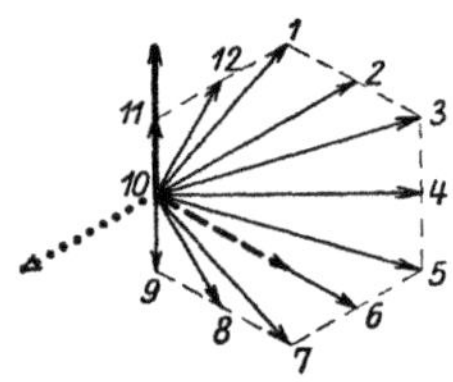

Abb. 259. Strom- und Durchflutungsdiagramm der Querverbindungen nach Abb. 256d.

den Radius qI hat. Der Pol der Strahlen liegt jedoch bei Abb. 258 in einer Ecke des Sechsecks, in Abb. 259 auf der Mitte einer Seite.

Es verhalten sich die Höchstwerte der Durchflutung der Querverbindungen bei Wicklungen nach Abb. 256a oder b, 256c und 256d wie $1:2:{}^1/_2\sqrt{13} = 1:2:1{,}8$ (vgl. Abb. 260). Ersetzen wir in den Diagrammen Abb. 257, 258 und 259 die Sechsecke durch die umschriebenen Kreise und ziehen die Strahlen so, daß ihre Endpunkte um gleiche Bogenteile auf dem Kreise voneinander entfernt sind, so erhalten wir im wesentlichen dieselbe Verteilung der resultierenden Durchflutung der Querverbindungen wie in den Abb. 257, 258 und 259. Nehmen wir dann noch an, daß die Wirbelstromwärme in massiven Eisenteilen proportional dem Quadrat der Durchflutung ist, entsprechend unveränderlicher Permeabilität im Eisen, so erhalten wir mit den Wicklungsköpfen in Abb. 256c und 256d die doppelte gesamte Wirbelstromwärme in massiven Eisenteilen wie mit den Wicklungsköpfen in Abb. 256a und 256b. Hierbei haben wir jedoch nur den Streufluß berücksichtigt. Wir werden in Abschnitt C sehen, daß bei den Wicklungsköpfen nach Abb. 256c und 256d auch ein Teil des Hauptflusses durch die massiven Eisenteile fließt und bedeutende Wirbelstromwärme hervorruft.

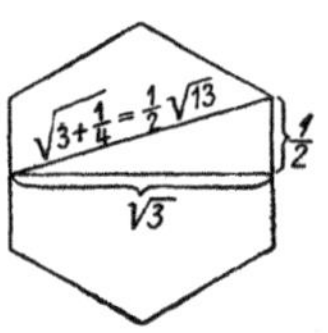

Abb. 260. Berechnung des Strahls 3 in Abb. 259.

Dieselben resultierenden Durchflutungen wie die Wicklungen in

Abb. 256a, b, c ergeben die Wicklungen in Abb. 198 u. 202, Abb. 201 u. 204, Abb. 203.

B. Die Induktivität der Querverbindungen. Aus den Diagrammen Abb. 257 bis 259 können wir auch erkennen, in welchem Sinne und Grade die Induktivität der Querverbindungen eines Wicklungsstrangs durch die andern Wicklungsstränge beeinflußt wird.

Um die verschiedenen Wicklungen in dieser Hinsicht miteinander zu vergleichen, wollen wir der Einfachheit wegen annehmen, daß sämtliche axial oder radial nebeneinander liegenden Spulenköpfe räumlich zusammenfallen, so daß das von einem Spulenkopf erregte magnetische Feld mit allen nebeneinander liegenden Spulenköpfen verkettet ist (gegenseitige Streuung Null). Wir erhalten in diesem Falle natürlich viel zu große Werte für die Induktivität; die Unterschiede der einzelnen Wicklungen, die in der verschiedenartigen gegenseitigen Beeinflussung der Spulen und Wicklungsstränge bestehen, kommen dann aber in verschärften Maße zum Ausdruck. Die in den Abb. 256a bis d dargestellten Wicklungsköpfe wollen wir miteinander vergleichen.

Die Induktivität ist proportional dem Produkt aus Fluß und Windungszahl. Den Fluß in je einer der in Abb. 256a bis d bezeichneten Zonen können wir proportional der resultierenden Durchflutung der Querverbindung in diesen Zonen setzen, die durch die Diagramme Abb. 257 bis 259 veranschaulicht wird. Die Windungszahl ist proportional der Zahl der in den Querverbindungen nebeneinander liegenden Spulenköpfe des betrachteten Wicklungsstrangs. Wir bilden die Produkte aus der resultierenden Durchflutung in jeder Zone mit der Zahl der nebeneinander liegenden Spulenköpfe des betrachteten Strangs und summieren diese Produkte über eine Polpaarteilung. Dabei wollen wir den Strom in jeder Spulenseite $I = 1$ setzen.

Bei der Wicklung in Abb. 256a sind also für den voll ausgezogenen Strang die Strahlen 11, 12, 1, 2, 3 in Abb. 257 zu addieren und mit 2 zu multiplizieren, weil die entsprechenden Flüsse mit $q = 2$ Spulenquerverbindungen verkettet sind. Die den Strahlen 10 und 4 entsprechenden Flüsse sind nur mit je einer Spulenquerverbindung verkettet, brauchen aber nicht berücksichtigt zu werden, weil sie gleich groß und um 180^0 in der Phase verschoben sind, sich also aufheben. Beachten wir, daß die Länge des Strahles 1 in Abb. 257 gleich $q = 2$ ist, so erhalten wir für die Summe der Flüsse die Vergleichszahl $2 \cdot 2\ (2 + 2 \cos^2 30^0) = 14$, d. h. die resultierende Induktivität des voll ausgezogenen Wicklungsstrangs über eine Polpaarteilung ist 14 mal so groß wie die auf eine Zone fallende Selbstinduktivität einer einfachen Spulenverbindung.

Betrachten wir dagegen die Selbstinduktivität des voll ausgezogenen Wicklungsstrangs, so sind die Flüsse in den Zonen, wo Querverbindungen dieses Wicklungsstrangs liegen, alle phasengleich und haben in den Zonen 10 und 4 den Wert 1, in den Zonen 11, 12, 1, 2 und 3 den Wert 2. Dort, wo sie gleich 1 sind, sind sie mit einem Spulenkopf, dort wo sie gleich 2 sind, mit zwei Spulenköpfen verkettet. Wir erhalten also für die Selbstinduktivität eines Wicklungsstrangs die Vergleichszahl $2 + 4 \cdot 5 = 22$. Die Induktivität der Spulenquerverbindungen eines Wicklungsstrangs wird also durch die übrigen Wicklungsstränge so beeinflußt, daß die resultierende Induktivität merklich kleiner ist (14) als die Selbstinduktivität (22). In Wirklichkeit ist der Unterschied natürlich wesentlich kleiner, als die Vergleichszahlen 14 und 22 angeben, weil die von den einzelnen Spulenquerverbindungen erregten Flüsse gegen die andern Querverbindungen stark streuen. Die EMK der resultierenden Induktivität hat nach Abb. 257 dieselbe Phase wie die der Selbstinduktivität. Für die andern beiden Wicklungsstränge gilt Entsprechendes.

Bei der Bestimmung der resultierenden Induktivität für die Wicklungsköpfe nach Abb. 256b müssen wir beachten, daß die Stromrichtung in den Spulenquerverbindungen desselben Wicklungsstrangs innerhalb einer Polpaarteilung wechselt; sie ist in der einen Spulenquerverbindung von rechts nach links, in der andern von links nach rechts gerichtet. Deshalb müssen wir in Abb. 257 von der Resultierenden der Durchflutungen 11, 12, 1, 2, 3 die Resultierende der Durchflutungen 5, 6, 7, 8, 9 abziehen. Wir erhalten für die resultierende Induktivität wieder die Vergleichszahl 14. Die Selbstinduktivität ist hier aber nur $5 + 5 = 10$. Hier ist also im Gegensatz zu den Wicklungsköpfen in Abb. 256a die resultierende Induktivität größer als die Selbstinduktivität. Die EMK der resultierenden Induktivität hat auch hier dieselbe Phase wie die der Selbstinduktivität des betrachteten Wicklungsstrangs.

Bei den Wicklungsköpfen nach Abb. 256c und 256d sind die resultierenden Induktivitäten für die einzelnen Wicklungsstränge nicht gleich groß und die entsprechenden EMKe haben im allgemeinen auch eine andere Phase als die EMKe der Selbstinduktion. Wir erhalten aus den Diagrammen in Abb. 258 und 259 die resultierenden Induktivitäten I_r, II_r, III_r in Abb. 261 und 262, die auch die Phase der induzierten EMKe angeben. Die entsprechenden Selbstinduktivitäten I_s, II_s, III_s der Wicklungsstränge sind in den Abbildungen ebenfalls angegeben. Für die Wicklungsköpfe nach Abb. 256c sind sie gleich groß, für die Wicklungsköpfe nach Abb. 256d ist die Selbstinduktivität des voll ausgezogenen Wicklungsstrangs nur halb so groß wie der andern.

Die Induktivitäten sind für alle vier Wicklungsarten in Tafel 15 zusammengestellt. Dazu sei nochmals hervorgehoben, daß durch Vernachlässigung der Streulinien zwischen den einzelnen Wicklungsköpfen die Unterschiede zwischen der resultierenden Induktivität und der Selbstinduktivität übertrieben stark zum Ausdruck kommen und in Wirklichkeit wesentlich geringer sind. Wir erkennen aus der Zu-

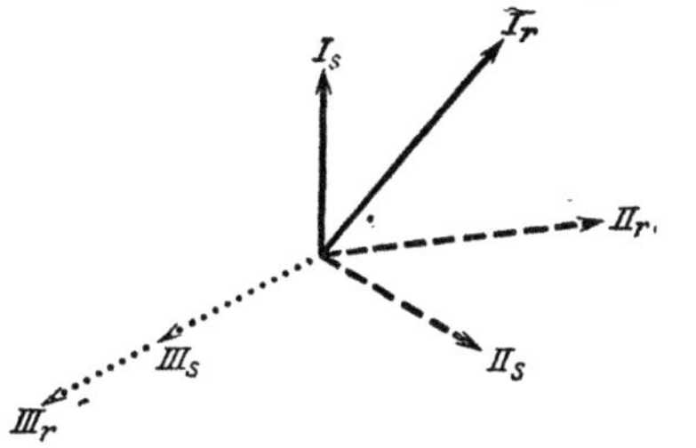

Abb. 261. Größe und Phase der EMKe der Selbstinduktivität und der resultierenden Induktivität bei Querverbindungen nach Abb. 256c.

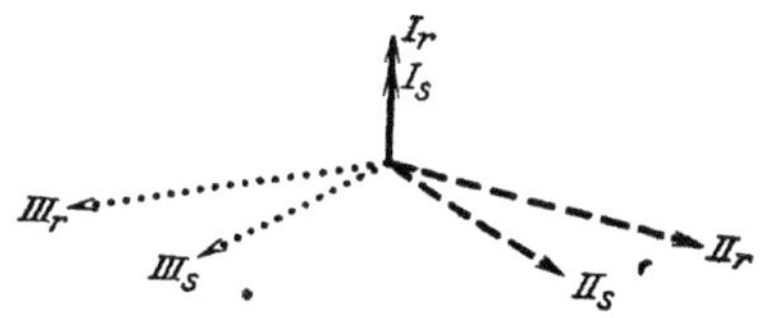

Abb. 262. Größe und Phase der EMKe der Selbstinduktivität und der resultierenden Induktivität bei Querverbindungen nach Abb. 256d.

sammenstellung, daß die Induktivität eines Wicklungsstrangs durch den Einfluß der andern Stränge bei der Wicklung nach Abb. 256a verringert wird; bei den übrigen Wicklungen wird sie erhöht, bei der Wicklung nach Abb. 256b am wenigsten, bei der nach Abb. 256c am meisten. Diese hat auch die größte resultierende Induktivität, dann folgt die Wicklung nach Abb. 256d, während die Wicklungen

Tafel 15.

Induktivitäten der Querverbindungen.

Wicklungsköpfe nach Abb. . . . . . für die Wicklungsstränge:	256a I, II u. III	256b I, II u. III	256c I u. II	 III	256d I	 IIu.III
Selbstinduktivität	22	10	22	22	10	22
resultierende Induktivität	14	14	33	38	14	34
Verhältnis zw. res. Ind. u. Selbstind. .	0,64	1,4	1,5	1,7	1,4	1,5

nach Abb. 256a und Abb. 256b unter den gemachten Voraussetzungen gleichwertig sind. Berücksichtigt man die gegenseitige Streuung der Wicklungsköpfe, so ist anzunehmen, daß die resultierende Induktivität der Wicklung nach Abb. 256b etwas geringer ist als nach Abb. 256a. Bei den Wicklungen nach Abb. 256c und 256d, besonders nach Abb. 256c (vgl. Abb. 261) sind die Phasenwinkel zwischen den EMKen der einzelnen Wicklungsstränge sehr ungleich. In Wirklichkeit ist jedoch die Unregelmäßigkeit nicht so groß, wie sie hier erscheint.

In den aus dem Ankereisen heraustretenden Teilen der Spulen, die nicht quer, sondern parallel zur Achse der Maschine liegen, ist die Beeinflussung eines Wicklungsstrangs durch die andern bei allen Ausführungen der Spulenköpfe im wesentlichen dieselbe. Sie äußert sich darin, daß die Induktivität des Wicklungsstrangs um einen geringen Betrag erhöht wird. In Abb. 263 ist für diese Teile der Spulen die Induktion zwischen den Spulenseiten für eine Wicklung mit $q = 1$ dargestellt. Dabei ist für diese vergleichsweise Betrachtung angenommen, daß die Spulenteile geradlinig und unendlich lang sind. Der von den Spulen des voll ausgezogenen Wicklungsstrangs erregte und mit ihnen verkettete Induktionsfluß ist durch die mit ausgezogenen Linien schraffierte Fläche angedeutet. Der von den andern beiden Wicklungssträngen herrührende und mit den Spulen des voll ausgezogenen Strangs verkettete Induktionsfluß ist durch die mit gestrichelten und punktierten Linien schraffierten Flächen bezeichnet. Berücksichtigen wir die Phase dieser Flüsse, die mit den Stromphasen in Abb. 257 übereinstimmen, so finden wir, daß die Resultierende aus den gestrichelt und punktiert schraffierten Flüssen dieselbe Phase hat wie der voll schraffierte Fluß und ebenso groß ist wie der Teil des voll schraffierten Flusses zwischen den Ordinaten bei *a* und *b*. Die Induktivität des Wicklungsstrangs wird also unter dem Einfluß der andern Wicklungsstränge etwas erhöht. Diese Erhöhung ist noch geringer als sie durch Abb. 263 zum Ausdruck kommt, weil diese unendlich lange Spulenteile voraussetzt.

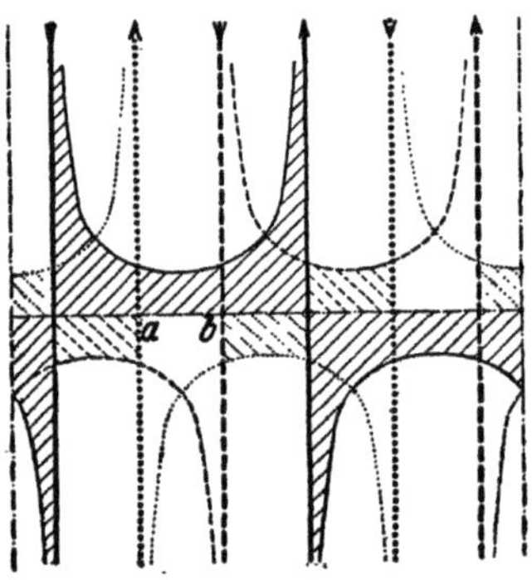

Abb. 263. Beeinflussung der geraden, aus dem Eisen herausragenden Teile verschiedener Wicklungsstränge.

Bei den Wicklungsköpfen nach Abb. 256a hebt sich die Vergrößerung der Induktivität eines Wicklungsstrangs durch die in einer Axialebene liegenden Teile des andern annähernd gegen die Verkleinerung der Induktivität durch die quer liegenden Spulenteile auf, so daß bei den Wicklungsköpfen nach Abb. 256a die Induktivität eines Wicklungsstrangs durch die übrigen Stränge praktisch nicht beeinflußt wird.

C. Induktionsflüsse in der Welle und im Gehäuse. Speisen wir die Ankerspule in Abb. 264, bei der die Querverbindung einseitig zur Bohrung abgebogen ist, so erregt die Spule ein magnetisches Feld. Der mit der Spule verkettete Fluß wird im wesentlichen seinen Weg durch den Luftspalt nehmen, wie es in Abb. 264 durch die radialen unterbrochenen Linien, angedeutet ist. Im übrigen werden sich die Induktionslinien auf solchen Wegen schließen, wo sie den größten magnetischen Leitwert finden. Während im allgemeinen der größte Teil des Flusses auf der andern Hälfte des Ankermantels wieder heraus- und in den Ständer zurückfließt, wird ein Teil, wie Abb. 265 zeigt, durch die Welle und die Lagerschilde zum wirksamen Ständereisen zurückfließen. Außer dem Streufluß der Spulenquerverbindungen

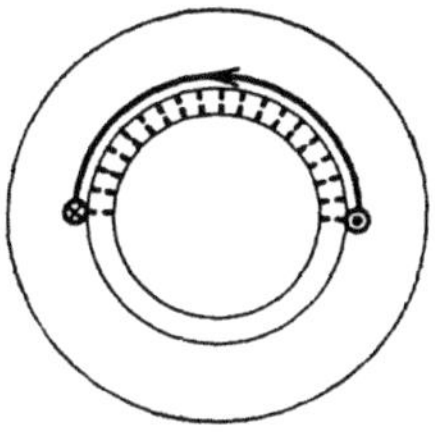

Abb. 264. Ankerspule mit einseitig abgebogener Querverbindung (Folgepole).

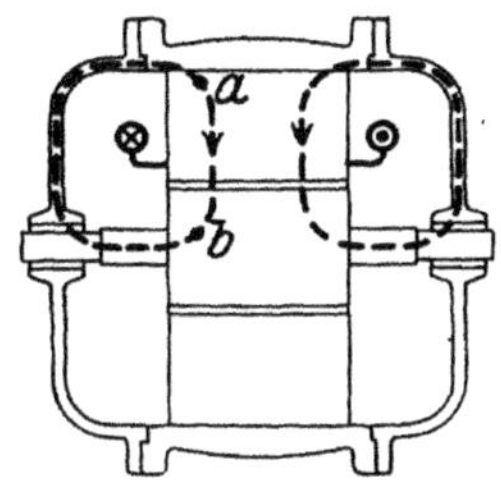

Abb. 265. Wellenflüsse bei einseitig abgebogener Ankerspule.

fließt also auch ein Teil des Hauptflusses durch massive Eisenteile der Maschine und erwärmt sie. Der durch die Welle der Maschine fließende Hauptfluß wird um so größer sein, je kleiner der magnetische Leitwert des Luftspalts ist; er ist also bei Gleichstrommaschinen und Synchronmaschinen wesentlich mehr zu befürchten als bei den

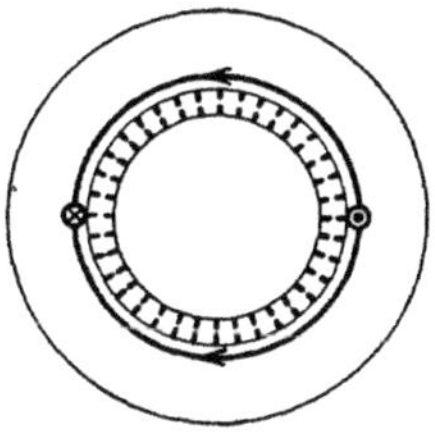

Abb. 266. Ankerspule mit gleichmäßig verteilten Querverbindungen.

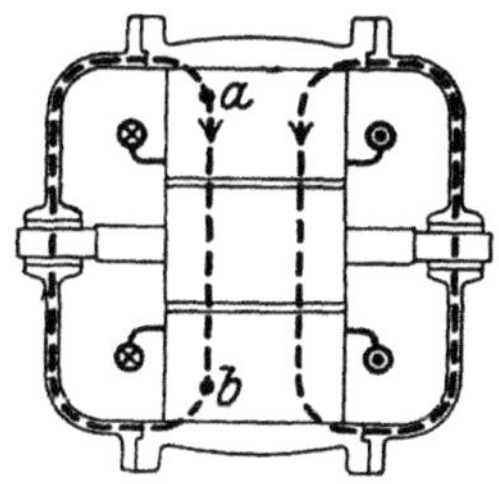

Abb. 267. Gehäuseflüsse bei gleichmäßig verteilten Spulenquerverbindungen.

asynchronen Induktionsmaschinen und den Wechselstrom-Kommutatormaschinen, die mit sehr kleinem Luftspalt ausgeführt werden.

Die Ausbildung des Wellenflusses läßt sich verhindern, wenn die Spule in zwei Hälften geteilt wird und die Querverbindungen nach beiden Seiten der Bohrung abgebogen werden, wie es Abb. 266 darstellt. Dann muß, wenn wir symmetrischen Aufbau der Maschine voraussetzen, mit jeder Spulenhälfte derselbe Fluß verkettet sein; der am Ankermantel eintretende Fluß muß gleich dem austretenden sein; durch die Maschinenwelle kann dann kein magnetischer Fluß fließen.

Dagegen kann jetzt, wie Abb. 267 erkennen läßt, ein Teil des Hauptflusses durch das Gehäuse mit den Lagerschilden seinen Weg nehmen. Dieser Fluß ist aber weniger zu befürchten, weil die magnetische Spannung zwischen den Punkten a und b in Abb. 267 wesentlich geringer ist als bei der unsymmetrischen Ausführung der Wicklungsköpfe in Abb. 265. Der Fluß in den massiven Teilen des Gehäuses und den Lagerschilden wird erst in Betracht zu ziehen sein, wenn das wirksame Ständereisen verhältnismäßig stark gesättigt ist. Durch das Gehäuse können dann auch bei mehrpoligen Maschinen mit gleichmäßig verteilten Spulenquerverbindungen magnetische Flüsse fließen und Wirbelstromwärme hervorrufen [L. 65].

Damit Wellenflüsse nicht auftreten und — symmetrischen Aufbau der Maschine vorausgesetzt — die Halbwellen der Induktion am Ankerumfang übereinstimmen, müssen immer die resultierenden Durchflutungen der Querverbindungen in den um eine Polteilung auseinander liegenden Zonen gleich groß aber entgegengesetzt gerichtet sein. Diese Bedingungen sind bei den Wicklungen nach Abb. 256a und 256b erfüllt, wie ohne weiteres aus Abb. 257 abgelesen werden kann, worin die Strahlen, die den um eine Polteilung auseinander liegenden Zonen entsprechen, immer gegenüber liegen. Sie sind aber nicht erfüllt bei den Wicklungen nach Abb. 256c und 256d, wie ohne weiteres aus den Diagrammen in Abb. 258 und 259 hervorgeht. Hier haben wir im allgemeinen starke Wellenflüsse und damit auch eine starke Erwärmung der massiven Eisenteile zu befürchten. Die Wirbelstromwärme läßt sich verringern durch Anordnung von Kurzschlußwindungen großen elektrischen Leitwerts um die massiven Eisenteile.

Wellenflüsse treten auch bei Gleichstrommaschinen auf, wenn der Feldmagnet mit sogenannten Folgepolen ausgeführt wird, bei denen nur alle Nordpole oder alle Südpole Erregerspulen tragen. Bei Gleichstrom sind die Wellenflüsse besonders stark, weil der Luftspalt zwischen Anker und Polschuh verhältnismäßig groß ist und die Flüsse in den massiven Eisenteilen nicht so wirksam abgedämpft werden wie bei Wechselstrom. Auch bei der Wicklung nach Abb. 194 können Wellenflüsse auftreten. Einphasen-Reihenschlußmotoren sind in dieser Art ausgeführt worden, z. B. für die Güterzuglokomotive EG 506 der preußischen Eisenbahnverwaltung [L. 66], ohne wesentliche Störungen durch die Wellenflüsse gezeigt zu haben. Dies erklärt sich dadurch, daß der Luftspalt bei diesen Maschinen schon mit Rücksicht auf guten Leistungsfaktor und geringen Raumbedarf der Erregerwicklung sehr klein bemessen ist.

35. Die Gleichstrom-Ankerwicklungen für verschiedene Polzahlen.

Polumschaltbare Wicklungen werden hauptsächlich bei asynchronen Motoren zur Regelung der Umlaufgeschwindigkeit verwendet. Der sekundäre Teil erhält dann gewöhnlich einen kurzgeschlossenen Käfiganker, der ohne Umschaltung für jede beliebige Polpaarzahl geeignet ist, zuweilen aber auch einen Schleifringanker, dessen Wicklung dann für dieselben Polzahlen wie die Ständerwicklung umschaltbar sein muß (vgl. auch Abschnitt 38). Seltener kommen die polumschaltbaren Wicklungen bei Generatoren in Frage. Hier dienen sie zur Änderung der Frequenz bei unveränderlicher Umlaufsgeschwindigkeit, mittelbar aber gewöhnlich auch zur Regelung der Umlaufsgeschwindigkeit von Motoren, die der polumschaltbare Generator speist (Schiffsantriebe).

Wir wollen uns in diesem Abschnitt auf die dreiphasigen Wicklungen beschränken, da sich die einphasigen Wicklungen von den mit Gleichstrom gespeisten Wicklungen nicht unterscheiden, andere Mehrphasenströme aber wegen der größeren Zahl von Anschlußstellen nur geringe praktische Bedeutung haben.

A. Ring- und Schleifenwicklung. Schon in Abschnitt 1 hatten wir gesehen, daß die Polzahl einer Ringwicklung durch die aufgelegten Bürsten bestimmt wird. Durch Verlegen der Anschlüsse können wir daher die Polzahl der Wicklung beliebig ändern. Zapfen wir die gewöhnliche Ringwicklung an $3p$ um gleiche Entfernungen auseinander liegenden Punkten an und verbinden alle um $1/p$ des Umfangs auseinander liegende Anzapfpunkte miteinander, so erhalten wir eine $2p$-polige dreiphasige Ringwicklung, die bei Speisung der drei Gruppen von Anzapfpunkten mit dreiphasigem Wechselstrom ein $2p$-poliges Drehfeld erregt. Die Spulenseiten jedes Wicklungsstrangs nehmen je $^2/_3$ jeder Polteilung ein, und jeder Wicklungstrang erzeugt am Ankerumfang immer nur positive oder nur negative Strombeläge, weil von den Spulen der Ringwicklung immer nur eine Seite am wirksamen Ankerumfang liegt. In Abschnitt 23 hatten wir gesehen, daß hierbei die resultierende Feld-Erregerkurve unsymmetrisch zur Abszissenachse ist und ihre Gestalt in weiten Grenzen ändert. Dieser Übelstand ließe sich beseitigen, wenn man die Wicklung sechsphasig speisen würde, doch müßte dann im allgemeinen noch ein besonderer Transformator (vgl. Abb. 146) zur Speisung verwendet werden, weil in fast allen praktischen Fällen das zur Verfügung stehende dreiphasige Netz verkettet ist. Aus Herstellungsgründen kommt aber schon die Verwendung einer Ringwicklung heute wohl kaum noch in Frage; wir wollen uns deshalb gleich den Schleifenwicklungen zuwenden.

Die Entstehung der Schleifenwicklung aus der Ringwicklung (Abschnitt 3) zeigt uns ohne weiteres, daß sowohl die Oberschicht als auch die Unterschicht jede für sich dieselbe Stromverteilung am Ankerumfang hervorruft wie die gewöhnliche Ringwicklung. Wenn der Strombelag der Oberschicht eines Wicklungsstrangs positiv ist, so ist er jedoch in der Unterschicht desselben Wicklungsstrangs negativ. Die Strombeläge in Ober- und Unterschicht unterscheiden sich also durch das Vorzeichen und sind außerdem am Ankerumfang

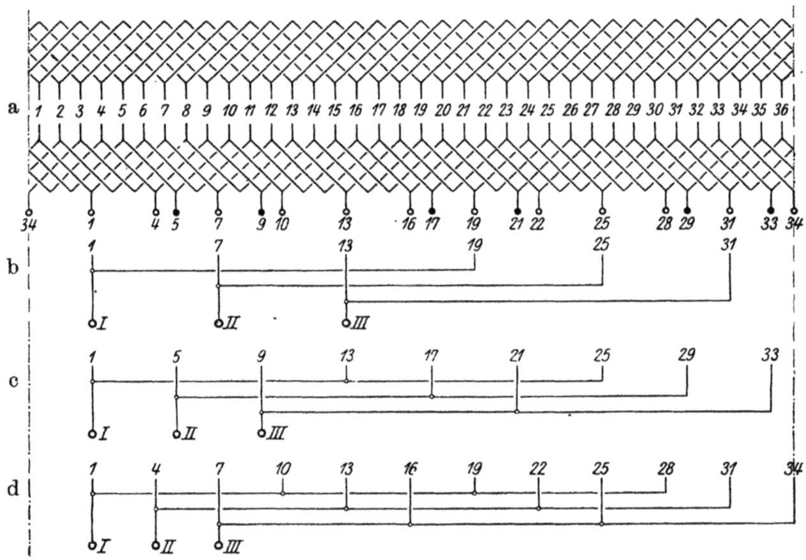

Abb. 268a bis d. Schaltplan (a) und Verbindungen der Anzapfstellen einer dreiphasig angezapften Schleifenwicklung für 4 (b), 6 (c) und 8 (d) Pole. $y_1 = 6$.

um die Spulenweite gegeneinander verschoben. Da bei der Schleifenwicklung zu den positiven Strombelägen eines Wicklungsstrangs immer entsprechende negative Strombeläge gehören, so wird die resultierende Erregerkurve der dreiphasig gespeisten Schleifenwicklung im allgemeinen wesentlich günstiger sein als die der Ringwicklung, und zwar um so günstiger, je weniger die Spulenweite von der Polteilung abweicht, weil bei Durchmesserwicklung schon jeder Strang eine vollständig symmetrische Erregerkurve erzeugt. Andrerseits wird die Schleifenwicklung nicht so gut ausgenutzt wie die sechsphasig gespeiste Ringwicklung oder die gewöhnliche dreiphasige Spulenwicklung, weil die an irgendeiner Stelle des Ankerumfangs übereinliegenden Leiter im allgemeinen Ströme verschiedener Phase führen, so daß der resultierende effektive Strombelag aus Unter- und Oberschicht kleiner ist als die algebraische Summe der effektiven Strombeläge. Zur Beurteilung der Ausnutzung der Wicklung dient der Wicklungsfaktor der Grundwelle (Abschnitt 44 B).

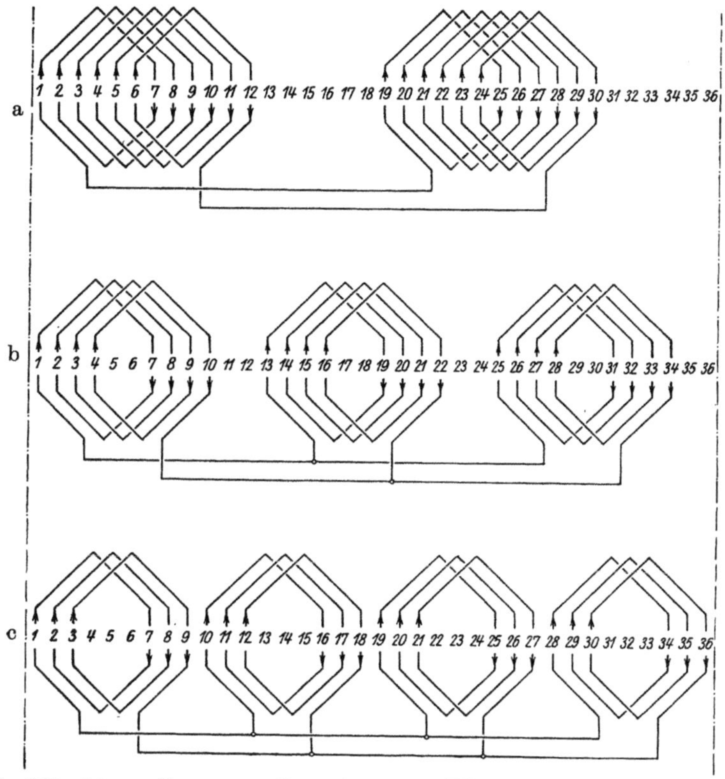

Abb. 269a bis c. Stromverteilung in einem Wicklungsstrang der Wicklung nach Abb. 268a bei 4 (a), 6 (b) und 8 (c) Polen.

Die Polzahl wird auch bei der Schleifenwicklung durch die Zahl und die Lage der Anschlüsse bestimmt und kann durch Verlegen dieser Anschlüsse geändert werden. Hierbei erhält man im allgemeinen eine Sehnenwicklung, da die Spulenweite nicht mit der Verlegung der Anschlüsse geändert werden, die Wicklung also nur für eine Polzahl und ein ungerades Vielfaches davon Durchmesserwicklung sein kann. Je mehr die Spulenweite von der Polteilung oder einem ungeraden Vielfachen davon abweicht, desto kleiner ist der Wicklungsfaktor, desto schlechter ist die Wicklung ausgenützt. Nur wenn sich die Polzahlen wie ganze ungerade Zahlen verhalten, kann die Spulenweite so gewählt werden, daß die Wicklung für alle Polzahlen wie eine Durchmesserwicklung ausgenützt ist.

Wir wollen die polumschaltbare Schleifenwicklung an Hand eines Beispiels näher betrachten. Die Wicklung soll für die Polzahlen $2p = 4$, 6 und 8 Verwendung finden. Damit alle Wicklungsstränge

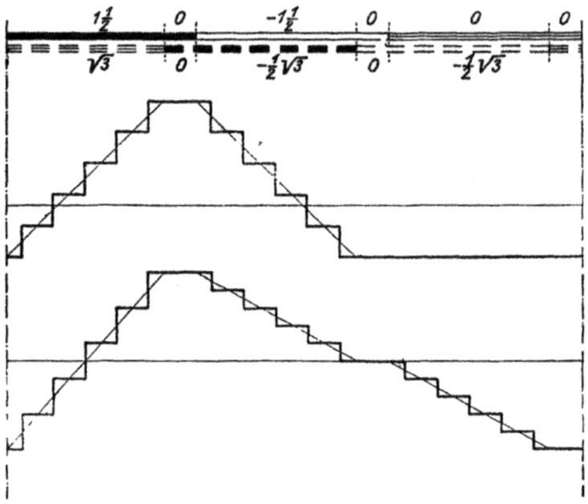

Abb. 270 a. 4 Pole, $y_1 = 5$.

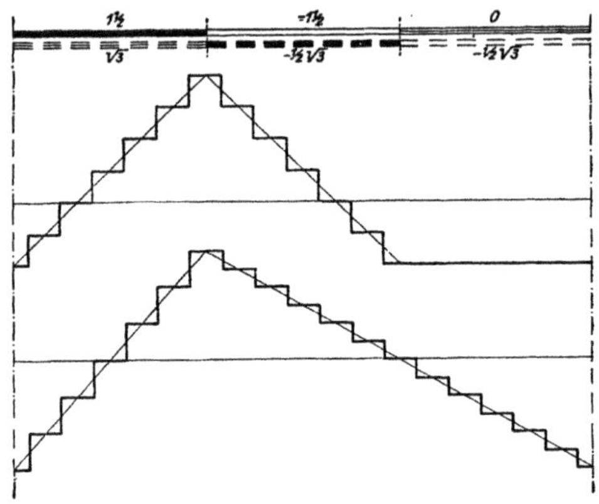

Abb. 271 a. 4 Pole, $y_1 = 6$.
Vgl. Abb. 268 a und b.

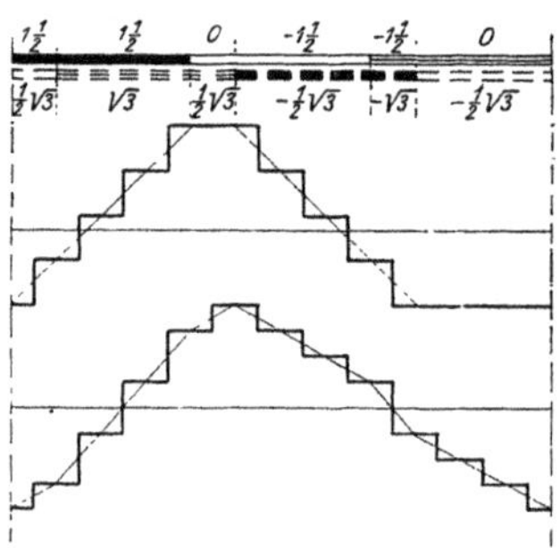

Abb. 270 b. 6 Pole, $y_1 = 5$.

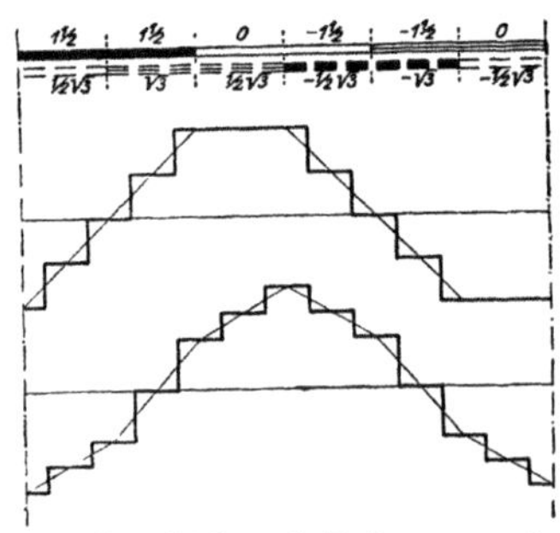

Abb. 271 b. 6 Pole, $y_1 = 6$.
Vgl. Abb. 268 a, b und 276.

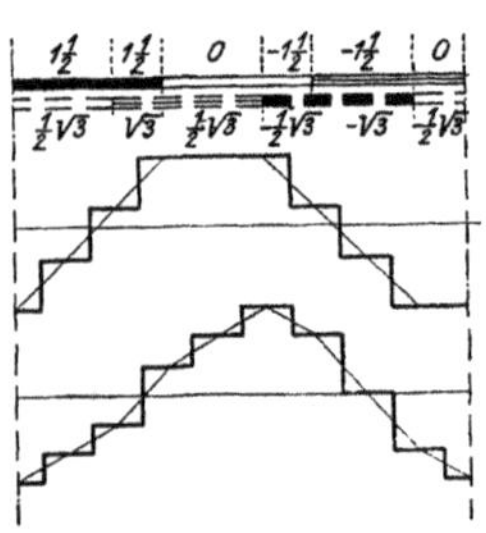

Abb. 270 c. 8 Pole, $y_1 = 5$.

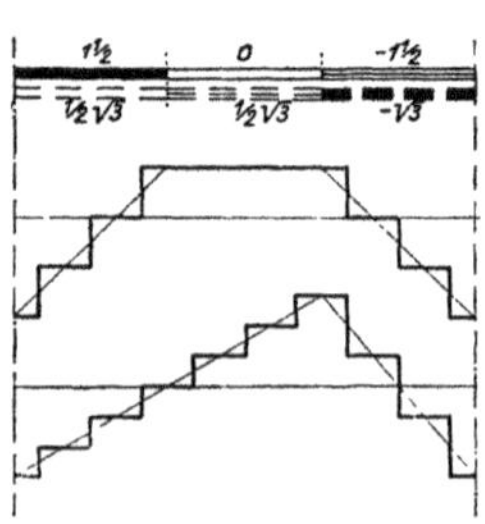

Abb. 271 c. 8 Pole, $y_1 = 6$.
Vgl. Abb. 268 a, d und 276.

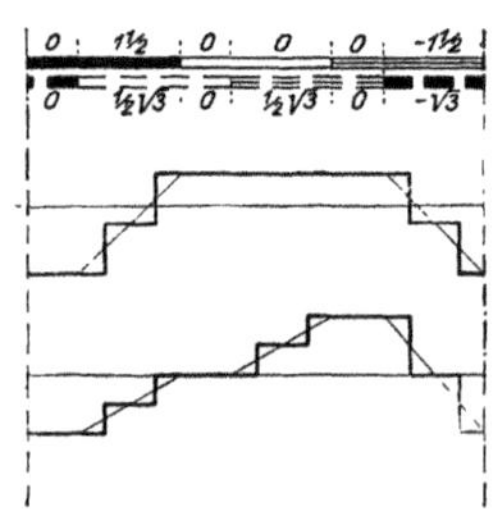

Abb. 272 c. 8 Pole, $y_1 = 7$
Vgl. Abb. 274 b.

gleichviele in Reihe und parallel geschaltete Spulen enthalten, muß die Spulenzahl durch die Zahl $3p$ der Anschlußpunkte jeder Polzahl teilbar sein, also sowohl durch $3 \times 2 = 6$, als auch $3 \times 3 = 9$ und

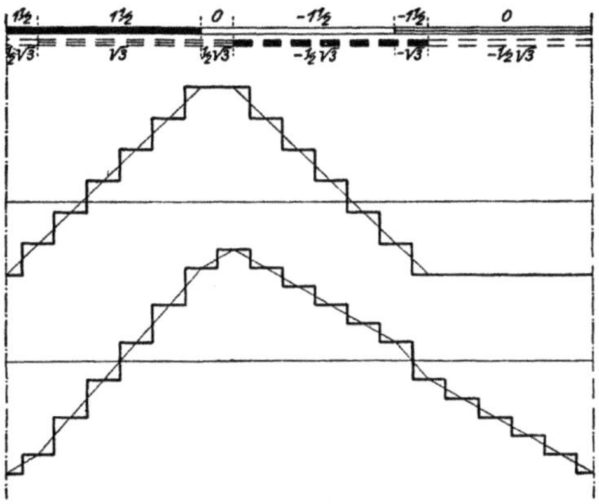

Abb. 272a. 4 Pole, $y_1 = 7$. Vgl. Abb. 274a.

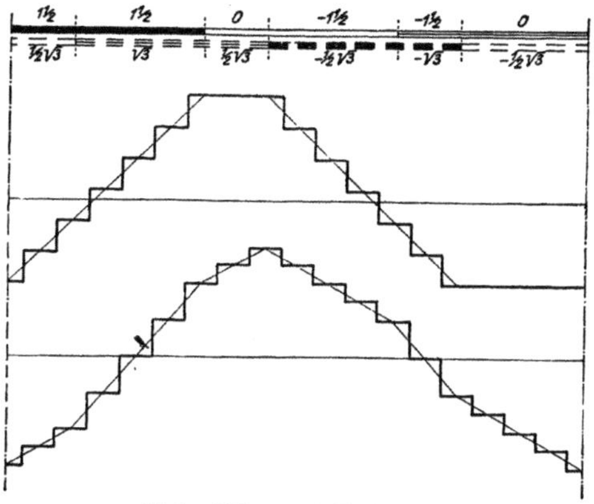

Abb. 273a. 4 Pole, $y_1 = 8$.

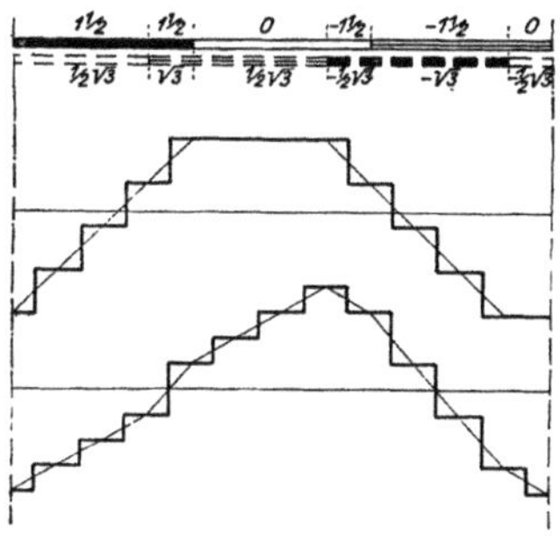

Abb. 272b. 6 Pole, $y_1 = 7$.

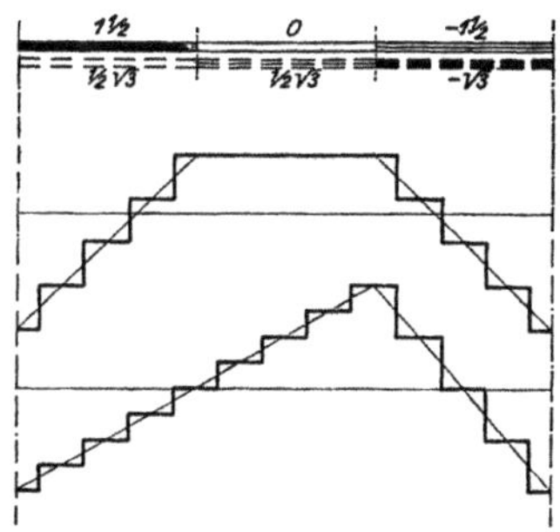

Abb. 273b. 6 Pole, $y_1 = 8$.

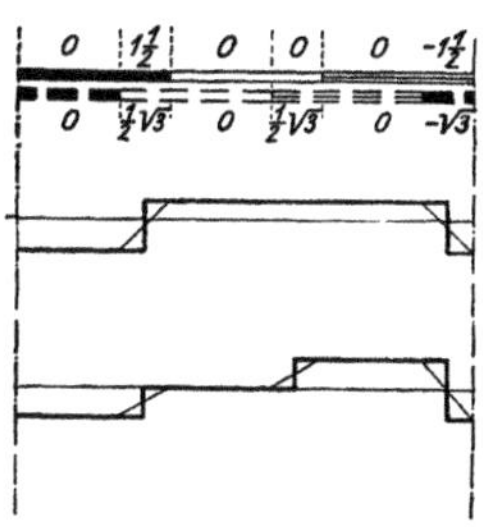

Abb. 273c. 8 Pole, $y_1 = 8$.

Strombeläge und Feld-Erregerkurven von dreiphasig angezapften Schleifen- oder Wellenwicklungen.

$3 \times 4 = 12$. Um einen möglichst übersichtlichen Schaltplan zu erhalten, nehmen wir die kleinste Spulenzahl an, die dieser Bedingung genügt, $k = 36$. Wir wählen die Spulenweite so, daß die Wicklung bei der mittleren Polzahl $2p = 6$ eine Durchmesserwicklung wird. Bei vier Polen ist dann die Spulenweite kleiner, bei acht Polen dagegen größer als die Polteilung.

Der Schaltplan der Wicklung ist in Abb. 268a dargestellt. Es sind im ganzen 18 Anzapfungspunkte erforderlich, von denen ein Teil verschiedenen Polzahlen gemeinsam ist. Auch wenn die Umschaltung auf die Polzahl 4 nicht verlangt wird, ist dieselbe Zahl von Anzapfstellen erforderlich, doch verringert sich diese Zahl auf 12, wenn nur die Polzahlen 4 und 6 oder 4 und 8 verlangt werden; im letzten Falle bleiben die schwarzen Anzapfpunkte weg. Unterhalb des Schaltplans ist angedeutet, wie die Anschlußstellen untereinander und mit den Klemmen I, II und III bei den drei Polzahlen zu verbinden sind. Um die Lage der Wicklungsstränge besser überblicken zu können, sind in den Abb. 269a bis c die zwischen den Klemmen I und II liegenden Wicklungsstränge besonders herausgezeichnet. Unter der Annahme, daß der Strom von Klemme I nach II durch die Wicklung fließt, ist die Stromrichtung in Abb. 269a bis c eingezeichnet, die die Ausbildung verschiedener Polzahlen deutlich erkennen läßt. Dieselbe Stromverteilung weisen auch die andern Wicklungsstränge auf, die aber gegen jene und gegeneinander um je $^2/_3$ der jeweiligen Polteilung verschoben sind.

In den Abb. 271a bis c ist oben die Verteilung des Strombelags bei den verschiedenen Polzahlen dargestellt, wobei die Stromphasen durch verschiedene Stricharten unterschieden sind (vgl. Abschnitt 23 und Abb. 143 und 144a); die negativen Strombeläge sind durch gestrichelte Linien angedeutet, darunter ist die resultierende Feld-Erregerkurve für zwei verschiedene Zeitpunkte dargestellt. Es ist angenommen, daß die Wicklung mit sinusförmigem Wechselstrom gespeist wird und jede Spulenseite der Wicklung denselben effektiven Strom führt. Die oberen Erregerkurven gelten für den Zeitpunkt, wo der Strom in dem Wicklungsstrang zwischen den Klemmen I und II seinen Höchstwert hat; die untern Kurven gelten für einen um $^1/_{12}$ Perioden späteren Zeitpunkt, wo der Strom in dem Wicklungsstrang zwischen den Klemmen II und III Null ist. Für diese beiden Zeitpunkte ist auch die Größe der resultierenden Strombeläge aus Unter- und Oberschicht angeschrieben, und zwar für den ersten Zeitpunkt oberhalb, für den zweiten unterhalb der Stromverteilung. Die oberen Erregerkurven gelten gleichzeitig auch für einen einzigen Wicklungsstrang, und zwar für den zwischen Klemme I und II. Durch dünne Linien ist die glatte Kurve dargestellt, in die die treppenförmige Kurve übergeht, wenn die Nutenzahl unendlich groß wird.

Bei 4 und 8 Polen ist die Erregerkurve unsymmetrisch zur Abszissenachse und ändert in weiten Grenzen ihre Gestalt. Da bei beiden Polzahlen die Spulenweite um $^1/_3$ kleiner oder größer ist als die Polteilung, ist der resultierende Strombelag aus Unter- und Oberschicht in beiden Fällen genau so verteilt wie bei einer gewöhnlichen Ringwicklung, es ergibt sich deshalb auch dieselbe Erregerkurve. Für 6 Pole ist die Wicklung eine Durchmesserwicklung. Sie stimmt deshalb mit einer gewöhnlichen Spulenwicklung überein, ihre Erregerkurve (Abb. 271b) ist in den betrachteten Zeitpunkten symmetrisch und ändert ihre Gestalt nur wenig.

Bei Asynchronmotoren kommt gewöhnlich der Betrieb mit der kleinsten Polzahl, also der größten Umlaufsgeschwindigkeit am häufigsten vor. Man ist deshalb geneigt, die Spulenweite zu vergrößern, so daß sie sich mehr der Polteilung nähert, die der kleinsten Polzahl entspricht. Dies läßt sich natürlich nur auf Kosten einer schlechteren Ausnutzung der Wicklung bei größerer Polzahl erreichen. Bei demselben effektiven Strom in jeder Spulenseite der Wicklung wird dann die Fläche, die die Erregerkurve mit der Abszissenachse einschließt, bei den höheren Polzahlen verringert, und es sind entsprechend größere Magnetisierungsströme aufzuwenden, um denselben Fluß des Drehfeldes zu erhalten. Abb. 272 und 273a bis c zeigen Stromverteilung und Erregerkurven für eine Vergrößerung der Spulenweite um eine und um zwei Nutteilungen gegenüber den Abb. 271a bis c. In Abb. 270a bis c ist auch der Einfluß einer Verkürzung der Spulenweite dargestellt. Die Weite ist um eine Nutteilung kürzer als bei Abb. 271a bis c. In Tafel 16 sind die nach Gl. 131b berechneten Wicklungsfaktoren der Grundwelle ($\nu = 1$) eines Strangs für alle diese Fälle zusammengestellt.

Tafel 16.

Wicklungsfaktoren dreiphasig angezapfter Gleichstrom-Ankerwicklungen mit 36 Nuten.

Polzahl	Spulenweite in Nutteilungen			
	5	6	7	8
4	0,636	0,720	0,780	0,818
6	0,808	0,837	0,808	0,725
8	0,832	0,731	0,543	0,289

Die polumschaltbaren Schleifen- und Ringwicklungen haben den Nachteil, daß die Zahl der Anzapfpunkte sehr groß ist und daß im allgemeinen der größte Teil der Anzapfstellen beim Übergang von einer Polzahl zur andern umgeschaltet werden muß. Wenn die Schleifenwicklung für nur 2 Polzahlen umschaltbar ist und diese im Verhältnis 1 : 2 stehen, sind, wie aus Abb. 268b und d ohne weiteres zu ersehen ist, die Anschlüsse bei der einfachen Polpaarzahl (p) auch gleichzeitig Anschlüsse bei der doppelten Polpaarzahl ($2p$). Beim Übergang von der doppelten Polzahl zur einfachen ist dann nur die Hälfte der Anschlüsse (nämlich $3p$) abzuschalten. Dabei müssen jedoch gleichzeitig die Klemmen II und III vertauscht werden (vgl. Abb. 268b und d), weil sonst das erregte Drehfeld im andern Sinne umlaufen würde.

Bezeichnen wir mit p_0 die größte der Polpaarzahlen, für die eine polumschaltbare Schleifenwicklung entworfen werden soll, und mit t den Teiler, den eine der andern Polpaarzahlen mit der Polpaarzahl p_0 gemeinsam hat, so ist die gesamte Zahl der Anzapfpunkte

$$z = 3[p_0 + \Sigma(p - t)]; \quad \ldots \ldots \quad (86)$$

worin die Summe über alle Polpaarzahlen der Wicklung zu erstrecken ist.

B. Wellenwicklung. Während bei der angezapften Schleifenwicklung sowohl die Ober- als auch die Unterschicht jede für sich genau so verteilt ist, wie bei der entsprechend angezapften Ringwicklung, ist dies bei der Wellenwicklung nicht mehr der Fall. Zwei beliebige um den resultierenden Schritt y entfernte Stellen am Ankerumfang tragen immer denselben Strombelag, sowohl in der Unterschicht als auch in der Oberschicht. Die Stromverteilung am Ankerumfang wiederholt sich also immer nach jedem resultierenden Schritt. Dieser Schritt ist deshalb so zu wählen, daß er annähernd ein ganzes Vielfaches der Polpaarteilung j e d e r Polzahl beträgt; mit andern Worten: der resultierende Schritt muß für eine Polpaarzahl bemessen werden, die mit ganzen Zahlen multipliziert die verlangten Polpaarzahlen ergibt. Für die Wicklung mit den Polpaarzahlen 2, 3 und 4, wie wir sie bei der Schleifenwicklung als Beispiel behandelt haben, muß also der resultierende Schritt einer z w e i poligen Wicklung ($p = 1$) entsprechen. Diese Wellenwicklung erhält dann dieselbe Zahl und dieselbe Lage der Anschlußstellen wie die in Abb. 268a dargestellte Schleifenwicklung. Auch die Stromverteilung ist bei derselben Spulenweite (y_1) genau dieselbe, wie bei der Schleifenwicklung. Sie unterscheidet sich von dieser nur durch die Lage und Länge der Querverbindungen auf der Schaltseite (vgl. Abschnitt 2 B). Da die Querverbindungen der Wellenwicklung wesentlich länger werden als die der Schleifenwicklung, hat die Wellenwicklung für die Polzahlen 4, 6 und 8 nur Nachteile gegenüber der Schleifenwicklung und deshalb keine praktische Bedeutung. Werden dagegen nur die Polzahlen 4 und 8 oder auch die Polzahlen 4, 8 und 12 verlangt, so ist eine Wellenwicklung ausführbar mit einem resultierenden Schritt, der einer Wicklung mit $p = 2$ Polpaaren entspricht, da 2 in

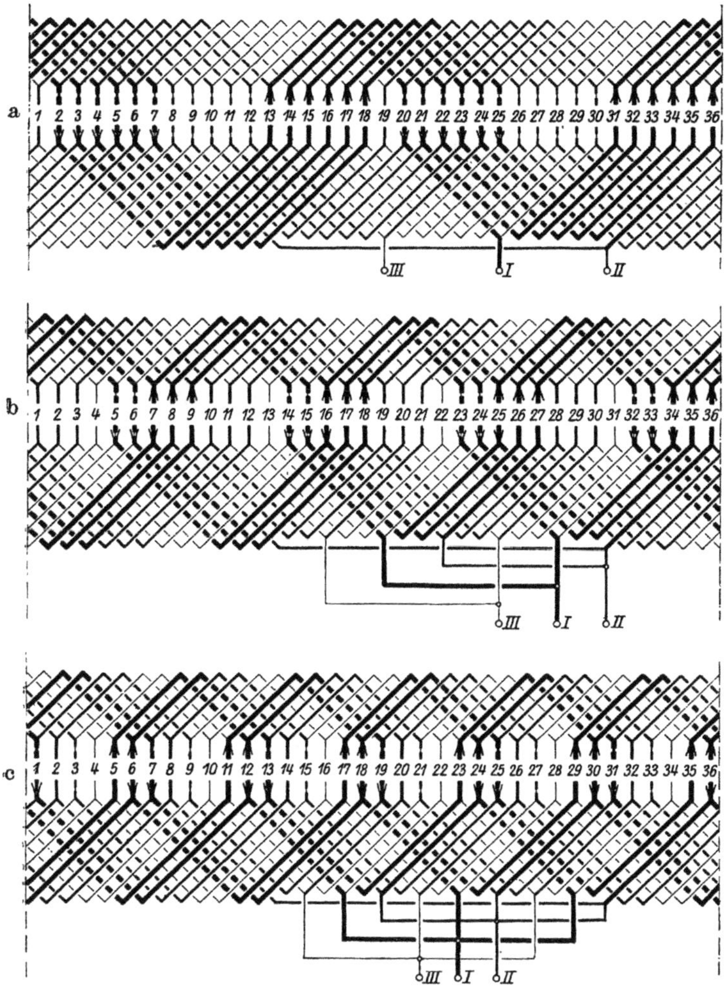

Abb. 274a bis c. Angezapfte künstlich geschlossene Wellenwicklung für 4 (a), 8 (b) und 12 (c) Pole. $y_1 = 7$.

allen Polpaarzahlen ganz enthalten ist. Die Spulenweite ist dabei so zu bemessen, daß sie möglichst wenig von jeder den einzelnen Polzahlen entsprechenden Polteilungen oder einem ungeraden Vielfachen davon abweicht.

Die bei den höheren Polzahlen parallel geschalteten Wicklungszweige eines Strangs müssen immer gleichviele Spulen enthalten. Gewöhnlich verlangt man auch, daß die Spulenzahl für alle Wicklungsstränge dieselbe ist. Dann muß die gesamte Spulenzahl durch das Produkt aus der Zahl der Wicklungsstränge und der der Wicklungszweige eines Strangs teilbar sein. Hierfür wird eine gewöhnliche Wellenwicklung im allgemeinen nicht ausführbar sein, so daß man für die polumschaltbare Wellenwicklung eine künstlich geschlossene Wicklung verwenden wird, wie wir sie in den Abschnitten 15 B und C kennen gelernt haben.

Als Beispiel wollen wir eine Wicklung für die Polzahlen 4, 8 und 12 und mit derselben Spulenzahl (36) wählen wie bei der Schleifenwicklung in Abb. 268a. Mit 36 Spulen ist keine gewöhnliche Wellenwicklung ausführbar, deshalb entwerfen wir eine künstlich geschlossene Wicklung nach den im Abschnitt 15 B gegebenen Vorschriften. Wenn es sich nur um die beiden Polzahlen 4 und 8 handelte, könnten wir die Wellenwicklung mit derselben Spulenweite ($y_1 = 6$) ausführen wie bei der Schleifenwicklung. Für 12 Pole würde dann aber die Spulenweite gleich einer Polpaarteilung sein und es würde in der Wicklung keine EMK induziert werden, oder die mit Strom gespeiste Wicklung würde den resultierenden Strombelag Null ergeben. Wir vergrößern deshalb die Spulenweite auf $y_1 = 7$.

In Abb. 274a ist die Wicklung vierpolig angezapft. Die drei Anschlußpunkte liegen um je $\frac{1}{3p} = {}^1/_6$ des Ankerumfangs auseinander. Damit die einzelnen Wicklungsstränge gleichwertig werden, muß einer der Anzapfpunkte an die Verbindungsleitung gelegt werden, die die Wellenwicklung künstlich schließt. Es ist dies in Abb. 274a der Anzapfpunkt, der zur Klemme II führt. Die drei Wicklungsstränge sind durch verschiedene Strichstärken unterschieden. In dem dick ausgezogenen Wicklungsstrang ist auch die Richtung des von Klemme II nach I durch die Wicklung fließenden Stromes eingezeichnet. Um die doppelte Polzahl (8) zu erhalten (Abb. 274b) muß die Zahl der Anschlußpunkte doppelt und ihre gegenseitige Entfernung halb so groß sein wie bei der vierpoligen Wicklung, wie ohne weiteres aus dem Spannungsvieleck folgt. Durch Verbinden je zweier um eine Polpaarteilung auseinander liegender Anzapfpunkte ergeben sich für jeden Wicklungsstrang 2 parallele Stromzweige. Im Schaltplan Abb. 274b sind die einzelnen Wicklungsstränge wieder durch verschiedene Strichstärken unterschieden und der von Klemme II nach I durch die Wicklung fließende Strom durch Pfeile angedeutet. Die Wellenwicklung hat bei der hier angenommenen Klemmenbezeichnung dieselbe Stromverteilung und dieselbe Erregerkurve wie die entsprechende Schleifenwicklung mit derselben Spulenweite; für 4 Pole gilt also Abb. 272a und für 8 Pole Abb. 272c.

Bei zwölfpoliger Schaltung verlangt die Wicklung 6 Anschlußpunkte, von denen je 3 miteinander zu verbinden sind. In Abb. 274c ist der Schaltplan dargestellt. Jeder Wicklungsstrang besteht aus 3 parallelen Zweigen. Die Stromverteilung und die Erregerkurven sind hierfür in Abb. 275 aufgezeichnet.

Die Wicklungsfaktoren sind bei den Wellenwicklungen dieselben wie bei den entsprechenden Schleifenwicklungen (vgl. Tafel 16); bei der vierpoligen Anzapfung ist also der Wicklungsfaktor 0,780 und bei der achtpoligen 0,543; bei der zwölfpoligen ist er nach Gl. 131b 0,433. Mit den beispielsweise angenommenen Polzahlen wird die Wicklung verhältnismäßig schlecht ausgenützt; eine bessere Ausnützung erhält man natürlich, wenn nur 2 Polzahlen verlangt werden. Ist das Verhältnis dieser Polzahlen ungerade, so kann die Spulenweite sowohl bei der Wellen- als auch bei der Schleifenwicklung für beide Polzahlen gleich einem ungeraden Vielfachen der Polteilung gewählt werden; die Wicklung ist dann für beide Polzahlen eine Durchmesserwicklung mit dem Wicklungsfaktor 0,837.

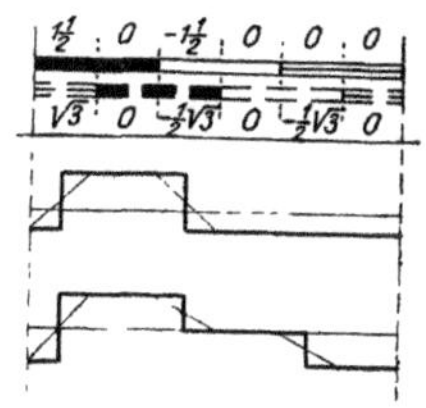

Abb. 275. Feld-Erregerkurven der Wicklung in Abb. 274c.

Die Zahl der Anschlußstellen ist bei der polumschaltbaren Wellenwicklung im allgemeinen geringer als bei der Schleifenwicklung. Während die Zahl der Anzapfstellen für die Polpaarzahl p bei der Schleifenwicklung $3p$ ist, ist sie bei der Wellenwicklung nur $\frac{3p}{t'}$, wenn t' den Teiler bezeichnet, den alle verlangten Polpaarzahlen gemeinsam haben. Es ist also bei der Wellenwicklung die gesamte Zahl der Anzapfpunkte

$$z = \frac{3}{t'}\left[p_0 + \Sigma(p - t)\right]; \quad \ldots \ldots \quad (87)$$

worin p_0, p und t dieselbe Bedeutung haben wie in Gl. 86.

In unserm Ausführungsbeispiel 274a bis c für die Polpaarzahlen 2, 4 und 6 ist der gemeinsame Teiler $t' = 2$. Die Zahl der Anzapfstellen beträgt bei diesen Polpaarzahlen 3, 6 und 9. Die 3 Anschlüsse der kleinsten Polzahlen bleiben auch bei den höheren Polzahlen bestehen, so daß im ganzen 12 Anzapfstellen erforderlich sind. Für die Schleifenwicklung ergeben sich bei denselben 3 Polzahlen 6, 12 und 18 Anschlußstellen, wovon 6 für alle Polzahlen gemeinsam, so daß im ganzen also 24 Anzapfstellen erforderlich sind (vgl. Gl. 86). Dieser Unterschied zwischen Wellen- und Schleifenwicklung macht sich besonders bei großen Polzahlen bemerkbar. Soll z. B. die Wicklung für 12 und 24 Polpaare angezapft werden, so sind bei der Wellenwicklung im ganzen nur 6 Anschlußstellen, bei der Schleifenwicklung dagegen 72 Anschlußstellen erforderlich. Wenn der gemeinsame Teiler (t') der Polpaarzahlen größer als 1 ist, wird man der Wellenwicklung immer den Vorzug vor der Schleifenwicklung geben, weil die Zahl der Schaltenden dann am kleinsten und der Schalter, der zur Umschaltung der Anschlußstellen Verwendung findet, dann am einfachsten wird. Gegenüber diesem Vorteil tritt der Nachteil längerer Querverbindungen auf der Schaltseite, den die Wellenwicklung aufweist, vollkommen zurück.

C. Magnetische Beanspruchung im Luftspalt. Bei den angezapften Gleichstrom-Ankerwicklungen muß im allgemeinen mit der Änderung der Polzahl auch eine Änderung der Klemmenspannung vorgenommen werden. Die Zahl der parallelen Wicklungzweige wächst nämlich bei den angezapften Wicklungen mit der Polzahl (vgl. Abb. 269 und 274a bis c), die Zahl der in Reihe geschalteten Windungen nimmt also mit zunehmender Polzahl ab, während in den meisten praktischen Fällen bei unveränderlicher Klemmenspannung das umgekehrte Verhalten erwünscht wäre.

Die polumschaltbare Wicklung möge z. B. die Primärwicklung eines asynchronen Motors sein. In jedem Wicklungsstrang wird die EMK

$$E = \sqrt{2}\,\pi\,\xi\,f\,w\,\Phi \quad . \; . \; . \; . \; . \; . \; . \quad (88)$$

induziert, wenn wir mit ξ den Wicklungsfaktor, mit f die Frequenz des Wechselstromes, mit w die in Reihe geschaltete Windungszahl eines Stranges und mit Φ den Polfluß des Drehfeldes bezeichnen. Der Polfluß ist bei sinusförmiger Verteilung der Induktion im Luftspalt

$$\Phi = l\,\frac{d}{p}\,B, \quad . \; . \; . \; . \; . \; . \; . \; . \; . \quad (89)$$

worin l die Ankerlänge, d den Durchmesser und B die Amplitude der Induktion im Luftspalt bezeichnen. Die Ankerlänge, der Ankerdurchmesser und die Frequenz des dem Netze entnommenen Wechselstromes bleiben unverändert; wir erhalten deshalb für das Verhältnis der EMKe, die bei zwei verschiedenen Polpaarzahlen p_1 und p_2 induziert werden,

$$\frac{E_2}{E_1} = \frac{\xi_2}{\xi_1}\,\frac{w_2}{w_1}\,\frac{B_2}{B_1}\,\frac{p_1}{p_2}, \quad . \; . \; . \; . \; . \; . \quad (90)$$

wenn wir die den beiden Polpaarzahlen entsprechenden Größen durch die Zeiger 1 und 2 unterscheiden. Das Verhältnis der magnetischen Beanspruchungen wird dann

$$\frac{B_2}{B_1} = \frac{E_2}{E_1} \frac{\xi_1}{\xi_2} \frac{w_1}{w_2} \frac{p_2}{p_1} \quad \ldots\ldots\ldots \quad (91)$$

Um bei denselben Klemmenspannungen ($E_2 = E_1$) für beide Polzahlen gleiche magnetische Beanspruchungen im Luftspalt zu erhalten (konstantes Drehmoment), müßte bei Gleichheit der Wicklungsfaktoren ($\xi_2 = \xi_1$) die Zahl der in Reihe geschalteten Windungen proportional der Polzahl sein. Zuweilen wird bei der höchsten Polzahl, mit der der Motor anläuft, ein größeres Drehmoment verlangt als bei den niedrigen Polzahlen (konstante Leistung), dann muß bei unveränderlicher Klemmenspannung die magnetische Beanspruchung mit der Polzahl wachsen. Dies würde nach Gl. 91 der Fall sein, wenn die Zahl der in Reihe geschalteten Windungen für alle Polzahlen dieselbe wäre.

Bei der angezapften Wicklung ist

$$\frac{w_2}{w_1} = \frac{p_1}{p_2}, \quad \ldots\ldots\ldots \quad (90a)$$

so daß für diese Wicklung

$$\frac{E_2}{E_1} = \frac{\xi_2}{\xi_1} \frac{B_2}{B_1} \left(\frac{p_1}{p_2}\right)^2 \quad \ldots\ldots\ldots \quad (90b)$$

gilt. Bei denselben magnetischen Beanspruchungen im Luftspalt ($B_2 = B_1$) und denselben Wicklungsfaktoren ($\xi_2 = \xi_1$) verhalten sich also die induzierten EMKe oder die anzulegenden Klemmenspannungen umgekehrt wie die Quadrate der Polzahlen oder direkt wie die Quadrate der synchronen Umlaufzahlen. Um nicht zu große Magnetisierungsströme bei den höheren Polzahlen zu erhalten, wird man deshalb mit der Polzahl auch die Spannung ändern müssen. Es ist also zur Polumschaltung der angezapften Primärwicklung eines asynchronen Motors in den meisten praktischen Fällen noch ein Transformator erforderlich.

Aus diesem Grunde werden auch die angezapften Gleichstrom-Ankerwicklungen gewöhnlich nicht im primären Teil von asynchronen Motoren verwendet. Sie eignen sich dagegen sehr wohl für die Wicklung des Schleifringankers, weil dieser auf äußere Widerstände kurzgeschlossen wird und hierbei in vielen Betriebsfällen die Spannung der angezapften Wicklung auch für die Bemessung des Anlassers günstig ist.

36. Wicklungen mit Polumschaltung durch Vertauschen von Wicklungsteilen.

Wenn wir die polumschaltbare geschlossene Schleifenwicklung an den Anzapfstellen aufschneiden, könnten die gleichwertigen Wicklungszweige nach Belieben in Reihe oder parallel geschaltet werden, so daß in den meisten Fällen eine Änderung der Klemmenspannung mit der Polzahl nicht mehr erforderlich wäre. Hierbei erhält man aber gewöhnlich eine sehr große Zahl von Wicklungsenden und der Schalter, der zur Änderung der Polzahl erforderlich ist, wird sehr

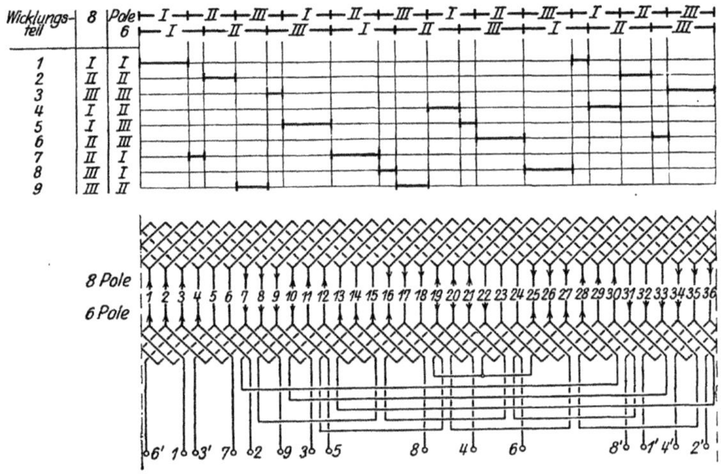

Abb. 276. Stromverteilung in der Oberschicht (oben) einer polumschaltbaren dreiphasigen aufgeschnittenen Gleichstrom-Ankerwicklung; unmittelbar darunter Angabe der in den Wicklungsteilen 1 bis 9 liegenden Spulenseiten der Oberschicht; unten der Schaltplan.

umständlich. Verzichtet man aber auf eine beliebige Schaltung der möglichen Wicklungszweige, so ist es nicht notwendig, sämtliche Wicklungsenden, die durch Aufschneiden der Anzapfstellen entstehen, herauszuführen; es können innerhalb der Wicklung mehrere Wicklungsteile miteinander verbunden bleiben. Die praktisch wichtigsten Wicklungen dieser Art wollen wir hier näher untersuchen.

A. Die dreiphasige aufgeschnittene Gleichstrom-Ankerwicklung. Wir betrachten zunächst die Wicklung für nur zwei verschiedene Polzahlen. An einem Beispiel soll der Entwurf einer solchen Wicklung erläutert werden.

Die Wicklung möge von 8 auf 6 Pole umschaltbar sein. Wir wählen wieder 36 Spulen wie bei Abb. 268a und behalten zur Erleichterung des Vergleichs mit der geschlossenen Wicklung auch dieselbe Spulenweite $y_1 = 6$ bei. Für die sechspolige Schaltung hat dann die Wicklung Durchmesserspulen. Um die Wicklung bei beiden Polzahlen in annähernd gleicher Weise auszunutzen, würde man die Spulenweite so bemessen, daß sie zwischen den Polteilungen der beiden Polzahlen liegt; auf die Schaltung der Spulen hat dies natürlich keinen Einfluß.

Wir zeichnen uns zunächst (vgl. Abb. 276 oben) die Stromverteilung in der Oberschicht der Wicklung für die beiden Polzahlen unmittelbar untereinander und können dann leicht übersehen, an welchen Stellen des Ankerumfangs die Phase des Strombelags bei beiden Polzahlen übereinstimmt und an welchen Stellen sie mit der Polzahl wechselt. Die Verteilung der Unterschicht können wir ganz außer acht lassen, da sie mit der Oberschicht übereinstimmt und nur um die Spulenweite gegen diese verschoben ist. In Abb. 276 sind die Phasen des Strombelags durch römische Ziffern (vgl. Abb. 143 und 144a) unterschieden. Unmittelbar unterhalb der Strombeläge sind die Zonen am Ankerumfang abgegrenzt, in welchen bei der Umschaltung von 8 auf 6 Pole der Strombelag sich nicht ändert (Wicklungsteile 1, 2 und 3) und in welchen er von Phase I in Phase II und III (Wicklungteile 4 und 5), von Phase II in III und I (Wicklungsteile 6 und 7) und von III in I und II (Wicklungsteile 8 und 9) übergeht. Diese Zonen am Ankerumfang, die in der Abbildung durch stärkere wagerechte Striche unter den Strombelägen angedeutet sind, bezeichnen gleichzeitig die Lage der Spulenseiten der Oberschicht, die den einzelnen Wicklungsteilen angehören. Die Spulen eines Wicklungsteils können dauernd in Reihe geschaltet bleiben; die Zahl der Wicklungsteile ist bei der Schaltung für nur zwei verschiedene Polzahlen niemals größer als 9. Drei dieser Wicklungsteile (5, 7 und 9) können miteinander verkettet werden, so daß niemals mehr als 15 Wicklungsenden herauszuführen sind.

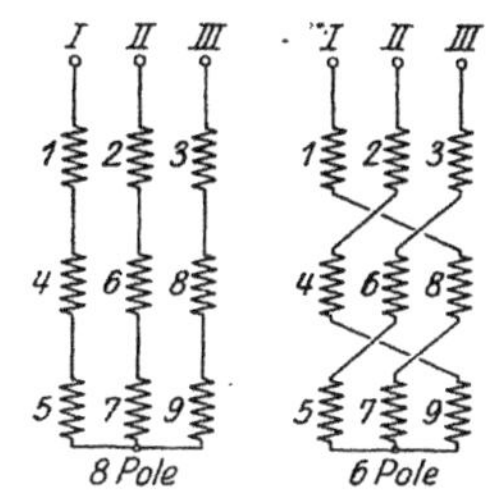

Abb. 277. Schaltung nach Abb. 276 für konstante Leistung; 6 Verbindungen zu lösen, 6 neu herzustellen.

Abb. 277 zeigt die Schaltung der Wicklungsteile, wenn diese bei beiden Polzahlen in jedem Strang in Reihe liegen. Bei der Umschaltung sind 6 Verbindungen zu lösen und 6 neue herzustellen. Der abgewickelte Schaltplan ist im untern Teil der Abb. 276 dargestellt. Die Verbindungen zwischen den einzelnen Spulen lassen sich zum Teil noch verkürzen, hier sind sie aber so gelegt, daß sich der Plan möglichst bequem verfolgen läßt. Die an den Anfängen der Wicklungsteile angeschriebenen Zahlen stimmen mit denen in

Abb. 277 überein; die Bezeichnung der Enden ist von den Anfängen durch einen Haken unterschieden. Stromverteilung, Erregerkurve und Wicklungsfaktor der aufgeschnittenen Wicklung sind natürlich dieselben wie bei der entsprechenden angezapften Wicklung (s. Abb. 271b und c). Der Stromlauf in einem Wicklungsstrang ist im Schaltplane Abb. 276 für beide Polzahlen durch Pfeilspitzen angegeben.

In genau derselben Weise läßt sich die Wicklung für zwei beliebige andere Polzahlen entwerfen. In jedem Falle ergeben sich niemals mehr als 9 umzuschaltende Wicklungsteile (Abb. 277), doch kann es vorkommen, daß einzelne Wicklungsteile ganz wegfallen.

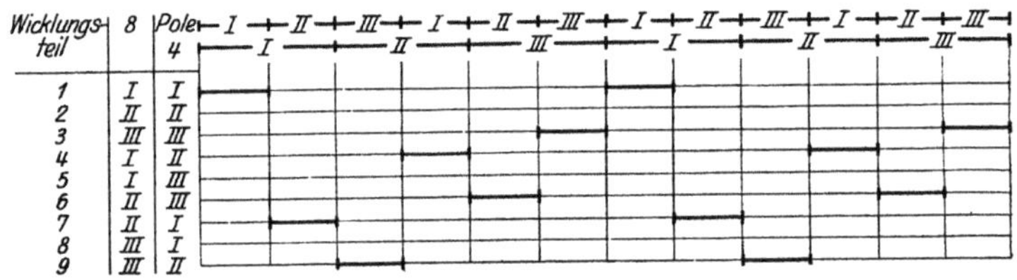

Abb. 278a.

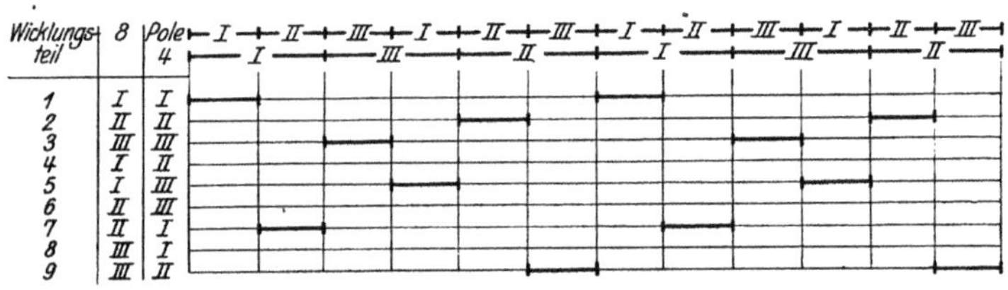

Abb. 278b.

Abb. 278a u. b. Stromverteilung in der Oberschicht mit Angabe der in den einzelnen Wicklungsteilen liegenden Spulenseiten bei polumschaltbaren dreiphasigen aufgeschnittenen Gleichstrom-Ankerwicklungen mit dem Polzahlverhältnis 1:2. a) Schaltung der Wicklungsteile nach Abb. 279a, b) nach Abb. 279b.

Wenn z. B. das Verhältnis der Polzahlen 1:2 ist (vgl. Abb. 278a), wird die Spulenzahl in den Wicklungsteilen 2, 5 und 8 Null und wir erhalten die einfachere Schaltung in Abb. 279a mit nur 6 Wicklungsteilen und 11 herauszuführenden Wicklungsenden; beim Übergang von einer Polzahl zur andern sind 5 Verbindungen zu lösen und 5 neue herzustellen. Noch einfacher wird die Schaltung, wenn wir in der Stromverteilung der Abb. 278a bei der niedrigen Polzahl die Strombeläge von zwei Wicklungssträngen (z. B. II und III) gegeneinander vertauschen. Dann fallen nämlich, wie sich aus Abb. 278b leicht erkennen läßt, die Wicklungsteile 4, 6 und 8 weg. Das von der Wicklung erregte Drehfeld bewegt sich nun aber bei den beiden Polzahlen im entgegengesetzten Sinne. Um gleiche Drehrichtung zu erhalten, müssen deshalb bei der niedrigen Polzahl noch zwei Anschlußklemmen, z. B. II und III, vertauscht werden. Wir erhalten dann bei dem Polzahlverhältnis 1 : 2 die in Abb. 279b dargestellte Schaltung. Es ergeben sich ebenso viele Wicklungsteile wie bei Abb. 279a und es sind zur Umschaltung ebenso viele Verbindungen zu lösen und neu herzustellen; dagegen

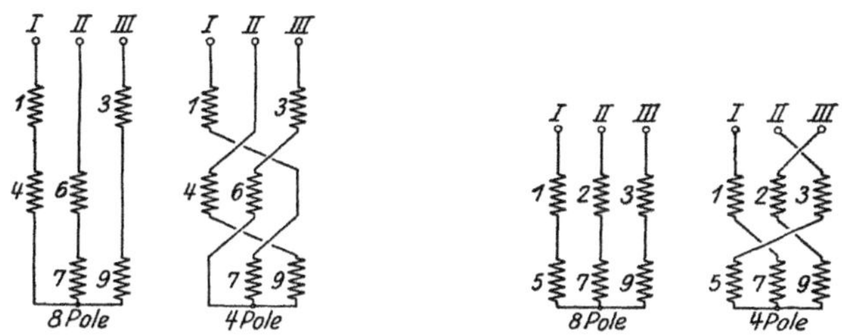

Abb. 279a u. b. Schaltung beim Polzahlverhältnis 1 : 2 für konstante Leistung; 5 Verbindungen zu lösen, 5 neu herzustellen.
a) Verteilung der Spulenseiten nach Abb. 278a, b) nach Abb. 278b.

sind bei der Schaltung 279b nur 9 Wicklungsenden, also 2 weniger als bei Abb. 279a herauszuführen.

Auch die aufgeschnittene Wellenwicklung läßt sich auf die Schaltungen in Abb. 277 und 279b zurückführen. Gewöhnlich wird man jedoch die Schleifenwicklung bevorzugen, weil die Querverbindungen der aufgeschnittenen Wellenwicklung, ebenso wie die der angezapften, wesentlich mehr Raum beanspruchen.

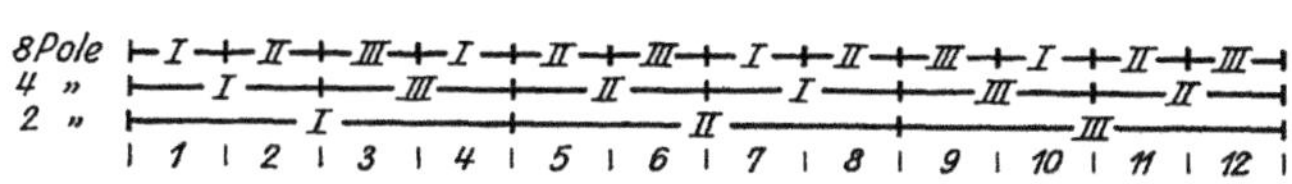

Abb. 280. Strombeläge der Oberschichten und Zuordnung der einzelnen Spulen zu den Wicklungsteilen bei einer dreiphasigen aufgeschnittenen Gleichstrom-Ankerwicklung für 3 verschiedene Polzahlen.

Wenn mit derselben Wicklung mehr als zwei verschiedene Polzahlen erregt werden sollen, wird die Zahl der Wicklungsteile im allgemeinen wesentlich größer. Um die Spulen zu bestimmen, die zu Wicklungsteilen zusammengefaßt werden können, zeichnet man wieder die Strombeläge der Oberschicht für die verschiedenen Polzahlen unmittelbar untereinander. Man erhält dann eine mehrschichtige Stromverteilung, wie sie sich einstellen würde, wenn die Strombeläge aller Polzahlen gleichzeitig auftreten würden (s. z. B. Abb. 280). Man kann nun solche Spulen zu Wicklungsteilen zusammenfassen, deren Spulenseiten in den Zonen des Ankerumfangs liegen, wo die mehrschichtige Stromverteilung sich nicht ändert. So erhält man z. B. nach Abb. 280 bei 2, 4 und 8 Polen 12 Wicklungsteile. Die Zonen des Ankerumfangs, wo die Spulenseiten der Oberschicht liegen, die zu den 12 Wicklungsteilen gehören, sind in der Abbildung mit den Zahlen 1 bis 12 bezeichnet. Dieselbe Anzahl von Wicklungsteilen ergibt sich auch bei $2t'$, $4t'$ und $8t'$ Polen, weil sich dann die Stromverteilung in Abb. 280 periodisch wiederholt und sich in t' gleiche Teile zerlegen läßt, von denen immer je t' zu einem Wicklungsteil vereinigt werden können. Ebenfalls 12 Wicklungsteile erhält man auch bei $2t'$, $4t'$ und $6t'$ Polen, während sich bei $4t'$, $6t'$ und $8t'$ Polen 18 Wicklungsteile ergeben, wie sich durch Aufzeichnen der Stromverteilung leicht feststellen läßt. Man kann die Zahl der Wicklungsteile noch verringern, wenn man eine mehr oder weniger ungleichmäßige Verteilung der Strombeläge für eine oder mehrere Polzahlen zuläßt, doch wird dann das Drehfeld für diese Polzahlen ziemlich unregelmäßig. Wir wollen auf diese Wicklungen [L. 77] hier nicht näher eingehen.

Wir haben bisher vorausgesetzt, daß bei allen Polzahlen gleichviele Spulen in Reihe geschaltet sind. In Gl. 91 ist dann $w_2 = w_1$. Die magnetischen Beanspruchungen im Luftspalt der Maschine verhalten sich deshalb bei derselben Klemmenspannung und bei Vernachlässigung des Einflusses der Wicklungsfaktoren wie die Polzahlen. Das zweckmäßigste Verhältnis der magnetischen Beanspruchungen im Luftspalt richtet sich nach den verlangten Drehmomenten. Wenn diese proportional den Polzahlen sind (konstante Leistung), erhält man gerade bei Reihenschaltung der Wicklungsteile für alle Polzahlen zweckmäßige magnetische Beanspruchungen. Häufiger wird aber bei allen Polzahlen ungefähr dasselbe Drehmoment verlangt; dann sind auch ungefähr gleiche magnetische Beanspruchungen im Luftspalt erwünscht. Wenn die verschiedenen Polzahlen der Wicklung nahe beieinander liegen, sind jedoch die Unterschiede in den magnetischen Beanspruchungen nur gering und können auch durch die Wicklungsfaktoren, d. h. durch passende Wahl der Spulenweite, ganz oder teilweise ausgeglichen werden.

Bei größeren Unterschieden in den Polzahlen erhält man häufig mit Dreieckschaltung der Wicklungsstränge bei niedriger und Sternschaltung bei höherer Polzahl die jeweils passenden magnetischen Beanspruchungen. Die in demselben Wicklungsstrang liegenden Wicklungsteile können auch bei der niedrigen Polzahl parallel geschaltet werden, wenn ihre Spannungen für diese Polzahl nach Größe und Phase gleich sind, die entsprechenden Spulen der Wicklungsteile also um volle Polteilungen auseinander liegen. Dies ist z. B.

für die 3 Wicklungsteile in Abb. 276 der Fall, wo bei 6 Polen die Wicklungsteile 1, 7, 8 des I. Strangs, die Wicklungsteile 2, 4 und 9 des II. Strangs und 3, 5 und 6 des III. Strangs je parallel geschaltet werden dürfen. Dagegen müssen bei den Schaltungen nach Abb. 278a und b die beiden Wicklungsteile, die sich hier in jedem Wicklungsstrang befinden, immer in Reihe geschaltet werden, weil sie verschiedene Phase haben. Schließlich können, wenn die verlangten Polpaarzahlen den gemeinsamen Teiler t' haben, bei jeder Polzahl t' Wicklungszweige nach Erfordernis parallel oder in Reihe geschaltet werden. Die Stromverteilung kehrt dann nämlich bei allen Polzahlen nach $1/t'$ des Ankerumfangs periodisch wieder; jeder Wicklungsteil enthält also immer t' gleichwertige Wicklungszweige. Der zur Änderung der Polzahl erforderliche Schalter wird in allen diesen Fällen umständlicher als bei Reihenschaltung der Wicklungszweige für alle Polzahlen; die im Abschnitt 37 behandelten Wicklungen verdienen dann häufig den Vorzug.

B. Die zweiphasige aufgeschnittene Gleichstrom-Ankerwicklung. Bei der zweiphasigen aufgeschnittenen Gleichstrom-Ankerwicklung haben wir nur zwei Wicklungsstränge, so daß die Zahl der möglichen Vertauschungen geringer ist als bei der dreiphasigen Wicklung. Der Stromverteilung nach ist jedoch die zweiphasige Wicklung eine vierphasige Wicklung; denn innerhalb einer Polpaarteilung liegen in jeder Wicklungsschicht 4 verschiedene Strombeläge, die um je $^1/_4$ Periode in der Phase gegeneinander verschoben sind. Die Phase III ist gleich der negativen Phase I und die Phase IV ist gleich der negativen Phase II. Zur Änderung der Polzahl genügt es deshalb nicht, Wicklungsteile zu vertauschen, es muß außerdem noch in einzelnen Wicklungsteilen die Stromrichtung, also der Wicklungssinn geändert werden.

In Abb. 281 sind die Strombeläge der Oberschicht einer zweiphasigen Wicklung für 8 und 6 Pole übereinander gezeichnet, wobei die negativen Strombeläge durch gestrichelte Linien angedeutet sind. Darunter sind die Spulenseiten angegeben, deren Spulen zu Wicklungsteilen vereinigt werden können. Es ergeben sich hier sowohl als auch bei zwei beliebigen andern Polzahlen 8 Wicklungsteile. Die ersten 4 Wicklungsteile bleiben immer in denselben Wicklungssträngen, doch wird der Wicklungssinn in den Teilen 3 und 4 geändert. Die übrigen 4 Wicklungsteile werden bei Änderung der Polzahl gegeneinander vertauscht, wobei in den Teilen 5 und 6 gleichzeitig der Wicklungssinn geändert wird.

Wegen der Änderung des Wicklungssinns in der Hälfte der Wicklungsteile lassen sich diese in einfacher Weise so schalten, daß bei der höheren Polzahl alle Wicklungsteile eines Strangs in Reihe, bei der niedrigen Polzahl dagegen je zwei parallel liegen. Die Verbindungen der einzelnen Spulengruppen sind hierfür nach Abb. 282 herzustellen. Es sind, wenn die Wicklungsstränge verkettet werden, 11 Spulenenden herauszuführen; beim Übergang von der höheren auf die niedrigere Polzahl sind 2 Verbindungen zu lösen und 6 neu

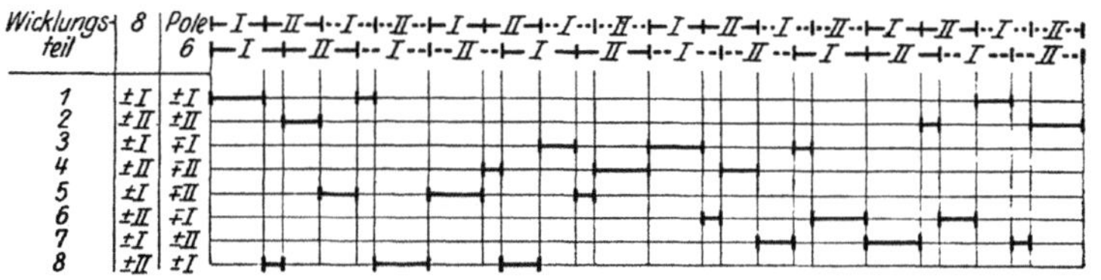

Abb. 281. Strombeläge der Oberschichten und Zuordnung der einzelnen Spulen zu den Wicklungsteilen bei einer zweiphasigen Gleichstrom-Ankerwicklung für 2 verschiedene Polzahlen.

herzustellen. Wenn bei beiden Polzahlen alle Wicklungsteile desselben Strangs in Reihe geschaltet werden sollen, ist die Umschaltung weniger einfach, doch hat dieser Fall geringere praktische Bedeutung (vgl. Abschnitt 37 D).

Dieselbe Zahl der Wicklungsteile und dieselbe Schaltung wie in Abb. 282 ergibt sich auch bei einem Polzahlverhältnis 2 : 1. Bei Vernachlässigung des Einflusses der Wicklungsfaktoren ist dann die magnetische Beanspruchung im Luftspalt (vgl. Gl. 91) bei beiden Polzahlen dieselbe (konstantes Drehmoment).

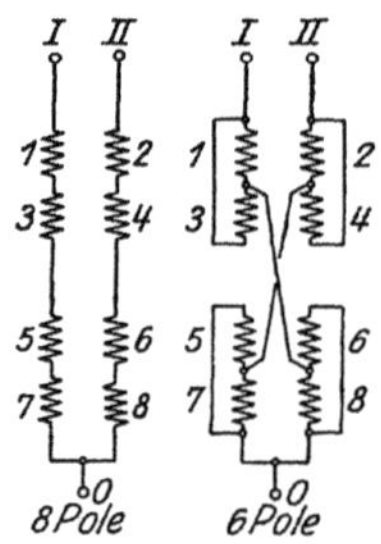

Abb. 282. Schaltung nach Abb. 281, wenn Wicklungsteile bei der höheren Polzahl in Reihe, bei der niedrigen je 2 parallel (beim Polzahlverhältnis 2 : 1 konstantes Drehmoment); 2 Verbindungen zu lösen, 6 neu herzustellen.

Die Zweiphasenwicklung kann auch unter Verwendung eines Transformators aus einem Dreiphasennetz gespeist werden. Der Transformator kann entbehrt werden, wenn man die zwei Stränge der Wicklung nach der Scottschen Schaltung aus dem Dreiphasennetz speist [L. 78]; im allgemeinen muß man dann aber eine Ungleichheit der Wicklungsstränge mindestens bei einer Polzahl in Kauf nehmen.

C. Die gewöhnliche Spulenwicklung. Die aufgeschnittenen polumschaltbaren Gleichstrom-Ankerwicklungen zeigen wegen der vielen Wicklungsteile im wesentlichen das Bild einer Spulenwicklung. Man versteht aber unter einer gewöhnlichen Wechselstrom-Spulenwicklung immer eine Einschichtwicklung, bei der die innerhalb einer Polteilung befindlichen Spulenseiten desselben Wicklungsstrangs unmittelbar nebeneinander liegen. Auch die aus der polumschaltbaren Zweischichtwicklung durch Verdopplung der Nutenzahl und Verlegen der

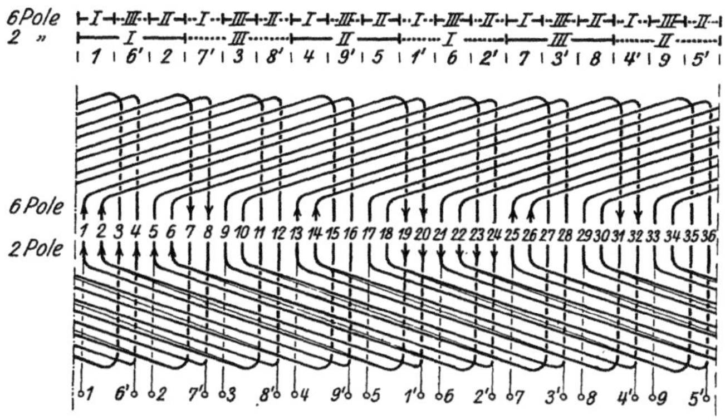

Abb. 283. Strombeläge und Zuordnung der einzelnen Spulen zu den Wicklungsteilen bei einer dreiphasigen einschichtigen Spulenwicklung für 6 und 2 Pole. Unten Schaltplan.

einen Schicht in die noch freien Nuten entstandene Wicklung (vgl. Abschnitt 4 E) ist keine gewöhnliche Wechselstrom-Spulenwicklung, weil die Spulenseiten verschiedener Stränge immer ineinander geschachtelt sind und somit die Eigenschaften dieser Einschichtwicklung im wesentlichen dieselben sind wie die einer Zweischichtwicklung. Auf den Entwurf einer solchen aus der Zweischichtwicklung abgeleiteten Einschichtwicklung werden wir im nächsten Abschnitt (Abb. 298) eingehen.

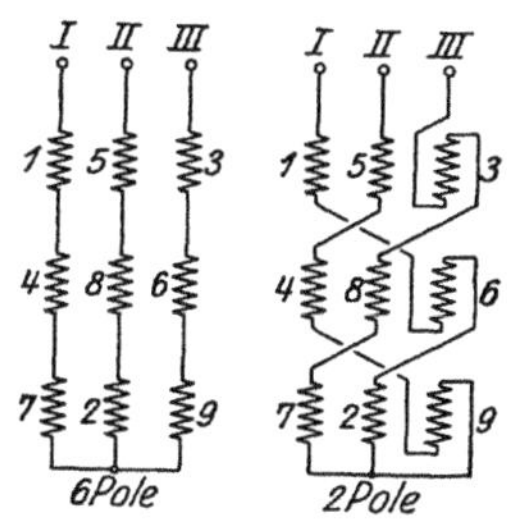

Abb. 284. Schaltung der Wicklungsteile für die Wicklung in Abb. 283 für konstante Leistung; 8 Verbindungen zu lösen, 8 neu herzustellen.

Beim Entwurf der Zweischichtwicklung konnten wir die Strombeläge der einen Schicht ganz außer acht lassen. Wir brauchten nur die positiven Strombeläge zu beachten und erhielten in einer Polpaarteilung bei der dreiphasigen Wicklung nur drei verschiedene Strombeläge am Ankerumfang. Bei der einschichtigen Spulenwicklung im engeren Sinne liegen, in jeder Polpaarteilung 6 verschiedene Strombeläge in nur einer Schicht. Die Ausführbarkeit einer Spulenwicklung für mehrere Polzahlen wird dadurch sehr beschränkt, denn es müssen hier positive und negative Strombeläge bei allen Polzahlen genau übereinstimmen. Man überzeugt sich leicht, daß diese Übereinstimmung nur dann vorhanden ist, wenn das Verhältnis der Polzahlen ungerade ist und wenn die mittlere Spulenweite gleich der Polteilung der niedrigsten Polzahl bemessen wird. In Abb. 283 sind

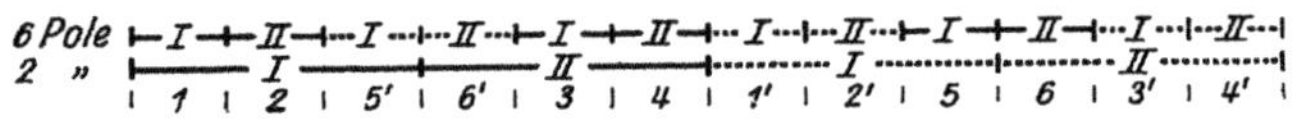

Abb. 285. Strombeläge und Zuordnung der einzelnen Spulen zu den Wicklungsteilen bei einer zweiphasigen einschichtigen Spulenwicklung für 6 und 2 Pole.

oben die Stromverteilungen einer einschichtigen Spulenwicklung für 2 und 6 Pole aufgezeichnet, wobei die Wicklungsstränge wieder durch römische Ziffern (I, II und III), positive und negative Strombeläge durch voll ausgezogene und punktierte Linien unterschieden sind. Da das Polverhältnis ungerade ist, wiederholt sich für beide Polzahlen die Stromverteilung unter Änderung des Vorzeichens nach einer Polteilung der niedrigen Polzahl. Der Ankerumfang läßt sich in 18 Teile zerlegen, die in Abb. 283 mit 1 bis 9 und 1′ bis 9′ bezeichnet sind. Die Stellen des Ankerumfangs 1 und 1′, 2 und 2′ usw. gehören je zu demselben Wicklungsteil, derart, daß an der ohne Zeiger bezeichneten Stelle die positiven, an der mit Zeiger bezeichneten Stelle die negativen Spulenseiten liegen. In Abb. 284 sind die Schaltungen der 9 Wicklungsteile, die sich ohne weiteres aus der Stromverteilung in Abb. 283 ergeben, dargestellt. Es sind beim Übergang von einer Polzahl zur andern 8 Verbindungen zu lösen und ebenso viele neu herzustellen. Im untern Teil der Abb. 274 ist der Schaltplan der Wicklung dargestellt, wobei angenommen ist, daß alle Spulen gleiche Weite haben und die Nutenzahl für Pol und Strang bei der höheren Polzahl gleich 2 ist. In einem der Wicklungsstränge ist durch Pfeilspitzen die Stromrichtung für beide Polzahlen angegeben.

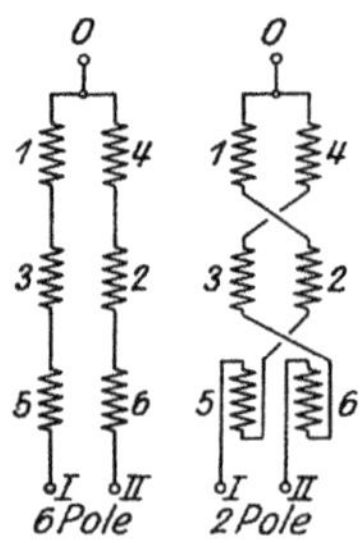

Abb. 286. Schaltung nach Abb. 285 für konstante Leistung; 6 Verbindungen zu lösen, 6 neu herstellen.

Bei ungeradem Polzahlverhältnis ist auch die einschichtige Spulenwicklung für Zweiphasenstrom ausführbar. Da hier nur 2 Wicklungsstränge in Frage kommen, ist die Zahl der Wicklungsteile geringer als bei der dreiphasigen Wicklung. Für 2 und 6 Pole sind die Strombeläge in Abb. 285 dargestellt. Es ergeben sich 6 Spulengruppen, die nach Abb. 286 miteinander zu verbinden sind; 6 Verbindungen sind bei der Umschaltung zu lösen und ebenso viele neu herzustellen.

Erregerkurve und Wicklungsfaktor sind bei den polumschaltbaren Wicklungen dieses Abschnitts für alle Polzahlen dieselben wie bei einer Ganzlochwicklung mit derselben Nuten- und Polzahl.

37. Wicklungen mit Polumschaltung durch Änderung der Stromrichtung in einzelnen Wicklungsteilen.

A. Einphasenwicklung und dreischichtige Dreiphasenwicklung. Wir haben im letzten Abschnitt gesehen, daß durch zyklische Vertauschung von Wicklungsteilen verschiedener Wicklungsstränge die Polzahl der Wicklung geändert werden kann, und daß bei den gewöhnlichen Spulenwicklungen außer der zyklischen Vertauschung auch noch eine Änderung der Stromrichtung in einzelnen Wicklungsteilen vorgenommen werden muß. Bei Einphasenstrom haben wir genau wie bei Gleichstrom nur einen einzigen Wicklungsstrang und die Änderung der Polzahl muß lediglich durch Änderung der Stromrichtung in einzelnen Wicklungsteilen stattfinden. Bei Einphasenstrom ergibt sich auch eine einfache Spulenwicklung, die bei nur wenigen Wicklungsteilen eine Änderung der Polzahl in weiten Grenzen zuläßt.

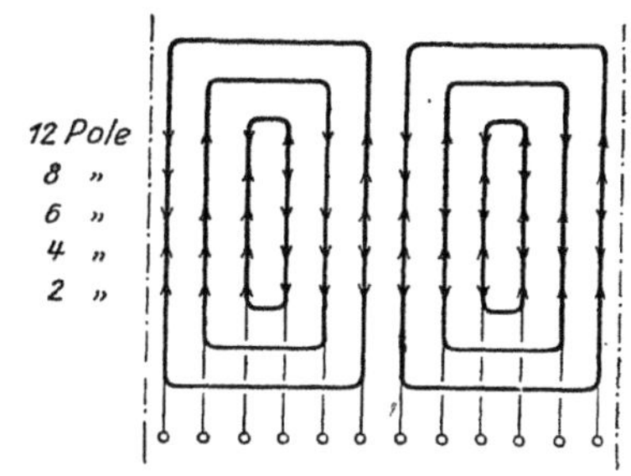

Abb. 287. Einphasenwicklung für 5 verschiedene Polzahlen.

So kann man z. B. eine Wicklung mit nur 6 Wicklungsteilen für 5 verschiedene Polzahlen schalten, die im Verhältnis 1 : 2 : 3 : 4 : 6 stehen. In Abb. 287 ist der Stromlauf für 2, 4, 6, 8 und 12 Pole einer solchen Wicklung durch Pfeilspitzen angedeutet, die auch ohne weiteres die Schaltung der Wicklungsteile erkennen lassen; jeder Wicklungsteil ist hier der Übersichtlichkeit wegen nur als einzelne Spule gezeichnet. Bei der achtpoligen Schaltung bleiben 2 Spulen unbenutzt. Durch Überlagerung von m solcher Einphasenwicklungen lassen sich m-phasige polumschaltbare Wicklungen herstellen; im folgenden wollen wir aus der Einphasenwicklung die Dreiphasenwicklung ableiten.

Aus der einphasigen Wicklung erhält man eine dreiphasige, indem man drei einphasige Wicklungen am Ankerumfang unterbringt, die gegeneinander um je $^2/_3$ Polteilungen verschoben sind. Dies läßt sich natürlich im allgemeinen nicht gleichzeitig für beliebige Polzahlen erreichen. Bezeichnen wir mit τ die Polteilung, so müssen die zweite und dritte Einphasenwicklung gegenüber der ersten um

$$s = \frac{2}{3}\tau \quad \text{und} \quad 2s = \frac{4}{3}\tau \quad \ldots \ldots \quad (92)$$

am Ankerumfang verschoben sein, entsprechend den Wicklungssträngen einer Dreiphasenwicklung. Setzen wir eine solche dreischichtige Wicklung für die niedrigste Polzahl voraus, so erhalten wir für eine andere Polzahl, die das n-fache der niedrigsten Polzahl beträgt, deren Polteilung $\tau_n = \frac{1}{n}\tau$, also $\frac{1}{n}$ der Polteilung bei niedrigster Polzahl ist,

$$s = \frac{2n}{3}\tau_n \quad \text{und} \quad 2s = \frac{4n}{3}\tau_n. \quad \ldots \ldots \quad (93)$$

Wir haben hier nun drei Fälle zu unterscheiden:

$$n = 3g, \quad \ldots \ldots \quad (94a)$$

$$n = 3g + 1, \quad \ldots \ldots \quad (94b)$$

$$n = 3g + 2, \quad \ldots \ldots \quad (94c)$$

worin g eine beliebige ganze Zahl (einschließlich Null) ist.

Im ersten Falle (94a) ist nach Gl. 93

$$s = g \cdot 2\tau_n \quad \text{und} \quad 2s = 2g \cdot 2\tau_n. \quad \ldots \ldots \quad (95a)$$

Die Wicklungen sind also immer um ein ganzes Vielfaches der Polpaarteilung gegeneinander verschoben. Eine Dreiphasenwicklung ist für dieses Polzahlverhältnis (Gl. 94a) nicht möglich, weil alle Wicklungen dieselbe Phase haben.

Im zweiten Falle (94b) wird nach Gl. 93

$$s = g \cdot 2\tau_n + \frac{2}{3}\tau_n \quad \text{und} \quad 2s = 2g \cdot 2\tau_n + \frac{4}{3}\tau_n. \quad . \quad (95b)$$

Da $g \cdot 2\tau_n$ wieder der Phasenverschiebung Null entspricht, so haben die 3 Wicklungen bei dem Polzahlverhältnis nach Gl. 94b immer die richtige Lage am Ankerumfang.

Im dritten Falle (94c) wird nach Gl. 93

$$s = g \cdot 2\tau_n + \frac{4}{3}\tau_n \quad \text{und} \quad 2s = (2g + 1) \cdot 2\tau_n + \frac{2}{3}\tau_n. \quad (95c)$$

Die Lage der Wicklungsstränge ist also auch bei dem Polzahlverhältnis nach Gl. 94c die richtige, wenn der zweite und der dritte Wicklungsstrang oder zwei beliebige Klemmen der verketteten Wicklung gegeneinander vertauscht werden.

Eine dreischichtige Dreiphasenwicklung kann also für jedes beliebige Polzahlverhältnis einer Einphasenwicklung mit Ausnahme des durch 3 teilbaren ausgeführt werden. Die Umschaltung erfolgt in jedem Wicklungsstrang in derselben Weise wie bei der Einphasenwicklung (vgl. Abb. 287). Für nur zwei verschiedene Polzahlen mit einem Polzahlverhältnis $n = 3g + 1$ sind z. B. in Abb. 288 die Schaltungen dargestellt. Jeder Strang besteht aus zwei Wicklungsteilen; der Wicklungssinn je eines der beiden Wicklungsteile wird beim Wechsel der Polzahl geändert. Es sind dazu 6 Verbindungen zu lösen und ebenso viele neu herzustellen. Bei einem Polzahlverhältnis $n = 3g + 2$ sind beim Übergang von einer Polzahl zur andern noch zwei Klemmen der Wicklung zu vertauschen, wodurch aber die Schalteinrichtung nicht umständlicher wird. Die Schaltung wird auch dann noch verhältnismäßig einfach, wenn die Wicklung bei mehr als zwei verschiedenen Polzahlen Verwendung finden soll. Die dreischichtige Dreiphasenwicklung hat aber den Nachteil, daß der Nutenraum schlecht ausgenützt wird. Der Wicklungsfaktor einer solchen Wicklung weicht wesentlich von der Einschichtwicklung ab, er ist nämlich, wenn alle Nuten voll bewickelt sind, $\xi = 2/\pi = 0{,}637$ (gleich dem einer über den ganzen Ankerumfang verteilten Einphasenwicklung).

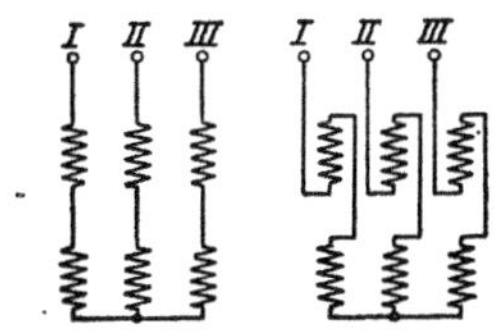

Abb. 288. Schaltungen einer dreischichtigen Dreiphasenwicklung mit dem Polzahlverhältnis $n = 3g + 1$ für konstante Leistung; 6 Verbindungen zu lösen, 6 neu herzustellen.

Bei der Zweischichtwicklung nehmen die Spulenseiten eines Strangs nur $^2/_3$ und bei der Einschichtwicklung sogar nur $^1/_3$ der Polteilung ein. Durch Änderung der Stromrichtung in einzelnen Wicklungsteilen läßt sich deshalb im allgemeinen nicht mehr eine der jeweiligen Polzahl entsprechende periodische Verteilung des Stromes erreichen, wie es bei einem über den ganzen Ankerumfang verteilten Wicklungsstrang (vgl. Abb. 287) möglich ist.

Wenn aber das Polzahlverhältnis 1 : 2 ist, ergeben sich auch hier brauchbare Schaltungen, indem jeder Wicklungsstrang in 2 Hälften geteilt wird und zur Änderung der Polzahl die Stromrichtung in der einen Hälfte umgekehrt wird. Diese häufig verwendeten Wicklungen wollen wir für Dreiphasenstrom in den beiden nächsten Unterabschnitten behandeln, woraus sich auch ohne weiteres der Entwurf der Zweiphasenwicklungen ergibt.

B. Einschichtige Dreiphasenwicklung mit dem Polzahlverhältnis 1 : 2. In Abb. 289a ist ein Wicklungsstrang einer gewöhnlichen vierpoligen Dreiphasenwicklung mit 48 Nuten, also mit 4 Nuten für Pol und Strang dargestellt, bei der die Querverbindungen eines Strangs gleichmäßig am Ankerumfang verteilt sind, wie es bei den Wicklungen üblich ist, deren Querverbindungen in drei Etagen angeordnet werden. Wir erhalten hierbei $2p = 4$ Spulengruppen für jeden Strang. Die Spulengruppen sind nun in Abb. 289a zu 2 Wicklungszweigen

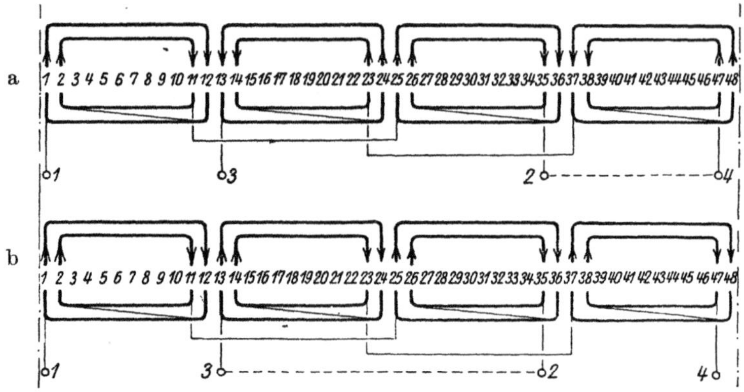

Abb. 289a u. b. Wicklungsstrang einer einschichtigen Dreiphasenwicklung mit langen Spulen und dem Polzahlverhältnis 1:2.
a) Schaltung für 4, b) für 8 Pole.

miteinander verbunden, wobei abwechselnd immer eine Spulengruppe dem ersten und die benachbarte dem zweiten Wicklungszweig angehört. Die Klemmen des ersten Zweiges sind mit 1—2, die des

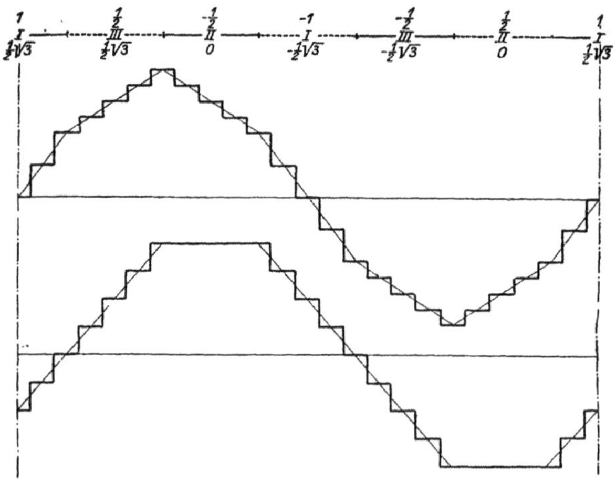

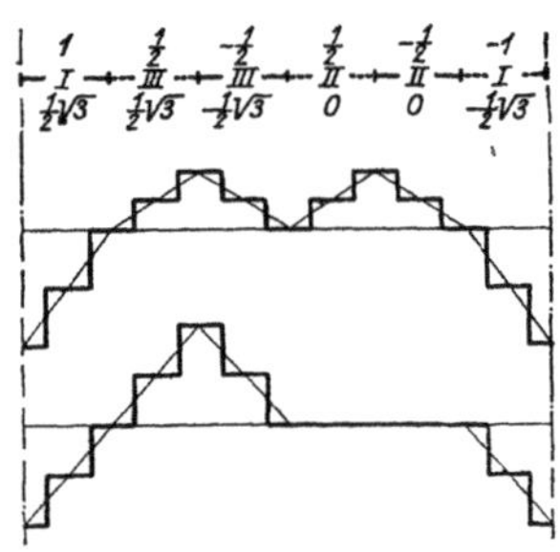

Abb. 290a. Abb. 290b.
Strombeläge und Feld-Erregerkurven der Wicklung in Abb. 289a und b bei 4 (a) und 8 (b) Polen.

zweiten Zweiges mit 3—4 bezeichnet. Bei der vierpoligen Schaltung sind die Klemmen 2 und 4 miteinander verbunden, so daß bei Speisung der Wicklung von Klemme 1 nach Klemme 3 der Strom im

Sinne der eingezeichneten Pfeilspitzen fließt. Es bilden sich wie bei dem Wicklungsstrang einer gewöhnlichen vierpoligen Spulenwicklung $2p = 4$ Pole aus. Ändern wir nun die Stromrichtung in einem der

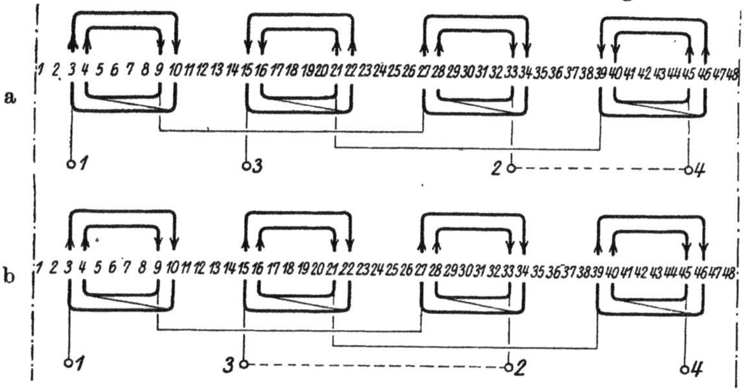

Abb. 291 a u. b. Wicklungsstrang einer einschichtigen Dreiphasenwicklung mit kurzen Spulen und dem Polzahlverhältnis 1:2.
a) Schaltung für 4, b) für 8 Pole.

Wicklungszweige, z. B. in dem Zweig 3—4, indem wir (Abb. 289b) die Klemmen 2 und 3 miteinander verbinden und Strom von Klemme 1 nach Klemme 4 fließen lassen, so ergibt sich der in

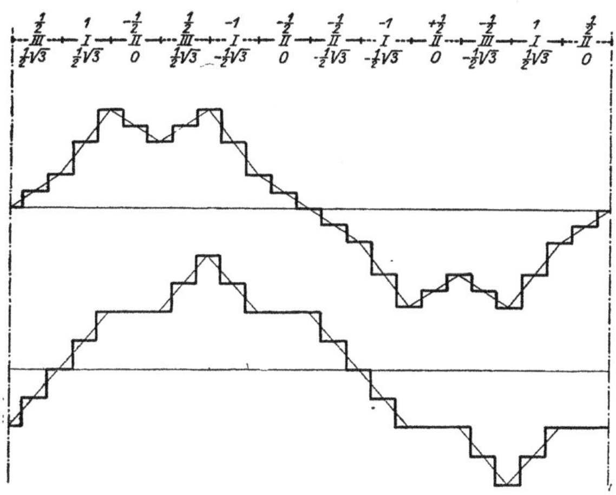

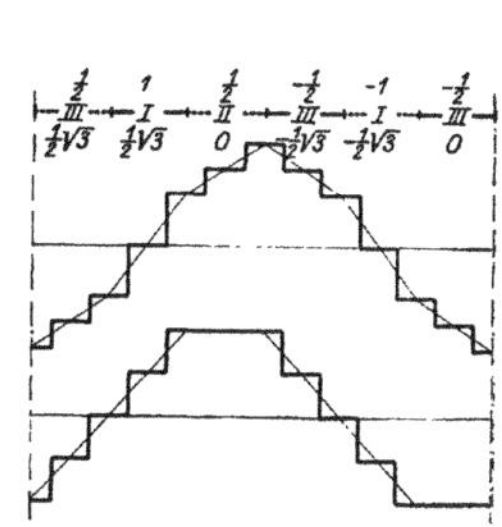

Abb. 292a. Abb. 292b.
Strombeläge und Feld Erregerkurven der Wicklung in Abb. 291 a und b bei 4 (a) und 8 (b) Polen.

Abb. 289b dargestellte Stromlauf. Der Strombelag ändert jetzt doppelt so oft (8 mal) sein Vorzeichen wie bei der Schaltung in Abb. 289a, die Polzahl der Wicklung hat sich also verdoppelt.

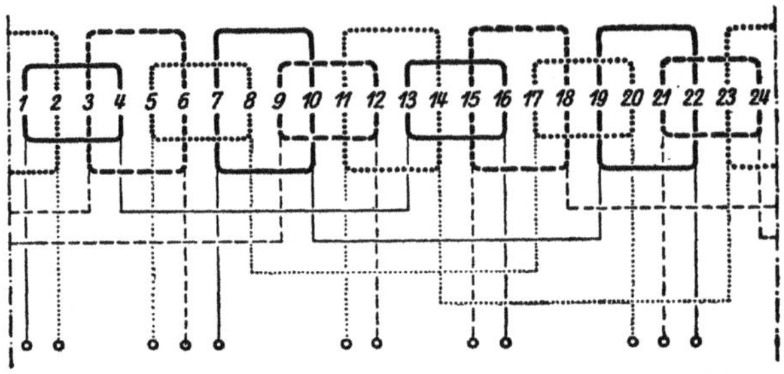

Abb. 293. Polumschaltbare dreiphasige Zwei-Etagen-Wicklung (kurze Spulen) für 4 und 8 Pole.

Die andern beiden Wicklungsstränge sind in genau derselben Weise zu schalten, nur sind sie gegenüber dem ersten Wicklungsstrang um $^2/_3$ und $^4/_3$ der Polteilung der niedrigen Polzahl am Ankerumfang zu verschieben. Wir erhalten also für die ganze Wicklung, die in den Abb. 290a und b oben angedeutete Stromverteilung, wobei wieder die angeschriebenen Zahlen die Größe der Strombeläge für zwei um $^1/_{12}$ Periode auseinander liegende Zeitpunkte angeben. Unter den Strombelägen sind die Erregerkurven für die entsprechenden Zeitpunkte aufgezeichnet. Für die vierpolige Schaltung (einfache Polzahl) ergibt sich dieselbe Erregerkurve wie bei einer gewöhnlichen

4 Pole

8 Pole

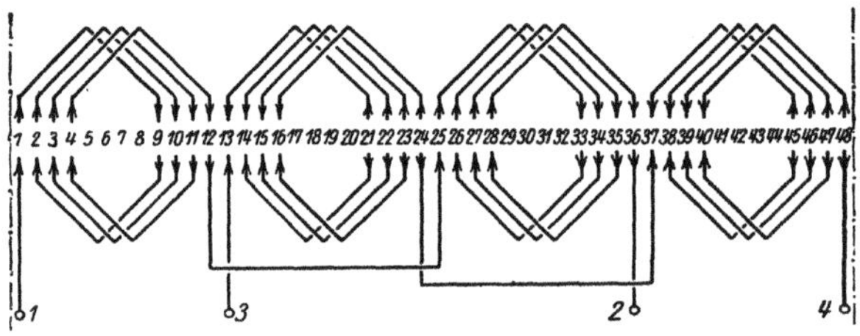

Abb. 294. Wicklungsstrang einer zweischichtigen Dreiphasenwicklung mit $y_1 = {}^2/_3\,\tau$ und dem Polzahlverhältnis 1:2.

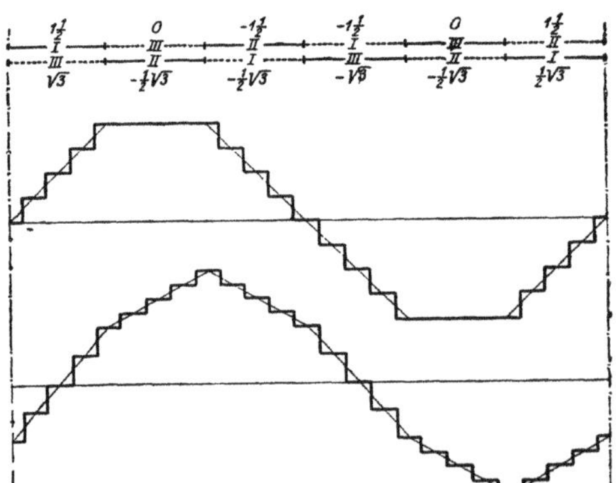

Abb. 295a.

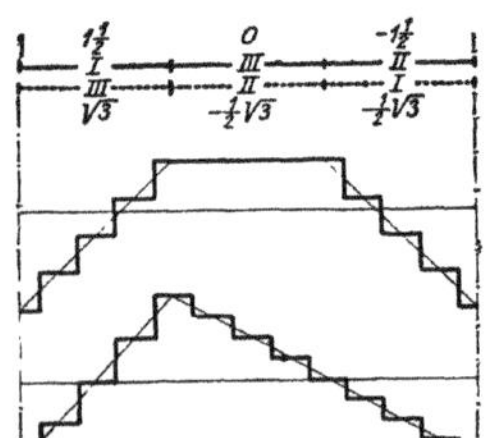

Abb. 295b.

Strombeläge und Feld-Erregerkurven der Wicklung in Abb. 294 bei 4 (a) und 8 (b) Polen.

vierpoligen Spulenwicklung mit $q = 4$. Für die achtpolige Schaltung (doppelte Polzahl) ist die Erregerkurve unsymmetrisch zur Abszissenachse und ihre Gestalt weicht wesentlich von einer Sinuskurve ab. Wir sehen auch, daß sich die Erregerkurve bei der doppelten Polzahl im entgegengesetzten Sinne am Ankerumfang bewegt wie bei der einfachen Polzahl, das Drehfeld läuft also in beiden Fällen in verschiedenem Sinne um. Außer der Umschaltung innerhalb eines Wicklungsstrangs sind also noch zwei Wicklungsstränge zu vertauschen, damit sich bei beiden Polzahlen gleichsinnige Drehfelder ergeben. Dies folgt auch aus den Untersuchungen des letzten Abschnitts; das Polzahlverhältnis $n = 2$ entspricht der Gl. 94c.

Um die Form der Erregerkurve bei der doppelten Polzahl zu verbessern, müssen wir die mittlere Spulenweite verkürzen. Damit die 3 Wicklungsstränge in verschiedenen Nuten liegen, darf die Verkürzung nicht beliebig sein. Die mittlere Spulenweite kann nur noch gleich der Polteilung der doppelten Polzahl gewählt werden, wenn wir hier den später zu behandelnden Fall ausschließen, wo Spulenseiten verschiedener Wicklungsstränge ineinander greifen (vgl. Abschnitt C, letzter Absatz). Für 4 und 8 Pole sind die Schaltpläne eines Wicklungsstrangs in Abb. 291a und b dargestellt, Stromverteilung und Erregerkurve sind in Abb. 292a und b aufgezeichnet. Wir erhalten jetzt für die betrachteten beiden Zeitpunkte bei beiden Polzahlen symmetrische Erregerkurven, doch weicht die Erregerkurve

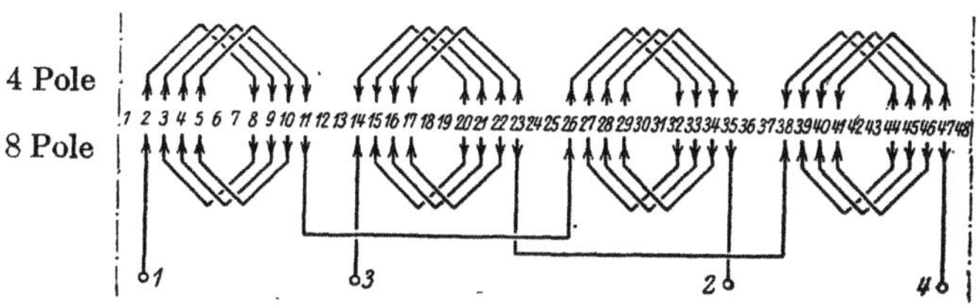

Abb. 296. Wicklungsstrang einer zweischichtigen Dreiphasenwicklung mit $y_1 = {}^1/_2 \tau$ und dem Polzahlverhältnis 1:2.

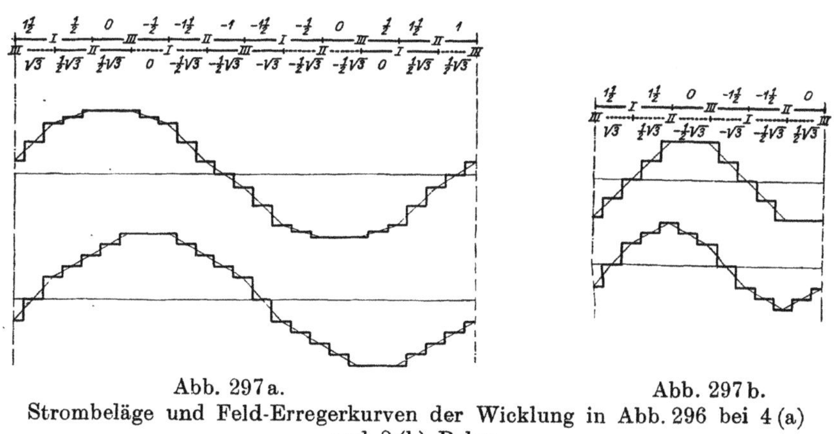

Abb. 297a. Abb. 297b.
Strombeläge und Feld-Erregerkurven der Wicklung in Abb. 296 bei 4 (a) und 8 (b) Polen.

der niedrigen Polzahl merklich von der Sinusform ab. Während bei der Wicklung in Abb. 289a und b die Querverbindungen jeder der Wicklungsstränge in einer besonderen Ebene liegen müssen, können die Querverbindungen der Wicklungen mit verkürztem Schritt (Abb. 291a und b) auch in nur 2 Ebenen (Etagen) angeordnet werden. Der vollständige Schaltplan ist hierfür in Abb. 293 dargestellt, wo der Übersichtlichkeit wegen nur 24 Nuten angenommen sind, so daß eine Spulengruppe nicht wie bei Abb. 291a und b aus zwei Spulen, sondern aus nur einer Spule besteht. Selbstverständlich läßt sich sowohl die Wicklung in Abb. 289a u. b, als auch die in Abb. 291a u. b mit Spulen gleicher Weite ausführen. Im ersten Falle ist dann die Spulenweite $^5/_6$, im zweiten Falle $^1/_2$ der Polteilung der einfachen Polzahl ($2p = 4$).

Zur Berechnung der Wicklungsfaktoren denkt man sich zweckmäßig die Wicklung mit Spulen gleicher Weite ausgeführt. Die Wicklungsfaktoren lassen sich dann bei endlicher Nutenzahl nach Gl. 131b, bei unendlich (sehr) vielen Nuten nach Gl. 132 berechnen. Die auf diese Weise berechneten Wicklungsfaktoren der Grundwelle ($\nu = 1$) sind in Tafel 17 (Einschichtwicklung) zusammengestellt; die nicht eingeklammerten Wicklungsfaktoren gelten für unendlich viele Nuten, die eingeklammerten für die in den Abb. 289 und 291a u. b angenommenen Nutenzahlen.

C. Zweischichtige Dreiphasenwicklung mit dem Polzahlverhältnis 1:2. Bei der Zweischichtwicklung kann die Verkürzung der Spulenweite mit Rücksicht auf die technische Ausführbarkeit der Wicklung beliebig gewählt werden. Wir wollen hier beispielsweise die zwei Fälle betrachten, wo die Spulenweite $^2/_3$ und $^1/_2$ der Polteilung τ der niedrigen Polzahl ist. Die Schaltpläne eines Wicklungsstrangs sind hierfür in den Abb. 294 und 296 dargestellt, worin die oberen Pfeil-

Tafel 17.

Wicklungsfaktoren für polumschaltbare Dreiphasenwicklungen der Abschnitte 37B und C.

	Einschichtwicklung		Zweischichtwicklung mit Spulenweite	
	lange Spulen	kurze Spulen	$^2/_3\ \tau$	$^1/_2\ \tau$
Einfache Polzahl	$\frac{3}{\pi} = 0{,}955$ (0,958)	$\frac{12 \cdot \sin 15^0}{\sqrt{2}\pi} = 0{,}699$ (0,701)	$\frac{\sqrt{3}}{2} \cdot \frac{3}{\pi} = 0{,}827$ (0,830)	$\frac{1}{\sqrt{2}} \cdot \frac{3}{\pi} = 0{,}675$ (0,677)
Doppelte Polzahl	$\frac{1}{2} \cdot \frac{3}{\pi} = 0{,}477$ (0,483)	$\frac{3}{\pi} = 0{,}955$ (0,966)	$\frac{9}{4\pi} = 0{,}716$ (0,725)	$\frac{\sqrt{3}}{2} \cdot \frac{3}{\pi} = 0{,}827$ (0,836)

spitzen den Stromlauf bei 4, die unteren den bei 8 Polen angeben. Die zugehörigen Stromverteilungen und Erregerkurven sind in den Abb. 295 und 297a und b aufgezeichnet. Hier ergeben sich günstigere Erregerkurven als bei der Einschichtwicklung. Besonders günstig ist die Zweischichtwicklung mit einer Spulenweite gleich $^1/_2$ der Polteilung der einfachen Polzahl, also gleich der Polteilung der doppelten

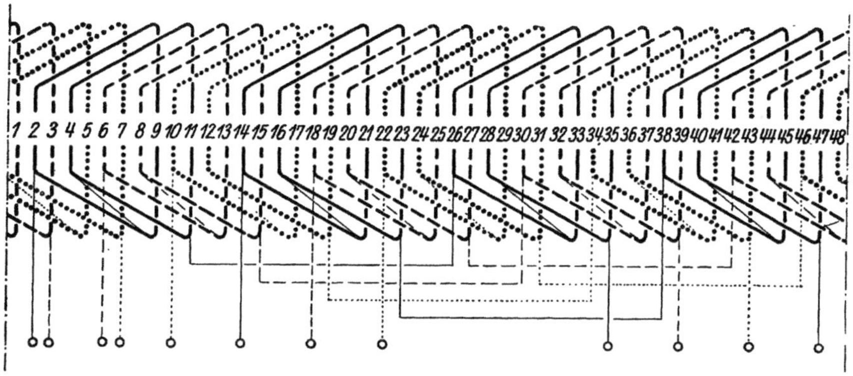

Abb. 298. Schaltplan einer dreiphasigen polumschaltbaren Einschichtwicklung mit ineinander greifenden Wicklungssträngen für 4 und 8 Pole.

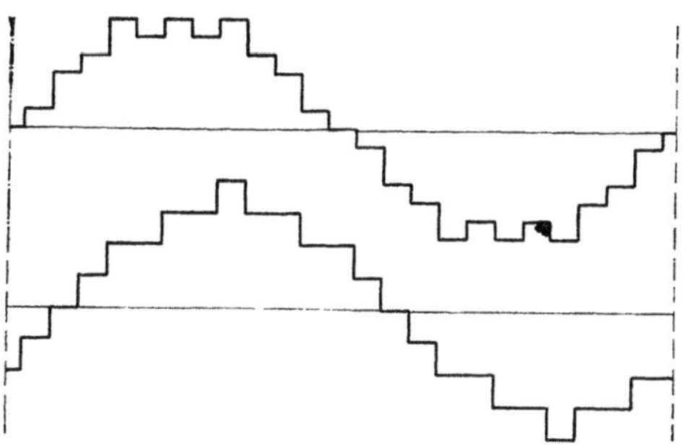

Abb. 299a.

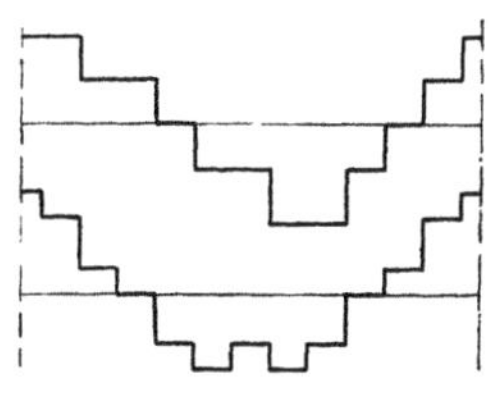

Abb. 299b.

Feld-Erregerkurven der Wicklung in Abb. 298 bei 4 (a) und 8 (b) Polen.

Polzahl. Die Erregerkurven sind hier für beide Polzahlen symmetrisch zur Abszissenachse und weichen nicht wesentlich von der Sinusform ab. Die Zweischichtwicklung ist dafür aber auch entsprechend schlechter ausgenützt. In Tafel 17 sind die Wicklungsfaktoren der Einschicht- und Zweischichtwicklung gegenübergestellt, wobei die Nutenzahl unendlich groß angenommen ist. Für die hier näher betrachteten Fälle mit 48 Nuten sind die Wicklungsfaktoren in Klammern beigefügt. Bei der Zweischichtwicklung, deren Spulenweite halb so groß ist wie die Polteilung der einfachen Polzahl, sind die Wicklungsfaktoren für beide Polzahlen schlechter als bei der Einschichtwicklung mit derselben Spulenweite.

Aus der Zweischichtwicklung können wir auch eine Einschichtwicklung herleiten, deren Eigenschaften mit denen der Zweischichtwicklung übereinstimmen, für höhere Spannungen aber technisch bequemer ausführbar ist und den Nutenraum besser ausnützt. Hierbei verfahren wir in genau derselben Weise wie wir es bei der Gleichstrom-Ankerwicklung getan haben, als wir aus der Zweischichtwicklung die Einschichtwicklung ableiteten (Abschnitt 4 E), d. h. wir verdoppeln bei derselben Spulenzahl die Nutenzahl und verlegen die Unterschicht in die eingefügten Nuten, oder wenn wir die Nutenzahl nicht ändern, bleibt jede zweite Spule weg und die Unterschicht wird um eine Nutteilung verschoben. Durch Vergrößerung der Spulenweite um eine Nutteilung ist unter Wegfall jeder zweiten Spule die Einschichtwicklung in Abb. 298 aus der Zweischichtwicklung in Abb. 296 entstanden; beide Wicklungen haben 48 Nuten, bei Abb. 298 greifen die Spulenseiten der verschiedenen Wicklungsstränge ineinander. Abb. 299a und b stellen die Erregerkurven bei 4 und 8 Polen dar. Sie stimmen um so genauer mit denen der Zweischichtwicklung überein, aus der die Einschichtwicklung abgeleitet ist, je größer die Nutenzahl ist.

D. Schaltung der Wicklungszweige und Stränge. Die Wicklungen mit einem Polzahlverhältnis 1 : 2 sind die wichtigsten. Bei den in

Tafel 18.

Verhältnis zwischen den magnetischen Beanspruchungen im Luftspalt bei doppelter und einfacher Polzahl und Vernachlässigung des Einflusses der Wicklungsfaktoren.

Nr.	Doppelte Polzahl		Einfache Polzahl		Verhältnis der magn. Beanspr.
	Schaltung der Zweige	Schaltung der Stränge	Schaltung der Zweige	Schaltung der Stränge	
1	Reihe	Stern	parallel	Dreieck	0,58
2	„	Stern oder Dreieck	parallel	wie bei dopp. Polzahl	1,00
3	Reihe oder parallel	Stern	wie bei dopp. Polzahl	Dreieck	1,16
4	Reihe	Dreieck	parallel	Stern	1,73
5	Reihe oder parallel	Stern oder Dreieck	wie bei dopp. Polzahl	wie bei dopp, Polzahl	2,0
6	parallel	Stern	Reihe	Dreieck	2,3
7	Reihe oder parallel	Dreieck	wie bei dopp. Polzahl	Stern	3,5
8	parallel	Stern oder Dreieck	Reihe	wie bei dopp. Polzahl	4,0
9	„	Dreieck	„	Stern	6,9

diesem Abschnitt behandelten Wicklungen, deren Polzahl durch Umschaltung je einer Hälfte des Wicklungsstrangs geändert wird, sind die beiden Hälften der Wicklungsstränge auch vollkommen gleichwertig und können nach Belieben in Reihe oder parallel geschaltet werden. Dasselbe gilt auch für die im letzten Abschnitt behandelten Wicklungen, wenn die beiden Polpaarzahlen den gemeinsamen Teiler 2 haben. Die einzelnen Stränge können noch in Stern oder Dreieck geschaltet werden, so daß man bei einem Polzahlverhältnis 1 : 2 für alle praktisch wichtigen Betriebsfälle annähernd die jeweils zweckmäßigste magnetische Beanspruchung im Luftspalt durch entsprechende Schaltung der Wicklungszweige und -stränge erhalten kann, ohne die Klemmenspannung der Wicklung ändern zu müssen. In Tafel 18 sind die möglichen Schaltungen zusammengestellt und in der letzten

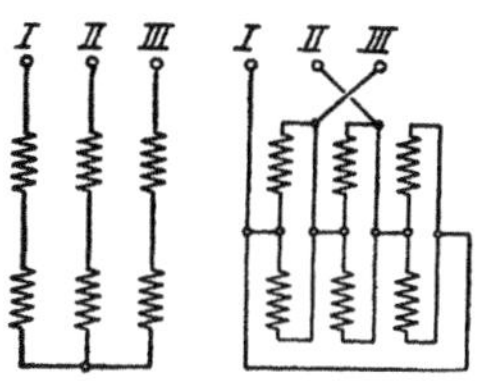

Abb. 300.
Schaltung Nr. 1.

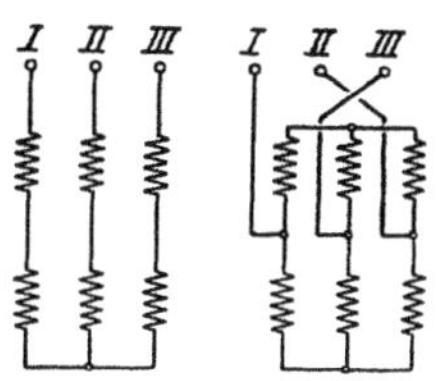

Abb. 301.
Schaltung Nr. 2.

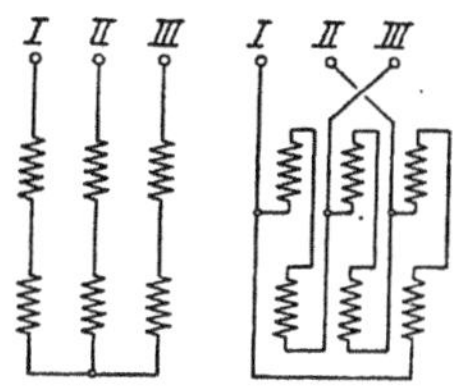

Abb. 302.
Schaltung Nr. 3.

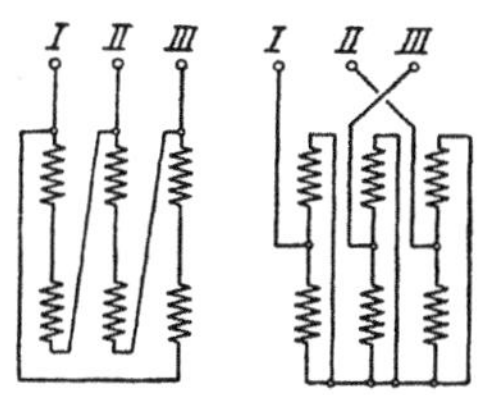

Abb. 303. Schaltung Nr. 4.

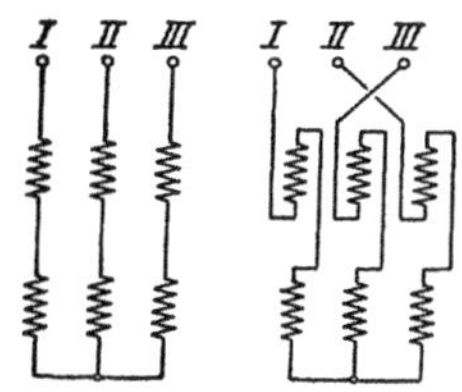

Abb. 304. Schaltung. Nr. 5.

Abb. 300 bis 304. Schaltung der Wicklungszweige und -stränge bei doppelter und einfacher Polzahl; Tafel 18 u. 19.

Tafel 19.

Anzahl der beim Übergang von der doppelten zur einfachen Polzahl zu lösenden und neu herzustellenden Verbindungen.

Schaltung Nr.	zu lösen:	neu herzustellen:
1 (Abb. 300)	5 Verbindungen	9 Verbindungen
2 (Abb. 301)	3 „	6 „
3 (Abb. 302)	8 „	9 „
4 (Abb. 303)	3 „	5 „
5 (Abb. 304)	6 „	6 „

Reihe ist das nach Gl. 91 berechnete Verhältnis der magnetischen Beanspruchungen angegeben, wenn die Klemmenspannung dieselbe bleibt und die Wicklungsfaktoren bei beiden Polzahlen einander gleich sind.

Das zweckmäßigste Verhältnis der magnetischen Beanspruchungen richtet sich nach den verlangten Drehmomenten. Je größer das Verhältnis der Drehmomente bei der höheren und niedrigeren Polzahl- oder der niedrigeren und höheren Umlaufsgeschwindigkeit verlangt wird, desto größer sollte auch das Verhältnis der magnetischen Beanspruchungen sein. Die Schaltung Nr. 1 entspricht einem sehr kleinen Drehmomentverhältnis, wie es z. B. bei Ventilatorenantrieb in Frage kommt. Bei Schaltung Nr. 2 ergibt sich bei Gleichheit der Wicklungsfaktoren für beide Polzahlen dieselbe magnetische Beanspruchung im Luftspalt, sie kommt hauptsächlich dann in Frage, wenn bei beiden Polzahlen dasselbe Drehmoment verlangt wird. Dies gilt auch für Schaltung Nr. 3, die bei der niedrigen Umlaufsgeschwindigkeit nur eine wenig höhere magnetische Beanspruchung ergibt als bei der höheren. Die übrigen Schaltungen, Nr. 4 bis 9, kommen in Frage, wenn bei der niedrigen Umlaufsgeschwindigkeit höhere Drehmomente verlangt werden, wobei aber nur die Schaltungen Nr. 4 und 5 praktische Bedeutung beanspruchen, weil so hohe Drehmomentverhältnisse, wie sie den übrigen Schaltungen entsprechen, im allgemeinen wohl nicht verlangt werden.

Für die praktisch wichtigsten Fälle, Schaltung Nr. 1 bis 5, sind in Abb. 300 bis 304 die Schaltungen der Wicklungszweige und -stränge aufgezeichnet. Diese Schaltungen gelten aber nur für die in diesem Abschnitt behandelten Wicklungen, während die Tafel auch für die Wicklungen im Abschnitt 36 mit einem Polzahlverhältnis 2 : 1 maßgebend ist. Diejenigen Schaltungen, die sowohl mit Reihen- als auch Parallelschaltung der Wicklungszweige oder mit Stern- als auch Dreieckschaltung der Wicklungsstränge ausgeführt werden können, sind mit Reihenschaltung und Sternschaltung angegeben. Die Zahlen der beim Übergang von der niedrigen zur höheren Umlaufsgeschwindigkeit zu lösenden und neu herzustellenden Verbindungen sind in Tafel 19 enthalten. Die Schaltungen Nr. 2 und 4 erfordern den einfachsten Umschalter.

In Tafel 20 (S. 324) sind die Eigenschaften der in den Abschnitten 35 bis 37 behandelten Wicklungen zusammengestellt.

38. Läuferwicklungen für polumschaltbare Asynchronmotoren.

A. Schaltung der polumschaltbaren Ständerwicklung für den Läufer.

Für den Läufer der asynchronen Motoren verwendet man gewöhnlich Kurzschlußkäfiganker, die praktisch für jede beliebige Polzahl geeignet sind und deshalb bei Änderung der Polzahl der Ständerwicklung keinerlei Umschaltung erfordern. Wenn jedoch hohe Drehmomente bei kleinen Anlaufströmen verlangt werden, oder wenn die Umlaufsgeschwindigkeit allmählich durch Widerstände im Läufer geregelt werden soll, muß auch der Läufer eine polumschaltbare Schleifringwicklung erhalten. Hierfür können dieselben Wicklungen verwendet werden wie im Ständer. Die Vertauschung ganzer Wicklungsstränge, die bei der Ständerwicklung mit Rücksicht auf die Drehrichtung des Drehfeldes zuweilen erforderlich ist, kann aber bei der Läuferwicklung unterbleiben, weil diese in sich kurzgeschlossen wird. Beim Läufer ist es noch wichtiger als beim Ständer, daß die Zahl der Schaltenden möglichst klein ist, weil diese über Schleifringe nach außen geführt werden müssen. Für den Läufer sind deshalb nur solche Schaltungen geeignet, die möglichst wenig Anschlußstellen ergeben. Aus diesem Grunde wird wohl auch die Regelung über

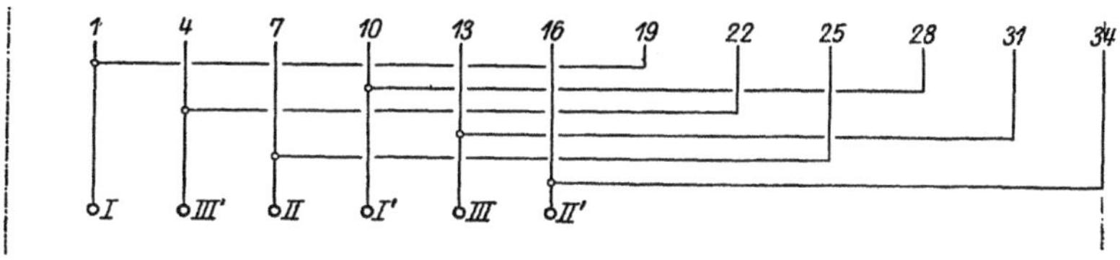

Abb. 305. Schaltverbindungen im Läufer bei der angezapften Wicklung nach Abb. 268a für 4 und 8 Pole mit 6 Schleifringen.

äußere Widerstände gewöhnlich nur bei zwei verschiedenen Polzahlen in Frage kommen, da eine Läuferwicklung bei mehr als zwei Polzahlen gewöhnlich zu viele Schleifringe verlangen würde. Für zwei Polzahlen, die im Verhältnis 1 : 2 stehen, eignen sich besonders die Wicklungen in den Abschnitten 35A und B, 36A und 37B und C, für noch andere Polzahlverhältnisse die Wicklungen in Abschnitt 37A.

Für die in Abb. 268a dargestellte angezapfte Schleifenwicklung ist die Schaltung der bei 4 und 8 Polen erforderlichen Anzapfstellen in Abb. 305 angegeben. Die Klemmen I, II, III, I′, II′ und III′ führen zu den sechs Schleifringen. Beim Betrieb mit 4 Polen werden nur die Schleifringe I, II und III über Widerstände geschaltet oder kurzgeschlossen, beim Betrieb mit 8 Polen werden je die Schleifringe I und I′, II und II′, III und III′ parallel geschaltet Bei der angezapften Wellenwicklung in Abb. 274a und b sind ebenfalls sechs Schleifringe erforderlich, die mit den Anzapfstellen in Abb. 274b verbunden werden. Bei 4 Polen werden dann nur drei Schleifringe benutzt (Abb. 274a), bei 8 Polen werden je zwei Schleifringe parallel geschaltet (Abb. 274b).

Bei der dreiphasigen aufgeschnittenen Gleichstrom-Ankerwicklung mit dem Polzahlverhältnis 1 : 2 (vgl. Abb. 279b) können wir die Wicklung in zwei Gruppen zu je drei Wicklungsteilen zerlegen. Beim Übergang von einer Polzahl zur andern bleibt dann für den Ständer die Schaltung der ersten Gruppe unverändert, während die Wicklungsteile der zweiten Gruppe zyklisch vertauscht werden. Bei der Läuferwicklung können die beiden Gruppen je für sich in Stern oder Dreieck geschaltet und je drei Schleifringe zu den äußern Widerständen geführt werden. Die Läuferwicklung braucht dann beim Übergang von einer Polzahl zur andern nicht umgeschaltet zu werden. Auch hier sind im ganzen sechs Schleifringe erforderlich.

Bei den Schaltungen im Abschnitt 37 (vgl. z. B. Abb. 288 und 301) wird die Wicklung ebenfalls in zwei Gruppen von je drei Wicklungsteilen zerlegt. Beim Übergang von einer Polzahl zur andern wird die Stromrichtung in einer Wicklungsgruppe geändert. Auch hier können wir wieder für den Läufer jede Gruppe für sich schalten und zu je drei Schleifringen führen. Zwei Schleifringe können wir hier aber, wo keine zyklische Vertauschung von Wicklungsteilen stattfindet, noch zu einem vereinigen, so daß im ganzen nur fünf Schleifringe erforderlich sind. Die Schaltung ist in Abb. 306 dargestellt. Bei der einen Polzahl sind die beiden Wicklungen parallel geschaltet, der Schleifring I führt den doppelten Strom wie die übrigen; bei der andern Polzahl sind die Wicklungsstränge, die mit dem Schleifring I verbunden sind, gegeneinander geschaltet, über den Schleifring I fließt in diesem Falle kein Strom.

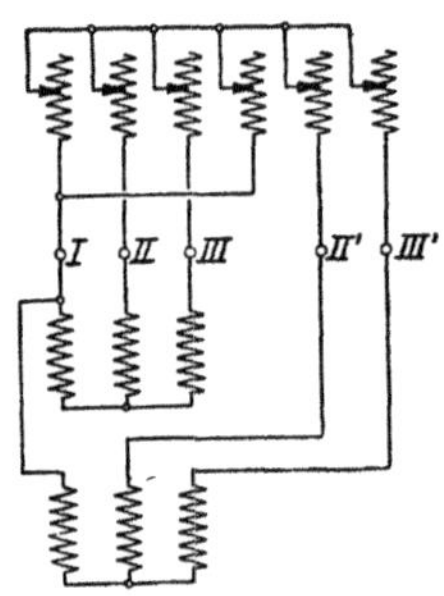

Abb. 306. Schaltung der Wicklungsteile im Läufer bei den Wicklungen im Abschn. 37 mit 5 Schleifringen.

Zuweilen wird nur bei einer der verschiedenen Polzahlen eine Regelung der Läuferströme durch äußere Widerstände verlangt, entweder bei niedriger Geschwindigkeit, um hohe Drehmomente bei kleinen Anlaufströmen zu erhalten, oder bei höherer Geschwindigkeit, um eine allmähliche Regelung zu ermöglichen. In diesen Fällen kann die Zahl der erforderlichen Schleifringe wesentlich verringert werden, wenn die Wicklung so geschaltet wird, daß sie für die eine Polzahl als Kurzschlußwicklung, für die andere als Schleifringwicklung wirkt. Sehr viele der früher behandelten Ständerwicklungen sind hierzu geeignet.

Wenn wir z. B. die dreiphasig angezapfte Gleichstrom-Ankerwicklung mit einem Polzahlverhältnis 1 : 2 für die höhere Polzahl schalten und zu drei Schleifringen führen (vgl. z. B. Abb. 268d und 274b), so ist eine solche Wicklung bei der niedrigen Polzahl ($2p = 4$) dreiachsig (sechsphasig) kurzgeschlossen.

Von den offenen Wicklungen kommen hier hauptsächlich die im Abschnitt 37 in Frage, bei denen mit der Polzahl der Sinn einer der Wicklungsgruppen geändert wird. Auch hier erhält der Läufer nur drei Schleifringe. Wenn die Regelung über äußere Widerstände bei der einfachen Polzahl erfolgen soll (zur Änderung der Umlaufsgeschwindigkeit), so kann die Wicklung nach Abb. 301 für einfache Polzahl (rechte Schaltung) geschaltet werden, für doppelte Polzahl ist sie dann in sich kurzgeschlossen. Wenn die Regelung über

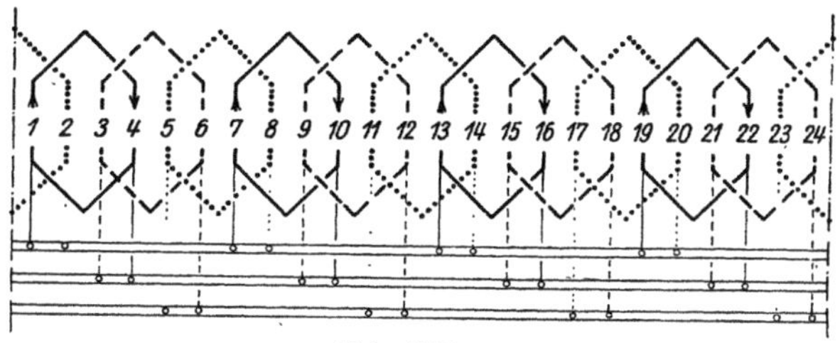

Abb. 307 a.

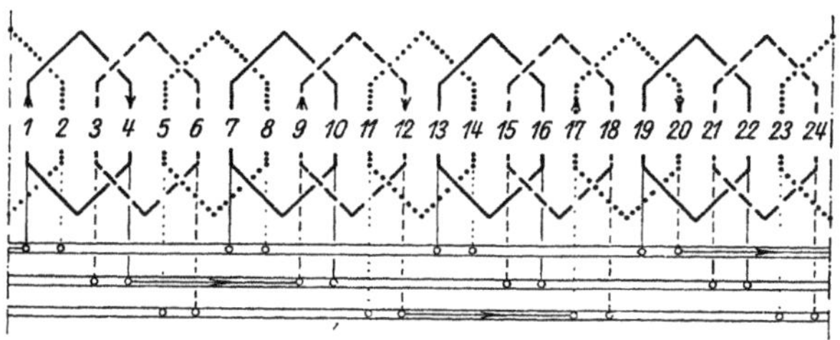

Abb. 307 b.

Läuferwicklung, die bei 8 Polen über 3 Schleifringe und Widerstände dreiphasig (a), bei 6 Polen in sich vierphasig (b) kurzgeschlossen ist. Stromlauf in einem Strang bei 8 (a) und 6 (b) Polen.

Schleifringe bei der höheren Polzahl verlangt wird (Anlauf mit großem Drehmoment und kleinem Strom), werden die Wicklungszweige bei der doppelten Polzahl parallel geschaltet und zu drei Schleifringen geführt; sie sind dann für die einfache Polzahl in sich kurzgeschlossen.

B. Läuferwicklungen, deren Strangzahl sich mit der Polzahl ändert. Wenn die Regelung der Läuferströme über äußere Widerstände nur für eine Polzahl verlangt wird, läßt sich auch eine Läuferwicklung entwerfen, die für andere Polzahlen mehrere in sich kurzgeschlossene Wicklungsstränge besitzt, deren Zahl im allgemeinen von der Strangzahl der Schleifringwicklung verschieden ist. In Abb. 307a ist eine solche Wicklung dargestellt, die bei achtpoligem Felde über die Schleifringe, bei sechspoligem Felde aber in sich kurzgeschlossen ist. Für 8 Pole sind die 4 gleichwertigen Spulengruppen eines Wicklungsstrangs parallel geschaltet; die 3 Wicklungsstränge sind in Dreieck geschaltet und mit den 3 Schleifringen verbunden. In Abb. 307a ist der Stromlauf in einem Wicklungsstrang für 8 Pole durch Pfeilspitzen angedeutet. Bei 6 Polen erhalten wir eine vierphasig in sich kurzgeschlossene Wicklung. Der Stromlauf ist für einen der 4 Wicklungsstränge in Abb. 307b eingezeichnet.

Wir wollen die Bedingung für die Ausführbarkeit dieser Gruppe von Läuferwicklungen ableiten. Bezeichnen wir mit m_0 die Zahl

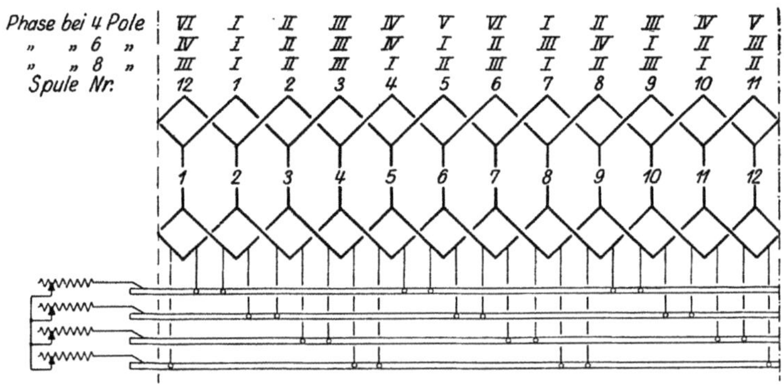

Abb. 308. Läuferwicklung, die bei 4 Polen eine sechsphasige Kurzschlußwicklung, bei 6 Polen eine im Viereck geschaltete Schleifringwicklung, bei 8 Polen eine dreiphasige Kurzschlußwicklung ist.

der Wicklungsstränge, und mit τ_0 die Teilung der Polzahl $(2p_0)$, für welche die Läuferströme über äußere Widerstände geregelt werden sollen, so sind die Wicklungsstränge für die Polzahl $2p_0$ um

$$s_0 = \frac{1}{m_0} \cdot 2\tau_0 \quad \ldots \ldots \ldots \quad (96)$$

am Ankerumfang verschoben. Führen wir an Stelle von τ_0 die Polteilung τ einer beliebigen andern Polzahl $2p$ ein, so wird die Verschiebung der Wicklungsstränge

$$s = s_0 = \frac{1}{m_0} \frac{p}{p_0} \cdot 2\tau \quad \ldots \ldots \ldots \quad (97)$$

Damit für die Polzahl $2p$ ein m-phasiger Kurzschluß möglich ist, muß nach Gl. 97

$$m = m_0 \frac{p_0}{p} > 2 \quad \ldots \ldots \ldots \quad (98)$$

und möglichst eine ganze Zahl sein. Für die Wicklung in Abb. 307a war $m_0 = 3$ und $m = 3 \cdot \frac{4}{3} = 4$.

Es möge eine Läuferwicklung für die Polzahlen 4, 6 und 8 zu entwerfen sein, wobei die Wicklung für 6 Pole über äußere Widerstände kurzgeschlossen werden soll. Nach Gl. 98 muß die Zahl der Wicklungsstränge m_0 bei der sechspoligen Wicklung so gewählt werden, daß sowohl $m_0 \cdot \frac{3}{2}$ als auch $m_0 \cdot \frac{3}{4}$ größer als 2 und möglichst eine ganze Zahl ist. Mit $m_0 = 4$ wird $m_0 \cdot \frac{3}{2} = 6$ und $m_0 \cdot \frac{3}{4} = 3$. Bei 4 Polen erhalten wir also 6, bei 6 Polen 4 und bei 8 Polen 3 Wick-

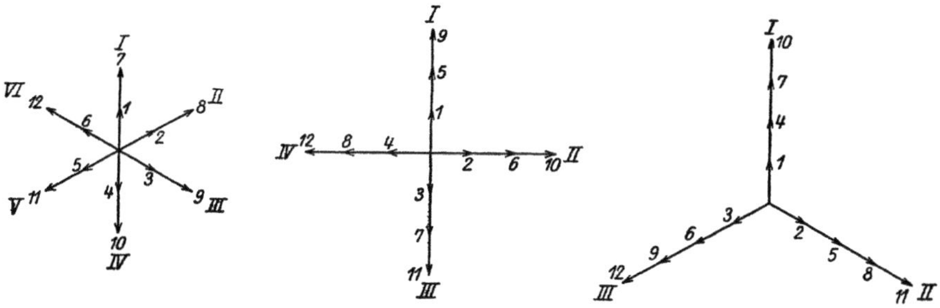

Abb. 309 a. Abb. 309 b. Abb. 309 c.

Spannungssterne der Wicklungen in Abb. 308 und 310; a) bei 4 Polen, b) bei 6 Polen, c) bei 8 Polen.

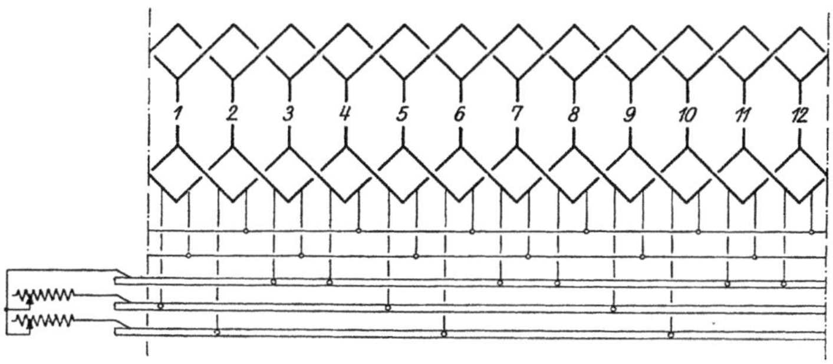

Abb. 310. Läuferwicklung, die bei 4 Polen eine sechsphasige Kurzschlußwicklung, bei 6 Polen eine verkettete Zweiphasenwicklung mit 3 Schleifringen, bei 8 Polen eine dreiphasige Kurzschlußwicklung ist.

lungsstränge. In Abb. 308 ist der Schaltplan der Wicklung dargestellt. Sie ist eine vierphasige in Viereck geschaltete sechspolige Wicklung mit 3 parallelen Wicklungszweigen (Spulen). Die Läuferströme können bei 6 Polen über äußere Widerstände, die an die 4 Schleifringe zu schließen sind, geregelt werden. Über die Schleifringe wird jede Spule für sich kurzgeschlossen, so daß bei passender Spulenweite die Wicklung für jede beliebige andere Polzahl als Kurzschlußwicklung geeignet ist. Um die Wicklung bei 4 und 8 Polen gleich gut auszunutzen, ist die Spulenweite gleich der Polteilung bei 6 Polen angenommen, so daß sich, weil m_0 gerade, eine Zweischichtwicklung ergibt. Oberhalb des Schaltplans sind über den Spulenmitten durch römische Ziffern die Stromphasen für die 3 Polzahlen angegeben.

Das Verhalten der Wicklung läßt sich leicht überblicken, wenn man sich die Spannungssterne für die 3 Polzahlen aufzeichnet. In den Abb. 309a bis c sind die Phasen der Spannungen in den einzelnen Spulen ebenso bezeichnet wie die entsprechenden am Ankerumfang fortlaufend numerierten Spulen. Gleichphasige Spannungsstrahlen sind aneinander gereiht, auch wenn die entsprechenden Spulen nicht in Reihe geschaltet sind. Bei 6 Polen sind die gleichphasigen Spulen der 4 Wicklungsstränge parallel, die Stränge in Viereck geschaltet; der Kurzschluß der Wicklung muß über die Schleifringe erfolgen. Bei 4 und 8 Polen ist hier die Wicklung auch schon bei offenen Schleifringen in sich kurzgeschlossen. Je drei Spulen, 1, 5, 9 und 3, 7, 11 und 2, 6, 10 und 4, 8, 12 sind in sich dreiphasig kurzgeschlossen. Bei 8 Polen haben die 4 Kurzschlußgruppen gleiche Phase; die Wicklung wirkt wie eine dreiphasige Kurzschlußwicklung. Bei 4 Polen sind je zwei Kurzschlußkreise um eine Polteilung am Ankerumfang verschoben; die Wicklung wirkt wie eine sechsphasig kurzgeschlossene Wicklung.

Ein Schleifring läßt sich noch ersparen, wenn die Wicklung bei 6 Polen als verkettete Zweiphasenwicklung nach Abb. 310 geschaltet wird. Für drei verschiedene Polzahlen sind hier nur drei Schleifringe erforderlich.

39. Über die Wahl der Wicklung.

In den meisten Fällen werden für die Anker von synchronen und asynchronen Maschinen Wicklungen verwendet (Ganzlochwicklungen), bei denen sowohl das Verhältnis Q zwischen gesamter Nutenzahl und Produkt aus Polzahl und Strangzahl, als auch das Verhältnis q zwischen bewickelter Nutenzahl und jenem Produkt eine ganze Zahl ist. Bei diesen Wicklungen erhält man die größte Zahl der Wicklungszweige, die man nach Bedarf parallel oder in Reihe schalten kann. Die Feld-Erregerkurve ist bei den Ganzlochwicklungen eine periodische Funktion mit der Periode der Polpaarteilung und weicht nicht wesentlich von der Sinusform ab.

Die Wicklungen, bei denen die Wicklungsköpfe in zwei Etagen liegen (Abb. 175a und b), werden gewöhnlich bevorzugt, weil bei nur zwei nebeneinander liegenden Wicklungsköpfen die Querverbindungen weniger Raum beanspruchen und sich dabei kleinere mittlere Windungslängen ergeben, und weil sich die gleichachsigen Spulengruppen einfacher wickeln lassen als die Spulen gleicher Weite, bei denen alle Spulen gekröpft werden müssen. Bei ungerader Polpaarzahl muß aber auch bei den Wicklungen, deren Wicklungsköpfe in zwei Etagen liegen, eine Spulengruppe gekröpft ausgeführt werden; deshalb ordnet man bei zweipoligen Wicklungen die Wicklungsköpfe entweder in drei Etagen an (Abb. 166) oder man verwendet lauter gekröpfte Spulengruppen (Abb. 177) oder Spulen (Abb. 182 u. 184). Auch bei drei Polpaaren zieht man häufig eine dieser Ausführungen vor, während man bei größeren ungeraden Polpaarzahlen gewöhnlich die Wicklungsköpfe in zwei Etagen ausführt und die eine sich hierbei ergebende gekröpfte Spulengruppe in Kauf nimmt.

Die innerhalb jeder Polpaarteilung zusammengedrängten Wicklungsköpfe (Abb. 169a 171 u. 183a) wird man wegen der magnetischen Störungen der Querverbindungen (vgl. Abschnitt 34) nur bei geteiltem Ständer ausführen. Bei der Drei-Etagen-Wicklung sind dann Wicklungsköpfe nach Abb. 171 vorzuziehen, weil ihre mittlere Windungslänge am kleinsten ist. Wegen der Nachteile der innerhalb jeder Polpaarteilung zusammengedrängten Wicklungsköpfe werden auch bei geteiltem Anker die Wicklungsköpfe häufig in nur zwei Etagen angeordnet. Die Spulen an der Teilfuge müssen dann nach dem Zusammenbau der Maschine bei offenen Nuten eingelegt, bei halbgeschlossenen Nuten nachträglich eingewickelt werden, wenn nicht die Spulen an der Trennfuge nach Abb. 191 oder 192 ausgebildet sind.

Die Schaltung der Wicklung ist mit Rücksicht auf gute Ausnutzung des Nutenraums und geringe zusätzliche Stromwärme zu wählen. Bei Maschinen mit kleinem Luftspalt empfehlen sich solche Schaltungen, die einseitigen magnetischen Zug verhindern (vgl. Abschnitt 27B). Bei den synchronen Maschinen bevorzugt man gewöhnlich die Reihenschaltung, weil sie die beste Ausnutzung des Nutenraums ermöglicht und häufig zu Stabwicklungen führt, die mechanisch sehr widerstandsfähig sind. Dann müssen jedoch die Stabwicklungen so ausgebildet werden, daß die zusätzliche Stromwärme nicht zu groß wird. Bei parallel geschalteten Wicklungszweigen verteilt sich der Strom auf die einzelnen Zweige nur dann gleichmäßig, wenn nicht nur die in den Wicklungszweigen bei Leerlauf induzierten EMKe gleich sind, sondern auch die Widerstände und die Streuinduktivitäten der Wicklungszweige. Man wird deshalb bei Wicklungen mit parallelen Zweigen solche Spulenformen bevorzugen, bei denen diese Bedingungen möglichst erfüllt sind, was am sichersten bei den Wicklungen mit Spulen gleicher Form (Abschnitt 26 C) der Fall ist.

Die Wicklungsstränge werden meistens in Stern geschaltet, weil bei Dreieckschaltung die Oberwellen der EMK, deren Ordnungszahl durch 3 teilbar ist, innere Kurzschlußströme zur Folge haben. Bei Einphasenwicklungen müssen Anfang und Ende der Wicklung auf derselben Ankerseite liegen, um eine zirkulare Magnetisierung des Ständers zu verhindern; dies ist auch für jeden Strang einer Mehrphasenwicklung erforderlich, wenn nicht die Summe der Ströme aller Wicklungsstränge Null ist. Diese Forderung muß besonders bei Stabwicklungen erfüllt sein.

Bei großen Generatoren muß auf Kurzschlüsse im Netz Rücksicht genommen und die Wicklungsköpfe müssen so ausgeführt werden, daß sie den hierbei auftretenden mechanischen Kräften gewachsen sind. Die Wicklungsköpfe müssen dann untereinander und mit dem Gehäuse mechanisch fest verbunden werden; hierzu sind die Wicklungsköpfe nach Abb. 165b, 174c und 181a u. b am besten geeignet. Auch auf die Windungsspannung der Wicklung ist bei der Wahl der Form der Spulenköpfe Rücksicht zu nehmen, wie wir im nächsten Abschnitt sehen werden.

Die Bruchlochwicklungen werden bei synchronen Generatoren ausgeführt, um die Oberwellen der EMK möglichst vollkommen zu unterdrücken. Die Feld-Erregerkurve hat bei diesen Wicklungen aber im allgemeinen nicht die Periode der Polpaarteilung; es treten deshalb in der Erregerkurve auch Wellen mit größerer Periode auf, und der Polfluß schwankt in weiteren Grenzen als bei den Ganzlochwicklungen. Die Erregerkurve der Bruchlochwicklung nähert sich um so mehr der der Ganzlochwicklung, je größer die Nutenzahl q für Pol und Strang ist. Aus diesem Grunde sollte man die Bruchlochwicklungen nicht mit zu kleinem q ausführen (vgl. Abschnitt 31). Am günstigsten sind die Bruchlochwicklungen mit mehreren unbewickelten Nuten, bei denen nur das Verhältnis Q zwischen gesamter Nutenzahl und Produkt aus Polzahl und Strangzahl gebrochen, das Verhältnis q zwischen bewickelter Nutenzahl und jenem Produkt aber ganz ist. Bei diesen Wicklungen haben alle Halbwellen der Feld-Erregerkurve denselben Höchstwert.

Bei asynchronen Motoren wird für den Schleifringanker zuweilen die sechsfach aufgeschnittene Gleichstrom-Ankerwicklung (Abschnitt 24A) verwendet, häufiger jedoch die einfachere in Abschnitt 32B behandelte zweischichtige Stabwicklung mit ganzer Nutenzahl q für Pol und Strang und zwei Stäben in jeder Nut. Die Schaltung der Zweige und Stränge und die Zahl der Nuten wird dann so gewählt, daß sich die konstruktiv günstigste Schleifringspannung ergibt. Nur bei kleinen Motoren, etwa unter 5 kW Leistung, erhält man selbst bei Reihenschaltung der Zweige und Sternschaltung der Stränge mit der Stabwicklung so große Schleifringströme, daß man hier die gewöhnliche Spulenwicklung, wie sie für den Ständer Verwendung findet, ausführen muß.

Die Gleichstrom-Ankerwicklungen werden für ein- und mehrphasige Kommutatormaschinen ausgeführt (vgl. Abschnitt 22 u. 23). Die Doppelbürsten, gewöhnlich mit Durchmesserwicklung, finden hauptsächlich bei Repulsionsmotoren und Dreiphasenkommutatormotoren mit Regelung der Umlaufszahl durch Bürstenverschieben Anwendung. Die verbreitetsten Ausführungen sind die nach Abb. 138c und 148a, bei denen die eine Hälfte der Bürstensätze feststeht, die andere zur Regelung verschoben wird [L. 23, 24 u. 26]. Die gewöhnliche Gleichstrom-Ankerwicklung in Verbindung mit einer aufgeschnittenen Gleichstrom-Ankerwicklung (Abschnitt 24B) wird für Gleichstrommaschinen mit Nulleiter ausgeführt. Für andere Zwecke ist diese Wicklungsart wohl noch nicht angewendet worden, doch empfiehlt es sich, wie wir im Abschnitt 24B gesehen haben, zuweilen bei Induktionsmotoren, die als Repulsionsmotoren anlaufen, und bei Einankerumformern die einfache Gleichstrom-Ankerwicklung durch die Vereinigung einer solchen mit einer aufgeschnittenen Wicklung zu ersetzen.

Die polumschaltbaren Wicklungen werden gewöhnlich für die Ständer von asynchronen Motoren verwendet. Bei der Auswahl der Wicklung hat man zuerst festzustellen, welche der verschiedenen Gruppen von polumschaltbaren Wicklungen für die verlangten Polzahlen geeignet sind. Aus diesen Gruppen wird man dann im allgemeinen die Wicklung wählen, die bei den verlangten Betriebsbedingungen, denen die Induktion im Luftspalt des Motors angepaßt werden muß (vgl. Abschnitt 35C und 37D), die einfachste Schaltung und die beste Ausnutzung der Wicklung ergibt. Um die Auswahl der in den Abschnitten 35 bis 37 behandelten Ständerwicklungen zu erleichtern, sind in Tafel 20 zur Beurteilung der einzelnen Wicklungen ihre wichtigsten Eigenschaften, nämlich das Verhältnis der möglichen Polzahlen, die Anzahl der mit einer Wicklung erreichbaren Polzahlen, die Größe des Wicklungsfaktors und die Art der Schaltung, zusammengestellt. Wenn mehr als zwei verschiedene Polzahlen verlangt werden, ist es häufig mit Rücksicht auf Wicklungsfaktor und Einfachheit der Schaltung zweckmäßig, statt einer, zwei oder gar mehrere Wicklungen im Ständer anzuordnen, von denen immer jeweils eine benutzt wird [L. 97]. Der Läufer wird dann gewöhnlich als Kurzschlußanker ausgeführt, weil die Zahl der Schleifringe bei mehr als zwei Polzahlen gewöhnlich sehr groß wird. Die für Schleifringanker in Frage kommenden polumschaltbaren Wicklungen sind im Abschnitt 38 behandelt.

Tafel 20.

Zur Beurteilung der in den Abschnitten 35 bis 37 behandelten polumschaltbaren Wicklungen.

Abschnitt	Art der Wicklung	Verhältnis der Polzahlen	Zahl der mit einer Wicklung erreichbaren Polzahlen	Wicklungsfaktor	Beurteilung der Schaltung
35 A und B	dreiphasig angezapfte Gleichstrom-Ankerwicklung	beliebig	beliebig	etwa 0,837, wenn sich die Polpaarzahlen wie ungerade Zahlen verhalten, sonst kleiner (Tafel 16).	Gewöhnlich ist eine Änderung der Klemmenspannung mit Transformator erforderlich. Zahl der Anzapfpunkte bei Schleifenwicklungen nach Gl. 86, bei Wellenwicklungen nach Gl. 87.
36 A	dreiphasige aufgeschnittene Gleichstrom-Ankerwicklung	beliebig	beliebig		Schaltung gewöhnlich am einfachsten, wenn bei allen Polzahlen dieselbe Leistung. Bei 2 verschiedenen Polzahlen nicht mehr als 9 Wicklungsteile mit 15 Enden; 6 Verbindungen zu lösen, 6 neu herzustellen (Abb. 277). Beim Polzahlverhältnis 2 : 1 nur 6 Wicklungsteile mit 9 Enden; 5 Verbindungen zu lösen, 5 neu herzustellen (Abb. 279b). Bei mehr als 2 verschiedenen Polzahlen sind wesentlich mehr Wicklungsteile erforderlich, bei 3 verschiedenen Polzahlen mindestens 12.
36 B	zweiphasige aufgeschnittene Gleichstrom-Ankerwicklung	beliebig	beliebig	etwa 0,900, wenn sich die Polzahlen wie ungerade Zahlen verhalten, sonst kleiner	Schaltung am einfachsten, wenn beim Polzahlverhältnis 2 : 1 dasselbe Drehmoment. Bei 2 verschiedenen Polzahlen höchstens 8 Wicklungsteile mit 11 Enden; 2 Verbindungen zu lösen, 6 neu herzustellen (Abb. 282).
36 C	gewöhnliche drei- und zweiphasige Spulenwicklung	ungerade	beliebig	wie bei Ganzlochwicklungen Bei Dreiphasenwicklungen etwa 0,960, bei Zweiphasenwicklungen etwa 0,900	Schaltung am einfachsten, wenn bei allen Polzahlen dieselbe Leistung. Bei **2** verschiedenen Polzahlen: Dreiphasenwicklung 9 Wicklungsteile mit 16 Enden; 8 Verbindungen zu lösen, 8 neu herzustellen (Abb. 284). Zweiphasenwicklung **6** Wicklungsteile mit 11 Enden; 6 Verbindungen zu lösen, 6 neu herzustellen (Abb. 286).

37 A	Einphasenwicklung und dreischichtige Dreiphasenwicklung (auch m-schichtige m-Phasenwicklung)	fast beliebig; bei Dreiphasenwicklungen mit Ausnahme des durch 3 teilbaren Polverhältnisses	fast beliebig	etwa 0,634	Schaltung gewöhnlich am einfachsten, wenn bei allen Polzahlen dieselbe Leistung. Bei Dreiphasenwicklungen mit 2 verschiedenen Polzahlen 6 Wicklungsteile mit 9 Enden; 6 Verbindungen zu lösen, 6 neu herzustellen (Abb. 288).
37 B und C	ein- und zweischichtige Zwei- und Dreiphasenwicklung	2 : 1	2	siehe Tafel 17	Schaltung bei Dreiphasenstrom mit 6 Wicklungsteilen für beliebige Betriebsverhältnisse in Abb. 300 bis 304 und Tafel 18. Zahl der zu ändernden Verbindungen in Tafel 19.

40. Technische Ausführung der Wechselstromwicklungen.

Die Spulen der Wechselstromwicklungen werden entweder unmittelbar in die Nuten der Maschine eingewickelt oder vorher auf einer Form hergestellt und dann erst in die Nuten der Maschine eingefügt. Im letzten Falle spricht man von Wicklungen mit Formspulen.

A. Wickeln der Spulen in die Nuten. Das Wickeln der Spulen in die Nuten der Maschine ist am einfachsten bei Spannungen unter etwa 550 Volt, weil dann die Nuten, ähnlich wie bei den Gleichstrommaschinen (vgl. Abb. 134a) mit zunächst offenen Isolierhülsen ausgekleidet werden können, die erst geschlossen werden, wenn alle Drähte der Spule eingewickelt sind. Diese Wicklungsart setzt jedoch bei halbgeschlossenen Nuten voraus, daß die Breite des Nutenschlitzes etwas größer ist als der Durchmesser des einzuwickelnden Drahtes mit Isolierung und der gesamten Stärke der aus der Nut herausragenden Teile der Isolierhülse (vgl. Abb. 325a). Ein Teil dieser Hülse muß nämlich beim Wickeln den Nutenschlitz auskleiden, damit die Isolierung des Drahtes nicht durch die scharfen Kanten der Zahnköpfe beschädigt wird. Um auch bei größeren Leiterquerschnitten diese Wicklungsart ausführen zu können, muß der Leiter zuweilen in zwei oder drei Einzelleiter unterteilt werden, die gleichzeitig, parallel laufend, in die Nut eingewickelt werden.

Um möglichst gleichmäßige Spulenköpfe zu erhalten, werden die Drähte um Holzformen gewickelt, die am Gehäuse befestigt sind und später wieder entfernt werden (vgl. Abb. 314). Nur wenn der für die Wicklungsköpfe zur Verfügung stehende

Raum im Gehäuse gering ist, werden die Spulenköpfe ohne Holzform, an der mit Leinwand und Lack gut isolierten Stirnfläche des Ankers anliegend (vgl. Abb. 175b), und die sich kreuzenden Spulenköpfe unmittelbar übereinander gewickelt.

Bei nicht zu dünnen Drähten wird man die Spulen lagenweise wickeln. Dabei können die Lagen entweder quer zur Nut (Abb. 311a oder b) oder radial übereinander (Abb. 311c) angeordnet werden. In beiden Fällen kann die Reihenfolge, in der die einzelnen Drähte in jeder Lage innerhalb der Nut aufeinander folgen, abwechseln (Abb. 311a) oder sie kann stets dieselbe sein (Abb. 311b und c). In Abb. 311a bis c bezeichnen stärkere Pfeile die Anfänge der Spulen, schwächere

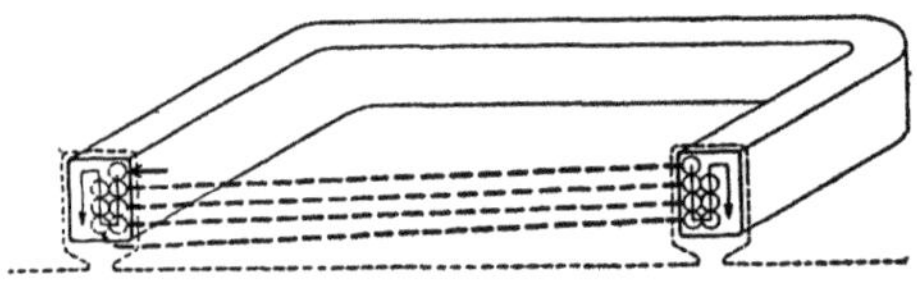

Abb. 311a. Wicklung bei geraden Spulen mit abwechselnder Reihenfolge der Leiter in den einzelnen Lagen.

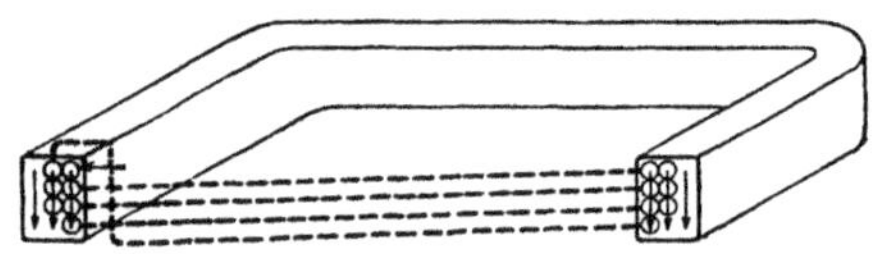

Abb. 311b. Wicklung bei geraden Spulen mit stets gleicher Reihenfolge der Leiter in den einzelnen Lagen.

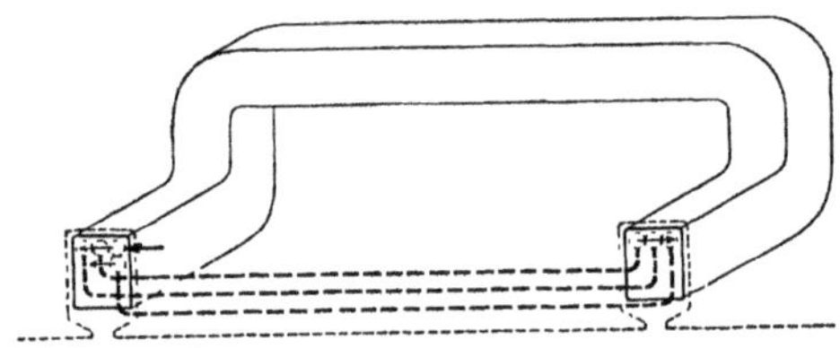

Abb. 311c. Wicklung bei gebogenen Spulen mit stets gleicher Reihenfolge der Leiter in den einzelnen Lagen.

Pfeile im Spulenseitenquerschnitt deuten an, wie die einzelnen Drähte beim Wickeln aufeinander folgen. Starke gestrichelte Linien stellen die Verbindungen der Leiter in der vordern Spulenquerverbindung dar; die hinteren Verbindungen der einzelnen Leiter liegen stets lagenweis, ohne sich zu kreuzen.

Bei geraden Spulen (Abb. 311a und b) empfiehlt es sich, die einzelnen Lagen quer zur Nut nebeneinander zu wickeln, weil dann der während des Wickelns auf den Draht ausgeübte Zug ihn fest auf die untere Lage preßt, während er von dem bereits gewickelten Teil der geraden Spule abgleiten würde, wenn die Lagen radial übereinander folgten. Wenn die Mittelebenen der Nuten parallel laufen würden (unendlich großer Ankerdurchmesser), wäre es für die Herstellung der Wicklung gleichgültig, ob die Reihenfolge der einzelnen

Drähte in jeder Lage abwechselt (Abb. 311a) oder ob sie in jeder Lage dieselbe ist (Abb. 311b). In Wirklichkeit sind jedoch diese Mittelebenen mehr oder weniger gegeneinander geneigt, und deshalb läßt sich die Wicklung bequemer ausführen, bei der die Reihenfolge der Leiter in jeder Lage dieselbe ist (Abb. 311b), nämlich im äußeren Teil der Maschine (Ständer) von der Nutöffnung nach dem Nutgrunde gerichtet und umgekehrt im inneren Teil der Maschine (Läufer). Da aber hierbei in der vorderen Querverbindung zwischen je zwei Lagen immer der Draht liegen muß, der die beiden Lagen verbindet (Abb. 311b), bevorzugt man gewöhnlich die Wicklung nach Abb. 311a.

Bei gebogenen Spulen (Abb. 311c) müssen die Lagen radial übereinander gewickelt werden, damit der beim Wickeln auf den Draht ausgeübte Zug ihn auf die bereits gewickelte Lage preßt. Hier läßt sich die Wicklung am bequemsten ausführen, wenn die Reihenfolge der einzelnen Drähte in jeder Lage nach außen gerichtet ist (Abb. 311c). Da aber dann wieder zwischen je zwei Lagen der Verbindungsdraht dieser Lagen liegt, bevorzugt man bei gebogenen Spulen die Wicklung bei der wohl die Lagen radial übereinander liegen, die Reihenfolge der Drähte in den einzelnen Lagen aber abwechselt.

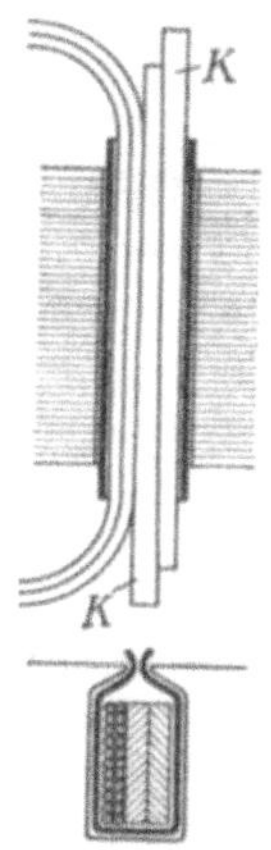

Abb. 312. Geradpressen der Leiterlagen quer zur Nut (bei geraden Spulen).

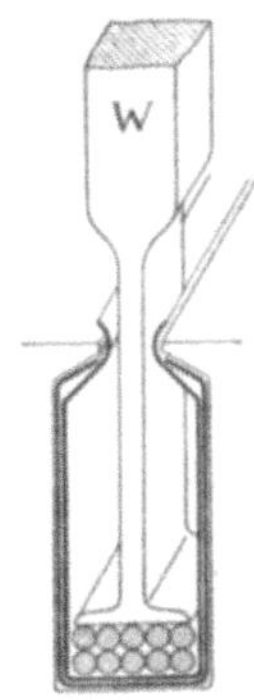

Abb. 313. Geradpressen der radial übereinander liegenden Leiterlagen (bei gebogenen Spulen).

Wenn die Lagen nebeneinander liegen, werden die Drähte nach jeder Lage zweckmäßig durch Holzkeile (*K* in Abb. 312) quer zur Nut, wenn sie übereinander liegen durch ein besonderes Werkzeug (*W* in Abb. 313) in die ihnen zugewiesene Lage gepreßt. Auch zum Geradpressen der einzelnen Drähte innerhalb der Nut werden zuweilen Holzkeile verwendet, wie es Abb. 314 erkennen läßt.

Bei vollständig geschlossenen Isolierhülsen, wie sie gewöhnlich bei Spannungen von 1000 Volt und darüber Verwendung finden, lassen sich die Drähte nicht mehr in die Nuten legen, sie müssen durch die Nuten gezogen, eingefädelt werden. Hierbei kann die richtige Lage der Drähte wieder durch Holzkeile, wie in Abb. 314, gesichert werden. Gewöhnlich füllt man aber die noch freie Hülse durch ein Bündel Stahldrähte, Nadeln aus, deren Zahl gleich der in die Nut einzufädelnden Drähte, und deren Stärke gleich der des iso-

Abb. 314. Einfädeln der Leiter und Geradpressen innerhalb der Nut durch Holzkeile.

Abb. 315. Gefädelte Dreiphasenwicklung der Sachsenwerke mit Spulen verschiedener Form und zweifachen Wicklungsköpfen.

lierten Drahtes ist (vgl. Abb. 315 u. 316). Nacheinander werden dann die einzelnen Nadeln aus der Hülse herausgezogen und der Draht der Wicklung unmittelbar nachgeschoben, so daß er an die

Abb. 316. Vorgang beim Einfädeln einer Drei-Etagen-Wicklung der Sachsenwerke mit zusammengedrängten Wicklungsköpfen für geteilten Ständer.

Stelle der herausgezogenen Nadel tritt. Dadurch wird jedem Draht der ihm zukommende Platz in der Nut angewiesen. Abb. 316 zeigt den Vorgang des Einfädelns der Drähte in die Nut.

Abb. 317. Einträufeln der Drähte bei der Wicklung nach Abb. 182.

Nach dem Wickeln werden die Spulenköpfe, wenn es der Raum im Gehäuse zuläßt, gewöhnlich einzeln (Abb. 175a u. 316), sonst aber werden mehrere Spulenköpfe gemeinsam (Abb. 169a, 175b und 315) mit Band abisoliert. Zuweilen wird auch auf die Abisolierung der Spulenköpfe ganz verzichtet. Die Spulenköpfe werden dann an gewissen Stellen eingeschnürt (Abb. 314), um zu verhindern, daß sich einzelne Drähte vom Spulenkopf abbiegen. Durch die Bandumwicklung des ganzen Spulen- oder Wicklungskopfes wird die Wärmeableitung nach außen erschwert, dagegen die Isolierfestigkeit erhöht und die Spule vor mechanischer Beschädigung geschützt. Nach dem Wickeln werden die Spulenköpfe zur Erhöhung der elektrischen und mechanischen Festigkeit in Lack getränkt.

Abb. 318. Einlegen von Formspulen in die offenen Nuten. Zwei-Etagen-Wicklung der A. E. G.

B. Formspulen. Formspulen werden verwendet, um bei kleinen Maschinen die Herstellung zu verbilligen, bei großen Maschinen die Betriebssicherheit zu erhöhen und die Auswechselung schadhafter Spulen zu ermöglichen. Die Formspulen erhalten gewöhnlich gleich ihre endgültige Gestalt, indem sie auf einer Holzform gewickelt werden, die an den Stirnverbindungen im wesentlichen mit jener Holzform übereinstimmt, die beim Einwickeln der Spulen in die Nuten verwendet wird (vgl. Abb. 314).

Bei kleinen Maschinen mit halb geschlossenen Nuten können die Einzeldrähte der vorher fertig gewickelten Spule nacheinander in die Nutenschlitze eingelegt, eingeträufelt, werden. Damit die Spule nicht auseinanderfällt und sich die einzelnen Windungen der Spule verwirren, werden erst die Drähte der einen Spulenseite in die Nuten eingeträufelt, während die andern zusammengeschnürt bleiben. Die Nutöffnung wird dann abgeschlossen, die Umschnürung der andern Spulenseite gelöst und ihre Drähte ebenfalls in ihre Nut geträufelt. In Abb. 317 ist dieser Vorgang dargestellt. Nachdem alle Drähte einer Spulengruppe in die Nut gelegt sind, werden die Spulenköpfe mit Band umwickelt und später mit Lack getränkt.

Bei Maschinen mit geschlossenen Isolierhülsen können die Drähte nicht eingeträufelt werden. Wenn dann die Nuten offen sind, lassen sich die Spulen außerhalb der Maschine fertig abisolieren und in Lack tränken. Beim Wickeln der Spule werden die Drähte entweder in die geschlossenen Hülsen eingefädelt, ähnlich wie beim Einfädeln der Drähte in die Nuten (vgl. Abb. 316), oder die Isolierung wird nach dem Wickeln mit besonderen Vorrichtungen um die geraden Teile der Spulenseiten gepreßt (gebügelt), so daß die Wicklung innerhalb der Nut wieder von einer nahtlosen Hülse umgeben ist. Beim Einlegen der Spule in die Nuten muß die Spule in der Querverbindung soweit biegsam sein, als dies die radial gerichteten Nuten verlangen; deshalb empfiehlt sich, bei kleinen Polzahlen die Querverbindungen erst nach dem Einlegen in die Nuten mit Band abzuisolieren und zu tränken. Das Einlegen einer fertigen Spule in die offenen Nuten einer Maschine zeigt Abb. 318.

Auch bei Maschinen mit halb geschlossenen Nuten und geschlossenen Isolierhülsen kann man Formspulen verwenden. An der fertig gewickelten Formspule werden die Drähte in einer Querverbindung aufgeschnitten und so geradgebogen, daß die Spule die Form eines **U** bekommt und axial in die Nuten eingeschoben werden kann. Dann werden die Drähte wieder zusammengelötet oder elektrisch zusammengeschweißt, die Stoßstellen abisoliert, die Drähte in der Querverbindung geordnet und diese dann mit Band isoliert und mit Lack getränkt. Die Schnittstellen der Einzeldrähte in der Querverbindung werden zweckmäßig gegeneinander versetzt, so daß sie sich über einen längeren Teil des Wicklungskopfes verteilen. Um diese Unbequemlichkeit bei halbgeschlossenen Nuten zu umgehen, werden auch die Maschinen mit offenen Nuten ausgeführt und diese mit einem besonders ausgebildeten Eisenkeil geschlossen, so daß sich die Maschine wie eine solche mit halbgeschlossenen Nuten verhält (L. 29, S. 305 und L. 17, S. 64 bis 67).

C. Drahtquerschnitt. Wir wollen uns hier auf Kupferwicklungen beschränken; wegen der Wicklungen aus andern Metallen sei auf die Literaturstellen am Schluß des Buches [L. 98, S. 9 bis 17 und L. 99] verwiesen.

Bei kleinen Maschinen und bei Wicklungen, deren Drähte in die Nut eingelegt oder eingefädelt werden, verwendet man fast ausschließlich Runddrähte, nicht über 5 mm Durchmesser. Schon Drähte von nur 3 mm Stärke lassen sich schwer wickeln. Bei größern Leiterquerschnitten werden deshalb häufig zwei Drähte mit halbem Leiterquerschnitt bifilar eingewickelt und parallel geschaltet. Mehr als zwei Drähte lassen sich nicht so be-

Abb. 319. Stabwicklung der B. B. C. mit angeschraubten und verlöteten Querverbindungen (Spulen gleicher Weite, gleichmäßig verteilte Wicklungsköpfe; 17000 kVA, 5750 Volt, $p = 2$).

quem gleichzeitig in die Nut wickeln. Bei großen Leiterquerschnitten muß die Wicklung mit Litze ausgeführt werden, wenn die Leiter in die Nut eingewickelt werden sollen. Für Formspulen kann man dagegen auch Leiter von massivem rechteckigem Querschnitt verwenden, wenn die Isolierhülse umgepreßt wird; denn dann lassen sich die Leiter mit dem Holzhammer um die Spulenform schlagen und brauchen nicht wie beim Einwickeln in die Nuten mit den Fingern in die richtige Lage gebogen werden. Quadratischen Querschnitt wird man vermeiden, weil der Leiter sich dabei leicht verdrillt und sich schwer wickeln läßt.

Die Ausnutzung des Wicklungsraums ist am besten bei Formspulen mit umpreßter Isolierhülse; mehr Raum beanspruchen die eingefädelten Wicklungen und am ungünstigsten ist die Ausnutzung des Wicklungsraums bei den eingeträufelten Wicklungen, weil hier die einzelnen Drähte nicht lagenweis gewickelt werden können und sich leicht verbiegen. Der „Füllfaktor" (Abschnitt 41 A und B) ist bei lagenweis gewickelten Spulen etwa 0,95, bei gefädelten Spulen etwa 0,8 bis 0,9 und bei eingeträufelten Spulen etwa 0,7 bis 0,8.

D. Stabwicklungen. Bei Stabwicklungen mit großen Leiterquerschnitten werden die Verbindungen zwischen Stäben und Bügeln oder Gabeln gewöhnlich nicht nur verlötet, sondern auch verschraubt, damit sich die Verbindung auch bei hoher Erwärmung nicht lockert. In Abb. 319 und 184 sind Ausführungsbeispiele für Stabwicklungen dargestellt. Bei den zweischichtigen Läuferwicklungen verbindet man die Stäbe durch einfache Zwingen wie bei den Zylinderwicklungen der Gleichstromanker.

Auch Spulen mit mehreren Windungen werden bei großen Maschinen zuweilen aus Stabelementen zusammengesetzt. Eine solche Spule mit 5 Windungen ist z. B. in Abb. 320a und b in zwei Ansichten dargestellt. Die einzelnen Spulenseiten werden vor dem Einlegen in die Nuten gemeinsam gegen die Nut fertig abisoliert. Die Lötstellen in den Querverbindungen werden gewöhnlich aber erst ausgeführt, nachdem alle Spulenseiten in die Nuten der Maschine gelegt sind. Ein Anker, dessen Wicklung aus Spulen nach Abb. 320a und b zusammengesetzt ist, ist in Abb. 321 dargestellt.

E. Befestigung der Wicklungsköpfe. Bei Kurzschlüssen im Netz treten in den Wicklungsköpfen großer Generatoren gewaltige mechanische Kräfte auf. Damit diese Kräfte die Wicklung nicht beschädigen, müssen die frei aus dem Anker herausragenden Spulenteile unter sich und gegen das Gehäuse durch kräftige Verschraubungen abgestützt werden. Bei den Wicklungen mit Spulen verschiedener Weite läßt sich die Befestigung der Wicklungsköpfe am bequemsten ausführen, wenn diese nach Abb. 165b und 174c gewickelt werden. Für eine Wicklung mit dreifachen Spulenköpfen ist die Art der Befestigung der Köpfe in Abb. 166 und 322, für Wicklungen mit zweifachen Spulenköpfen in Abb. 323 zu erkennen. Ausführungsbeispiele für die Befestigung der Wicklungsköpfe bei Spulen gleicher Weite werden durch die Abb. 184, 186, 319, 321 und 324 veranschaulicht. Die Abb. 322 und 323 lassen auch erkennen, wie die geraden aus

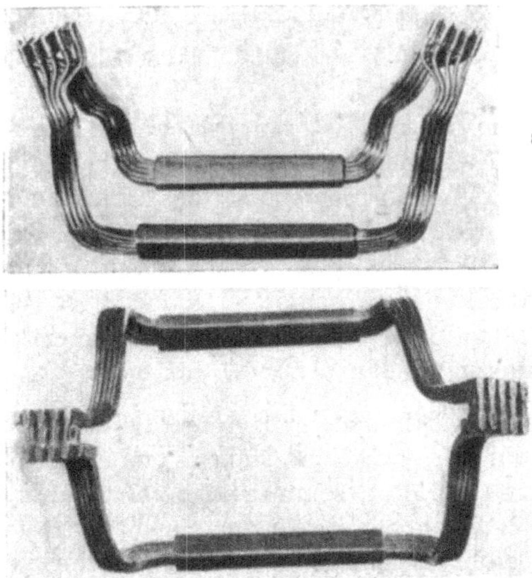

a

b

Abb. 320 a u. b.
Zwei Ansichten einer aus gebogenen Stabelementen zusammengesetzten Spule.

Abb. 321. Wicklung eines Turbogenerators der B. B. C. (3000 kVA, 6600 Volt, 25 P/s, $p = 1$) mit Spulen nach Abb. 320 a u. b.

dem Anker herausragenden Teile der Wicklung, die Abb. 184, 322 und 324, wie die einzelnen Spulenseiten in den Querverbindungen durch Zwischenlagen und Schnurbandagen miteinander mechanisch

Abb. 322. Bruchlochwicklung der S. S. W. in 3 Etagen mit zusammengedrängten Wicklungsköpfen (5000 kVA, 5500 Volt; $N = 90$, $p = 2$, $\gamma = 14$, $\eta = 6$, $Q = 7^1/_2$, $q = 7$.

verbunden werden. Mit Rücksicht auf die betriebssichere Befestigung der Wicklungsköpfe sind wohl auch in Abb. 324 einige (6) Nuten unbewickelt geblieben; denn diese Abbildung stellt keine Bruchlochwicklung, sondern eine Ganzlochwicklung dar.

Abb. 323. Befestigung der Wicklungsköpfe einer Zwei-Etagen-Wicklung der A.E.G, (1300 kVA, 12000 Volt, $p = 36$).

Abb. 324. Befestigung der Wicklungsköpfe einer dreiphasigen Zweischichtwicklung der S.S.W (5000 kVA, 5375 Volt, $p = 1$).

Bei den Wicklungsköpfen nach Abb. 168 ist zu beachten, daß sich die nach der Welle abgebogenen Spulenköpfe im Streufluß des Feldmagneten befinden und deshalb starken wechselnden mechanischen Beanspruchungen ausgesetzt sind, die eine Vibration der Spulenköpfe und eine Zerstörung der Isolierhülsen, besonders an den Stellen, wo sie aus der Nut heraustreten, zur Folge haben können.

41. Isolierung der Wicklung.

A. Isolierung in den Nuten bei offenen Hülsen. Bei Spannungen bis zu etwa 250 Volt kommen für die Bemessung der Nutisolierung im wesentlichen dieselben Grundsätze in Frage wie bei den Gleichstrom-Ankerwicklungen bis zu 500 Volt. Die Stärke der Nutisolierung wird hier weniger mit Rücksicht auf die elektrische als mit Rücksicht auf die mechanische Widerstandsfähigkeit der Isolierhülsen bestimmt. Die Hülsen können während des Wickelns offen bleiben (Abb. 325a). Wenn die Spule oder die Spulenseite eingewickelt ist, wird die Isolierhülse, ähnlich wie bei den Gleichstrom-Ankerwicklungen, durch Überlappung der Enden geschlossen und mit einem Preßspanstreifen abgedeckt; der freie Raum an der Nutöffnung wird durch einen Holzkeil ausgefüllt (Abb. 325b). Die Hülse besteht gewöhnlich aus zwei oder mehreren Preßspanlagen, weil stärkerer Preßspan beim Biegen leicht brüchig wird. Statt Preßspan kann man auch andere gleichwertige Isolierstoffe verwenden, wie z. B. geölte Leinwand. Häufig werden die einzelnen Lagen der Hülse aus verschiedenen Isolierstoffen gebildet, die eine z. B. aus geölter Leinwand, die sehr schmiegsam ist, die andre aus Preßspan, die mechanisch sehr fest ist. Die Stärke der Nutisolierung ist bei den Wechselstromwicklungen bis zu 250 Volt etwa dieselbe wie bei den Gleichstromwicklungen bis zu 500 Volt (vgl. Abschnitt 21 B). Eine bis zu 250 Volt noch ausreichende Isolierung erhält man nach Abb. 325b, wenn jede Preßspanlage etwa 0,4 mm stark ist, die Wandstärke der Hülse also 0,8 mm beträgt. Bei Spannungen über 250 Volt ist die Wandstärke der Hülse bis zu 500 Volt auf etwa 1 mm zu erhöhen, wobei zuweilen auch teilweise Mikanit Verwendung findet. Der Preßspanstreifen am Grunde der Nut (vgl. Abb. 134a und b)

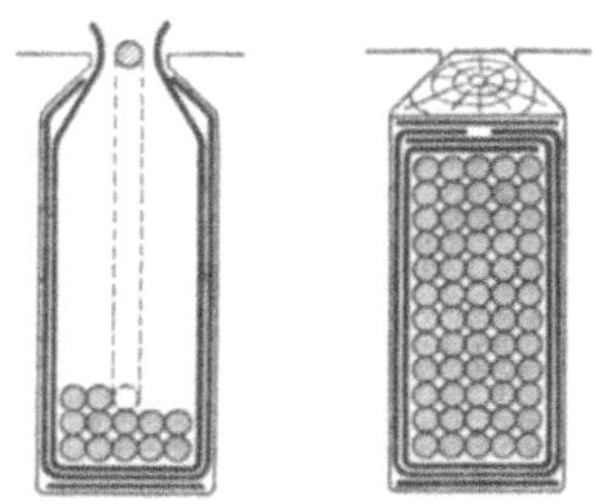

Abb. 325a. Abb. 325b.
Isolierung bei halbgeschlossenen Nuten mit überlappten Hülsen.

wird bei den Wechselstromwicklungen häufig weggelassen, weil die von Hand in die Nuten gewickelte Spule sehr elastisch ist.

Wenn die Leiter in der Nut lagenweise gewickelt werden, genügt quer zur Nut ein Spiel von 0,1 bis 0,3, längs zur Nut von 0,3 bis 0,5 mm. Bei eingeträufelten Spulen liegen die Leiter gewöhnlich mehr oder weniger unregelmäßig in den Nuten; man muß dann mit mehr Spielraum rechnen. Um den Einfluß der Art der Herstellung der Spulen auf die Ausnutzung des Wicklungsraums zu beurteilen, wollen wir das Verhältnis des Produktes aus Zahl der in der Nut liegenden Drähte und Fläche des um den isolierten Draht umschriebenen Rechtecks zu dem zur Verfügung stehenden Wicklungsquerschnitt (ausschließlich Nutisolierung) einführen. Dieser Faktor, den wir hier als Füllfaktor bezeichnen wollen, ist unabhängig von der Querschnittsform und der Isolierung des Leiters, er wird nur durch die Art der Herstellung der Spule bestimmt. Der Füllfaktor gibt durch Multiplikation mit dem Verhältnis aus Leiterquerschnitt und Fläche des um den isolierten Leiter umschriebenen Rechtecks den Ausnutzungsfaktor des Hülsenraumes. Der Füllfaktor ist bei lagenweiser Wicklung 1, wenn das Spiel quer und längs zur Nut null ist; in praktischen Fällen erreicht er etwa den Wert 0,95. Bei geträufelten Wicklungen ist der Füllfaktor nur etwa 0,7 bis 0,8.

Bei abgerundeten Nuten verwendet man bis zu 250 Volt auch folgende sehr einfache Nutisolierung. Es wird eine nahtlose Hülse aus dünnem, frisch lackiertem Papier gewickelt (etwa 0,8 mm Wandstärke) und diese so aufgeschlitzt, daß die Drähte durch den Nuten- und den Hülsenschlitz in die Hülse eingewickelt werden können. Nachdem alle Drähte in der Nut liegen, wird die Hülse entweder durch einen Holzkeil (Abb. 326a) oder durch einen aus einzelnen dünnen lackierten Papierlagen gepreßten Keil (Abb. 326b) abgeschlossen. Diese Isolierung kann aber nur dann empfohlen werden, wenn die fertig gewickelte Maschine sorgfältig in Lack getränkt wird, möglichst im Vakuum-Trockenofen, so daß die Überlappungsstellen zwischen Keil und Hülse durch Lack luftdicht geschlossen werden und so das Eindringen von Staub oder Feuchtigkeit verhindern.

Die Drähte der in die Nuten einzulegenden oder einzuträufelnden Wicklung (offene Hülsen) erhalten gewöhnlich zweifache Umspinnung (vgl. Abschnitt 20).

B. Isolierung bei geschlossenen Hülsen. Bei Spannungen über 500 Volt verwendet man gewöhnlich geschlossene Hülsen. Die Drähte müssen dann eingefädelt werden, wenn nicht bei Formspulen die Hülsen um die gewickelten Spulen gepreßt werden. Bei offenen Nuten verwendet man gewöhnlich Hülsen von rechteckigem Querschnitt (Abb. 327a), bei halbgeschlossenen Nuten solche mit abgerundetem Querschnitt (Abb. 327b). Wandstärke und Isolierstoffe der Hülsen richten sich nach der Spannung, der Isolierstoff auch danach, ob die Maschine in einem trockenen oder feuchten Raum aufgestellt wird. Bis etwa 2000 Volt kann man für trockene Räume

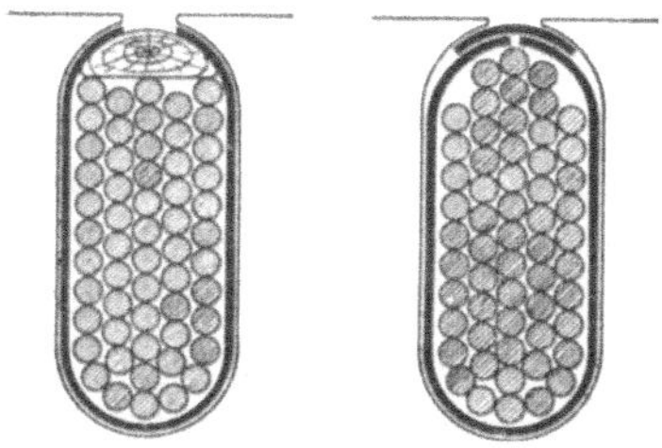

Abb. 326a. Abb. 326b.
Isolierung bei halbgeschlossenen Nuten mit geschlitzten Hülsen.

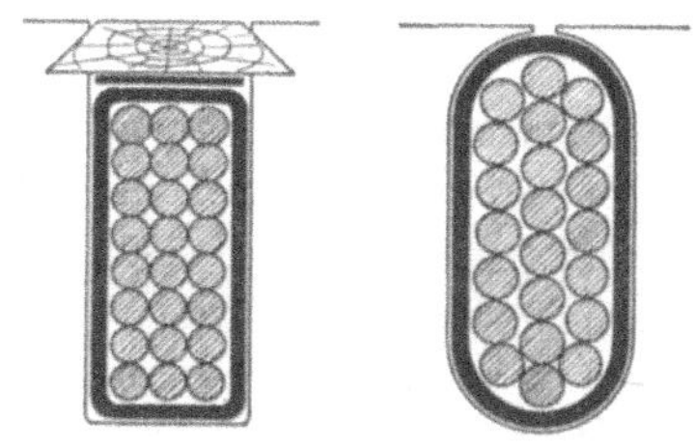

Abb. 327a. Abb. 327b.
Isolierung bei geschlossenen Hülsen (über 500 Volt).

nahtlose Hülsen aus Papier oder gleichwertigen Stoffen verwenden, und zwar von etwa 1,2 mm Wandstärke bei 1000 Volt, 2 mm Wandstärke bei 2000 Volt. Für feuchte Räume verwendet man von 1000 Volt aufwärts und bei trockenen Räumen von 2500 Volt aufwärts Mikanit- oder Glimmerhülsen, gewöhnlich aus Herstellungsgründen und mit Rücksicht auf die mechanische Festigkeit nicht unter 2 mm Wandstärke. Bei 6000 Volt werden die Hülsen gewöhnlich mit 3 mm, bis zu 12000 Volt mit etwa 3,5 mm Wandstärke ausgeführt (vgl. auch Tafel 22, S. 343).

Abb. 328. Isolierung der Stäbe einer Schleifring-Ankerwicklung.

Bei eingefädelten Wicklungen ist der Füllfaktor, d. i. das Verhältnis des Produktes aus Leiterzahl der Nut und Fläche des um den isolierten Leiter umschriebenen Rechtecks zur lichten Querschnittsfläche der Hülse etwa 0,8 bis 0,9. Der Füllfaktor ist um so kleiner, je länger der Anker ist, er ist gewöhnlich bei 10 bis 20 Leitern in der Nut am größten, bei wesentlich über 20 Leitern oder wesentlich unter 10 Leitern nimmt er wieder ab. Bei nur wenigen Leitern läßt er sich durch Aufzeichnen des Spulenquerschnittes leicht bestimmen.

Bei den gefädelten Wicklungen muß der Draht außer der Umspinnung noch eine Umklöppelung erhalten, weil das häufige Einfädeln des Drahtes eine mechanisch sehr widerstandsfähige Isolierung verlangt. Über die Art der Leiterisolierung gibt Abschnitt 20 Auskunft.

Die Wicklungen der Schleifringanker von Asynchronmotoren erhalten gewöhnlich im geraden Teil der Stäbe eine aus dünnem Papier umpreßte Hülse (vgl. Abb. 128); in den Querverbindungen werden die Stäbe mit Band isoliert. Bei Ausführung der Maschine mit ovalen Nuten werden gewöhnlich Profildrähte verwendet, wie es Abb. 328 zeigt, die den Querschnitt durch die Nut des Schleifringankers darstellt. Die einseitige Wandstärke der Papierhülse beträgt bis etwa 200 Volt 0,5 mm, bei 600 Volt etwa 1 mm.

C. Wicklungen für hohe Spannung. Bei Wicklungen für hohe Spannungen, etwa über 3000 Volt, sollten Lufträume im Innern der Nut unbedingt vermieden werden. In diesen Lufträumen treten nämlich stille Entladungen auf, die zur Bildung von Ozon und salpetriger Säure Veranlassung geben und die Isolierung nach kürzerer oder längerer Zeit, je nach Größe der in den Lufträumen auftretenden

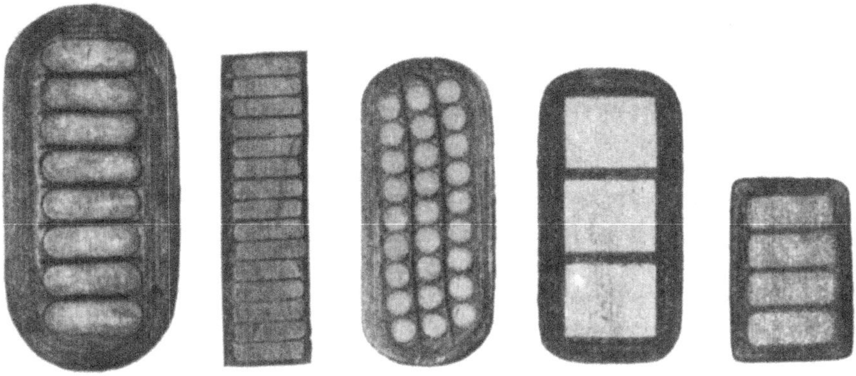

Abb. 329a bis e. Querschnitte von gebackenen Spulen.

elektrischen Beanspruchungen, zerstören (L. 18, S. 195). Die Lufträume innerhalb der Nuten lassen sich nur bei Formspulen, die vor dem Einlegen in die Nuten fertig abisoliert werden, genügend beseitigen. Die Spulen werden zu diesem Zweck im Trockenofen erwärmt und unter Vakuum gesetzt, damit auch die Feuchtigkeit den Spulen entzogen wird. Hierauf werden sie, am besten innerhalb des Ofens, ohne Zutritt von Luft, mit Lack getränkt, der in die Poren der Spule eindringt. Dann werden die Spulen getrocknet, zuweilen in komprimierter Luft, um die im Innern der Spule noch vorhandenen Luftbläschen möglichst zusammenzupressen. Am vollkommensten lassen sich die Lufträume bei Spulen mit großen Leiterquerschnitten vermeiden. Die Leiter erhalten dann rechteckigen Querschnitt; jeder Leiter wird erst einzeln und dann werden alle Leiter gemeinsam mit Papier oder Glimmer unter Verwendung von Lack luftdicht umpreßt, wozu gewöhnlich besondere eiserne Formen verwendet werden. Solche

„gebackene" Spulen sind in den Abb. 329a bis e im Querschnitt dargestellt. Abb. 329a und c lassen besondere isolierende Zwischenlagen zwischen den einzelnen Windungen (a) oder Lagen (c) erkennen. Abb. 329b stellt den Querschnitt der Errgerspule eines Wechselstrom-Reihenschlußmotors dar, die mit der Wendepolwicklung in derselben Nut liegt. Die Isolierung der an der Nutwandung anliegenden Seite (links) ist verstärkt.

Um die Lufträume innerhalb der Nut möglichst unschädlich zu machen, ist vorgeschlagen worden, die innere Hülsenwandung mit einer Metallhülse auszukleiden, die mit einem Leiter der Nut leitend verbunden ist, so daß das elektrische Feld innerhalb der Hülse nur durch die verhältnismäßig geringen Spannungsunterschiede der einzelnen Leiter bestimmt wird (L. 100, S. 29). Hierbei werden jedoch in der Metallhülse durch das Nutenquerfeld Wirbelströme induziert, die auch bei Verwendung von Metall sehr geringer Leitfähigkeit die Metallhülse wohl meistens unzulässig stark erwärmen.

Bei Verwendung von Isolierstoffen verschiedener Dielektrizitätskonstante in einer Spule ist zu berücksichtigen, daß die elektrische Beanspruchung der einzelnen in Reihe geschalteten Isolierstoffe umgekehrt proportional den Dielektrizitätskonstanten ist, so daß die Stoffe mit kleinen Dielektrizitätskonstanten, wie z. B. die Luft zwischen den Leitern in der Nut, elektrisch besonders stark beansprucht werden. In Tafel 21 sind die Durchschnittswerte der Dielektrizitätskonstanten für die in Wicklungen gewöhnlich verwendeten Isolierstoffe zusammengestellt. In dieser Tafel ist auch die durchschnittliche Durchschlagfestigkeit in effektiven Volt/mm angegeben.

Tafel 21.

Durchschnittswerte für Dielektrizitätskonstante und Durchschlagfestigkeit einiger Isolierstoffe.

	Dielektrizitätskonstante	Durchschlagfestigkeit Volt/mm
Luft	1,0	2100
Porzellan . .	5	10000
Papier . . .	2,5	10000
Lack	3	10000
Mikanit . . .	5	15000
Glimmer . .	6	50000

D. Isolierung benachbarter Lagen und Leiter. Wenn die größte Spannung zwischen Drähten innerhalb einer Nut 30 Volt erreicht, empfiehlt es sich, die Drähte lagenweise zu wickeln, damit zwischen nebeneinander liegenden Leitern nicht zu hohe Spannungen auftreten. Um dann die größte Spannung zwischen zwei Lagen möglichst niedrig zu halten, sind die Lagen radial übereinander anzuordnen (vgl. Abb. 311c und 313); die Wicklungsköpfe erhalten dann gewöhnlich die in Abb. 165b oder 174c dargestellte Form. Wenn die Lagenspannung 15 bis 20 Volt übersteigt, sind zwischen den einzelnen Leiterlagen noch Papierlagen, bei höheren Spannungen Glimmerlagen einzufügen (vgl. Abb. 329c).

Bei Wicklungen für hohe Spannung ist auch auf die Spannungswellen Rücksicht zu nehmen, die bei Schaltvorgängen im äußern Stromkreis in die Wicklung eintreten und die Höhe der Netzspannung erreichen können. Um auch einer sehr steilen Stirn dieser Wellen Rechnung zu tragen, müßten die einzelnen Leiter der Wicklung gegeneinander für die volle Netzspannung isoliert werden. Dabei ist jedoch zu berücksichtigen, daß die Überspannung zwischen den Leitern nur ganz kurzzeitig auftritt und die Isolierung deshalb nicht die große Sicherheit verlangt wie die zwischen Wicklung und Nut. Die Stabwicklung mit nur einem Leiter in der Nut ist den Überspannungen am besten gewachsen, weil hier zwischen zwei Leiter immer die doppelte Nutisolierung liegt (vgl. Abb. 328). Aber auch bei nur sehr wenigen, etwa 2 bis 3 Leitern in der Nut läßt sich die Isolierung zwischen benachbarten Leitern noch für die volle Netzspannung ausführen. Am meisten sind die Endspulen durch eindringende Spannungswellen gefährdet, deshalb begnügt man sich auch damit, bei großen Maschinen nur die Leiter der Endspulen, bei kleinen Maschinen nur die Lagen der Endspulen gegeneinander für die volle Netzspannung zu isolieren.

Wegen dieser Spannungswellen, die besonders bei großen Maschinen und bei hohen Spannungen zu befürchten sind, empfiehlt es sich, die Klemmenspannung der Maschine nicht zu hoch zu bemessen und erforderlichenfalls die Spannung durch einen Transformator umzusetzen. Wechselstrommaschinen sind bis zu 15000 Volt Klemmenspannung gebaut worden, doch wählt man die Spannung von Generatoren heute kaum über 10000 Volt und begnügt sich mit Rücksicht auf Betriebssicherheit häufig mit einer Klemmenspannung von 6000 Volt. In Abb. 323 ist eine Wicklung für 12000 Volt dargestellt.

E. Isolierung der Spulenköpfe. Bei kleinen Maschinen für Spannungen bis zu 500 Volt kann die Wicklung an der Stirnfläche des Ankers aufliegen, wenn diese mit in Lack getränkter Leinwand gut ausgekleidet ist, und die Spulenköpfe können unmittelbar übereinander gewickelt werden (vgl. Abb. 175b.), wenn die Spulen verschiedener Wicklungsstränge durch eine besondere Isolierzwischenlage voneinander getrennt sind. Wenn die Gehäusewandungen nicht besonders abisoliert sind, empfiehlt es sich, die in Tafel 22 angegebenen kleinsten Abstände der Wicklung vom Gehäuse einzuhalten, die auch für die gegenseitigen Abstände der aus der Hülse herausragenden Spulenköpfe verschiedener Wicklungsstränge gelten. Wenn einzelne Teile der Wicklung sich gewissen Metallteilen der Maschine mehr nähern als Tafel 22 zuläßt, so sind diese Teile der Wicklung oder die betreffenden Metallteile des Gehäuses durch entsprechende Isolierkappen abzudecken. Der aus dem Eisen herausragende Teil der Hülse ist so lang zu bemessen, wie es die geraden Teile der Spule

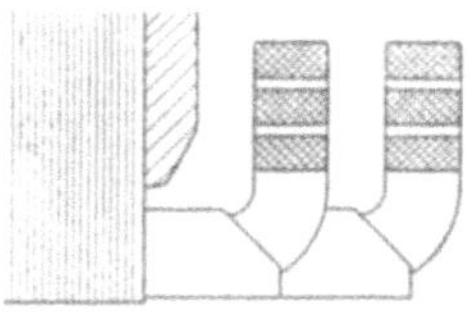

Abb. 330. Über die Krümmung der Spulen ragende Hülsen.

Tafel 22.

Nutisolierung und Abstände der Wicklungsköpfe gegeneinander und gegen Gehäuse.

Spannung Volt	Nut-isolierung	Abstand mm
500	1 mm Papier	10
1000	1,2 „ „	15
3000	2 „ Mikanit	25
6000	3 „ Glimmer	30
10000	3,5 „ „	40

gestatten, sollte aber nicht kürzer sein als die in Tafel 22 angegebenen Abstände. Zuweilen, besonders bei Maschinen höherer Spannung, läßt man auch die Hülsen teilweise über die Krümmung des Spulenkopfes hinausragen (vgl. Abb. 330).

Wenn die Maschinen bei niedrigen Spannungen in trockenen Räumen Verwendung finden, brauchen die Spulenköpfe nicht besonders abisoliert zu werden (vgl. Abb. 314); die Wärmeabführung wird dann erleichtert. Zum Schutz gegen mechanische Beschädigung werden die Spulenköpfe, nachdem sie in Lack getränkt sind, mit Band umwickelt und dann wieder in Lack getränkt. Dabei müssen die aus dem Eisen herausragenden Hülsenteile gut mit Band überlappt werden, um den Eintritt von Feuchtigkeit an den Enden der Hülse nach Möglichkeit auszuschließen. Bei Wicklungen für hohe Spannungen und in feuchten Räumen werden auch die Spulenköpfe mit Mikanit und Glimmer umwickelt und fugenlos umpreßt. Diese Umpressung kann gewöhnlich auch bei den Formspulen erst nach dem Einlegen in die Nuten erfolgen, weil die in den Querverbindungen umpreßten Spulen zum Einlegen nicht biegsam genug sind. Bei größerer Lagenspannung empfiehlt es sich, auch in den Querverbindungen zwischen den einzelnen Lagen besondere isolierende Zwischenlagen einzufügen. Bei höherer Spannung sollte die fertig gewickelte Maschine, sofern es ihre Größe gestattet, in den Vakuum-Trockenofen gebracht werden, um der Wicklung vor dem Lackieren die Feuchtigkeit zu entziehen.

III. Die induzierte EMK und die Feld-Erregerkurve.

42. Das Induktionsgesetz.

In seiner allgemeinsten Form läßt sich das Induktionsgesetz für lineare Leiterkreise schreiben:

$$\sum_{\circ}(R\,i - e_e) = -\frac{d\psi}{dt} \quad \ldots \ldots \ldots \quad (99)$$

Darin bedeuten: i die Ströme, R die Widerstände der einzelnen in Reihe geschalteten Teile des geschlossenen Leiterkreises, e_e die eingeprägten EMKe chemischen oder thermischen Ursprungs, ψ den mit dem Leiterkreise verketteten Induktionsfluß und t die Zeit. Der Kreis unter dem Summenzeichen deutet an, daß die Summation immer über einen geschlossenen Leiterkreis zu erstrecken ist. Die linke Seite der Gleichung bezeichnet man als elektrische Umlaufsspannung [L. 102]; sie ist bei zeitlich unveränderlichem Magnetfeld und ruhenden Leitern immer Null (Kirchhoffsches Gesetz). Die rechte Seite der Gleichung bezeichnet man als magnetischen Schwund [L. 104, S. 418]. In den meisten praktischen Fällen sind die eingeprägten EMKe Null.

A. Die induzierte EMK. Das Induktionsgesetz (Gl. 99) kann man auch als formal erweitertes Ohmsches oder Kirchhoffsches Gesetz auffassen, indem man dem magnetischen Schwund die Bedeutung einer EMK beilegt, der sogenannten induzierten EMK:

$$e \equiv -\frac{d\psi}{dt}. \quad \ldots \ldots \ldots \quad (100)$$

Gl. 99 läßt sich dann auch in der Form

$$\sum_{\circ}(R\,i - e_e) - e = 0$$

oder

$$\sum_{\circ} R\,i = e + \sum_{\circ} e_e \quad \ldots \ldots \ldots \quad (101)$$

schreiben.

Der mit dem Leiterkreis verkettete Induktionsfluß bestimmt sich aus dem Integral der Normalkomponente der Induktion über eine Fläche, die von dem Leiterkreis umrandet wird, aber sonst beliebige Gestalt haben kann. Im allgemeinen haben wir es nicht mit einer einfachen Leiterschleife zu tun, sondern der Stromkreis enthält Spulen, die gewöhnlich aus mehreren Windungen bestehen. Auch in diesem Falle läßt sich immer eine Fläche bilden, deren Rand mit dem Leiterkreis zusammenfällt (vgl. Abb. 331) [L. 105]. Diese Fläche können wir willkürlich in beliebige Teile zerlegen; jeder Teilfläche entspricht dann ein bestimmter magnetischer Schwund oder eine induzierte Teil-EMK. In diesem Sinne können wir auch von den induzierten EMKen von Leiterkreisteilen sprechen, wenn wir eine an sich willkürliche Zerlegung der vom Leiterkreis umrandeten Fläche festsetzen. Verbinden wir z. B. die Enden einer Windung einer Spule durch eine gerade Linie, so kann man den Fluß, der durch die Fläche tritt. die von der Windung und der Verbindungsgeraden begrenzt wird, als mit der Windung verkettet ansehen und den magnetischen Schwund dieses Windungsflusses als die in der Windung induzierte EMK bezeichnen. Daß man mit einem gewissen Recht von der EMK in einer einzelnen Windung sprechen kann, beruht darauf, daß der Windungsfluß von der genauen Form der Verbindungslinie wenig abhängt. Der Spulenfluß [L. 106] ist dann die Summe sämtlicher Windungsflüsse der Spule, also der Fluß, der durch eine Fläche tritt, die von dem Stromkreis der Spule und einer Linie begrenzt wird, die die Enden der Spule verbindet und die einzelnen Windungen der Spule berührt. Eine solche Fläche ist in Abb. 331 für eine zylindrische Spule mit vier Windungen dargestellt. Sie wird von der Spule und der dünnen gestrichelten Linie begrenzt. Um die Form von Gl. 101 aufrecht erhalten zu können, müssen wir uns die Verbindungslinien zwischen den einzelnen Windungen durch Leitungen von sehr großem aber endlichem Widerstand ersetzt denken (Widerstand des Spannungszeigers), so daß Ri in diesem Zweig (Teil des Umlaufs) nicht mehr die unbestimmte Form $\infty \cdot 0$ hat.

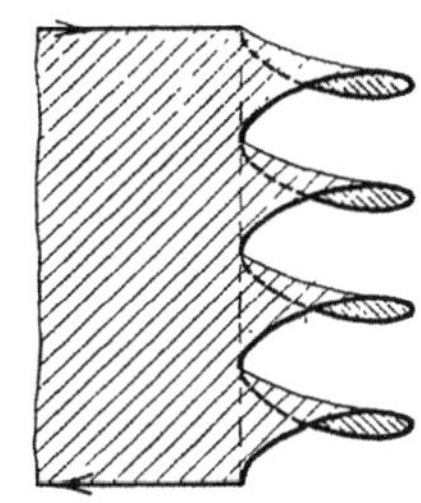
Abb. 331. Fläche, die von einer Spule und ihren Zuleitungen begrenzt wird.

Zwischen dem Spulenfluß ψ und den Windungsflüssen φ_n besteht hiernach bei einer Spule mit w Windungen die Beziehung

$$\psi = \varphi_1 + \varphi_2 + \varphi_3 + \cdots + \varphi_{w-1} + \varphi_w = \sum_{n=1}^{w} \varphi_n \quad . \quad . \quad . \quad (102)$$

Den Spulenfluß bezeichnet man auch als Zahl der Kraftröhrenverkettungen, der Kraftflußwindungen oder der Kraftlinienwindungen [L. 105, S. 977].

Für die induzierte EMK können wir jetzt auch schreiben

$$e = -\sum_{n=1}^{w} \frac{d\varphi_n}{dt} \quad \text{. . . . . (103a)}$$

Wenn die Windungsflüsse der Spule gleich groß sind (Streuung null), wird

$$e = -w \frac{d\varphi}{dt} \quad \text{. . . . . (103 b)}$$

Diesem Falle kommt eine einzelne in Nuten gebettete Spule einer elektrischen Maschine gewöhnlich sehr nahe. Hier ist auch das magnetische Feld außerhalb der Spule so gering, daß Lage und Länge der Verbindungsleitungen zwischen den Spulen und den Klemmen der Maschine keinen merklichen Einfluß auf die in der Wicklung induzierte EMK haben.

Bei allen noch abzuleitenden Formeln für die induzierte EMK wollen wir voraussetzen, daß alle Größen mit Ausnahme der Drehzahl n, die wir in $\min^{-1}$ messen wollen, in cgs-Einheiten eingeführt werden. Wir erhalten dann auch die EMK in cgs-Einheiten ($= 10^8$ Volt) und müssen die Ausdrücke für die EMK noch mit 10^{-8} multiplizieren, um die EMK im technischen Maß, in Volt, zu erhalten.

B. EMK der Ruhe und EMK der Bewegung. Die Änderung des Spulenflusses kann man sich immer zerlegt denken in zwei Änderungen besonders einfacher Art: in die durch zeitliche Änderung des magnetischen Feldes bei ruhend gedachter Spule und in die durch Bewegung der Spule bei unveränderlich gedachtem Felde[1]). Es ist also im allgemeinen

$$d\psi = \frac{\partial \psi}{\partial t} dt + \frac{\partial \psi}{\partial x} dx, \quad \text{. . . . . . (104 a)}$$

worin das erste Glied auf der rechten Seite der Gleichung der zeitlichen Änderung des magnetischen Feldes bei ruhend gedachter Spule, das zweite Glied der Bewegung der Spule bei zeitlich unveränderlich gedachtem magnetischen Felde entspricht. Dabei ist angenommen, daß sich die Spule als starrer Körper zwangläufig

---

[1]) Diese Zerlegung findet sich anscheinend zuerst bei Wilhelm Weber, Pogg. Ann. 73 (1848), S. 240.

bewegt, sodaß ihre Lage durch den einzigen Parameter x vollständig bestimmt ist. Wir erhalten

$$\frac{d\psi}{dt} = \frac{\partial \psi}{\partial t} + \frac{\partial \psi}{\partial x}\frac{dx}{dt} \quad \ldots \ldots \quad (104\,\mathrm{b})$$

oder für die induzierte EMK, indem wir noch die Geschwindigkeit der Bewegung

$$v = \frac{dx}{dt} \quad \ldots \ldots \ldots \quad (104\,\mathrm{c})$$

einführen:

$$\boldsymbol{e} = -\left(\frac{\partial \boldsymbol{\psi}}{\partial \boldsymbol{t}} + \boldsymbol{v}\frac{\partial \boldsymbol{\psi}}{\partial \boldsymbol{x}}\right), \quad \ldots \ldots \quad (105)$$

worin v und ∂x immer im selben Sinne positiv zu rechnen sind.

Man bezeichnet das erste Glied auf der rechten Seite der Gl. 105

$$\boldsymbol{e_r} = -\frac{\partial \boldsymbol{\psi}}{\partial \boldsymbol{t}}, \quad \ldots \ldots \ldots \quad (106)$$

als EMK der Ruhe oder der Transformation, das zweite Glied,

$$\boldsymbol{e_b} = -\boldsymbol{v}\frac{\partial \boldsymbol{\psi}}{\partial \boldsymbol{x}} \quad \ldots \ldots \ldots \quad (107)$$

als EMK der Bewegung oder der Rotation.

Die Gl. 107 für die EMK der Bewegung wollen wir auf eine Form bringen, die für die Berechnung der in den Wicklungen elektrischer Maschinen induzierten EMKe besonders zweckmäßig ist. Wir denken uns dazu die aus w Windungen bestehende Spule auf dem Ankermantel einer elektrischen Maschine mit der Eisenlänge l (vgl. Abb. 332) und setzen voraus, daß die Spulenseiten parallel zur Welle des Ankers liegen und sehr schmal sind, und daß die Normalkomponente b_n der Induktion am Ankerumfang in axialer Richtung sich nicht ändert und der Teil des Spulenflusses vernachlässigt werden kann, der nicht durch die Mantelfläche des Ankers tritt. Diese Voraussetzungen sind in den meisten Fällen annähernd erfüllt. Wenn die Spulenseiten an den Stellen x_1 und x_2 des Ankerumfangs liegen $(x_2 = x_1 + W)$, ist der Spulenfluß

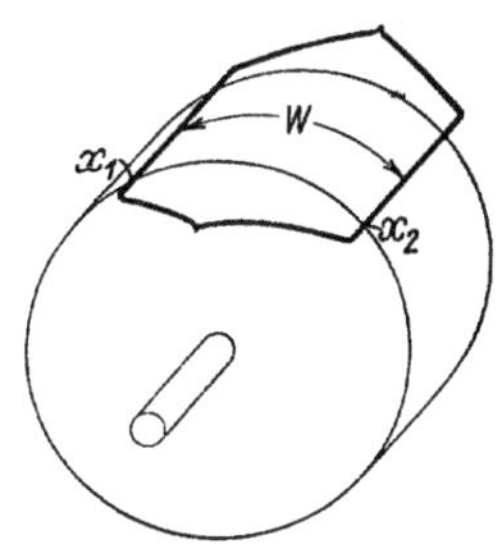

Abb. 332. Erläuterung zu Gl. 108.

$$\psi = w\,l\int_{x_1}^{x_2} b_n\,dx, \quad \ldots \ldots \ldots \quad (108)$$

und die induzierte EMK der Bewegung ist nach Gl. 107 und nach der Rechenregel

$$\frac{d}{dx}\int_a^b f(u)\,du = f(b)\frac{db}{dx} - f(a)\frac{da}{dx}:$$

$$e_b = -w\,v\,l\,\frac{\partial}{\partial x_1}\int_{x_1}^{x_1+W} b_n\,dx$$

$$= -w\,v\,l\,(b_{2_n} - b_{1_n}), \quad . \quad . \quad . \quad . \quad (109)$$

wenn die Werte von b_n an den Stellen x_1, x_2 mit b_{1n}, b_{2n} bezeichnet werden. Die EMK der Bewegung ist also proportional der Differenz der Normalkomponenten der Induktion an den Stellen des Ankerumfangs, wo die Spulenseiten liegen; deshalb können wir auch von den Beiträgen der einzelnen Spulenseiten oder der einzelnen Ankerleiter zur EMK der Bewegung in der Spule sprechen, oder auch kurz von der in einem Leiter induzierten EMK der Bewegung. Für einen Leiter der Spule erhalten wir

$$e_b = -v\,l\,b_n. \quad . \quad . \quad . \quad . \quad . \quad . \quad . \quad (109\,\mathrm{a})$$

In dieser Gleichung bedeutet das Minuszeichen, daß die Richtung der induzierten EMK der als positiv angenommenen Leiterrichtung l entgegengesetzt ist, wenn die Richtung der Geschwindigkeit v, die positive Leiterrichtung l und die Normalkomponente der Induktion b in der angegebenen Reihenfolge ein rechtswendiges Koordinatensystem bilden.

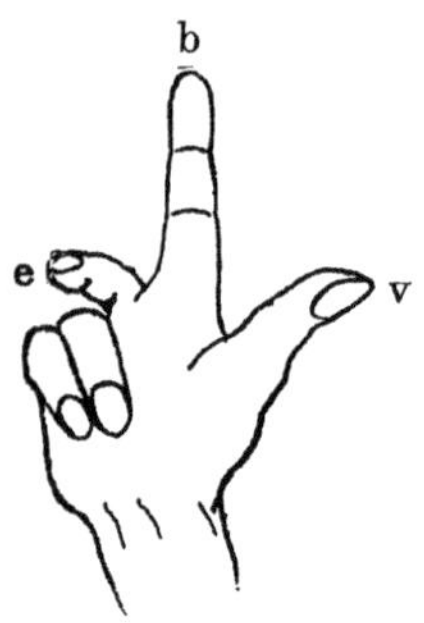

Abb. 333. Dreifinger-Regel.

Zur schnellen Bestimmung des Sinnes der EMK der Bewegung spreizen wir Daumen, Zeigefinger und Mittelfinger der rechten Hand so aus, daß sie ein rechtswendiges Koordinatensystem bilden (vgl. Abb. 333), und halten den Daumen in die Richtung der Bewegung v, den Mittelfinger in die Richtung der Induktion b_n, dann gibt der Mittelfinger die Richtung der induzierten EMK an. Die Reihenfolge

Daumen $= x =$ Bewegung,
Zeigefinger $= y =$ Induktion,
Mittelfinger $= z =$ EMK

ist sehr leicht zu merken: von der Bewegung, der Ursache, gehen wir aus, die Bewegung erfolgt im magnetischen Felde und das Ergebnis ist die induzierte EMK.

Bei der Ableitung der Gl. 109a haben wir den praktisch fast immer vorliegenden Fall vorausgesetzt, daß die Bewegung senkrecht zum Leiter stattfindet, daß alle Teile des Stromkreises mit derselben Geschwindigkeit bewegt werden und die Normalkomponente der Induktion b_n über die ganze Länge des Leiters unveränderlich ist. Die allgemeine Formel für die induzierte EMK der Bewegung lautet

$$e_b = -\int_l v\,dl \sin(v, dl)\, b_n, \quad \ldots\ldots \quad (109\text{b})$$

wobei b_n die zu der Bewegungsrichtung v und dem positiv angenommenen Leiterelement dl normale Komponente der Induktion ist und ihr Vorzeichen so einzusetzen ist, daß v, dl und b_n ein rechtswendiges Koordinatensystem bilden.

Am übersichtlichsten läßt sich dies alles zusammenfassen in den Vektorausdruck

$$e_b = +\int [\mathfrak{v}\mathfrak{b}]\, d\mathfrak{l} \quad \ldots\ldots\ldots \quad (109\text{c})$$

oder

$$e_b = -\int \mathfrak{b}\, [\mathfrak{v}\, d\mathfrak{l}]\,. \quad \ldots\ldots\ldots \quad (109\text{d})$$

Darin ist $\mathfrak{l}$ ein Radiusvektor vom Anfangspunkt des Leiters nach dem betrachteten Leiterelement $d\mathfrak{l}$; $[\mathfrak{v}\, d\mathfrak{l}]$ die von dem Leiterelement $d\mathfrak{l}$ in der Sekunde bestrichene Fläche (vgl. Abb. 334). $\mathfrak{b}[\mathfrak{v}\, d\mathfrak{l}]$ wird geometrisch durch den Rauminhalt einer über der Fläche $[\mathfrak{v}\, d\mathfrak{l}]$ stehenden schiefen Säule von der Länge $|\mathfrak{b}|$ dargestellt.

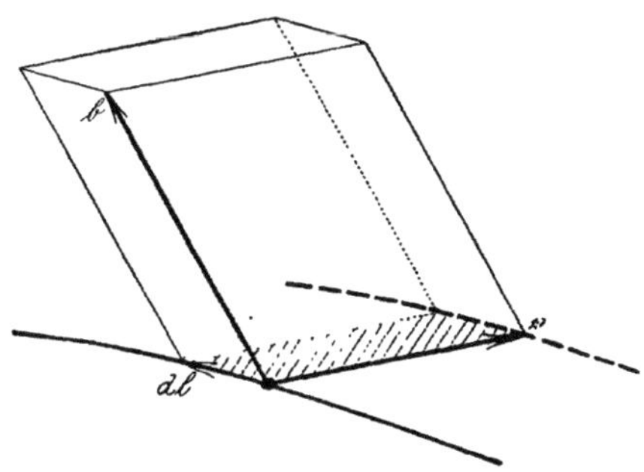

Abb. 334. Erläuterung zu Gl. 109d.

Ersetzen wir den Spulenfluß ψ durch das Produkt aus Windungsfluß φ und Windungszahl w, was in den meisten praktischen Fällen für eine einzelne Ankerspule statthaft ist, so erhalten wir für die gesamte in einer Ankerspule induzierte EMK

$$e = -w\left[\frac{\partial \varphi}{\partial t} + v\, l\,(b_{2_n} - b_{1_n})\right]. \quad \ldots\ldots \quad (105\text{a})$$

Es ist hier zu beachten, daß man sich bei der Berechnung des ersten Gliedes, der EMK der Ruhe, die Spule ruhend denken muß, denn sonst würde das erste Glied auch die Änderung des Induktionsflusses durch Bewegung der Spule enthalten, so daß diese EMK nach Gl. 105a doppelt berechnet wäre.

Die Beiträge der EMK der Ruhe und der EMK der Bewegung zur gesamten induzierten EMK hängen von der Bewegung des

Koordinatensystems ab, von dem aus wir die Vorgänge betrachten (ihre Summe natürlich nicht). Man wird sich zweckmäßig dieses Koordinatensystem so bewegt denken, daß möglichst einfache Beziehungen für die EMK der Ruhe und die EMK der Bewegung entstehen. Beim Transformator denken wir uns z. B. das Koordinatensystem relativ zum Transformator ruhend, dann verschwindet das zweite Glied in Gleichung 105a und es bleibt nur die EMK der Ruhe übrig. Beim ungenuteten Anker einer Gleichstrom- oder Synchronmaschine ist das erste Glied Null, wenn wir das Koordinatensystem mit dem Feldmagneten starr verbinden, so daß es bei bewegtem Feldmagneten mit diesem synchron umläuft, es wird dann nur eine EMK der Bewegung induziert.

43. EMK und Wicklungsfaktor einer Ankerspule.

A. Die allgemeine Formel für die induzierte EMK. Um einen möglichst allgemeinen Ausdruck für die in einer Ankerspule induzierte EMK zu erhalten, gehen wir zweckmäßig von Gl. 100 aus, in der die vollständige Änderung des Induktionsflusses vorkommt, die also sowohl die EMK der Ruhe als auch die EMK der Bewegung ein-

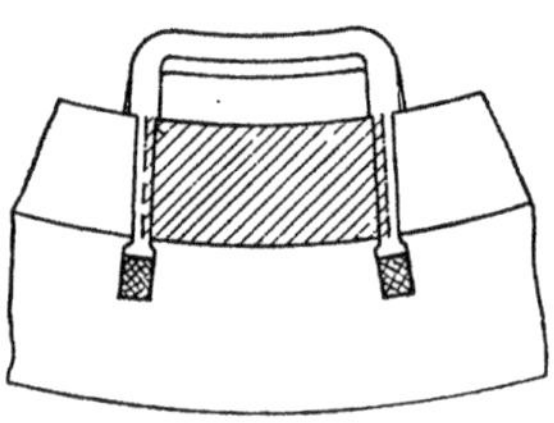

Abb. 335. Fläche zur Berechnung des Windungsflusses einer in Nuten gebetteten Spule.

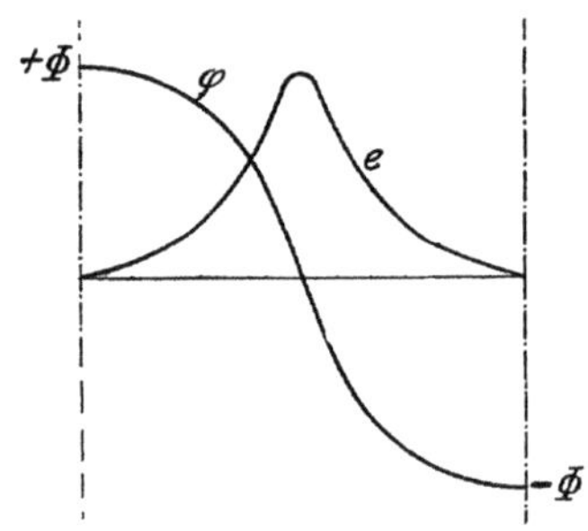

Abb. 336. Fluß (φ) und EMK (e) als Funktion der Zeit.

schließt. Wir wollen annehmen, daß die Spule stromlos sei, uns also auf die Berechnung der bei Leerlauf induzierten EMK beschränken. Dann ist, wenn die Spule in Nuten eingebettet ist, jede Windung praktisch mit demselben Windungsfluß verkettet und wir können die induzierte EMK nach Gl. 103b berechnen. Vernachlässigen wir den kleinen Teil des Flusses, der nicht in den Mantel des Ankers eintritt, aber mit der Spule verkettet ist, so ist für φ der Fluß einzuführen, der zur Zeit t durch die Teilfläche des Ankermantels tritt, die von den Kanten des Blechpakets und den Mittellinien der Nutenschlitze begrenzt wird; sie ist in Abb. 335 schraffiert. Dieser Fluß wechselt periodisch, z. B. bei einer Synchronmaschine, indem sich der Feldmagnet an der Spule vorbei bewegt. Der Fluß schwankt zwischen zwei entgegengesetzt gleichen Grenzwerten, die im Abstand einer halben Periode aufeinander folgen, etwa zwischen $+\Phi$ und $-\Phi$ in Abb. 336. Der Mittelwert der induzierten EMK über eine Halbwelle zwischen zwei solchen Grenzwerten ist von den Zwischenwerten des Induktionsflusses unabhängig und wird nur durch die Grenzwerte bestimmt:

$$\boldsymbol{E}_m = \frac{2}{T}\int_0^{T/2} e\,dt = w\frac{2}{T}\int_{-\Phi}^{+\Phi} d\varphi$$

$$= \frac{\boldsymbol{4}}{\boldsymbol{T}}\boldsymbol{w}\,\boldsymbol{\Phi}. \quad \ldots\ldots\ldots\ldots \quad (110\text{a})$$

Zwischen der Periodendauer T in sec, der Frequenz f in $\sec^{-1}$ und der Drehzahl n in $\min^{-1}$ besteht die Beziehung

$$\frac{1}{T} = f = \frac{n\,p}{60}. \quad \ldots\ldots\ldots \quad (111)$$

Deshalb können wir für Gl. 110a auch schreiben

$$\boldsymbol{E}_m = \boldsymbol{4}\,\boldsymbol{w}\,\boldsymbol{f}\,\boldsymbol{\Phi} \quad \ldots\ldots\ldots \quad (110\text{b})$$

oder

$$\boldsymbol{E}_m = \boldsymbol{4}\,\boldsymbol{w}\frac{\boldsymbol{n}\,\boldsymbol{p}}{\boldsymbol{60}}\boldsymbol{\Phi}. \quad \ldots\ldots\ldots \quad (110\text{c})$$

Das Verhältnis des Mittelwertes E_m zu ihrem Effektivwert E hängt nur von der Form der Kurve $\varphi = \varphi(t)$ oder auch der Kurve $e = e(t)$ ab. Dieses Verhältnis wird daher Formfaktor genannt.

Wir erhalten den Effektivwert E der induzierten EMK, indem wir den Mittelwert mit dem Formfaktor ξ_E multiplizieren, der durch die Gleichung

$$\xi_E = \frac{E}{E_m} \quad \ldots\ldots\ldots\ldots \quad (112)$$

definiert ist. Hiermit geht Gl. 110b, die wir den folgenden Ableitungen zugrunde legen wollen, über in

$$\boldsymbol{E} = \boldsymbol{4}\,\xi_E\,\boldsymbol{w}\,\boldsymbol{f}\,\boldsymbol{\Phi}. \quad \ldots\ldots\ldots \quad (113)$$

Für Spulen, die vom Netz aus gespeist werden, ist ξ_E bei Vernachlässigung des induktionsfreien Spannungsverlusts der Formfaktor der primären Spannung. Wenn diese sinusförmigen Verlauf hat, ist $\xi_E = 1{,}11$ und wir können schreiben

$$\boldsymbol{E} = \boldsymbol{4{,}44}\,\boldsymbol{w}\,\boldsymbol{f}\,\boldsymbol{\Phi}. \quad \ldots\ldots\ldots \quad (114)$$

B. Wicklungsfaktor einer Spule bei ungenutetem Anker. Wir wollen nun im folgenden einen ungenuteten Anker voraussetzen und werden später in einem besonderen Abschnitt untersuchen, welchen Einfluß die Nutung des Ankers auf die induzierte EMK hat. Wenn das relativ zur Wicklung umlaufende Magnetfeld sich zeitlich nicht ändert, wie z. B. bei Gleichstrom- und Synchronmaschinen und angenähert auch bei asynchronen Drehfeldmotoren, kann die induzierte EMK nach Gl. 109 berechnet werden.

Die Verteilung der Normalkomponente der Induktion am Ankerumfang möge durch die beliebige periodische Funktion $f(x)$ mit der Periode 2τ (Polpaarteilung) gegeben sein. Es ist dann nach Gl. 109 für eine Spule mit der Weite W (Abb. 337)

$$e = -wvl\left[f\left(x + \frac{\tau + W}{2}\right) - f\left(x + \frac{\tau - W}{2}\right)\right]. \quad (115)$$

Wir schreiben für $f(x)$ die Fouriersche Reihe

$$f(x) = \sum_{\nu=1}^{\infty}\left(B'_\nu \sin\nu\frac{x\pi}{\tau} + B''_\nu \cos\nu\frac{x\pi}{\tau}\right), \quad (116)$$

worin ν alle ganzen Zahlen durchlaufen soll. Ein etwa noch vorhandenes konstantes Glied in $f(x)$ können wir außer acht lassen, weil

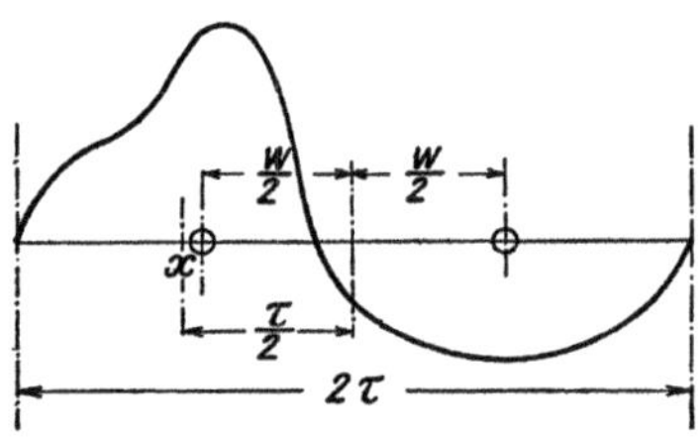

Abb. 337. Erläuterung zu den Gl. 115 und 117.

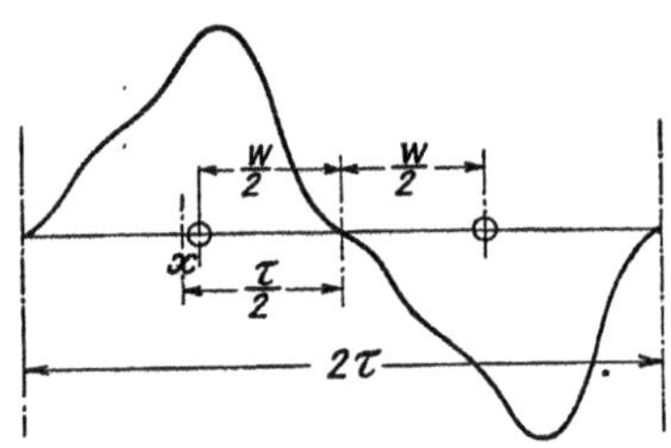

Abb. 338. Erläuterung zu Gl. 118.

bei konstanter Induktion (Unipolarfluß) in einer Mantelspule keine EMK induziert wird. Setzen wir diese Reihe in Gl. 115 ein und lösen die Kreisfunktionen mit den Winkelsummen und -differenzen auf, so hebt sich die Hälfte der Glieder weg, und von den übrigen sind je zwei einander gleich. Wir erhalten dann:

$$e = 2wvl\sum_{\nu=1}^{\infty}\left\{\left[B'_\nu \sin\nu\frac{x\pi}{\tau} + B''_\nu \cos\nu\frac{x\pi}{\tau}\right]\sin\nu\frac{\pi}{\tau}\right.$$
$$\left. - \left[B'_\nu \cos\nu\frac{x\pi}{\tau} - B''_\nu \sin\nu\frac{x\pi}{\tau}\right]\cos\nu\frac{\pi}{2}\right\}\sin\nu\frac{W}{\tau}\frac{\pi}{2}. \quad (117)$$

Für Durchmesserwicklung ($W = \tau$) ist $\sin\nu\frac{W}{\tau}\frac{\pi}{2}$ für alle geraden ν Null, in der Kurve der EMK einer Durchmesserspule sind also nur die Einzelwellen ungerader Ordnungszahl vertreten, auch wenn die Kurve der Induktion am Ankerumfang Einzelwellen gerader Ordnung aufweist.

Fast immer ist die negative Halbwelle der Induktion das Spiegelbild der positiven (Abb. 338). Dann fehlen die Einzelwellen gerader Ordnungszahl schon in der Kurve der Induktion. Auf diesen wichtigen Fall wollen wir uns jetzt immer beschränken, im übrigen aber eine beliebige Feldverteilung annehmen, im allgemeinen also eine zur Polmitte unsymmetrische (Abb. 338), wie sie bei Belastung vorkommt. Die rechten Seiten der Gl. 116 und 117 sind dann nur über ungerade Werte von ν zu summieren; das zweite Hauptglied in der geschweiften Klammer der Gl. 117 fällt weg, weil $\cos \nu \frac{\pi}{2}$ Null ist, und es wird:

$$e = 2\,w\,v\,l \sum_{\nu} \left\{ \left[B'_{\nu} \sin \nu \frac{x\pi}{\tau} + B''_{\nu} \cos \nu \frac{x\pi}{\tau} \right] \sin \nu \frac{\pi}{2} \right\} \sin \nu \frac{W}{\tau} \frac{\pi}{2}. \quad (118)$$

Wir erhalten die Amplituden für die Einzelwellen der in einer Ankerspule induzierten EMK, indem wir die entsprechenden Amplituden der Induktionskurve mit dem Kurvenfaktor

$$C_{\nu} = 2 w v l \xi_{\nu} \quad \ldots \ldots \ldots \quad (119)$$

multiplizieren. Darin ist

$$\xi_{\nu} = \sin \nu \frac{\pi}{2} \cdot \sin \nu \frac{W}{\tau} \frac{\pi}{2} \quad \ldots \ldots \quad (120)$$

der Wicklungsfaktor der Spule für die Induktionswelle ν^{ter} Ordnung.

Für eine Durchmesserspule ist

$$\xi_{\nu} = \sin^2 \nu \frac{\pi}{2} = 1. \quad \ldots \ldots \ldots \quad (121)$$

Der Kurvenfaktor hat also bei der Durchmesserspule für alle Einzelwellen denselben Wert, d. h. die induzierte EMK hat dieselbe Kurvenform wie die Induktion am Ankerumfang.

Wir können deshalb in Gl. 113 den Formfaktor ξ_E der EMK durch den Formfaktor ξ_B der Induktionskurve ersetzen und erhalten für die in einer Durchmesserspule eines ungenuteten Ankers induzierte EMK (der Bewegung)

$$E = 4 \xi_B w f \Phi. \quad \ldots \ldots \ldots \quad (122)$$

Darin ist, wenn $f(0) = 0$,

$$\Phi = l \int_0^{\tau} f(x) dx \quad \ldots \ldots \ldots \quad (123)$$

der in den Ankermantel eintretende Induktionsfluß, den wir als Polfluß bezeichnen wollen. Bei synchronen Maschinen strebt man eine möglichst sinusförmige Verteilung der Induktion am Ankerumfang an. Hierfür wird in Gl. 122 $\xi_B = 1{,}11$, so daß der Effektivwert der induzierten EMK nach Gl. 114 berechnet werden kann.

Bei Spulen, deren Weite von der Polteilung oder einem ungeraden Vielfachen davon abweicht, stimmen die Kurven der EMK und der Induktion *nicht* überein.

Da die Wicklungsfaktoren (Gl. 120) für die Oberwellen im allgemeinen kleiner sind als für die Grundwelle, *nähert sich die EMK einer Sehnenwicklung mehr der Sinusform als die Kurve der Induktion.* Wir erkennen auch, daß die Spulenweite so gewählt werden kann, daß eine bestimmte Oberwelle in der Kurve der EMK ganz verschwindet. Der Wicklungsfaktor muß dann Null werden. Dies ist nach Gl. 120 der Fall, wenn

$$\sin \nu \frac{W}{\tau} \frac{\pi}{2} = 0$$

oder

$$\nu \frac{W}{2\tau} = g,$$

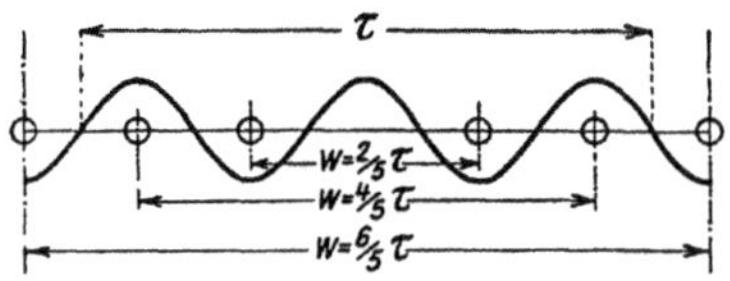

Abb. 339. Spulen zur Unterdrückung der Wellen 5. Ordnung in der Kurve der EMK.

worin g eine ganze Zahl ist. Um die Spulenweite zu bestimmen, bei der z. B. die 5. Welle verschwindet, setzen wir

$$W = g \frac{2\tau}{\nu} = g \frac{2\tau}{5}.$$

Diese Bedingung ist erfüllt für die Spulenweiten $W = \frac{2}{5}\tau,\ \frac{4}{5}\tau,\ \frac{6}{5}\tau$ usw. (vgl. Abb. 339).

Für die Einzelwellen der EMK erhalten wir die Effektivwerte, indem wir die nach Gl. 114 für die Durchmesserspule berechnete EMK mit dem Wicklungsfaktor (Gl. 120) multiplizieren. Wir erhalten für die ν^{te} Welle

$$E_\nu = 4{,}44\, \xi_\nu w f_\nu \Phi_\nu, \quad . \quad . \quad . \quad . \quad . \quad . \quad . \quad (124)$$

wobei negative Werte des Wicklungsfaktors ξ_ν andeuten, daß die Amplitude der EMK ($= \sqrt{2} E_\nu$) das entgegengesetzte Vorzeichen wie die entsprechende Amplitude der Induktion hat.

Auf die Bestimmung des Effektivwerts der resultierenden EMK aus den Einzelwellen werden wir im Abschnit 45B eingehen.

44. EMK und Wicklungsfaktor eines Wicklungsstrangs.

A. Reihenfolge der Spulenseiten. Die Wicklung einer elektrischen Maschine setzt sich im allgemeinen aus mehreren Spulen zusammen, die verschiedene Weite haben und deren Mittellinien am Ankerumfang gegeneinander verschoben sind, so daß die in den einzelnen Spulen eines Wicklungsstrangs induzierten EMKe im allgemeinen sowohl in der Größe als auch in der Phase verschieden sind. Bei den wichtigsten Wicklungen haben jedoch, wie wir sehen werden, alle EMKe der einzelnen Spulen desselben Wicklungsstrangs entweder gleiche Phase oder gleiche Größe. Dies beruht auf der technischen Ausführung der Wicklung, die besonders einfach wird, wenn die Spulen einer Gruppe gleichachsig sind (vgl. Abb. 340b) oder wenn alle gleiche Weite haben (vgl. Abb. 340c).

Wenn Lage und Sinn der Spulenseiten am Ankerumfang gegeben sind, hat die Reihenfolge, in der ungleichsinnige Leiter der Wicklung miteinander verbunden werden, keinen Einfluß auf die induzierte EMK, so daß es gleichgültig ist, ob die Wicklung mit Spulen gleicher oder mit Spulen verschiedener Weite ausgeführt wird.

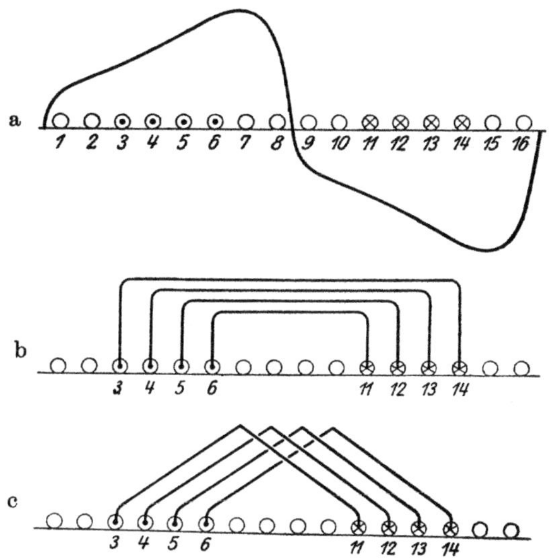

Abb. 340a bis c. Ankerabwicklung einer zweipoligen Maschine mit 16 Nuten. a) Kurve der Induktion, b) gleichachsige Spulen verschiedener Weite, c) Spulen gleicher Weite mit verschiedenen Achsen.

In Abb. 340a ist z. B. der Ankerumfang einer zweipoligen Maschine mit 16 Nuten dargestellt. In den Nuten 3 bis 6 und 11 bis 14, die an den Stellen x_3, x_4 usw. des Ankerumfangs liegen mögen, sind die Spulenseiten der Wicklung untergebracht. Bei Speisung der Wicklung sollen die Leiter der Nuten 11 bis 14 im entgegengesetzten Sinne von Strom durchflossen werden wie die Leiter in den Nuten 3 bis 6. Wir setzen zunächst voraus, daß die Querverbindungen so gelegt sind, daß gleichachsige Spulen entstehen (Abb. 340b); jede Spulenseite möge w_1 Leiter enthalten. Der gesamte Fluß, der mit der Spulengruppe verkettet ist, wird dann

$$\psi = w_1 \left[\int_{x_3}^{x_{14}} f(x)\,dx + \int_{x_4}^{x_{13}} f(x)\,dx + \int_{x_5}^{x_{12}} f(x)\,dx + \int_{x_6}^{x_{11}} f(x)\,dx\right] \quad (125a)$$

$$= w_1 [g(x_{14}) - g(x_3) + g(x_{13}) - g(x_4) + g(x_{12}) - g(x_5) + g(x_{11}) - g(x_6)], \quad (125b)$$

wenn wir mit $f(x)$ die Verteilung der Normalkomponente der Induktion am Ankerumfang und mit $g(x)$ das unbestimmte Integral der Funktion $f(x)$ bezeichnen. Die Reihenfolge der einzelnen Glieder der eckigen Klammer der Gl. 125b hat keinen Einfluß auf die Größe des Flusses ψ; wir können die oberen Grenzen oder die unteren Grenzen der Integrale von $f(x)$ beliebig gegeneinander vertauschen, ohne daß der Fluß ψ, der die induzierte EMK bestimmt, dadurch beeinflußt wird. So können wir z. B. auch schreiben:

$$\psi = w_1 \left[\int_{x_3}^{x_{11}} f(x)\,dx + \int_{x_4}^{x_{12}} f(x)\,dx + \int_{x_5}^{x_{13}} f(x)\,dx + \int_{x_6}^{x_{14}} f(x)\,dx\right], \quad (125\,\text{c})$$

wobei dann die einzelnen Glieder den Flüssen entsprechen, die bei Spulen gleicher Weite mit den Windungen verkettet sind (Abb. 340c).

Wir können uns nun jede Windung am Ankermantel durch zwei gegeneinander geschaltete Ringwindungen ersetzt denken, von denen jede um den Ankerkern geschlungen ist (Abb. 341a und b). Dadurch zerlegen wir die in einer Mantelspule induzierte EMK in zwei Teile, und können in diesem Sinne auch von dem Beitrag der in einem

a b

Abb. 341a u. b. a) Mantelwindung. b) Vereinigung zweier Ringwindungen zur Mantelwindung.

Leiter oder einer Spulenseite induzierten EMK zur gesamten EMK oder kurz von der in einer Spulenseite induzierten EMK sprechen. Mit Rücksicht auf einfache und billige Herstellung der Maschine ist der Anker ein Rotationskörper und die Nuten, in denen die Wicklung gewöhnlich untergebracht wird, sind gleichmäßig am Ankerumfang verteilt. Aus Symmetriegründen muß dann in jeder Seite der Mantelspule der Größe nach dieselbe EMK induziert werden; ihre Phase wird von der Lage der Spulenseite am Ankerumfang abhängen. Wenn die Induktionskurve $f(x)$ symmetrisch zur Abszissenachse ist, muß die EMK einer Spulenseite genau halb so groß sein wie die einer Mantelspule, deren Weite gleich der Polteilung ist, weil dann die induzierten EMKe in den beiden Ringspulen, die die Mantelspule ersetzen, phasengleich sind. Die einzelnen Glieder in Gl. 125b stellen dann die Spulenflüsse jeder Ringspule dar und man erkennt leicht, daß die Reihenfolge, in der die ungleichsinnigen Leiter miteinander verbunden werden, auch dann keinen Einfluß auf die induzierte EMK hat, wenn die Leiterzahlen der Spulenseiten verschieden sind.

Die in einer Maschine induzierte EMK können wir also auf die Summe der in den einzelnen Spulenseiten induzierten EMKe zurückführen, die gewöhnlich alle gleiche Größe, aber verschiedene Phase haben. Jeder Nut entspricht eine ganz bestimmte Phase (vgl. Abschnitt 28). Wenn die N Nuten gleichmäßig am Ankerumfang verteilt sind, ist für die Welle ν^{ter} Ordnung der Phasenwinkel benachbarter Nuten

$$\alpha_\nu = \nu \frac{2\pi}{N} p = \nu \frac{360^0}{N} p \, . \quad . \quad . \quad . \quad . \quad . \quad . \quad (126)$$

Für die zweipolige Wicklung in Abb. 340a wird z. B. die Phase der Nuten für die Grundwelle durch das Strahlenbild 342a und für

a b

Abb. 342a u. b. Nutensterne der Maschine in Abb. 340a für die Grundwelle (a) und die 3. Welle (b).

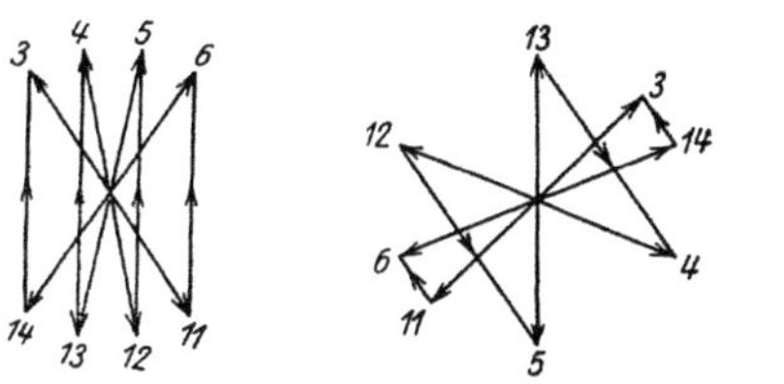

a b

Abb. 343a u. b. EMKe in den Spulen der Abb. 340b für die Grundwelle (a) und die 3. Welle (b).

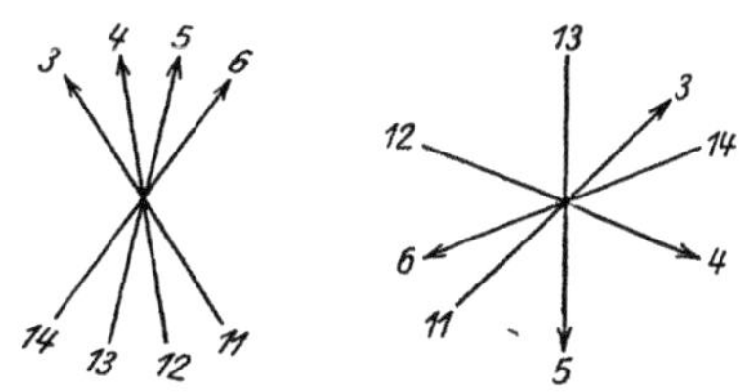

a b

Abb. 344a u. b. EMKe in den Spulen der Abb. 340c für die Grundwelle (a) und die 3. Welle (b).

die Welle 3. Ordnung durch das Strahlenbild 342b dargestellt. Die an die einzelnen Strahlen geschriebenen Zahlen stimmen mit den Nuten in Abb. 340a überein. Wenn die Länge der Strahlen die Größe der in den entsprechenden Spulenseiten induzierten EMKe dargestellt, kann die induzierte EMK in der ganzen Wicklung durch geometrische Addition der einzelnen Strahlen bestimmt werden. Dabei ist zu beachten, daß sich bei der Verbindung zweier Spulenseiten zu einer Spule der Sinn des einen Strahls umkehrt. Wir erhalten deshalb für die Wicklung in Abb. 340b die in den 4 Spulen 3—14, 4—13, 5—12 und 6—11 induzierte EMKe nach Größe und Phase durch die entsprechend bezeichneten Vektoren für die Grundwelle in

Abb. 343a und für die 3. Welle in Abb. 343b. Für die Wicklung mit Spulen gleicher Weite (Abb. 340c) werden die EMKe der einzelnen Spulen durch die Vektoren 11—3, 12—4, 13—5 und 14—6, für die Grundwelle in Abb. 344a und für die 3. Welle in Abb. 344b dargestellt.

Aus den Strahlenbildern erkennt man auch deutlich, daß bei gleich vielen Leitern in allen Spulenseiten die EMKe der einzelnen Spulen in Wicklungen mit Spulen verschiedener Weite (Abb. 343a und b) bei ungleicher Größe gleiche Phase und in den Wicklungen mit Spulen gleicher Weite (Abb. 344a und b) bei ungleicher Phase gleiche Größe haben.

B. Der Wicklungsfaktor. Wenn die Effektivwerte der Einzelwellen der EMK für jede Spulenseite der Wicklung bekannt sind, lassen sich die Effektivwerte der Einzelwellen der ganzen Wicklung durch geometrische Addition der EMKe sämtlicher in Reihe geschalteter Spulenseiten bestimmen. Diese haben im allgemeinen verschiedene Phase, aber gleiche Größe, wenn die Spulenseiten gleich viele Leiter enthalten. In diesem meist vorliegenden Falle können wir für die ν^{te} Welle der EMK des ganzen Wicklungsstrangs schreiben

$$E_\nu = s\,\xi_\nu E'_\nu, \quad \ldots\ldots\ldots \quad (127)$$

wenn wir mit s die Zahl der im Strang in Reihe geschalteten Spulenseiten, mit E'_ν den Effektivwert der ν^{ten} Welle der EMK in einer Spulenseite und mit ξ_ν das Verhältnis zwischen geometrischer und algebraischer Summe der Amplituden der EMKe ν^{ter} Ordnung in den s Spulenseiten bezeichnen.

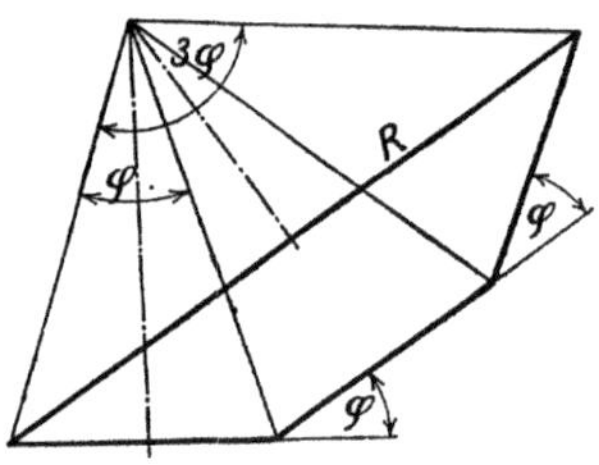

Abb. 345. Erläuterung zu Gl. 128 ($S = 3$).

Gewöhnlich setzt sich die resultierende EMK (R) eines Wicklungsteils aus mehreren (S) EMKen gleicher Größe zusammen, die je um den Phasenwinkel φ gegeneinander verschoben sind (vgl. Abb. 345 mit $S = 3$). Der Wicklungsfaktor ist dann für diesen Wicklungsteil

$$\xi_\nu = \frac{\sin S\,\frac{\varphi}{2}}{S \sin \frac{\varphi}{2}} \quad \ldots\ldots\ldots \quad (128)$$

Wenn die negativen Spulenseiten um eine Polteilung gegenüber den positiven Spulenseiten desselben Wicklungsstranges am Ankerumfang auseinanderliegen, kann man sich die Wicklung aus Durchmesserspulen zusammengesetzt denken. Die in den Spulenseiten einer Spule induzierten EMKe haben dann dieselbe Phase. Bei einer solchen m-phasigen Einschichtwicklung mit ganzer Nutenzahl q für Pol und Strang (Ganzlochwicklung) ist $S = q$ und der Phasenwinkel φ ist nach Gl. 126 für die Welle ν^{ter} Ordnung

$$\varphi = \alpha_\nu = \nu \frac{360^0}{N} p = \nu \frac{180^0}{mq},$$

weil die Nutenzahl $N = 2pmq$. Wir erhalten den Wicklungsfaktor zu

$$\xi_\nu = \frac{\sin \nu \dfrac{90^0}{m}}{q \sin \dfrac{\nu}{q} \dfrac{90^0}{m}} \quad \text{. . . . . (129)}$$

Für eine einschichtige einphasige Wicklung mit Q Nuten in der Polteilung, von denen q bewickelt sind, ist $S = q$ und

$$\varphi = \alpha_\nu = \nu \frac{360^0}{N} p = \nu \frac{180^0}{Q}.$$

Wir erhalten den Wicklungsfaktor zu

$$\xi_\nu = \frac{\sin \nu q \dfrac{90^0}{Q}}{q \sin \nu \dfrac{90^0}{Q}} \quad \text{. . . . . (130)}$$

Tafel 23.

Absolute Beträge der Wicklungsfaktoren der dreiphasigen Ganzlochwicklungen.

q	$\nu =$					
	1	3	5	7	9	11
1	1,000	1,000	1,000	1,000	1,000	1,000
2	0,966	0,707	0,259	0,259	0,707	0,966
3	0,960	0,667	0,217	0,178	0,333	0,178
4	0,958	0,653	0,204	0,157	0,271	0,126
6	0,956	0,642	0,197	0,145	0,236	0,102
10	0,955	0,639	0,193	0,139	0,220	0,092
20	0,955	0,637	0,191	0,137	0,214	0,088
∞	0,955	0,637	0,191	0,136	0,212	0,088

Tafel 24.

Absolute Beträge der Wicklungsfaktoren der einphasigen Ganzlochwicklungen

mit $\frac{q}{Q} = \frac{2}{3}$.

q	Q	$\nu =$					
		1	3	5	7	9	11
2	3	0,866	0	0,866	0,866	0	0,866
4	6	0,836	0	0,224	0,224	0	0,836
6	9	0,831	0	0,188	0,154	0	0,154
8	12	0,829	0	0,178	0,136	0	0,109
10	15	0,828	0	0,173	0,129	0	0,095
20	30	0,827	0	0,167	0,121	0	0,079
∞	∞	0,478	0	0,096	0,068	0	0,043

In Tafel 23 sind die absoluten Beträge der Wicklungsfaktoren der dreiphasigen (Gl. 129 mit $m = 3$), und in Tafel 24 die der einphasigen Ganzlochwicklungen (Gl. 130) mit $q/Q = {}^2/_3$ für die Wellen ungerader Ordnung bis $\nu = 11$ und verschiedene Werte von q zusammengestellt.

Bei den Wicklungen mit gebrochener Nutenzahl q für Pol und Strang und derselben Leiterzahl in jeder Spulenseite kann der Wicklungsfaktor nach Gl. 128 berechnet werden. Wenn sich dabei die Spulenseiten eines Strangs nicht so zu Gruppen zusammenfassen lassen, daß die EMKe der Spulenseiten derselben Gruppe gleichphasig und die EMKe der einzelnen Gruppe gleiche Größe haben und um je denselben Phasenwinkel gegeneinander verschoben sind, muß man die EMKe der Spulenseiten so zu Gruppen vereinigen, daß sich sowohl für jede Gruppe, als auch für die in einem Wicklungsstrang in Reihe geschalteten Gruppen je ein Wicklungsfaktor nach Gl. 128 bestimmen läßt. Der Wicklungsfaktor des ganzen Strangs ist dann gleich dem Produkt der beiden so bestimmten Wicklungsfaktoren. In den seltenen Fällen, wo dies nicht möglich ist, muß der Wicklungsfaktor durch das Verhältnis zwischen geometrischer und algebraischer Summe der EMKe der im Wicklungsstrang in Reihe geschalteten Spulenseiten besonders bestimmt werden.

Zuweilen ist es auch bequem oder anschaulich, die Wicklungsfaktoren der einzelnen Mantelspulen zu bestimmen und hieraus den Wicklungsfaktor des ganzen Strangs zu berechnen. Der Wicklungsfaktor einer Mantelspule von der Weite W ist nach Gl. 120 zu berechnen. Bei einer Wicklung mit S gleichachsigen Spulen (Abb. 340b) ist der Wicklungsfaktor dieser Spulengruppe gleich dem algebraischen Mittelwert der Wicklungsfaktoren aller S Spulen, weil die in ihnen induzierten EMKe phasengleich sind:

$$\xi = \frac{1}{S} \sum \sin \nu \frac{\pi}{2} \cdot \sin \nu \frac{W}{\tau} \frac{\pi}{2} . \quad \ldots \quad (131a)$$

Legen wir dagegen die Querverbindungen so, daß Spulen gleicher Weite ($W = \text{const}$) entstehen (Abb. 340c), so haben die in den einzelnen Spulen induzierten EMKe gleiche Größe und sind, wenn S Spulen am Ankerumfang nebeneinander liegen, um den Phasenwinkel benachbarter Nuten (Gl. 126) verschoben. In diesem Falle wird, wie sich aus Abb. 345 leicht ablesen läßt,

$$\xi_\nu = \sin \nu \frac{\pi}{2} \cdot \sin \nu \frac{W}{\tau} \frac{\pi}{2} \cdot \frac{\sin \nu S \frac{p \pi}{N}}{S \sin \nu \frac{p \pi}{N}} . \quad \ldots \quad (131b)$$

Bei derselben Lage der Spulenseiten am Ankerumfang müssen natürlich die nach den Gl. 131a und b berechneten Wicklungsfaktoren einander gleich sein. Sehr häufig, z. B. bei den einschichtigen Ganzlochwicklungen ($S = q$), lassen sich die Querverbindungen so legen, daß die Weite aller Spulen gleich der Polteilung ist ($W = \tau$), dann geht Gl. 131b über in

$$\xi_\nu = \frac{\sin \nu q \frac{p \cdot 180^0}{N}}{q \sin \nu \frac{p \cdot 180^0}{N}}, \quad \ldots \ldots \quad (131c)$$

die identisch ist mit Gl. 129.

Letzten Endes führen die Wicklungsfaktoren eine Summe von ungleichen Windungsflüssen auf eine Summe von gleichen Windungsflüssen zurück.

Mit Hilfe der Wicklungsfaktoren kann man nach ihrer Definition (vgl. Gl. 127) auch für Nutenanker die in einem Wicklungsstrang induzierte EMK berechnen, wenn die Effektivwerte der Einzelwellen der EMK einer Spulenseite bekannt sind (s. auch Abschnitt 45B).

Wenn es sich um einen glatten Anker handelt, können wir aus der Kurve der Induktion am Ankerumfang die Kurve der induzierten EMK berechnen. Die Amplituden der Einzelwellen der induzierten EMK erhalten wir aus den entsprechenden Amplituden der Induktion am Ankerumfang, indem wir diese mit dem Kurvenfaktor C_ν in Gl. 119 multiplizieren, worin für ξ_ν der Wicklungsfaktor des betrachteten Wicklungsteils oder Strangs einzusetzen ist. Hierbei müssen wir natürlich auch das Vorzeichen des Wicklungsfaktors beachten.

Die Kurvenform der EMK eines Wicklungsstrangs nähert sich weit mehr der Sinusform als die in einer Spulenseite induzierte EMK oder als die Kurve der Induktion am Umfang eines glatten Ankers, weil im allgemeinen die Wicklungsfaktoren der Oberwellen wesentlich kleiner sind als der Wicklungsfaktor der Grundwelle. So ergeben sich z. B. bei einem Anker mit 9 Nuten für die Polteilung die in Tafel 25 eingeschriebenen Wicklungsfaktoren einer Einphasenwicklung mit $q = 6$ bewickelten Nuten in der Polteilung nach Gl. 131c und eines Wicklungsstrangs einer dreiphasigen Wicklung mit $q = 3$ nach Gl. 131b.

Tafel 25.

Wicklungsfaktoren der Wellen ungerader Ordnungszahl einer Ganzlochwicklung mit $Q = 9$ Nuten in der Polteilung.

	Einphasenwicklung $q = 6$	Dreiphasenwicklung $q = 3$
ξ_1	0,832	0,960
ξ_3	0	0,667
ξ_5	— 0,1885	0,217
ξ_7	0,154	— 0,177
ξ_9	0	— 0,333
ξ_{11}	— 0,154	— 0,177
ξ_{13}	0,1885	0,217

Wenn die nebeneinander liegenden Spulenseiten desselben Wicklungsstrangs $\frac{2}{n}$-tel der Polteilung einnehmen $\left(\text{Spulenbreite} = \frac{2\,\tau}{n}\right)$, so muß der Wicklungsfaktor der n-ten Welle und ihrer Vielfachen immer Null sein. Die Polteilung entspricht nämlich für die Grundwelle dem Phasenwinkel π und für die n-te Welle dem Phasenwinkel $n\pi$. Daher sind für die n-te Welle und ihre Vielfachen alle auf $2/n$-tel des Ankerumfangs nebeneinander liegenden q Spulenseiten um den Phasenwinkel $2\,\pi/q$ gegeneinander verschoben und ergeben die resultierende EMK Null. Für die Einphasenwicklung in Tafel 25 sind deshalb die Wicklungsfaktoren ξ_3 und ξ_9 gleich Null. Bei den dreiphasig angezapften oder dreifach aufgeschnittenen Gleichstrom-Ankerwicklungen (Zweischichtwicklungen) nehmen die nebeneinander liegenden Spulenseiten desselben Wicklungsstranges $^2/_3$ der Polteilung ein, die Wicklungsfaktoren der dritten Welle und ihrer Vielfachen sind daher Null.

Wenn die Spulenseiten gleichmäßig am glatten Ankerumfang verteilt sind, oder wenn die Zahl der Nuten, in denen die Spulenseiten liegen, sehr groß ist, und wenn die Spulenseiten einer Wicklungsgruppe den Bogen (Spulenbreite) $\gamma\tau$ am Ankerumfang einnehmen, gilt annähernd

$$\xi_\nu = \sin\nu\frac{\pi}{2}\cdot\sin\nu\frac{W}{\tau}\frac{\pi}{2}\cdot\frac{\sin\nu\gamma\frac{\pi}{2}}{\nu\gamma\frac{\pi}{2}} \quad . \quad . \quad . \quad . \quad . \quad (132)$$

Der Wicklungsfaktor ist dann gleich dem Verhältnis der Sehne zum Bogen in Abb. 346. Diesem Fall kommt die Wicklung eines Gleichstromankers mit großer Nutenzahl sehr nahe. Wenn die Wicklung einphasig an solchen Stellen angezapft wird, die um eine Polteilung auseinander liegen ($\gamma = 1$), wird der Wicklungsfaktor

$$\xi_\nu = \frac{1}{\nu}\frac{2}{\pi}\cdot\sin\nu\frac{W}{\tau}\frac{\pi}{2}, \quad . \quad . \quad . \quad . \quad . \quad (132\,\text{a})$$

d. h. die Wicklungsfaktoren sind umgekehrt proportional der Ordnungszahl (ν) der Einzelwellen der EMK einer Spule, so daß die Amplituden der Oberwellen um so mehr verringert werden, je größer ihre Ordnungszahl ist. Durch passende Wahl der Spulenweite W einerseits und der Anzapfstellen andrerseits läßt sich noch je eine der Oberwellen ganz unterdrücken. Wenn dies für die Wellen 3. und 5. Ordnung geschieht, sind von den Oberwellen nur die Wellen von der 7. Ordnung aufwärts vertreten. Da diese nach Gl. 132 gegenüber den entsprechenden Wellen der Induktion weit stärker verkleinert werden als die Grundwelle, so wird uns eine solche Wicklung fast reine Sinuskurven für die EMK liefern, auch wenn die Kurve der Induktion stark von der Sinusform abweicht.

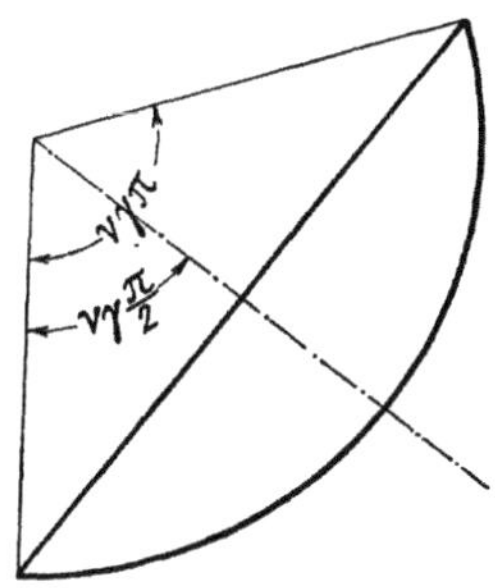

Abb. 346. Erläuterung der Gl. 132.

In Leitungsnetzen geben zuweilen, je nach den besonderen Umständen, gewisse Oberwellen zu Spannungsresonanz Veranlassung; man kann diese Oberwellen ganz oder teilweise unterdrücken, wenn man die Wicklung so entwirft, daß die Wicklungsfaktoren für diese Oberwellen Null oder wenigstens sehr klein werden.

45. Die EMK der ganzen Wicklung und der Effektivwert der resultierenden EMK.

A. Die EMK in verketteten Mehrphasenwicklungen. Bei den Mehrphasenwicklungen werden gewöhnlich alle Anfänge oder alle Enden der Wicklungsstränge miteinander zu der Sternschaltung verbunden, oder es wird immer ein Ende des einen Wicklungsstrangs mit dem Anfang des andern zur Dreiecksschaltung bei Dreiphasenstrom oder zur m-Eckschaltung bei m-Phasenstrom verbunden.

Bei der Sternschaltung ist dann die verkettete EMKe gleich der Differenz der EMKe in zwei in der Phase aufeinander folgenden Wicklungssträngen. Die Phasenverschiebung dieser EMKe ist für die ν-te Welle

$$\alpha = \nu \frac{2\pi}{m}, \quad . \quad . \quad . \quad . \quad . \quad . \quad . \quad . \quad . \quad . \quad (133)$$

wenn m die Phasenzahl des Mehrphasenstromes ist. Wir können dann für diese beiden EMKe schreiben

$$\left.\begin{aligned} e_I &= \sqrt{2} \sum_\nu \left[E'_\nu \sin \nu \left(\frac{x\pi}{\tau} - \frac{\pi}{m} \right) + E''_\nu \cos \nu \left(\frac{x\pi}{\tau} - \frac{\pi}{m} \right) \right], \\ e_{II} &= \sqrt{2} \sum_\nu \left[E'_\nu \sin \nu \left(\frac{x\pi}{\tau} + \frac{\pi}{m} \right) + E''_\nu \cos \nu \left(\frac{x\pi}{\tau} + \frac{\pi}{m} \right) \right], \end{aligned}\right\} \quad (134)$$

worin $\sqrt{2}\, E'_\nu$ und $\sqrt{2}\, E''_\nu$ die beiden Komponenten der Amplituden der EMK ν-ter Ordnung bedeuten.

Bilden wir die Differenz dieser EMKe und lösen die Kreisfunktionen mit den Winkelsummen auf, so erhalten wir für die verkettete EMK einer in Stern geschalteten Mehrphasenwicklung

$$e_I - e_{II} = \sqrt{2} \sum_\nu \left[- E'_\nu \cos \nu \frac{x\pi}{\tau} + E''_\nu \sin \nu \frac{x\pi}{\tau} \right] \cdot 2 \sin \nu \frac{\pi}{m} \quad (135)$$

Durch Vergleich dieser Gleichung mit den Gl. 134 erkennen wir, daß sich die verkettete EMK ihrer Größe nach durch den Faktor

$$\mu_\nu = 2 \sin \nu \frac{\pi}{m} \quad . \quad . \quad . \quad . \quad . \quad . \quad . \quad . \quad . \quad (136)$$

von der EMK in einem Wicklungsstrang unterscheidet, so daß wir für die Effektivwerte der ν-ten Welle der EMK schreiben können

$$E_{(I-II)\nu} = \mu_\nu E_{I\nu} \quad . \quad . \quad . \quad . \quad . \quad . \quad . \quad . \quad (137)$$

Bei m-phasigem Strom ist μ_ν für

$$\frac{\nu}{m} = \text{ganz}$$

Null. Bei Dreiphasenstrom verschwinden also in der verketteten EMK alle Wellen, deren Ordnungszahl ν durch 3 teilbar ist, für alle übrigen Wellen ist dagegen $\mu_\nu = \sqrt{3}$.

Bei der **Vieleckschaltung** liegen die Enden eines Wicklungsstrangs immer an zwei Klemmen der Maschine. Trotzdem liefern nicht alle Wellen der EMK einen Beitrag zur Klemmenspannung.

Die in Reihe geschalteten EMKe der m Wicklungsstränge sind gegeneinander um den Phasenwinkel α in Gl. 133 verschoben. Wenn

$$\frac{\nu}{m} = \text{ganz}$$

ist, wird α gleich 2π oder einem Vielfachen davon, die EMKe dieser Ordnung haben dann alle gleiche Phase und erzeugen einen inneren Kurzschlußstrom. Im andern Fall ist die Summe der einzelnen EMKe immer Null.

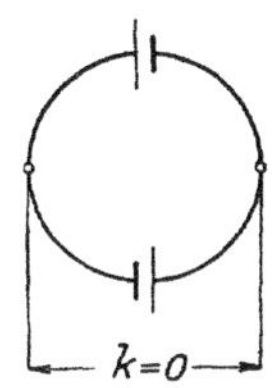

Abb. 347. Kurzschluß zweier in Reihe geschalteter Akkumulatorenbatterien.

Die EMKe, die innere Kurzschlußströme erregen, werden durch die Umlaufspannung im Innern der Wicklung ausgeglichen, ähnlich wie die eingeprägten EMKe zweier aufeinander geschalteter Akkumulatoren-Batterien (vgl. Abb. 347) und geben daher keinen Beitrag zur Klemmenspannung; die übrigen EMKe kommen dagegen für die äußere Klemmenspannung voll zur Geltung.

In der Klemmenspannung einer in Stern oder Vieleck geschalteten Mehrphasenwicklung treten daher die Wellen nicht auf, deren Ordnungszahl ν durch die Phasenzahl m teilbar ist. Bei Dreiphasenstrom sind das von den ungeraden Ordnungszahlen die 3., 9., 15., 21. usw. Welle. Die Kurvenform der Spannung einer verketteten Mehrphasenwicklung nähert sich also im allgemeinen noch weit mehr der Sinusform als die EMK eines Wicklungsstrangs (vgl. Abb. 364c u. d, S. 385).

B. Der Effektivwert der resultierenden EMK. Der Effektivwert der in der Ankerspule induzierten EMK ist das quadratische Mittel aller Augenblickswerte über die Grundperiode

$$E = \sqrt{\frac{1}{2\tau}\int_0^{2\tau} e^2\,dx}\,, \quad \ldots\ldots\ldots \quad (138)$$

worin für e die **Fouriersche** Reihe Gl. 118 einzusetzen ist. Wenn wir die rechte Seite der Gl. 118 quadrieren, erhalten die einzelnen Glieder die Formen

$$A\cdot\sin n\frac{x\pi}{\tau}\cdot\sin m\frac{x\pi}{\tau}, \quad B\cdot\cos n\frac{x\pi}{\tau}\cdot\cos m\frac{x\pi}{\tau}, \quad C\cdot\sin n\frac{x\pi}{\tau}\cdot\cos m\frac{x\pi}{\tau},$$

wobei n und m alle ungeraden Zahlen durchlaufen und A, B und C von x unabhängige Größen sind. Die über eine Grundperiode erstreckte Integration der letzten Gliedform ist immer Null, die der ersten beiden Gliedformen ist Null, wenn $n \gtrless m$. Bei der Bildung des quadratischen Mittelwertes von Gl. 118 brauchen also nur die Quadrate der einzelnen Glieder berücksichtigt zu werden. Daraus folgt ohne weiteres, daß wir für den Effektivwert der in einer Wicklung induzierten EMK auch schreiben können

$$\left.\begin{aligned} \boldsymbol{E} &= \sqrt{\frac{1}{2\tau}\int_0^{2\tau}(e_1^2 + e_3^2 + e_5^2 + \ldots)\,dx} \\ &= \sqrt{\boldsymbol{E}_1^2 + \boldsymbol{E}_3^2 + \boldsymbol{E}_5^2 + \ldots}, \end{aligned}\right\} \quad . \; . \quad (139)$$

worin e_1, e_3 usw. die Augenblickswerte und E_1, E_3 usw. die Effektivwerte der Einzelwellen der in der Wicklung induzierten EMK bezeichnen.

Die resultierende effektive EMK ist also gleich dem quadratischen Mittelwert der effektiven EMKe der Einzelwellen. Daher kommt es, daß die Oberwellen, wenn sie wesentlich kleiner sind als die Grundwelle, keine merklichen Beiträge zur resultierenden EMK liefern und daß es in den meisten Fällen genügt, den Effektivwert der EMK der Grundwelle zu berechnen nach der Formel

$$E_1 = 4{,}44\,\xi_1\,w f \Phi_1 \quad . \; . \; . \; . \; . \; . \; . \quad (140)$$

Kommt z. B. außer der Grundwelle noch die 3. Oberwelle vor mit einer Amplitude, die 0,2 der Amplitude der Grundwelle beträgt, so ist die resultierende EMK

$$E = \sqrt{E_1^2 + 0{,}04\,E_1^2} = 1{,}02\,E_1\,.$$

Der Fehler, den man begeht, indem man zur Berechnung der effektiven EMK die Oberwelle vernachlässigt, ist also trotz der hier beispielsweise angenommenen großen Amplitude der Oberwelle nur 2 %.

In Gl. 140 muß für Φ_1 der Fluß eingesetzt werden, der der Grundwelle der Induktion entspricht. Dieser unterscheidet sich gewöhnlich aber nur sehr wenig von dem gesamten Polfluß, so daß man ihn in den meisten praktischen Fällen durch den gesamten Polfluß Φ ersetzen und für die resultierende EMK

$$\boldsymbol{E} \approx \boldsymbol{E}' = 4{,}44\,\xi_1\,w f \Phi \quad . \; . \; . \; . \; . \quad (141)$$

schreiben kann. Zur Berechnung des Effektivwertes der induzierten EMK braucht dann die Verteilung der Induktion am Ankerumfang nicht mehr analysiert zu werden. Außer dem Polfluß Φ ist nur noch der Wicklungsfaktor der Grundwelle zu bestimmen (vgl. Tafel 26).

Tafel 26.

Relative Fehler der nach Gl. 140 und 141 berechneten EMKe in einer Durchmesserspule bei verschiedener Verteilung der Induktion am Ankerumfang.

Kurve der Induktion am Ankerumfang	$\frac{\Phi_1}{\Phi}$	$\frac{E_1}{E}$	$\frac{E'}{E}$
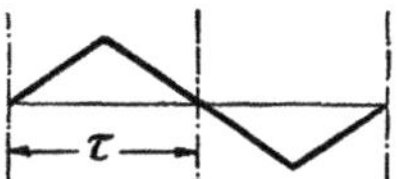	1,031	0,993	0,962
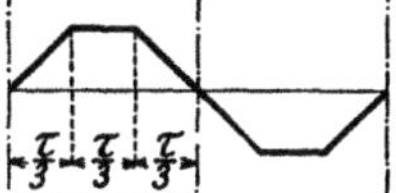	1,004	0,998	0,993
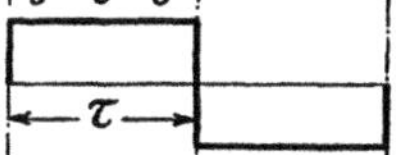	0,810	0,900	1,111
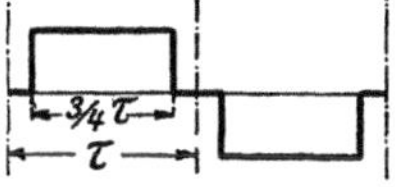	0,999	0,962	0,963

Um die Fehler abschätzen zu können, die man begeht, indem man die resultierende induzierte EMK nach den Gl. 140 und 141 berechnet, ist für die in Tafel 26 dargestellten idealisierten Kurven der Induktion das Verhältnis des Polflusses Φ_1 der Grundwelle zum gesamten Polfluß Φ und das Verhältnis der EMKe E_1 (Gl. 140) und E' (Gl. 141) zur resultierenden EMK E in einer Durchmesserspule eingetragen. Wir sehen aus dieser Zusammenstellung, daß die Kurve der Induktion schon beträchtlich von der Sinusform abweichen muß, um größere Fehler in der nach Gl. 141 berechneten EMK zu erhalten. Bei Sehnenspulen und ganzen Wicklungssträngen ist der Fehler in den meisten praktischen Fällen viel geringer, weil sich dann bei denselben Induktionskurven das Verhältnis der EMKe mehr der Einheit nähert.

46. Einfluß der Nutung auf die induzierte EMK.

A. Der Nutenfaktor. Wir haben gesehen, daß bei einem glatten Anker die in einer Spulenseite induzierte EMK dieselbe Kurvenform hat wie die Normalkomponente der Induktion am Ankerumfang und wollen jetzt untersuchen, welchen Einfluß die Nutung des Ankers auf die Kurve der induzierten EMK ausübt.

Die Normalkomponente der Induktion am Umfang des glatten Ankers möge wieder durch die Funktion $f(x)$ in Gl. 116 gegeben sein. Wenn die Bleche des glatten Ankers genutet werden, ändert sich bei derselben Durchflutung die Verteilung der Induktion am Ankerumfang; nur in dem mittleren Teil der Zahnköpfe behält die Normalkomponente im wesentlichen denselben Wert wie beim glatten Anker, während sie an den Zahnkanten geschwächt wird und in der Mitte der Nutöffnung fast verschwindet. Wir wollen der Einfachheit wegen annehmen, daß die Normalkomponente der Induktion über die Zahnkopfbreite $(\tau_N - s)$ dieselbe sei wie beim glatten Anker, an der Nutöffnung (s) dagegen Null. Der in den Anker eintretende Induktionsfluß ist dann gleich der Summe der Zahnflüsse, die proportional den senkrecht schraffierten Flächen in Abb. 348 sind. Diese Flächen werden von der Induktionskurve des glatten Ankers begrenzt und ändern ihre Größe, wenn der Anker relativ zum Polschuh umläuft. Die angenommene vereinfachte Verteilung der Induktionslinien kommt der Wirklichkeit ziemlich nahe, wenn wir s etwas kleiner annehmen als die wirkliche Breite des Nutenschlitzes.

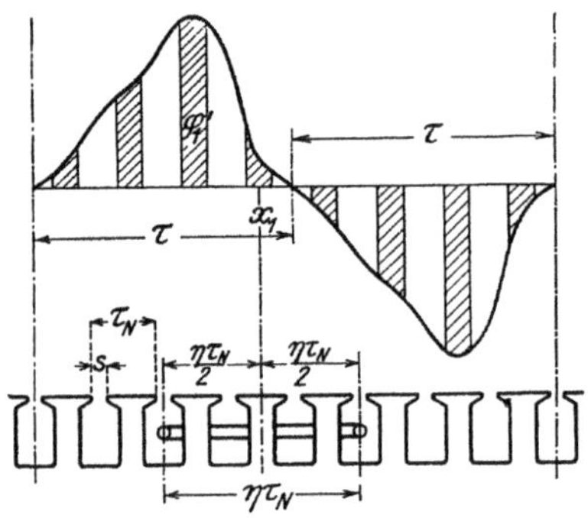

Abb. 348. Erläuterung zu Gl. 143.

Für eine Spule mit w Windungen und der Spulenweite

$$W = \eta\,\tau_N \quad \ldots\ldots\ldots \quad (142)$$

wollen wir die induzierte EMK bestimmen und sie mit der eines glatten Ankers vergleichen. Bezeichnen wir die Ankerlänge mit l und die veränderliche Abszisse der Spulenmitte mit x_1, so ist der Zahnfluß φ' des n-ten der innerhalb der Spule liegenden η Zähne (in Abb. 348 ist $\eta = 3$)

$$\varphi'_n = l \int\limits_{x_1 - \frac{\eta}{2}\tau_N + (n-1)\tau_N + \frac{s}{2}}^{x_1 - \frac{\eta}{2}\tau_N + n\tau_N - \frac{s}{2}} \sum_\nu f(x)\,dx \quad \ldots\ldots \quad (143)$$

und der mit der Spule jeweils verkettete Fluß

$$\varphi = \sum_{n=1}^{\eta} \varphi'_n . \quad \ldots\ldots\ldots \quad (144)$$

Die in der Spule induzierte EMK ist

$$e = -w\frac{d\varphi}{dt} = -wv\frac{d\varphi}{dx_1}, \quad \ldots\ldots \quad (145)$$

wenn sich der Anker mit der Geschwindigkeit v am Polschuh vorbei bewegt. Um die Übersichtlichkeit der weiteren Rechnung zu erhöhen, wollen wir zunächst nur die Sinusglieder der Funktion $f(x)$ in Gl. 116 berücksichtigen.

Aus Gl. 143 und 144 erhalten wir dann

$$\left.\begin{aligned}\frac{d\varphi}{dx_1} = l\sum_{\nu}\sum_{n=1}^{\eta} B'_\nu \Big[&\sin\frac{\nu\pi}{\tau}\left(x_1 - \frac{\eta}{2}\tau_N + n\tau_N - \frac{s}{2}\right)\\ &-\sin\frac{\nu\pi}{\tau}\left(x_1 - \frac{\eta}{2}\tau_N + (n-1)\tau_N + \frac{s}{2}\right)\Big].\end{aligned}\right\} \quad (146)$$

Um die Summation über die von der Spule umschlungenen η Zähne ausführen zu können, sondern wir die Kreisfunktionen $\sin\frac{\nu\pi}{\tau}n\tau_N$ und $\cos\frac{\nu\pi}{\tau}n\tau_N$ ab und erhalten

$$\left.\begin{aligned}\frac{d\varphi}{dx_1} = l\sum_{\nu}\sum_{n=1}^{\eta} B'_\nu \Big\{&\sin\frac{\nu\pi}{\tau}n\tau_N\Big[\cos\frac{\nu\pi}{\tau}\left(x_1 - \frac{\eta}{2}\tau_N - \frac{s}{2}\right)\\ &-\cos\frac{\nu\pi}{\tau}\left(x_1 - \frac{\eta}{2}\tau_N - \tau_N + \frac{s}{2}\right)\Big]\\ &+\cos\frac{\nu\pi}{\tau}n\tau_N\Big[\sin\frac{\nu\pi}{\tau}\left(x_1 - \frac{\eta}{2}\tau_N - \frac{s}{2}\right)\\ &-\sin\frac{\nu\pi}{\tau}\left(x_1 - \frac{\eta}{2}\tau_N - \tau_N + \frac{s}{2}\right)\Big]\Big\}.\end{aligned}\right\} \quad (147)$$

Nach Ausführung der Summation wird

$$\left.\begin{aligned}\frac{d\varphi}{dx_1} = l\sum_{\nu} B'_\nu \frac{\sin\frac{\nu\pi}{\tau}\frac{\eta}{2}\tau_N}{\sin\frac{\nu\pi}{\tau}\frac{\tau_N}{2}} \Big\{&\sin\frac{\nu\pi}{\tau}\frac{\eta+1}{2}\tau_N\Big[\cos\frac{\nu\pi}{\tau}\left(x_1 - \frac{\eta}{2}\tau_N - \frac{s}{2}\right)\\ &-\cos\frac{\nu\pi}{\tau}\left(x_1 - \frac{\eta}{2}\tau_N - \tau_N + \frac{s}{2}\right)\Big]\\ &+\cos\frac{\nu\pi}{\tau}\frac{\eta+1}{2}\tau_N\Big[\sin\frac{\nu\pi}{\tau}\left(x_1 - \frac{\eta}{2}\tau_N - \frac{s}{2}\right)\\ &-\sin\frac{\nu\pi}{\tau}\left(x_1 - \frac{\eta}{2}\tau_N - \tau_N + \frac{s}{2}\right)\Big]\Big\}.\end{aligned}\right\} \quad (148)$$

Wir zerlegen nun

$$\frac{\nu\pi}{\tau}\left(x_1 - \frac{\eta}{2}\tau_N - \frac{s}{2}\right) = \frac{\nu\pi}{\tau}\left(x_1 + \frac{\tau_N - s}{2}\right) - \frac{\nu\pi}{\tau}\frac{\eta+1}{2}\tau_N$$

und

$$\frac{\nu\pi}{\tau}\left(x_1 - \frac{\eta}{2}\tau_N - \tau_N + \frac{s}{2}\right) = \frac{\nu\pi}{\tau}\left(x_1 - \frac{\tau_N - s}{2}\right) - \frac{\nu\pi}{\tau}\,\frac{\eta+1}{2}\tau_N$$

und sondern aus Gl. 148 die Kreisfunktionen mit den Winkeln $\frac{\nu\pi}{\tau}\frac{\eta+1}{2}\tau_N$ ab. Es heben sich dann 4 Glieder weg, den Rest können wir zusammenfassen zu

$$\frac{d\varphi}{dx_1} = l\sum_\nu B'_\nu \frac{\sin\frac{\nu\pi}{\tau}\frac{\eta}{2}\tau_N}{\sin\frac{\nu\pi}{\tau}\frac{\tau_N}{2}}\left\{\sin\frac{\nu\pi}{\tau}\left(x_1 + \frac{\tau_N - s}{2}\right) - \sin\frac{\nu\pi}{\tau}\left(x_1 - \frac{\tau_N - s}{2}\right)\right\}$$

$$= 2l\sum_\nu B'_\nu \frac{\sin\frac{\nu\pi}{\tau}\frac{\tau_N - s}{2}}{\sin\frac{\nu\pi}{\tau}\frac{\tau_N}{2}}\sin\frac{\nu\pi}{\tau}\frac{\eta}{2}\tau_N\cdot\cos\frac{\nu\pi}{\tau}x_1 . \quad . \quad . \quad . \quad . \quad (149\,a)$$

Entsprechend erhalten wir für die Kosinusglieder von $f(x)$

$$\frac{d\varphi}{dx_1} = -2l\sum_\nu B''_\nu \frac{\sin\frac{\nu\pi}{\tau}\frac{\tau_N - s}{2}}{\sin\frac{\nu\pi}{\tau}\frac{\tau_N}{2}}\sin\frac{\nu\pi}{\tau}\frac{\eta}{2}\tau_N\cdot\sin\frac{\nu\pi}{\tau}x_1 \quad . \quad . \quad (149\,b)$$

Setzen wir nun, um die EMKe in einem Nutenanker und einem glatten Anker miteinander zu vergleichen,

$$x_1 = x + \frac{\tau}{2} \quad . \quad . \quad . \quad . \quad . \quad . \quad . \quad . \quad . \quad (150\,a)$$

(vgl. Abb. 338), und beachten Gl. 142 und 145, so erhalten wir die EMK der Spule eines Nutenankers zu

$$e = 2wvl\sum_{\nu=1}^{\infty}\left\{\left[B'_\nu\sin\nu\frac{x\pi}{\tau} + B''_\nu\cos\nu\frac{x\pi}{\tau}\right]\sin\nu\frac{\pi}{2}\right.$$

$$\left. - \left[B'_\nu\cos\nu\frac{x\pi}{\tau} - B''_\nu\sin\nu\frac{x\pi}{\tau}\right]\cos\nu\frac{\pi}{2}\right\}\sin\nu\frac{W}{\tau}\frac{\pi}{2}\cdot\frac{\sin\frac{\nu\pi}{\tau}\frac{\tau_N - s}{2}}{\sin\frac{\nu\pi}{\tau}\frac{\tau_N}{2}} . \quad (150)$$

Diese EMK unterscheidet sich von der im ungenuteten Anker induzierten EMK (Gl. 117) für jede Einzelwelle nur durch den Nutenfaktor

$$\zeta_\nu = \frac{\sin\frac{\nu\pi}{\tau}\frac{\tau_N - s}{2}}{\sin\frac{\nu\pi}{\tau}\frac{\tau_N}{2}} . \quad . \quad . \quad . \quad . \quad . \quad . \quad (151)$$

Wir erhalten also die EMK in der Wicklung eines Nutenankers, indem wir die Amplituden der Einzelwellen der EMK eines glatten Ankers mit dem Nutenfaktor multiplizieren. Für $s = 0$ wird $\zeta_\nu = 1$, d. h. bei sehr engem Nutenschlitz ist die EMK dieselbe wie beim glatten Anker, stimmt also bei einer Durchmesserspule mit der Verteilung der Normalkomponenten am Ankerumfang überein. Der Nutenfaktor ist unabhängig von der Spulenweite und bei der hier angenommenen vereinfachten Verteilung des Feldes im Luftspalt nur von der Zahnkopfbreite $\tau_N - s$ und der Nutteilung τ_N abhängig.

Um das Verhalten des Nutenfaktors näher zu untersuchen, setzen wir $\tau = \tau_N \frac{N}{2p}$ und schreiben zur Abkürzung

$$\frac{\tau_N}{\tau_N - s} = \varkappa \quad \ldots \ldots \ldots \ldots (152\text{a})$$

Es wird dann

$$\zeta_\nu = \frac{\sin \frac{\nu p}{\varkappa N} \pi}{\sin \frac{\nu p}{N} \pi} \quad \ldots \ldots \ldots (152)$$

Wenn

$$\nu = g \frac{N}{p}, \quad \ldots \ldots \ldots \ldots (153)$$

worin g eine beliebige ganze Zahl ist, wird der Nenner $\sin \frac{\nu p}{N} \pi = 0$. Der Nutenfaktor ζ_ν wird dann unendlich, wenn nicht zufällig auch der Zähler den Wert Null hat, in welchem Falle der Nutenfaktor $\frac{1}{\varkappa}$ wird. Für $\frac{N}{p} = 18$ und $\varkappa = 1{,}5$, $1{,}75$, 2 und 3 ist der Nutenfaktor als Funktion der Ordnungszahl ν in den Abb. 349a bis d aufgetragen. Darin sind zur Erhöhung der Anschaulichkeit die auf die positive Halbebene umgeklappten negativen Äste der Kurven durch gestrichelte Linien angedeutet.

Wenn der Nutenfaktor unendlich wird, nimmt die Amplitude der EMK doch nur endliche Werte an, weil dann der Faktor

$$\sin \nu \frac{W}{\tau} \frac{\pi}{2} = \sin \nu \frac{\pi}{\tau} \frac{\eta}{2} \tau_N = \sin g \eta \pi \quad \ldots (153\text{a})$$

in Gl. 150 ebenfalls Null, die Amplitude der Welle also wieder endlich, und zwar bei einer Durchmesserwicklung gleich 1 ist. Deshalb treten auch in der Kurve der EMK eines genuteten Ankers nicht die Oberwellen besonders hervor, deren Ordnungszahlen der Gl. 153

genügen, sondern diejenigen Oberwellen, deren Ordnungszahlen in unmittelbarer Nähe liegen. Für

$$\frac{N}{p} = \text{ganz und gerade}, \quad \ldots \ldots \quad (154\,\text{a})$$

wie es bei den Ganzlochwicklungen immer der Fall ist, müßten also die Amplituden der Wellen mit den Ordnungszahlen

$$\nu = \frac{N}{p} \pm 1, \quad 2\frac{N}{p} \pm 1, \quad 3\frac{N}{p} \pm 1 \text{ usw.} \quad \ldots \ldots \quad (154)$$

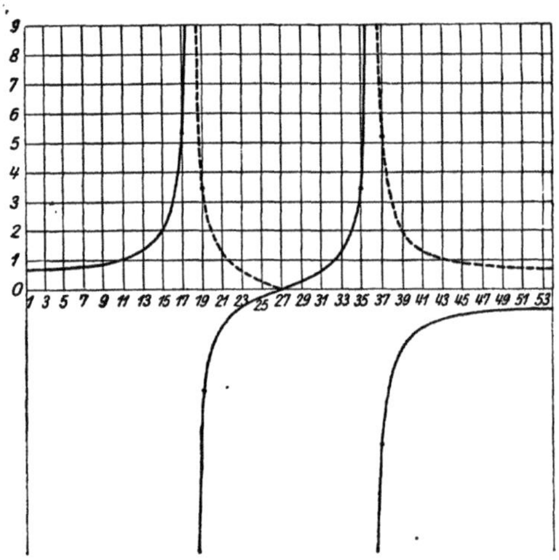

Abb. 349a. $\varkappa = 1{,}5$.

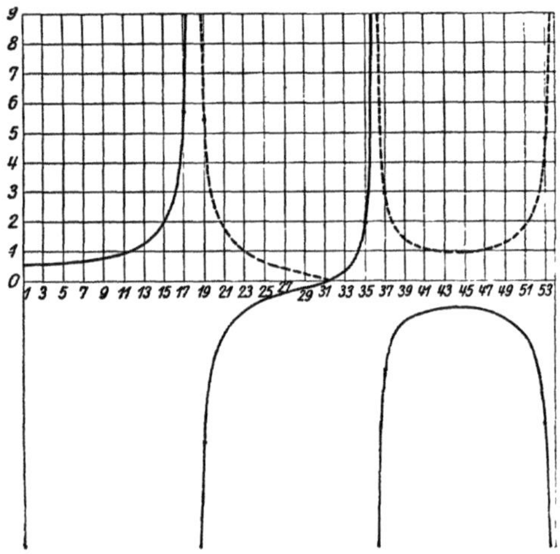

Abb. 349b. $\varkappa = 1{,}75$.

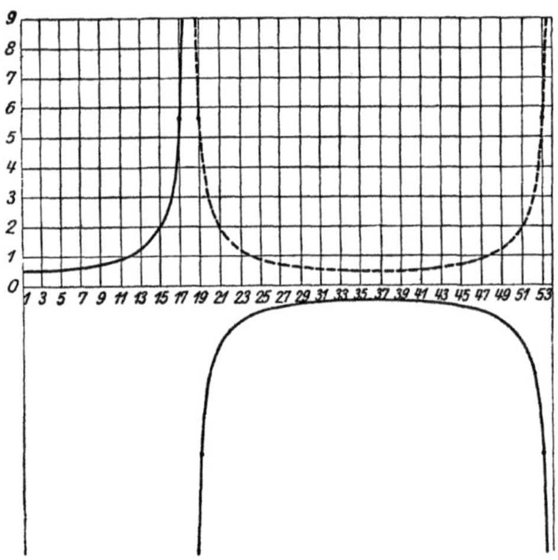

Abb. 349c. $\varkappa = 2$.

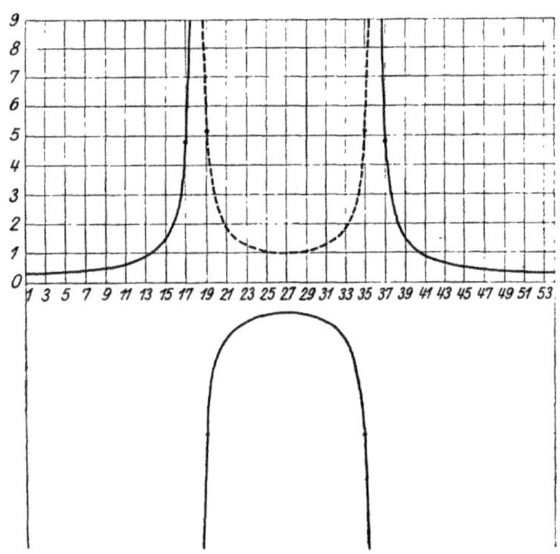

Abb. 349d. $\varkappa = 3$.

Abb. 349a bis d. Nutenfaktoren als Funktion der Ordnungszahl ν für $\frac{N}{p} = 18$.

besonders stark ausgeprägt sein. Zur Abkürzung wollen wir diese durch die Nutung des Ankers hervorgerufenen Wellen als Oberwellen erster, zweiter, dritter usw. Art bezeichnen. Da nun aber die Oberwellen in der Kurve der Induktion eines glatten Ankers gewöhnlich sehr schnell mit der Ordnungszahl abnehmen und bei Reihenschaltung mehrerer Spulen kleine Unsymmetrien in der Anordnung der Pole die Oberwellen höherer Art teilweise auslöschen, werden sich die Wellen der Ordnung

$$\nu = \frac{N}{p} \pm 1 \quad \text{. . . . . (155)}$$

(Oberwellen erster Art) in der EMK einer Ganzlochwicklung am meisten ausprägen, während die Oberwellen höherer als zweiter Art nicht wesentlich hervortreten. Den größten Nutenfaktor werden wir also für die Ordnungszahl nach Gl. 155 zu erwarten haben.

Der absolute Betrag des Verhältnisses dieses Nutenfaktors zum Nutenfaktor der Grundwelle ist nach Gl. 151 u. 155

$$\left|\frac{\zeta_\nu}{\zeta_1}\right|_{max} = \left|\frac{\sin\left(\frac{1}{\varkappa} \pm \frac{p}{\varkappa N}\right)\pi}{\sin\frac{p}{\varkappa N}\pi}\right| \quad \text{. . . . . (156)}$$

Da $\frac{N}{p}$ immer eine ziemlich große Zahl ($N \gg p$) und $\varkappa$ immer größer als 1 ist, dürfen wir schreiben

$$\left|\frac{\zeta_\nu}{\zeta_1}\right|_{max} \approx \frac{N\varkappa}{p\,\pi}\sin\frac{\pi}{\varkappa}. \quad \text{. . . . . . . (156 a)}$$

Die Oberwellen in der Kurve der EMK erscheinen hiernach um so mehr gegenüber der Kurve des glatten Ankers verstärkt, je größer die Nutenzahl einer Polteilung ist. Daraus darf man aber nicht schließen, daß die Amplitude der Oberwelle der EMK mit der Nutenzahl zunehmen muß; denn die Amplituden der Oberwellen der Induktion nehmen gewöhnlich mit der Ordnungszahl schneller ab als das Verhältnis der Nutenfaktoren zunimmt, und auch der Faktor $\varkappa$, oder vielmehr der „Cartersche Faktor“, den wir eigentlich an Stelle von $\varkappa$ einführen müßten, nimmt mit wachsendem $\frac{N}{p}$ schnell ab.

Die größten Amplituden der Oberwellen wachsen mit $\varkappa$ und das Verhältnis der Nutenfaktoren nähert sich bei den Ganzlochwicklungen für große Werte von $\varkappa$ dem Grenzwert

$$\left|\frac{\zeta_\nu}{\zeta_1}\right|_{max} = \frac{N}{p} \mp 1. \quad \text{. . . . . . . (156 b)}$$

Für $\frac{N}{p} = 18$ ist das Verhältnis der Nutenfaktoren als Funktion von $\varkappa$ in Abb. 350 aufgetragen.

Die hier abgeleiteten Formeln für den Nutenfaktor geben nur eine Erklärung für das Hervortreten gewisser Einzelwellen der EMK des Nutenankers, gestatten aber nicht, den Nutenfaktor zahlenmäßig zu berechnen, weil die angenommene Verteilung der Induktion von dem wirklichen Verlauf wesentlich abweicht. In unsrer Formel kommt auch nicht der Einfluß des Luftspaltes zwischen Polschuh und Ankerzähnen vor. Eine Vergrößerung des Luftspaltes wird sich ähnlich wie eine Verengung des Nutenschlitzes äußern, so daß man die Größe $\varkappa$ in unserer Rechnung etwa proportional dem Faktor setzen darf, der das Verhältnis zwischen größter und mittlerer Induktion unter Polschuhmitte angibt und als „Carterscher Faktor“ bei der Berechnung der Magnetisierungskurve elektrischer Maschinen allgemein Verwendung findet. Aber auch wenn man für $\varkappa$ den Carterschen Faktor einführt, werden die Vorgänge beim Nutenanker nicht genau durch den Nutenfaktor wiedergegeben, weil für die in der EMK besonders ausgeprägten Oberwellen die Periode der Induktionswellen gleich oder kleiner als die Nutteilung ist. Darauf ist es auch zurückzuführen, daß diese Oberwellen in der EMK gewöhnlich noch weit stärker hervortreten, als der Nutenfaktor erwarten läßt. Die genaue Berechnung des Nutenfaktors hat nur geringe praktische Bedeutung, weil die entsprechenden Wellen der Induktionskurve des glatten Ankers gewöhnlich nicht bekannt sind und auch nicht berechnet werden können.

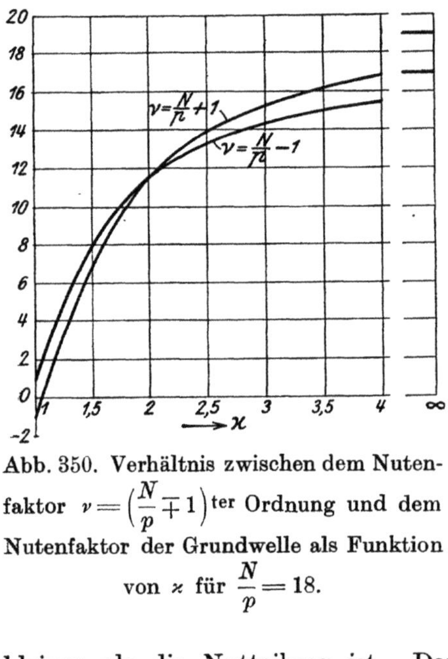

Abb. 350. Verhältnis zwischen dem Nutenfaktor $\nu = \left(\frac{N}{p} \mp 1\right)^{\text{ter}}$ Ordnung und dem Nutenfaktor der Grundwelle als Funktion von $\varkappa$ für $\frac{N}{p} = 18$.

B. Unterdrückung der Oberwellen der Nutung. Zur Unterdrückung der Oberwellen, die durch die Nutung des Ankers in der Kurve der EMK auftreten, haben sich eine Reihe von Maßnahmen als wirksam erwiesen, die hier kurz besprochen werden sollen.

Wenn die Bleche des Ankers so aufgeschichtet werden, daß

die **Flanken der Ankerzähne** nicht axial verlaufen, sondern eine sehr steile **Schraubenfläche** bilden, deren Steigung gleich dem Verhältnis l/τ_N aus Ankerlänge und Nutteilung ist (vgl. Abb. 351a und b), so ist die in einer Ankerspule induzierte EMK gleich dem Mittelwert der nach Gl. 150 berechneten EMK über eine Nutteilung:

$$e_m = \int_{x-\frac{\tau_N}{2}}^{x+\frac{\tau_N}{2}} e\,dx. \quad \ldots \ldots \ldots \quad (157)$$

Bei dieser Mittelwertsbildung fallen die durch die Nutung hervorgerufenen Oberwellen im wesentlichen heraus, da deren Periode un-

a

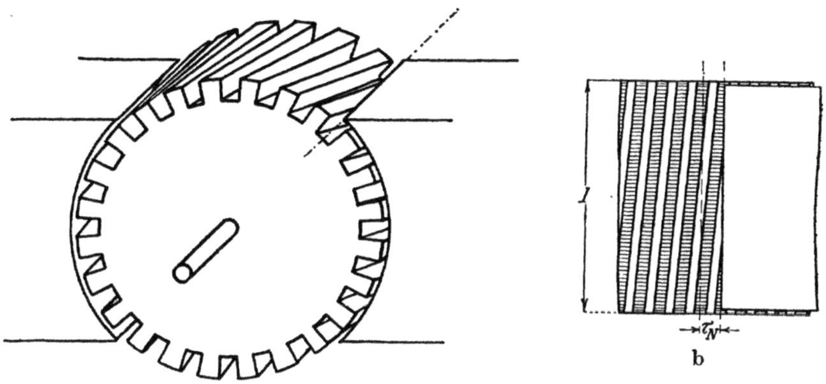

b

Abb. 351a u. b. Anker mit schräg gestellten Zahnflanken zur Unterdrückung der Oberwellen der Nutung. a) perspektivische Ansicht, b) Abwicklung des Ankermantels und Polschuhs.

a

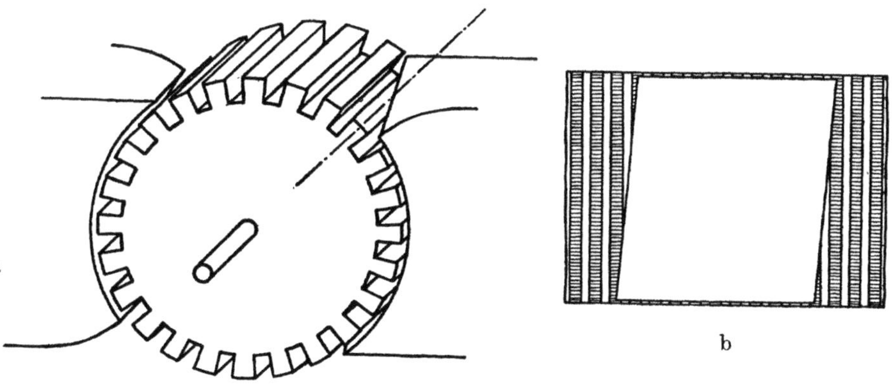

b

Abb. 352a u. b. Anker mit axialen Zahnflanken, aber schrägen Polschuhkanten. a) perspektivische Ansicht, b) Abwicklung des Ankermantels und Polschuhs.

gefähr gleich einer Nutteilung oder einem Bruchteil davon ist. Der Nutenanker verhält sich dann hinsichtlich der Kurvenform der EMK im wesentlichen wie ein glatter Anker.

Bei axial gerichteten Zahnflanken können die Polschuhkanten so abgeschrägt werden (Abb. 352a), daß die Enden einer Polschuhkante um eine Nutteilung in Richtung des Ankerumfangs auseinander liegen und die auf den Ankermantel projizierte Polschuhfläche in der Abwicklung ein Parallelogramm darstellt (Abb. 352b). Die Polschuhe können auch senkrecht zur Ankerachse lamelliert und die einzelnen Lamellen am Ankerumfang versetzt werden (Abb. 353), so daß auch hier die Mittelwertsbildung der EMK, ähnlich wie bei der Schrägstellung der Zahnflanken oder Polschuhkanten zustande kommt.

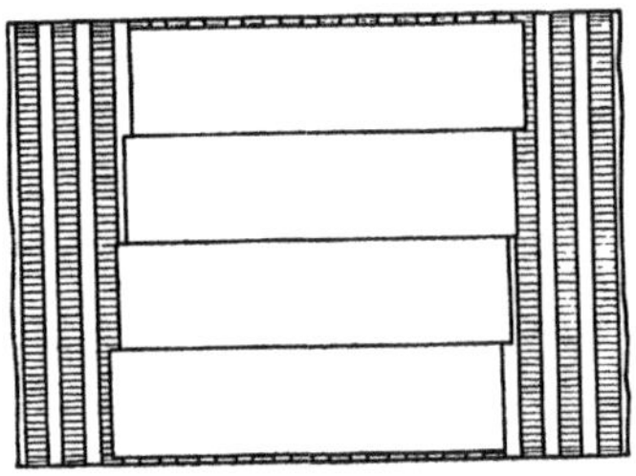

Abb. 353. Polschuh, bestehend aus 4 gegeneinander versetzten Lamellen zur Unterdrückung der Oberwellen der Nutung.

Ähnlich wie die Schrägstellung der Zahnflanken oder Polschuhkanten wirkt auch eine gegenseitige Verschiebung der Polschuhe am Ankerumfang. Wenn man die Polschuhe der positiven Pole um $^1/_4$ Nutteilungen in der einen Richtung des Ankerumfangs und die Polschuhe der negativen Pole um denselben Betrag in der entgegen-

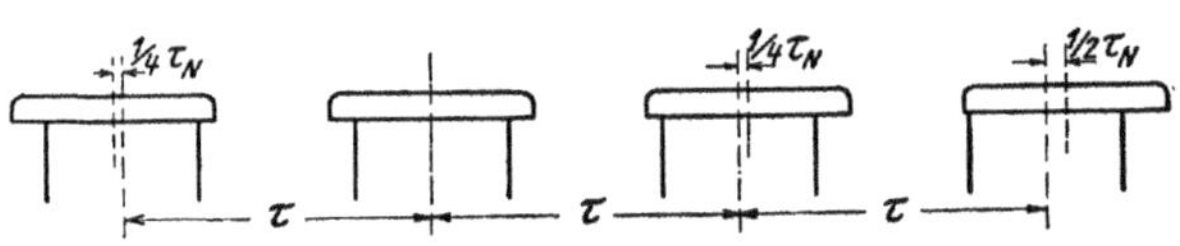

Abb. 354. Versetzung der Polschuhe gegen die Polkerne zur Unterdrückung der Oberwellen der Nutung.

gesetzten Richtung aus der Polpaarteilung verschiebt, so sind die Phasen der in den Spulenseiten einer Mantelspule induzierten EMKe für die Oberwellen, deren Ordnungszahlen in der Nähe von $\nu = N/p$, $3\,N/p$ usw. liegen, in der Phase um etwa 180^0 verschoben, für die Oberwellen, deren Ordnungszahlen in der Nähe von $\nu = 2\,N/p$, $4\,N/p$ usw. liegen, dagegen in Phase. Die Oberwellen erster Art $\left(\nu = \frac{N}{p} \pm 1\right)$ werden also im wesentlichen unterdrückt, nicht aber die Oberwellen zweiter Art $\left(\nu = 2\,\frac{N}{p} \pm 1\right)$. Die Oberwellen höherer Art sind gewöhnlich so klein, daß sie vernachlässigt werden können.

Wenn die Spulengruppen unter den einzelnen Polen in Reihe geschaltet sind, kann sich die Verschiebung der Polschuhe aus der Polteilung auf alle Pole gleichmäßig erstrecken, so daß die in den einzelnen Spulenseiten induzierten EMKe um etwa $^1/_{2p}$ Perioden der Oberwellen erster Art verschoben sind, wobei sich dann, wenn $p > 2$, auch die Oberwellen zweiter und höherer Art unterdrücken lassen. Für eine vierpolige Maschine ist die Lage der Polschuhe zu den Polen in Abb. 354 dargestellt.

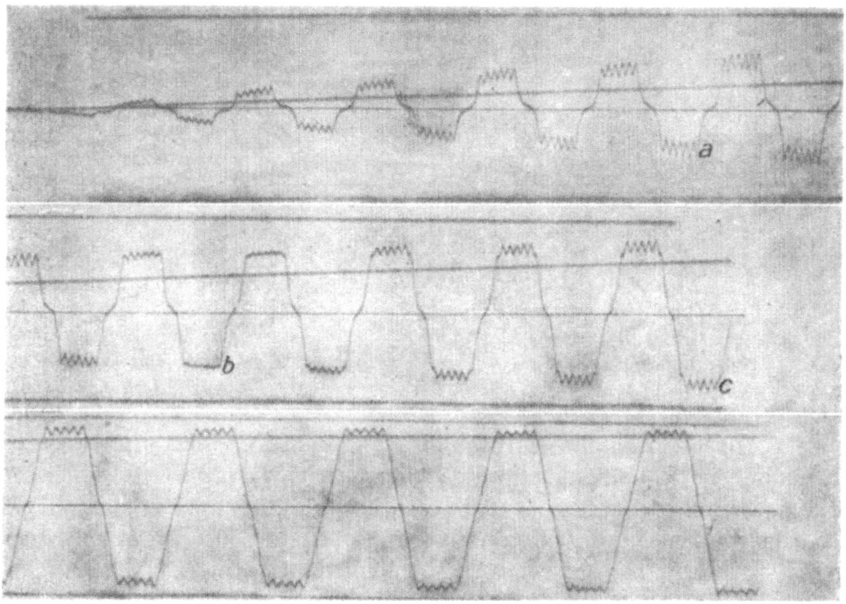

Abb. 355. Spannungskurve einer Durchmesserspule bei stetig wachsendem Erregerstrom. Ankernutung nach Abb. 357b; $N = 36$, $s = 11$ mm, $\delta = 2{,}3$ mm.

Ein sehr wirksames Mittel zur Unterdrückung der Oberwellen der Nutung sind die Bruchlochwicklungen. Bei diesen Wicklungen ist das Verhältnis zwischen Nutenzahl und Produkt aus Polzahl und Strangzahl gebrochen, so daß die unter verschiedenen Polen liegenden Spulenseiten um Phasenwinkel verschoben sind, die immer Bruchteilen einer Nutteilung entsprechen. Die in den einzelnen Spulenseiten der Wicklung induzierten EMKe der Oberwellen der Nutung sind deshalb in der Phase gegeneinander verschoben und werden mehr oder weniger vollkommen unterdrückt. Die verschiedenen Arten der Bruchlochwicklungen sind in den Abschnitten 29 und 30 behandelt, dort ist auch untersucht, in welchem Grade die einzelnen

Wicklungen die Oberwellen der Nutung unterdrücken. Im nächsten Unterabschnitt soll auch die Wirksamkeit der Bruchlochwicklung, ebenso wie die Schrägstellung der Zahnflanken bei Ganzlochwicklungen, durch Oszillogramme der EMK gezeigt werden.

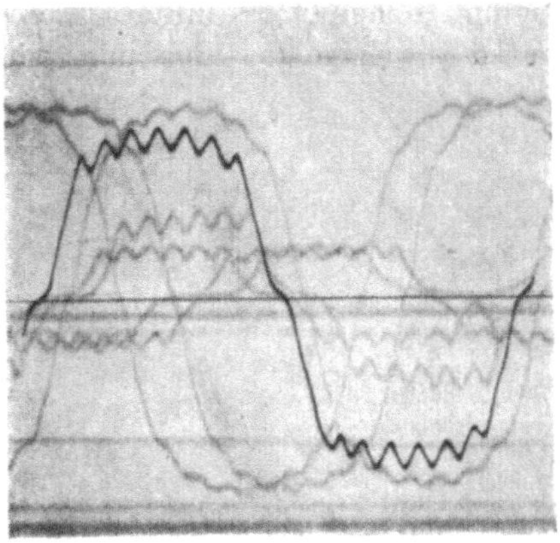

Abb. 356 a. Spannungskurve einer Durchmesserspule im Grunde der Nut. Ankernutung nach Abb. 357 b; $N = 36$, $s = 11$ mm, $\delta = 2{,}3$ mm.

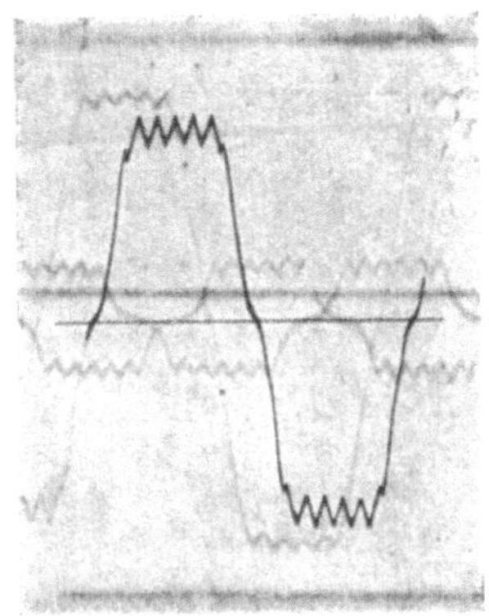

Abb. 356 b. Spannungskurve einer Durchmesserspule in der Mitte der Nut. $N = 36$, $s = 11$ mm, $\delta = 2{,}3$ mm.

C. Oszillogramme. Wir wollen in diesem Abschnitt die Kurvenform der in Ankerspulen und Wirkungsteilen induzierten EMKe an einigen Oszillogrammen näher betrachten, die alle an einer vierpoligen Gleichstrommaschine (Ankerdurchmesser 210 mm), aber mit Ankern verschiedener Nutung aufgenommen sind. Die Form der Polschuhe und den Blechschnitt des Ankers zeigen die Abb. 363 d und 364 e. Bei einigen Aufnahmen waren zwischen den Hauptpolen auch noch Wendepole angeordnet.

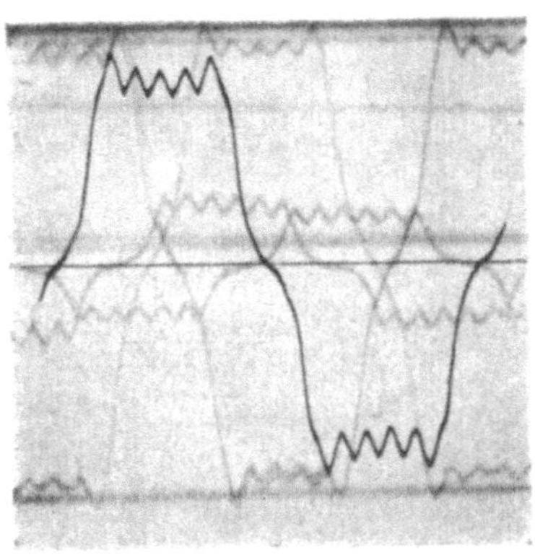

Abb. 356 c. Spannungskurve einer Durchmesserspule an d. Nutöffnung. $N = 36$, $s = 11$ mm, $\delta = 2{,}3$ mm.

In Abb. 355 ist der **Einfluß der Erregung** der Feldmagnete auf die von der Nutung des Ankers hervorgerufenen Oberwellen in der EMK dargestellt. Der Anker hat 36 Nuten mit den Abmessungen wie in Abb. 357 b. Die Kurven wurden an einer Durchmesserspule mit drei Windungen aufgenommen, von denen die erste am Grunde, die zweite in der Mitte der Nut und die dritte in der Nähe der Nutöffnung lag, während die Erregung der Maschine von Null bis etwa 4 Amp. stetig geändert wurde. Gleichzeitig mit der Spannung wurde der Erregerstrom aufgenommen. Die äußern parallel zur Abszissenachse laufenden Grenzlinien stellen die Eichlinien für den Erregerstrom ($\pm$ 4,5 Amp.) dar. Wir entnehmen der Abb. 355, daß das Verhältnis zwischen Amplitude der Oberwelle und Amplitude der Grundwelle anfangs mit der Erregung zunimmt, bei *a* etwa ein Maximum hat, dann kleiner wird mit einem Minimum etwa bei *b*, hierauf wieder zunimmt mit einem Maximum etwa bei *c* und bei noch stärkerer Erregung nochmals abnimmt. Es ist deshalb notwendig, bei der Aufnahme von Oszillogrammen der EMK die jeweils in Frage kommende Erregung genau einzustellen. Der mehrfache Wechsel im Einfluß einer zunehmenden Erregung wäre, wenn die im Abschnitt A behandelte Theorie der Nutenschwingung die Vorgänge vollständig wiedergibt, dadurch zu erklären, daß die Größe der Oberwelle in der Kurve der Induktion mit zunehmender Erregung in entsprechender Weise wechselt.

Die Kurvenform der induzierten EMK ist auch von der Lage der Spulenseiten innerhalb der Nut abhängig. In Abb. 356a bis c sind Oszillogramme unter den gleichen Verhältnissen wie in Abb. 355 dargestellt, jedoch liegt die Spule bei Abb. 356a im Grunde der Nut, bei Abb. 356b in der Mitte der Nut und bei Abb. 356c an der Nutöffnung. Die besonders hervorgehobenen Kurven gelten für einen Erregerstrom von etwa 2,4 Amp., die matteren Kurven gelten für kleinere und größere Erregerströme und lassen den Einfluß der Eisensättigung erkennen. Die Lage der Spule in der Nut äußert sich darin, daß bei starker Erregung (hohe Zahnsättigung) der obere Teil der Kurve bei einer Spule im Nutengrunde konkav, bei einer Spule an der Nutöffnung konvex gegen die Abszissenachse im Vergleich zur Kurve der Spule in der Nutmitte ist (vgl. auch Abb. 362a u. b).

Die Oszillogramme in Abb. 357 bis 361 stellen den Einfluß des Luftspalts und des Nutenschlitzes auf die Oberwellen in der EMK einer Durchmesserspule dar. In allen Fällen hatte der Anker 36 Nuten; die Form der Nuten ist neben den Oszillogrammen, die Größe des Luftspalts δ, des Nutenschlitzes s, sowie des Carterschen Faktors $\varkappa$ sind unter den einzelnen Oszillogrammen angegeben. Da das Verhältnis zwischen den Amplituden der Oberwelle und der Grundwelle von der Erregung abhängig ist, sind für jede Ankernutung die Kurven der EMK bei mehreren Erregungen aufgezeichnet, die so gewählt sind, daß sie die Kurven mit den jeweils größten und kleinsten Oberwellen enthalten. Durch Ver-

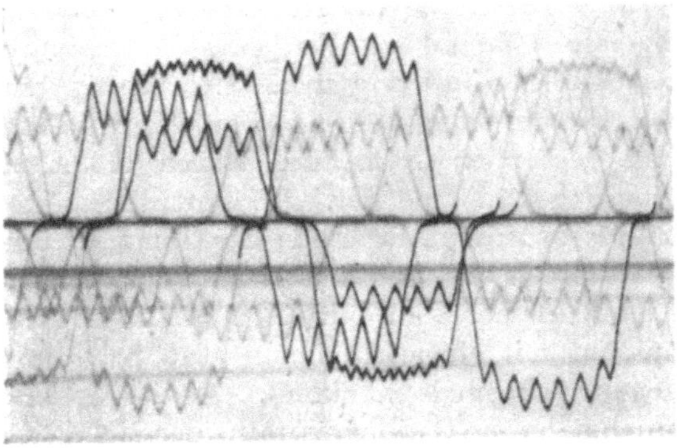

Abb. 357a.

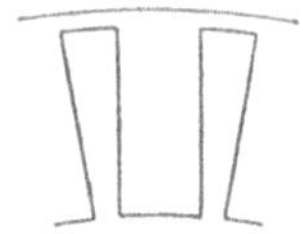

Abb. 357 b.

Abb. 357a. Spannungskurve einer Durchmesserspule bei verschiedenen Erregungen. Ankernutung nach Abb. 357b; $N = 36$, $s = 11$ mm, $\delta = 2{,}3$ mm, $\varkappa = 1{,}5$.

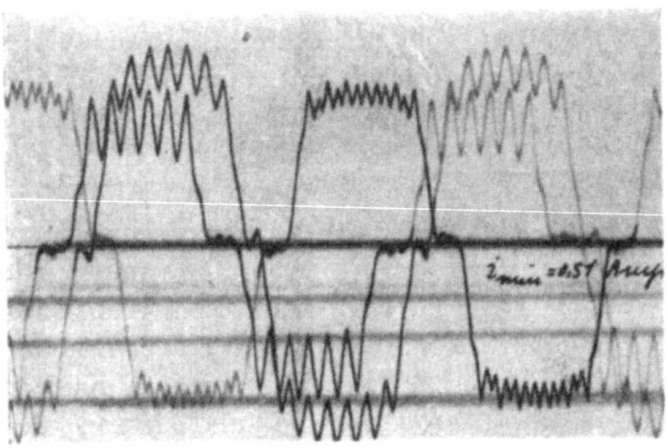

Abb. 358a.

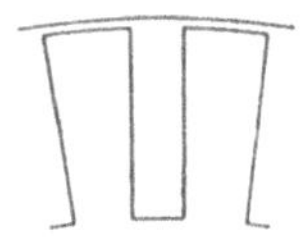

Abb. 358b.

Abb. 358a. Spannungskurve einer Durchmesserspule bei verschiedenen Erregungen. Ankernutung nach Abb. 358b; $N = 36$, $s = 11$ mm, $\delta = 0{,}9$ mm, $\varkappa = 1{,}8$.

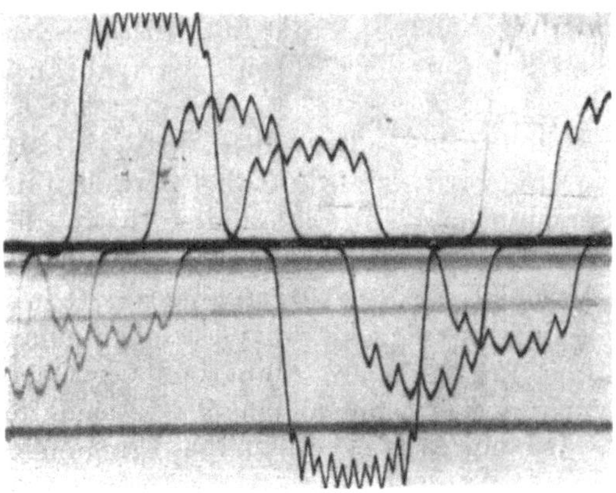

Abb. 359a.

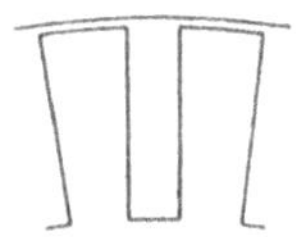

Abb. 359b.

Abb. 359a. Spannungskurve einer Durchmesserspule bei verschiedenen Erregungen. Ankernutung nach Abb. 359b; $N = 36$, $s = 7$ mm, $\delta = 0{,}9$ mm, $\varkappa = 1{,}3$.

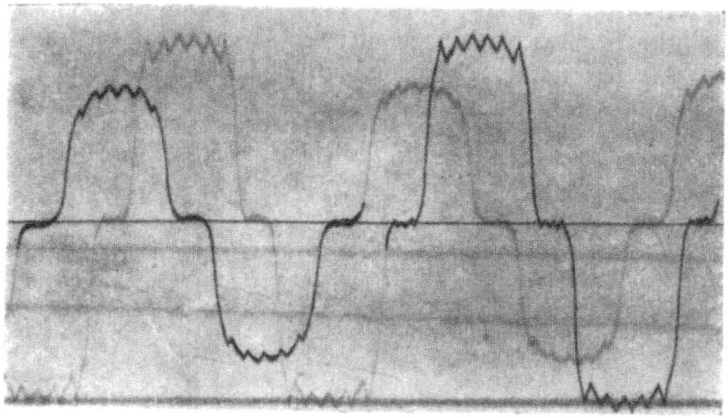

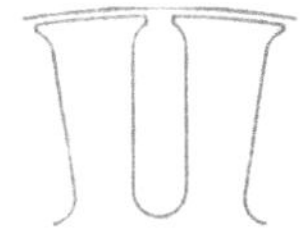

Abb. 360 c.

Abb. 360 a u. b. Ankernutung nach Abb. 360 c; $N = 36$, $s = 3{,}5$ mm, $\delta = 0{,}9$ mm, $\varkappa = 1{,}1$.

Abb. 360 a.

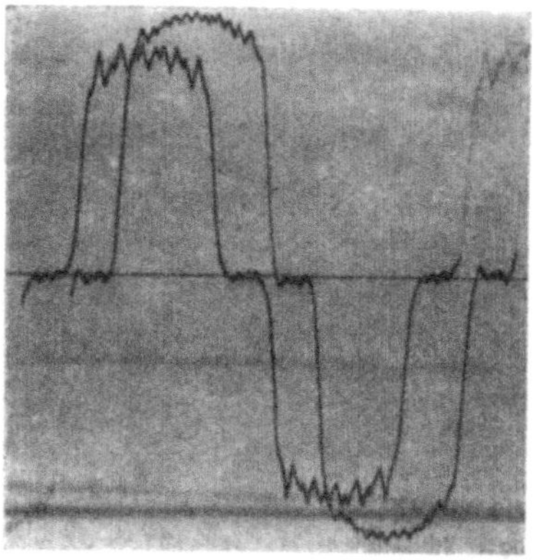

Abb. 360 b.

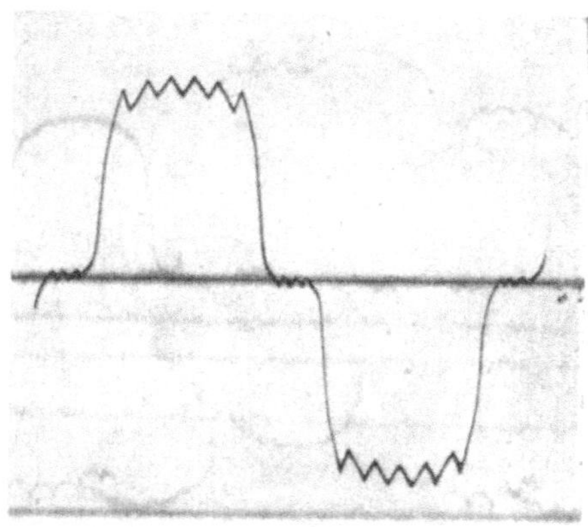

Abb. 361 a.

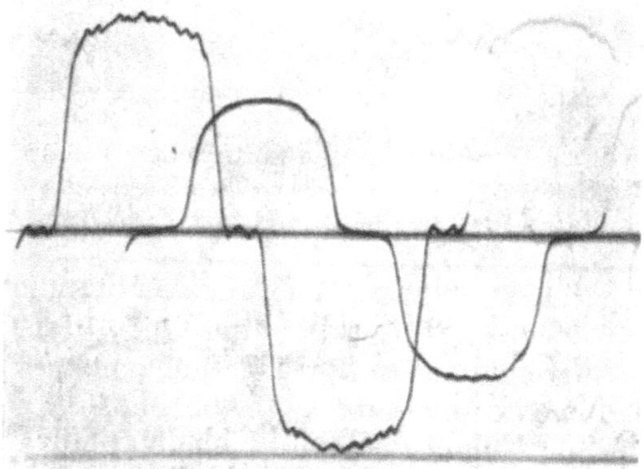

Abb. 361 b.

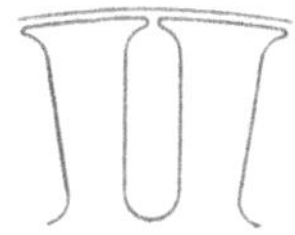

Abb. 361 c.

Abb. 361 a u. b. Spannungskurve einer Durchmesserspule bei verschiedenen Erregungen. Ankernutung nach Abb. 361 c; $N = 36$, $s = 1$ mm, $\delta = 0{,}9$ mm, $\varkappa = 1{,}005$.

gleich der Oszillogramme in Abb. 357a und 358a erkennen wir den Einfluß des Luftspalts δ, durch Vergleich der Oszillogramme in Abb. 358a bis Abb. 361a u. b den Einfluß der Schlitzbreite s. Die Oberwellen der Nutung sind um so stärker ausgeprägt, je größer der Cartersche Faktor ist.

a

b

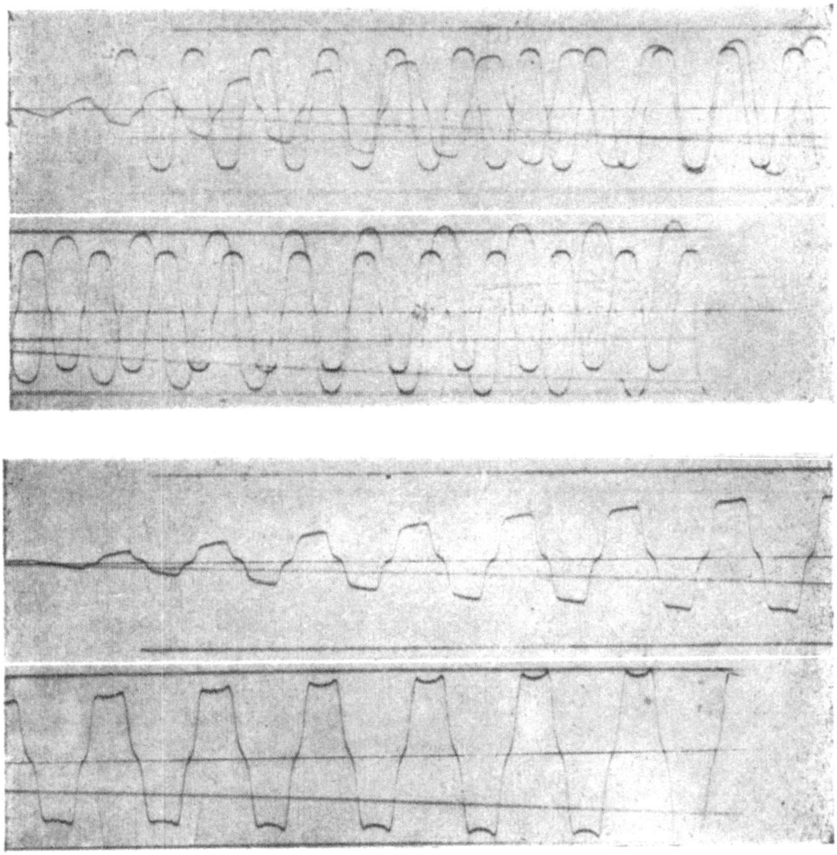

Abb. 362a u. b. Spannungskurve einer Durchmesserspule im Grunde (a) u. an der Nutöffnung (b) bei wachsender Erregung. Anker mit schrägen Zahnflanken (vgl. Abb. 351a u. b); Nutung nach Abb. 357b; $N = \mathbf{36}$, $s = 11$ mm, $\delta = 2{,}3$ mm.

In Abb. 362a und b sind Oszillogramme der EMK einer Durchmesserspule dargestellt, die in einem Anker mit schrägen Zahnflanken liegt. Die Neigung der Zahnflanke zur Polschuhkante ist gleich dem Verhältnis aus Nutteilung zu Ankerlänge (vgl. Abb. 351a u. b). Abb. 362a gilt für eine Spule im Grunde der Nut, Abb. 362b für eine solche in der Nähe der Nutöffnung. Die Ankerbleche waren ebenso genutet wie bei den Oszillogrammen in Abb. 355, 356a bis c und 357a, auch der Luftspalt war etwa derselbe. Deshalb erkennen wir den Einfluß der Schrägstellung der Zahnflanken gegen die Polschuhkante durch Vergleich der Oszillogramme in Abb. 362a und b mit jenen in Abb. 355, 356a bis c und 357a, der sich darin äußert, daß durch Schrägstellen der Zahnflanken die Oberwellen im wesentlichen ausgelöscht werden.

Um die Richtigkeit der Überlegungen zu zeigen, die wir bei Behandlung der Bruchlochwicklungen über die Unterdrückung der durch die Nutung des Ankers hervorgerufenen Oberwellen in der EMK angestellt haben, sind die Oszillogramme in Abb. 363a bis c aufgenommen worden. Es wurde hierbei ein Anker mit 39 offenen Nuten (vgl. Abb. 363d u. e), für den eine Bruchlochwicklung mit mehreren unbewickelten Nuten nach Abschnitt 30B und C ausführbar ist, verwendet; der Luftspalt betrug etwa $\delta = 0{,}8$ mm. Alle drei Oszillogramme wurden bei demselben Erregerstrom, 4,0 Amp., aufgenommen. Abb. 363a stellt die in einer Ringspule induzierte EMK dar (Spule 1 in Abb. 363d). Die Kurve ist etwas unsymmetrisch, weil ein Teil des Ankerflusses durch die Welle fließt und von der Ringspule nicht mehr umfaßt wird. Abb. 363b stellt die in einer Mantelspule induzierte EMK dar, deren Spulenweite $\eta = 9$ Nutteilungen beträgt (Spule 2 in Abb. 363d). Aus dem Nutenstern erhält man die Einzelspannungen, die für die Oberwellen erster Art $\left(\nu \approx \frac{N}{p}\right)$ in der Phase um etwa 90^0, für die Oberwellen zweiter Art $\left(\nu \approx 2\frac{N}{p}\right)$ um etwa 180^0 verschoben sind. In der Mantelspule werden also die Oberwellen zweiter Art im wesentlichen ausgelöscht; die Oberwellen erster Art werden etwa auf $\frac{1}{2}\sqrt{2} = 0{,}707$ verringert. Die Oszillogramme bestätigen diese Überlegung. Für eine Mantelspule mit dem Nutenschritt $\eta = 10$ (Spule 3 in Abb. 363d) erhält man im wesentlichen dieselbe Spannungskurve wie in Abb. 363b, was auch nach dem Nutenstern zu erwarten ist. Schaltet man nun die Mantelspulen 2 und 3 in Abb. 363d in Reihe, so sind nach dem Nutenstern die 4 Einzelspannungen der Spulenseiten für die Oberwellen erster Art um je 90^0 in der Phase verschoben, und es muß die Resultierende dieser Oberwellen in der gesamten EMK der beiden Spulen annähernd Null sein: Das Oszillogramm Abb. 363c zeigt eine fast vollständig glatte Kurve.

Um die Unterdrückung der Oberwellen in einer Bruchlochwicklung zu zeigen, bei der alle Nuten bewickelt sind und deren Nutenzahl und Polpaarzahl den gemeinsamen Teiler 2 haben (Abschnitt 29 C), wurde ein Anker mit 18 Nuten verwendet, dessen Nutung in Abb. 364f angegeben ist. Im Oszillogramm Abb. 364a ist die in einer Ringspule induzierte EMK dargestellt. Die Nullinie ist hier nicht gezeichnet; die matte Wellenlinie gibt (in doppeltem Maßstab) die EMK an, die der durch einen der drei an der Welle anliegenden Blechstege (Spule 2 in Abb. 364e) fließende Induktionsfluß induziert. Abb. 364b stellt das Oszillogramm einer Mantelspule mit dem Nutenschritt $\eta = 5$ dar. Nach

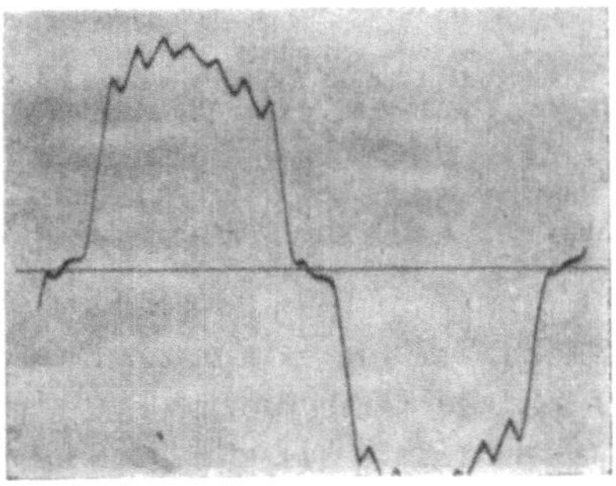

Abb. 363a. Spannung an der Ringspule 1 in Abb. 363d.

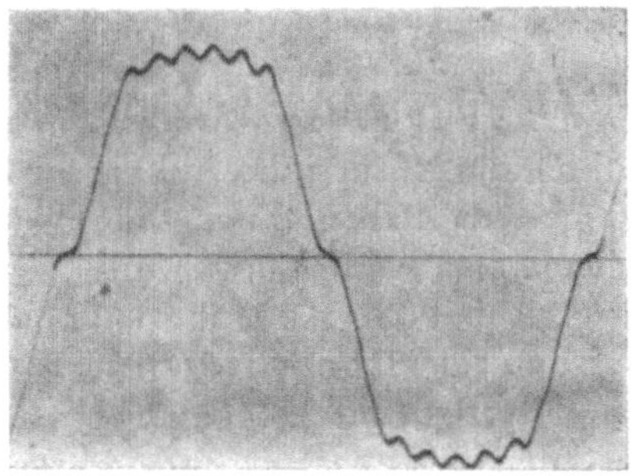

Abb. 363b. Spannung an der Mantelspule 2 (oder 3) in Abb. 363d.

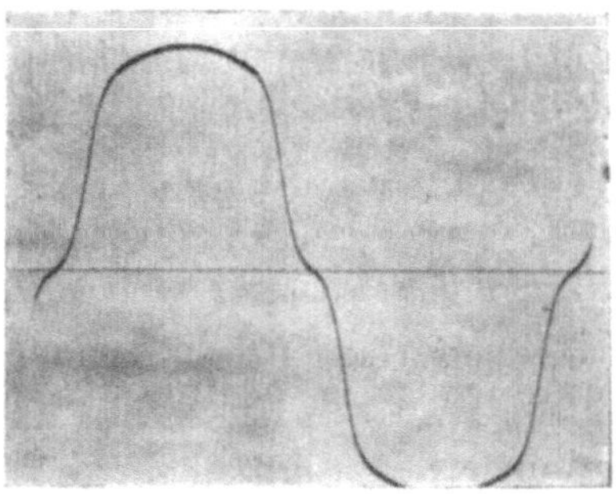

Abb. 363c. Spannung an den in Reihe geschalteten Mantelspulen 2 und 3 in Abb. 363d.

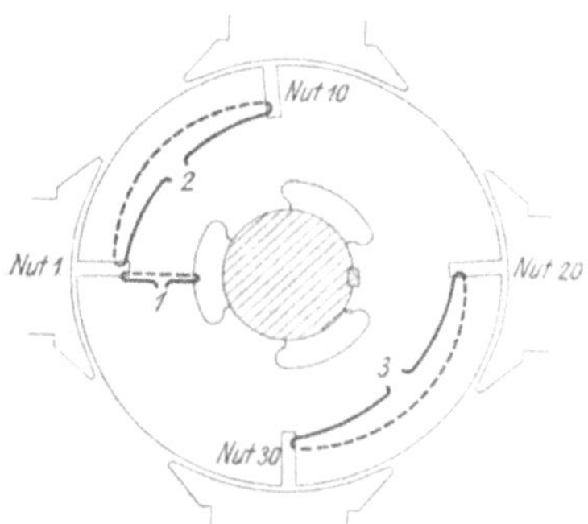

Abb. 363d. Bezeichnung der Spulen zu den Oszillogrammen Abb. 363a bis c.

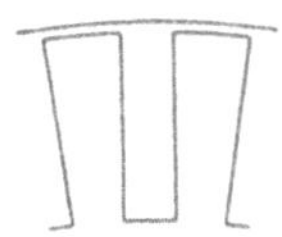

Abb. 363e. Nutung des Ankers zu den Oszillogrammen Abb. 363a bis c; $N = 39$, $s = 7$ mm, $\delta = 0{,}8$ mm.

dem Nutenstern, der für diesen Anker in Abb. 213a dargestellt ist, sind die Einzelspannungen der Spulenseiten für die Oberwellen erster Art um etwa 180^0 verschoben, werden also im wesentlichen unter-

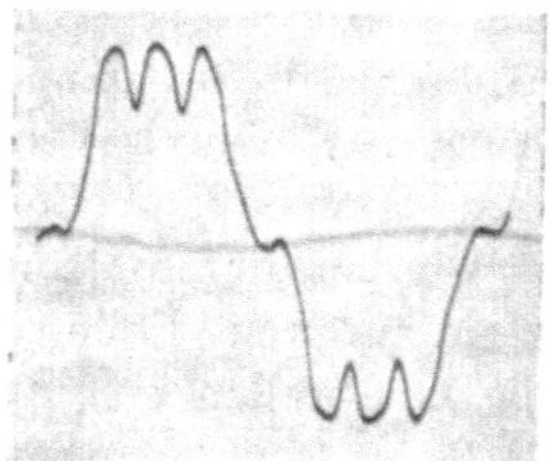

Abb. 364a. Spannung an der Ringspule 1 (schwarze Kurve) und der Stegspule 2 (matte Kurve im doppelten Maßstab) in Abb. 364e.

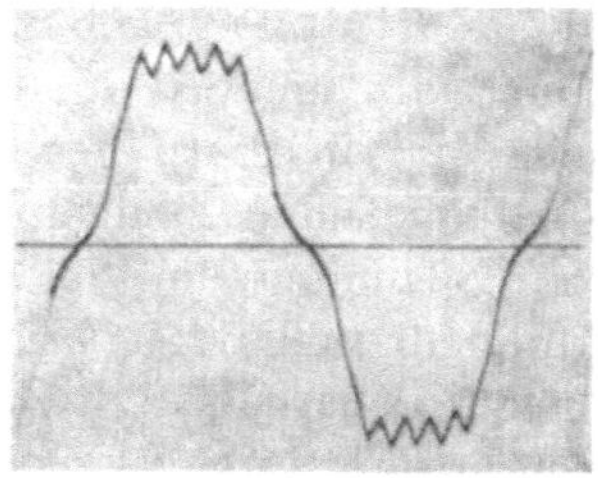

Abb. 364b. Spannung an der Mantelspule 3 in Abb. 364e.

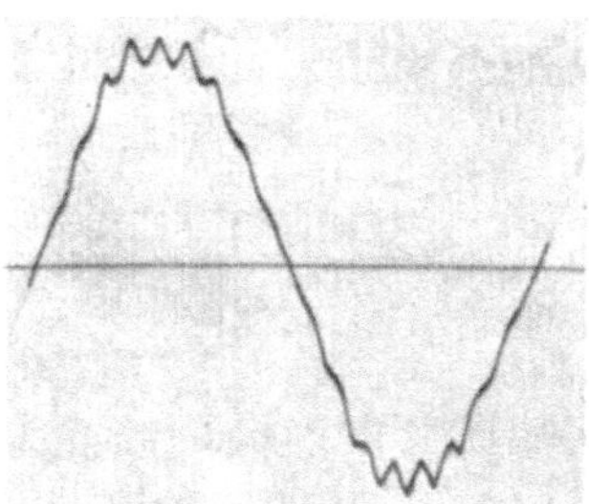

Abb. 364c. Spannung an einem Wicklungsstrang der dreiphasigen Bruchlochwicklung in Abb. 213c.

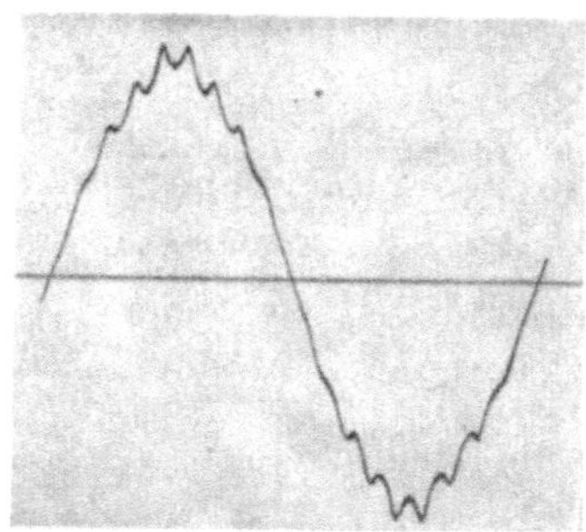

Abb. 364d. Spannung an den Klemmen der dreiphasigen Bruchlochwicklung in Abb. 213c.

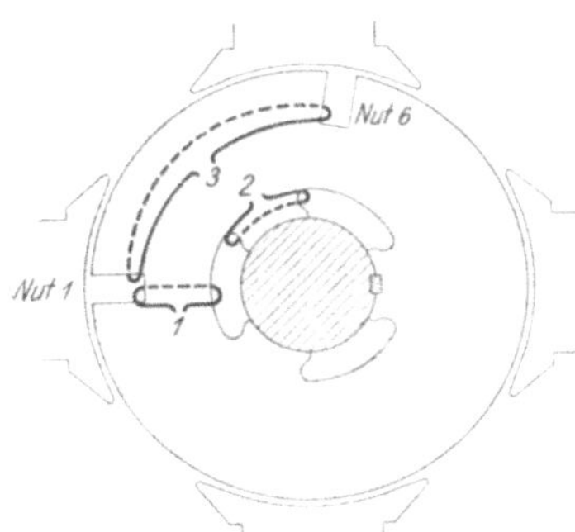

Abb. 364e. Bezeichnung der Spulen zu den Oszillogrammen in Abb. 364a u. b.

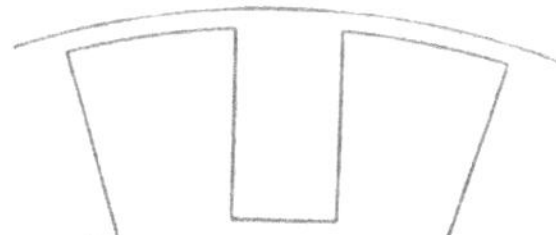

Abb. 364f. Nutung des Ankers zu den Oszillogrammen in Abb. 364a bis d. $N = 18$, $s = 14$ mm, $\delta = 2,5$ mm.

drückt. Die Oberwellen zweiter Art können sich aber in voller Stärke ausbilden, da sie nach dem Nutenstern im wesentlichen phasengleich sind. Diese Überlegungen werden durch Abb. 364b bestätigt. Es wurde dann in die Ankernuten eine Bruchlochwicklung nach dem Schaltplan Abb. 213c eingewickelt. Abb. 364c stellt die Spannung an einem Wicklungsstrang, Abb. 364d die Klemmenspannung der in Stern geschalteten Wicklung dar. Durch Vergleich der letzten beiden Oszillogramme erkennen wir, daß in der verketteten Spannung die Wellen unterdrückt werden, deren Ordnungszahl durch 3 teilbar ist (vgl. S. 365). Da in unserem Falle $p=2$, also nicht größer als 2 ist, können nur die Oberwellen erster Art in der Kurve der EMK verschwinden (vgl. S. 225).

47. Die EMK einer Gleichstrom-Ankerwicklung.

A. Genuteter Anker. Für den äußeren Kreis der Ankerwicklung einer Gleichstrommaschine kommen nur die EMKe der Spulen in Frage, die nicht von Bürsten kurzgeschlossen sind. Besonders übersichtlich ist die eingängige Schleifenwicklung, hier entspricht jeder Isolierungsschicht zwischen benachbarten Stromwenderstegen eine Ankerspule und die Zahl der zwischen den Kanten benachbarter Bürsten liegenden Isolierungsstege ist gleich der Zahl der wirksamen Spulen im Wicklungszweig zwischen den Bürsten. Der Übersichtlichkeit wegen nehmen wir an, daß Stromwender und Anker denselben Durchmesser haben und setzen auch zunächst voraus, daß die Nutenzahl gleich der Zahl der Stromwenderstege ist. Es liegen dann

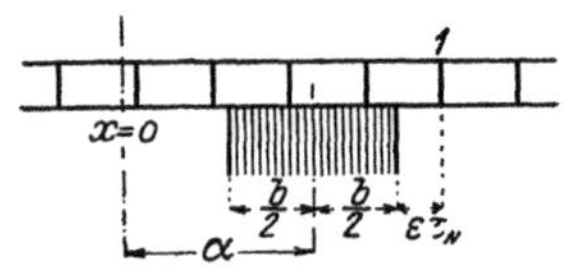

Abb. 365. Erläuterung zu den Gl. 158 u. 159.

immer etwas weniger als $\frac{N}{2p}$ Spulen in einem Wicklungszweig und die genaue Spulenzahl r ist von der Breite (b) der Bürste abhängig. Die Bürsten sollen im Abstand einer Polteilung auf dem Stromwender aufliegen, dagegen um den Bogen α aus der neutralen Zone ($x=0$) verschoben sein (Abb. 365). In der ersten Spule des Ankerzweigs, die dem Isolationssteg 1 in Abb. 365 entspricht, wird dann die EMK

$$e_1 = \chi\left(\alpha + \frac{b}{2} + \varepsilon\tau_N\right) \quad \ldots\ldots \quad (158)$$

induziert, wenn die Funktion $\chi(x)$ die in einer Ankerspule induzierte EMK angibt, derart, daß für $x=0$ die induzierte EMK Null ist. ε schwankt je nach der Stellung des Ankers zwischen

$$0 \leqq \varepsilon < 1 \quad \ldots\ldots\ldots \quad (158\text{a})$$

Die andern Spulen des betrachteten Wicklungszweigs sind gegen die EMK der ersten Spule phasenverschoben, und zwar je um einen Phasenwinkel, der der Nutteilung τ_N entspricht. Wir erhalten deshalb für die EMK eines Wicklungszweigs

$$e = \sum_{n=1}^{r} \chi\left(\alpha + \frac{b}{2} + (n - 1 + \varepsilon)\tau_N\right), \quad \ldots (159)$$

wenn r die Zahl der Isolierungsstege zwischen den Kanten der Bürsten ist. Die EMK im Wicklungszweig schwankt deshalb periodisch mit einer Periode, die der Nutteilung τ_N entspricht, weil ε alle Werte zwischen Null und 1 annehmen kann. Die Größe der Schwankungen von e ist in allen Fällen nur gering und kann von Fall zu Fall bestimmt werden.

Wenn die Bürsten in der neutralen Zone stehen $(\alpha = 0)$ und sehr schmal sind $(b = 0)$, ist nach Gl. 159 der Mittelwert der in einem Wicklungszweig induzierten EMK sehr angenähert gleich dem Produkt aus der Zahl der Spulen und dem Mittelwert einer positiven Welle der EMK einer Spule. Dieser Mittelwert ist, wie wir in Abschnitt 43A abgeleitet haben, nur von dem Maximalwert des Induktionsflusses abhängig, der jeweils mit einer Ankerspule verkettet ist. Die Gl. 110a, b und c gelten deshalb sowohl für den Mittelwert als auch für den Effektivwert der in einer Gleichstrom-Ankerwicklung induzierten EMK, wenn w die gesamte Zahl der in Reihe geschalteten Windungen eines Wicklungszweigs und Φ der Maximalwert des Induktionsflusses ist, der mit einer Ankerspule verkettet ist. Die Form der Gl. 110c ist für die Berechnung der EMK einer Gleichstrom-Ankerwicklung besonders geeignet, wenn wir die Windungszahl w noch durch die gesamte Zahl der Ankerleiter und die halbe Zahl a der parallelen Stromzweige ausdrücken. Es ist

$$w = \frac{z}{4a} \quad \ldots \ldots \ldots (160\text{a})$$

und somit

$$\boldsymbol{E = \frac{np}{60}\frac{z}{a}\Phi}. \quad \ldots \ldots \ldots (160)$$

Wir erhalten die EMK in 10^8 Volt, wenn wir die Drehzahl n in min^{-1} und den Fluß Φ in cgs-Einheiten einsetzen.

Eine Verbreiterung der Bürsten hat fast in allen praktischen Fällen keinen merklichen Einfluß auf die induzierte EMK. Die Zahl der im Wicklungszweig wirksamen Windungen wird dann zwar verringert, doch liefern die Spulenseiten in der Nähe der neutralen Zone nur einen verschwindend kleinen Beitrag zur gesamten EMK.

Auch bei ein- und mehrgängigen Wellenwicklungen und bei

Wicklungen, deren Stromwenderstegzahl größer als die Nutenzahl ist ($u > 1$), gilt im wesentlichen dasselbe wie für die Schleifenwicklung mit $u = 1$, doch ist die mathematische Formulierung für jene Wicklungen weniger übersichtlich.

Wenn die Bürsten aus der neutralen Zone verschoben werden ($\alpha > 0$), gibt Gl. 160 zu große Werte für die induzierte EMK, weil sich die Mittelwertsbildung nach Gl. 159 dann nicht mehr von $x = 0$ bis $x = \tau$ erstreckt, sondern von $x = \alpha$ bis $x = \alpha + \tau$. Die nach Gl. 160 berechnete EMK ist dann noch mit einem Faktor zu multiplizieren, der sehr angenähert

$$c = \frac{\int_0^\tau \chi(x + \alpha)\,dx}{\int_0^\tau \chi(x)\,dx} \quad . \; . \; . \; . \; . \; . \; . \; (161)$$

ist.

Die Größe der Oberwellen der auf den äußern Stromkreis wirkenden EMK ist nach den Untersuchungen am Schlusse des Abschnitts 44 B, S. 363 in den meisten Fällen nur gering. Die Wicklungsfaktoren der Einzelwellen sind annähernd umgekehrt proportional ihrer Ordnungszahl und die Ordnungszahl der stärker ausgeprägten Wellen ist wegen der verhältnismäßig großen Nutenzahl der Gleichstromanker sehr hoch. Dies gilt besonders für die Wellenwicklungen, bei denen zwischen benachbarten Stromwenderstegen immer p Spulen liegen, die in der Phase gegeneinander verschoben sind.

Auch im Innern der geschlossenen Wicklung kann sich keine resultierende EMK von wesentlicher Stärke ausbilden. Der Phasenwinkel zwischen benachbarten Nuten ist für die Welle ν-ter Ordnung

$$\alpha_\nu = \nu \frac{2\pi}{N} p \quad . \; . \; . \; . \; . \; . \; . \; . \; . \; . \; (162')$$

Die Summe der in Reihe geschalteten N Spulen (oder Spulengruppen, wenn $u > 1$) weicht nur für solche Wellen von Null ab, deren Ordnungszahl ungerade ist und die der Gleichung

$$\frac{\nu p}{N} = \text{ganz} \quad . \; . \; . \; . \; . \; . \; . \; . \; . \; (162)$$

genügen. Diese Ordnungszahl ist am kleinsten, wenn die Nutenzahl einer Polpaarteilung eine ganze Zahl ist $\left(\frac{N}{p} = \text{ganz}\right)$, die mit Rücksicht auf geräuschlosen Gang und geringe Breite der Wendezone gewöhnlich nicht kleiner als 25 gewählt wird. Zu innern Strömen werden deshalb erst Wellen von der Ordnungszahl $\nu \geqq 25$ Veranlassung geben. Diese hohen Oberwellen prägen sich aber nur in geringer Stärke aus.

B. Glatter Anker. Wir erhalten eine übersichtlichere Ableitung für die induzierte EMK in einer Gleichstrom-Ankerwicklung, wenn wir von einem glatten Anker ausgehen und annehmen, daß die Zahl w der in Reihe geschalteten Windungen eines Wicklungszweigs unendlich fein am Ankerumfang verteilt sei. Die Windungszahl auf dem Element dx des Ankerumfangs wird dann $\frac{w}{2p\tau}dx$ und die induzierte EMK bei unendlich schmalen Bürsten (vgl. Abb. 366).

$$e = E = \frac{wvl}{\tau}\int\limits_{x=0}^{\tau}\left[f\left(x+\alpha+\frac{\tau}{2}-\frac{w}{2}\right)-f\left(x+\alpha+\frac{\tau}{2}+\frac{w}{2}\right)\right]dx\,. \quad (163)$$

Das Integral des ersten Gliedes ist die senkrecht, das des zweiten Gliedes die wagrecht schraffierte Fläche in Abb. 366. Beide Flächen überdecken sich in dem doppelt schraffierten Teil. Bei der Differenzbildung fällt dieser Teil weg, und da von den übrigbleibenden Flächen der Inhalt der wagrecht schraffierten Fläche gleich dem negativen Wert der senkrecht schraffierten Fläche ist, so ist das Integral in Gl. 163 gleich dem doppelten Betrag der nur senkrecht schraffierten Fläche zwischen den Spulenseiten der unter einer Bürste liegenden Spule (Abb. 366). Durch Multiplikation dieser Fläche mit der Ankerlänge erhalten wir den Induktionsfluß Φ, der mit der Ankerspule unter der Bürste verkettet ist. Es wird also

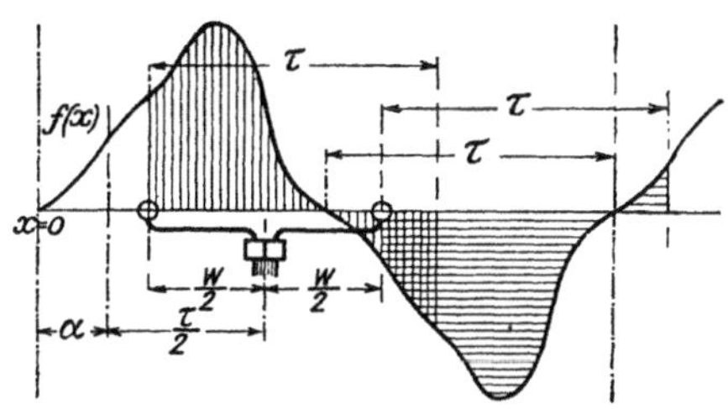

Abb. 366. Erläuterung zu Gl. 163.

$$E = \frac{2wv}{\tau}\Phi \quad . \; . \; . \; . \; . \; . \; . \; . \; . \; . \; . \quad (164)$$

oder mit

$$v = \frac{n\,2p\tau}{60} \quad \text{und} \quad w = \frac{z}{4a}$$

$$\boldsymbol{E = \frac{np}{60}\frac{z}{a}\Phi} \quad . \; . \; . \; . \; . \; . \; . \; . \; . \; . \quad (160)$$

Dies ist derselbe Ausdruck, den wir als Annäherung für den Nutenanker gefunden haben. Er hat aber allgemeinere Bedeutung und gilt auch für den Fall, daß die Bürsten aus der neutralen Zone verschoben sind, wenn unter Φ der Fluß verstanden wird, der mit der Spule verkettet ist, die unter der Bürstenmitte liegt (vgl. Abb. 366). Wenn wir dem Fluß Φ diese Bedeutung beilegen, können wir auch beim genuteten Anker mit praktisch vollkommen hinreichender Genauigkeit die induzierte EMK nach Gl. 160 berechnen. Der Fehler, der durch die Annahme einer unendlich fein am Ankerumfang verteilten Wicklung und unendlich schmalen Bürsten entsteht, ist in den meisten praktischen Fällen ebenso gering wie der Einfluß der Nutung.

Nach Gl. 163 kann die induzierte EMK auch dann berechnet werden, wenn die Bürsten verschiedener Polarität gegeneinander verschoben sind, wie es zuweilen bei Repulsionsmotoren der Fall ist, deren Geschwindigkeit durch Verschieben der Bürsten geregelt wird. Die Grenzen des Integrals in Gl. 163 sind dann natürlich den Stellungen der Bürsten anzupassen, zwischen denen der Wicklungszweig liegt.

48. Die Feld-Erregerkurve.

A. Begriff der Feld-Erregerkurve. Wenn eine Ankerwicklung von Strom durchflossen wird, erregt der Strombelag ein magnetisches Feld, dessen Normalkomponente am Ankerumfang von der Größe des Luftspaltes zwischen feststehendem und beweglichem Teil der Maschine und von den magnetischen Zuständen im Eisen abhängt. Um diese Einflüsse, die von Fall zu Fall verschieden sind, bei Beurteilung der Wicklung auszuscheiden, empfiehlt es sich, nicht die Feldstärke, sondern die magnetische Spannung im Luftspalt zu betrachten und alle magnetischen Spannungen im Eisen zu vernachlässigen. Wir denken uns die magnetische Feldstärke H, wie bei der zahlenmäßigen Berechnung magnetischer Kreise allgemein üblich, in Amp./cm gemessen und bezeichnen als magnetische Spannung schlechthin das Linienintegral der magnetischen Feldstärke auf dem geradlinigen Wege von einem Punkt des Läuferumfangs zu dem gegenüberliegenden Punkt des Ständerumfangs. Bedeutet H den Mittelwert der radialen Komponente der magnetischen Feldstärke und δ die Breite des Luftspaltes, so ist die magnetische Spannung $H\delta$. Wird hierbei die Weglänge δ in cm gemessen, so ergibt sich die magnetische Spannung in Ampere. Einen Ort auf dem Ankerumfang bestimmen wir durch seinen Bogenabstand x von einem willkürlichen Anfangspunkt. Dann bezeichnen wir als Feld-Erregerkurve oder kurz als Erregerkurve die Kurve, die die magnetische Spannung als Funktion des Bogenabstandes x darstellt, und schreiben diese Funktion $f(x)$. Die in cgs-Einheiten gemessene Induktion B im Luftspalt ist, da wir H in Amp./cm eingeführt haben,

$$\boldsymbol{B} = 0{,}4\,\pi\,\boldsymbol{H} = \frac{0{,}4\,\pi f(x)}{\delta} \quad \ldots\ldots \quad (165)$$

Wir bilden ein Viereck (Abb. 367) aus zwei radialen Wegstücken, die den Luftspalt bei $x = x_1$ und $x = x_2$ überbrücken, und aus je einem Kreisbogen im Ständer und im Läufer. Da wir die Linienintegrale auf den beiden Kreisbogen gleich Null annehmen, ist die magnetische Umlaufspannung längs diesem geschlossenen Wege gleich der Differenz der magnetischen Spannungen im Luftspalt an den Stellen $x = x_1$ und $x = x_2$:

$$\oint H_l\, dl = f(x_2) - f(x_1). \quad \dots \dots \quad (166\text{a})$$

Die elektrische Durchflutung zwischen diesen beiden Stellen ist

$$\Theta = \int_{x_1}^{x_2} A\, dx, \quad \dots \dots \dots \quad (166\text{b})$$

wenn A den Strombelag bedeutet. Daher haben wir nach dem Durchflutungsgesetz

$$f(x_2) - f(x_1) = \int_{x_1}^{x_2} A\, dx, \quad \dots \dots \quad (167\text{a})$$

in Worten: Die Durchflutung ist gleich der Differenz der magnetischen Spannungen an den Enden des betrachteten Luftspaltteiles. Differenzieren wir Gl. 167a nach x_2 oder x_1 und beachten dabei die Rechenregeln

$$\frac{d}{db}\int_a^b \varphi(x)\, dx = \varphi(b), \qquad \frac{d}{da}\int_a^b \varphi(x)\, dx = -\varphi(a)$$

— hier ist $\varphi(x) = A$ — und schreiben statt x_1 oder x_2 einfach x, so erhalten wir

$$\frac{d f(x)}{dx} = A, \quad \dots \dots \dots \quad (167\text{b})$$

in Worten: Die Verteilungskurve des Strombelags ist die Differentialkurve der Feld-Erregerkurve. Zwei zu demselben Strombelag gehörige Feld-Erregerkurven f_1 und f_2 können sich nur um eine von x unabhängige Größe unterscheiden. Durch senkrechte Verschiebung lassen sie sich zur Deckung bringen. Mit andern Worten: Jede beim Strombelag A vorhandene magnetische Spannung $f(x)$ ist ein unbestimmtes Integral des Strombelags A:

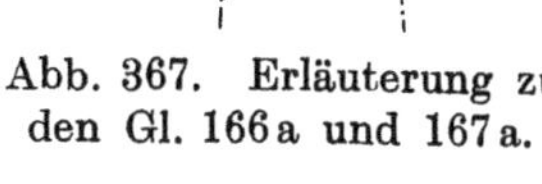

Abb. 367. Erläuterung zu den Gl. 166a und 167a.

$$f(x) = \int^x A\, dx + C. \quad \dots \dots \quad (167\text{c})$$

Der Strombelag an sich bestimmt also nicht das magnetische Feld selbst, sondern nur seine örtliche Änderung; dagegen ist der Strombelag für ein gewünschtes magnetisches Feld vollkommen bestimmt.

Um das magnetische Feld bei gegebenem Strombelag zu bestimmen, müssen noch andere Umstände in Betracht gezogen werden.

Der Strombelag A ist gewöhnlich nicht nur eine periodische Funktion von x mit der Periode 2τ (τ = Polteilung), sondern er hat auch für eine Periode 2τ den Mittelwert Null:

$$\int_x^{x+2\tau} A\,dx = 0 \quad \text{oder} \quad f(x+2\tau) = f(x). \quad . \quad . \quad . \quad (168)$$

Dann ist also auch die magnetische Spannung eine periodische Funktion von x mit der Periode 2τ.

Zwei mit demselben Strombelag A verträgliche magnetische Felder können verschiedene Unipolarflüsse (Wellenflüsse, Abschn. 34 C) ergeben. Der Unipolarfluß ist Null, wenn der in den Ankermantel innerhalb einer Polpaarteilung eintretende gleich dem austretenden Induktionsfluß ist,

$$\int_x^{x+2\tau} B(x)\,dx = 0. \quad . \quad . \quad . \quad . \quad . \quad . \quad . \quad (169\text{a})$$

Wenn dann die Luftspaltbreite δ konstant oder auch nur eine periodische Funktion von x mit der Periode 2τ ist (vgl. Gl. 165), erhält man zur Bestimmung der Integrationskonstanten C in Gl. 167c:

$$\int_x^{x+2\tau} f(x)\,dx = 0. \quad . \quad . \quad . \quad . \quad . \quad . \quad . \quad (169\text{b})$$

D. h. man bestimmt die Integrationskonstante C in Gl. 167c so, daß die Flächen, die die positiven und negativen Teile der Erregerkurve mit der Abszissenachse bilden, gleich groß werden. Auf diesen Fall wollen wir die Erregerkurve immer beziehen; denn die unerwünschten Unipolarflüsse wird man durch passende Wahl der Wicklung (vgl. Abschn. 34 C) oder durch den magnetischen Aufbau der Maschine immer möglichst zu unterdrücken suchen; sie lassen sich kaum mit einiger Sicherheit bestimmen.

Die Wicklung eines Nutenankers verhält sich im wesentlichen so, als lägen die Spulenseiten in der Mitte des Nutenschlitzes am Ankerumfang. Deshalb müssen wir uns zur Bestimmung der Erregerkurve eines Nutenankers unendlich schmale Spulenseiten an den Stellen des Umfangs eines glatten Ankers denken, wo sich beim Nutenanker die Mitten der Nutenschlitze befinden. Der Strombelag ist dann nur an einzelnen Stellen des Ankerumfangs von Null verschieden und dann unendlich groß und zwar so, daß die Durchflutung der Nut

$$\Theta = \lim_{\varepsilon=0} \int_x^{x+\varepsilon} A\,dx \quad . \quad . \quad . \quad . \quad . \quad . \quad . \quad . \quad (170)$$

endlich bleibt. Die Erregerkurve wird dann unstetig; wir erhalten eine treppenförmige Kurve, deren Sprünge gleich der Nutdurchflutung Θ sind.

B. Die Erregerkurve einer Spule; stehende Welle und fortschreitende Welle (Wechselfeld und Drehfeld). In Abb. 368 ist die Erregerkurve $f(x)$ einer einfachen Sehnenspule mit der Weite W dargestellt, wenn die Durchflutung einer Spulenseite $si = 1$ ist. Die Abszissenachse ist so gelegt, daß die positiven und negativen Flächen der Kurve inhaltsgleich sind. Die Kurve ist unsymmetrisch zur Abszissenachse, deshalb treten in der Fourierschen Reihe, durch die die Erregerkurve als Funktion des Ankerumfangs dargestellt wird, auch Oberwellen von gerader Ordnungszahl auf, während die Sinusglieder fehlen, wenn wir die Ordinatenachse durch die Spulenmitte (Polmitte) legen (Abb. 368). Wir können also schreiben:

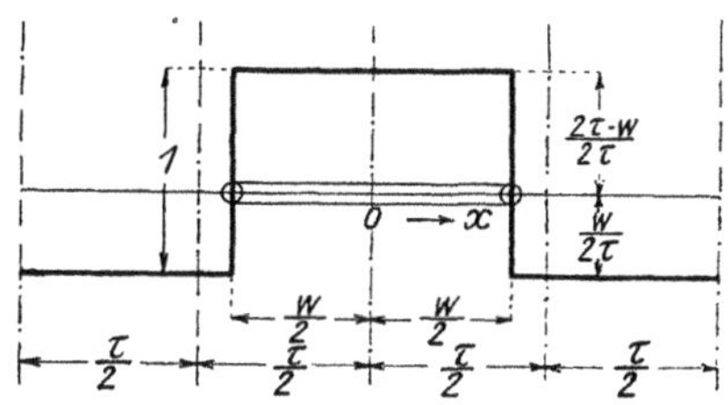

Abb. 368. Feld-Erregerkurve einer Sehnenspule.

$$f(x) = \sum_{\nu=1}^{\infty} C_\nu \cos \nu \frac{x\pi}{\tau}, \quad \ldots \ldots \quad (171\,\mathrm{a})$$

worin C_ν die Amplitude der ν-ten Welle der Erregerkurve ist, für die wir nach bekannter Regel [L. 110, II. Teil, S. 380]

$$C_\nu = \frac{1}{\tau} \int_0^{2\tau} f(x) \cdot \cos \nu \frac{x\pi}{\tau} \, dx$$

erhalten. Führen wir die Integration aus und beachten, daß für

$$x = 0 \text{ bis } \frac{W}{2}, \qquad \frac{W}{2} \text{ bis } 2\tau - \frac{W}{2}, \qquad 2\tau - \frac{W}{2} \text{ bis } 2\tau$$

$$f(x) = \frac{2\tau - W}{2\tau}, \qquad -\frac{W}{2\tau}, \qquad \frac{2\tau - W}{2\tau}$$

ist, so wird

$$C_\nu = \frac{2}{\nu\pi} \sin \nu \frac{W}{\tau} \frac{\pi}{2}, \quad \ldots \ldots \quad (171\,\mathrm{b})$$

und wir können für die Erregerkurve einer einfachen Spule mit der Weite W

$$f(x) = \frac{2}{\pi} \sum_{\nu=1}^{\infty} \frac{1}{\nu} \frac{\xi_\nu}{\sin \nu \frac{\pi}{2}} \quad \ldots \ldots \quad (171)$$

schreiben, worin

$$\xi_\nu = \sin \nu \frac{\pi}{2} \cdot \sin \nu \frac{W}{\tau} \frac{\pi}{2}$$

der Wicklungsfaktor einer einfachen Spule ist (vgl. Gl. 120 S. 353).

Für eine Durchmesserspule ist $W = \tau$; es wird dann in Gl. 171 der Faktor

$$\frac{\xi_\nu}{\sin \nu \frac{\pi}{2}} = \sin \nu \frac{\pi}{2};$$

er ist für gerade Zahlen von ν Null und für ungerade ± 1, so daß die 1., 5., 9. usw. Welle positives, die 3., 7., 11. usw. negatives Vorzeichen haben. Die Erregerkurve einer Durchmesserwicklung enthält also nur Wellen ungerader Ordnung.

Speisen wir die Spule mit einem Wechselstrom, der sich sinusförmig ändert, so daß die Durchflutung einer Spulenseite durch die Gleichung

$$s\,i = s\sqrt{2}\,J \sin \omega t \quad \ldots \ldots \quad (172\,\text{a})$$

gegeben ist, so wird sich die Induktion auch noch zeitlich periodisch ändern; wir erhalten eine stehende (Wechsel-) Welle,

$$\boldsymbol{f(x) = \frac{2\sqrt{2}}{\pi} s J \sin \omega t \sum_\nu \frac{1}{\nu} \frac{\xi_\nu}{\sin \nu \frac{\pi}{2}} \cdot \cos \nu \frac{x\pi}{\tau}} \quad \ldots \quad (172)$$

Setzen wir $\sin \omega t$ hinter das Summenzeichen und beachten, daß

$$\sin \omega t \cdot \cos \nu \frac{x\pi}{\tau} = \frac{1}{2}\left[\sin\left(\omega t - \nu \frac{x\pi}{\tau}\right) + \sin\left(\omega t + \nu \frac{x\pi}{\tau}\right)\right] \quad (173\,\text{a})$$

ist, so geht Gl. 171 über in

$$\boldsymbol{f(x) = \frac{\sqrt{2}}{\pi} s J \sum_\nu \frac{1}{\nu} \frac{\xi_\nu}{\sin \nu \frac{\pi}{2}} \left[\sin\left(\omega t - \nu \frac{x\pi}{\tau}\right) + \sin\left(\omega t + \nu \frac{x\pi}{\tau}\right)\right]}. \quad (173)$$

Durch die Umformung nach Gl. 173a haben wir die stehende (Wechsel-) Welle $\sin \omega t \cdot \cos \nu \frac{x\pi}{\tau}$ in zwei fortschreitende Wellen

$$\frac{1}{2} \sin\left(\omega t - \nu \frac{x\pi}{\tau}\right) \quad \text{und} \quad \frac{1}{2} \sin\left(\omega t + \nu \frac{x\pi}{\tau}\right)$$

von halber (unveränderlicher) Amplitude ersetzt, von denen die erste in Richtung positiver, die zweite in Richtung negativer x fortschreitet (vgl. Abb. 369). Dies erkennen wir leicht, wenn wir einen bestimmten Wert der Welle

$$\sin\left(\omega t \mp \nu \frac{x\pi}{\tau}\right) = \text{const} \quad \ldots \ldots \quad (174\,\text{a})$$

ins Auge fassen und die Bewegung dieses Wertes am Ankerumfang untersuchen. Es wird dann

$$\omega t \mp \nu \frac{x\pi}{\tau} = \text{const},$$

$$\omega dt \mp \nu \frac{\pi}{\tau} dx = 0$$

und

$$v_\nu = \pm \frac{dx}{dt} = \pm \frac{\omega\tau}{\nu\pi} = \pm \frac{1}{\nu} \frac{2\tau}{T} = \pm \frac{v_1}{\nu} . \quad . \quad . \quad (174)$$

Eine Funktion, hier Kreisfunktion, von der Differenz zweier der Zeit (t) und dem Ort (x) proportionalen Größen stellt eine mit konstanter Geschwindigkeit im positiven, die Funktion der Summe dieser Größen eine im negativen Sinne fortschreitende oder umlaufende Welle dar. Die Geschwindigkeit der Welle ist umgekehrt proportional der Ordnungszahl ν der Einzelwelle, in die die Erregerkurve für einen beliebigen Zeitpunkt zerlegt werden kann. Die positiv umlaufende Grundwelle hat bei der synchronen Maschine dieselbe relative Geschwindigkeit zur Ankerwicklung wie der Feldmagnet, steht also relativ zum Feldmagneten still, während die negativ umlaufende Grundwelle relativ zum Feldmagneten die doppelte synchrone Geschwindigkeit hat.

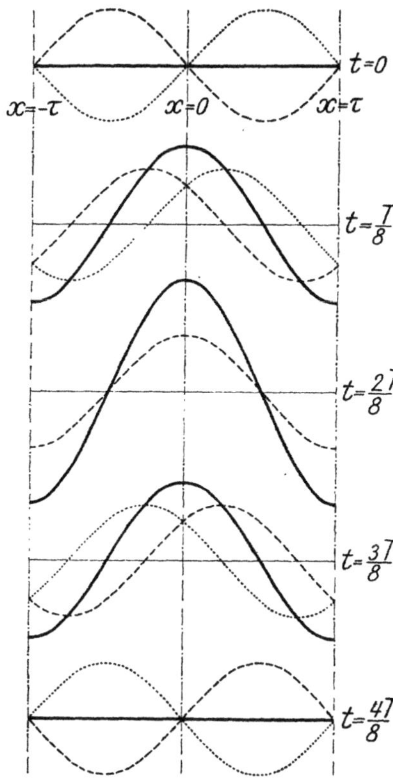

Abb. 369. Zerlegung einer stehenden (Wechsel-) Welle in zwei in entgegengesetztem Sinne umlaufende Wellen.

Von der Zerlegung einer stehenden Welle (Wechselfeld) in zwei im entgegengesetzten Sinne umlaufende Einzelwellen (Drehfelder) wird bei der rechnerischen Behandlung von Einphasenmaschinen häufig Gebrauch gemacht. Beim Wechselfeld hat die Schwingung an verschiedenen Punkten des Ankerumfangs verschiedene Amplituden, aber gleiche Phasen, beim Drehfeld gleiche Amplituden, aber verschiedene Phasen.

C. Die Feld-Erregerkurve eines Wicklungsstrangs. Die Erregerkurve eines Wicklungsstrangs erhalten wir durch Überlagerung der Erregerkurven aller in dem Wicklungsstrang liegenden Spulen. 2τ ist dann gleich dem Teil des Ankerumfangs zu setzen, der einer Periode der Stromverteilung am Ankerumfang entspricht. Bei den gewöhnlichen Wechselstromwicklungen, den Ganzlochwicklungen, ist dies immer eine Polpaarteilung, und der Polpaarteilung entspricht auch die Grundwelle der Erregerkurve. Bei den Bruchlochwicklungen ist die Periode der Stromverteilung im allgemeinen entweder der ganze Ankerumfang oder ein Vielfaches der Polpaarteilung. Wir erhalten deshalb bei diesen Wicklungen im allgemeinen auch solche Einzelwellen, deren Periode größer ist als die Polpaarteilung, für die die Bruchlochwicklung entworfen ist. Bezeichnen wir also die Welle mit der größten Periode als Grundwelle, so entspricht die Periode der Polpaarteilung einer Oberwelle, deren Amplitude aber besonders stark ausgeprägt ist. Bezeichnen wir dagegen praktischerweise die Welle, deren Periode der Polpaarteilung entspricht, also die Welle des nützlichen Flusses als Grundwelle, so treten bei den Bruchlochwicklungen außer den Oberwellen im allgemeinen auch noch Unterwellen auf (vgl. auch Abschnitt 31). Wir wollen hier nur die Erregerkurve des Wicklungsstrangs einer Ganzlochwicklung näher betrachten. Die Nutenzahl q für Pol und Strang ist hier eine ganze Zahl und der gleiche Strombelag kehrt nach jeder Polpaarteilung wieder.

Der Strombelag am Ankerumfang ist unabhängig von der Reihenfolge, in der die Spulenseiten von Strom durchflossen werden, sofern die Stromrichtung in den einzelnen Spulenseiten erhalten bleibt. Wir können uns deshalb, genau wie bei der Berechnung der EMK in Abschnitt 44, die Spulen einer Wicklungsgruppe, die einem Wicklungsstrang angehören und innerhalb einer Polpaarteilung liegen, entweder gleichachsig aber von verschiedener Weite, oder bei gleicher Spulenweite von verschiedener Achsenlage denken. Im letzten Falle setzt sich die Erregerkurve des Wicklungsstrangs aus den Erregerkurven der Einzelspulen zusammen, die um denselben Phasenwinkel gegeneinander verschoben sind, wie die in den einzelnen Spulen einer solchen Wicklung induzierten EMKe. Wir erhalten deshalb die resultierende Erregerkurve des Wicklungsstrangs, wenn wir Gl. 173 mit der Zahl S der in einer Polteilung nebeneinander liegenden Spulenseiten multiplizieren und für ξ_ν den nach Gl. 131b zu berechnenden Wicklungsfaktor setzen.

Sehr häufig sind mehrere Zweige in einem Wicklungsstrang parallel geschaltet. In Übereinstimmung mit der bei Gleichstrom-Ankerwicklungen üblichen Bezeichnung setzen wir die Zahl der parallelen Stromzweige eines Wicklungsstrangs gleich 2a, so daß also bei Reihenschaltung sämtlicher Spulen $a = {}^1/_2$ zu setzen ist. Ist I dann der Effektivwert des Stromes in einem Wicklungsstrang, so können wir für die Erregerkurve des Wicklungsstrangs einer einschichtigen oder zweischichtigen Ganzlochwicklung schreiben

$$f(x) = \frac{\sqrt{2}}{\pi}\, s\, S\, \frac{J}{2a} \sum_{\nu} \frac{1}{\nu} \frac{\xi_\nu}{\sin \nu \frac{\pi}{2}} \left[\sin\left(\omega t - \nu \frac{x\pi}{\tau}\right) + \sin\left(\omega t + \nu \frac{x\pi}{\tau}\right)\right] \quad (175)$$

Darin ist s die Zahl der Windungen in einer Spule, S die Zahl der in einem Wicklungsstrang nebeneinander liegenden gleichsinnigen Spulenseiten (Spulenbreite in Nutteilungen) und ξ_ν der nach Gl. 131b zu berechnende Wicklungsfaktor.

Bei der einschichtigen Ganzlochwicklung mit ungerader Strangzahl ist $S = q$. Die Spulenseiten lassen sich hier immer so zu Spulen vereinigen, daß die Spulenweite gleich der Polteilung ist. Deshalb enthält die Erregerkurve des Wicklungsstrangs auch nur Wellen ungerader Ordnung und die Summe in Gl. 175 braucht nur über ungerade ν erstreckt zu werden. Dasselbe gilt auch für die zweischichtige Ganzlochwicklung mit gerader Strangzahl, wenn die negativen Spulenseiten um genau eine Polteilung gegenüber den positiven Spulenseiten am Ankerumfang verschoben sind (Durchmesserwicklung), und für die einschichtige Zweiphasenwicklung, die durch Weglassen zweier Wicklungsstränge der Vierphasenwicklung entsteht (vgl. Abschnitt 25). Die in Abb. 185 (S. 194) dargestellte zweischichtige Dreiphasenwicklung ist, wenn s wieder die Windungszahl einer Spule bedeutet, als Sechsphasenwicklung aufzufassen.

49. Die Feld-Erregerkurve der Mehrphasenwicklungen.

A. Rechnerische Darstellung. Bei den m-phasigen Ganzlochwicklungen sind die m Wicklungsstränge am Ankerumfang um den Bogen $\frac{2\tau}{m}$, d. i. um den Winkel $\frac{2\pi}{m}$ der Grundwelle der Erregerwicklung verschoben und werden mit Strömen gespeist, die gegeneinander um den Winkel $\frac{2\pi}{m}$ in der Phase verschoben sind. Wir wollen die Wicklungsstränge im negativen Umfangssinn fortlaufend numerieren und uns die Wicklung so gespeist denken, daß die Phasenfolge der Ströme mit der Reihenfolge der Wicklungsstränge übereinstimmt.

Wenn wir dann für die Erregerkurve des ersten der m Wicklungsstränge Gl. 175 schreiben, so erhalten wir die Erregerkurve des $(n+1)$-ten Wicklungsstrangs, wenn wir in Gl. 175 die eckige Klammer durch

$$\begin{aligned}[\;] &= \left[\sin\left(\left(\omega t - \frac{n}{m} 2\pi\right) - \nu\left(\frac{x\pi}{\tau} - \frac{n}{m} 2\pi\right)\right)\right. \\ &\quad \left. + \sin\left(\left(\omega t - \frac{n}{m} 2\pi\right) + \nu\left(\frac{x\pi}{\tau} - \frac{n}{m} 2\pi\right)\right)\right] \\ &= \left[\sin\left(\left(\omega t - \nu \frac{x\pi}{\tau}\right) + (\nu - 1)\frac{n}{m} 2\pi\right)\right. \\ &\quad \left. + \sin\left(\left(\omega t + \nu \frac{x\pi}{\tau}\right) - (\nu + 1)\frac{n}{m} 2\pi\right)\right] \quad . \quad (176\,\mathrm{a})\end{aligned}$$

ersetzen. Darin stellt das erste Glied wieder die im positiven, das zweite die im negativen Sinne umlaufende Welle dar.

Die resultierende Erregerkurve aller m Wicklungsstränge erhalten wir ebenfalls aus Gl. 175, wenn wir die eckige Klammer durch die Summen

$$\begin{aligned}[\;] &= \left[\sum_{n=0}^{m-1} \sin\left(\omega t - \nu \frac{x\pi}{\tau} + (\nu - 1)\frac{n}{m} 2\pi\right)\right. \\ &\quad \left. + \sum_{n=0}^{m-1} \sin\left(\omega t + \nu \frac{x\pi}{\tau} - (\nu + 1)\frac{n}{m} 2\pi\right)\right] \quad . \quad . \quad . \quad (176\,\mathrm{b})\end{aligned}$$

ersetzen. Nun ist nach Abb. 370 (vgl. auch Abb. 345 und Gl. 128)

$$\sum_{\lambda=0}^{S-1} \begin{matrix}\sin\\ \cos\end{matrix} (\alpha + \lambda\varphi) = \frac{\sin S \frac{\varphi}{2}}{\sin \frac{\varphi}{2}} \begin{matrix}\sin\\ \cos\end{matrix} \left[\alpha + (S-1)\frac{\varphi}{2}\right], \quad . \quad (177)$$

und wir können deshalb, indem wir

$$\lambda = n, \quad S = m, \quad \alpha = \omega t \mp \nu \frac{x\pi}{\tau}, \quad \varphi = \pm(\nu \mp 1)\frac{2\pi}{m}$$

setzen, für Gl. 176b auch schreiben

$$\begin{aligned}[\;] = &\left[\frac{\sin(\nu - 1)\pi}{\sin\frac{(\nu - 1)\pi}{m}} \sin\left(\omega t - \nu\frac{x\pi}{\tau} + \frac{\nu - 1}{m}(m-1)\pi\right)\right. \\ &\left. + \frac{\sin(\nu + 1)\pi}{\sin\frac{(\nu + 1)\pi}{m}} \sin\left(\omega t + \nu\frac{x\pi}{\tau} - \frac{\nu + 1}{m}(m-1)\pi\right)\right]. \quad (176\,\mathrm{c})\end{aligned}$$

Das erste Glied stellt alle im positiven, das zweite alle im negativen Sinne umlaufenden Wellen dar. Da $\nu \mp 1$ immer eine ganze Zahl oder Null ist, verschwinden in der resultierenden Erregerkurve einer m-phasigen Ganzlochwicklung alle Wellen, deren Ordnungszahlen die Gleichung

$$\frac{\nu \mp 1}{m} = \text{gebrochen} \quad . \quad . \quad . \quad . \quad . \quad . \quad . \quad (178)$$

erfüllen. Dagegen sind die m im positiven Sinne umlaufenden Einzelwellen derselben Ordnungszahl in Gl. 176b phasengleich, wenn die Ordnungszahl ν die Gleichung

$$\frac{\nu - 1}{m} = \text{null oder ganz} \quad . \quad . \quad . \quad . \quad . \quad (178\text{a})$$

erfüllt; dasselbe gilt für die im negativen Sinne umlaufenden Einzelwellen, deren Ordnungszahlen der Bedingung

$$\frac{\nu + 1}{m} = \text{ganz} \quad . \quad . \quad . \quad . \quad . \quad . \quad . \quad (178\text{b})$$

genügen. Es ist dann (vgl. Gl. 176c)

$$\frac{\sin(\nu \mp 1)\pi}{\sin\dfrac{(\nu \mp 1)\pi}{m}} = m, \quad . \quad . \quad . \quad . \quad . \quad . \quad (178\text{c})$$

und wir erhalten die Erregerkurve der m-phasigen ein- oder zweischichtigen Ganzlochwicklung zu

$$f(x) = \frac{m\sqrt{2}}{\pi} s S \frac{J}{2a} \sum_{\nu} \frac{1}{\nu} \frac{\xi_\nu}{\sin \nu \dfrac{\pi}{2}} \left[\sin\left(\omega t - \nu \frac{x\pi}{\tau} + \frac{\nu - 1}{m}(m-1)\pi\right) + \sin\left(\omega t + \nu \frac{x\pi}{\tau} - \frac{\nu+1}{m}(m-1)\pi\right)\right], \quad . \ (179)$$

worin das erste Glied der eckigen Klammer nur über solche ν, die der Gl. 178a, das zweite Glied nur über solche, die der Gl. 178b genügen, zu summieren ist.

Bei den Mehrphasenwicklungen ist m immer größer als 2; daher genügt bei diesen Wicklungen immer nur entweder die positiv oder die negativ umlaufende Welle den Bedingungen 178a und b. Bei Mehrphasenwicklungen haben wir also im Gegensatz zu den einphasigen Wicklungen für jede Ordnungszahl immer nur eine umlaufende Welle. Aus Gl. 178a und b folgt, daß die Grundwelle im positiven Sinne umläuft;

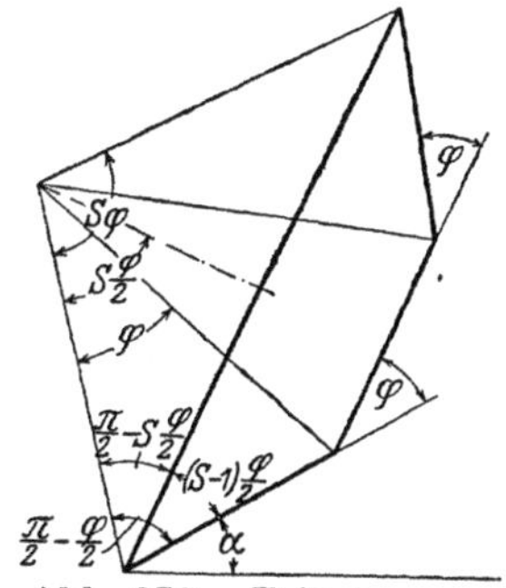

Abb. 370. Erläuterung zu Gl. 177.

die Oberwellen laufen teilweise im positiven, teilweise im negativen Sinne um.

Für einschichtige Dreiphasenwicklungen ($S = q$) können wir schreiben

$$f(x) = \frac{3\sqrt{2}}{\pi} s q \frac{J}{2a}\left[\xi_1 \sin\left(\omega t - \frac{x\pi}{\tau}\right) + \frac{1}{5}\xi_5 \sin\left(\omega t + 5\frac{x\pi}{\tau}\right)\right.$$
$$\left.- \frac{1}{7}\xi_7 \sin\left(\omega t - 7\frac{x\pi}{\tau}\right) - \frac{1}{11}\xi_{11} \sin\left(\omega t + 11\frac{x\pi}{\tau}\right) + \cdots\right]; \quad (179\,\mathrm{a})$$

die 1., 7., 13. usw. Welle läuft positiv, die 5., 11., 17. usw. läuft negativ um.

Die einschichtige Zweiphasenwicklung entsteht nach Abschnitt 25 aus der zweischichtigen Vierphasenwicklung, indem wir den 3. und 4. Wicklungsstrang weglassen. Die Verteilung des Strombelags wird dadurch nicht geändert. Wir haben in Gl. 179 also $m = 4$ zu setzen und die rechte Seite der Gleichung durch 2 zu dividieren. Mit $S = q = \frac{N}{4p}$ erhalten wir für die einschichtige Zweiphasenwicklung

$$f(x) = \frac{2\sqrt{2}}{\pi} s q \frac{J}{2a}\left[\xi_1 \sin\left(\omega t - \frac{x\pi}{\tau}\right) + \frac{1}{3}\xi_3 \sin\left(\omega t + 3\frac{x\pi}{\tau}\right)\right.$$
$$\left.- \frac{1}{5}\xi_5 \sin\left(\omega t - 5\frac{x\pi}{\tau}\right) - \frac{1}{7}\xi_7 \sin\left(\omega t + 7\frac{x\pi}{\tau}\right) + \cdots\right]. \quad (179\,\mathrm{b})$$

Die Wellen der Ordnungen 1, 5, 9 usw. laufen im positiven, die der Ordnungen 3, 7, 11 usw. im negativen Sinne um.

Wenn wir die Reihenfolge der Wicklungsstränge oder die Phasenfolge der Ströme, mit denen die Wicklung gespeist wird, umkehren, müssen wir in den Gl. 176a bis c und 178a u. b $\nu + 1$ an Stelle von $\nu - 1$ und umgekehrt setzen. Dadurch wechselt der Umlaufssinn der Einzelwellen. In den Gl. 179 und 179a u. b ist das Vorzeichen, das im Argument der Sinusfunktionen die Ortsgröße mit der Zeitgröße verbindet, zu ändern. Praktisch erfolgt die Umkehr der Drehrichtung des Feldes bei einer zweiphasigen Wicklung durch Vertauschen der Enden eines der beiden Wicklungsstränge, bei einer dreiphasigen verketteten Wicklung durch Vertauschen zweier Zuleitungen zur Wicklung. Bei der m-phasigen Wicklung ($m > 2$) müssen $m - 2$ oder $m - 1$ Zuführungen miteinander vertauscht werden, je nachdem m gerade oder ungerade ist.

B. Zeichnerische Darstellung. Die Fourierschen Reihen in Gl. 179 und 179a u. b für die Erregerkurve können auch zur Aufzeichnung der Kurve benutzt werden, wenn eine genügend große Zahl von Gliedern berücksichtigt wird. Soll die Erregerkurve jedoch nicht zum Ausgang rechnerischer Untersuchungen dienen, so ist es einfacher, sie aus dem Strombelag unmittelbar abzuleiten.

Wir wollen dies an einer einschichtigen Dreiphasenwicklung näher erläutern, deren Spulenseiten gleichmäßig am Ankerumfang verteilt sind und bei der jeder Wicklungsstrang $^1/_3$ der Polteilung einnimmt. In Abb. 371a ist der Strombelag einer solchen Wicklung dargestellt. Die drei Wicklungsstränge sind hier durch ausgezogene, gestrichelte und punktierte Linien bezeichnet, positive und negative Strombeläge sind durch verschiedene Strichstärken unterschieden. Wenn die Wicklungsstränge im positiven Sinne von Gleichstrom durchflossen werden, erhalten wir die Erregerkurven in Abb. 371b, deren Stricharten mit den Strombelägen in Abb. 371a übereinstimmen. Bei Speisung der Wicklungsstränge mit sinusförmi-

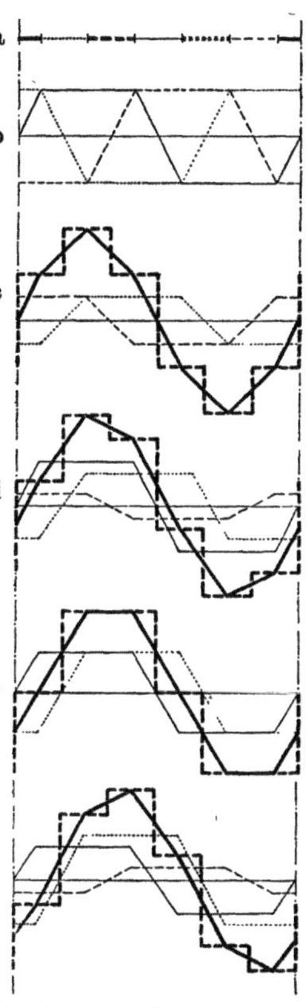

Abb. 371a bis f. Strombelag (a), Erregerkurven bei Speisung mit Gleichstrom (b) und Dreiphasenstrom (c bis f) einer einschichtigen dreiphasigen Ganzlochwicklung für die in Abb. 372 bezeichneten Zeitpunkte.

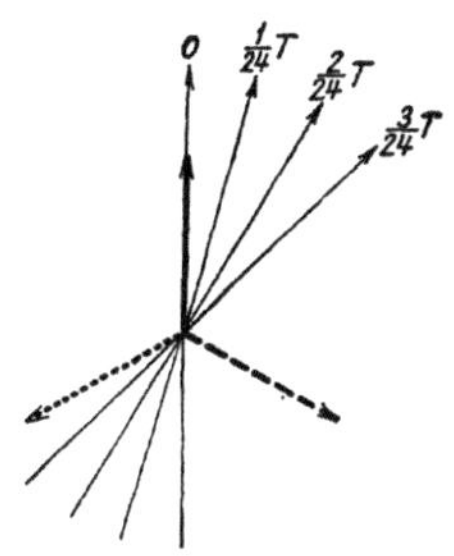

Abb. 372. Zeitpunkte für die Erregerkurven in Abb. 371 und 373c bis f.

gem Dreiphasenstrom ergibt sich die jeweilige Größe und Richtung der Ströme in jedem Zeitpunkt durch Projektion der Stromamplituden auf die jeweilige Lage der Zeitlinie. Wir wollen 4 Zeitpunkte betrachten, die um $^1/_{24}$ Periode auseinander liegen, entsprechend der Lage der Zeitlinien zur Zeit $t = 0$, $^1/_{24}\,T$, $^2/_{24}\,T$ und $^3/_{24}\,T$ in Abb. 372. Dann erhalten wir die in Abb. 371c bis f aufgezeichneten Erregerkurven für die drei Wicklungsstränge und durch

Überlagerung der drei Erregerkurven in jedem Zeitpunkt die durch starke und voll ausgezogene Linien dargestellte resultierende Erregerkurve. Zur Zeit $t = {}^4/_{24}\,T$ hat die Erregerkurve wieder dieselbe Gestalt und Größe wie zur Zeit $t = 0$.

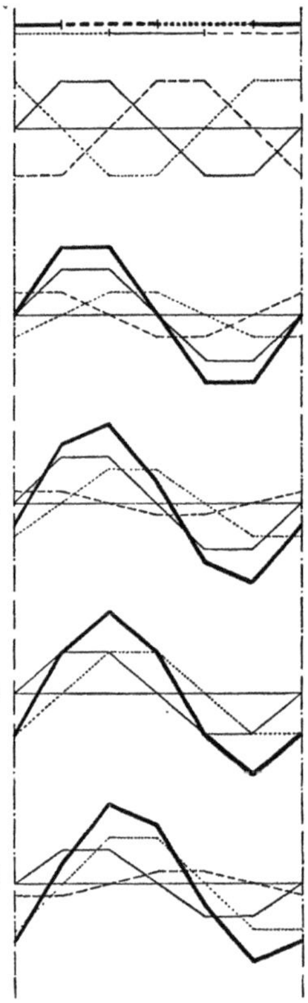

Abb. 373a bis f. Strombelag (a), Erregerkurven bei Speisung mit Gleichstrom (b) und Dreiphasenstrom (c bis f) einer zweischichtigen Dreiphasenwicklung mit Durchmesserspulen für die in Abb. 372 bezeichneten Zeitpunkte.

Wenn die Wicklung nicht gleichmäßig am Ankerumfang verteilt ist, sondern in Nuten liegt, geht der gebrochene Linienzug der Erregerkurve in einen treppenförmigen über. Die Zahl der Stufen hängt von der Nutenzahl ab. Ist z. B. die Nutenzahl gleich dem Produkt aus Strangzahl und Polzahl ($q = 1$), so müssen wir uns die Spulenseiten jedes Wicklungsstrangs in der Mitte der Spulenbreite der gleichmäßig verteilten Wicklung zusammengedrängt denken. An dieser Stelle erleidet dann die Erregerkurve einen Sprung und es ergeben sich die in Abb. 371c bis f durch starke gestrichelte Linien hervorgehobenen Treppen. Bei q-facher Nutenzahl wird dieser Sprung der Erregerkurve in q Einzelstufen unterteilt.

In ähnlicher Weise bestimmt sich die Erregerkurve der zweischichtigen Dreiphasenwicklung. Hier beanspruchen die Spulenseiten desselben Wicklungsstrangs $^2/_3$ der Polteilung. Der Strombelag der gleichmäßig verteilten Wicklung mit Durchmesserspulen wird durch Abb. 373a dargestellt. Bei Speisung der Wicklung mit Gleichstrom ergeben sich die Erregerkurven in Abb. 373b, woraus man für die in Abb. 372 dargestellten Zeitpunkte die Erregerkurven in Abb. 373c bis f erhält. Die Gestalt der Erregerkurve der Zweischichtwicklung (Abb. 373) stimmt vollkommen überein mit der der Einschichtwicklung (Abb. 371), doch treten die übereinstimmenden Kurvenformen zu andern Zeitpunkten auf (vgl. auch Abb. 144a). Die Ordinaten der Erregerkurven der Zweischichtwicklung betragen nur $\frac{\sqrt{3}}{2} = 0{,}866$ der entsprechenden Ordinaten der Einschichtwicklung, wenn die gesamte am Ankerumfang entwickelte Stromwärme in beiden Fällen dieselbe ist. Diese Unterschiede in den Amplituden der Erregerkurven der beiden Wicklungen haben wir bei der rechnerischen Behandlung durch die Wicklungsfaktoren berücksichtigt.

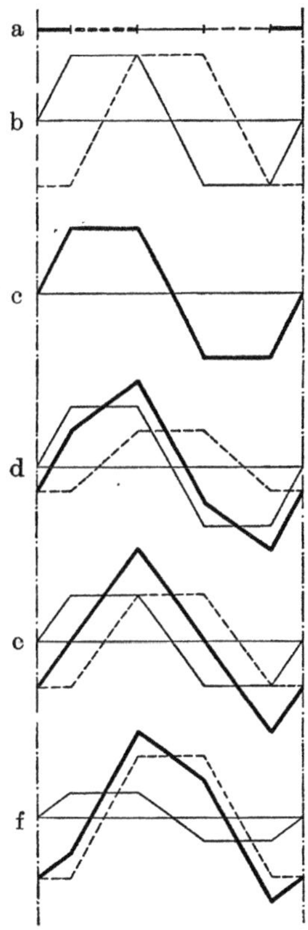

Abb. 374a bis f. Strombelag (a), Erregerkurven bei Speisung mit Gleichstrom (b) und Dreiphasenstrom (c bis f) einer einschichtigen zweiphasigen Ganzlochwicklung für die in Abb. 375 bezeichneten Zeitpunkte.

Für eine einschichtige Zweiphasenwicklung sind Strombelag und Erregerkurven in Abb. 374 a bis f dargestellt. Die Abb. 374 c bis f entsprechen den in Abb. 375 dargestellten Zeitpunkten, die je um $^1/_{16}$ Periode in der Phase verschoben sind. Zur Zeit $t = {}^4/_{16}\,T$ hat die Erregerkurve wieder dieselbe Gestalt wie zur Zeit $t = 0$, der Maßstab der Erregerkurve entspricht denselben effektiven Strombelägen wie bei der Dreiphasenwicklung (Abb. 371a bis f). Genau dieselben Erregerkurven erhalten wir bei einer zweischichtigen Zweiphasenwicklung.

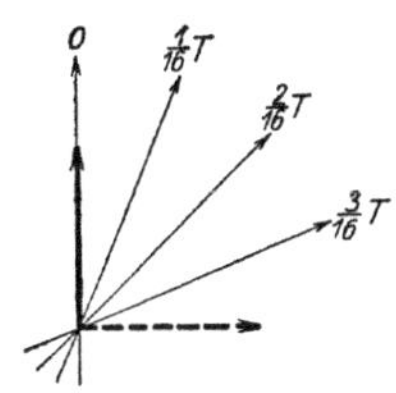

Abb. 375. Zeitpunkte für die Erregerkurven in Abb. 374c bis f.

Wir erkennen aus den Abb. 371, 373 und 374c bis f, daß die Erregerkurve am Ankerumfang fortschreitet, dabei aber periodisch ihre Gestalt ändert. Auch die Größe des Induktionsflusses schwankt, wovon man sich leicht überzeugt, wenn man die Flächen, die die Erregerkurve in den einzelnen Zeitpunkten mit der Abszissenachse einschließt, miteinander vergleicht. Die Erregerkurven der Zweiphasenwicklung (Vierphasenwicklung) weichen wesentlich mehr von der Sinuskurve ab, als die der Dreiphasenwicklung. Dies kommt in den Fourierschen Reihen für die Erregerkurve (Gl. 179a u. b) dadurch zum Ausdruck, daß die Reihe für die Zweiphasenwicklung (Gl. 179b) mehr Oberwellen enthält als die für die Dreiphasenwicklung (Gl. 179a).

Sämtliche Erregerkurven schreiten im Sinne positiver Abszissen fort, weil die Wicklungsstränge in derselben Reihenfolge am Ankerumfang liegen wie die entsprechenden Ströme zeitlich aufeinander folgen. Wenn die Reihenfolge der Wicklungsstränge am Ankerumfang geändert wird, ohne auch zugleich die zeitliche Folge der entsprechenden Ströme zu ändern, läuft die Erregerkurve im Sinne negativer Abszissen um [L. 111].

C. Das Vektordiagramm der Feld-Erregerkurve und die Schwankungen der magnetischen Spannung im Luftspalt. Wenn sich der Strombelag A zeitlich sinusförmig ändert, so können wir Gl. 167c durch ein Vektordiagramm darstellen [vgl. L. 64]. Wir setzen z. B. einen zweipoligen Dreiphasenanker mit dem gleichmäßig am Anker-

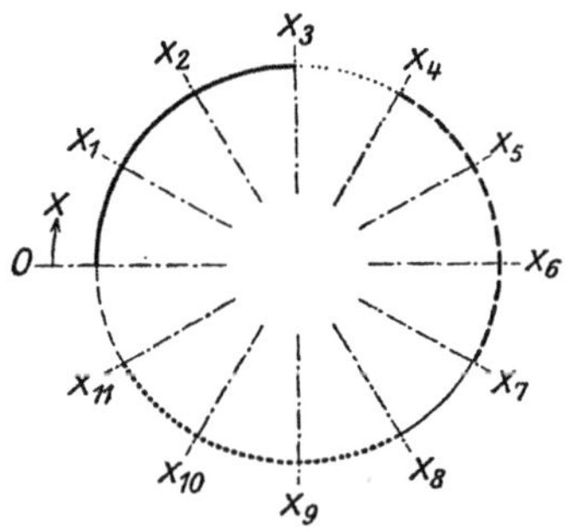

Abb. 376a. Strombelag einer zweipol. Dreiphasenwicklung mit verschieden breiten pos. und neg. Spulenseiten.

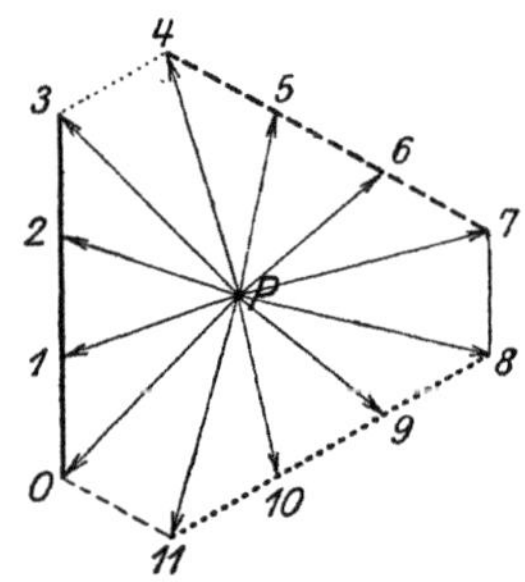

Abb. 376b. Vektordiagramm der Feld-Erregerkurve für den Strombelag in Abb. 376a.

umfang verteilten Strombelag nach Abb. 376a voraus. In dieser Abbildung sind wie im Abschnitt B die Strombeläge der drei Wicklungsstränge durch voll ausgezogene, gestrichelte und punktierte Linien angedeutet; negative Strombeläge sind von den positiven durch dünnere Linien unterschieden. Die Phase der drei Strombeläge sei wieder durch Abb. 372 gegeben. Dann wird das Integral des Strombelags (vgl. Gl. 167c) von $x = 0$ bis $x = x_3$ in Abb. 376a nach Größe und Phase durch die Strecke 0—3 in Abb. 376b dargestellt, die proportional der Länge des Bogens $0—x_3$ in Abb. 376a ist. An die Strecke 0—3 in Abb. 376b schließt sich das Integral des Strombelags über den Bogen von $x = x_3$ bis $x = x_4$ in Abb. 376a an, es wird durch die Strecke 3—4 in Abb. 376b dargestellt, die proportional der Länge des Bogens $x_3—x_4$ ist. In derselben Weise reihen sich die Strombeläge in den übrigen Teilen des Ankerumfangs aneinander und wir erhalten schließlich ein Vieleck, hier das Sechseck in Abb. 376b. Das Vieleck schließt sich, wenn das Integral des Strombelags vom Anfangspunkt $x = 0$ aus gerechnet gleich Null wird. Bei mehrpoligen Maschinen läuft das Vieleck mehrfach um; es schließt sich bei den Ganzlochwicklungen nach jeder Polpaarteilung. Wenn es offen bleibt, so ist das über den ganzen Ankerumfang erstreckte Integral des Strombelags von Null verschieden; das die Wicklung umgebende Eisen würde dann zirkular magnetisiert werden.

Um dem Vektordiagramm in Abb. 376b die Werte der Feld-Erregerkurve $f(x)$ oder die magnetische Spannung im Luftspalt an den verschiedenen Stellen x des Ankerumfangs nach Größe und Phase entnehmen zu können, müssen wir noch den Pol des Vektordiagramms (die Integrationskonstante C in Gl. 167c) bestimmen. Wenn sich, wie in fast allen praktischen Fällen, die drei Wicklungsstränge nur dadurch voneinander unterscheiden, daß sie am Ankerumfang um $^2/_3$ der Polteilung gegeneinander verschoben sind, so muß die Feld-Erregerkurve in den Zeitpunkten, die um $^1/_3$ Periode des Wechselstroms auseinanderliegen, immer dieselbe Gestalt haben. Diese Bedingung ist nur dann erfüllt, wenn der Pol P des Vektordiagramms entweder in der Mitte des Vielecks oder in einem unendlich fernen Punkte liegt. Von diesen beiden Lagen des Pols kommt nur die Lage in der Mitte des Vielecks in Betracht, weil sonst $f(x) = \text{konst.}$ sein müßte, die Wicklung also nur einen Unipolarfluß erzeugen würde.

Die vom Pol P nach dem Umfang des Vielecks (Abb. 376b) gezogenen Strahlen stellen die magnetische Spannnng nach Größe und Phase im Luftspalt an den verschiedenen Stellen des Ankerumfangs dar. Dabei ist zu beachten, daß der Umfang des Vielecks dem Ankerumfang entspricht, derart, daß gleiche Strecken des Umfangs vom Vieleck auch gleichen Strecken am Ankerumfang entsprechen. Die Größe und Phase der magnetischen Spannung im Luftspalt an den Punkten $x = 0$, $x = x_1$, $x = x_2$ usw. in Abb. 376a wird also durch die Strahlen $P—0$, $P—1$, $P—2$ usw. in Abb. 376b dargestellt.

Wenn die negativen Strombeläge in Abb. 376a Null sind und die positiven Strombeläge gleichmäßig am Ankerumfang verteilt werden, so erhalten wir den Strombelag einer dreiphasig angezapften **Ringwicklung**. Wenn dann der erste Wicklungsstrang den Bogen $0—x_4$, der zweite den Bogen $x_4—x_8$ und der dritte den Bogen $x_8—0$ am Ankerumfang einnimmt (vgl. Abb. 376a), so wird die magnetische Spannung im Luftspalt an den Stellen $x = 0$, $x = x_1$

usw. durch die Strahlen P—0, P—1 usw. in Abb. 377a dargestellt. Das Vieleck, auf dem die Endpunkte der Strahlen liegen, ist in diesem Falle ein regelmäßiges Dreieck.

Nehmen andrerseits die positiven und negativen Strombeläge jedes Wicklungsstrangs der Dreiphasenwicklung je $^1/_3$ der Polteilung am Ankerumfang ein, wie wir es in Abb. 371a bis f vorausgesetzt hatten, und wie es bei einer dreiphasigen Ganzlochwicklung mit Mantelspulen immer der Fall ist, so liegen die Endpunkte der Strahlen des Vektordiagramms auf einem regelmäßigen Sechseck. Befinden sich z. B. die Spulenseiten des ersten Wicklungsstrangs auf den Bögen $0—x_2$ und $x_6—x_8$, die des zweiten auf den Bögen $x_4—x_6$ und $x_{10}—0$ und die des dritten auf den Bögen $x_8—x_{10}$ und $x_2—x_4$ (vgl. Abb. 376a), so wird die magnetische Spannung an den verschiedenen Stellen des Umfangs durch die Strahlen in Abb. 377b dargestellt.

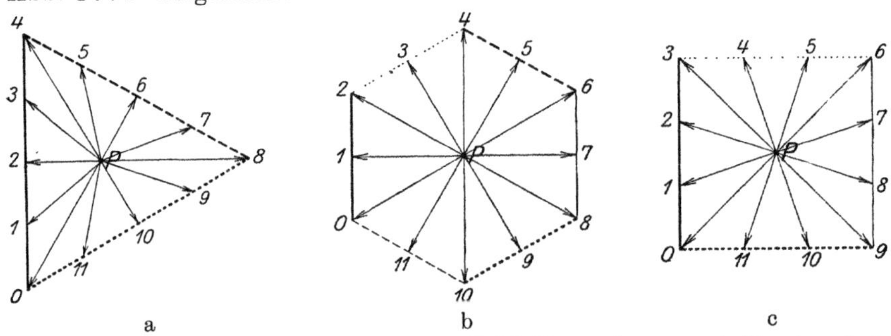

Abb. 377a bis c. Vektordiagramme der Feld-Erregerkurve. a) für eine dreiphasig angezapfte Ringwicklung, b) für eine dreiphasige, c) für eine zweiphasige Ganzlochwicklung mit Mantelspulen.

Für eine zweiphasige Ganzlochwicklung (vgl. Abb. 374a bis f) liegen die Endpunkte der Strahlen, die die magnetische Spannung im Luftspalt darstellen, auf einem regelmäßigen Viereck, einem Quadrat. Wenn z. B. die positiven Spulenseiten des ersten Wicklungsstrangs auf dem Bogen $0—x_3$, die negativen des zweiten auf dem Bogen $x_3—x_6$, die negativen des ersten auf dem Bogen $x_6—x_9$ und die positiven des zweiten auf dem Bogen $x_9 — 0$ liegen und die Phase der Strombeläge durch Abb. 375 gegeben ist, so wird die magnetische Spannung im Luftspalt an den Stellen $x = 0$, $x = x_1$ usw. durch die Strahlen P—0, P—1 usw. in Abb. 377c dargestellt.

Bei genutetem Anker ist der Strombelag nur an einzelnen Punkten des Ankerumfangs von Null verschieden (vgl. S. 392). Denken wir uns z. B. die Durchflutung in den gleich langen Bögen $0—x_1$, $x_1—x_2$, $x_2—x_3$ usw. in Abb. 376a in den Nuten zusammengedrängt, die in den Mitten dieser Bögen liegen mögen, so bezeichnen 0, x_1, x_2 usw. in Abb. 376a die Stellen des Ankerumfangs, wo die Mitten der Zähne liegen. Die magnetische Spannung ändert sich jetzt sprunghaft von Zahn zu Zahn und wird für die Zähne, deren Mittellinien an den Stellen 0, x_1, x_2 usw. des Ankerumfangs liegen, durch die Strahlen P—0, P—1, P—2 usw. in den Abb. 376b und 377a bis c dargestellt.

Aus den Vektordiagrammen der Abb. 376b und 377a bis c können wir die Feld-Erregerkurve bestimmen, indem wir die vom Pol P ausgehenden Strahlen auf die jeweilige Lage der Zeitlinie projizieren. Diese Projektionen stellen dann die Werte der Erregerkurve (magnetische Spannung im Luftspalt) für die verschiedenen Stellen des Ankerumfangs dar. Dabei ist wieder zu beachten, daß gleiche Strecken des Vieleckumfangs, auf dem die Endpunkte der Strahlen liegen, auch gleichen Strecken des Ankerumfangs der Maschine entsprechen. Der Ankerumfang ist gewissermaßen auf den Umfang des Vielecks abgewickelt. Unter der Annahme, daß in der Polpaarteilung 12 Nuten liegen, wird die magnetische Spannung unter den einzelnen Zähnen durch die Projektionen der in den Abb. 376a und 377a bis c eingezeichneten 12 Strahlen auf die Zeitlinie dargestellt.

Bei der Beurteilung der Schwankungen der Erregerkurve, die auch ein Maß für die Schwankungen der Induktion im Luftspalt der Maschine sind, haben wir im allgemeinen zu unterscheiden zwischen den Unterschieden der Höchstwerte an verschiedenen Stellen des Ankerumfangs und zwischen den Schwankungen des Höchstwertes der Erregerkurve überhaupt. Die Unterschiede der Höchstwerte an verschiedenen Stellen des Ankerumfangs werden gegeben durch die Unterschiede in der Größe der einzelnen vom Pol P ausgehenden Strahlen, während die Schwankung des Höchstwertes der Erregerkurve durch die Schwankung des Teils der Projektion des Vieleckumfangs auf die Zeitlinie gegeben ist, der von der Projektion des Pols P auf die Zeitlinie aus positiv gerichtet ist. Die größten Unterschiede in den Höchstwerten an verschiedenen Stellen des Ankerumfangs sind gleich den Unterschieden in den Höchstwerten der Erregerkurve überhaupt, wenn entweder der Strombelag gleichmäßig verteilt oder die Zahl der Nuten, in denen sich nebeneinanderliegende Spulenseiten desselben Wicklungsstrangs befinden, gerade ist (vgl. Abb. 377a und b). Jene Unterschiede sind aber geringer als diese, wenn die Zahl der nebeneinanderliegenden Nuten desselben Wicklungsstrangs ungerade ist (vgl. Abb. 376b und 377c). Die Schwankung des Höchstwertes der Erregerkurve ist unabhängig von der Nutenzahl; die Unterschiede in den Höchstwerten an verschiedenen Stellen des Ankerumfangs sind bei gleichmäßig verteiltem

Strombelag und bei gerader Zahl der nebeneinanderliegenden Nuten desselben Wicklungsstrangs am größten; sie sind Null, wenn diese Nutenzahl gleich 1 ist.

Bei den Vektordiagrammen in Abb. 376b und 377a bis c sind gleiche effektive Strombeläge vorausgesetzt, d. h. die Umfänge der Vielecke sind gleich groß. Die Diagramme gestatten deshalb die Schwankungen in der Erregerkurve bei den entsprechenden Wicklungen ohne weiteres miteinander zu vergleichen. Das Verhältnis zwischen größtem und kleinstem Höchstwert der Erregerkurve ist gleich dem Verhältnis zwischen dem je auftretenden größten und dem je auftretenden kleinsten Teil der Projektion des Vielecks auf die Zeitlinie, der von der Projektion des Pols P aus positiv gerichtet ist. Dieses Verhältnis ist z. B. in den Abb. 377a, b und c gleich 2, $\frac{2}{\sqrt{3}}$ und $\sqrt{2}$.

Die Unregelmäßigkeit der Erregerkurve oder des von ihr erzeugten Drehfeldes kommt auch darin zum Ausdruck, daß die Stelle, an der die Erregerkurve den Wert Null hat, im allgemeinen mit veränderlicher Geschwindigkeit am Ankerumfang fortschreitet. Die in den Diagrammen Abb. 376b und 377a bis c mit 0 bis 11 bezeichneten Strahlen entsprechen der magnetischen Spannung im Luftspalt in gleichen Abständen am Ankerumfang. Die magnetische Spannung an den einzelnen Stellen des Ankerumfangs ist Null, wenn die entsprechenden Strahlen im Diagramm jeweils senkrecht zu der mit konstanter Geschwindigkeit umlaufenden Zeitlinie liegen. Je größer die Unterschiede in den Winkeln sind, welche die Strahlen miteinander bilden, die gleichen Abständen am Ankerumfang entsprechen, um so größer sind die Unterschiede in der Geschwindigkeit, mit der die feldfreie Zone am Ankerumfang fortschreitet.

D. Der Mittelwert des Polflusses. Der in den Ankermantel ein- oder austretende Polfluß ist proportional der Fläche, die eine Halbwelle der resultierenden Erregerkurve mit der Abszissenachse einschließt. Die Grundwelle der Erregerkurve schneidet die Abszissenachse an einer Stelle x, die durch die Gleichung

$$\omega t - \frac{x\pi}{\tau} = 0 \quad . \; . \; . \; . \; . \; . \; . \; . \; . \quad (180)$$

bestimmt ist; dieselbe Gleichung bestimmt auch den Schnittpunkt der Erregerkurve mit der Abszissenachse in solchen Zeitpunkten, wo die Erregerkurve symmetrisch zur Ordinatenachse ist, wie z. B. bei der Dreiphasenwicklung in Abb. 371c und e, entsprechend den Zeitpunkten $t = 0$, ${}^2/_{24}\,T$, ${}^4/_{24}\,T$ usw. In diesen Zeitpunkten ist die von einer Halbwelle der resultierenden Erregerkurve $f(x)$ eingeschlossene Fläche

$$F = \int\limits_{\frac{x\pi}{\tau} = \omega t}^{\omega t + \pi} f(x)\, d\frac{x\pi}{\tau} \quad \ldots \ldots \ldots (181)$$

und beispielsweise für eine einschichtige dreiphasige Ganzlochwicklung (Gl. 179a)

$$F = \frac{3\sqrt{2}}{\pi} s q \frac{J}{2a} \left[2\xi_1 + \tfrac{2}{25}\xi_5 \cos 6\omega t - \tfrac{2}{49}\xi_7 \cos 6\omega t - \tfrac{2}{121}\xi_{11} \cos 12\omega t + \ldots\right]. \quad \ldots (181a)$$

Zu andern Zeiten wird der Ort, wo die Erregerkurve die Abszissenachse schneidet, nicht genau durch die Gl. 180 bestimmt sein, sondern wird unter dem Einfluß der Oberwellen im allgemeinen um einen kleinen Betrag von dieser Stelle abweichen. Dadurch berechnet man die Fläche F, die die Erregerkurve in diesen Zeitpunkten mit der Abszissenachse einschließt, nach Gl. 181 und 181a etwas zu klein. Der Fehler wird aber gering sein, weil nur kleine Beträge der Fläche, die in der Nähe des Schnittpunktes der Kurve mit der Abszissenachse liegen, bei der Integration herausfallen.

Bilden wir den zeitlichen Mittelwert der Fläche in Gl. 181a über eine volle Periode T, so erhalten wir für die einschichtige dreiphasige Ganzlochwicklung

$$\frac{1}{T}\int\limits_0^T F\,dt = \frac{6\sqrt{2}}{\pi} s q \frac{J}{2a}\xi_1 \quad \ldots \ldots \ldots (182a)$$

und entsprechend für eine m-phasige Ganzlochwicklung

$$\frac{1}{T}\int\limits_0^T F\,dt = \frac{2m\sqrt{2}}{\pi} s S \frac{J}{2a}\xi_1. \quad \ldots \ldots (182)$$

Diese Gleichungen stellen in Strenge den zeitlichen Mittelwert der Fläche der Erregerkurve zwischen den Stellen dar, wo die Grundwelle die Abszissenachse schneidet. Der zeitliche Mittelwert der Fläche, die der ganzen Halbwelle der Erregerkurve entspricht, und dem Mittelwert des Polflusses proportional ist, ist etwas größer, kann aber mit praktisch genügender Genauigkeit nach den Gl. 182 und 182a berechnet werden.

Aus den Gl. 182 und 182a erkennen wir, daß für den zeitlichen Mittelwert der Fläche F nur die Grundwelle der Erregerkurve in Betracht kommt. Deshalb berücksichtigt man bei Mehrphasenwicklungen auch gewöhnlich nur die Grundwelle

$$f_1(x) = m\frac{\sqrt{2}}{\pi} s S \frac{J}{2a} \xi_1 \sin\left(\omega t - \frac{x\pi}{\tau}\right) \quad . \; . \; . \; . \; (183)$$

der Erregerkurve, worin für die Einschichtwicklung $S = q$ ist.

Diese Vereinfachung ist besonders bei den synchronen Maschinen berechtigt, weil hier die Oberwellen zum Teil durch Wirbelströme im Feldmagneten abgedämpft werden. Die Oberwelle läuft nach Gl. 174 mit der Geschwindigkeit

$$v_\nu = \pm \frac{v_1}{\nu}$$

relativ zur Ankerwicklung um. Die Geschwindigkeit relativ zum Feldmagneten ist also

$$v_\nu' = v_1 \mp \frac{v_1}{\nu} = \frac{\nu \mp 1}{\nu} v_1 \quad . \; . \; . \; . \; . \; . \; . \; . \; (184)$$

Da gewöhnlich nur die Oberwellen höherer Ordnung vorkommen, z. B. bei der Dreiphasenwicklung nur die der Ordnungszahl $\nu \gtreqless 5$, ist die Geschwindigkeit der Oberwellen relativ zum Feldmagneten annähernd gleich der Geschwindigkeit, mit der der Feldmagnet relativ zur Ankerwicklung umläuft:

$$v_\nu' \approx v_1 \quad . \; . \; . \; . \; . \; . \; . \; . \; . \; (184\,a)$$

50. Einfluß der Oberströme.

In den Abschnitten über die Erregerkurve hatten wir vorausgesetzt, daß sich die Wechselströme, mit denen die Wicklungsstränge gespeist werden, sinusförmig ändern; wir wollen deshalb noch untersuchen, welchen Einfluß die Oberströme auf die resultierende Erregerkurve ausüben.

An Stelle von Gl. 172a schreiben wir deshalb für den Strom in einer Spulenseite

$$s i = s\sqrt{2} \sum_{\mu=1}^{\infty} J_\mu \sin \mu\omega t \quad . \; . \; . \; . \; . \; . \; (185)$$

und erhalten somit für die Erregerkurve des Wicklungsstrangs einer Ganzlochwicklung (vgl. Gl. 175)

$$f(x) = \frac{\sqrt{2}}{\pi} s S \frac{1}{2a} \sum_\mu \sum_\nu J_\mu \frac{1}{\nu} \frac{\xi_\nu}{\sin \nu \frac{\pi}{2}} \left[\sin\left(\mu\omega t - \nu\frac{x\pi}{\tau}\right) + \sin\left(\mu\omega t + \nu\frac{x\pi}{\tau}\right)\right]. \quad (186)$$

Die Summation ist hier zweifacher Art. Sie erstreckt sich einmal über alle Einzelschwingungen der Ordnung μ des Stromes im Wicklungsstrang, das andere Mal über alle Einzelwellen der Ordnung ν, in die die Erregerkurve zerlegt werden kann, wenn der Wicklungsstrang mit konstantem Strom gespeist wird.

Die Ordnungszahlen ν der Einzelwellen werden nicht durch die Kurvenform des Wechselstromes, sondern durch die Art der Wicklung bestimmt. Wir können uns gewissermaßen die ganze Wicklung durch eine Reihe von Einzelwicklungen ersetzt denken, die alle für sich eine sinusförmige Erregerkurve mit der Polteilung $\frac{\tau}{\nu}$ erzeugen, und bei Reihenschaltung der einzelnen Wicklungen und Speisung mit Gleichstrom die resultierende Gleichstrom-Erregerkurve ergeben. In diesem Falle können wir auch mit ν die Ordnungszahl der sinusförmig verteilten $2\nu p$-poligen Einzelwicklungen bezeichnen, durch welche eine Wicklung ersetzt werden kann, und von der Grundwelle und den Oberwellen des Strombelags oder kurz von den Grund- und den Oberwicklungen sprechen.

Jede Einzelschwingung des Stromes ergibt mit jeder Einzelwelle der Gleichstrom-Erregerkurve im allgemeinen zwei in verschiedenem Sinne umlaufende Einzelwellen. Wir bestimmen ihre Geschwindigkeit, indem wir setzen

$$\sin\left(\mu\,\omega\,t \mp \nu\frac{x\pi}{\tau}\right) = \text{const}, \quad . \quad . \quad . \quad . \quad . \quad (187\text{a})$$

woraus sich in ähnlicher Weise wie auf S. 395 die Geschwindigkeit der Welle, die die Stromschwingung μ-ter Ordnung mit der Einzelwicklung ν-ter Ordnung erzeugt, zu

$$v_{\mu\nu} = \pm\frac{\mu}{\nu}\,v_1 \quad . \quad . \quad . \quad . \quad . \quad . \quad . \quad . \quad . \quad (187\text{b})$$

ergibt. Für $\mu = \nu$ wird

$$v_{\mu\nu} = \pm v_1, \quad . \quad . \quad . \quad . \quad . \quad . \quad . \quad . \quad . \quad . \quad (187\text{c})$$

d. h. Oberströme und Oberwicklungen von gleicher Ordnungszahl ergeben im allgemeinen je eine mit positiver und negativer synchroner Geschwindigkeit umlaufende Welle der Erregerkurve. Die Wellen, die in positivem Sinne umlaufen, werden sich voll ausbilden können, während alle übrigen Oberwellen bei den synchronen Maschinen durch Wirbelströme mehr oder weniger abgedämpft werden.

Wenn wir bei einer m-Phasenwicklung die Zeit $t = 0$ und den Ort $x = 0$ so wählen, daß Gl. 186 für den ersten Wicklungsstrang gilt, und wenn die Grundwellen der Ströme in den Wicklungszweigen zeitlich ebenso aufeinander folgen wie die Wicklungsstränge am Ankerumfang, so erhalten wir die Erregerkurve für den $(n+1)$-ten Strang, wenn wir die eckige Klammer in Gl. 186 durch

$$[\,]=\left[\sin\left(\mu\left(\omega t-\frac{n}{m}2\pi\right)-\nu\left(\frac{x\pi}{\tau}-\frac{n}{m}2\pi\right)\right)+\sin\left(\mu\left(\omega t-\frac{n}{m}2\pi\right)+\nu\left(\frac{x\pi}{\tau}-\frac{n}{m}\cdot 2\pi\right)\right)\right]$$

$$=\left[\sin\left(\mu\omega t-\nu\frac{x\pi}{\tau}+(\nu-\mu)\frac{n}{m}2\pi\right)+\sin\left(\mu\omega t+\nu\frac{x\pi}{\tau}-(n+\mu)\frac{n}{m}2\pi\right)\right] \quad (188)$$

ersetzen. Führen wir die Summation über alle m Wicklungsstränge aus, so finden wir, ähnlich wie auf S. 399, daß in der resultierenden Erregerkurve einer m-Phasenwicklung nur solche positiv umlaufenden Wellen der Erregerkurve vorkommen, für die

$$\frac{\nu-\mu}{m}=\text{null oder ganz} \quad \ldots\ldots \quad (189\text{a})$$

und solche negativ umlaufenden Wellen, für die

$$\frac{\nu+\mu}{m}=\text{ganz} \quad \ldots\ldots\ldots \quad (189\text{b})$$

ist.

Bei den gewöhnlichen verketteten Dreiphasen- $(m=3)$ und Zweiphasenwicklungen $(m=4)$ kommen die Ordnungszahlen μ und ν, die ein beliebiges ganzes Vielfaches der Phasenzahl m sind, nicht vor. Die Bedingungen Gl. 189a und b können dann, wenn wir für die Zweiphasenwicklung noch voraussetzen, daß die beiden Halbwellen der Stromkurve symmetrisch zur Abszissenachse sind (μ = ungerade), nicht gleichzeitig für dieselben Werte von μ und ν erfüllt sein. Die Oberströme geben dann ebenso wie der Strom der Grundschwingung immer nur ein Drehfeld, das entweder im positiven oder negativen Sinne umläuft. Im positiven Sinne und mit synchroner Geschwindigkeit laufen die Einzelwellen der Erregerkurve um, die sich aus den Einzelwellen der Oberströme und den Oberwicklungen zusammensetzen, deren Ordnungszahlen der Gl. 189a genügen. Diese Wellen stehen bei einer Synchronmaschine relativ zum Feldmagneten still und können sich deshalb auch in voller Stärke ausbilden. Sie müßten bei der Untersuchung der Vorgänge in der Maschine berücksichtigt werden, wenn ihre Größe nicht in allen praktischen Fällen verschwindend klein wäre. Die Amplituden der Einzelwellen der Erregerkurve sind proportional dem Faktor $C_{\mu\nu}=J_\mu\frac{1}{\nu}\xi_\nu$, der sehr schnell mit den Ordnungszahlen μ und ν abnimmt. Vergleichen wir die Amplitude der umlaufenden Welle, die von der μ-ten Stromschwingung und von der ν-ten Wicklungswelle herrührt, mit der umlaufenden Welle, die die Grundschwingung des Stromes und die Grundwelle der Wicklung erzeugen, so ist dieses Verhältnis

$$\frac{C_{\mu\nu}}{C_{11}} = \frac{J_\mu}{J_1} \frac{1}{\nu} \frac{\xi_\nu}{\xi_1}.$$

Bei einer dreiphasigen Wicklung mit $q = 3$ ist z. B. (vgl. Tafel 23, S. 359) für die erste praktisch in Frage kommende Oberwelle der Wicklung ($\nu = 5$)

$$\frac{C_{\mu 5}}{C_{11}} = \frac{1}{5} \cdot \frac{0{,}217}{0{,}960} \cdot \frac{J_\mu}{J_1} = 0{,}0452 \frac{J_\mu}{J_1}.$$

Setzen wir ferner voraus, daß die Amplitude der 5. Stromschwingung noch $10\,^0/_0$ der Amplitude der Grundschwingung beträgt, so wird das Verhältnis zwischen den Amplituden der ersten synchron umlaufenden Oberwelle und der Grundwelle der resultierenden Erregerkurve

$$\frac{C_{55}}{C_{11}} = 0{,}0045,$$

also kleiner als $1\,^0/_0$. Berücksichtigt man ferner, daß die Polteilung und damit der Polfluß der Einzelwelle, in die die Gleichstrom-Erregerkurve zerlegt werden kann, umgekehrt proportional der Ordnungszahl ν ist, so erscheint es vollkommen berechtigt, die synchron mit der Grundwelle umlaufenden Einzelwellen der Erregerkurve ganz zu vernachlässigen.

Tafel 27.

Relativgeschwindigkeit zwischen den Einzelwellen und der Grundwelle der Erregerkurve einer verketteten Dreiphasenwicklung.

Ordnungszahl der Einzelwellen der Wicklung (ν)	Ordnungszahl der Einzelwellen des Stromes (μ)								
	1	5	7	11	13	17	19	23	25
1	0	-6	6	-12	12	-18	18	-24	24
5	$-1\,^1/_5$	0	$-2\,^2/_5$	$1\,^1/_5$	$-3\,^3/_5$	$2\,^2/_5$	$-4\,^4/_5$	$3\,^3/_5$	-6
7	$-^6/_7$	$-1\,^5/_7$	0	$-2\,^4/_7$	$^6/_7$	$-3\,^3/_7$	$1\,^5/_7$	$-4\,^2/_7$	$2\,^4/_7$
11	$-1\,^1/_{11}$	$-^6/_{11}$	$-1\,^7/_{11}$	0	$-2\,^2/_{11}$	$^6/_{11}$	$-2\,^8/_{11}$	$1\,^1/_{11}$	$-3\,^3/_{11}$
13	$-^{12}/_{13}$	$-1\,^5/_{13}$	$-^6/_{13}$	$-1\,^{11}/_{13}$	0	$-2\,^4/_{13}$	$^6/_{13}$	$-2\,^{10}/_{13}$	$^{12}/_{13}$
17	$-1\,^1/_{17}$	$-^{12}/_{17}$	$-1\,^7/_{17}$	$-^6/_{17}$	$-1\,^{13}/_{17}$	0	$-2\,^2/_{17}$	$^6/_{17}$	$-2\,^8/_{17}$
19	$-^{18}/_{19}$	$-1\,^5/_{19}$	$-^{12}/_{19}$	$-1\,^{11}/_{19}$	$-^6/_{19}$	$-1\,^{17}/_{19}$	0	$-2\,^4/_{19}$	$^6/_{19}$
23	$-1\,^1/_{23}$	$-^{18}/_{23}$	$-1\,^7/_{23}$	$-^{12}/_{23}$	$-1\,^{13}/_{23}$	$-^6/_{23}$	$-1\,^{19}/_{23}$	0	$-2\,^2/_{23}$
25	$-^{24}/_{25}$	$-1\,^5/_{25}$	$-^{18}/_{25}$	$-1\,^{11}/_{25}$	$-^{12}/_{25}$	$-1\,^{17}/_{25}$	$-^6/_{25}$	$-1\,^{23}/_{25}$	0

Aus demselben Grunde kommen auch alle andern Wellen, die die Oberströme in der Wicklung erregen, gewöhnlich nicht in Frage. Sie werden überdies bei synchronen Maschinen alle mehr oder weniger durch Wirbelströme im Feldmagneten abgedämpft. Die relative Geschwindigkeit zwischen Feldmagnet und Einzelwelle der resultierenden Erregerkurve ist nach Gl. 187b

$$v'_{\mu\nu} = \pm \frac{\mu}{\nu} v_1 - v_1 = \left(\pm \frac{\mu}{\nu} - 1\right) v_1, \quad . \; . \; . \; (191)$$

worin das $+$-Zeichen oder das $-$-Zeichen zu setzen ist, je nachdem μ und ν den Bedingungen 189a oder b genügen. Für die Relativgeschwindigkeit zwischen den Einzelwellen und der Grundwelle (oder dem Feldmagneten) erhalten wir die in Tafel 27 eingeschriebenen Werte, wobei die Geschwindigkeit der Grundwelle gleich $+1$ gesetzt ist.

Literaturverzeichnis.

Lfd. Nr.	Verfasser	Titel oder Inhalt	Zeitschrift, Verlag oder Patent	Abschnitt
1	Arnold	Die Gleichstrommaschine I	J. Springer, Berlin, 1906	1 bis 21
2	„	„ „ II	„ „ 1907	1 bis 21
3	Arnold-la Cour	„ „ I	„ „ 1919	1 bis 21
4	Görges	Graph. Darstellung des Wechselpotentials.	E.T.Z. 1898, S. 164	9 A
5	Pichelmayer	Spannungsverhältnisse bei Wicklungen mit 2 Kommutatoren.	E. u. M. 1913, S. 777	9 F
6	Richter	Ankerwicklungen mit 2 Kommutatoren.	E. u. M. 1914, S. 419	9 F
7	Arnold	Äquipotentialverbindungen	E.T.Z. 1902, S. 633	11 u. 12
8	Lulofs	Armature Reaktion in Lap-Wound Machines.	The Electrician 1912, Bd. 70, S. 303.	11 B
9	Döry	Einphasenbahnmotoren.	Fr. Vieweg, Braunschw. 1919	12 B
10	Punga	Zweifach-Parallelwickl. m. Ausgleichsverbindungen.	E. u. M. 1911, S. 7.	12 C
11	Lamme	Mehrgängige Wicklung mit Ausgleichsverbindungen	E. u. M. 1914, S. 279 U. S. P. 1070492.	12 C
12	Pohl	Development of Turbo-Generators.	J. I. E. E. 1907, Bd. 40, S. 239.	13
13	Richter	Über die Ausführbarkeit v. Gleichstrom-Ankerwickl.	A. f. E. 1914, Bd. 2, S. 443	14
14a	„	Bestimmung der Breite der Wendezone.	A. f. E. 1914, Bd. 2, S. 451	16
14b	„	Bestimmung d. Breite der Wendezone (Berichtigung).	A. f. E. 1918, Bd. 6, S. 406	16
15	Marec	Les Enroulements Industriels.	Gauthier-Villars, Paris 1911	19 u. 40
16	Krause	Formspulenwicklung.	J. Springer, Berlin 1910	19 u. 40
17	Wolf	Praktische Ausführung von Ankerwicklungen.	Hachmeister & Thal, Leipzig, 1917	19 u. 40
18	Fleming und Johnson	Insulation and Design of Electrical Windings.	Longmans, Green & Co., London, 1913.	19, 21 u. 41
19	Pohl und Soschinski	Die Leitungen usw.	Handbuch d. El., Hirzel, Leipzig, 1904.	20 u. 41
20	A. E. G.	A. E. G.-Normalien.	A. E. G., Berlin, 1916	20 u. 41

Lfd. Nr.	Verfasser	Titel oder Inhalt	Zeitschrift, Verlag oder Patent	Abschnitt
21	Turner und Hobart	Die Isolierung elektr. Maschinen.	J. Springer, Berlin, 1906	21 u. 41
22	Dettmar	Normalien usw. d. V. D. E.	J. Springer, Berlin, 1914	21
23	Déri-B. B. C.	Einphasen-Kommutatormaschine.	D. R. P. 181015, 24. XI. 1904	22
24	Richter-S. S. W.	Repulsionsmotor mit zwei Bürstenpaaren.	D. R. P. 210548, 25. VIII. 1907	22
25	Richter-M. S. W.	Verfahren zur Regelung durch Bürstenverschiebung.	D. R. P. 257865, 23. III. 1910	22
26	Schenkel	Der Drehstrom-Reihenschlußmotor der S. S. W.	E. T. Z. 1912, S. 473	23
27	Richter-Jonas	Mehrphasen-Kollektormaschine.	E. T. Z. 1910, S. 826	23
28	Rüdenberg	Die Kommutierung in Drehstrom-Kollektormaschinen.	E. u. M. 1911, S. 467	23
29	Arnold	Die Wechselstromtechnik III.	J. Springer, Berlin, 1912	24 bis 50
30	Ossanna	Schaltungen m. aufgeschn. Gleichstromwicklungen.	Z. f. E. 1899, S. 347	24
31	v. Ettingshausen	Maschine f. Dreileitersyst.	Z. f. E. 1897, S. 65	24 B
32	Breslauer	Die dreiphasige Schaltung von Reihenankern.	E. T. Z. 1914, S. 357	24 C
33	Beyer-M. S. W.	Wicklungen für geteilte Anker.	D. R. P. 283377, 2. X. 1913	26 E
34	S. S. W.	Wicklungen für geteilte Anker.	D. R. P. 244542, 21. III. 1911	26 E
35	Schmidt	Wicklungen für geteilte Anker.	Schweiz. Pat. 33630, 12. V. 05	26 E
36	Richter-M. S. W.	Wicklungen für geteilte Anker.	D. R. P. 225241, 7. I. 1909	26 E
37	Richter-S. S. W.	Schaltung z. Verhinderung einseit. magnetisch. Zugs.	D. R. P. 217150, 11. III. 1908	27 B
38	Richter	Die Bruchlochwicklungen und ihr Entwurf.	A. f. E. 1919, Bd. 8, S. 214	28 bis 30
39	Seidner	Teillochwicklungen für Mehrphasengeneratoren.	E. u. M. 1910, S. 785	29 u. 30
40	Punga	Wicklung f. Mehrphasengeneratoren.	E. T. Z. 1908, S. 118	30
41	A. B. Field	Zusätzliche Stromwärme in Wechselstromwicklungen.	A. I. E. E. 1905, S. 659	33 A
42	Richter (Referat)	Zusätzliche Stromwärme in Wechselstromwicklungen.	E. T. Z. 1905, S. 1038	33 A
43	Emde	Zusätzliche Stromwärme in Wechselstromwicklungen.	E. u. M. 1908, S. 703	33 A
44	A. E. F.	Wechselstromgrößen.	E. T. Z. 1913, S. 956	33 A

Lfd. Nr.	Verfasser	Titel oder Inhalt	Zeitschrift, Verlag oder Patent	Abschnitt
45	Rogowski	Kritische Leiterhöhe.	A. f. E. 1913, Bd. 2, S. 81	33 A
46	Richter	Kritische Leiterhöhe.	A. f. E. 1914, Bd. 2, S. 518	33 A
47	„	Berechnung der zusätzlichen Stromwärme.	A. f. E. 1915, Bd. 3, S. 175	33 A
48	„	Zusätzliche Stromwärme in Nutenwicklungen.	A. f. E. 1915, Bd. 4, S. 1	33 B u. C
49	„	Wechselstromwicklung mit mehreren in Reihe geschalteten Leitern.	D. R. P. 302647, 16. III. 1915	33 C
50	Richter	Stromwärme in unterteilten Leitern.	A. f. E. 1916, Bd. 5, S. 1	33 D
51	Hillebrand	Stromwärme in unterteilten Leitern.	A. f. E. 1914, Bd. 3, S. 111	33 D
52	Roebel-B. B. C.	Leiter f. elektr. Masch. zur Unterdrückung der zusätzl. Stromwärme.	D. R. P. 277012, 19. III. 1912	33 D
53	Richter	Leiter f. elektr. Masch. zur Unterdrückung der zusätzl. Stromwärme.	D. R. P. 316944, 17. V. 1917	33 D
54	„	Leiter f. elektr. Masch. zur Unterdrückung der zusätzl. Stromwärme.	D. R. P. 319567, 11. XI. 1917	33 D
55	„	Einschichtwickl. z. Unterdrückung d. zusätzlichen Stromwärme.	D. R. P. 315354, 14. VIII. 1915	33 D
56	„	Zweischichtwickl. z. Unterdrückung d. zusätzlichen Stromwärme.	D. R. P. 314459, 19. VII. 1916	33 D
57	„	Schaltung mit unterteilten Leitern.	D. R. P. 318952, 11. XI. 1917	33 D
58	Richter	Unterdrückung der zusätzlichen Stromwärme durch magnetische Hilfskreise.	A. f. E. 1917, Bd. 5, S. 335	33 E
59	„	Unterdrückung der zusätzlichen Stromwärme durch magnetische Hilfskreise.	D. R. P. 302985, 2. IV. 1914	33 E
60	„	Unterdrückung der zusätzlichen Stromwärme durch magnetische Hilfskreise.	D. R. P. 312704, 13. VIII. 1915	33 E
61	„	Unterdrückung der zusätzlichen Stromwärme durch magnetische Hilfskreise.	D. R. P. 312676, 17. II. 1917	33 E
62	Dreyfus	Zusätzl. Stromwärme v. Gleichstrommaschinen.	E. u. M. 1914, S. 281	33 F
63	„	Zusätzl. Stromwärme v. Gleichstrommaschinen.	A. f. E. 1915, Bd. 3, S. 273	33 F
64	Görges	Vektordiagr. d. Feldstärke.	E. T. Z. 1907, S. 1	34 A u. 49 C
65	S. S. W.	Schutzanordn. f. massive Bauteile elektr. Maschinen.	D. R. P. 313076, 26. XI. 1914	34 C
66	Richter	Steuerung d. elektr. Güterzug-Lokomotive E. G. 506.	E. T. Z. 1913, S. 867	34 C
67	M. F. Örlikon	Umschaltung einzelner Spulengruppen für verschiedene Polzahlen.	D. R. P. 138854, 15. IV. 1902	35 A
68	S. S. W.	Wicklung für versch. Polzahlen im Verhältnis 1:2.	D. R. P. 160389, 14. II. 1904	35 B
69	Ziel	Drehstrommotor mit variabler Polzahl.	E. T. Z. 1897, S. 535	36

Lfd. Nr.	Verfasser	Titel oder Inhalt	Zeitschrift, Verlag oder Patent	Abschnitt
70	Behn-Eschenburg	Polumschaltbarer Drehstrommotor d. M.F. Örlikon.	E. T. Z. 1902, S. 1055	36
71	Ritter	Änderung d. Polzahl mehrphas. Wechselstrommotor.	D. R. P. 102499, 2. VIII. 1898	36
72	M. F. Örlikon	Wicklung z. Erzeugung versch. Polzahlen.	D. R. P. 147427, 10. II. 1903	36
73	„	Wicklung z. Erzeugung versch. Polzahlen.	D. R. P. 157899, 2. II. 1904	36
74	A. E. G.	Wicklung mit Polzahlverhältnis 1:2.	D. R. P. 253888, 17. III. 1912	36
75	M. F. Örlikon	Wicklung mit Polzahlverhältnis 4:3.	D. R. P. 289348, 27. IX. 1914	36
76	„	Wicklung mit Polzahlverhältnis 4:3.	D. R. P. 299414, 20. XI. 1915	36
77	M. F. Örlikon	Wicklung mit Polzahlverhältnis 1:2.	D. R. P. 205171, 1. V. 1908	36 A
78	B. B. C.	Änderung der Polzahl mit Scottscher Schaltung.	D. R. P. 279503, 10. IX. 1912	36 B
79	Sumec	Polumschaltung von Drehstrommotoren.	Z. f. E. 1904, S. 379	36 u. 37
80	A. E. G.	Zweiphasenwicklung mit Polzahlverhältnis 1:2.	D. R. P. 163869, 7. X. 1903	37
81	Lewis	Änderung der Polzahl bei sechs- oder mehrpoligen Motoren.	D. R. P. 173200, 9. XII. 1904	37
82	Krebs	Regelung von Wechselstrommotoren.	D. R. P. 54967, 21. I. 1890	37 A
83	Heyland	Änderung der Pohlzahl bei Einphasenmotoren.	D. R. P. 112063, 1. II. 1898	37 A
84	A. E. G.	Wicklung mit ungeradem Polzahlverhältnis.	D. R. P. 177272, 17. VI. 1904	37 A
85	Meller	Drehstrommotor mit Polumschaltung.	D. R. P. 180696, 21. VIII. 1904	37 A
86	„	Drehstrommotor mit Polumschaltung.	D. R. P. 198775, 31. X. 1906	37 A
87	Dahlander	Drehstrommotoren mit variabler Polzahl.	E. T. Z. 1897, S. 257	37 B
88	Dahlander und Lindström	Wicklung für zwei verschiedene Polzahlen.	D. R. P. 98417, 12. II. 1897	37 B
89	Schuckert & Co.	Wicklung für zwei verschiedene Polzahlen.	D. R. P. 112094, 24. V. 1899	37 B
90	Meller	Wechselstrommotor für verschiedene Polzahlen.	D. R. P. 194055, 5. VIII. 1906	38
91	Hunt	Wicklung z. gleichzeit. Erzeugung versch. Polzahlen.	D. R. P. 206533, 12. VII. 1907	38
92	Milch	Wicklung mit dem Polzahlverhältnis 3:4.	D. R. P. 221760, 16. X. 1908	38 B
93	„	Wicklung mit dem Polzahlverhältnis 2:3.	D. R. P. 237147, 13. VI. 1907	38 B

Lfd. Nr.	Verfasser	Titel oder Inhalt	Zeitschrift, Verlag oder Patent	Abschnitt
94	Stern	Wicklung mit dem Polzahlverhältnis 3 : 4.	D. R. P. 200661, 13. VI. 1907	38 B
95	„		D. R. P. 217507, 1. XI. 1908	
96	M. F. Örlikon		D. R. P. 286224, 7. V. 1914	
97	Lamme	Mehrfachwicklung für verschiedene Polzahlen.	D. R. P. 115452, 12. IV. 1900	39
98	Richter	Elektr. Maschinen m. Wicklungen aus Al, Zn und Fe.	Fr. Vieweg, Braunschweig, 1916	40
99	„	Biegungsarbeit, Biegungszahl und Zerreißfestigkeit.	E. T. Z. 1917, S. 293	
100	Petersen	Hochspannungstechnik.	Enke, Stuttgart, 1911	41
101	Schwaiger	Festigkeit der Isoliermaterialien.	J. Springer, Berlin, 1919	
102	Emde	Das Induktionsgesetz.	E. u. M. 1908, S. 997	42
103	„	Zum Induktionsgesetz.	E. u. M. 1909, S. 783	
104	„	Elektrizitätslehre und Schulbücher.	Z. f. mathem. u. naturw. Unterr. 1917, S. 358	42 A
105	„	Ein Flächenmodell zur Erläuterung des Begriffs Kraftlinienwindungszahl.	E. u. M. 1912, S. 976	
106	A. E. F.	Feld und Fluß.	E. T. Z. 1914, S. 661	
107	Rüdenberg	Die Erzeugung reiner Sinusströme.	E. T. Z. 1904, S. 252	44
108	Sumec	Ankerrückwirkung in Drehstromgeneratoren.	E. T. Z. 1906, S. 67	45 B
109	Rüdenberg	Einfluß der Nuten auf die Wirkungsweise der Dynamoanker.	E. T. Z. 1907, S. 599	46
110	Kiepert	Grundriß der Differential- und Integralrechnung.	Helwigscher Verlag, Hannover, 1918.	48 B
111	Richter	Drehsinn und Phasenfolge	E. T. Z. 1913, S. 926	49

Abkürzungen:

A. E. F. = Ausschuß für Einheiten u. Formelzeichen.
A. E. G. = Allgemeine Elektrizitäts-Gesellschaft.
A. f. E. = Archiv für Elektrotechnik.
A. I. E. E. = Proceedings of the American Institute of Electrical Engineers.
B. B. C. = Aktiengesellschaft Brown, Boveri & Cie.
E. T. Z. = Elektrotechnische Zeitschrift
E. u M. = Elektrotechnik u. Maschinenbau (Wien).
Handbuch d. El. = Handbuch der Elektrotechnik von Heinke.
J. I. E. E. = Journal of the Institution of Electrical Engineers
M. F. Örlikon = Maschinenfabrik Örlikon.
M S. W. = Maffei-Schwartzkopff Werke.
S. S. W. = Siemens-Schuckertwerke.
V. D. E. = Verband Deutscher Elektrotechniker.
Z. f. E. = Zeitschrift für Elektrotechnik (Wien).
Z. f. mathem. u naturw. Unterr. = Zeitschrift für mathematischen und naturwissenschaftlichen Unterricht.

Bedeutung der verwendeten Formelzeichen.

A = Strombelag (Augenblickswert, in Amp.).
a = halbe Zahl der parallelen Wicklungszweige, auch bei Wechselstromwicklungen.
a = Nutbreite (Abschn. 33, Abb. 240).
B = magnetische Induktion (Abschn. 48 A, S. 390).
B = Höchstwert der Induktion im Luftspalt (Abschn. 35 C, S. 292).
B_ν = Amplitude der Induktionswelle ν-ter Ordnung.
b = Bürstenbreite, bezogen auf den Ankerumfang (Abschn. 16 u. Abschn. 47 A).
b = Abmessungen in Abb. 110 (S. 135).
b = Leiterbreite (Abschn. 33, Abb. 240).
b = Induktion am Ankerumfang (Abschn. 42 B).
C = Größe nach Gl. 83 a in Abschn. 33 F.
C = Integrationskonstante (Abschn. 48 A, Gl. 167 c).
C_ν = Kurvenfaktor ν-ter Ordnung (Abschn. 43 B, S. 353).
C_ν = Amplitude der ν-ten Welle der Feld-Erregerkurve (Abschn. 48 B, S. 393).
$C_{\mu\nu}$ = Amplitude (Abschn. 50, S. 413).
c = Zahl (Abschn. 7 A, S. 36).
d = Abmessung in Abb. 110 (S. 135).
d = Ankerdurchmesser (Abschn. 35 C).
E = Effektivwert der EMK (in cgs-Einheiten).
E_ν = Effektivwert der ν-ten Welle der EMK.
E_ν = Effektivwert der ν-ten Welle der EMK in einer Spulenseite in Abschn. 44 (S. 358).
E_m = Mittelwert der EMK.
e = Augenblickswert der induzierten EMK.
e = Spannung zwischen benachbarten Ecken des zweiseitigen Spannungsvielecks (Abschn. 10 B, S. 65).
e = Spannung zwischen benachbarten Leitern (Abschn. 21 A, S. 146).
e = EMK der Stromwendung bei Durchmesserwicklung (Tafel 7, S. 171).
e' = „ „ „ „ Sehnenwicklung (Tafel 7, S. 171).
e_s = Spannung zwischen benachbarten Stromwenderstegen (Abschn. 21 A, S. 146).
e_{sm} = mittlere Spannung zwischen benachbarten Stromwenderstegen (Abschnitt 17 C, S. 113).
e_e = eingeprägte EMK (Abschn. 42 A, S. 344).
F = Fläche einer Halbwelle der Feld-Erregerkurve (Abschn. 49 D).
f = Frequenz.
$f(x)$ = Normalkomponente der Induktion als Funktion der Stelle x des Ankerumfangs (Abschn. 43 B u. 44 A).
$f(x)$ = Feld-Erregerkurve = magnetische Spannung im Luftspalt als Funktion der Stelle x des Ankerumfangs (Abschn. 48, S. 390, Abschn. 49 u. 50).
g = ganze Zahl.
$g(x)$ = Funktion von x (Abschn. 44 A).
H = magnetische Feldstärke in Amp./cm (Abschn. 48 A, S. 390).
h = Leiterhöhe (Abschn. 33, Abb. 240).
I = Effektivwert des Stromes (in Amp.).
i = Augenblickswert des Stromes.
k = Stromwenderstegzahl (Spulenzahl).
k = Widerstandsverhältnis (Abschn. 33, S. 259).
k' = Stromwenderstegzahl der künstlich geschl. Wicklung (Abschn. 15 B, S. 100).
l = Ankerlänge (Abschn. 35 C, 42 B, 46 A).

m = Gangzahl der Gleichstrom-Ankerwicklungen (Abschn. 5 A und 7 A).
m = Zahl der Anzapfpunkte bei zweipoligen Gleichstrom-Ankerwicklungen (Abschn. 24 C, S. 177).
m = Zahl der Wicklungsstränge bei Wechselstromwicklungen.
m = Zahl der in der Nut übereinanderliegenden Leiter (Abschn. 33, S. 259).
m = Zahl (Abschn. 45 B).
N = Nutenzahl.
n = Zahl (Abschn. 45 B).
n = Ordnungszahl (Abschn. 29 (S. 221), 30, 42 A, 46 A, 47 A, 49 A u. 50).
n = Verhältnis der Polzahlen (Abschn. 37, S. 304).
n = Umlaufzahl (in Uml./min).
n = Zahl der nebeneinanderliegenden Leiter einer Spulenseite (Abschn. 21 A, S. 146).
n = Zahl der in der Nut nebeneinanderliegenden Leiter (Abschn. 33, S. 259).
n = Nenner eines Bruches (Abschn. 44 B).
n = Nenner eines echten Bruches (Abschn. 29 D, S. 227).
p = Polpaarzahl.
p = Ordnungszahl der Leiterlagen in der Nut (Abschn. 33, Abb. 240).
p_0 = größte Polpaarzahl (Abschn. 35 A und B, S. 288 und 291).
Q = Verhältnis zwischen gesamter Nutenzahl und Produkt aus Polzahl und Strangzahl (S. 229).
q = Verhältnis zwischen Zahl der bewickelten Nuten und Produkt aus Polzahl und Strangzahl, gleich Spulenbreite bei Einschichtwicklungen. (S. 180).
R = Radius.
R = Widerstand (Abschn. 42 A).
r = Nutenschritt (Abschn. 29 und 30, S. 219).
r = Spulenzahl zwischen benachbarten Bürstenkanten (Abschn. 47 A, S. 387).
S = Abmessung in Abb. 110 (S. 135).
S = Spulenbreite (Abschn. 25, S. 180).
S = Zahl der ungleichphasigen Strahlen im Spannungstern (Abschn. 9, S. 50).
S = Zahl der Wicklungsteile in Gl. 128 (S. 358) oder der Spulen in Gl. 131 b (S. 361), deren EMKe gleich groß und um gleiche Winkel in der Phase verschoben sind, oder der gleichachsigen Spulen in Gl. 131 a (S. 361).
S = Zahl der in einem Wicklungsstrang nebeneinanderliegenden gleichsinnigen Spulenseiten (Abschn. 48 C, 49 D u. 50).
s = Windungszahl einer Spule (Abschn. 21 A, S. 146, Abschn. 48 B, 49 D u. 50).
s = gegenseitige Verschiebung der Wicklungsstränge am Ankerumfang (Abschnitt 37 A, S. 304, Abschn. 38 B, S. 318).
s = Zahl der in Reihe geschalteten Spulenseiten im Strang (Abschn. 44 B).
s = Schlitzweite der Nuten (Abschn. 46 A).
T = Dauer einer Periode.
= Zeit.
t = größter Teiler von: a und y (Abschn. 7, S. 36), k und p (Abschn. 9 B bis D, S. 50, Abschn. 10, S. 61), p und u (Abschn. 14 E, S. 94), N und p (Abschn. 28 bis 30, S. 208 u. 213).
t = Teiler, den die größte Polpaarzahl mit einer andern gemeinsam hat (Abschn. 35 A und B, S. 288 u. 291).
t' = Teiler, den alle Polpaarzahlen gemeinsam haben (Abschn. 35 B, S. 291).
t' = größter Teiler von γ und p (Abschn. 29, S. 227).
t' = Faktor, mit dem N und p zu multiplizieren sind, um neue Bruchlochwicklungen zu erhalten (Abschn. 29 bis 31, S. 226).

t_1 = größter Teiler von N und p (Abschn. 9 E, S. 54).
t_2 = größter Teiler von $2N$ und p (Abschn. 9 E, S. 55).
u = Zahl der in einer Nut nebeneinanderliegenden Spulenseiten (S. 10).
u_k = Zahl der kurzen nebeneinanderliegenden Spulen (S. 55 und 108).
u_l = Zahl der langen nebeneinanderliegenden Spulen (S. 55 und 108).
v = Geschwindigkeit (Abschn. 42, 48 B, 49 D, 50).
v = Zahl der Spulen oder Spulenseiten, die zwischen 2 Anzapfpunkten der Wicklung liegen (Abschn. 24 C, S. 177).
v = Verhältniszahl (Abschn. 29, S. 221).
v' = Relativgeschwindigkeit zwischen Feldmagnet und Drehfeld (Abschn. 49 D, S. 410 u. Abschn. 50, S. 414).
W = Spulenweite (Abb. 110, S. 135, Abb. 332, S. 347 und Abb. 368, S. 393).
w = in Reihe geschaltete Windungszahl einer Spule (Abschn. 42, 43 und 46), eines Wicklungszweigs (Abschn. 47) und eines Wicklungsstrangs (Abschn. 35 C, S. 292 u. Abschn. 45 B).
w_1 = in Reihe geschaltete Windungszahl einer Spule (Abschn. 44 A).
x = Veränderliche.
y = resultierender Wicklungsschritt in Stromwenderstegen oder nebeneinanderliegenden Spulenseiten (S. 7 u. 8).
y_1 = Spulenweite in nebeneinanderliegenden Spulenseiten (S. 7 u. 8).
y_2 = Schaltschritt in nebeneinanderliegenden Spulenseiten (S. 7 u. 8).
y_v = Schritt für die Ausgleichsverbindungen in Stromwenderstegen (Abschn. 10, S. 63).
y_v = Schritt für die Anzapfpunkte (Abschn. 24 C, S. 178).
y' = verlängerter resultierender Schritt bei Wellenwicklungen mit blinden Spulen (Abschn. 15 A, S. 97).
y_2' = verlängerter Schaltschritt bei Wellenwicklungen mit blinden Spulen (Abschn. 15 A, S. 97).
z = gesamte Zahl der Ankerleiter.
z = Zähler eines echten Bruchs (Abschn. 29 B, S. 214).
z = Zahl der Anzapfpunkte (Abschn. 35 A und B, S. 288 u. 291).

α = Phasenwinkel zwischen benachbarten Spulen (Abschn. 9 B bis D, S. 50).
α = „ „ „ ungleichphasigen Spulengruppen (Abschn. 9 E, S. 54 und 55).
α = Phasenwinkel zwischen benachbarten Nuten (Abschn. 28, S. 208).
α = Winkel in Abb. 110 (S. 135).
α = halber Winkel der Bürstenverschiebung (Abschn. 22 und 23).
α = Bogen der Bürstenverschiebung (Abschn. 47 A).
α = eine Zahl, die durch alle Polpaarzahlen teilbar ist (Abschn. 14 B, S. 87).
α = Größe in Gl. 73 (Abschn. 33 S. 259).
α_ν = Phasenwinkel benachbarter Nuten für die ν-te Welle (Abschn. 44 A, S. 357).
α' = Phasenwinkel zwischen ungleichphasigen Strahlen im Spannungsstern (Abschn. 9, S. 50, 54 und 55).
α' = Phasenwinkel zwischen benachbarten ungleichphasigen Strahlen im Nutenstern (Abschn. 28, S. 208).
β = Phasenwinkel zwischen benachbarten Ecken im Spannungsvieleck (Abschnitt 10 B, S. 65).
β = Phasenwinkel zwischen 2 Punkten der Wicklung (Abschn. 14 C, S. 90).
β = resultierende Breite der Wendezone (Abschn. 16, S. 110).
β = halbe Verkürzung der Spulenweite gegenüber der Polteilung (Abschn. 22 und 23).

β = Bürstenbreite (Abschn. 33 F, S. 271).
β_n = Phasenwinkel zwischen benachbarten Strahlen im Nutenstern für die Oberwellen der Nutung n-ter Ordnung (Abschn. 29, S. 221).
γ = Zahl der Mantelspulen in einem Wicklungsstrang (Abschn. 29 und 30, S. 212).
γ = Verhältnis zwischen Spulenbreite und Polteilung (Gl. 132, S. 363).
δ = Größe nach Gl. 33 a (Abschn. 16, S. 108).
δ = Luftspaltbreite.
ε = Spannung zwischen 2 Punkten der Wicklung (Abschn. 14 C, S. 90).
ε = Spannung zwischen phasengleichen Punkten auf verschiedenen Seiten der Wicklung (Abschn. 10 B, S. 65).
ε = Verhältniszahl (Abschn. 47 A, S. 386).
ζ_ν = Nutenfaktor für die ν-te Welle (Abschn. 46 A, S. 370).
η = Spulenweite in Nutteilungen (Abschn. 46 A).
η = Zahl der unbewickelten Nuten (Abschn. 30).
η_1 = Spulenweite in Nutteilungen bei Gleichstromwicklungen.
η_2 = Schaltschritt in Nutteilungen bei Gleichstromwicklungen.
Θ = elektrische Durchflutung in Amp. (Abschn. 48 A).
$\varkappa$ = Verhältniszahl und Carterscher Faktor (Abschn. 46 A u. C).
λ = Verhältniszahl (Abschn. 31, S. 248 u. Abschn. 33, S. 259).
μ = Ordnungszahl der Stromwellen (Abschn. 50, S. 410).
μ = Faktor (Abschn. 45 A).
ν = Ordnungszahl der Einzelwellen (Abschn. 29 B, S. 220 u. Abschn. 42 bis 50).
ξ = αh in Gl. 73 (Abschn. 33, S. 259).
ξ = Wicklungsfaktor der Grundwelle (Abschn. 24 A, S. 173; Abschn. 35 C, S. 292).
ξ_ν = Wicklungsfaktor der ν-ten Welle für eine Spule (Abschn. 43 B) oder einen Wicklungsstrang (Abschn. 44 B).
ξ_E = Formfaktor der EMK (Abschn. 43 A).
ξ_B = „ „ Induktionskurve (Abschn. 43 B).
π = Verhältnis von Kreisumfang zu Durchmesser.
ϱ = spezifischer Widerstand in cgs-Einheiten (Abschn. 33, S. 259).
Σ = Summationszeichen.
τ = Polteilung.
τ_N = Nutteilung.
τ_n = Polteilung n-facher Polzahl in Abschn. 37 A, S. 304.
Φ = Induktionsfluß (Abschn. 17 B, S. 112, Abschn. 47, S. 389), Polfluß (Abschn. 35 C, S. 292, 43 B, 45 B).
Φ_ν = Induktionsfluß der ν-ten Welle (Abschn. 43 B).
φ = Augenblickswert des Windungsflusses (Abschn. 42 A).
φ = Phasenwinkel (Abschn. 44 B u. 49 A).
$\varphi(\xi)$ = Funktion von ξ (Abschn. 33, Gl. 73).
$\chi(x)$ = Funktion von x (Abschn. 47 A).
ψ = Augenblickswert des Spulenflusses (Abschn. 42 A).
$\psi(\xi)$ = Funktion von ξ (Abschn. 33, Gl. 73).
ω = Kreisfrequenz.

GPSR Compliance

The European Union's (EU) General Product Safety Regulation (GPSR) is a set of rules that requires consumer products to be safe and our obligations to ensure this.

If you have any concerns about our products, you can contact us on ProductSafety@springernature.com

In case Publisher is established outside the EU, the EU authorized representative is:

Springer Nature Customer Service Center GmbH
Europaplatz 3
69115 Heidelberg, Germany

Batch number: 09604472

Printed by Printforce, the Netherlands